情報と通信の文化史

星名定雄

法政大学出版局

はじめに

人間はどのようにして情報をはこび、そして伝えてきたのだろうか——。そのことについて、古代から現代に至るまでの足跡を辿るのが本書のテーマである。コミュニケーション論の立場から書かれた情報にかんする書物は多いけれども、情報を伝達する通信技術の通史を取り扱った本は意外と少ない。その隙間を少しでも埋めることができればと願い、本書を執筆した。

情報通信の歴史は人類誕生とともにはじまった。第I部では、コミュニケーションに必要な、言語、文字、書写の材料の発達について概観していく。古代国家が誕生すると、広大な国土を統治するために、要所要所をむすぶ道路が建設されて、それが通信回路ともなった。その上を国王の使者が走る。古代のオリエント、ペルシア、ギリシャ、中国、ローマの事跡を辿りながら、そのことを明らかにしていく。情報通信史は「道」の話からはじまるのである。古代の光通信ともいうべき狼煙《のろし》についてもふれた。

中世から近代にかけて、多くの国が興り、滅びていった。そのなかで、唐、サラセン、モンゴル、インカは大帝国を築いたが、統治には機能的な駅制が欠かせなかった。第II部では、さまざまに工夫が凝らされた駅制運営についてみていく。また、この時期、近代国家の一翼を担うフランスやイギリスが姿をあらわす。それらの国の草創期から近代に至るまでの、駅制の発達過程を述べていくが、もはや国家のための駅制だけではなく、上層階級の人々の利用にとどまったものの、市民にも公開されていく。弥生時代から江戸時代までの、わが国の情報通信の歩みについても一章を割いた。
また、第II部においては、中世ヨーロッパの成立と飛脚の台頭をテーマに、社会で大きな力をもつようになった、僧院、大学、市民社会の核となる商人、騎士などがそれぞれに創設した飛脚システムについても紹介していく。市民社会の成長により、個人の起業家がパリやロンドンで都市型飛脚サービスを展開する。そのことにもふれた。さらに、ハプスブルク家を後ろ盾に、ヨーロッパ各国の国境を越えて展開されたタクシス家の国際的な飛脚サービスにも焦点をあてる。

近世から近代へ。それは産業革命に代表されるように改革と発展の時代と位置づけることができよう。第III部では、その近世と近代へ舞台を移す。西部開拓とともに発展するアメリカの郵便や、切手を考案して低廉な近代郵便サービスを導入したイギリスの事例を語る。網の目のように張り巡らされた郵便サービスは、経済活動を支え、国民生活を豊かにするインフラストラクチャーとして機能しはじめる。日本の新式郵便創設についても章を改めて述べた。もちろん前島密《まえじまひそか》の功績にもふれるが、前島の洋行中、杉浦譲が新式郵便スタートに大いに尽力したことにも言及する。

第IV部では、まず、実際に情報がどのように伝達されてきたかについて、陸路、海路、そして空路に分《わ》けて、その発達過程をつぶさにみていく。情報をはこぶ速度は、電気的な通信技術が発明されるまで、人間の走る速度、乗り物の速度に負っていた。すなわち情報通信の発達は、交通の発達と表裏一体をなしていたのである。人間は伝書鳩や気球などによる情報伝達も試みているが、手紙をはこぶ郵便馬車、郵便船、小さな郵便機の活躍が一時代を画した。それは、時代の花形の乗り物でもあった。各国の交通政策をも踏まえて、これら交通機関が情報通信にどのように貢献してきたを検証していきたい。

手紙を物理的にはこぶ通信方法以外にも、人間は、空間と時間を克服する通信技術を開発していく。第IV部では、そのことについても探求していく。たとえば、人間の視覚と聴覚に頼る通信。それは狼煙であったり、ジャングルの太鼓通信、旗通信などがある。まさに空間と時間を超越したコミュニケーション手段である。一九世紀に広く活躍したフランスの腕木《うでぎ》通信は、前近代的な技術を駆使した最高峰の通信システムといえよう。

モールスが発明した電信は、磁気と電気を利用したもので、近代的な通信技術の先駆けをなすものである。一九世紀から二〇世紀にかけて、通信技術は長足の進歩を遂げる。有線電信、無線電信、そして電話へと発展していくが、それは交通と通信の機能が渾然《こんぜん》一体となっていた前近代的なものと別れ、電信電話そのものが事業《ビジネス》として成立し、経済活動や国民生活に大きな影響力をもつようになる。その電信電話の草創期から国営事業へ、あるいは民営事業へと発展していく過程についても、第Ⅳ部で、イギリス、アメリカ、日本のケースを取り上げて分析する。

近代になると、不特定多数の人に対して同時に情報を伝える要求が高まってきた。その先鞭《せんべん》をつけたものは手書きメディアであり、後に新聞に発展していく。統治者が国民に知らしめる国策的なものから、大衆娯楽を売るものまで多様な種類が生まれてくる。それを支える通信社も誕生した。二〇世紀は、ラジオを誕生させ、テレビの時代となった。第Ⅴ部では、新聞、通信社、ラジオ、テレビの草創期の話を中心に、マスメディアの台頭の歴史についてみていく。

第Ⅵ部はエピローグである。これまで情報通信の世界をいわば表《おもて》からみてきたが、ここでは情報通信の隠された世界にスポットライトをあててみた。人は密かに情報を伝えるために暗号を発明した。その作成方法と解読方法のいくつかのケースについて説明しよう。また、政敵の情報を集めるために設置された一七世紀フランスの闇の官房の話などについても述べてみたい。情報通信の裏面史といったところであろうか。

終章では、私の半生を振り返りながら、昭和と平成の二つの時代の情報通信の歩みについて、私自身の周りで見聞きした情報通信の姿と、その周辺の事情を織り交ぜながら述べることにしよう。それは、人の温《ぬく》もりが感じられる郵便と電話の時代から、情報通信技術（ＩＴ）の進展により誕生したインターネット時代への、時代の変革期をかいまみる章ともなる。

以上、狼煙にはじまり、古代ペルシアの駅制、モンゴルの站赤《ジャムチ》、江戸時代の飛脚、イギリスの郵便馬車、フランスの腕木通信、電信、電話、そしてインターネットなどの話を通じて、情報通信の古代から現代に至るまでの歩みについてみてきた。そこから、人類がいつの時代にあっても、情報をいかに速く届けるかに知恵を絞り、それぞれの時代の情報通信手段が、それぞれの時代のニューメディアとして、人々を驚かせ、人々から賞賛を受けて、時代を飾ってきたことがわかる。また、本書は、今日の高度な情報通信の世界を築くために、連綿と努力してきた人間の歴史について語るものでもある。

最後に、前著に引き続き、本書の編集の労をとって下さり、このように落ち着いたそして素晴らしい本に仕上げてくれた法政大学出版局の松永辰郎氏に心から感謝する。

著　者

目次

第Ⅲ部　改革と発展の時代
――近世から近代へ

第Ⅰ部　情報通信史のあけぼの——人類の歴史とともに出発

第1章　コミュニケーションの源流を辿る

1　プロローグ　古代人のコミュニケーション

われわれ人類の、情報と通信の歴史について、どの時代から書きはじめるべきか大いに迷う。しかし思いきって先史時代までさかのぼって、アウストラロピテクスやホモ・ハビリスなどの、猿人の時代からはじめることにしよう。東アフリカのトゥルカナ湖周辺で人類の化石がたくさん発見され、ケニアのロサガムで出土したものは五六〇万年前の最古の人類の化石と推定されている。脳がやや発達した猿人がこの地球上にあらわれたのはそのあとで、およそ三〇〇万年から二〇〇万年前のことであった。猿人は直立の姿勢で二本の足で歩きはじめ、自然の石をそのまま道具として用いて、集団を組んで狩りをした。

集団の狩りにはコミュニケーションとチームワークが必要である。けれども猿人はただ叫び声を上げながら、てんでんばらばらに山野を駆け巡り、獲物《えもの》に襲いかかっていった。そのため獲物を捕り逃がすことが多かった。そこでどうしたらうまく獲物を捕まえられるか、という意識が猿人に芽生えてきた。獲物の発見者は、仲間に叫び声を上げながら、獲物の位置を身ぶり手ぶりで指し示し、それを受けた仲間があとを追う仲間に同じように合図し、集団で追いつめていった。合図はしだいに複雑になり、先回りを指示するものや、右や左にまわり込む指示なども出されたことであろう。それらの情報を仲間に伝えるために、叫び声にも変化が出てきた。低い声、高い声、長い発声、短い発声など、ヒトの言語《ことば》にはならなかったけれども、音声の信号《シグナル》が発達していく。猿人の狩りの行動をこのように想定すると、そこから身ぶりと手ぶりそして叫び声が一体となった、いわゆる身ぶり言語によるもっとも原始的で、かつ、基本的な情報の伝達・交換の姿がみえてくる。

北京原人やジャワ原人に代表されるホモ・エレクトゥスすなわち原人があらわれたのは、今から五〇万年から三〇万年前頃のことであった。脳の大きさは猿人のほぼ二倍になり、知能が進み、原人は握り斧《ハンドアックス》など形の整った打製石器をつくり、大小の動物の狩りをした。やがて川に近い野外や洞穴に住むようになり、火を使いはじめた。おそらく寒さがヒトを火のそばに近づけたのだろうが、はじめは焚火《たきび》をし、やがて炉をつくるようになり、火は日々の生活のなかに入っていった。そして火のある生活は、食を豊かにして、凶暴な獣《けもの》から身を守り、炉を中心に家というものが形成されていった。そればかりではない。集団化は言語の誕生にもつながっていった。竹内成明は『コミュニケーション物語』のなかで、その過程を豊かな想像《イマジネーション》力と叙情性を交えて語ってくれる。

それによれば、炉のほのかな焰《ほのお》に照らされた空間はくつろぎの世界となり、そこに集うヒトの気持ちを落ち着かせた。人類はそれまで遊動生活を送っていたが、それでも焚火のある空間は、自分たちが落ち着いて夜をすごせる場所、できるならば離れたくない場所となっていった。男たちが射止めてきた獣の肉が炉で焼かれ、人々は食べる愉《たの》しみを期待しながら待っている。焼き上がった肉は狩りをしてきた男たち、女や子供や年寄りたち、そして身障者にも分かち与えられたことであろう。そこにはくつろぎがあった。家族の一人ひとりが認識され、肉体《からだ》の状態の変化から、病気や老衰、そして妊

焚火の周りでくつろぐ原人．想像図．ほっておけば火が消えるし，扱いが下手でも消える．経験のなかから，原人たちは，焚火の技術を身につけ，炉をつくることも覚えた．そこでは子供たちが戯れ，母親が心配りし，父親が見守った．言葉にはならなかったけれども，人間のコミュニケーションの原点が，そこにあった．

娠などを知り、表情の変化からは互いの苦しみや悲しみを察したことであろう。

　また、くつろぎは若い男女に恋心を抱かせ、子供は戯《たわむ》れの時間《とき》を創《つく》った。そんなとき、人々は、必要に迫られた情報の伝達ではなくて、くつろぎのために、声を上げながら身ぶりや手ぶりでコミュニケーションを交わしたにちがいない。それらは獲物の動きであり、鳥のダンスであり、ただモノマネであって、取りたてて意味をもったものではなかった。果たして、声を出して笑えたかわからないし、音節がはっきりしていたわけではない。けれども、何かを表現しようとすることと自体がきわめて重要だった。すなわち、そのことが言語を発するための、欠かせないステップとなったからである。

　しかし、言語の形成を説き明かす鍵は沈黙《しじま》の世界にある。猿人や原人が石器などの道具を使っていたことは明らかであり、発掘された石器や化石から、彼らの生活ぶりがしだいに解明されつつある。一方、言語は人間が発明したもう一つの道具といわれているけれども、その誕生を示す物的証拠が何一つ残っていないことから、解明は困難をきわめている。もちろん、これまでにみてきたように、身ぶり言語の発達をはじめ、ヒトの発声器官や大脳の進化、道具と使い方の進歩、そして、それらがもたらした集団生活の変化などが、言語の形成を促《うなが》してきたことはたしかである。川上幸一は『人類史からのロングコール』のなかで言語形成の過程について、きわめて精緻な理論を展開している。川上幸一の研究によれば、人間が発明した最初の道具づくり、すなわち石器づくりの技術習得の過程が、もう一つの目にみえない「言語」という道具づくりに大いに役だったのである。

　大略《あらまし》はこうである。握り斧をつくるには、河原に転がっていた自然の石を加工する技術を身につけなければならなかった。はじめは自然の石を別の石の上に落としてみたが、思うような形にはならなかった。次に、石で石を割ったり、磨いたりすることを考えついた。ハンマーストーンの発明である。ここまでくるのに、多くの試行錯誤が繰り返されて、人類は一〇〇万年以上の時間を費やしている。この知的能力のプログラミングとコントロールの集積が、いわば次世代の道具となった言語の形成に大いに効果を発揮する。言語はヒトの発声器官を使って音声を出してつくるものである。音声の実体は空気の振動であり、目にみえないけれども、広い意味では自然物である。ヒトがこの自然のモノをさまざまに加工し言語にしてきたと考えれば、加工技術の向上には、すでに学習してきた知的能力のプログラミングなどの機能を応用してきたはずである。換言すれば、言語は人類が自然に身につけたモノではなくて、失敗を繰り返して学んできた石器づくりと同じように、試行錯誤を繰り返しながら形成してきたモノなのである。

さらにいえば、言語は約束ごとを決めた道具だから、言語そのものは遺伝することがない。だから厄介なことに、ヒトは言語を親や親が属している集団から学ばなければならないのである。それも生まれてからすぐにはじめて、相当の年月《としつき》をかけてである。けれども、いったん覚えた言葉によって、ヒトは生活の知恵をより正確に習得することができるし、次に、それらのことがらを子孫に教育することができる。たしかに言語がなくても、野獣が出てきたときにどうすればよいか、母親がその場で子供に手本を示すことができるだろうが、それはたいへん危険なことであり、ときには命を落とすことすらあった。しかし言語が使えるとしたら、野獣の恐ろしさについて、あらかじめ子供に教え、逃げる方法《てだて》を伝えることができる。このように言語は人間が生活していく上で欠かせない道具となっていく。加えて、言語はヒトとヒトとの絆《きずな》となり、秩序ある人間の社会を形成し、そこに伝統を創り上げる能力《ちから》をもつようにまでなっていくのである。

ネアンデルタール人に代表される旧人が、およそ二〇万年前に地球上にあらわれた。旧人の脳の大きさは現代人と同じで、原人よりも進んだ言語を使い、宗教的な儀式さえ行っていた。四万年前になると、われわれの祖先となる新人が登場してきた。やがて地球の主《あるじ》となり、人類の歴史の担い手となるのである。ヨーロッパのクロマニョン人や中国の周口店《しゅうこうてん》上洞人《じょうどうじん》などがこれにあたる。彼らは、さまざまな石器をつくった。また、動物の骨で槍や釣り針などもつくり、狩りや釣りに使うようになり、生活はたいへん豊かになった。貝などの装飾品やマンモスの牙でつくった動物の彫刻も出土している。太古の美術品である。さらに、死者に対する慈《いつく》しみの感情も出てきて、埋葬のときには副葬品を入れるようになった。そこには文化が芽生えてきたのである。

ジーン・アウルは『大地の子エイラ』を書いた。人類の黎《れい》明《めい》期の、黒海に突き出したクリミア半島山腹にある洞穴とその周辺の草原《ステップ》を舞台に、ネアンデルタール人の部族に拾われたクロマニョン人の少女エイラを巡る波乱に満ちた小説である。旧人と新人の交替期、はるかな過去へのタイムトラベルを実現した、まさに大河ドラマである。もちろんフィクションだから、人類学者からみればおかしいところがあるかもしれないが、アウルは氷河時代にかんするおびただしい文献を読破し、疑問点を徹底的に調べた。そのような厳密な調査に裏打ちされた小説であるからこそ、叙述には迫力があり真実味がある。アウルは氏族会（氏族集団）の洞穴熊の祭りについて書いている。氏族は洞穴熊とのあいだに霊的な絆を感じており、氏族の化身《けしん》である。たとえ洞穴熊が白骨化しても、神通力があり悪霊《あくりょう》を遠ざけてくれると信じられていた。洞穴態の霊を通じて、傘下の氏族が一つにつながっているのである。洞穴熊の祭りを司るのは氏族会の主人であった。そこで、エイラとクレブがこんな会話を交わしている。

「氏族会の主人役になるはずの部族に何か起きたらどうなるの。私たちの部族にしても前と同じ洞穴に住んでいるわけではないし、私たちの番になったとき、ほかの部族はどうやって私たちをみつけるの？」

「一番近くに住む部族に飛脚《ひきゃく》を送り、新しい洞穴の場所を伝えてもらうか、別の部族に順番を譲ることを申し出るか、どちらかだろうな」

二人の語らいの内容はきわめて高度である。それに部族のなかの人たちの意思《おもい》の疎通だけではなく、部族と部族とをむすぶ関係があり、飛脚の存在すら記されている。アウルの小説のように、太古の人たちがこのような会話のやりとりや情報の発信を行っていたかどうかについては定かではない。しかし否定する術《すべ》もないし、旧人や新人が狩猟と漁撈などによる豊かな収穫物に恵まれ、かなり豊かな生活をし、ある程度の文化を育《はぐく》んできたことを考えると、太古の人たちのコミュニケーションは意外と程度《レベル》の高いものであったのかもしれない。

われわれはこれまでに太古のコミュニケーション手段の発達を概観してきたが、言語が一般化した時代になっても、身ぶり言語の傍系になるが、ベネディクト会系のトラピスト会修道士たちは、宗教上の理由から、身ぶりによるコミュニケーションの体系を創り上げた。また、パントマイムは身ぶりによるコミュニケーションを芸術にまで高めたものともいえよう。これらのなかにも太古の意思を伝達する仕組みの名残りがみられるのである。

2　絵から文字へ　ヒトは記録する

ヒトは言葉に続いて文字を発明した。それは先史時代に区切りをつけて、有史時代をスタートさせた。文字によって刻まれた神々と王の物語は、われわれの祖先の歴史として後世に伝えられるようになった。約五〇〇〇年前のことである。はじめは竪琴の音色に合わせて吟じられた語部《かたりべ》の物語などが文字に記されたものであったが、後に国の歴史を記録する官吏も出てくる。また、人の意思《おもい》を文字に託す詩歌も創られるようになった。古代アッシリアの都ニネヴェから出土した粘土板《クレー・テーブル》の『ギルガメシュ叙事詩』は、その最古のものといえる。国史編纂と文学の誕生である。

情報通信史の上でも文字の誕生はきわめて大きなできごとであった。言語による対面のコミュニケーションとちがって、文字は情報を蓄積できるし、同時に、それをいつでも引き出すことができる。別の見方をすれば、たとえば粘土板に刻まれた楔形《くさびがた》文字の手紙は使者によって遠くまで届けることができたので、時間と空間《ひろがり》を超越し、コミュニケーションが可能となった。また、文字によるコミュニケーションは、文字によらない単純な狼煙などの情報伝達の方法とくらべると、より正確な情報を大量に伝達することができるようになり、通信技術の面でも大きな進歩があった。このように、言語と並んで、文字は人類の文化と文明を育《はぐく》むために欠かせない道具となっていくのである。

絵、絵文字、象形文字、楔形文字

詳しい文字の歴史については、加藤一朗の『象形文字入門』やアルベルティーン・ガウアーの『文字の歴史――起源から現代まで』などに譲るが、文字の発達過程を大括りにしてみると、絵は絵文字へ、絵文字は象形文字へ、象形文字は今日の文字の形へと変化していった。このように文字の起源は絵である。これまで人類最古の絵はスペインのアルタミラの洞窟絵画といわれ、一万五〇〇〇年前のものとされてきたが、一九九五年、その記録が塗り替えられた。南仏アルデシュ渓谷にあるバロン・ポンダルクの洞窟のなかから発見された絵画が、およそ三万年前のものと推定されたからである。

絵画は地中五〇〇メートル、長さ七〇メートル、幅四〇メートルの洞窟から発見された。壁面には、野牛《バイソン》、熊、マンモス、牛、トナカイや氷河期の特徴といえる毛で覆われたサイなどの動物、人間の手、記号など約三〇〇の題材が赤と黒の二色で描かれてる。洞窟には、古代人の足跡などもそのまま残され、石の上には熊の頭蓋骨が飾られた祭壇のようなものもみつかった。アルタミラやバロン・ポンダルクの洞窟絵画には、宗教的な意味合いや、呪術的な意図が秘められているといわれている。まさにアウルが描いた、あのエイラの話に出てくる洞穴熊の祭りの世界を彷彿《ほうふつ》させるものがある。洞窟絵画は、現代に生きるわれわれ人間に対して、原始時代の狩りの方法などを伝えてくれる、古代人の記号ともなっているのである。

このように絵は情報を伝える役割を果たしている。かつてアメリカ先住民族であるインディアンは絵手紙をしばしばやりとりしていたし、少し古い時代にさかのぼれば、どこの社会でも絵による情報交換が随所にみられた。そして絵の意味や決まりを熟知している者のあいだでは、絵画情報の交換は支障なくひんぱんに行われていた。しかし解読できない者に絵手紙を送ると、否、受け取ると、とんだ悲劇が起きることがある。次の伝承はその一例となろう。

すなわち、昔、ペルシアのダリウス一世が黒海北岸の遊牧民族スキタイを攻略したときに、スキタイの一人の使者が国王の親書を持参した。親書には、一羽の鳥と、一匹の野鼠と、一匹の蛙と、五本の矢が描かれていた。絵手紙である。ダリウスは「スキタイ人がペルシア軍の矢が飛んでこないうちに、自分たちの土地（野鼠）と水（蛙）をダリウスに委ね、たち去る（鳥）」と解して、大いに意を安んじたが、真意はそれとは逆で、「ペルシア人がどんなに偉くても、鳥のように飛んだり、野鼠のように土中に潜《もぐ》ったり、蛙のように沼沢《しょうたく》に身を隠すことはできず、スキタイ軍の矢を逃れることはできない」という意味であった。その夜、ダリウスの希望的観測は完全に打ち砕かれて、ペルシア軍はスキタイの反撃を受けて手痛い目に遭《あ》ったのである。絵画情報の解読の難しさがわかる。

インディアンの絵手紙．息子（右）に父の許に戻ることを促すもの．大小2匹の亀は「雌亀に従う雄亀」という父の名前を，53個の小さな丸は帰省費用の53ドルを送ったことを示す．

絵が単純化して象形文字に変化していく過程《みちすじ》で絵文字の発生がみられる。藤枝晃の『文字の文化史』は、中国最古の王朝、殷《いん》（前一六〇〇―前一〇二八？）の銅器に鋳込まれたさまざまな銘の拓本を多数織り込みながら、絵文字の世界に誘《いざな》ってくれる。ヒトや魚や動物の図像をはじめ、それらを組み合わせた図像があるが、眺めているだけで愉《たの》しくなる。また、中国の絵文字は家の紋所《もんどころ》を表している。たとえば、貝は殷代の貨幣であったから、貝を天秤《てんびん》で担《かつ》いでいる人を表す絵文字は、財務を司《つかさど》る家の紋所といった具合にである。

しかしながら、藤枝晃が述べているように、それらは絵かとみれば字らしくもあり、そうかといって、字とみるには具象にすぎる。字らしくはあっても何と読むかわからず、具象であっても、何を表したものかわからないという、不思議な形をしたものが非常に多い。まだまだ謎に包まれた文字、否、絵なのである。実は現代の社会でも絵文字が大いに活躍している。横断歩道の標識には小学生の、踏切の標識には汽車のシルエットが描かれている。ヒトやモノそれに情報の流れがグロバールなものになった社会では、道路標示や安全表示などの統一が図られ、万国共通の記号が重要な働きをする。ウールマークをはじめとする国際的な記号《シンボル》は現代の絵文字である。

絵文字の次は象形文字である。インダス文字、クレタ文字、中国の甲骨《こうこつ》文字などさまざまな象形文字があるけれども、前三一〇〇年頃に誕生したファラオの聖なる文字ヒエログリフがその代表格となろう。一九世紀前半、ヒエログリフの謎がフランスの天才言語学者、ジャン＝フランソワ・シャンポリオンによって解明された。

ヒエログリフは、ギリシャ語のヒエロス（神聖な）とグリフ（石に刻む）の合成語である。日本語では、神聖文字、聖用文字、聖刻文字などと訳されている。ヒエログリフはエジプト国民の保守性がいかんなく発揮されて、実に三〇〇〇年にわたり、ほとんど変化することなく使用されてきた。ヒエログリフの語数は時代によって少し異なるが、細部のちがいも数えると三〇〇〇になる。それらは、神、動物、植物、装飾品、人、天体、日用品、建築、武器、農具など森羅万象のものを表している。まさに古代エジプト人の宇宙観がそこにある。ヒエログリフはファラオの輝かしい功績と徳を称《たた》える詩歌《うた》を石碑に刻み、あるいは古代エジプトの自然や天文学を記し、それらを現代のわれわれに伝える役割を果たしてきたのである。

象形文字の形が単純になると、楔形《くさびがた》文字が生まれた。メソポタミアを支配したシュメール人が前二九〇〇年頃から楔形文字を創りはじめる。最初は家畜の頭数などを記録する帳簿の記号から出発し、しだいに体系が整っていった。エジプト人が様式化された優美なヒエログリフを長いあいだ使用してきたのに対して、シュメール人は象形文字をより実用的な形の文字に改良していく。粘土板に細いヘラを押しつけて文字を記したので、文字を構成する一本一本がちょうど楔のよう

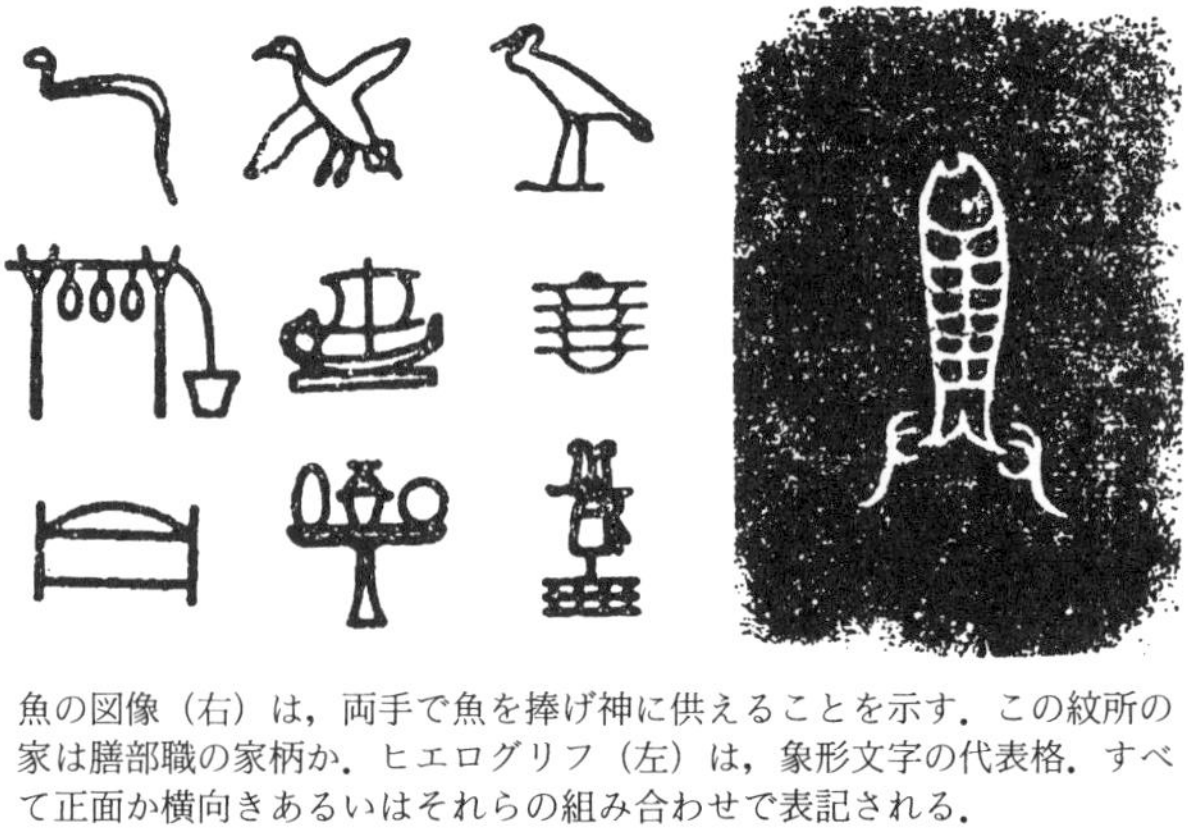

魚の図像（右）は，両手で魚を捧げ神に供えることを示す．この紋所の家は膳部職の家柄か．ヒエログリフ（左）は，象形文字の代表格．すべて正面か横向きあるいはそれらの組み合わせで表記される．

な形になることから、楔形文字と呼ばれるようになった。

　楔形文字は古代オリエントの国々で広く使われ、その遺産は、アマルナ文書などの形になって今日に引き継がれている。それらをみると、古代オリエント商人たちが楔形文字を粘土板に刻み、数多くの書簡を作成していることがわかる。古代バビロニアの商人はユーフラテス川の税関吏や輸入品の搬入路のことについて記し、一方、古代アッシリア人の商人は錫《すず》や布地の交易それに密貿《ぬけに》易のことについて書いている。もちろん注文書も出している。たとえば次のように。

　ナビイリシュに伝えよ
　シン・ムバリットはかく語れり
　大麦二五グルを船に積み
　バビロンのわが許《もと》に送れ

　このように楔形文字は実用的な書簡を書くために使用されはじめた。だから楔形文字は手紙の歴史の最初のページを飾るのに、もっともふさわしい文字かもしれない。粘土板に楔形文字が刻まれた手紙は、バビロニアの商人によって、船に積み込まれ、あるいは馬に乗せられて、目的地まではこばれたことであろう。

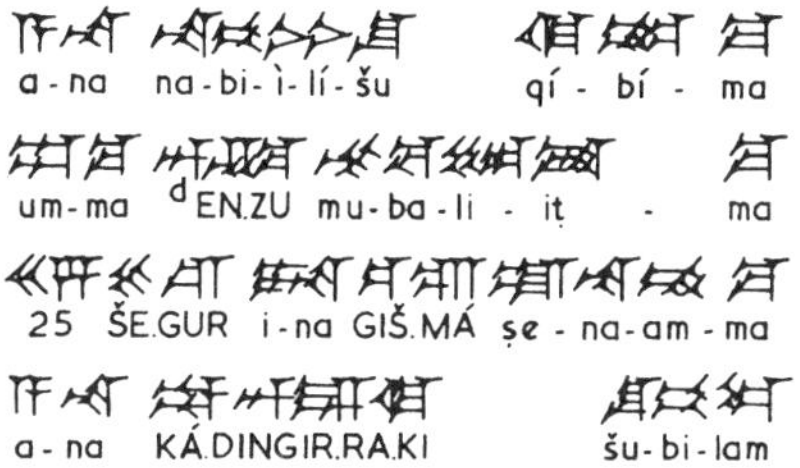
a-na na-bi-ì-lí-šu qí-bí-ma
um-ma dEN.ZU mu-ba-li-iṭ-ma
25 ŠE.GUR i-na GIŠ.MÁ ṣe-na-am-ma
a-na KÁ.DINGIR.RA.KI šu-bi-lam
楔形文字の手紙．古代バビロニア語で書かれている．前2000年頃．このような書簡が古代オリエントの商業を支えた．アルファベットは読み方を示す．

アルファベット、漢字、かな文字

　これまで表意文字について述べてきた。しかし表音文字となるアルファベットの誕生も、文字の歴史の上で大きな意味をもっている。アルファベットは、表意文字とくらべると、簡略化された書体とわずかな語数によって構成された文字であり、それだけで人の意思を表す文章が作成できるようになった。それまでの文字は読み書きができる人が限られ、権力者のものであったが、アルファベットの登場は知の大衆化を促す要素を秘めていたという学者もおり、人類の偉大な発明となった。

　アルファベットはシナイ半島のカナン人が最初に考え出して、フェニキア人が前一五〇〇年頃からそれを発展させていった。フェニキア人の本拠地であったオリエント地方はアジア、アフリカ、ヨーロッパの三つの大陸の要《かなめ》にあり、商業上、きわめて重要な位置を占めている。アルファベットが考案された背景には、三大陸を股にかけ農産物などの交易に勤《いそ》しんできたオリエント商人たちが、商売を進めていく上で、どこでも通用する実用的で単純な形をした文字を必要としていた事情があった。

　フェニキアのアルファベットは子音だけで構成され、二二の子音から成る西セム文字がもっとも古いものと考えられている。前五世紀には、ギリシャ人がこれに母音を取り入れた。七つの母音を含む二四文字で構成され、表記も、フェニキア文字の右から左への横書き方式が改められ、左から右への横書き方式になった。このギリシャ文字によって、傑出したさまざまな文学作品が開花する。後にギリシャ・アルファベットの影響を受けたラテン・アルファベットが創られた。たしかなことは前三世紀に一九の文字から成るローマ字が生まれ、前一世紀にXとYの二文字が加わったことである。現在の二六文字のアルファベットの基礎がここに完成した。現在、ラテン文字圏はヨーロッパ、アフリカ、南北アメリカ、オーストラリアなど広範囲な地域に及び、アジアでもインドネシアやフィリピンなどがそうである。コンピュータによる国際的な情報通信分野では、ラテン・アルファベットとりわけ英語の影響力がますます大きくなっている。

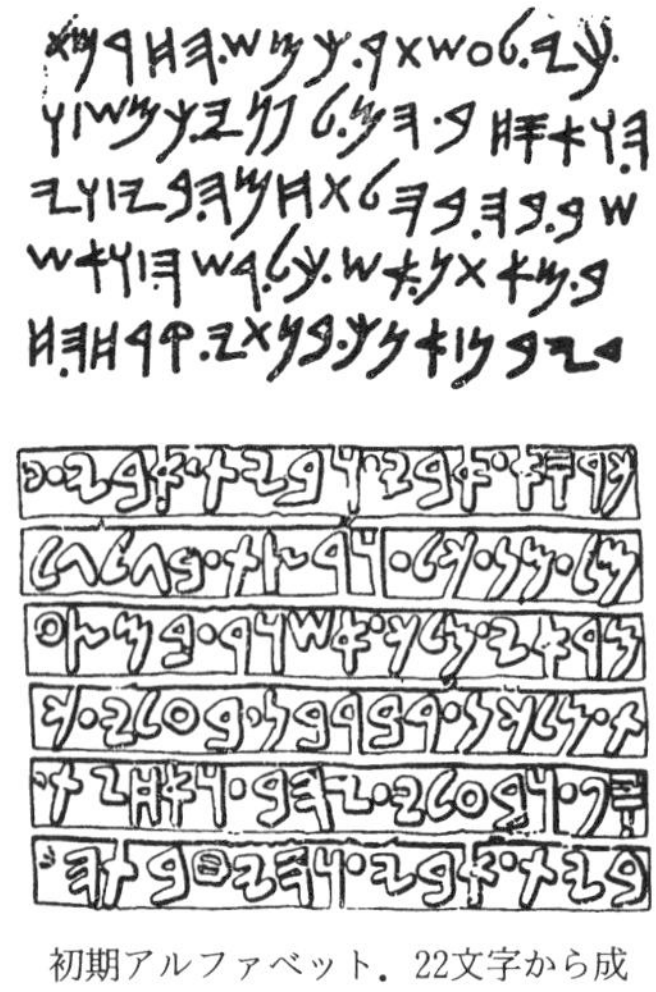

初期アルファベット．22文字から成る．パレスティナ文字（上）とアラム文字．同じ文字が繰り返されている．

　聖書の創世記第一一章によれば、人類ははじめ一つの民で、一つの言葉《ロゴス》を話していたが、民が天まで届くバベルの塔を築こうとしたので、神の怒りを受けて、言葉に混乱《バラル》が生じ、全地に散らされた、となっている。そのせいではないだろうが、現在、地球上にはたくさんの言葉と文字がある。世界の文字の系譜図をみると、シュメールやエジプトの流れを汲《く》むラテン文字文化圏のほかにも、中国の漢字の流れを汲む漢字文化圏がある。もちろん日本は後者の文化圏に属する。漢字は殷王朝の甲骨文字からはじまり、金文、篆書《てんしょ》、隷書《れいしょ》を経て五世紀には楷書ができた。以後、象形文字を基礎としつつも、表意文字と表音文字の両方の性格を併せもつ独特の形に発展していく。日本では、漢字そのものは朝鮮半島との交流が開かれた三世紀には伝えられている。

しかし漢字の使用がはじまったのは五世紀頃からである。最初は史部《ふひとべ》などと呼ばれた朝鮮半島からの渡来人が漢字を使って大和朝廷の文書を作成していた。埼玉県の稲荷《いなり》山《やま》古墳から出土した辛亥銘《しんがいめい》鉄剣（四七一？）には、漢字の音《おん》を借りて人名や地名が表され、早くも日本語化への試みがなされている。八世紀になると、漢字の音訓を巧みに組み合わせながら日本語を記す万葉がなが誕生する。四五〇〇首を編んだ『万葉集』は万葉がなの集大成ともいえる。そこから古代の日本人の生活が蘇《よみがえ》ってくるが、ここでは二首だけ挙げておこう。難しそうな漢字が並んでいるが、それぞれにとくに深い意味はなく、もっぱら字音を用いている。

左《さ》散《さ》難《な》弥《み》乃《の》　志《し》我《が》能《の》大和太《おほわだ》与《よ》杼《ど》六《む》友《とも》
昔　人二《むかしのひとに》　亦母《またも》相目《あはめ》八《や》毛《も》　（柿本人麻呂）

可《か》良《ら》己《こ》呂《ろ》武《む》　須《す》宗《そ》尓《に》等《と》里《り》都《つ》伎《き》　奈《な》苦《く》古《こ》良《ら》乎《を》
意《お》伎《き》弖《て》曾《そ》伎《き》怒《ぬ》也《や》　意《お》母《も》奈《な》之《し》尓《に》志《し》弖《て》　（作者未詳）

九世紀に入ると、唐の滅亡などにより大陸からの影響が少なくなるとともに、藤原氏が栄えて、わが国独特の風土や人情・嗜好《しこう》にかなった高度な貴族文化が生まれた。国風文化と呼ばれている。かな文字の発達はその国風化を表す代表的なものであろう。万葉がなの草書体を簡略化したものが平がなとなり、漢字の一部分を採ったものが片かなとなっていった。一〇世紀には五十音図も完成する。公式の場所では漢字が引き続き使われていたが、かなは日常生活の面で広く用いられるようになっていく。

かな文学も盛んになり、また、伝説を題材にした『竹取物語』をはじめ、女性特有の細やかな感情が綴られた紫式部の『源氏物語』や、清少納言の『枕草子』などが登場してくる。女流文学の全盛期でもある。このころに現在の日本語の基礎《おおもと》が形づくられたといってよい。何千何万という漢字と、平がな・片かなを、まさに縦横無尽に組み合わせながら文書を書く民族は、世界広しといえども、日本人だけであろう。縦書きよし、横書きよし、今ではアルファベットも文のなかによく出てくるし、ルビの活用は文字に遊びをもたせることができる。日本語の柔軟性、表現能力は無限に近いものがあるといってよいだろう。誇ってよい文字文化である。

文字の発明とその発展について概観してきたが、それは人間の意思を他人に伝える重要な道具となっていった。伝承によれば、文字を発明したテウトという神は「私の発明した文字のおかげで、人々は賢くなり、物覚えがよくなるだろう」と自慢してまわったが、タモスという王は「そうは思わない。こんな便利なものができれば、人々は文字を頼りにして、モノを覚えなくなり、記憶力が弱くなるだろう」と反論した。

神さまが正しいのか、王さまが正しいのかわからないけれども、古代人にとって、文字の発明は、それほど神秘的なものであったのである。

3　書写の材料　石から紙へ

文字を記録するものといえば、今では、フロッピーディスク（FD）や、その七〇〇倍もの容量があるコンパクトディスク（CD）、さらに、そのまた七倍もの容量があるデジタルビデオディスク（DVD）など計り知れない記憶容量をもつ電子磁気媒体が、われわれの生活のなかに入り込んできている。しかし、一昔前までは、紙が文字を記録する材料として、その座を占めてきた。紙の使用量は文化のバロメーターともいわれてきたけれども、人間が文字を発明して、ただちに紙にそれを記したのではなく、さまざまなモノに文字を記すことを試みてきている。

石、粘土板

はじめは手近にある自然のモノがそのまま書写の材料となる。古代人の矢じりなどの道具となった「石」は、よい例かもしれない。何よりも石は、よほどのことがない限り、まず壊れることがないから、情報の記録の耐久性において優《すぐ》れている。ロゼッタ石はあまりにも有名であるが、前二七〇〇年のエジプト第二王朝時代のセンドの石文は、現存するエジプト最古の石文といわれている。

テーベのカルナック神殿．ヒエログリフなどが刻まれている．石はもっとも古い書写の材料であろう．

中国でも、儒教の教典を石に彫りつけた石経《せっけい》というものがある。このように、ヒトは昔から石に文字を刻み、自らの意思《おもい》を伝えるために、記録を遺《のこ》してきた。今でも、橋や公共の建物などの大きな竣功式には、石のプレート、礎石の除幕がつきものである。このように石がもつ優れた記録保存機能にもかかわらず、石は重さがあるために遠隔地への大量かつ迅速な運搬がきわめて困難である。そのため石が移動を伴う書簡の書写の材料となることは、ほとんどなかった。

粘土板《クレー・テーブル》は石と同じような素材にみえるが、人工的に造られた最古の書写の材料であろう。粘土板は前三〇〇〇年頃から、古代メソポタミアにおいて、書簡などの書写の材料として使用されはじめた。建築の材料となる煉瓦《れんが》の製法が転用されて、粘土板がつくられたのだが、そのようなものが書写の材料となった背景には、木や石など書写の材料となる資源がほとんどない、メソポタミアの厳しい自然環境があった。そこに住む人々にとって、粘土は、まず建築材料になったし、水瓶《みずがめ》や食器などさまざまな道具にもなったのだから、手紙を書く書写の材料になったとしても不思議ではない。メソポタミアの人々にとって、太陽の恵みをいっぱいに吸収した大地の土そのものが、彼らの生活を支える大事な資源となったのである。

粘土板の形をみると、書簡に用いられたものは板状のものが一般的であった。まれに八面体の円筒シリンダーの形に近い粘土板もあった。大きさは一様ではなく、さまざまな寸法のものがある。信書は一片の粘土板で完結させることになっていたので、とくに長い通信文になるときには、粘土板の表面だけではなく、その裏面や側面にも文字が刻まれた。重要な書簡は、同じ文面の粘土板が二片つくられ、一片は名宛人に送られ、残りの一片が後日の証拠のために差出人の許《もと》に保管された。

粘土板の出現は文字の単純化や記号化を促《うなが》した。シュメール人たちは、葦《あし》の茎《くき》の先を尖《とが》らせて、それで、柔らかい平らな粘土板の上に彫り目をつけて、文字を刻んでいった。葦の茎はそれほど硬いものではないので、複雑な曲線を粘土板に彫り込むことは無理である。そのため文字の形は単純な短い線の組み合わせとなっていった。その彫りの一画一画が楔《くさび》のような形にみえることから、楔形文字と呼ばれるようになる。古代オリエントの灼熱《しゃくねつ》の太陽の光で乾かされた粘土板の乾いた文化は、シュメールにはじまり、以後、メソポタミアに侵入する幾多の民族に引き継がれ、アッシリアの大帝国に至る二〇〇〇年余りの時間を支配し続けてきた。

粘土板に刻まれた乾いた文書は、その形容のとおり、大半が無味乾燥な行政上のこまごまとしたデータや商業上のやりとりを示す書簡であった。しかしアッシリアの都ニネヴェで発掘された王宮の文庫《ふみくら》の二万余の粘土板のなかには、あの有名な『ギルガメシュ叙事詩』が含まれていた。それは旧約聖書の天地創造やノアの大洪水などの伝説を伝えている。バビロニア文学の水準の高さが忍ばれる。もちろん王宮の文庫には、行政上のデータ、否、王家の記録文書というべきものかもしれないが、それらの文書が当時の支配者たちによって整理され整然と保管されていた。粘土板の文書には、国王の印が押され、不正なもち出しを防ぐために、「神はこの書物を無断でもち出す者に怒りを発し、その者を倒し、その家族と子孫を滅ぼすべし」と記されてあったという。このように古代メソポタミアには、粘土板を用いて情報を記録し、それを伝達し、分析し、保管することができる社会的基盤《インフラストラクチャー》がすでに確立され、高密度の粘土板通信システムを有する国家社会がそこにあったのである。

樹皮、木簡

石や粘土板は重いけれども、軽い書写の材料もある。植物の葉や樹皮がその一例になるが、石や粘土板とくらべれば、それらは扱いやすいし、その上ずっと軽いので、書写の材料として大いに利用されてきた。たとえば椰子《やし》の葉は、インドや東南アジアの国々で、近年まで、手頃な書写の材料となっていた。もっとも椰子の葉は朽ちやすいので、土地権利書といったような、とりわけ重要な文書に使うことは不向きであったが、日常の手紙のやりとりには椰子の葉がひんぱんに使われていた。インドの郵便局は、一九世紀になっても、椰子の葉に書かれた手紙をずっと引き受けていたという。まさに葉書《はがき》である。

木の皮も書写の材料として長いあいだ使われてきた。カシミールなどのインド北部の地方では、ヒマラヤ樺の木の皮が仏教書などの書写の材料として活用されてきた。インドネシアのバタクでも、医術師が木の皮の帳面を使っていた。

二〇世紀後半、モスクワの北方、スウェーデンに接するロシアの中世都市ノヴゴロドの跡から、白樺の手紙がたくさん出土した。発掘を指揮したヴァレンチン・ラヴレンチエヴィチ・ヤーニンが一般読者向けに『白樺の手紙を送りました』という本を書いている。同書によると、ノヴゴロド文書と呼ばれる白樺樹皮《ベリョースタ》に文字が刻された文書はさまざまな目的のために作成されたが、書簡類も多い。文字は骨や鉄や青銅などでつくられた軸ペン《ピサロ》で刻まれた。手紙を精査すると、土地領主が自分の所領管理人《クリューチニク》に手紙を書き送り、所領管理人も主人

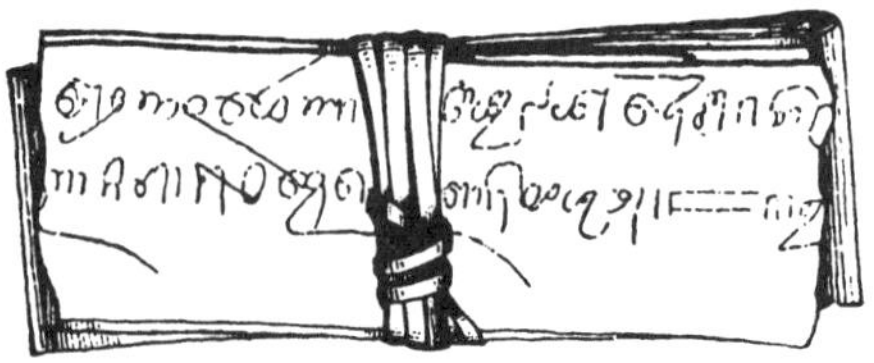

椰子の葉の手紙．書き終えた手紙は別の椰子の葉で帯封がかけられる．葉の芯を除いて，湯洗いし乾燥させてから，子安貝でこすって，表面を滑らかにする．タリパット椰子やパルミラ椰子がよく使われた．

に書いている。農民が自分の領主に手紙を書き、領主も農民に書く。貴族から貴族への手紙もあれば、金貸しからその債務者たちと交信して債務額を計上している例もあり、手工業者が注文主とやりとりするケースもある。夫から妻へ、妻から夫への手紙もあれば、親から子供へ、子供から親への便りもみられた。

たとえば、「マリアよりわが息子グリゴーリイへ。私に上等のブハラ織りを買っておくれ。お金《クナ》はダヴィド・プリブイシャに渡しました。でも息子よ、自分で買い物をしてこちらにもってきておくれ」と記された母親から息子への手紙がある。息子は蓄えもない生活をしていたので、母親が代金を送ったのであろうか。いろいろなことが想像できるが、この時代、各階層の人が文字の読み書きができ、白樺の手紙がコミュニケーション手段になっていたことに驚かされる。もちろんノヴゴロド以外でも、中世ヨーロッパでは、白樺などの木の皮が手紙の書写の材料として利用されていて、オーディンは、それに恋の手紙を認《したた》めたといわれている。白樺の恋文である。

庄司浅水の『本の五千年史』は本の歴史を軸としながらも、文字や書写材料や印刷などの各分野に目配りして、出版文化の一端を綴っている。同書によれば、書写の材料に樹皮が用いられたことから、書物の語源に樹皮に由来するものがいろいろある。英語のブックはブナの木《ビーチ・ツリー》が、また、ライブラリーはラテン語のリベルに由来するが、リベルの本来の意味は樹皮である。フランス語のリーブル（書物）も同じである。このように人間が身近な自然のモノを書写の材料に用いて、自らの想いや情報を伝達していたのである。

植物の葉は手軽な書写の材料であったけれども、朽ちてしまうので保存には向かなかった。その点、同じ植物でも木片は長期間保存ができるので、格好の書写の材料となった。一般に木簡《もっかん》と呼ばれるもので、その手軽さも手伝って、中国をはじめ日本でも広く使われていた。木簡の研究が世界的な規模で行われるようになったのは、二〇世紀に入ってからのことである。そのきっかけは、イギリスの考古学者オーレル・スタインが一九〇七年、敦煌《とんこう》の周辺に点在していた見張り台の跡から七〇〇片余の前漢時代（前二〇二—後八）の木簡を、また楼蘭《ろうらん》のかつての都の跡から晋《しん》時代（二六五—三一六）の木簡を発見したことであった。

中国で発掘された木簡をみると、標準寸法があり、漢尺で長さは一尺（約二三センチ）、幅は五分であった。特例として、詔勅は一尺二寸、聖人の教典は二尺のやや長い簡を用いている。材質は出土地に豊富に生えていた柳の一種であるドロヤナギ材が大半を占めてる。木簡の表面は刀子《とうし》と呼ばれる刃渡り二五センチばかりの槍鉋《かんな》で削られ、その細長い簡一枚に一

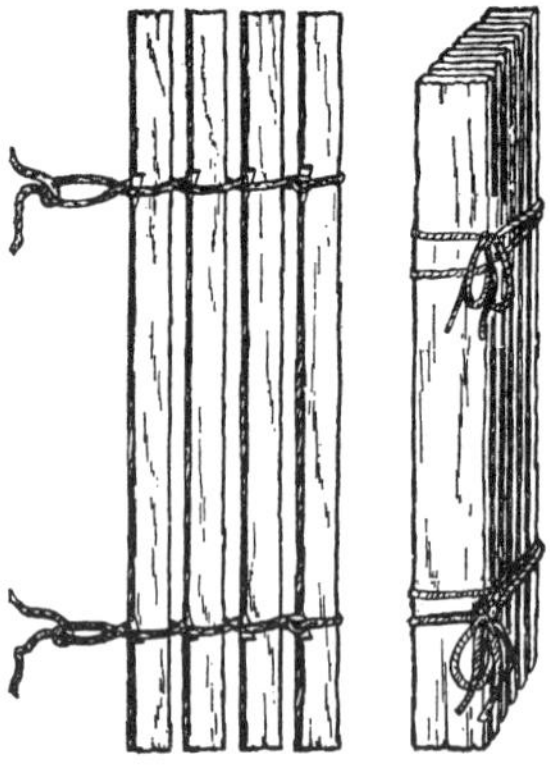

木簡．一編（左）と一巻．一編とは簡を２本の麻の紐でよりながら表裏交互に編んだもの．それを１枚ずつ蛇腹形に折り重ねて，外から紐をかけたものが一巻となる．

行一〇字ほどの文字が記された。古い木簡は削り直し、そこに新しい文字を書いて、一片の木簡を何度となく使った。書き損じた文字も削り落とし、そこに正しい文字を書き直した。そのことを示す、文字が書かれた削り屑も、敦煌などの遺跡から発見されている。また出土点数はきわめて少ないが、竹簡も出土している。

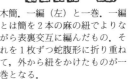

楼蘭や敦煌で発掘された木簡の分析結果をみると、多くが出土地の地方行政機関の文書である。ある役所から別の役所宛、また役所から兵士や役人個人宛、あるいは個人から役所宛の文書などとなっている。その内容も、役所の備品の在庫状況、会計の処理、官吏のいわゆる勤務評定など、まことに多岐にわたっている。辺境にあった狼煙台での毎朝の足跡調べの報告書には「一ヵ月に調査距離の合計は四〇〇里と端数、六人の兵卒一人当たり何十里と何歩」という具合にことこまかに軍務の履行状況が記されていた。まさに、これら木簡群から、漢や晋の時代の、驚くべき几帳面な文書行政が、国のすみずみまで行き届いて、それが大帝国を治める手だてとなっていた様子が忍ばれる。そこには木簡が迅速に送受できる巨大な交通と通信の組織が敷かれ、毎日、詔勅を記した木簡などを携えた兵卒が馬にまたがり、広野を駆け巡っていたにちがいない。

日本でも、木簡は七世紀前半から近世に至るまでの長いあいだ使われてきた。一九六一年、奈良時代（七一〇―九四）の木簡が平城宮跡から多数発掘され、わが国の本格的な木簡研究がスタートした。平城宮から出土した木簡の材質は檜《ひのき》や杉の木である。その内容は、中国の木簡と同じように、多くは役所の会計伝票や帳簿などの日常の行政管理《まつりごと》にかんする文書などであったが、役人の手習いのための書写の材料などにもなった。役所間の連絡にも木簡がひんぱんに使われた。それらの多くは進上《しんじょう》と呼ばれた送り状や返抄《へんしょう》と呼ばれた受取状である。なかには政府の醸造所であった当時の造酒司《ぞうしゅし》が、醸造の技術者の長を呼び出すことを記した文書《もんじょ》木簡も出土している。また荷札や所有者《もちぬし》を示す札などにも使われた。付札木簡である。このように木簡の用途は多岐にわたるが、人間やモノの移動に付随したものが目立つ。木が当時すでに使われていた紙よりも丈夫だったからでもあろう。

これらの木簡群から、われわれは、古代の律令政治体制下の役人の仕事や経済活動の一端を知ることができる。それはまた『日本書紀』などの中央政府《みやこのつかさ》が編纂した正史と正倉院や古寺に伝わる古文書などにより組み立てられてきた、これまでの古代史の狭間《はざま》を埋めてくれる第一級の史料ともなっている。たとえば、一九八七年、平城宮の南東に接したところから三万片を超える木簡が発見されて、そこから藤原氏の陰謀で滅んだ長屋王の存在と、往時の上流貴族社会の暮らしぶりが蘇《よみがえ》ってきた。また、長屋王邸跡のすぐ北から、その後発見された七万余の、いわゆる二条大路木簡の分析調査の結果、長屋王なき後の豪邸に、藤原氏出身の光明皇后が住んでいたことが判明した。

この発見は、皇后宮が亡父の不比等《ふひと》の邸宅跡に設けられたという、これまでの定説を覆すものとなった。祟《たた》りも恐れずに反藤原派への見せしめのように、政敵の屋敷に住んだ光明皇后の気丈さや、政争の凄まじさを物語っているといえよう。奈良の大仏殿西回廊の隣接地からは、二二六片の木簡が出土したが、それらは大仏建立の謎を解き明かす情報をわれわれにもたらしてくれた。「七竈《かまど》四八斤（約三二キロ）」などと記された木簡群からは銅の溶鉱炉の数や製法がわかったし、さらに、山口県秋吉台に近い美東《みとう》町の長登《ながのぼり》銅山から発掘された木簡からは、長登の銅が奈良の大仏建立に使われたことが確認されている。長登の地名が奈良登《ならのぼ》りが訛《なま》ったものであることも裏づけられた。まさに木簡は古代史の真相を今に伝える情報媒体《メディア》なのである。

パピルス、パーチメント

パピルスは、石材や粘土板や木簡などにくらべれば、格段に優れた書写の材料である。エジプト人が発明したパピルス紙は、薄くて軽いこと、表面が滑《なめ》らかなこと、巻くことができることなどの特徴をもち、書写をはじめ、運搬や保存にもたいへん便利になった。英語のペーパーやフランス語のパピエは、ラテン語のパピルスに由来し、ギリシャ語のパピロスに基づいている。パピルス紙は、前三〇〇〇年のエジプト第一王朝第五代ウディム王の時代からギリシャ・ローマの時代に至るまでの、なんと四〇〇〇年にわたり使われ、エジプトのみならず、地中海東部沿岸から近東・メソポタミアの国々でも使われた。

パピルス紙の製法については、古代ローマの学者大プリニウスの『自然誌』に記されているし、大沢忍の『パピルスの秘密』にはカイロのパピルス紙研究所長ハッサン・ラガーブによる一九七〇年代のパピルス紙復元のデータが収められている。パピルス紙の原料は、ナイル河の肥沃なデルタに広く茂っていたカヤツリグサ科に属するパピルス草である。今でもナイルの上流をはじめ、各所でみられる。浅瀬に生え、茎は緑色で丸味をもった三角柱状、高さは一・五メートル前後である。古代エジプトでは、パピルス草が食糧になり、衣服・靴・薪・縄・綱などの家庭衣料用品の材料にも使われた。またパピルス草を束ねた船も造られた。このように、パピルス草は古代エジプト人の生活《くらし》のあらゆる分野で活用されてきたが、パピルスといえば、やはり書写の材料となったパピルス紙であろう。

パピルス紙の製法は、まず、パピルス草を長いまま刈り取って、茎の外側の皮を剝《は》いで、白い髄《ずい》を柱状に取り出す。それを薄く削いでから、その繊維が縦横になるように貼り並べて、水分と糊を加えてから適度な圧力をかける。乾燥後、表面を滑らかにして、いわゆる紙の形に仕上げたのである。ナイルの濁った水が薄片と薄片とを接着させる糊の役目を果たしたらしい。

出来上がったパピルス紙は、ちょうどリボン状の鉋屑《かんなくず》を貼り合わせたような形をしている。髄の中心部分でつくられた白いパピルス紙が一番上等の紙とされ、聖なる紙と呼ばれ、宗教関係の書物などに用いられた。書記《スクライヴ》がそこに古代エジプトのシュロの葉を裂いてつくった筆や葦のペンを使い、黒や赤や青のインキで、聖なる文字であるヒエログリフを記していった。外皮に近い部分でつくられたものはあまり上等なパピルス紙ではなかったので、もっぱら商品の包装用などに使われて、商人の紙《エムポレーティカ》と呼ばれた。

もっとも立派なパピルス紙の工場は、アレキサンドリアにあった。そこで製造されたパピルス紙はアレキサンドリアの紙と呼ばれて、遠く、フェニキア、ギリシャ、ローマなどの国々へ輸出され、エジプトの独占輸出品目となっていた。パピルス紙はさまざまな分野で使われ、当時の地中海諸国の政治・経済・文化を支える大きな役割を果たしていたのである。そこに記されたものは、文芸作品、法律文書、宗教書、公文書、商業書簡、会計帳簿など、国家の重要文書から日々の商業文書に至るまで、きわめて広範囲にわたっている。もちろん個人の書簡《たより》にもパピルス紙が使われ、出土したもののなか

パピルス草．多年生の草本で，条件させ整えば，年に５メートルは伸びる．

には、親子の情愛が溢れんばかりの手紙、家を建てた教え子がご馳走を用意し新居に恩師を招く微笑《ほほえ》ましい手紙、都を離れて遠い国境の町で守備《まもり》についている兵士への励ましの手紙などがみられる。このようなパピルス紙の手紙は、きっと人と人とをむすぶ太い絆《きずな》になっていたにちがいない。

四世紀に入るとヨーロッパでは、パピルス紙に代わる書写の材料として、パーチメントが登場する。羊や山羊や牛などの皮が素材となったが、生まれて間もない仔牛の皮で造られたものが最高級品といわれている。これはヴェラムとも呼ばれた。いわゆる羊皮紙である。特徴については後段で述べるが、パピルス紙からパーチメントへの交替劇には面白いエピソードが隠されていた。伝承によれば、前二世紀頃、隆盛を誇っていたエジプトと小アジアの文化の中心地であったペルガモンとのあいだで、図書館の建設拡充を巡り、国威をかけた熾烈《しれつ》な競争が展開されていた。

その最中、こともあろうに、ペルガモン王エウメネス二世は、収蔵書五〇万巻を擁するエジプトのアレキサンドリア図書館の司書長アリストファネスを、多額の金で、ペルガモンの蔵書二〇万冊の宮廷文庫の司書長に引き抜こうとしたのである。この引抜事件が発覚すると、エジプト王プトレマイオス五世は烈火のごとく怒った。王はアリストファネスを獄に投じ、その上、エジプト特産のパピルス紙をペルガモンへ輸出することを一切禁止してしまった。そこで、パピルス紙が使えなくなり困ったエウメネス王とペルガモンの書記たちは、やむなく古くからさまざまなものに使ってきた動物の皮を書写の材料にすることを試みて、パーチメントを考案したのである。パーチメントには「ペルガモンの皮」という意味があり、語源には、以上のような古代国家間の紛争《あらそい》の顚末《てんまつ》が秘められている。

パーチメントをつくるには高度の技術を要した。まず、毛皮を剝ぎ水洗いして、一昼夜浸し、それを石灰水に二週間漬けて、皮についている毛や肉を丹念にそぎ落とす。次に水から出して、粉末の石膏をふりかけて脂肪分を吸い取って、板枠に張りつけて干す。十分に乾いたところで、表面を削って平らにして完成である。手間と根気のいる仕事であった。パーチメントはインクや絵の具を吸い込みすぎないので、本来の絵の具の色彩が長く保たれる性質をもっている。それに強靱《きょうじん》で耐久力があり、パピルス紙のように破れる心配がなかった。表面は滑らかで、光沢があるため、彩飾写本のような細密画《ミニアチュール》などにも適している。加えて、両面に書写ができる特性をもっていたため、この時期に、書物の体裁が片面使用の巻物形式《ヴォリューメン》から両面使用の冊子形式《コデックス》に変化しはじめる。また、パーチメントの登場により、書くものも、葦のペンから使いやすい羽ペンに代わった。このようにパーチメントはパピルス紙とくらべると優れたところがたくさんあったけれども、難をいえば、高価な書写の材料であったことである。

パーチメントの利用者は、はじめは時代《とき》の統治者や高僧らに限られていたが、あの華麗な書写本や彩色写本を生み出した。ギリシャ語聖書のシナイ写本、コットン本創世記、リンディスファーン福音書、それに聖マーガレット福音書などの宗教書はその一例である。一冊の聖書をつくるのに羊五〇〇頭もの皮が必要となったので、高価な書籍になったことはいうまでもない。これらの写本制作の担い手となったのは、僧侶たちであった。中世ヨーロッパの大僧院には書写室があり、大勢の僧侶たちが聖書などの写本に勤《いそ》しんでいた。

後に、貴族や豪商ら当時のブルジョワジーを対象とした一般書にもパーチメントが使われるようになり、哲学・倫理学・数学・天文学などの写本が作成されたほか、騎士道、恋愛物語などの文学小説の写本もあらわれる。写本の需要は増大し、書写の仕事は僧侶の独占ではなくなり、専門の書写職人たちも誕生した。このように書籍となったパーチメントは中世ヨーロッパの宗教やその背景にある文化を今に伝える情報メディアの役割をも果たしている。

日本にも、西洋からパーチメントの書簡が来ている。九州の大友・大村・有馬の各大名が一五八三（天正一一）年にローマに派遣した使節団がパーチメントに記された親書をもち帰った。使節団はフランシスコ・ザビエルやルイス・フロイスの宣教活動により西欧への関心をもった大名が派遣したもので、使節団が七年間の任務を終えて帰路ゴアにたち寄ったときに、その地のポルトガル国インド副王から親書が託された。親書には、副王のドン・ドワルテ・メネガスの署名があり、日葡《にっぽ》両国の正式修交とキリスト教宣教師の保護を依頼することが墨書で記されていて、油彩で鮮やかな模様の細密画が周囲に施されている。親書は豊臣秀吉に届けられた。秀吉は、貿易は認めるが、キリスト教の布教は認めない旨の返書を出した。この親書はヨーロッパからわが国に発出された最古の外交文書といわれている。現在、京都の妙法院が所蔵している。

以上の親書のほかにも、一六世紀半ばから一七世紀初頭にかけて、ポルトガル国王は九州の大友・大村の各大名に、ルソン長官は秀吉や家康に、またオランダ、イギリス、スペインの各国王も幕府に親書を発している。キリスト教の布教や通商を希望するものなどであったが、いずれもパーチメントに記された書簡であったろう。

紙

書写の材料は粘土板やパピルス紙あるいはパーチメントなどと変化していったが、これから述べる「紙」は書写の材料のなかで一番大きな意味をもっている。なぜなら紙は現代のわれわれの生活にとっても、依然、欠かせないものになっているからである。

西暦一〇五年、中国人の蔡倫《さいりん》が紙を発明した。それまで中国では書写の材料といえば木簡であった。稀《まれ》にきめの細かい絹布に文字を認《したた》められることがあった。これは帛書《はくしょ》と呼ばれるもので、非常に高価なものであった。絹は蚕の繭からつくられる。その細かな繊維屑を乾かすと薄い膜になる。これが最初に「紙《し》」と呼ばれたものである。紙の字の偏の「糸」は蚕糸《さんし》を、旁《つくり》の「氏」は平滑《へいかつ》なことを示している。麻の紙もある。新疆《しんきょう》のロプの湖《ロプノール》の近くにあった漢代の狼煙台跡からは黄竜元（前四九）年の記年がある紙片が発見された。蔡倫の紙発明よりも一五四年前のものになる。それはロプノール紙と呼ばれるものであるが、紙質はきわめて粗く麻の筋が残っていた。

蔡倫は、このような原始的な麻のシート状の紙を工夫し、信書をはじめ書画用に使えるまでに改良したのである。原料は使い古された麻・布・漁網などであった。それらの繊維を細かく砕いて、水のなかで攪拌して、どろどろのビスコース状にする。それを薄く漉《す》きシート状に仕上げる。それが紙である。繊維がそのままの、弾力性というか柔軟性にやや欠けるパピルス紙や原始的な紙とくらべれば、表面が均質の蔡倫の紙は、まさに書画に便利な上に、折りたたみも自由、手軽で長もちもするなどの、多くの長所を備えていた。

蔡倫を紙の発明者とはじめに述べたが、より正確にいえば、紙の完成者とか大成者と呼ぶのがふさわしい。その功績によって、後に三〇〇戸の領地をもつ竜亭侯に封ぜられて、蔡侯となる。古い紙《し》と区別し、蔡倫の紙を蔡侯紙と呼んでいる。陳舜臣の『紙の道』は蔡倫の業績を記すとともに、紙の西方への伝播の道程《みちのり》を辿る壮大な歴史紀行となっている。同書によれば、蔡倫は宮廷内の走り使いからスタートし、紙の改良に傾注していたときは、天子の御物をつくることを司る俸禄六〇〇石の尚方令《しょうほうれい》という官職に就いていた。宮廷工房長といったポストで、ほぼ県長官と同格である。蔡倫が費用を惜しみなく支出できる高官の地位にいたからこそ、紙の試作に没頭でき、完成をみたのかもしれない。利を求める商人のでき

蔡倫．原始的な紙を書画に使えるように改良した．

る仕事ではない。

　中国大陸において紙が使われはじめた頃、日本はまだ弥生時代であった。巨大な漢帝国の威光が朝鮮半島にも延び、その余波は一衣帯水にある当時の倭《わ》の国にも及ぶこともあった。漢から日本へ紙がいつ入ってきたのかはっきりしない。町田誠之は『紙と日本文化』のなかで、卑弥呼《ひみこ》が中国へ貢ぎ物を贈り、また、中国からは賜り物が与えられたりしたが、そのような過程で、賜り物が包装され、詔勅が添えられたりして紙が介在した可能性がある、と示唆している。先進国から伝えられた紙をみた古墳時代の日本人は、その白さと美しさに驚嘆したにちがいない。それが自分たちが着ている木綿《ゆふ》と同じ植物繊維からできていることも知った。繊維を織る技術と、漉く技術との差であろう。古代人はそれまで神に捧げていた木綿に代えて、紙を最高の幣《ぬさ》とした。今でも、社殿の前には真っ白な御幣《ごへい》がおかれ、鳥居の注連縄《しめなわ》には紙垂《しで》が飾られ、紙を清浄な幣《みてぐら》として神に捧げる習慣が守られている。紙に対する日本人の感性の原点がここにみられる。

　七世紀の飛鳥時代に入ると、日本でも紙が造られるようになった。大和政権は公文書保管と国史編纂などを行う役所として図書寮《ふみのつかさ》をおいた。ここで官用紙も製造される。造紙手の定員は四人。山背国《やましろのくに》、現在の京都市の鴨川の辺《ほとり》に五〇戸の紙《かみ》戸《こ》をおき、紙を造らせた。平安京に遷都後は紙屋院《かみやいん》に発展していく。そこで漉かれた紙は紙屋紙《かみやがみ》と呼ばれ、唐《から》の紙をも凌《しの》ぐものとして、上流階級の人たちに人気があった。技術者の研修も行われ、製紙法を習得した技師は郷里に帰り、国府で公用紙を漉いた。そして彼らが美濃紙など郷土色豊かな和紙の先駆者となった。

　各地の国府で漉かれた紙は戸籍などを記載するために使われたが、古い例では七〇二（大宝二）年の御野《みの》（美濃）・筑前・豊前の戸籍がある。奈良の正倉院には、八世紀に日本で漉かれた紙が、書巻、経巻や文書の形で保管されている。とくに正倉院文書六〇〇巻余は、奈良朝から平安朝にかけての、諸国の紙コレクションの感があり、各地の製紙事情を知る生きた史料となっている。それらが千数百年の時を刻み、現代に生きるわれわれに、奈良の、そして平安の古《いにしえ》の情報を伝えてくれるのである。その事実は紙が情報メディアとしていかに優れているかを示す例であろう。

　このように、朝鮮半島を経てわが国に伝えられた製紙術は、幾多の先人たちの手によって改良され、楮《こうぞ》あるいは三椏《みつまた》などの良質な材料を用いて、日本独特の流し漉きの技法を編み出して、優れた和紙を生み出した。和紙の普及は、わが国文化の向上を促し、きらびやかな天平文化や平安文化の誕生に一役かった。紙が情報を伝える書簡の書写の材料に使われたのはいうまでもないが、ただに文章を綴るのではなく、さまざまな趣向が凝らされた。香を焚《た》きしめた紙に、和歌を添えた雅《みやび》やかな公家の手紙は、その一例である。後年、手紙は公家だけのものではなくなり、武家や商人らもひんぱんに手紙を書くようになり、紙の需要が増加した。

江戸時代に入ると、半紙が手紙によく使われるようになり、文が長い手紙のときは、半紙をつなぎ合わせて、文を書き綴っていった。この手間を省くために巻紙が生まれた。それは、必要なだけ文章を書き、たとえそれが短くても長くても、そこで切り取ることができる便利さが受けて、巻紙は広く手紙に使われるようになった。もちろん和紙は手紙の書写の材料にとどまらず、障子や襖《ふすま》などの家具の材料をはじめ、扇子や提灯などの材料となった。和紙は日本文化をまさに形成してきた。わが国では、早くから豊かな紙の文化が開花していたのである。雁皮《がんぴ》の鳥の子紙をみた西洋人は、その美しさと丈夫さを賞賛し、植物性羊皮紙《ヴェジタブル・ヴェラム》と呼んだ。

紙漉．和紙製造を図解した国東治兵衛著『紙漉重宝記』(1798) から．

その西洋人の紙の歴史は、七五一年のタラスの戦いからはじまった。この唐とサラセン帝国との戦いで、唐が敗北して、多くの捕虜がサマルカンドに連れていかれた。そのなかに製紙技術者が含まれていた。アラビア人はこの人たちから蔡侯紙の製法を学び、七五七年に工場を建てる。蔡侯紙はアラビア人が当時使っていたパーチメントよりも優れた点が多かったため、評判は近隣諸国に伝播して、各国で紙が漉かれるようになった。なかでも八世紀のサマルカンド紙と九世紀のダマスカス紙が有名である。紙の製法は、さらに一〇世紀にはパピルス紙の発祥地であるエジプトに伝わり、一一世紀にはリビアに達した。一二世紀、紙の製法はジブラルタル海峡をわたりイスラム教徒からキリスト教徒に伝えられた。一一五〇年にスペインに、一一八九年にフランスに伝えられたが、ヨーロッパ人が使っていたパーチメントが紙に十分匹敵しうる品質をもった書写の材料であったことから、紙の需要はなかなか伸びなかった。

しかし、一四世紀にイタリアで文芸復興《ルネサンス》の運動が起きると、新思想の活発な啓発活動が展開されたこと、一五世紀にヨハンネス・グーテンベルクが鉛の活字を採用した活版印刷術を発明したことから、紙の需要が大きく伸びた。印刷文明が紙の使用を促したともいえよう。製紙法は一四九〇年にイギリスにも伝わり、一六九〇年には大西洋をわたり、アメリカ大陸にも移入された。そして産業革命は紙の製法を大きく変える。それまで、ぼろ布など植物繊維を原料としていたが、その不足も手伝って、砕木《グランド》パルプを原料とする紙が製造されるようになった。一九世紀の科学技術の進歩によって、効率のよい抄紙機《ペーパー・マシン》が開発され、機械漉きによる紙の大量生産が可能となった。洋紙の誕生である。

その結果、大量生産された安価な紙が人々のあいだに流通するようになり、情報伝達のメディア、さらには文化を育《はぐく》むメディアとして、欠かせないものに成長していく。日本でも明治になると、効率的な洋紙製造の技術を導入して、このような面からも産業の近代化を推し進めた。蔡倫が考案した紙の技法は一〇〇〇年以上もの年月をかけて、絹の道《シルク・ロード》、否、紙の道《ペーパー・ロード》を辿って、西へ西へと伝播し、巡り巡って、洋紙という新たな装いで日本に戻ってきたのである。陳舜臣は次のような言葉で『紙の道』をむすんでいる。

> 東方で生まれた紙は、草原を通って西へ西へと伝えられた。それには思想、学問、芸術が載っていたのである。やがてこんどは、西方の文化の精華が、海洋を通って東方に伝えられた。紙こそ東西文化交流のシンボルといえるだろう。

4　焔と煙と　狼煙が伝えたもの

原始的な身ぶり言語から出発したヒトのコミュニケーションも、言語が使えるようになると、ヒトが伝えることができる情報の量は飛躍的に増大するとともに、同時に、質も向上した。しかし、いわばフェース・ツー・フェースの対話であり、ヒトが情報を伝達できる距離は、音声が聞こえる範囲であり、ごく短いものであった。人間の社会が発達すると、部族の祭礼が行われたり、富を巡る争いごとが起きるようになり、それらに備えるための、情報収集・伝達の仕組みが考え出された。

まず、呼び声や口笛などのヒトの生の声が信号音になった。そのほかにも、角笛、法螺《ほら》貝、鈴、太鼓、鐘、板木など、さまざまなモノが出す音が信号音になった。単調な太鼓のリズムは、山や谷に谺《こだま》して、かなり遠くまで達した。その調べは、部族の祭りの祝い、首《おさ》の死を悼み、ときには外敵の侵入を警告するものでもあった。信号音はリレーされ、さらに遠くまで送ることが考え出された。たとえば古代ペルシアやガリアでは、大きな声でリレーしながら遠くに情報を伝える慣習《しきたり》があったし、また、古代中国の軍隊では太鼓による情報リレーも試みられた。

しかし、古代の長距離通信といえば、やはり狼煙《のろし》がその代表格となろう。井口大介の『コミュニケーション発達史研究』は、興味深い史実を引きながら、古代通信の多彩さを明らかにしている。同書によれば、狼煙のことが文献にはじめてあらわれた時期は定かではないが、旧約聖書エレミヤ書第六章第一節には、災いと破滅の到来を警告し、主が「ベニヤミンの子らよ。エルサレムのなかから逃れよ。テコアで角笛を吹き、ベテ・ハケレムで狼煙を上げよ」と告げたことが記されている。

エーゲ海

聖書にはまだまだ狼煙の話が出てくるけれども、狼煙の具体的な話を語るには、ギリシャの話からはじめるのがふさわしいと思う。ホメロスの英雄叙事詩『イリアス』やアイスキュロスの代表的戯曲である悲劇『オレステイア』などのなかに、ギリシャでは、古代から狼煙による通信の伝統があったことがうかがえる叙述がみられる。やや神話の世界の話になるが、トロイの王子パリスは絶世の美女と謳《うた》われたスパルタの王妃ヘレネを誘惑して、トロイに連れ去った。アガメムノンを総大将とするギリシャ軍は、ヘレネの返還に応じないトロイを包囲し、一〇年にわたり攻撃を繰り返したが堅固《けんご》な守りは崩せなかった。そこで、オデュッセウスの策にしたがって、ギリシャ軍は、あの有名な巨大な木馬の計を実行し、難攻不落のトロイの城を一夜にして陥落させた。トロイ戦争である。

トロイ落城のギリシャ軍の捷報《しょうほう》は、あらかじめ準備された狼煙の伝送組織により、エーゲ海をわたり、はるか遠くのミケーネの王宮に速報された。この話はトロイ落城から七〇〇年後に書かれた戯曲『オレステイア』の冒頭において詳しく語られている。それによれば、王宮の門前でクリタイメストラ女王が「トロイが墜《お》ちました」とアルゴスの長老たちに告げたところ、そのことが信じられない長老たちは「して、いかなる使者が、かくもすみやかに、御許《おんもと》へ参られたのでございますか」と女王に尋ねた。女王は「火の神ヘパイストスです。神はイダ山から輝く光を送ってくれました。焔《ほのお》の飛脚は次々に送り継がれて、ここまでやってきたのです。イダ山からレムノスのヘルメアン山にわたり、島を越えて、ゼウスの宮アトス山の頂に至り……」と答えたのである。

アイスキュロスの戯曲の台詞《せりふ》を手がかりに、この狼煙通信の経路を推定してみれば、地図1に示すとおり、まず、イダ山からヘルメアン山へ、続いて、アトス山、マキストス高原、メッサピオン山、キタエロン岩、アエギプランクトス（山羊）山、アラクナエウス（蜘蛛）山と光が引き継がれ、ミケ

地図1　トロイの勝利を伝えた狼煙ルート（前13世紀）

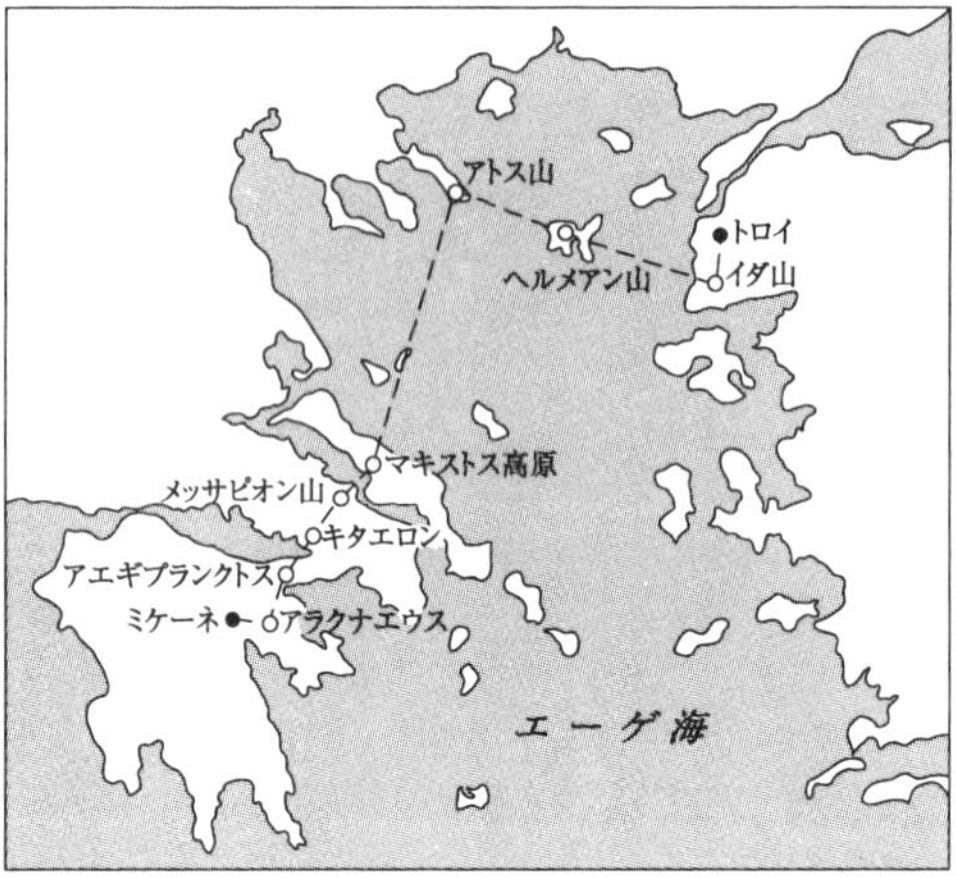

ーネの王宮に到着したのである。通信距離は五五五キロ。三二〇〇年前の昔、トロイ落城の飛報がその夜のうちに、エーゲ海を越えて、ミケーネの王宮に届いたのである。狼煙の焰は、澄み切ったエーゲ海の夜空を焦がして、次々にリレーされたにちがいない。技術的にみれば、見通しがよいといっても、イダ山―ヘルメアン山一五〇キロ、アトス山―マキストス高原一八〇キロの間隔は長すぎる。それぞれのあいだに中継所がもう一ヵ所おかれたことであろう。

　この話は実証できる材料が乏しいけれども、アイスキュロスがマラトンやサラミスやプラティアの大戦役に従軍して、戦場で狼煙通信の活動を目《ま》のあたりにしていたことも考えられることや、ハインリヒ・シュリーマンの熱心な発掘作業によって、トロイやミケーネの歴史と文明が明らかにされていることもあり、決して絵空ごとの話ではない。最近の調査では、トロイ戦争は、一人の女性を巡る戦争というよりは、むしろ当時の織物交易の覇権を巡るトロイとミケーネとのあいだの戦争ではなかったかといわれている。年代も前一二四〇年から前一二三〇年までであったことが明らかにされた。ミケーネの狼煙通信のシステムが解明される日も近い。

　トロイの戦《いくさ》よりもやや時代は下るが、ヘロドトスの『歴史』のなかにも、狼煙通信についての記述がみられる。前四九二年からはじまったペルシア戦役中に、遠征するペルシア軍と防衛にまわるギリシャ軍が、軍事用の狼煙通信のネットワークを互いに戦場に整備して、組織的に活用していたのである。

　たとえば『歴史』巻七・一八三には、アルテミシオンに布陣していたギリシャ軍が、前線で警戒していた二隻の友軍の船がペルシア側に拿捕《だほ》され、そのうちの一隻が浅瀬に乗り上げた事件《できごと》を、対岸スキアトス島からの発火信号によって知らされたことが記されている。航路の沿岸の要所には狼煙の設備を備えた監視廠が設けられ、戦況の監視や船舶の航行標識の役割を果たしたにちがいない。同じく『歴史』巻九・三には、ペルシア陸軍の将マルドニオスが、島づたいに敷かれた狼煙通信網を使い、陸軍のアテナイ再占拠の報せを、サラミスの海戦に敗れた国王クセルクセスに連絡したいと考えていたことが記されている。

このようにギリシャとペルシアの両軍は変化する戦況を刻々と把握し、騎馬伝令官の速報ネットワークとも連携プレーを取りながら狼煙通信を駆使して、友軍に、そして本国に機密の軍事情報をくまなく通報していたのである。また、敵を攪乱させる計略《はかりごと》の情報を狼煙通信で流して、テーベ軍に包囲されたプラティアの守備隊を脱出させることに成功した逸話がツキジデスの『戦史』巻三・二二にみられる。まさに現代の軍隊顔負けの情報戦がエーゲ海をとりまくはるか古代の国々で展開されていたのである。

中国

古代中国の狼煙にも長い歴史がある。古いところでは、司馬遷の『史記』巻四周本紀のなかに出てくる、狼煙と絶世の美女の話が有名である。またまた美女を巡る話になってしまったが、古今東西、英雄色を好むということで、この辺の話題にはこと欠かないのである。話は、周の幽王には絶世の美女、褒姒《ほうじ》という寵姫《ちょうき》がいたところからはじまる。この姫は笑うことが嫌いだった。そこで、王は褒姒が笑うのをみたくて、なんと、非常呼集用の狼煙を上げさせた。諸侯は、すわ宿敵の北方騎馬民族が来襲してきたとばかりに、精鋭の手勢を従えて、王城に馳《は》せ参じてきた。それがほんの座興とわかり、大騒ぎとなった。この混乱の様子をみて、褒姒は身をよじらせて大笑いをした。これには幽王も大喜び。それからというもの、王は何度となく非常呼集の狼煙を上げたため、諸侯たちは呆れ果てて、その後は誰一人として、呼集に応じる者がいなくなってしまった。

この機を捉《とら》えて、正妃の父、申侯と手をむすんでいた異民族、犬戎《けんじゅう》の大軍が国境を越えて、周に大挙侵入してきた。このとき、幽王は狼煙を上げて兵を集めたが、一兵も馳せ参じる者がなく、敢《あ》えなく異民族の手にかかり、命を落とした。前七七一年のことである。西周の時代はここに幕を閉じ、春秋・戦国時代がスタートした。この話をそのまま信じるわけにはいかないが、そこから、西周の時代、外敵の侵入に備える狼煙による軍用の緊急通信システムが、何らかの形で存在していたことがうかがえる。

やはり『史記』のなかに、「前三世紀の戦国時代に中国北辺には狼煙による警報組織が敷かれて、外敵となった異民族との戦いや隣国との紛争が起きると、それが活用された」と記されている。狼煙の警報組織は漢王朝（前二〇二―後八、二五―二二〇）の時代に引き継がれて、整備・拡充されていく。すでに述べたとおり、二〇世紀はじめにはイギリスのスタインが現在の新疆ウイグル自治区で考古学調査を行った。それがきっかけとなり、無数の屯所や見張り台、そして漢代の狼煙台が発見された。

籾山明は『漢帝国と辺境社会』のなかで、北辺の守りを固める漢の狼煙について詳述している。以下同書に負うが、狼煙の施設を「烽燧《ほうすい》」あるいは「燧」と呼ぶ。ここでは燧に統一しよう。多くの燧がこれまでに確認されているが、大半は甘粛《かんしゅく》省の敦煌《とんこう》周辺と内蒙古自治区に続くエチナ河流域にある居延《きょえん》で確認された。燧のネットワークは、ロプの湖《ロプ・ノール》がある楼《ろう》蘭《らん》から発し、万里の長城に沿って敷かれ、東は朝鮮半島に達する長大なものであった。燧の周辺からは多数の木簡が出土している。木簡の記載内容から、燧にそれぞれ名前がついていることが判明した。たとえば博望《はくぼう》（広く見渡す）、破胡《はこ》（胡《えびす》を撃ち破る）、臨水《りんすい》（河に臨んだ）、当谷《とうこく》（谷に向かった）といった具合にである。第一から第三八までの番号を冠した燧もあった。燧と燧との間隔は、地形により異なるが、三キロ程度である。

燧のシステムは匈奴《きょうど》などと対峙《たいじ》する国境監視の通信隊といってもよい。軍隊組織であり、燧―部―候官《こうかん》―都尉府《といふ》―郡太守府のラインで編成された。居延の萬歳燧《ばんざいすい》の例で説明すると、萬歳燧を統括していた上位機関は萬歳部。同部は萬歳燧・却《きゃく》敵《てき》燧・臨之《りんし》燧・第一燧・第三燧の五つの燧を束《たば》ねていた。といっても、萬歳燧が五燧の代表格となり萬歳部となった。燧長のほかに、候長が任命された。部は俸給受領や食糧配給の単位でもある。萬歳部の上級機関は甲渠《こうきょ》候官。同候官は、萬歳部・鉼庭《へいてい》部・推木《すいぼく》部・城北部・呑遠《どんえん》部・不侵《ふしん》部・第四部・第十部・第十七部・第廿三部の一〇の部を管轄していた。一〇の部の下には、約八四の燧が配されていた。甲渠候官の上級機関は居延都尉府。同都尉府は、甲渠候官・殄北《ていほく》候官・卅《そう》井《せい》候官などの候官を統括していた。エチナ河北部の防衛の基地である。そしてこの地域を総覧していたのが張掖《ちょうえき》太守府であった。

燧の構造もかなり解明されてきている。以下に、近年発掘された居延都尉府・甲渠候官第四部所属の第四燧の構造を紹介する。建物は「燋《しょう》」と呼ばれる望楼と、「塢《う》」と呼ばれる居住区から成っている。望楼は日干し煉瓦を積み上げて造ることが多いが、この燧では、土を一層ずつ突き固めていく工法をとっている。基底部分は約八メートル四方、高さは約三メートルである。しかし本来の高さはもっとあったことであろう。望楼の高さは立地条件によりさまざまだが、一八メートルに達するものもある。ここから信号を上げた。居住区は二一メートル×一五メートルほどで、高さは二メートル。内部は土壁で区切られ部屋が設けられている。この居住区の広さは、第四燧が地区の代表燧（第四部）であったため、他の燧よりはかなり広い。燧の周囲には尖《とが》った杭を逆さに植えた逆茂木《さかもぎ》（虎落《こらく》）が植えられていて、燧の上部には弩《いしゅみ》を発射する狭間（転射）も備えられていた。

第四燧（第四部）には候長一人・燧長一人、文官に当たる候史が二人から四人、兵卒がやはり二人から四人配属されていた。その他の燧には燧長一人を含め三人から五人が配属されていた。燧の仕事は雑多である。まず、重要な任務は「迹《せき》」と呼ばれる巡察で、持ち場を毎日パトロールすることである。次に「候望《こうぼう》」すなわち見張りである。さまざまな信号を発信し中継することも、この仕事に含まれる。信号の発信・中継は蓬《ほう》や表のほか、積薪《せきしん》や苣火《きょか》によって行われている。前者は旗（筒や籠《かご》のような形に近い）、後者は狼煙である。次章において述べるが、文書《もんじょ》の逓送も燧の仕事であった。

蓬には、紅色に染められた布製のものと、植物の茎や枝を編んだ籠のようなものがあった。それを燧に立てられた旗竿に掲げる。表の詳細はよくわからない。この旗信号は昼間しか使えなかった。積薪は積み上げた薪《まき》の意味である。実際は苣《きょ》すなわち松明《たいまつ》を井桁に積み上げたものである。松明は葦やハネガヤを束ねたもので、大きいものは長さ二メートルもあった。それを燃して、昼は煙で夜は火で合図した。苣火は篝《かがり》火《び》である。昼間の旗信号に代わって、夜間に活躍する信号となった。松明は四〇センチ程度の小ぶりのものを使い、点火した松明を籠に入れ旗竿に吊《つる》した。もう一つの方法は、二つの松明を手にもって、それらを離したり近づけたりして信号にした。離合の苣火という。漢の時代、蓬、表、積薪、苣火の四種類の手段をいろいろと組み合わせて、情報を伝達した。伝達の手順は、蓬火品約《ほうかひんやく》と呼ばれる規則にまとめられた。出土した木簡から、その一例を次に示す。

一　匈奴が塞《さい》に侵入しとき、大風や雨降りのため蓬や苣火が挙げられないときは、ただちに檄《げき》（緊急の文書）を送って通告せよ。人は走り、馬は駆けて、緊急の場合に倣《なら》え。

一　匈奴が昼に甲渠候官管轄区の河北の長城ラインに侵入したのを発見したら、蓬を二つ挙げ、積薪を一つ焼け。夜に侵入してきたときは、積薪を一つ焼き、狼煙台に苣火を二つ挙げて、その火を明け方まで絶やすな。隣接する殄北・卅井候官は、品約の定めるとおり呼応せよ。

一　匈奴が侵入して燧を取り囲み、積薪を焼きに行けないときは、隣の燧が代わって蓬を挙げ積薪を焼き、以下順次、品約の定めるとおり呼応せよ。

籾山明は、こうした「蓬火品約」が唐の「兵部烽式」や日本の「軍防令」などにみられる烽火規定の源流となったことは想像にかたくない、と述べている。品約の文は燧内の見やすい壁面に書きつけられ、燧長・兵卒には、常に反復暗唱し周知徹底することが求められた。情報の正否が運命を決することすらあったので、信号の誤送や誤認は処罰の対象となった。各燧から匈奴侵入の報が都尉府に届くと、漢兵の出撃である。出土した一枚の木簡には「九〇騎ほどの匈奴が侵入し、卒一名と物品・家畜を略奪して去ったので、都尉府の司馬の宜昌が騎馬兵一八二人を率いて、都尉に従い追跡した」と記録されている。組織化された烽燧システムは、北辺の鉄壁の守りの一翼を担い、漢帝国の維持に貢献した。一条の煙の信号がどれほど大きな意味をもっていたことか。それは軍事行動の合図となり、住人には異民族の来襲を警告するなど、その役割は計り知れないものがあった。

朝鮮半島

朝鮮においても、狼煙は軍用通信として使われ、石造りの立派な狼煙台が今でも遺《のこ》っている。酒寄雅志は『烽《とぶひ》の道――古代国家の通信システム』のなかで、朝鮮半島の烽燧についてふれている。酒寄の研究によれば、六世紀半ばからの、高《こう》句麗《くり》・新羅《しらぎ》・百済《くだら》が鼎立《ていりつ》した三国時代になると各地に狼煙台が設けられた。『三国史記』には、新羅と百済が烽山の麓で戦ったこと、百済が新羅の烽山城を攻撃したこと、高句麗では鬼神が烽山で泣いたこと、また、烽上王と称される王が烽山に葬られたことなど、烽燧にちなむ記述がいくつかみられる。同じく高句麗伝は、六一二年、隋の煬帝《ようだい》が高句麗に攻め込んだときに、国境に高句麗の斥候が満ち、烽をたびたび上げたことを伝えている。

朝鮮半島で烽燧の本格的な整備がはじまるのは高麗《こうらい》（九一八―一三九二）になってからである。一一四九年、西北面兵馬使の曹晋若によって「烽燧式」が定められた。烽燧式は、狼煙を、平時には一回、緊急事態が発生したときには二回、情勢が緊迫したときには三回、差し迫った情勢になったときには四回上げること、また、各烽燧には防丁二人と白丁二〇人を配置することなどを決めている。高麗の烽燧は、モンゴルの侵略によって一時崩れたものの、李氏朝鮮（一三九二―一九一〇）になってから一層拡充・整備されていく。一四四八年には烽燧の法が定められた。

李氏朝鮮の時代になると、全国に五つの狼煙ルートができ上がる。それらは首都漢城《ソウル》の木覓山《モツミョクサン》（南山《ナムサン》）に造られた中央烽燧とむすばれた。首都の狼煙台を京烽燧《キョンボンス》と、また、前線におかれた狼煙台を沿辺烽燧と、そして京烽燧と沿辺烽燧とをむすぶ狼煙台を内地烽燧と呼んだ。内地烽燧は全国六二三ヵ所に造られた。漢城と直接むすばれる狼煙ルートを直烽と、直烽につながる脇の狼煙ルートを間烽と呼んだ。各狼煙台の間隔は約一〇里であった。以下に五ルートを示す。

第一路　咸鏡道慶興―江原道―京畿道楊州峨嵯山―木覓山第一台（直烽一二〇ヵ所、間烽六〇ヵ所）

第二路　慶尚道東萊―慶北―忠北―京畿道広州穿川―木覓山第三台（直烽四〇ヵ所、間烽一二三ヵ所）

第三路　平安道江界―黄海道―京畿道高陽塩浦―木覓山第三台（直烽七八ヵ所、間烽二二ヵ所）

第四路　平安道義州―黄海道西海岸―京畿道母嶽西烽―木覓山第四台（直烽七一ヵ所、間烽三五ヵ所）

第五路　全羅南道順天突山島―全南・全北海岸―忠南内陸―京畿道・江華島海岸―木覓山第五台（直烽六〇ヵ所、間烽三五ヵ所）

烽燧の炬数、すなわち狼煙を上げる回数も厳密に決められていた。地域により同じ回数でも意味が異なる。海岸地区では、平和が続くときには一炬、海上に敵があらわれたときには二炬、敵が海岸に接近したときには三炬、敵船と交戦したときには四炬、敵が上陸したときには五炬と定められていた。一方、内陸部では、敵の痕跡が認められるときには二炬、敵が国境を侵犯したときには四炬、敵と交戦したときには五炬となっており、一炬と三炬がない。ここから、海岸地区の防備に力を注ぎ、そこではきめ細かな情報のやりとりをしていたことがわかる。

烽燧軍が烽燧システム全般を掌握した。沿辺烽燧では各狼煙台に監考（伍長）二人と兵一〇人が、内地烽燧では監考二人と兵六人がそれぞれ配置されていた。彼らは狼煙を上げるのが本務だが、天候が悪く狼煙を上げられないときは次の狼煙台まで走って情報を伝えた。木覓山の兵は、毎朝、国王の秘書官にあたる承政院に前日の報告を行う。火急のときには、夜中でも内容を報告し、ただちに国王に奏上された。

外敵の侵入を報せる狼煙．警報を受け，騎兵隊が海岸に到着，敵船に向け砲弾も発射され，山陰にも兵が集まる．『スウェーデン人の歴史』(1552) 所収の図版．

狼煙通信は意外と速い。辺境から漢城の木覓山まで五、六日で狼煙が届いた。また、ある記録によれば、木覓山直前の峨嵯山烽燧台と六鎮の終城とのあいだ約五五〇キロを、狼煙で信号を送ったところ、五、六時間で届いたという。時速一一〇キロにもなる。もちろん烽燧のシステムが完全に機能し、また天候に恵まれた結果であり、いつもこのように機能していたわけではない。狼煙が中折れしたり、不報になることがしばしば発生した。一六世紀、朝鮮に倭寇が来襲したときや秀吉軍が侵略したときに、それを告げるべき狼煙がうまく機能せず、しばしば途絶えたらしい。朝鮮に限らず、狼煙を正常に機能させるには、多くの人員と資金、それに日々の訓練が何より必要であった。

狼煙《スモーク・シグナル》は世界中で使われてきた。日本の狼煙については後述するが、近世になってからも、アメリカ先住民族のスー族やシャイアン族などのあいだでは、狼煙はなくてはならない通信手段であった。彼らは、皮の布で火を煽《あお》いだり覆ったり開いたりして、煙の輪などをつくり、仲間に警報を伝えたり、敵を威嚇した。上昇する一筋の煙は警戒を、二筋は良好を、三筋は危険と救援要請を意味していたといわれている。狼煙は雨が降っていたら送信できないし、また、送信できる情報も決して多くはないが、緊迫した状況下では、大いにその威力を発揮したにちがいない。一条の狼煙が敵の来襲から民《たみ》を救ったこともあったろうし、味方の奇襲攻撃を成功に導いたこともあったであろう。

このように狼煙の技術は古代から近世まで生き続けてきたが、これを人類が発明した古くさい遺物としてかたづけてしまうのは、少しもったいないような気がする。たとえば、遮るものがないアルプス連山の頂などに設置されたパラボナ・アンテナ群は、送信方法が煙と焔に代わって、電波になったけれども、まさに狼煙台にみたてることができる。実際、アンテナ設置場所がかつての狼煙台があったところもある。まさに太古《いにしえ》の光通信であった狼煙は、現代に通じるハイテク通信の技を秘めていたのである。

第2章　古代王国を支えた強大な駅制

1　古代オリエント　乾いた大地に使者が走る

古代文明の発祥地の一つであるオリエントは、太陽の昇る場所と呼ばれたエジプトやメソポタミア地方を指す。人類はここに文明を興して、壮大な古代国家を築いた。エジプトやバビロニアやアッシリアなどだが、これら国家群のなかに権力者が早くも通信システムの構築をはじめていた。それらの全容を明らかにすることはできないが、出土した粘土板《クレー・テーブル》やパピルス文書あるいは後世の歴史家が記した書のなかで、古代の通信事情をかいまみることができる。

エジプト

まず、エジプトの話からはじめよう。エジプトはナイルの賜物である。かの歴史家ヘロドトスの言葉であるが、毎年、繰り返し起きるナイルの氾濫は、肥沃《ひよく》な土壌を大河の周辺にはこんできた。そこに人間が集まり、畑を耕し、社会を形成して、世界最古の文明を築き上げた。前四〇〇〇年頃には二〇〇〇キロに及ぶナイル流域に、四つの王国が誕生し、以後、四〇〇〇年の長きにわたって歴史を綴っていく。クフ王の巨大なピラミッドが建設されたのは、古王国と呼ばれる時代（前二七八〇―前二四〇〇?）である。この時代は、ジャン・ヴェルクテールの『古代エジプト』によれば、エジプト文明が完成した時代である。古王国はファラオ（国王）の権勢が頂点に達して、エジプトの民は王を畏《おそ》れて服従し、その強力な規律の下に、国内が平定されて、経済が発展していった。対外的には、エジプトはこの時期に五度にわたりアジアに遠征する。正確にいえば、シナイ半島を拠点とするベドウィン

古代エジプトの使者（左）．前2400年頃．パピルス紙に書かれた手紙を手渡ししているところ．このような勇敢な使者がファラオの駅制を支えた．上席の書記官が大きく描かれている．

人を征服するために出兵したのである。

広大な、否、長大なナイルの地を支配するために、ファラオを頂点とする強力な中央集権の組織と、それを支える地方の州《ノモス》の組織がつくられた。統治の成否は、ファラオが州を確実に掌握し、ナイルを治めて、民衆を平定できるか否かにかかっていた。だからファラオにとって、州で起きた事件の情報をすみやかに収集し、あるいは自らの命令を州に迅速に伝達する手段《てだて》が必要であった。そのためファラオの宮殿には、ファラオの書簡や命令を認《したた》める書記《スクリプ》や、それらを各地にはこぶ大勢の使者が、昼夜を問わず、待機していた。エジプトで発掘された前二四〇〇年頃の粘土板に、エジプトの学者が自分の子供たちに往時のさまざまな職業を説いているところが刻まれている。そこには使者の仕事も記されていて、ファラオの使者がたいへんな苦労をしながら、国王の書簡や命令書をはこんでいた様子が、次のように語られている。

……使者たちが異国に向かって旅だつ前に、野蛮なアジア人や野獣の怖さを考えて、すべての財産《もちもの》を自分たちの子供たちに分ち与えて行った。また、使者が無事に戻り、エジプトの土を踏めば、ふたたびただちに出立しなければならなかった。……

自然の脅威をもかえりみずに、ファラオの使者が決死の覚悟で走った地域は、粘土板に刻まれた文字からもわかるように、エジプト国内にとどまらず、当時、エジプトが遠征していたアジアすなわちシナイ半島にまで及んでいた。ギリシャの歴史家ディオドロスは「聡明なるファラオは、朝早くから起きて、さまざまな地域から送られてくる書簡を自ら受け取った。そして、書簡に認められた情報から、帝国各地で起きている、すべてのできごとを完全に掌握していた。そのため、ファラオは一層賢明に諸案件を処理できたのである」と述べている。ディオドロスの言葉から、勇敢な使者によって支えられたファラオの駅制の機能が推定できる。

中王国の時代（前二〇六五—前一七八五）に入ると、第一一王朝のメントゥホテプ一世がエジプト統一に成功する。領土は、ナイル沿いに、メンフィス、テーベ、ヌビアなどの諸都市を中心に、広大な地域を擁し、また地中海と紅海の一部の都市も勢力圏においた。なかでも第一二王朝は、もっとも繁栄に満ちた時代であった。エジプト国内の治安は維持され、商業は栄えて、その威光は外国まで届いた。ファラオは、大きく広がったエジプトの領土を治めるために、都のメンフィスに、巨大な中央行政組織をおいた。それと同時に、それぞれの州を直接統治するために、多くの官吏を地方に赴任させた。そして中央と地方が有機的に機能するように、ファラオはメンフィスと各州とをむすぶ飛脚網も整備した。次に紹介する、地方に単身赴任した一青年官吏が許嫁《いいなずけ》に送った手紙は、往時のファラオの駅制について、少なからずわれわれに語ってくれる。

……もしも、この手紙に翼を与えて、空を翔《と》ばせることができたら、そして、この嬉しいお報《しら》せをその日のうちにでも、愛《いと》しいあなたの許《もと》に達《とど》けることができるとしたら、どんなにか素晴らしいことだろう。せめて、あの、ファラオや総督たちのように、俊足の名馬にまたがった急使の手に、これを託することができたならば、国王の使者は夜を日に継いでひた走る。駅という駅には、乗り替え用の駿馬《しゅんめ》が待機し、百里の道を一日で駆けるのだ。でも、いい、私は幸せでいっぱい。今ここに胸を張ってあなたにいいます。お嫁においで、と。……

この愛らしい手紙は前二〇〇〇年頃に書かれたものである。井口大介はこの手紙を『人間とコミュニケーション』のなかで、古代エジプトの恋文の例として挙げているが、愛の告白を瞬時《すぐ》に伝えられない青年官吏のもどかしさがひしひしと伝わってくる。同時に、往時の駅制では、一人の使者が駅ごとに馬を替えながら、ファラオや高官の書簡をはこんでいたこと、そして一般の人の手紙は旅人らに託さなければならなかったこと、などが推定できる。青年の手紙には、駅馬が書簡の運び手になっていることが記されているが、ファラオの駅制では、駅馬のほかに、ナイルをゆきかう小船やパピルスの

古代エジプトの使者（右）．宮殿に着き，玉座に坐したファラオに巻物を奉呈するところ．出土するパピルスは巻物状のものが多い．アメンホテプ２世の墓碑から．

筏《いかだ》も手紙をはこんだにちがいない。そしてレバノン杉をはこんだ、あのエジプトのビブロス船隊も上の海（地中海）の洋上から伝書鳩を飛ばし、ファラオの都や船乗りたちの故郷に宛てて情報を送った。まさに陸と海と空の三つのルートを通じて、さまざまな情報がファラオの王宮やエジプト各地に届けられたのである。

古代メソポタミアの国々

ナイルがエジプトの支柱ならば、メソポタミアの支柱はティグリスとユーフラテスである。これら二本の大河の恵みにより、メソポタミア地方には肥沃な三日月地帯が形づくられて、エジプトと同様に、古くから文明が栄えていた。ロンドン生まれのサー・レナード・ウーリーが一九二二年から足かけ一三年間をかけて、聖書に記されたアブラハムの伝説上の故郷、カルデア人のウルを発掘した。ウルはバグダードとペルシア湾の入口バスラの中間にあった。このユーフラテス河畔にあったウルは、シュメール人が創った人類最初の都市といわれている。メソポタミアにはウル以外にも都市が存在し、それらの都市は相互に密接につながり、コミュニケーションの媒体として、早くから粘土板の手紙が大いに利用されていた。

前川和也は、この初期メソポタミアの手紙について『コミュニケーションの社会史』のなかで述べている。それによると、手紙が使われる前は、使者は誰某に次のように伝えよ、と命令され、メッセージが言い渡された。使者はメッセージを覚えて、目的地に出立した。しかし、長い複雑なメッセージは覚えきれないので、手紙が使われるようになる。手紙の書き出しは「誰某に次のように伝えよ」とはじまり、しばしば「誰某が次のように語る」などとつけ加えられた。最初の命令文が宛先を、つけ加えられた文章が差出人を表している。シュメール語では「誰某に次のように伝えよ」という言葉自体が手紙を意味している。手紙の表現は、口頭の言葉そのままに記されたのである。もちろん手紙は粘土板の上に楔形《くさびがた》文字で刻された。受取人がすべて楔形文字を読めるとは限らないので、使者が記憶を頼りにメッセージを伝えることもあったことであろう。

このメソポタミアで現在知られる限りもっとも古い手紙は、前二四〇〇年頃の都市国家時代末のものである。それはラガシュ都市国家のある神殿の最高行政官が他の神殿の行政官に宛てて、侵入してきたエラム軍を撃破したことを伝えている。また、ほぼ同時代に西方シリアの大都市エブラの遺跡からも、数十枚の粘土板の手紙が出土している。国際交易で繁栄していたエブラの支配者は、近隣の支配者に盛んに手紙を送り、またエブラにも手紙が届いていた。このように初期メソポタミアでは、早くも粘土板を介して支配者たちが互いに情報を交換していたのである。

時代は下るが、池田裕が『古代オリエントからの手紙』のなかで、旧約聖書の時代に生きた古代オリエントの人々の手紙を集め、当時のオリエント世界を生き生きと蘇《よみがえ》らせている。同書には、使者が一通の書簡を目的地まで届けるために、さまざまな危険と闘いながら、多くの日数を費やさなければならなかったことなどが述べられている。たとえば、エル・アマルナ時代（前一四一〇—前一三五二）の通信事情が推定できる手紙が紹介されている。それによれば、ある日、メソポタミアの南部を支配する古バビロニアの王ブルナブリヤシュから、エジプトの王であるアメンホテプ四世＝イクナートンの許《もと》に「私と私の家、馬、戦車、役人、国はみな安泰です。わが兄弟《ファラオ》とその家、馬、戦車、役人、国はみな安泰でありますように」とのご機嫌伺いではじまる一通の手紙が届いた。内容は次のようなものであった。

……私は少し前に重い病気にかかり、一時は危篤状態に陥りました。ところが親しい間柄にあるはずの、わが兄弟《ファラオ》から見舞いの言葉一つ貰えませんでした。実にけしからんではないか。正直いって、こう思いましたので、ちょうどエジプトから来ていた、あなたの使者を呼び出して文句をいいました。

「余の兄弟は余が病気であることを知らないのか。なぜ、彼は、余に見舞いの手紙をくれなかったのだ。なぜ、特使を余の許《もと》に送らなかったのだ。」

するとわが兄弟の使者はこう答えました。

「エジプトは遠すぎて、閣下のご兄弟は閣下のことを尋ねて、閣下のご健康について調べることはできなかったのです。われわれの国エジプトは本当に遠いのです。閣下のご病気のことを閣下のご兄弟が知って、閣下がまだ病気に臥《ふ》しておられるうちに、見舞いの使いを派遣するように手配するなんて、一体、誰ができるでしょうか。閣下のご兄弟が、閣下のご病気について報せを受けたまま、見舞いの特使を送らなかったなどということがありましょうか。」

私はわが兄弟の使者にいったのです。

「偉大な王であるわが兄弟の国は、ここバビロニアからずっと離れているのか、あるいは近いのか。」

すると彼はこういいました。

「エジプトが実際に遠い国なのかどうか、閣下、どうぞご自分の使者にお尋ねになってみてください。本当に遠いから、あなたのご兄弟は閣下のご病気について知ることができなかったのです。」

そこで、私の使者に尋ねると、たしかにエジプトへの道程は遠いということでした。それを聞いて、わが兄弟に対する私の怒りは消えました。

バビロニアの王の手紙から、エル・アマルナの時代、エジプトとバビロニアのあいだで書簡がゆきかっていたことがわかる。バビロニア以外にも、カナンやミタンニともエジプトは関係があったので、オリエント一帯に古代の国際情報通信ネットワークが敷かれていた、といってもよいだろう。それよりも、この手紙で、外国の使者から世界の広さについて教わったバビロニアの王が、そのことを正直にファラオに伝えていることが面白い。池田裕が著書のなかで述べているように、まさに自分の無知をさらけ出しているのである。偉大といおうか、はたまた鷹揚《おうよう》といおうか、なかなかゆとりのある王であった。王からエジプトへの道程を聞かれた使者は、このときとばかり、酷暑のなかでも、暴風のなかでも、メソポタミアの砂漠を走り、高い山を踏破し、王の手紙をファラオに一生懸命になって届けたことを力説したにちがいない。バビロニアからエジプトまで、果たして手紙が何日、何ヵ月ではこばれたか、うかがい知ることはできないが、現代人には想像できないほどの時間《とき》を要したことであろう。

エジプトやバビロニアなど古代オリエントの使者は、灼熱《しゃくねつ》の暑さや野獣たちの自然の脅威《おそろしさ》ばかりではなく、人為的な脅威すなわち強盗による略奪の脅威にも曝されていた。その一例として、カナンの話をしよう。

古代カナンの使者．前14世紀頃．灼熱の砂漠を走った．

カナンはエジプトの東北に位置し、船や建築の材料それにミイラの棺《ひつぎ》にもなったレバノン杉を産した。前一三世紀、カナンはエジプトの木材供給基地となり、主要な州の一つになっていた。エジプトは属国の内政や宗教などの問題にはほとんど干渉しなかったが、権益を守るために、上の海すなわち地中海に面した長い海岸線上のツムルやガザや、ヨルダン川に近い内陸部のベト・シェアンなどの都市に軍隊を駐留させていた。その結果、カナンの地は一応の平静が保たれた。この時代、エジプトの使者もカナンの使者も、宗主国と属国とのあいだを外敵の脅威に曝されることもなく、安全に行き来していた。

しかし、エル・アマルナ時代になると、エジプト王アメンホテプ四世がテーベからアケタテン、今のテル・エル・アマルナに都を移して、アモンの神官たちの力を殺《そ》ぎ、日輪の神アトンを祭る宗教改革に力を注いだ。当時、神官が行政を司っていたので、アメンホテプの宗教改革は、現代流にいえば行政改革でもあった。内政に力を集中したために、対外的な目配りが疎《おろそ》かになったことや、勢力を東や南に拡大しようとしていたアナトリアのヒッタイト帝国の脅威が高まったこともあり、カナンの統治は乱れ、エジプトに通じる国際通商路の治安が悪化していった。

そんな時代、バビロニア王ブルナブリヤシュが、ファラオの許に遣わした使者アブ・タブと商人たちの一行が、カナン北部で、アコの領主たちの略奪隊に襲われ、商人は殺害された。ただちに、ブルナブリヤシュは次のような手紙をファラオに送って、抗議し、償いを求めている。

……カナンはあなたの国であり、そこの領主たちはあなたの臣下です。すなわち私はあなたの国で略奪にあったのです。彼らを喚問し、彼らが私の僕《しもべ》たちから奪った金を弁償していただきたい。私の僕たちを殺害した者たちを刑に処して、報復していただきたい。もし、あなたが彼らを死刑に処さないなら、彼らはふたたび使節団を（私が派遣するものであれ、あなたが派遣するものであれ）殺し、私たちのあいだを往復する使者たちはまったく絶たれてしまうでしょう。

ご挨拶のしるしとして、青金石《ラピスラズリ》を一ミナ（約五七〇グラム）をあなたの許に送ります。私の使者をすぐに釈放して、私がわが兄弟の決定を確認できるようにしていただきたい。お願いします。私の使者を拘置しないで、すぐに釈放していただきたい。

この話の結末は定かではないが、使者の苦労は並大抵のことではなかったであろう。文面に記された青金石は、バビロニアの東方において産する深青色の地に金色の結晶が点在する美しい宝石である。エジプトではたいへん珍重されて、ファラオは大量の金《きん》を払ってバビロニアから買っていた。この宝石の交易ルートが侵されることは、バビロニア王にとっては死活問題であった。このような略奪事件に悩まされていた王は、バビロニアの王だけではなく、当時、エジプトと友好関係にあったアラシア（今日のキプロス）の王もその一人であった。アラシアの王は使者や商人たちを船で近隣諸国に派遣していたが、行く手には、ファラオの名前を振りかざし進路を妨害する者たちが、陸地にはもちろんのこと、海上にも出没した。だから、どこの国の使者も商人も、道中、盗賊に遭《あ》わないように祈りながら旅をしたものだった。

そこで安全を確保するため、他国にきわめて重大な情報を送るときには、使者に護衛をつけるなど、さまざまな努力が払われた。たとえば、メソポタミア北部の大国ミタンニのトウシュラッタ王は、エジプトに遣わすアキヤという使者に、エジプトのファラオ宛の書簡のほかに、次のように記した書

地図２　エル・アマルナ時代の中近東世界（前14世紀）

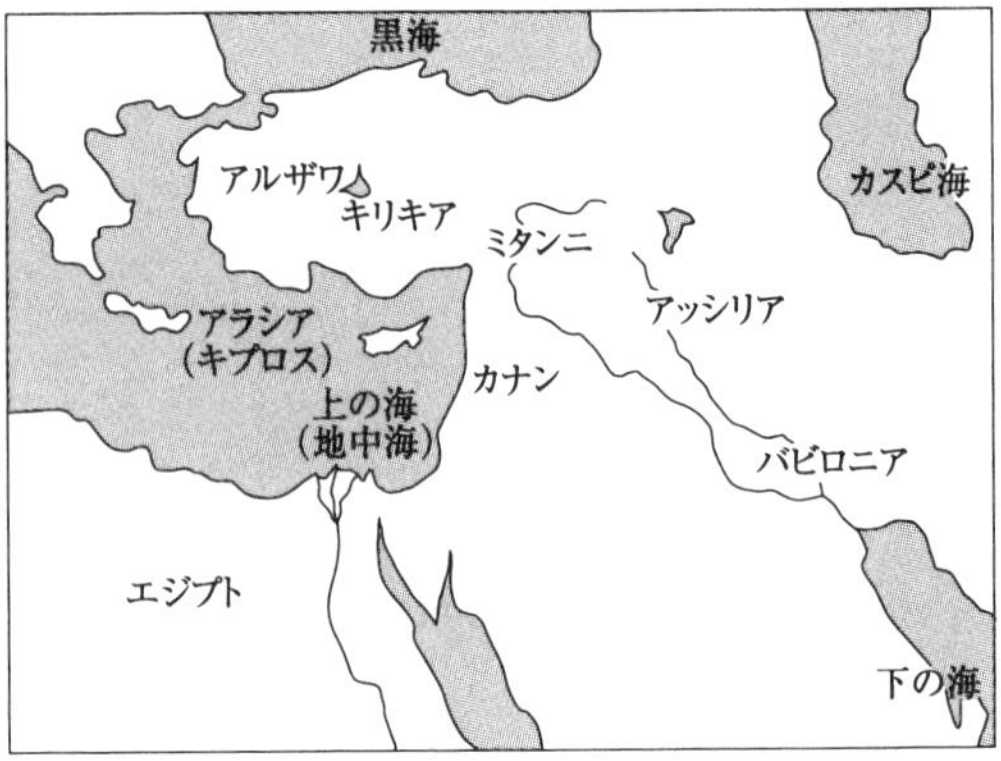

類をもたせた。

……わが兄弟（エジプト王）に仕えるカナンのすべての王たちへ。ミタンニ王よりメッセージを送る。ここに余は、わが使者アキヤを火急の用で、わが兄弟であるエジプト王の許に送る。いかなる者も、彼の行く手を妨げてはならない。彼を安全にエジプト本土まで送り届け、国境警備の責任者の許に連れて行くように。彼をすみやかに行かせるように。彼にいかなる税も要求してはならない。

この書類は、現代流の解釈をすれば、ミタンニ政府が自国の使者の身分保証と通過の安全を求めるパスポートといえよう。当時の使者は、相手国の高官と交渉などを行う権限をもっていた外交官の役割も担っていたから、書類は外交パスポートといってもよい。他方、商人たちはいわば通商使節団の任を担っていたから、彼らにわたされた書類は商用パスポートということになろう。しかし、略奪が頻発していたことを考えると、この古代のパスポートの効力《ちから》については、はなはだ心もとないところがあった。そのような不安定な状況の下で、エル・アマルナ時代の人々は、暴風雨など自然の脅威に加えて、略奪隊の脅威にも立ち向かいながら、情報のやりとりをして、通商を行っていた。

さて古代オリエントでは、さまざまな国が興《お》きて、滅んでいった。アッシリアもその一つである。建国は前一四世紀までさかのぼることができるが、メソポタミア北部、ティグリス河上流のニネヴェとアッシュールの二つの都市を核とした小さな国から出発した。アッシリアの地名は、その地の神アッシュールの名前に由来している。アッシリア人の騎兵は鉄製の武器や強い弓を使い、オリエトの諸国を次々に征服していった。最盛期は前六七〇年頃で、アッシリアの版図はエジプトを含め、東はペルシア湾、西は地中海に及ぶオリエント一帯を擁する大帝国となった。アッシリア王もファラオと同様に、中央集権国家を築き、軍事・政治・宗教を統括した。国内は数州に分けて、駅制を敷き、各地に総督をおき統治した。

カール・シェーレの『郵便事業の歴史』によれば、アッシリア帝国がもっとも繁栄した時期に、アッシリア王は、本国と占領地域とのあいだの通信を確保するために、遠くエジプトのメンフィスをはじめ、地中海のシドンやスウサ以東の諸都市をむすぶ飛脚《ひきゃく》のネットワークを整えた。それがどの程度機能していたのかわからないけれども、古代の国々では、通信ネットワークの構築が国造りの重要な仕事の一つになっていた。伝承によれば、アッシリアの伝説上の女王、セミラミスは、歩兵三〇〇万、騎兵五〇万、戦車五〇万を引き連れて、インドに遠征したとき、本国と遠征地とをむすぶ信頼できる伝令システムをつくった、といわれている。ディオドロスは「インドの王スタブロバテスがセミラミスに手紙を認《したた》めたが、それが世界最古の恋文となった」と述べている。この話は手紙の歴史の上で、欠かせない逸話となっているが、その真贋《しんがん》のほどは定かではない。このアッシリア帝国も、新バビロニア王国の登場で、前六一二年に滅ぶ。

2　古代ペルシア　王の道と駅伝システム

ジョージ・ウォーカーが『急げ、駅逓』のなかで「ペルシアの駅伝制度は郵便史のはじまりである」と述べている。古代ペルシアの駅制の話はヘロドトスや聖書の世界を越えるものではないが、著者も、それは本格的な情報通信史のはじめを飾るのにふさわしい事跡である、と思う。そこで節を改めて、ここに記そう。ペルシア発祥の地は、メソポタミアの東北に連なるアルメニア・イランの山岳地帯である。そこは古くから山岳民族の居住地であり、彼らは平地にしばしば下りて征服者となった。山岳民族のメディアとペルシアは統一国家を興したが、ペルシアのキュロス大王が前五五〇年頃、メディアに反旗を翻して独立した。

その後、ペルシアは、イラン高原の山岳民族、小アジアのリュディアや新バビロニアを征服し、さらにはインダス川流域からトルキスタン、フェニキアも支配下においた。前六世紀後半には、エジプトをも征服して、ほぼ全オリエトの地域がペルシア領となった。アッシリアに次ぐ、第二の大オリエント帝国の誕生である。そして、この大帝国の下《もと》で、オリエントの民は、アレクサンドロス大王によって滅ぼされるまでの、ほぼ二世紀にわたり、平和と繁栄を享受する。首都《みやこ》のペルセポリスには大宮殿が建造され、その大接見殿には、ペルシア領内のあらゆる民族が集まり、土地の物産を貢物《みつぎもの》として献上した。ダレイコスという鋳造貨幣も全土に流通し、貨幣経済も根づいていた。ペルシア文化は中央アジアを経て中国まで伝播し、東洋にも影響を与えた。

王の道

古代ペルシアの駅制は、キュロスによって前六世紀半ばに創設された。それは、一人の使者が自然の脅威などと闘いながら目的地まで走った、それまでの原始的な情報伝達方法とはちがっていた。ペルシアの駅制では、大勢の使者が駅伝《リレー》方式により、馬を使って、あらかじめ定められた道を走りながら、信書をはこぶ。すなわち組織的な情報伝達方法が採用されたのである。情報通信史の上では、それは大きな変化、そして進歩といってもよい。キュロスも、エジプトのファラオと同様に大帝国を統治するためには、迅速で、かつ確実に王の命令が各州に伝達でき、加えて、陰謀などの不穏な動きについて情報収集ができる、信頼できる通信システムの構築が何より重要であると考えたのである。ペルシアの駅制については、次に記すように、聖書をはじめ、古来、歴史家によってたびたび語られてきた。アテナイのクセノポンは『キロペディア』第八巻のなかで、次のように語っている。

……キュロス大王は、広大な帝国に、はなはだ有効な施設をおいた。それによって、王は、もっとも遠隔地の地方のできごとも知ることができた。すなわち王は、馬が休息なしで、一日にどれだけ走れるか、その距離を調べた後、その地に、宿泊所と駅馬を休ませる厩舎《きゅうしゃ》を建て、要員をおいたのである。

また、王は、これら駅亭を監督する駅長たちを任命して、書状の受領と発送の業務を行わせるとともに、長旅に疲れた使者たちに食事を出させ、休養をとらせ、駅馬を手入れさせた。そして、書状の送達をみれば、夜間も休むことなく、昼の使者から夜の使者へと書簡は引き継がれて、目的地に向かった。その敏速なること、黒鶴にも勝《す》ぐれたり。……

クセノポンの叙述により駅制の仕組みがよくわかる。つけ加えれば、駅亭には、使者たちの宿泊施設がまず備えられていたが、ところによっては、娯楽施設も設けられていた。また一般の旅行者も、許可があれば、そこに泊まることができたらしい。駅長は、駅亭の業務全般を監督するとともに、武器をもち、その地方における警察の役目も果たしていた。さらには駅長は、王の眼となり耳となっていた監察官と連携し、地方の諜報《スパイ》機関にもなった。そのため駅長の権勢と名声は駅亭周辺一帯に轟《とどろ》いていた。

ダリウス１世（左）と王子クセルクセス．王子がギリシャ軍との闘いの模様を大王に報告しているところであろう．ペルセポリス宮殿の浮彫から．

キュロスの駅制をより完全な形に発展させたのは、大王の娘婿であったダリウス一世である。前六世紀後半、ダリウスは地方の反乱を抑えて、全土をおよそ二〇の州に分割し、それぞれの州に太守《サトラップ》をおき、巧みに統治した。加えて、駅長の経験もある王は、駅制の重要性を十二分に認識し、帝国の主だった地域をむすぶ道路の一大ネットワークの建設に心血を注いだ。有名な「王の道」である。次に王は道路の一定距離ごとに駅亭を建てた。王の道の上を商隊がさまざまな物資をはこび、役人や商人らが旅行し、同時に、密命を帯びた監察官が巡察して、あるいは王の使者が情報を携えながらゆきかっていた。この王の道について、ヘロドトスは『歴史』巻五・五二において、次のように説明している。

　……この街道のいたるところに王立の宿場やきわめて立派な宿所があり、全道程が人の住む安全な土地を通っている。リュディアとフリュギアを通過するあいだに二〇の宿場があり、九四パラサンゲース半（一パラサンゲースは約五・五キロ）の距離がある。フリュギアを越えると、ハリュス河が流れており、そこに関門があって、河を越えていくためには、どうしてもこの門を通らなければならないし、強固な守衛所もおかれている。

　河をわたると、カッパドキアに入るが、そこを進んで、キリキア国境に至るまでに二八の宿場があり、一〇四パラサンゲースの距離である。……以上、サルディスからスウサまで全部で宿場が一一一ある。

ヘロドトスの叙述は、藤縄健三の『歴史の父ヘロドトス』を読むと、ヘロドトス自身が旅して見聞きしたものではなく、当時のペルシアの公式資料によったものらしい。これからわかることは、ダリウスが建設した王の道が、帝国の首都スウサから発して、征服したリュディアの都サルディスに至る全長二五〇〇キロもの規模を有する、古代の壮大な道路網であ

地図3　ペルシアの王の道（前6世紀）

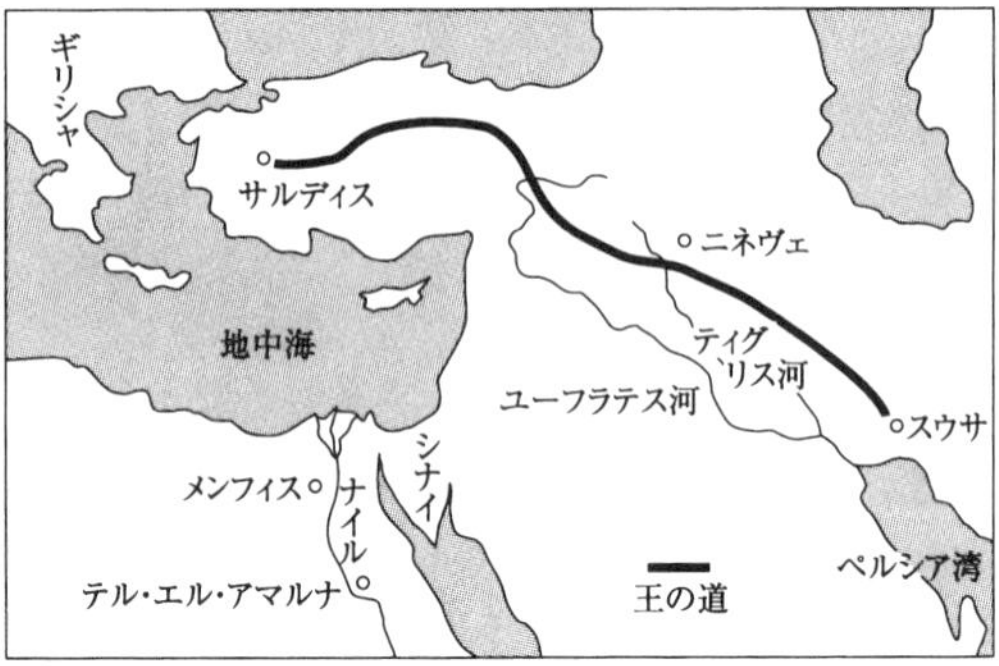

ったことである。もう一つ、ヘルマン・シュライバーが『道の文化史』のなかで指摘しているように、王の道は帝国の大都市を通らずに、技術的にもっとも都合のよい最短距離をむすび建設されている。現代のバイパス原理の応用であり、古代ペルシアの道路建設技術の高さがうかがえる。だから人のいないところに道を敷き駅亭を建て、駅の仕事をする人々を住まわせ、町をつくっていった。宿場の形成である。ペルシアの駅制は、真に、この王の道と表裏一体をなしていたのである。

　スウサ—サルディス間に一日行程の間隔で設けられた一一一の駅亭を継《つ》ぎながら、国王の急使は二都のあいだをほぼ一週間で走った。一般の旅行者が三ヵ月もかけて、その距離を歩かなければならなかったことを考えると、当時、急使便がいかに速い通信手段であったか理解できよう。またキュロスの遠征に参加したクセノポンが書き残した『アナバシス』の末尾に、何者かが「上り（アナバシス）と下り（カタバシス）とを併せて、全行程の距離は二一五駅、一一五〇パラサンゲース、言い換えれば、三万四二五五スタディオンで、要した年月は、これも上り下りを併せて一年と三ヵ月であった」とつけ加えている。この記述も、駅全体の数などを考える上で、興味深いものがある。駅制がペルシア統一のために大きく貢献したことはいうまでもない。伝承によれば、とくに駅制を使って新帝即位の詔《みことのり》を帝国内にすみやかに伝達することができたことは、反乱分子の動きなどを抑えるために、大きな効果があった、といわれている。

聖書の話

　聖書にも古代ペルシアの駅制の話が出てくる。旧約聖書のなかの列王紀上第一一章や第二〇章、エレミヤ書第五一章やサムエル記第一一章などにみられる。とくにエステル記第三章と第八章には、勅書の作成、発出先、御用馬の早馬などについて具体的に記述されており、情報通信史の研究者にとって、たいへん興味深いものがある。エステル記はペルシアのクセルクセス王の宮殿で演じられたユダヤ人迫害について語っているが、その場面に急使が登場してくる。話を、ユダヤ出身の美女エステルがクセルクセスの寵愛《ちょうあい》を受けて、王妃になったところからはじめよう。エステルは養父モルデカイの教えにより、自分がユダヤ人であることを隠している。やがて、王から厚い信任を得ていたアガグ人のハマンに、モルデカイがユダヤ人であることを知られ、ハマンの逆鱗《げきりん》にふれることになった。ハマンは、モルデカイばかりではなく、全ユダヤ人の殺害を企て、クセルクセスに巧みに取り入り、勅書の発出に成功する。以下、新共同訳により示す。

> こうして第一の月の一三日に、王の書記官が招集され、総督、各州の長官、各民族の首長に宛てて、ハマンの命ずるがままに勅書が書き記された。それは各州ごとにその州の文字で、各民族ごとにその民族の言語で、クセルクセス王の名によって書き記され、王の指輪で印を押してあった。急使はこの勅書を全国に送り届け、第一二の月、すなわちアダルの月の一三日に、しかもその日のうちに、ユダヤ人は老若男女を問わず一人残らず滅ぼされ、殺され、絶滅させられ、その持ち物は没収されることとなった。この勅書の写しは各州で国の定めとして全国民に公示され、人々はその日に備えた。急使は王の命令をもって急いで出発し、要塞の町スウサでもその定めが公布された。スウサの都の混乱をよそに、王とハマンは酒を酌み交わしていた。

この命令を知って、ユダヤ人が嘆き悲しんだことはいうまでもない。民族の滅亡を前にして、エステルは王に泣きながらハマンの計略《はかりごと》を訴えて、勅書を取り消すように懇願した。クセルクセスはハマンを柱にかけ、エステルとモルデカイに対して、王の名において、勅書を書くことを許した。

> その頃、第三の月のこと、すなわちシワンの月の二三日に、王の書記官が招集され、インドからクシュ（エチオピア）に至るまで、一二七州にいるユダヤ人や総督、

預言者エレミヤと同じ名前を記した印章．前８世紀．モルデガイもこのような印章を手紙に押し，御用馬に託した．

地方長官、諸州の高官たちに対してモルデカイが命ずるがままに文書が作成された。それは各州ごとにその州の文字で、各民族ごとにその民族の言語で、ユダヤ人にはユダヤ文字とその言語で、クセルクセス王の名によって書き記されて、王の指輪で、印を押してあった。その文書は王家の飼育所で育てられた御用馬の早馬に乗った急使によって各地に届けられた。こうして王の命令によって、どの町のユダヤ人にも自分を守るために集合し、自分たちを迫害する民族や州の軍隊を女や子供に至るまで一人残らず滅ぼし、絶滅させ、その持ち物を奪いとることが許された。これはクセルクセス王の国中どこにおいても一日だけ、第一二の月、すなわちアダルの月の一三日と定められた。この文書の写しはどの州でもすべての民族に国の定めとして公示され、ユダヤ人は敵に復讐《ふくしゅう》するため、その日に備えるようになった。御用馬の早馬に乗った急使は王の命令によってただちに急いで出立し、要塞の町スウサでもこの定めが言い渡された。

書記官が急いで文書を記す。それを携えて、御用馬の早馬に乗った急使が急《せ》きたてられて王宮の門を出ていく。急使が目的地に向けて王の道を疾風《はやて》のようにひた走る――。聖書の話とはいえ、そこから古代駅制の姿をかいまみることができる。実は、エステルとモルデカイが国王に懇願して発出された詔書は、ハマンの陰謀《たくらみ》を未然に防ぐことに成功したが、最初に出された勅書を取り消していない。いったん発出された王の詔書は取り消せないためで、そのため一つの工夫がなされた。すなわち第二の勅書において、ユダヤ人に自衛と報復の行動を認めることによって、実質的に、前の命令を翻《ひるがえ》す巧妙な方法をとったのである。

ヘロドトスの世界

ペルシアの敗北も駅制を使って本国に伝えられた。前四八〇年、クセルクセスは陸兵三〇万と艦艇一千隻を率いて、ギリシャに対して三回目の大攻撃を仕かける。決戦場《いくさば》はアテナイ西方のサラミスの海域となった。そこにギリシャ海軍が三〇〇隻の艦艇を集結させて、ペルシアの大艦隊を迎え撃つ態勢を整えていた。ペルシアの大艦隊が狭いサラミスの水道に入ると、航行の自由が効かなくなり、船足の速いギリシャ艦に体当たりされて、大混乱となった。ここにペルシアが予想外の大敗を喫することになった。戦時にはペルシアの駅制も占領地や進軍地に延長され、前線と故国とのあいだの通信確保のために大いに活用された。このサラミス敗北のニュースも高度に整備された駅制のネットワークを使って、ペルシアのスウサに伝えられた。ヘロドトスは『歴史』巻八・九七―九九のなかで、駅制の仕事ぶりについて、クセルクセスの行動や情報が届いた都の様子などを交えながら、次のように綴っている。

クセルクセスは敗戦を悟《さと》ると、……自分がヨーロッパに閉じ籠《こ》められ、破滅に陥る危険のあることを怖れ、退却を考慮しはじめた。しかしその計画をギリシャ軍にも味方の将士にも覚《さと》られまいとして、サラミス島に達する通路を築こうとした。……

クセルクセスは右のように行動すると同時に、現在の苦境を伝える飛脚をペルシアに送った。さておよそこの世に生を受けたもので、このペルシアの飛脚より早く目的地に達しうるものはない。これはペルシア人独自の考案によるものである。全行程に要する日数と同じ数の馬と人員が各所に配置され、一日の行程ごとに馬一頭、人員一人が割り当てられているという。雪も雨も炎暑も暗夜も、この飛脚たちが全速で各自分担の区間を疾走し終わるのを妨げることはできない。最初の走者が走り終えて託された伝達事項を第二の走者に引き継ぐと、第二走者は第三走者へというふうにして、ちょうどギリシャでヘパイストスの祭礼に行う松明《たいまつ》競争のように、次から次へと中継されて目的地に届くのである。この早馬の飛脚制度のことをペルシア語でアンガレイオンという。

クセルクセスがアテナイを占領したとの第一報がスウサに到着したときは、本国に残ったペルシア人の喜びは非常なもので、道という道には桃金娘《てんにんか》の枝を撒《ま》いて香を焚き、飲めや歌えの愉悦《ゆえつ》ぶりであった。それだけに第二報が伝えられると、その動揺ははなはだしく、ペルシア人はことごとく着衣を破り裂き、マルドニオス（王にギリシャ遠征を説得した人物）の罪を責め、大声で歎き悲しんでいつ果てるともみえぬ有様であった。

このように、ヘロドトスはペルシアの駅制を驚嘆《おどろき》をもって語っているが、「アンガレイオン」という言葉は中世に至るまで、速さにかんする最高の概念となった。ギリシャ語の天使やメッセンジャーを意味する「アンゲロス」という語感にも似ているが、そもそもアンガレイオンという言葉には、強制労働とか馬の強制徴発などという意味が含まれている。これが転じて駅制という意味になった。ペルシアの駅制もペルシア民衆の労力と彼らの馬によって運営されてきたのである。このアケメネス朝ペルシア（前五五〇―前三三〇）の駅制は、アレクサンドロス大王の東征によって、前三三〇年にペルシア帝国が滅ぼされると同時に、その幕を閉じた。古代ペルシアの駅制の影響は大きい。駅制の構想は、その後オリエントの地に栄えたササン朝（二二六―六五一）、ウマイヤ朝（六六一―七五〇）、そしてアッバース朝（七五〇―一二五八）などの王朝をはじめ、多くの国々に引き継がれていく。しかし、その、より完全な展開はローマ帝国の時代になってからのことである。

3　古代ギリシャ　ヘメロドローメンが走る

ペルシアの敗北は、ギリシャの輝かしい勝利を意味した。ギリシャは、前四九二年から一四年間、ペルシアと三次にわたり闘ったが、各都市国家（ポリス）が連合し、プラタイアイの戦《いくさ》において、ついに勝利を収めた。東方の専制国家からギリシャ市民の自由と独立を守った闘いともいえよう。ポリスの盟主となったアテネを軸に、前四七八年に対ペルシア防衛のためのデロス同盟が結成され、ポリスの市民社会が発達していった。

ギリシャ人は東方の先進文化や先進技術を取り入れ自分のものにしていったが、ヘロドトスが称賛と驚きをもって記した、あのペルシアの駅制アンガレイオンを引き継がなかった。その理由《わけ》はギリシャが大帝国ではなくポリスの集合体であったからであろう。アンガレイオンは、広大なそして平坦な陸地に道路を敷いて駅亭を建て、要員と馬を配置した壮大なシステムであった。いわば専制君主の統治《まつりごと》の道具である。そのような資金《コスト》のかかる制度はポリスの集合体には建設できなかったし、たとえできたとしても、各ポリス間で紛争《あらそい》が絶えなかったことを考えると、維持も不可能であった。それにギリシャの地形は険しい山が縦横に走り、なかには二〇〇〇メートルを超す山がある。海岸線では多くの岬、湾、半島などが複雑に入り組んでおり、良港を確保するには都合がよいかもしれないが、駅馬を主体とした平板な陸上の交通には不向きであった。

ギリシャの古代通信の代表格は狼煙《のろし》である。第1章でみてきたように、旧約聖書をはじめホメロスの英雄叙事詩やアイスキュロスの戯曲などのなかで、狼煙の話が出てくる。この、古代の光通信はペルシアのアンガレイオンよりも速く情報を伝えることができたかもしれないが、送信できる情報の内容がきわめて限られていた。

そこで活躍したのが書簡をはこぶ使者であった。一番速い飛脚の使者を「ヘメロドローメン」と呼んだ。学校を出たばかりの、まだ産毛《うぶげ》の生えているような歳《とし》から走りはじめて、古代オリンピックで優勝した者がその任にあたった、とも伝えられている。ギリシャ人の、ある者は「馬よりも速く走る」と譬《たと》え、また、別の者は「砂の上に足跡さえ残さないほどの速さで走り去る」と譬えて、使者たちを大いに褒《ほ》め称《たた》えた。マラトンの野からアテナイ勝利の報せを伝えた使者フェイディッピデスがヘメロドローメンの代表選手となろう。また、伝承によれば、少年使者フィロニデスは、エリスからシチオンまでの九〇キロの行程を九時間で踏破した。時速一〇キロである。健脚家の若人《わこうど》が使者に選ばれ、彼らは栄誉と愛国心を支えとして、エーゲ海の島々、そしてアテネやスパルタなどのポリスの町や村を懸命に走り、国家の運命を左右する情報を伝えてきたのである。そう、フェイディッピデスが走ったように。

もう一つ大事なことは、ギリシャ人の植民市と母都市とをむすぶ海の道が、情報のネットワークとなっていたことである。平野に乏しいギリシャでは、前八世紀半ばから二世紀にわたり、活路を、地中海の沿岸、小アジアの西岸や黒海の沿岸などに求めるようになった。この積極的な植民活動の結果、南イタリアのタレントゥム（タラント）やネアポリス（ナポリ）をはじめ、シチリアのシラクサ、小アジアのミレトスや黒海のファシスなどの都市が、ギリシャ人の植民市となった。大ギリシャ《マグナ・グラエキア》の誕生である。フェニキア人と競《きそ》いながら、ギリシャ人は地中海を航行し、特産品の葡萄酒やオリーブ油などを黒海の町やイベリア半島のヘメロスコピウム、マッシリア（マルセイユ）やリビア、エジプトに輸出した。帰路には、それらの植民市から穀物をはこんできた。

古代ギリシャの使者．ヘメロドローメンと呼ばれた．前230年頃．任務に就くとき，弓矢か槍，それに火打ち石を携えていく．

交易に携わった商人や船主たちは、オリーブの作柄や穀物の値段などのマーケット情報に敏感で、絶えず仲間と情報をやりとりしていたにちがいない。ギリシャでは農民も情報の価値《ねうち》を知っていた。陳舜臣の言葉を借りれば、ギリシャは自給自足型の閉鎖的な社会ではなく、外に開かれた風通しのよい社会であった。葡萄やオリーブなどを栽培している農民は、ただの農民ではない。彼らはそれが輸出されることを知っていて、自ら交易に参加しているという意識をもっていた。半ば都市生活者であった。相場にも敏感で、都市の市場《マーケット》にもよくでかけた。海の向こうの消費地の動向などを船員から聞いて、多くの情報をもっていたことであろう。そこが収穫物を税金として吸い上げられたオリエントなどの農民とちがうところだった。地中海の、あの、眩《まばゆ》いばかりの明るさに満ちたギリシャの風土が、開放的な文化や環境を育てていったのである。そのギリシャの風土が、情報のやりとりについても風通しのよいものにした、とはいえないだろうか。

そういえば、主神ゼウス（ジュピター）を戴《いただ》くオリンポスの一二神も開放的である。現世《うつせみ》を肯定し人間の姿をして、ときには白鳥や牡牛に変身するけれども、人間と同じように浮気もすれば、嫉妬《しっと》深い神もいる。そのなかに商人や盗賊の守護神ヘルメス（マーキュリー）がいた。ギリシャ神話に出てくるヘルメスは、神々の使者となり、その脚《あし》には翼が生《は》えていて、神々の神聖な手紙を携えて、鳥のように山野を駆け巡っている。時々、神々の恋の誘惑《さそい》の便りを忍んではこんだかもしれないが、ヘルメスは、さまざまな情報を伝える使者の神でもあった。きっとギリシャの使者はヘルメスの加護を祈りながら、任務を遂行したことであろう。情報を伝える新聞や雑誌の題号に「マーキュリー」とつくものが多いのも、この神話を聞くと頷《うなず》ける。

われわれは古代の駅制をみてきた。エジプト、古代オリエント、ペルシア、ギリシャと。それらの駅制を支えてきたのは、国に忠誠を誓った使者たちであり、勇敢な若人たちであった。ヘロドトスは使者を称え、次のように述べている。

雨が降ろうと、それが雪に変わろうとも
また、灼熱の暑さが襲いかかろうとも
また、夜の淋しさが身に染《し》みようとも
勇敢な使者は目的地に走る
ただ、ひたすらに走る

この詩歌《うた》が刻まれた記念碑がニューヨークの中央郵便局の前に建てられているが、信書をはこぶ仕事に携わる人々の原点をみるような気がする。同時に、われわれ現代人も、この精神《こころ》を失ってはならないのではなかろうか……。

4　古代中国　漢字に秘められた郵駅の仕組み

ユーラシア大陸の中央部から東に目を転じると、そこには「中国」がある。黄河文明が栄え、エジプトやメソポタミアの国々と同様に、中国も古代文明の発祥の地であった。古代中国では、もっとも基本的な通信メディアとなる手紙の、表現ソフトの役割を果たす「文字」と、記録媒体となる「紙」が早くから発明されていた。それらの話は前章で述べたように、世界の情報通信史のはじめを飾っている。中国の文字は漢字である。いわゆる象形文字だ。文字の一つひとつに形があり意味があるので、古代駅制についても、漢字自体の形などから、その輪郭を浮かび上がらせることができる。ここでは漢字の謎解きをしながら、古代中国の駅制を明らかにしていく。

禹の司空、秦の馳道

中国の駅制の起源も、ペルシアなどの駅制と並んで古い。

最近、河南省の新砦《しんさい》遺跡から四〇〇〇年前の遺構とみられる大きな都市遺跡が発掘され、殷《いん》王朝（前一六〇〇？―前一〇二七？）の前に、夏《か》王朝が実在したことが確認されたという新聞報道があった。出土品の放射性炭素年代で、夏王朝は前二〇七〇年から前一六〇〇年頃までと判断された。その夏の始祖と目される禹《う》が司空《しくう》として理想的な交通網を造り上げたと伝えられている。『竹書紀年《ちくしょきねん》』などの書に、陽城、帝丘、原、平陽、老丘、西河など夏代の都市の名前が出てくる。これら多くの都市が黄河中・下流の洛河《らく》や汾河《ふん》の流域にあり、夏の交通網はこれらの都市をむすんでいたのかもしれない。しかし伝承にある、夏の交通網が存在していた可能性は薄い。むしろ古代王朝の支配者が国のすみずみまで張り巡らされた機能的な道路網や通信網をいかに欲しがっていたか――、その強い願望が伝承に込められていた、と、捉《とら》えるべきであろう。前八世紀頃になると、西周が北方の騎馬民族を監視するため、軍事用の烽火《のろし》通信網をもっていたという記録がある。こちらの方は史実として記されている。

春秋・戦国時代（前七七〇―前二二一）に入ると、信書を迅速にはこぶため、郵や伝舎という施設が一定区間ごとにおかれるようになった。井口大介は『コミュニケーション発達史研究』のなかで、中国の古代駅制の変遷について詳述している。それによれば、郵と伝舎はもっぱら軍事政治上の要求から設けられ、馬や車などを提供した。孟子《もうし》の『公孫丑《こうそんちゅう》』には「徳之流行、速於置郵而傳命」とあり、情報の速達にあったことがわかる。しかし、この時代の駅制は自然発生的な面があり、規模も小さく、定期的な交通・通信機関として機能していたかどうかについては、はなはだ疑わしい。

前二二一年、秦《しん》は数百年も続いた戦乱の時代に終止符を打ち、天下を統一した。中国史上はじめての統一国家、始皇帝《しこうてい》の時代となる。帝は全国を三六郡に分け、その下に県をおき、そこに中央から郡守や県令を派遣して直轄統治した。郡県制と並行して、漢字の書体や通貨単位や度量衡も統一した。また帝は北方騎馬民族を攻め、万里の長城を築き、南にも大軍を送り、現在のヴェトナムのハノイ付近まで領土とした。そして政治権力を帝の許《もと》に集中させ、帝の命令がそのまま地方のすみずみにまで行きわたるような強力な専制中央集権国家を樹立した。

秦は地方を統治するため、馳道《ちどう》と呼ばれる幹線道路を整備する。それは幅員が五〇歩、約七〇メートルもあり、中央三丈、約七メートルの部分を衝《つ》き固めて高くした。そこは帝の専用の道で、一般の人はその脇を通らなければならなかった。道の両側には松が植えられた。松を植える習慣は古代ローマの道でも観《み》られたし、日本では今でも松並木がみられる。愛知県豊川市の「御油《ごゆ》の松並木」や兵庫県三原町の「淡路国道

地図4　中国の馳道（前3世紀）

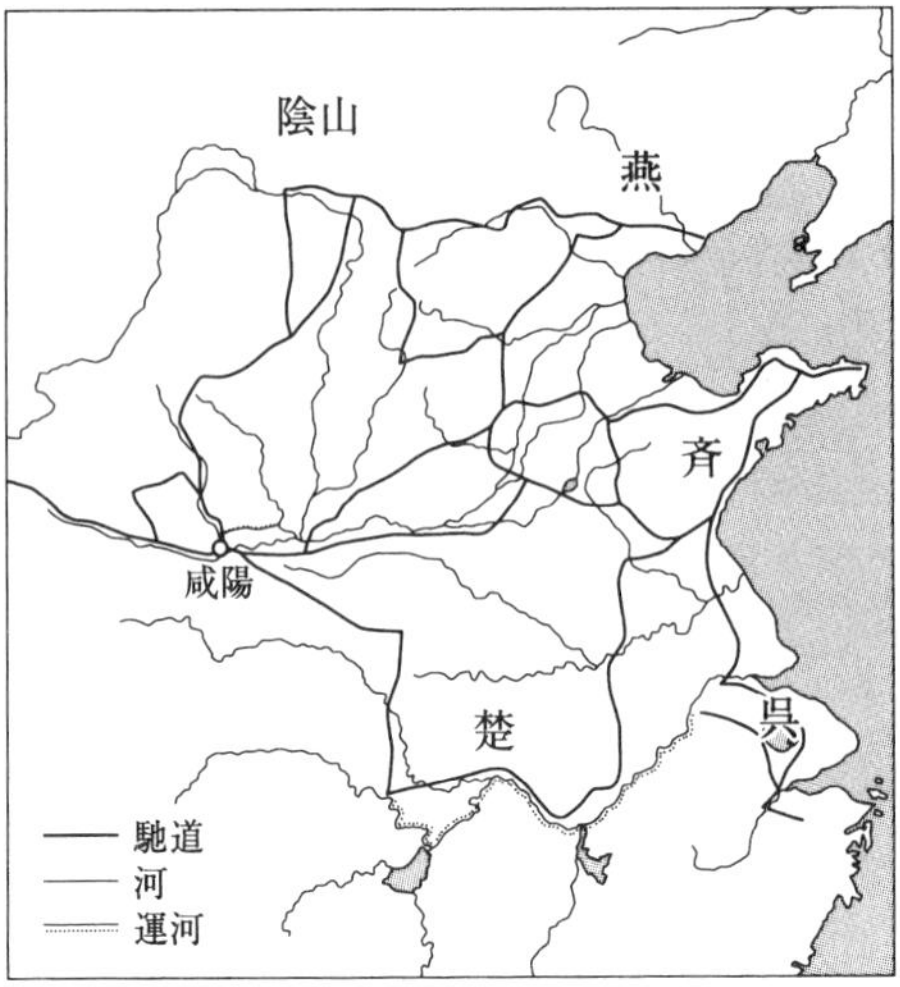

松並木」は天然記念物に指定されている。松は防火林や防風林向きとは必ずしもいえないが、松並木は旅人の心を癒《いや》す素晴らしい景観を造ってくれる。馳道の松並木も壮観なものであったろう。

文字を含め諸制度を統一した帝は、交通をスムーズにするため、馳道を走る馬車の車幅も統一し、道には車幅と同じ深い轍《わだち》をつけた。加えて、帝の政務を掌《つかさど》る一機関として、車馬を管理する太僕《たいぼく》という組織もおいた。地図4に示すとおり、馳道は都の咸陽《かんよう》から発して、『前漢書』巻五一などによれば、東は燕《えん》（河北省）斉《せい》（山東省）、南は呉《ご》（江蘇省）楚《そ》（浙江《せっこう》省）、北は陰山にまで達する大規模な道路網となった。馳道に沿って駅や伝もあったにちがいないが、駅制にかんする情報は少ない。秦の統治期間が短かったこともあり、駅制創設に着手しても、その本格的な展開は次の漢代まで待たなければならなかった。国家統一を成し遂げた秦も、たび重なる外征や大造営による重圧が民衆の反感を招き、反乱が起き、一五年で滅びる。

漢の亭郵駅伝

漢の時代に入る。前二〇二年、中国はふたたび漢によって統一される。その後、漢王室の外戚《がいせき》が建てた新《しん》による一五年間の中断はあるが、四〇〇年に及ぶ漢王朝が出現する。新の中断をはさみ、長安《ちょうあん》を都とする前漢（前二〇二―後八）と、洛陽《らくよう》を都とする後漢（二五―二二〇）とに分かれる。前漢の武帝の時代には、タリム盆地などがある西域や朝鮮半島まで支配権を拡げた。後漢の光武帝は儒学を尊び、大学を開いて、儒生を育成し官吏に登用した。蔡倫《さいりん》により紙が改良発明されたのも後漢のときである。漢代になると、駅制は恒久的になり、郵駅《ゆうえき》と総称され、組織が複雑になってくる。それは、亭、郵、駅、伝などの施設によって運営された。以下、それぞれの施設について説明する。

亭は、旅人に宿を提供する官の施設、館舎である。『後漢書』巻三八に「漢家因秦、大率十里一亭、亭留也、今語有亭留、亭待、蓋行旅宿食之所館也」とあるように、亭の設置は間隔に差があるものの、ほぼ一〇里ごとにあった。漢の一里は約四〇〇メートルである。公務で旅行する官吏に限らず、一般の旅行者も利用できた。亭の業務は亭長が監督していたが、亭長には地方の警察権と裁判権が与えられ、旅行者を監視するなどの役割も担っていた。亭長が通行証をもたず乱暴を働いた官吏を斬り殺したこともあったらしい。地方の支配者であったのである。漢の高祖（劉邦《りゅうほう》）が挙兵の前に亭長を務めたことはよく知られている。

郵は、郡や県などの行政組織の文書などを遠くにはこぶ使者たちのための宿場である。郵の字の「垂」は、稲の穂の垂れた形と土を合わせた字で、たれるという意味になる。郵の字では、崖のように低く垂れ下った遠い国の果てを表している。「阝」は枠で囲った村を意味する。すなわち遠い国へ手紙をはこぶ人のために設けた宿場、柵《さく》で囲った休憩所である。司馬遷の『史記』巻五五には「五里一郵、郵人居間、相去二里半」とある。これによれば、郵の設置間隔は亭のそれよりも短くほぼ五里ごとであった。また、郵人すなわち文書をはこぶ使者は、配属された郵を起点に両方向それぞれ二里半ずつを受け持ち、自分の郵と隣の郵との中間点で隣の郵人に文書を引き継いだ、と読み取ることができる。距離が短いので、郵人は全速力で走った。郵は文書を送達する伝書機関であった。県にある亭や郵が問題なく機能していれば、その県の治安が安定している、といわれていた。

駅は、文書などを携えて旅行する使者に駅馬と宿を提供する施設。本字は驛で旁《つくり》は二分できる。上の「罒」は目を意味し、下の「幸」は罪人の手にはめる手錠を描いている。そこから「睪」は犯人を選び出すために、疑いのある人を次から次に通らせて、目で覗《のぞ》くという意味になる。間をおいて一人また一人と通りすぎていく様子を表しているが、それが転じて、一つひとつつながるという意味になった。また、昔は馬を使って町と町をつないだ。驛の字は、その「馬」の字と音を表す「睪」の字を合わせたものである。すなわち驛は馬をおいた宿場が間をおいて一つまた一つと連続している様子を表している。駅は郵と同じく伝書機関だが、自ら文書をはこぶことはなく、発信人が派遣した使者、専使に馬や宿泊のサービスを提供することにより、伝書の機能を果たした。たとえば、中央で重大な詔勅が発せられると、使者が緊急にたてられ、駅ごとに馬を乗り継いで地方に詔勅が届けられた。漢代の駅は主な交通路に沿って、ほぼ三〇里ごとにおかれたが、郡や県の所在地には必ず駅がおかれた。

伝は、車と伝馬すなわち馬車を提供する施設である。公用交通機関であるが、通信機関としても利用された。本字では、傳と書き、車という字が入っている。人を表すイ偏《にんべん》と、音を示す「専」の字を合わせたもの。旁《つくり》の「専」は円《まる》い形をした糸巻きの重《おも》りをぶら下げたところに、寸、すなわち手をつけた様子を表している。だから傳の本来の意味は、円くコロコロ転がることであった。そこから傳という字は、円いものを転がすように、人から人へ、次から次に情報を伝えるという意味が込められた。

　漢代の伝は駅と同じ場所におかれた。正確にいえば、駅が伝に併設されていた。如淳《じょじゅん》という人物が漢の法律を引いて「律、四馬高足為置傳、四馬中足為馳傳、四馬下足為乗傳、一馬二馬為軺傳」と説明している。伝には、速さや馬の頭数によって区分され、置傳、馳傳、乗傳、軺傳《しょうでん》の四クラスがあったことが推定できる。なかでも乗傳の利用が多かったらしい。高官が任地に赴任するときには、伝で、四頭だての馬車が仕立てられた。さぞ優雅な馬車の旅であったろう。緊急連絡にも使われたが、後漢になると、伝馬の確保が難しくなり、また、維持費がかかるようになったために、駅馬が車を曳《ひ》くのにも使われるようになった。そのため緊急の通信には、もっぱら駅が用いられるようになる。駅伝という言葉がある。今ではリレーしながら目的地まで走ることをいうが、漢代の中国では「駅」と「伝」は、前述のとおり、そもそも別々の施設を意味していた。

　漢代の通信施設には、亭、郵、駅、伝のほかに、前章でみた北方警護用の狼煙《のろし》の通信すなわち「燧《すい》」という施設があった。燧の任務は匈奴《きょうど》などの北方騎馬民族の襲来に備えて周辺を警備し、緊急時には狼煙を上げることである。また、燧のネットワークに沿って文書《もんじょ》をはこぶことも燧の仕事であった。いわば最前線の砦《とりで》を兼ねた通信施設である。施設には燧長が任命され、その下に兵卒が数名いた。敦煌《とんこう》で発見された漢代の木簡には「入西蒲書一吏馬行、魚澤尉印、十三日起詣府、永平十八年正月十四日―中時、楊威卒□□受、□□卒章小趙仲」と記されたものがある。入西の文字から、東から西に向かってはこばれている書簡であることがわかる。一三日に発送され、翌一四日に受け取ったことなどが、兵卒の名前とともに、蒲（帳簿）に記されていた。

　籾山明の研究によれば、文書の送達時間も決められていた。たとえば、徒歩による送達は原則として一時間に一〇里すなわち約四キロとされ、これを「当行」といった。実際に要した時間を「定行」という。定行が当行を超えなければ「中《ちゅう》程《てい》」すなわち規定どおりとなるが、遅れると釈明が求められた。文書の送受記録をつけることは、送達時間の管理に欠かせない業務であった。かの北辺の地で、送達時間も決められて、きわめて几帳面な書簡送受簿がつくられていたことに大いに驚かされる。以上、亭、郵、駅、伝そして燧をみてきた。これら五つの施設が一体となって郵駅のシステムを形づくり、漢代の交通と通信を支えていたのである。

楼蘭の駅

漢は西域《せいいき》にも進出する。西域とは、漢の西方にある国々を指す。タリム盆地のオアシス国家群をはじめ、ペルシアやアラビアまでも含む地域をいう。この西域の事情を探るために、漢の武帝は、張騫《ちょうけん》をまだ未知の国であった大月氏《だいげっし》に派遣する。張騫は匈奴に捕らえられたりしたが脱走して、艱難辛苦《かんなんしんく》の末、出発から一二年後の前一二六年に長安に戻った。張騫の大旅行により、西域の事情が漢に伝わる。武帝は西域との交易に熱意を燃やし、西域に通じる要衝の地、河西《かせい》回廊から匈奴の勢力を一掃した。次に万里の長城を延ばし、敦煌の西に玉門《ぎょくもん》関《かん》を設け、これを西域に向かう関門とした。ここに中国と西域との交流がはじまる。

玉門関を発し、西に向かうと、オアシス国家群の一つであるクロライナがあった。楼蘭《ろうらん》である。楼蘭はロプの湖《ロプ・ノール》の畔《ほとり》に建てられた小さな王国であった。スウェーデンの探検家スウェン・ヘディンは、そのロプの湖を「彷徨《さまよ》える湖」と名づけている。楼蘭は、匈奴それから漢に支配されながらも、東西をむすぶ交通路の上にあった地の利を活かし、中継貿易の利益を収めて栄えていた。

楼蘭がかつて支配したニヤの遺跡から、一九〇一年、インド系カロシュティー文字が記された木簡がたくさん発掘された。それらの木簡からよく発達した楼蘭の駅制の姿が浮かび上がってくる。山口修は『情報の東西交渉史』のなかで、そのことについて述べている。その叙述によれば、楼蘭の駅制は、ラクダの力を借りて運営されていた。王国の各都市には宿駅があり、そこに駅の要員や護衛や案内人たちがおり、人や荷物をはこぶためにラクダが飼われていた。ラクダは砂漠の馬と呼ばれている。楼蘭王の使者が都から西に一〇〇〇キ

隊商を組み砂漠を行くラクダ．想像図．東西の文化交流と情報伝達の任も果たす．

ロもあるホータン国（于闐《うてん》）に行くことになると、それはもう一大事業となる。

大王は使者が通過するチャドータ国（鄯善《ぜんぜん》＝ニヤ）やチェルチン国（且末《しょまつ》）などの各都市に命令を発して、都市の負担により、それぞれの町に案内人と護衛とラクダを使者に提供するように準備させた。このように整えられたラクダの背に乗って、楼蘭の使者は、タクラマカン砂漠の南側、シルクロードの南道となるルートを走り、ホータン国まで王命を届けたのである。任務に就いた案内人や護衛は賃金として各都市から穀物が支給された。このように砂漠の国々にラクダの交通ネットワークが敷かれていた。急行のラクダ便もあったらしい。

楼蘭の王城跡からは、中国と楼蘭とのあいだでやりとりされた木簡が多数発見されている。こちらの方は、漢文で書かれた晋《しん》（二六五―三一六）の時代のものが大半であった。楼蘭に駐屯していた晋の軍隊宛の書簡などである。それらは都からの公用文書のほかに、兵士たちへの私的な書簡《たより》も多かった。故郷の家に残してきた兄弟や子供の暮らしぶりを心から案じる手紙、親しい娘の死を嘆き悲しむ便り、懐かしい故郷の少女からの心のこもった慰問の文《ふみ》などが発見された。いずれも遠い異郷の地に駆り出された兵士の、望郷の想いが募るものばかりである。これらの手紙は移動する軍隊や商人たちの手に託されてはこばれたにちがいない。中国の史書は晋代の西域経営について多くを語らないが、楼蘭の砂中に埋もれていた木簡が、その一端を伝えてくれる。一通の手紙が兵士たちの心をどんなに慰《なぐさ》め、勇気づけたことか。古今東西、愛の手紙はいつの時代も変わらぬ力をもっている。他人《ひと》の心をゆり動かす力を。

都の洛陽と敦煌そして西域の各都市がむすばれた。そして商人がこの砂漠の道をひんぱんに往来するようになる。西方の諸国から何人もの商人の手を経て、葡萄《ぶどう》、柘榴《ざくろ》、クルミなどの珍しい産物やアラビア馬などが中国に入ってきた。西方の楽士や奇術士や曲芸団なども中国に来た。他方、中国からは絹織物が輸出され、中央アジアから西アジアを経て、遠くローマまではこばれた。もちろん何人も何十人もの手を経て、である。ローマ人はセリカすなわち絹の国が遠く東の端にあることを知っていた。そのセリカからの織物はローマの貴婦人たちに大いに人気があった。後世、この交易路がシルクロードと呼ばれ、東西の交易、思想や文化の交流を促《うなが》す起爆剤となる。

ジャン＝ノエル・ロベールは『ローマ皇帝の使者中国に至る』のなかで、「実際、世界を支配していた四つの大国が、紀元一世紀に、足並みをそろえて政治的な安定期を迎え、人と商品と思想の交流も自由になる。四つの大国とは後漢の中国、インド北部のクシャン王国、パルティア王国、そしてローマ帝国である。この歴史の偶然によって、地球の端と端との交流が可能になった」と述べている。そのことは情報通信史の上でも大きな意味がある。シルクロードの開通は、東方の世界と西方の世界のあいだの情報の流れを太くし、それはアジアとヨーロッパとをむすぶ古代の情報ハイウェイとなっていくのである。

第3章　古代ローマ帝国の駅制

1　ローマの道　すべての道はローマより発す

光ファイバー網の例を挙げるまでもないが、情報伝達にはネットワークの構築が重要である。古代ペルシアの「王の道」や古代中国の「馳道《ちどう》」にみられるように、道が情報伝達のネットワークの役割を果たしてきた。その代表格はローマの道であろう。この章では、ローマの道とその上に敷かれた駅制について語る。

ローマの起源は伝説の霧のなかに包まれている。あの壮大なローマ建国史を著したティトゥス・リウィウスによれば、ロムルスとレムスという双子の兄弟がテヴェレ川に流されたが、雌狼《ルーパ》に助けられて、乳を与えられて育てられた。成人した二人はテヴェレ河畔に新しい都市の建設を決意したが、その支配権を巡り反目し合った。ロムルスはパラティヌスの丘に、レムスはアウェンティヌスの丘にそれぞれ陣取って、鳥占いによる決着を計ったが決裂し、レムスは殺される。やがてロムルスが王となり、創建した都市が王名を冠して「ローマ」と命名される。前七五三年のことであった。

このテヴェレ河畔に誕生した小さな都市国家が、以後、一〇〇〇年の歴史を綴《つづ》っていく。前五〇九年には共和政が樹立し、貴族《パトリキ》出身で固められた元老院《セナートゥス》が実権を握った。前四九四年、貴族優位の共和政に対抗する平民《プレブス》が聖山《モンス・サケル》にたてこもり、独立の国家を樹立しようとする。この事件をきっかけに、平民を代表する護民官《トリブーヌス・プレビス》と平民会《コンキリウム・プレビス》ができた。強力な農民の重装歩兵の力によって、前三世紀前半までにイタリア半島を支配下においた。地中海に出たローマ人はその制覇をかけ、フェニキア人の植民市カルタゴと前後三回にわたりポエニ戦争を展開する。カルタゴの名将ハンニバルのイタリア侵攻を許したが、前二世紀半ば辛くも勝利を収め、ローマ人は地中海を「われわれの海《マーレ・ノストゥム》」とした。

内乱の一世紀がはじまった。農民の没落と大土地所有制《レティフンディア》の進行、それに平民派《ポプラーレス》のマリウスと閥族派《オプティマテス》のスッラとの闘争、市民権を要求する同盟市との戦争、スパルタクスの率いる剣奴の反乱などが相次ぎ、ローマの混乱は頂点に達した。この間に元老院の権威《ちから》は低下し、平民派のカエサルと大富豪のクラッススそれにポンペイウスが手をむすんで閥族派を抑え、前六〇年、三頭政治《トリウンヴィラートゥス》をはじめた。カエサルは今のフランスにあたるガリアに遠征して、ケルト人の地を平定した。前四六年には天下を治める。カエサルは文武に優れた政治家ではあったが、元老院の伝統的な力を無視して独裁に走ったため、ブルートゥスらの共和主義者に暗殺された。

アウグストゥスが文武の要職を握った前二七年からほぼ二世紀にわたるローマの帝政時代は、ネロのような暴君も出たが、ローマ帝国の最盛期である。ローマの平和《パクス・ロマーナ》が実現し、トラヤヌス帝の時代（九八―一一七）にはその版図が最大となった。経済活動も盛んになり、季節風を利用したインドとの貿易も行われ、アジアの香辛料などの商品がローマにもたらされた。またシルクロードを通り、中国からは絹が入ってきた。帝国内には多数の都市が建設され、ロンドン、パリ、ウィーンなど今日まで栄えているものも少なくない。だが三世紀、北方からはゲルマン民族が、東方からはササン朝ペルシアなどの侵入が激しくなり、三九五年には帝国が東西に分裂し、以後、東ローマはビザンツ帝国として一〇〇〇年も続いたが、西ローマは四七六年に滅亡した。西洋古代の終焉《しゅうえん》である。

帝国の動脈となった道

前段でローマの発展と領土の拡大を概観してきたが、ローマはその広大な領土を保全するために腐心し、ローマ全土のすみずみまで到達する道路網の建設に打ち込んだ。「ローマの道」である。藤原武は『ローマの道の物語』のなかでローマの道について、その歴史的意義を説くとともに、拡大過程や技術的側面など多岐にわたって述べている。同書によれば、ローマの道は、それまでの人が山野を歩き踏みつけて道筋ができた自然の道とはまったく異なり、人工的かつ強固に舗装された道路であった。その役割は、まず軍用道路となることである。ローマ軍はいったんことがあれば、その道を使い目的地まで馳《は》せ参じ、敵を撃退した。ローマの道は帝国の安全保障の要《かなめ》となったのである。

次に、ローマの道は通商路となった。商人たちはローマの道を利用して、さまざまな商品を各地に流通させ、ローマの

地図5　初期ローマ帝国（前1世紀）

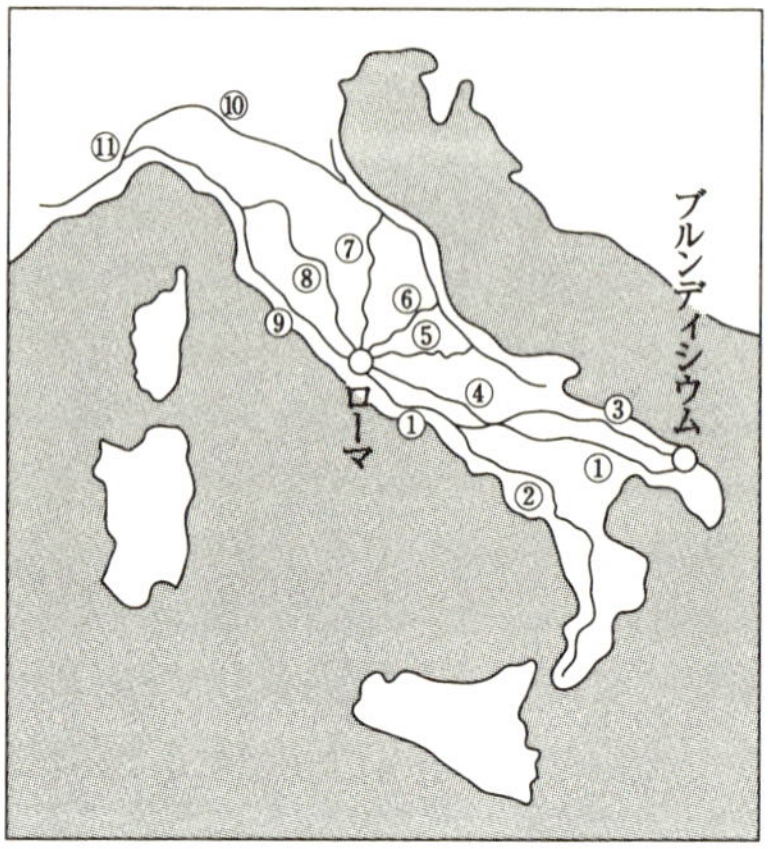

①アッピア街道，②ポピリア街道，③トラヤナ街道，④ラティナ街道，⑤ウァレリア街道，⑥サラリア街道，⑦フラミニア街道，⑧カッシア街道，⑨アウレリア街道，⑩アエミリア街道，⑪ユリア・アウグスタ街道．

商業を大いに発展させた。さらに、ローマの道はもちろん一般道路としても機能し、多くの旅人がその上を旅行した。もちろんローマの道の上に駅制が敷かれ、情報通信史の視点からみると、古代の通信ネットワークになっていたことも忘れてはならない。

だが、ローマは一日にして成らず――、という格言が示すように、ローマの道もまた六〇〇年という長い歳月をかけて築かれた。その第一号はアッピア街道《ヴィア・アッピア》で「道の女王」と謳《うた》われた。前三一二年から建設が開始されたアッピア街道はローマから一路南下して、テラキナ、カプア、ベネヴェントゥム（ベネヴェント）、タレントゥム（タラント）などの、南イタリアの諸都市を経由し、半島のちょうど長靴の踵《かかと》のところにあるブルンディシウム（ブリンディシ）の港町に達する五五〇キロの街道である。街道の建設がはじまった当時のローマは、まだ数多くあった都市国家の一つにしかすぎず、勢力範囲はローマ市内とごく限られた周辺の地域だけであった。しかしアッピア街道の開通によって、ローマ軍の機動力が格段に向上した。その結果、ローマは隆盛を誇っていたカンパニア地方の都市国家カプアをまず勢力下に治めることができた。また、港町のブルンディシウムは、後に、地中海征覇のためのローマ軍の基地となる。

最初にローマからカプアまでの道路を建設することを提唱したのは戸口監察官《ケンソル》であったアッピウス・クラウディウス・クラッススである。これでアッピア街道の名前がアッピウスに由来していることがわかる。戸口監察官はローマの行政機構の頂点にたつ執政官《コンソル》に次ぐ要職であった。鉛管を使う本格的な水道をローマ市内に引き入れたのもアッピウスの業績《しごと》である。テヴェレ川や井戸の水を使っていた市民に、ローマ郊外の泉から涌《わ》き出る澄んだきれいな水を提供して、大いに感謝された。こちらはアッピア水道と呼ばれる。

アッピア街道は「道の女王」の名にふさわしい。街道は南イタリアの明るい太陽の下に、どこまでも一直線に延びていた。沿道にはイタリア・カラカサマツ、あの上の方に枝葉がある独特の形をした松が並んで、その木陰は旅人の休息の場所になった。オットリーノ・レスピーギもローマの松を交響詩にしている。ローマの道は単なる交通の利便だけではなく、人への優しさをも求められていた。道は歩くところであると同時に、旅人が食べて寝てそして愉《たの》しむ場でもある。そこには旅の小宇宙《ミクロコスモス》があった。

前一世紀に入ると、地図5に示すように、ローマの道はローマの街から放射状にイタリア半島各地へと延びていった。ティレニア海に沿って北西に延びるアウレリア街道はローマとピサエ（ピサ）・ゲヌア（ジェノヴァ）とを、北に向かってアペニン山脈を越えてアドリア海に出るフラミニア街道はローマとアリミヌム（リミニ）とを、東に延びるウァレリア街道はローマとアドリア海に面したアテルヌムとをそれぞれむすんでいた。イタリア半島の長靴の爪先にあたる最南端の町レギウム（レッジオ）には、アッピア街道のカプアの町から発するポピリア街道が延びていた。街道名は建設に貢献した人たちの名前に由来しているものが多いが、美しい響《ひびき》が印象的である。

その後もローマの道は延びていく。ローマ帝国の版図が一番拡大した時代は二世紀で、五賢帝の一人であったトラヤヌスの治世である。トラヤヌスは、ダキア、メソポタミア、ペルシア、アルメニア、シリアなどの国家を征服した。その結果、ローマの領土は、地図6に示すように、東はメソポタミ

地図6　最盛期のローマ帝国（2世紀）

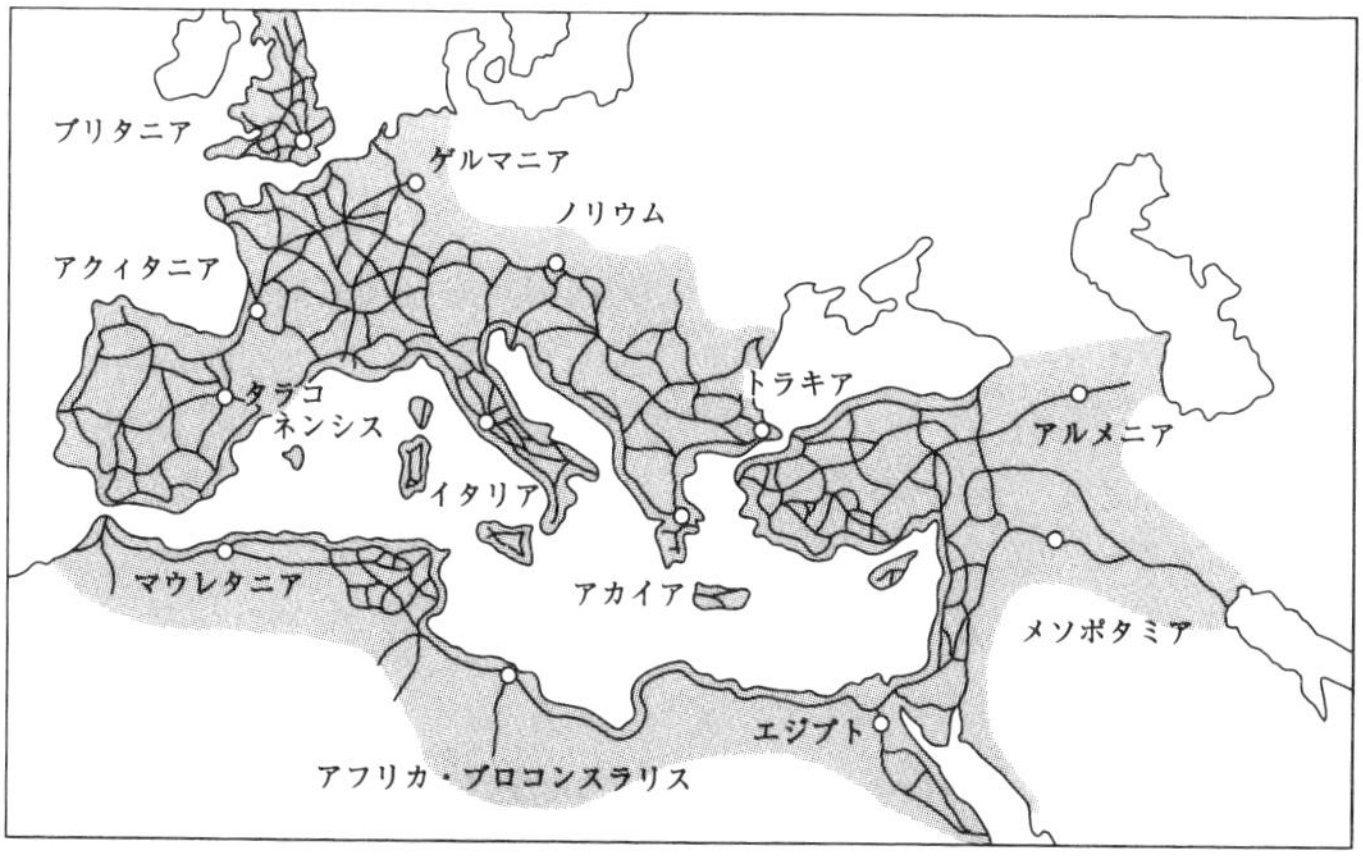

アやアルメニアに、西はヒスパニアに、南はエジプトやヌミディアに、そして北はガリアやブリタニアに達していた。総面積は七二〇万平方キロにも及んだ。現在の地図では四〇ヵ国以上の国土に相当する広さである。この広い帝国の領土の上に、ローマの道が建設され、総延長は二九万キロにも達した。現代の地理に即していえば、ローマの道のネットワークは、地中海を囲むように、スコットランドからサハラまでの南北と、中近東からスペインまでの東西にわたる、広大な地域にまたがっていた。まさに、凍てつく荒野の地から椰子《やし》が茂るピラミッドの地まで、ローマの威勢が届くあらゆるところに道は延々と続いていたのである。

　それがどんなに徹底したものであったか、たとえばブリテン島の例を検証すればよく理解できる。前五五年と五四年にカエサルがドーヴァー海峡をわたった。その約一世紀後の四三年、クラウディウス帝が大軍を率いてブリテン島の南半分を征服し、そこをローマの属州《プロヴィンチア》とした。一世紀末には、現在のイングランドとウェールズのほぼ全域がローマの支配下に入った。ブリテン島のローマの道の建設は一世紀半ばから二世紀半ばにかけて行われている。地図7に示すように、デュプリス（ドーヴァー）とロンディニウム（ロンドン）とデヴァ（チェスター）とをむすぶワトリング街道、ロンディニウムとリンドゥウム（リンカン）とエボラクム（ヨーク）とをむすぶアーミン街道、そしてリンドゥウムとイスカ＝ドゥムノニオールム（エクセター）とをむすぶフォス街道などが建設された。

　ブリタニアの北方には、ピクト人との境界を定めた東西一三〇キロに達するハドリアヌス城壁や、さらに北にもアントニヌス城壁が横たわっている。支線を含めると、総延長はなんと一万六〇〇〇キロにも達する。このようにローマは広大な帝国を維持するために、道の建設に並々ならぬ力を注いできた。ローマからみれば、はるか北の端にあるブリテン島ですら、である。

地図7　ブリタニア（2世紀）

道造りの技術

ローマ人が道造りにとくに長《た》けていたわけではない。ヘルマン・シュライバーの『道の文化史』によれば、前八世紀にはエトルリアにおいて舗装道路が発達していたし、アレクサンドロスは選《え》り抜きの道路建設隊をもっていた。これら先人の知識や技術をローマ人は吸収し、自分たちのものにしていった。それに、ローマ人は雇傭理論を知っていた。戦いが終わり仕事がなくなった兵士は潜在的な暴徒となる恐れがある。ひどい不平が出たが、兵士を戦闘終了直後から道造りに従事させた。ダルマチアに造ったサロナエからアンデトリウムまでの道路も、カルタゴからテウェステへの道路も、北アフリカのランバエシスを起点とするセプティミアナ街道も、すべてローマ兵士が造った。平時、戦闘よりも道造りに見事な腕をみせる軍団《レギオ》さえ出てきた。優れた技術将校が指揮する軍団の組織だった仕事は、当然ではあるが、征服した地域の現住民が行う仕事よりも、数段上の仕上がりとなった。ローマの道は古代ローマ兵士たちの汗の結晶でもある。

道造りの資材や工法は地域によってさまざまである。一例であるが、小アジアのアンティオキア（アンタキア）からアレッポへの道路の舗装には巨石が使われた。コロニア・アグリッピナ（ケルン）の道は砂と砂利で造られ、その厚さが一メートルを超えた。ブリテン島の車道には火打石《フリント》と白亜を混合したものがみられる。ガリアの湿地帯では丸太が舗装の基礎に用いられた。また、ローマ人は急流や渓谷に橋を架けたが、今でもそれらの残滓《ざんし》がみられる。スペインのアルカンタラという町には、トラヤヌスの治世に架けられた六つのアーチをもつ長さ一八八メートル・幅八メートルの巨大な花崗岩で造られた橋が現存する。川面《かわも》からの高さは六〇メートルもある。ローマ式建造法による橋の代表例の一つとなっている。アルカンタラとはアラビア語で、ほかならぬ「橋」という意味である。さらにローマ人は岩山も削って道にした。アルプスの山々に包まれたドンナツという小さな村の絶壁をL字型に削って一五〇メートルほどの岩道を造ってしまった。断崖を垂直に切り取った絶壁の高さは一五メートル、切り出された幅は三メートルであった。ローマ人の道造りの技術の高さ、そして忍耐強さにはただ敬服するばかりである。

ローマの道の特徴は、歴史家プルタルコスの説明を借りれば、真っすぐな道、平らな道、切り石や砂などで舗装された固い路面、急流や渓谷に架けられた橋、街道筋のマイルストン、そして実益だけではなく快適さと美しさをも追求している点であろう。平均的イメージを記すのは難しいのだが、たとえばアッピア街道でみられる典型例は次のようなものであった。車道幅三メートル、両脇に一・五メートルの歩道と六メートルの樹木が伐採された草むら、それに側溝があり、全幅二〇メートルの広々した道となっていた。場所によっては、盛土が一三メートル、幅が一三メートルの道も建設されていた箇所もある。当時の道造りの技術の高さがうかがえる。建設した道路を維持していくためには、日々のメインテナンスが欠かせないことは昔も今も変わらない。このことについて、塩野七生は『パクス・ロマーナ』（ローマ人の物語VI）のなかで、アウグストゥスが行った行政改革の一つとして次のように述べている。

> 　また、すべての道はローマに通ず、よりも、すべての道はローマより発す、としたほうが実情をより正確に伝えているではないかと思うローマ式街道のメインテナンスにも、アウグストゥスはそれ専門の担当官を常設している。「街道担当官《クラトーレス・ヴィアルム》」と呼ばれたこの役職だけはすでに存在したのだが、例によってアウグストゥスは常設にしたのである。メインテナンスの重要性への認識と、それを可能にする資力をもっていることは、その民族の活力を計る基準だと私は考えるが、アウグストゥスは、それを専門に担当する機関を常設にしたことによって、後のローマ人にも、このことの重要性を知らせたのであった。

ローマの道は陸路のネットワークである。これに加えて、ローマ帝国は地中海という自然の交通網すなわち海路のネットワークをもっていた。歴代のローマ皇帝は港湾整備に力を入れている。とくにトラヤヌスは二世紀にオスティア港を大幅に改修して、港とテヴェレ川の河口とをむすびつけ、オスティアをローマの玄関港とした。オスティア港はカルタゴへの直行航路の母港となったし、ネアポリス（ナポリ）、シチリア、アフリカのレプティスマイオル（トリポリ）やアレクサンドリア行きの船の基地ともなった。またアッピア街道の終点ブルンディシウムの港は、コリント、アテネ、ビザンティウム行きの船の母港となった。

　地中海とローマの道。すなわち整備された海路と陸路とを巧みに組み合わせて、ローマ軍は行軍の経路を決めて外国に遠征し、また、ローマの商人たちは中近東やアフリカの穀物や珍しい産品などさまざまなものをローマにはこび込んだ。もちろん皇帝《インペラトール》も貴族も平民も旅をした。このように整備された壮大な交通ネットワークを凌《しの》ぐものは、交通革命が起きる二〇世紀になるまで出現しなかった、といっても、強《あなが》ち間違いとはならないであろう。地中海という自然で自由な道と接続したローマの道は、帝国の交通を支える一大ネットワークとなり、ローマの安全と繁栄に計り知れない恩恵を与えたのである。

2　クルスス・プブリクス　公共の道というけれど

古代ローマの駅制は「クルスス・プブリクス」と呼ばれている。クルススとはラテン語では「道」とか「旅行」を、プブリクスは「公共」を意味する。直訳すれば、公共の道とか公共の旅行となるが、現代風に訳せば、公共交通機関とでもなろう。文字どおりなら、すべての人々に開かれた制度でなければならないはずである。ところが実際のところは、この制度が皇帝と側近たちの旅行や情報伝達のためだけに使われたので、その性格は、むしろ公用通行の施設《システム》とみることができる。理由は、古代エジプトやペルシアと同様に、広大な帝国を治めるために、時代《とき》の権力者が、全土の情報収集と命令伝達ができる独占的な交通・通信システムを必要としたからである。いわばクルスス・プブリクスは、歴代のローマ皇帝の統治に欠かせない、きわめて重要な政治的道具となっていたのである。

カエサルが書いた『ガリア戦記』を読むと、緊迫した戦場では、さまざまな方法により情報交換が行われていたことがわかる。カエサルが緊急通信のために騎馬伝令を仕立てたことはよく知られているけれども、組織的な駅制を創始したのはアウグストゥス帝である。カエサルの後継者であり、内乱を収め、ローマに平和をもたらした。アウグストゥスとは「尊敬すべき人」という意味で、前二七年、元老院から贈られた尊称である。それまでの名前はオクタヴィアヌスであった。有名な『神君アウグストゥスの業績録《レス・ジェスタエ・ディーヴィ・アウグスティ》』には「第七次執政官のとき、フラミニア街道の首都からアリミヌムまでの区間を、そしてミルウィウス橋とミヌキウス橋を除き、すべての橋を修復した」という記述があるが、駅制の敷設にかんする直接の記述はない。

アウグストゥスが駅制を創設した根拠は、もっぱら二世紀

古代ローマの伝令官．皇帝の精鋭エリート部隊から選抜された．ローマのダイアナ神殿のモザイク模様から．

の歴史家スエトニウスが『ローマ皇帝伝』のなかで「あらゆる属州内で起きたできごととその情報をより早く、かつ、秘密裡に入手するために、帝は適当な距離ごとに、はじめは青年を、後には馬車を配し、これにより、ただちに情報を伝えさせた」と記していることをよりどころにしている。しかし、クルスス・プブリクスの仕組みは、アウグストゥス自らが編み出したものではない。一説によれば、前三一年、オクタヴィアヌス（まだアウグストゥスと呼ばれていなかった）がエジプトに遠征して、アントニウスとクレオパトラの軍を撃ち破ったときに、そこでみた機能的に運営されているエジプトのプトレマイオス王朝（前三〇四―前三〇）の駅制を範として、後に、アウグストゥスがローマの駅制を定めた、といわれている。著者の推測にはなるが、この時代のエジプトの駅制は、エジプトをかつて支配下においたアケメネス朝ペルシアやイスラム帝国が、そこで展開した彼らの駅制の影響を受けたものであった、と思う。

オクタヴィアヌスは、戦闘終結後、クレオパトラからは降伏の書簡を、アントニウスからは和を乞う手紙を受け取っている。一人は剣《つるぎ》で、もう一人は毒蛇で自らの生命《いのち》を絶ったけれども、女帝クレオパトラの使者がエジプトの灼熱《しゃくねつ》の駅路を走りながら届けた二人の手紙が、オクタヴィアヌスにエジプトの駅制の有用性を認識させたのかもしれない。情報通信史の流れのなかでみれば、古代ペルシアのアンガレイオンの仕組みがエジプトを含むアケメネス朝の領域に伝播し、王朝崩壊後は、拡大したローマ帝国の版図の上に、より大規模かつ組織的に展開されるのである。以下、ローマの駅制の仕組みについて概観する。

マンショネスとムタティオネス

前節でみてきた「ローマの道」がクルスス・プブリクスの駅路となった。その駅路の上に三〇キロから五〇キロの間隔で宿駅が設けられた。地域の情況に応じて、一日に移動できる距離に合わせて間隔が決められたので、通行が困難な険しい山岳地帯などでは、宿駅と宿駅の間隔は狭められた。宿駅には、マンショネスと呼ばれる駅亭が建てられた。あるイタリアの古文書のなかに「未亡人がガリアから五〇マンショネスを歩いて、亡くなった最愛の夫の墓参りをした」という記述がみられる。マンショネスという言葉が宿駅そして旅行の距離そのものの意味にも使われていた。また、現代のマンションョン（集合住宅）の語源にもなっている。

マンショネスの規模をみると、ところによって大きくちがう。アッピア街道の要所ともなれば、それは大きなマンショネスがあった。マンショネスには、中央からの伝令官をはじめ、皇帝を筆頭に政府の高官、軍人兵士、随員や従者たちが泊まった。そこでは皇帝など高官たちは、ローマにいるときと同じように贅《ぜい》を凝らした生活ができた。食卓には山海の珍味がたくさん盛られたことであろう。娯楽施設もあり、従者の部屋や一兵団が泊まれる施設が備えられていたから、マンショネスは実に堂々たる施設となった。ときには重要な政治の表舞台にもなったし、華麗な社交の舞台にもなった。四世紀、ローマ帝国の再統一を試みたコンスタンティヌス帝の母ヘレナは、ニコメディア付近のマンショネスの支配人の娘で、結婚前には自らマンショネスを差配していた。このことからも、マンショネスの規模もさることながら、地位と役割の高さがうかがえよう。

　宿泊サービスのほかに、マンショネスは、騎馬伝令官には駿馬《しゅんめ》を、また、公用の旅行者には馬車とそれを曳《ひ》く馬を提供した。草創期のクルスス・プブリクスは、牛が車を曳いていたが、後にラバや馬がそれに代わっていく。最盛期には立派な厩舎《きゅうしゃ》が建設され、一つのマンショネスで四〇頭もの替え馬をおいたところがある。帝政末期になるが、テオドシウス法典のなかに、ローマの駅制で使用された馬車の種類と、積載限度量が定められていた。

表1　馬車の積載限度重量

車　種	積載限度重量
ビロタ	200 RL（ 66kg）
ウェレダ	300 RL（ 99kg）
クルス	600 RL（198kg）
ラエダ，カルペントゥム，ウェヒクルム	1,000 RL（330kg）
クラブラーレ，アンガリア	1,500 RL（495kg）

（出典）　ラスロー・タール（野中邦子訳）『馬車の歴史』228頁．
（注）　RL＝ローマ・リーブラ

　数字は控えめである。表1に示すとおり、最大のものでも五〇〇キロを超えていない。ちょっとした荷物を積めば、すぐに五〇〇キロは超過してしまう。ラスロー・タールの『馬車の歴史』によれば、ビロタとウェレダは軽量タイプの馬車、クルスとラエダはほどほどの容量をもつタイプで高価な貴金属などをはこぶ馬車、アンガリアは旅人や負傷した兵士らをはこぶ大型の馬車である。積載制限の規定に違反すると、追放や強制労働など厳罰に処せられた。その背景には、重い馬車を走らせると道路の傷みが拡がるため、積載制限によって道路を保護しようとする狙いがあった。

　マンショネスとマンショネスとのあいだには、ムタティオネスと呼ばれる小駅舎が設けられた。旅の時間にすると、一時間半から三時間半ほどの道程《みちのり》であった。だから旅人があるマンショネスから次のマンショネスまでに移動するあいだに六つないし八つのムタティオネスに世話になる。マンショネスの規模とくらべると、ムタティオネスの建物は小さいが、それでも小さな厩舎が建てられ、数頭の替え馬が飼われてい

た。ところによっては、二〇頭ほどの替え馬がいた。マンショネスの馬場でみられる光景と同じように、ムタティオネス

古代ローマの馬車．ラエダ（左）は長距離旅行用の四輪ワゴン，車内で食事もできる．オーストリアのマリア・サール教会の浮彫から．キシウム（右）は短距離用の二頭だて二輪馬車，山岳地帯を走った．貸馬車屋の前を出発するところ．ドイツのトリール近郊の霊廟の浮彫から．

でも、皇帝の急使便の馬車が着くと、御者が一休みするうちに、疾走してきて疲れた馬が馬車から外され、休息をとった元気な馬が装着されて、次のムタティオネスに出発していく光景が、毎日繰り返されていた。ムタティオネスは駅馬の交換中継所になったのである。

また、ムタティオネスは避難所にもなった。現在の南フランスのアルルと北イタリアのミラノとのあいだの、アルプス越えの山岳駅路では、ムタティオネス間の距離が短くなり、そこには簡易宿泊所が設けられた。山の気象が急変したときには伝令官や旅人たちがそこに駆け込み、難を逃れ、一夜の宿とすることもあった。

クルスス・プブリクスは、公用通行のための、宿泊や馬車交通・伝令通信を担う国家的な事業《システム》となっていった。クルスス・プブリクス運営の核となったのがローマの道の宿駅に建てられたマンショネス（駅亭）で、そのあいだをミニ・マンショネスであるムタティオネス（小駅舎）が補ったのである。後年、マンショネスとムタティオネスを総称して、スタチオネス（駅。英語＝ステイション）と呼ぶようになった。スタチオネスとは、元来、一種の公会堂を意味しており、人々が集会を開き、あるいは娯楽を求めて集まった場所である。マンショネスやムタティオネスは、まさにそのような機能をももっていたのである。

塩野七生は、ムタティオネスを現代の高速道路沿いにあるガソリン・スタンドと、マンショネスをモーテルとレストランと修理工までそろえた大型パーキング・エリアのようなものである、と表している。巧《うま》い表現である。

ローマ時代の道路地図である、有名な「ポイティンガー地図《テーブル》」をみると、宿駅、都市（宿駅）間の里程、温泉、河川、森林、山脈などローマ帝国全土の旅行に必要なデータが満載されている。地図には、三五〇〇もの宿駅の名前が几帳面に書き入れられている。また、正面からみた三角屋根のついた二つの建物を図案化した記号《シンボル》が主要な宿駅を表しているが、これまでの研究で、その数が四二九あることが判明した。

駅制を支えた人々

山本與吉と井手賁夫は『世界通信発達史概観』のなかで一節を割いて、ローマの駅制について説明している。同書によれば、クルスス・プブリクスの維持管理は、軍事通信を確保するため、きわめて重要な課題となった。中央の指揮の下に、各地区の兵馬の権を握る軍人たちが駅制を統括した。三世紀後半のディオクレティアヌス帝の時代になると、ローマ帝国は四分統治制《テトラルキア》が導入され、その下に一〇一の属州が置かれた。そして属州総督《プロコンスル》がクルスス・プブリクスを統括するようになる。

現場の運営体制は時代によって変化していったにちがいないが、現場の仕事はさまざまな人たちによって支えられていた。テオドシウス法典には駅制の組織が定められている。それによれば、宿駅には駅長《マンチペス》が配され、配置人員の統率、騎馬伝令や馬車の発着、信書や荷物の受け渡しなど駅務全般を監督していた。任期は五年。その間、原則として任地を離れることができなかった。それに駅馬が足りないときは、自弁で馬を補充しなければならないなどの義務も負っていた。駅長は他の官職の役人が兼任したり、退役軍人が任命されたりしたが、その身分は高く、地方の権力者であった。クルスス・プブリクスそのものが国家の情報機関として機能していた側面があり、駅長は地方の情報エージェントの役割も担っていた。

駅長の下には、信書や荷物の送受記録、駅の糧秣《りょうまつ》の保管などを担当する駅役人《アパリトレス》がいた。いつの世の中も同じだが、役得とばかりに物資の横流しをして、馬を肥やさず、私服を肥やす役人も少なくなかった。また、駅馬の獣医《ムロメデイシ》をはじめ、荷揚げなどもろもろの雑務をこなす作業吏員《スタチオナリ》や、馬車などの修繕をする車大工《カルペンタリ》、御者や信書伝送者、そして駅馬を世話する馬丁《ヒポコミイ》らが宿駅や中継所で働いていた。彼らには国家から生活費や食糧・衣服が支給されていた。

このほかにも、国家の重要な機密文書や金貨などの財貨の輸送を支援する護衛隊員《プロセキュトレス》も各宿駅に配属されていた。古代ローマでは、街道筋で盗賊が出没するのは日常茶飯事だったから、護衛隊員の役割は大きい。マンショネスには支配人をはじめ、料理人や給仕、部屋の世話係などが働いていた。マンショネスやムタティオネスの周りには、ラクダ屋とか鷲屋とか象屋とか呼ばれた居酒屋があって、駅で働く男たちが仕事を終えると、三々五々、一杯やりに集まってきた。それが男たちの何よりの愉《たの》しみであった。

海路の駅の仕組みについては不明の部分が多い。ローマの玄関港となったオスティア港やアテネなどへの出発港となったブルンディシウム港などが海路の駅となっていたはずである。オスティア港で発掘された石碑の碑文に名望ある一群の官職が刻まれているが、そのなかに「往来する快速船によって書簡を持参する者の監督官《プロクラトール》」という役職があった。水駅長官といったところである。クルスス・プブリクスの陸路ではこばれてきた皇帝の緊急書簡は、水駅長官が監督する港から快速の通報艦に引き継がれ、アフリカなどの目的地にはこばれた。

ネットワーク化された古代ローマの陸路と海路の上を走ったクルスス・プブリクスの伝令官や急使たちの速度はどの程度のものであったのだろうか――。さまざまな記録が残されているが、藤原武が『ローマの道の物語』のなかで紹介しているデータを表2にまとめてみた。括弧内の数字は、距離数を単純に日数で割って計算した一日の平均速度である。

以上のデータをみると、単純平均値ではあるが、速いグループの伝令は一日二〇〇キロから三〇〇キロ以上も走る。これは昼夜兼行で走ったにちがいない。普通の伝令官でも一日六〇キロから八〇キロほど走ったことがわかる。海路では季

古代ローマの宿駅．陸路と海路が接する要所の駅．馬車や船のほかに，馬に乗った伝令官，マンショネスの門から走り出す飛脚など，この絵には宿駅の賑わいが凝縮されている．

表2　クルスス・プブリクスの推定速度

西暦	行　　程	距　離	所要日数（速度）
4	シリア→ローマ	3,100km	36日（1日 86km）
31	ローマ→アンティオキア（海路）	2,500km	90日（1日 28km）
68	ローマ→クルニア（スペイン中部）	2,000km	6.5日（1日308km）
68	ローマ→アレクサンドリア（海路）	2,000km	28日（1日 71km）
69	マインツ→ローマ	2,100km	9日（1日233km）
193	ローマ→アレクサンドリア	3,500km	63日（1日 56km）
238	アクレイア→ローマ	750km	3-4日（1日214km）

（出典）　藤原武『ローマの道の物語』117-118頁.

節風を利用した船旅のため、いわば風任せ。一日に七〇キロを超す船旅ができたときもあれば、一日に二八キロしか進まないケースもみられる。仮に一日三〇〇キロを走ったとすると、伝令官は、一日におおよそ六ヵ所のマンショネスと二〇ヵ所のムタティオネスで、駅馬を交替しながら走った勘定になる。これに対して、歩いて旅をした一般の人は一日にせいぜい三〇キロ前後、馬車に乗っても四、五〇キロしか進めなかったから、皇帝の急使などの伝令官の速度は一般人の旅の速度を大きく引き離している。そのちがいは、国家のために、クルスス・プブリクスが一番速い交通・通信機関として維持され、たとえばマンショネスやムタティオネスでは十分に休みをとった駅馬が伝令官に提供されるなど、伝令の運営に最大限の手当がなされていたからである。

　クルスス・プブリクスの規模はローマの発展とともに拡大していった。三世紀初頭、セプティミウス・セウェルス帝はクルスス・プブリクスの組織を大幅に改革し、軍隊の食糧輸送などを義務づけた「クルスス・クラブラリス」という貨物輸送隊を新たに創設した。後年、輸送隊は兵士やその家族もはこんだ。これによって、人の交通、信書の送達、貨物輸送などを掌《つかさど》る一大運輸通信組織に膨れ上がり、統制も複雑になった。実は、クルスス・クラブラリスのもう一つの役割は、かの円形闘技場《アンフィテアートルム》の見世物に使う猛獣たちを、小アジアやアフリカなどからローマにはこぶことであった。

　クルスス・クラブラリスによってはこばれた動物は、ライオン、象、虎、豹、熊、カモシカ、オオカミ、ワニ、カバ、キリン、鹿、山猫、ラクダなど、さまざまな種類に及んでいる。インドロ・モンタネッリの『ローマの歴史』によれば、一回の見世物《ショー》に一万頭の動物が勢揃いし、熱狂したローマ市民が見守るなかを行進して、豹と狼、あるいはライオンと虎などの猛獣の残酷な闘いが所狭しと円形闘技場のなかで繰り広げられたという。この皇帝が提供する見世物はローマ市民の最大の娯楽となっており、猛獣が見世物の開催日までに集まらないと、皇帝の威信、場合によっては、その地位にまでも影響を及ぼしかねなかった。そのためクルスス・クラブラリスの運営は厳格をきわめた。輸送隊員の道中での動物の世話などを考えると、皇帝のためとはいえ、いやはやたいへんな仕事であった。

旅人と盗賊とマイルストン

公の施設が利用できなかった一般の旅行者のことについても、ここでふれておこう。ローマ人も旅行《たび》が好きだった。お金をもっている人も、もっていない人も旅に出た。一番安上がりの旅行は歩くことであった。ローマから、ポンペイの近くに滞在しているキケロに手紙を届けた使者は、徒歩で旅をしている。さんさんと輝く地中海の太陽を避けるために、ローマの道の沿道の、あのイタリア・カラカサマツの木陰の下で、あるいは大きな墓石の陰で休み、そして小さな休息所に立ち寄りながら、四、五日かけてポンペイを目指した。夜になれば、野宿をし、まさに道の上で生活をしながらの旅であった。

南イタリアの気候は、そのような旅ができるほど穏《おだ》やかだった。もちろん、金をたくさん払えば立派な旅館にも泊まれるし、美味しい食事もできた。道中に必要な薬や衣料品も用意されていた。できるだけ金を節約したい商人たちには、みすぼらしい寝台がおかれた部屋と粗末な食事しか出さない宿屋もあった。このように宿泊施設には等級があったが、ところによっては、旅行者を慰める、酒場をはじめ、いろいろな娯楽施設が整っている宿駅もあった。そこには家においてきたものが何でもあった。遠くにいる妻の代わりをする女もいた。

だが、旅はトラブルの連続だった。いろいろな著作に書かれているけれども、古代ローマで宿に泊まるにはそれなりの覚悟が必要であった。なにしろ宿屋の亭主は一般にひどく信用がなく、旅人は彼らの悪《あく》どい術中にしばしば陥った。それを避けて野天で寝れば、今度は盗賊たちのカモになるかもしれなかった。盗賊の巣窟はそこここにあり、アッピア街道ですら三世紀に二年間だが盗賊の首領フェリックス・ブラとその手下六〇〇人によって支配された。同じ世紀、ユリア・アウグスタ街道でも二〇〇〇人の武装兵で固めた盗賊団が闊歩《かっぽ》していた。盗賊団は宿屋の亭主から旅人の情報をしばしば得ていたし、自らスパイを放ち旅人の動静を監視させていた。もちろん軍隊は歩哨《ほしょう》をたて、民兵や都市の警備隊も盗賊団と向かい合ったが、旅行の安全を完全に確保するまでには至らなかった。庶民は野宿をして盗賊の手に陥るか、宿屋に泊まって有り金を巻き上げられるか二つに一つだった。それでもローマ人は旅をしたのである。未知の世界を求めて。

しかし裕福な人たちの旅はちがっていた。たとえばネロ帝の妃ポッパエアはたくさんの従者と奴隷たちを従え、その上、道中のミルク風呂のために五〇〇頭もの牝ロバも連れっていたので、堂々の行列となった。長旅のときは、四輪ワゴンの馬車を使った。小型だが脚《あし》の速いガリア産の馬が車を曳き、馬には紫の布か刺繍の入った布がかけられていた。金色の馬具とはみは遠くからも煌《かがや》いてみえた。ワゴン自体も金と銀で飾られ、窓には絹のカーテンが、腰掛けにも上等な布地が使われていた。多分、その値段は村が一つ買えるぐらいになったろう。ワゴンのなかは生活の場所となり、本を読み、食事をとり、夜はそこで寝た。ときには外に張ったテントで寝ることもあった。一方、中産階級の市民や商人たちは貸馬車屋《キシアリウス》から馬車を借りながら旅行をした。

マイルストーン。日本の一里塚、道標《みちしるべ》にあたる。ラテン語では「ミリアリウム」といい、数字の千を表している。そこからローマ人の千歩の距離の意味に使われた。藤原武の解説に従えば、ローマ人の一歩《パッスズ》の長さは左右一歩ずつ出した二歩の長さをいい、一四八・一五センチになる。だから千歩、一ローマ・マイルは一四八一・五メートルとなるのである。マイルストーンは各街道に沿って、一マイルか二マイルごとに、ほぼ等しい間隔に建てられた。材質は石で、形は円柱とか角柱とかさまざまなものがある。表面には、基点から何番目のマイルストーンであるかを示す数字や街道の案内、ときには道を建設した人物を称える言葉などが刻まれた。

ローマ広場《フォロ・ロマーノ》の一隅にある演壇《ロストラ》の背後に建立された金色のマイルストーンがローマの基点となった。その基点からアッピア街道やフラミニア街道が延びていた。旅人たちは街道沿いに建てられたマイルストーンに刻まれた道の情報を読み取り、道が間違っていなかったことを知り安堵《あんど》し、その傍《かたわ》らで一服した。マイルストーンがあったところに茶屋ができ、やがて小さな村になり、町になっていったところも少なくない。マイルストーンは旅をするときに欠かせない小休止の舞台となっていたのである。

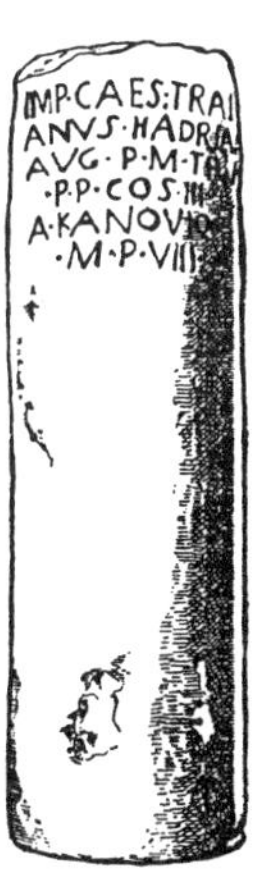

マイルストーン（道標）．ローマの道には要所要所に石の道標が建てられ，その傍らで旅人がよく休息をとった．

3　ディプロマタ　乱用が制度崩壊の一因に

ローマの駅制「クルスス・プブリクス」の利用には、特別の許可書が必要であった。利用は公用通行に限られていたので、許可書は皇帝《インペラトール》の命を受けて旅行をする高官や皇帝の書簡をはこぶ伝令官らに対して発給され、一般の旅行者には発給されなかった。許可書は多くの場合、羊皮紙《パーチメント》に許可の事項が認《したた》められ、二重に折りたたまれた。その形からディプロマタと呼ばれた。駅逓免状と訳してもよいが、身分を証明する旅券と無料の交通切符宿泊券を兼ねたようなものであった。ディプロマタを持参していれば、馬車や駅馬の利用、それにマンショネスへの宿泊がすべて無料《ただ》となったので、部外者からみれば大きな特権にみえる。そのことがディプロマタの乱用と不正使用を引き起こした。アウグストゥスは、権威を示すために、ディプロマタに帝の印を押した。スエトニウスは『ローマ皇帝伝』のなかで「アウグストゥスははじめのうち、スフィンクスの印を用い、やがてアレクサンドロス大王の肖像を、最後にディオスクリスの手で彫らせた自分の肖像を用いた。後を継いだ元首たちが押印するとき、ずっと用い続けたのは、この印である」と述べている。

このようにディプロマタ発給の権限は皇帝にあった。そして皇帝不在のときは、元老院《セナートウス》が皇帝に代わってディプロマタを発給することになっていた。一世紀後半、ネロ帝没後の空位時代には、執政官《コンスル》がディプロマタを発給するようになるが、その後、緊急案件に限って、属州総督《フロコンスル》にもディプロマタの発給権限が与えられた。はじめは厳格な規定《きまり》でディプロマタが発給されていたが、しだいに受給者が拡がり、皇帝の使者や騎馬伝令官をはじめ、政府高官、将官、随行する従者らにも及んだ。後年になると、役人や軍人の公用とは名ばかりの物見遊山の旅行にもディプロマタが発給された。私用の例もみられる。エドワード・ギボンの『ローマ帝国衰亡史』などによれば、一〇九年のことだが、小アジアの属州総督であったトラヤヌス帝の寵臣《ちょうしん》、小プリニウスが「祖父を亡くした妻の旅行にディプロマタを発給しないのは、あまりにも厳正すぎはしないかと思う」と帝に手紙を出し、妻へのディプロマタをせしめている。まさに職権乱用によるディプロマタの大盤振る舞いである。

位の高い役人や軍人のなかには彼らの権勢を借りてディプロマタなしで、大切な駅馬や馬車を強引に無料《ただ》で使う不心得者も出てきた。さらに、ディプロマタが他人に売買されたり譲渡されたりし、はたまた盗難《どろぼう》に遭《あ》ったりし、好ましからざる人物にディプロマタがわたることが起こった。これらの不正行為や不正使用を阻止するために、四世紀の法典などによれば、違法に駅制を利用した者に対して追放の刑や、場合によっては死罪が科せられることになっていた。高位高官からの駅馬の不正利用の要求に、駅制統括の立場にあった属州総督や現場の駅長が毅然とした態度で拒否できたかどうかは疑わしいが、それでも厳格に対処した者もいる。四世紀の史家カピトリヌスは「ペルティナクス帝が若い頃シリアに旅行したときに、ディプロマタなしで駅馬を利用したとして、シリア総督から、アンティオキアから先の旅程を歩いて行くように命じられた」という逸話を書き残している

実は、ディプロマタ乱発と不正使用がクルスス・プブリクスを崩壊させた、といっても強《あなが》ち間違いではない。背景には、国家事業でありながら、クルスス・プブリクスの運営費用を宿駅のある町村に負担させていたという事情があった。町や村の負担は、宿駅要員の確保、駅馬の調達・飼育、馬車の製作・補修、駅舎の建設・補修をはじめ、公用旅行者への食事の提供など多岐にわたる費用と労力のすべてであった。それでも創設当初は、ディプロマタの発給も厳格を極め、それがごく限られた者しか発給されていなかったので、町村の負担もそれほどではなかった。しかし前述のとおり、制度の乱用でディプロマタの発給が増加したり、流用まがいのディプロマタの不正使用が横行した。はたまた役得をむさぼるローマの高官らの風紀を乱すような法外な要求がまかり通ることもしばしばあった。その上、クルスス・クラブラリス（貨物輸送隊）に同乗した兵隊とその家族たちにも宿や食事の提供をしなければならなかった。

こうなると、宿駅のある町や村の負担《がまん》は限度を超えていた。徴発は苛酷をきわめて、生活に欠かせない馬や食糧まで供出しなければならなかったし、働き手も駅務に駆り出された。クルスス・プブリクスの運営にかかわった町や村では、民衆の生活が困窮して、町村そのものが極度に疲弊していった。五賢帝の一人ネルヴァ帝は、一世紀末、このような宿駅の町村の窮状をみかねて、町村の過酷な負担を免除することにした。厳しい徴発に悩まされていた民衆は、ネルヴァの善政に大いに感謝して、喜んだことはいうまでもない。そのことを祝い、帝の肖像が刻まれた記念硬貨が鋳造された。負担の免除はそれほど重大なできごとであったのである。

ネルヴァ帝記念セステリウス青銅貨．表に帝，裏に激務から解放された駅馬を刻す．

その後の皇帝は、クルスス・プブリクスを維持するために、ネルヴァの負担免除の特例を廃して、ふたたび過酷な徴発を町村に強《し》いた。たしかにハドリアヌス帝が二世紀前半に各地を視察した結果、駅制の運営費用の一部を国庫で賄うことを試みたし、コンスタンティヌス帝が四世紀前半にディプロマタの発給制限を強化した。これらの政策はそれなりの意味が認められたが、多くの場合、新帝登位の際の人気取りの政策として受け取られた。いずれも負担に喘《あえ》ぐ町村の民衆にとっては抜本的な解決にはならなかった。このことがクルスス・プブリクスの機能を徐々に弱める結果となる。

クルスス・プブリクスはローマ帝国の強大な威信と力をバックにして運営され、四世紀末の帝国東西分裂のときまで辛うじて機能してきた。だが、ゴート族やゲルマン民族などの来襲によりローマ帝国が崩壊すると、民族大移動の嵐が吹き荒れるなかで、クルスス・プブリクスも消滅した。また、その駅路ともなったローマの道も荒れるがままに放置され、いつしか道の存在すら人々の記憶のなかから消え去っていった。ヨーロッパにおいて、クルスス・プブリクスに代わる一大ネットワークをもつ駅制が台頭するのは、中世以降のことで、タクシス家の駅逓がその役割を果たすことになる。

第II部　基本通信メディアの誕生——中世から近世へ

第4章　大帝国の巨大通信ネットワークの出現

1　唐の駅制　南船北馬の地に展開

情報を制する者が国を治める——。古くからいわれている言葉である。この図式が、これからみていく、唐、サラセン、モンゴル、そしてインカの諸帝国においてもみられる。中世から近代にかけての歴史をみると、世界の各地にさまざまな国家が誕生した。あるものは近代国家の祖となり発展し、今日の国家を築き上げた。また、あるものは歴史の一ページに名前をとどめるだけになってしまった国もある。これら国家群の発展に欠かせなかったものに、宗教があり、国の経済基盤があり、さらに指導者の資質もあったろうが、それらに加えて、情報を独占できる通信基盤の存在が不可欠であった。この章では、この点について往時の事跡を辿りながら解き明かしていこう。

まず、唐代の中国の話である。漢王朝が二二〇年に倒れると分裂時代がはじまる。すなわち三国志で有名な三皇帝鼎立《ていりつ》の時代、五胡十六国の乱世、南北朝の対立と移っていく。そして隋《ずい》末の混乱のなかで、山西《さんせい》の李淵《りえん》が隋を滅ぼし、六一八年、唐《とう》を建て都を長安とした。まもなく二代目の太宗《たいそう》が中国を統一し、以後、九〇七年まで続く。前半は隋に引き続き律《りつ》令《りょう》体制の国家であった。中央には三省六部《さんしょうりくぶ》の強力な行政組織をおいて、地方には道州県制を敷いた。また、法令を定めて、土地所有・課税体系・徴兵制などを固め民衆を支配した。中央アジアやヴェトナム北部も領土とし、強力な統一権力の下で、駅制も大いに整備されて発展していく。

この時代、駅制全般の機能が「駅」に集約され、駅は唐代の交通・通信システムの核となる。それは漢代における亭・

郵・駅・伝の役割を兼ね備えるようになり、唐代の駅は、軍人や官吏ら公用の旅行者に宿を提供して、駅馬を配備し、また公用書簡を送達する任にもあたった。宿泊の施設でもあったことから、館駅《かんえき》とも称された。駅は軍隊や役人のものとなり、一般旅行者は駅を利用できなくなった。唐は天下を一〇から一五の道《どう》に分け、その下に三五〇の州と一五五〇の県をおいた。駅もこの行政区画に沿って管理された。

中央において駅制は六部の一つである兵部に属し、その駕《が》部郎中員外郎《ぶろうちゅういんがいろう》という官職が総覧した。軍事省の交通通信管制本部といった組織であろう。唐律に「郵驛本備軍速」とあり、駅の設置がもっぱら軍の交通・通信を迅速に行うことを狙いとしていたことがうかがえる。道においては、軍団の司令官にあたる節度使《せつどし》が四人の館駅巡官を任命して、道内の駅を統括させた。州内の駅管理は兵曹・司兵・参軍らが、また県内の管理は県令がそれぞれ責任をもった。そして実際の駅務は駅長が監督した。律令制を反映し、道州県と上から下へ垂直的なラインで整然と指揮・監督されていた。

唐代の駅は主要街道にほぼ三〇里ごとにおかれた。唐の一里は約六〇〇メートル。『唐六典』巻五兵部、駕部郎中員外郎の条《くだり》に記されている駅の総数は一六四三ヵ所。内訳は陸駅一二九七・水駅二六〇・水陸両用の駅八六であった。表3に示すように、陸駅には駅務を支える要員と駅馬が、水駅には要員と駅船がそれぞれ配置されたが、駅の等級によりその人数などが異なった。すなわち、陸駅では駅馬三頭に対し要員一人の割合で、水駅では船一隻に対し要員三人の割合で配置されていることがわかる。

表3　唐代の陸駅・水駅

等級区分		要員	馬・船
陸駅	都亭駅（長安）	25人	75頭
	諸道第一等駅	20人	60頭
	諸道第二等駅	15人	45頭
	諸道第三等駅	10人	30頭
	諸道第四等駅	6人	18頭
	諸道第五等駅	4人	12頭
	諸道第六等駅	2人	6頭
水駅	事繁なる駅	12人	4隻
	事閑なる駅	9人	3隻
	更に閑なる駅	6人	2隻

（出典）井口大介『コミュニケーション発達史研究』160-161頁.

駅路をみると、国都の長安を中心に、山南西道に至る興元府駅路、河東道に至る河中府駅路、江南東道に至る蘇州駅路、嶺南道に至る広州駅路など二〇近くの駅路が中国各地に敷かれていた。三〇里ごとに一六四三ヵ所の駅があったと仮定すると、駅路の総延長は約四万九〇〇〇里、三万キロと推定できる。唐の帝国内を走るこれら駅路の上を、駅使《えきし》は馬に乗り、一日に六駅（約一〇〇キロ）ほどを走った。急駅と呼ばれる緊急案件を伝える駅使は一日に二〇〇キロから二八〇キロも走ったと伝えられている。これら駅使によって、皇帝の書簡などが陸駅や水駅をリレーされながら北に南にはこばれていたのである。

水駅は港や運河におかれた駅のことである。七世紀はじめに、隋代の煬帝《ようだい》が幅六〇メートル・全長一五〇〇キロの大運河を整備して、南北縦貫の水路を完成させた。運河は、南に向かって、黄河《こうが》と淮河《わいが》とをむすぶ通済渠《つうさいきょ》、淮河と長江《ちょうこう》（揚子《ようす》江《こう》）とをむすぶ邗溝《かんこう》、長江から杭州湾の銭塘江《せんとうこう》口に至る江南河がある。北に向かっては、黄河から北京に至る永済渠があった。これらの運河は現在でも人々に使われている。

急駅についての逸話《エピソード》がある。七一二年に即位した玄宗《げんそう》皇帝は晩年、政治に熱意を失い、かの楊貴妃《ようきひ》に血道を上げていた。妃の許《もと》には、文武諸官から趣向を凝らした貢物《みつぎもの》が山ほど届けられていた。意に適《かな》えば、栄進は間違いないからである。ある年のこと、楊貴妃は、嶺南《れいなん》の地、現在の広東《カントン》地方から献上された果物の茘枝《れいし》をたいへん気に入った。そこまではよかったのだが、楊貴妃が生の茘枝を食べたいといい出した。

今をときめく楊貴妃のたっての望みであれば適えなければならないと、急駅を走らすことになった。嶺南から長安まで一六〇〇キロ。駅から駅へ、夜を日に継いで、特命を受けた駅使たちが、砂塵を巻き上げ、それこそ命がけで脇目もふらず馬を飛ばして、茘枝を楊貴妃の前に届けたのである。味も色も、採れたてのままの茘枝に、妃はたいそうご満悦だった。その功績により、嶺南の長官は大いに出世をしたことであろう。だが馬を飛ばしてきた駅使のなかには、誤って穴や谷に転げ込んで死んだ者もあったと伝えられている。一大騒動であった。

南船北馬という言葉がある。中国の南の地方では運河と船が交通を支え、北の地方では馬や馬車が交通を支えていたことをいう。この言葉は、南と北の文化にちがいがあることも示唆している。樺山紘一の『情報の文化史』によれば、北方では、意志の堅固さを要求する乾いた荒野が広がり、国都を中心に、政治力によって交通・通信のネットワークが張り巡らされていた。いわば確固不動の大地の上に文明が形成された。

南の地では、情緒の甘美さを育《はぐく》む豊穣の沃野《よくや》が広がり、そこには水路が網の目のように張り巡らされている。畑仕事に勤《いそ》しむ農民と、遠くにまで進出する商人とが自由奔放に生きていく文明があった。厳粛な政治と英知に満ちた古典の伝統が北の地方を、賑《にぎ》わしい経済と自然に沈潜する思弁が南の地方を支配していた。剛健な文化と華麗な文化といってもよい。駅も、異なる自然の大地の上に営々と築かれて、水陸一体の交通ネットワークにより、人やモノをはこび、情報を伝えてきた。文物の移動と情報の伝播は、南北の文化の融合を促したことであろう。

2　サラセンの駅伝　カリフの魔法の鏡

イスラム世界でも情報管理の重要性は変わりがない。国内で内乱が絶えなかったアラブ人中心のウマイヤ朝が倒されて、七五〇年、イラン人を中心とするアッバース朝が成立する。アッバース朝は、不満の種となっていた人頭税《ジズヤ》と地租《ハラージュ》をアラブ人にも課税するなど税制を改め、財政を安定させた。同時に、宰相を頂点とする強力な中央官僚制度を敷いた。以後、五〇〇年にわたり君臨するイスラム帝国が誕生する。最盛期の領土は、東はインダス河に達し、北はカスピ海やアラル海に接し、西はビザンツ（東ローマ）帝国をはさみ、アンダルシア地方を制し、南はアラビア半島、そしてエジプトをはじめ、アフリカ大陸の地中海に面した広い地域を包含していた。ヨーロッパ人はサラセンの国と呼んだ。

マホメッドの代理者であり、その後継者でもある、カリフがこの国を治めた。第五代カリフのハールーン＝アッラシードの時代がアッバース朝の黄金時代となる。イスラム古典文化が開花し、法学、神学、歴史学、哲学、医学、数学、天文学などが発達した。後に興るルネサンスの原動力にもなる。かの有名な『千夜一夜物語《アラビアン・ナイト》』の話は往時の栄華を偲《しの》ばせてくれる。

第二代カリフになったアル＝マンスールは、都をクーファからバグダードへ遷《うつ》すことを決める。ティグリス河畔の小さな村だったバグダードに、七六六年、深い堀と三重の城壁に守られた円形都市が誕生した。平安の都《マディーナ・アッサラーム》と命名される。円城とも呼ばれた。直径が二キロ半の城内には、カリフの王宮とモスクをはじめ、カリフ一族の邸宅などがあった。王宮は緑色のドームを戴《いただ》き、その門はイスラムの聖地メッカの方向に向いて金色《こんじき》に輝いていたので、金門宮と呼ばれた。城壁には外の街道とつながる四つの門があり、親衛隊が厳しく警備していた。そして市民は円城の外側に住んでいた。各地から商人や手工業者が集まり、バグダードの市場にはさまざまな商品が氾濫していた。最盛期には、総面積五四平方キロ、人口一五〇万の大都市に発展した。それは当時の世界において、唐の長安に次ぐ大都会となった。

バグダードはイスラム世界の中心地となり、この地から各地に道が発していた。まず、コラサン道はイラン高原から中央アジアを経て、中国に通じるシルク・ロードに出る。ティグリス河に沿って下る道はペルシア湾の町バスラに出て、インド洋に達した。ユーフラテス河に沿って上る道はシリアに出て、地中海そしてエジプトへと連絡する。クーファからアラビア半島の砂漠に入る道はメディナとメッカへの巡礼者のためのものだった。この道が一番よく整備されていた。バグダードの四つの城門はコラサン門、バスラ門、シリア門、クーファ門と呼ばれ、各門はそれぞれの街道の出発基点となった。このように陸路と海路を巧みにネットワーク化した交通路によって、イスラム圏の人がバグダードに行き来したばかりでなく、圏外からも、外国の使節や商隊《カラヴァン》たちがこの地を訪れている。この時代、バグダードは数少ない国際都市の一つであったのである。

バリード

そのバグダードの王宮のなかにカリフがいた。外界と閉ざされた環境のなかにいながら、カリフは広大な領土のどんな土地のどんなことでも、自らの目でみているがごとく知っていた。カリフは「魔法の鏡」をもっているにちがいない、と人々は噂《うわさ》し合った。その秘密は自分の目となり耳となる諜報機関をもっていたことにある。すなわち主だった役人や地方の状況などを監視するスパイを帝国のすみずみまで送り込み、細大漏らさず報告させた。スパイは行商人や旅行者などを装って、各地を歩き情報を集めた。それらの情報の伝達を担ったのがカリフの駅伝である。バリードと呼ばれたが、それが魔法の鏡の正体だった。

山口修は『情報の東西交渉史』のなかで、イスラム帝国のバリードについて解説している。バリードの制度は、解説によれば、ウマイヤ朝がはじまった五世紀前半に設けられ、七世紀末の第五代アブドゥル＝マリクの治世には全土で展開された。しかし、その起源は古い。ダリウス一世が前六世紀頃に完成させた古代ペルシアの駅伝は、既述のとおり、情報通信史のはじめを飾るのにもっともふさわしい事跡である。バリードはこのダリウスの駅伝の流れを汲んでいる。アケメネス朝、ササン朝、ウマイヤ朝そしてアッバース朝へと、古代ペルシアの駅伝のシステムが伝えられ改善されてきた。このようにバリードはアケメネス朝以来の由緒ある駅伝なのである。コラサン道などの公道上に駅がおかれ、その数は九〇〇を超えた。駅は宿泊施設や物資運搬の中継所となった。イランの駅には馬やラバが、シリアやアラビアの駅にはラクダが

カリフはバグダードの金門宮に居ながらにして，全土を掌握した．バリードによるのだが，さながらカリフが魔法の鏡をもっているように民衆は感じた．

配置された。一二世紀に入ると、伝書鳩による通信もみられる。

バリードにまつわる逸話《エピソード》は枚挙にいとまがない。次の話もその一つであろう。七六二年、バグダードの地で新たな都の建設がはじまった頃、アラビア半島のメディナで大反乱が起きた。その知らせは、反乱発生の九日後、カリフの伝令官によって旧都クーファにいたアル＝マンスールに伝えられた。メディナ―クーファ間は一一〇〇キロ。伝令官は炎暑の砂漠の道も恐れず、ひたすら走った。一日一二二キロの速さである。アル＝マンスールはただちに行動を起こし、機先を制して危機を乗り越えた。このような非常時にこそ、バリードはその機能をいかんなく発揮した。

バグダードにはバリードの制度全体を統括する駅伝中央役所が、各地方には駅伝役所がそれぞれおかれた。駅伝長官にあたる官職名は「駅伝と情報の主務者」と呼ばれ、制度の監督にとどまらず、情報収集の責任者でもあった。後に高名な地理学者となったイブン＝ホルダードベーも駅伝役所の官吏だった。カリフの命により、彼は九世紀後半に帝国に通じる駅路や通商路などを調べて記した『道里と郡国の書』を著している。執筆には、駅伝役所の文書を活用したが、往時のイスラム商人の通商路は長大であった。たとえば、バグダードからの陸路では、東はサマルカンドや長安に、西はカイロ、チュニス、タンジールなどの都市に達していた。また、ホルムズからの海路ではインド、マラッカ、ブルネイ、さらに広州、泉州、揚州の中国の港までイスラム商人は足を延ばしていた。

これらの都市において商人が収集した情報はバリードの手を経て、カリフに届けられた。中国人から聞き出した知識であったろうが、イブン＝ホルダードベーは、中国よりも東方の国として、シーラとワクワクを挙げている。前者は新羅《しらぎ》、後者は倭国《わこく》すなわち日本を指している、といわれている。もし正しければ、九世紀、カリフは日本のことまで把握していたことになる。やはりカリフは何でも知っていた。本物の魔法の鏡をもっていたのかもしれない……。

3　モンゴルの站赤　東西の架け橋となる

一三世紀に入ると、モンゴル人は世界最大の版図を創《つく》り上げた。それから一世紀半のあいだモンゴルは世界の中心に位置した。人類と世界の歩みは、このモンゴル時代を境に大きく変わっていく。杉山正明は『モンゴル帝国の興亡』のなかで「モンゴル帝国はユーラシア世界に興亡した遊牧国家、草原帝国の頂点に位置する。しかも、モンゴル時代の後半には、農耕世界を取り込み、海洋世界にも進出して、かつてない陸と海の巨大国家となる。モンゴルを中心に、ユーラシア世界は史上はじめて、緩やかながらも東西に広くむすびついた。世界と世界史は、このときはじめて、それとしてまとまった姿で眺められる一つの全体像をもった」と述べている。

金朝（一一一五—一二三四）の名君世宗《せいそう》が一一八九年に没すると、北方には新しい歴史の主人公《ヒーロー》があらわれた。モンゴル部族のテムジンである。四〇代に入った中年の、蒼《あお》き狼の誕生である。一二〇六年、オノン河畔で開かれた大集会クリルタイで即位し、チンギス・カーンと称する。二一年間のチンギスの統治時代に西遼《せいりょう》（カラ・キタイ）、ホラズム・シャー王国、西夏《せいか》などの国々を制して、その支配地域は東は渤海《ぼっかい》湾から西はカスピ海まで達した。二代目大カーンにはチンギスの第三子オゴタイがなる。オゴタイの治世（一二二九—四一）に、金を征服し、また、モンゴル軍は西征して、ヴォルガ・ブルガル王国、大ハンガリなどを席捲し、その版図は黒海やペルシア湾に達し、キエフ、モスクワをも包み込んだ。

ジャムチ

モンゴル人はユーラシア大陸を横断する形で大帝国を築いていった。同時に世界に冠たる駅制も創り上げた。駅制をはじめ帝国の諸制度はチンギスの時代にその萌芽がみられるが、耶律阿保機《やりつあぼき》を戴く大キタン帝国の組織やシステムを大幅に取り入れたものが多い。モンゴルの駅制は「ジャムチ」と呼ばれる。「ジャム」はモンゴル語で駅馬の宿駅の意味。漢語では「站」と書く。「チ」は人を表す接尾辞で、漢語では「赤」と書く。そこでジャムチは駅馬の宿駅に携わる人たちの謂《いい》となる。それが転じて、駅制全般を指す言葉となった。ジャムチを漢語で表せば「站赤」となるが、赤を接尾辞とする言葉はたくさんある。たとえば漢人官僚を監督するモンゴル人の地方長官を表す「達魯花赤《ダルガチ》」や食膳係の「宝児赤《バウルチ》」などがある。漢文で「〇〇赤」と書くと、よりモンゴル原語らしくみえる効果があった。ジャムチを中国流にいえば「駅站《えきたん》」である。

チンギスが属国に設駅の義務を課したことはよく知られているが、全土にジャムチを展開しはじめたのはオゴタイである。一二三五年、オゴタイがカラ・コルムに都城《とじょう》を造営したが、その年にジャムチの制《きまり》を定めている。カラ・コルムはモンゴル高原の中央部に位置して、高原の東西南北を貫く交通路も交差する、古来から遊牧民にとって枢要の地であった。歴代の遊牧国家がここを本営の地《オルド・バリク》としている。オゴタイが興《おこ》したカラ・コルムは、政権の中央機能をコンパクトにまとめた政治都市であった。さほど大きくはないが、モンゴル初の首都となった、この都市は、ウイグル人のチンカイやキタン族の耶律楚材《やりつそざい》ら多くの外国人が書記局に登用されたこともあり、多人種・多文化が交錯する当時としては、もっとも国際色豊かな都市の一つになった。このカラ・コルムから各地にジャムチを敷くため、オゴタイは勅《ちょく》を発する。

勅は、はじめに西遼にいるオゴタイの後ろ盾となっていた兄チャガタイに伝えられて、カラ・コルムと天山《てんしゃん》の山中イリ渓谷とのあいだにジャムチが敷設された。チャガタイは敷設されたばかりのジャムチを使って、帝都とイリとのあいだをひんぱんに往還し、政権を自在に操った。さらに遠い西にいたバトゥとも連携が計られ、ジャムチの路線は、短期間のうちに、キプチャク族の地とむすばれて、モンゴル高原から天山山脈を越え、小アジアに達するネットワークを形成するまでになった。勅の発せられた翌年には、カラ・コルムから黄河方面に向けて、新たに三七のジャム（站）が設けられて、ジャムチの路線は南宋の境界付近まで延びた。モンゴルでもジャムチはまず軍事的な目的で敷設された。命令の伝達や情報の収集あるいは官吏の旅行に、組織だった交通・通信システムの存在が不可欠であり、ジャムチはその任を果たす。

この頃になると、チンギスの孫たちが遠征する。バトゥは西征し、クチュは南征する。また、コデンは四川《しせん》に討ちいった。前線で戦うこれら王子に対して、オゴタイは、カラ・コルムを司令基地として、ジャムチを通じて命令を発し、遠征軍を遠隔コントロールした。連勝を続けるモンゴル軍の秘訣は、強者《つわもの》どもの勇壮さもさることながら、それを動かす命令を伝えるジャムチが有効に機能していたからでもある。

一二六〇年、クビライが五代目の大カーンに即位する。巨大になった帝国を統合するために、杉山正明の著書によれば、クビライは軍事と通商をタイアップさせた国家の形成を目指した。とくにクビライが主導した、今様にいえば自由貿易と重商主義政策は、モンゴル領以外の地域も陸海の拡大した交通網によりむすばれ、空前のユーラシア大交易圏を出現させた。その基盤は中華の経済力であり、担い手がイスラム人とウイグル人の商業勢力であった。クビライはこれら商業勢力に特権的な交易権を授けて、国家経営の枠組みに取り込んだ。オルトク商人と呼ばれ、一種の特許商人である。オルトク商人出身者を国家の経済運営にも参画させた。

各都市、港湾、関門、渡津《としん》などで徴収していた通行税を全廃したほか、各段階で課していた売上税は取引の最終段階にだけ支払えばよいことにした。税収が減少するどころか、むしろ取引が増加し税収は伸びた。また、モンゴル政権から庇護が与えられたオルトク商人は、公費によって維持・管理されている陸海の運輸・交通・宿泊機関を優先的に使用できた。このようにクビライが経済優先を国是《こくぜ》とする政策にシフトしたことから、国家運営の動脈たるモンゴルの駅制「ジャムチ」も、軍事的な役割に加えて、このときからモノの流通すなわち商業の発展も促《うなが》す役割が加わった。これにより、ジャムチは国富を増やす道具ともなるのである。

モンゴルの首都はカラ・コルムからクビライの本拠地である開平府《かいへいふ》へ遷《うつ》されて、上都《じょうと》と改名される。次いで華北経営の拠点であった中都《ちゅうと》を、もう一つの都とした。前者が夏の都、後者が冬の都となった。それ以上に、この二つの首都のシステムには、いわば草原の軍事力を維持しながら、中華の経済力を握るという大きな意味があった。クビライは一二六六年、中都の郊外に巨大な帝都を造営する大号令を発する。大都《だいと》である。異邦人であるモンゴル人が中華思想を反映した国都の理想を実現した。大都の南の正門である麗正門《れいせいもん》から北を望むと、皇帝の住まいとなる大内《だいない》の諸宮殿の大屋根と甍《いらか》が金色に照り映えて、一直線に重なり合った。

東西の玄関口となった斉化門《せいかもん》、平則門《へいそくもん》からは、真っすぐに延春閣《えんしゅんかく》の大寝殿が目に映じた。街には鼓楼《ころう》と鐘楼《しょうろう》も建立された。大都の壮大さ、華麗さ、統制美は、この帝都を訪れたすべての人を一様に驚嘆させた。現在の北京は大都の遺産のなかにあるのである。クビライは国家建設が軌道に乗った一二七一年、新しい年号を「大元《だいげん》」と中国風に定め、国号の詔《みことのり》を全土に発した。正式には「大元大《イエケ》モンゴル国《ウルス》」と呼ぶ。この大元の新都を中心に、陸海の交通ネットワークが整備され、その上にジャムチの路線も敷かれる。

地図8は、一三世紀のモンゴル帝国のジャムチのルートを示したものである。大都を中心に、四方に道が拡がっていることがわかる。大都と上都をむすぶ道がもっとも重要な幹線ルートである。かつてカラ・コルムが内陸交通の起点であったが、再編されて上都がその起点となる。西に行くには複数のルートがある。上都を発しカラ・コルムを経てエミルに達する一番北のルートは、ヨーロッパにも達した。モンゴル高

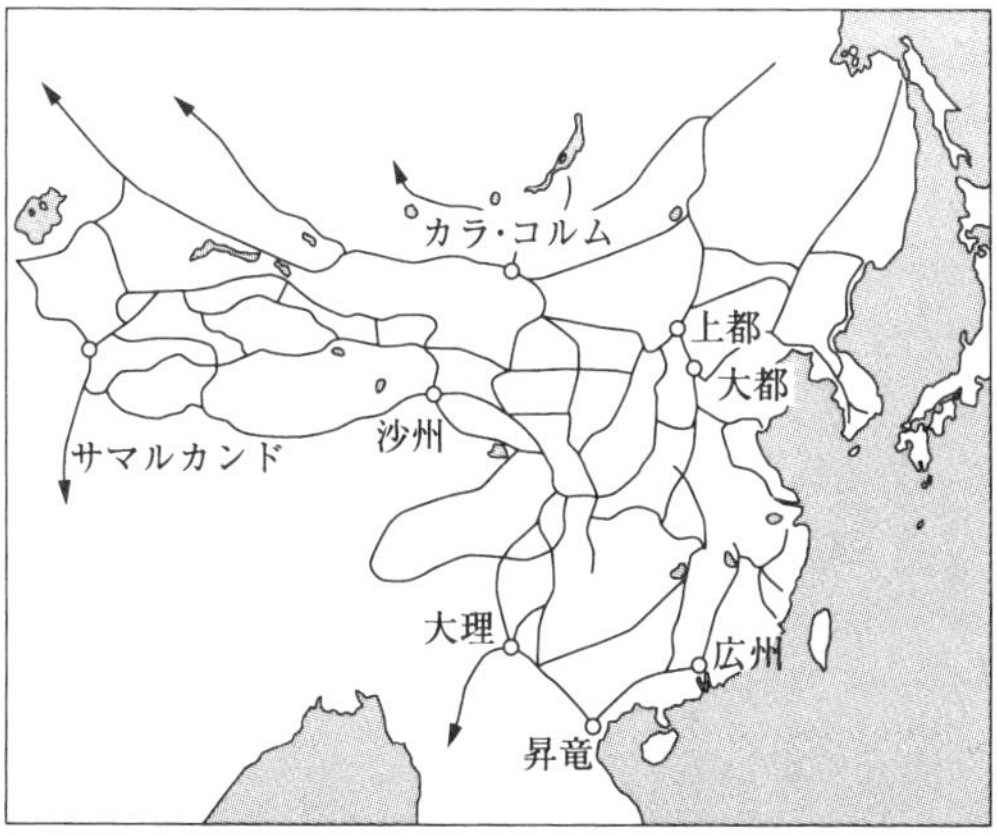

地図8　モンゴルの駅路（13世紀）

原、アルタイ山麓、カザフ草原、南ロシア草原などステップ地帯を通る「草原の道」である。

サマルカンドはカスピ海や黒海あるいはペルシア湾や地中海に向かう要衝の地となっていた。そのサマルカンドへは三つのルートがあった。まず、上都からゴビ砂漠の北側か南側のルートで沙州（敦煌《とんこう》）に入り、そこから天山山脈の北側を通る天山北路か、天山山脈とタクラマカン砂漠のあいだを通る天山南路（西域北道）か、タクラマカン砂漠の南側を通る西域南道でサマルカンドに入った。中央アジアを通る「オアシスの道」すなわちシルクロードである。

南に向かえば、大理、昆明、昇竜《ハノイ》に達するルートが敷かれている。朝鮮半島にもルートが延びて、大都から遼陽を経て、開城《ソウル》そして合浦、木浦にまで達した。北のルートを辿れば、黒龍江《アムール》の河口の街ヌルカンに着く。この時期、煬帝《ようだい》の時代に掘られた南北をむすぶ大運河も再開削されて、モンゴル帝国の内陸交通網は一層発達した。

また、大都は渤海に通ずる内港をもった都市でもあった。港となったのは、大都中央部から北西にかけて巨大な湖面を広げる積水潭《せきすいたん》である。港は、まず大都から五〇キロ離れた通州へ通恵河《つうけいが》と呼ばれた運河でむすばれて、通州《つうしゅう》からは白河《はくが》によって海港の直沽《ちょくこ》（天津《てんしん》）に至った。直沽までの運搬は河船により、そこからは大きな外洋船に積み替えられた。直沽からは、東シナ海や南シナ海に出て、沿岸の揚州、慶元、杭州、温州、福州、泉州、広州などの諸港に連絡し、さらに南に船足を延ばし、インド洋からペルシア湾や紅海にまで達した。この海の道により、中国の産品が輸出され、また、逆のコースでは華南や東南アジアや西アジアの商品・物資が輸入され、大都城内の積水潭の畔のバザールに陸揚げされた。

加えて、内陸交通網の発達によってジャムチの力を借り陸路からも大都に物資が大量にはこび込まれていた。このような物資流通の増加はヒトの移動と情報の伝播も同時に増幅させ、大都は情報が集まる、そして情報が各国に発信される国際都市として脚光を浴びることになった。

多くの民族で構成される広大なモンゴル帝国を、単一のシステムで統治することはできない。南宋討伐後の漢地と江南《こうなん》をみても、思想や文化それに言語が異なり、経済構造がまったくちがい、税制にも差がある。これらの地域を同時に治めるには、現地のシステムを認め、トップはモンゴル人が就いても、執行部門は現地の人間に任せざるを得なかった。それでも、通貨などごく基本的なものは統一された。ジャムチも数少ない統一的に運用された制度であった。駅制が国家運営に欠かせない重要な制度であったことがうかがえる。漢地では中国流の駅站が、ゴビ砂漠などではモンゴル流の站赤が任にあたっていた。

二重構造の統治システムのため、中央におけるジャムチの監督部署も一定せず、行政機関にあたる中書兵部《ちゅうしょひょうぶ》、軍政を司《つかさど》る枢密院《すうみついん》、あるいは通政院と呼ばれる機関が所掌した。通政院が帝国の駅制全般をある時期コントロールしたが、統制力に翳《かげ》りがみえた一三一一年には漢地の駅站の所管は兵部に移った。九年後、モンゴル高官の意を受け、通政院がふたたびすべてを所管するようになった。モンゴル至上主義の表れかもしれない。一例であるが、このような所管替えがしばしば起きた。地方の管理体制をみると、例外的なところもあるが、一般的いえば、諸站都統領使《トックトガサン》という役職者が数ヵ所のジャムを管理して、その上に、ある地方のジャムチを指揮監督する駅令あるいは提領という役人がいた。

それを総覧する上級の官職は、州を束ねる地方長官として各路に派遣されたモンゴル人の達魯花赤《ダルガチ》であった。後に各州県の管民官《かんみんかん》の管領《かんりょう》がその任にあたったが、ある時期から、また達魯花赤に戻っている。この変更は中央の所管替えを反映したものであろう。以上の役職のほかに、ジャムチを実際に巡回して査察する脱脱禾孫《だつだつかそん》と呼ばれる巡回査察官もいた。査察官がいたことは、駅令や提領といった役職に、漢代の亭長にみられたような強力な警察権が与えられていなかったことがわかる。脱脱禾孫のなかには職権を振りかざして、ジャムチを大いに困らせた者もいたらしい。

陸站・水站、急逓鋪

ジャムチはどのように機能していたのだろうか――。元の時代、漢語で駅馬は鋪馬《ほば》と、宿駅を站または館駅《かんえき》と、また、旅行者に提供されるさまざまな物資を鋪馬分例といった。ジャムチの仕事は、皇帝の使者に俊足の鋪馬を準備して、旅行者には馬車を走らせ、站では食事を出し、宿泊のサービスや必要な鋪馬分例を提供した。これらジャムチの仕事を支えていたのはウラガチンと呼ばれていた站の人たちである。鋪馬や鋪馬分例を供出する者は站周辺の住民で、一〇〇戸を一つの単位として、それを站戸《たんと》といった。站戸は前記の供出義務を負うが、代償として、四〇〇畝《ぽ》の田賦《でんぷ》が免除された。世襲である。站には陸站と水站があるが、その区別については唐の駅制のところで述べた陸駅と水駅の関係と同じである。井口大介が『元史』の記述によって站の設置数をとりまとめているが、それを大括りにすると、表4のようになる。

ある時点のデータであるが、陸站と水站を合わせて一五一九ヵ所。中央アジアや朝鮮半島の高麗《こうらい》などの数字が含まれていないものの、大元の壮大な交通ネットワークの規模がうかがえる。四万余の馬が陸のジャムチを支え、六〇〇〇隻に近い船が水のジャムチを動かしていた。何といっても交通の要衝は大都のあった中書省所管の地域である。三割弱の馬が配

表4　元代の陸站・水站

地　域	陸　站		水　站	
	箇 所	駅 馬	箇所	駅 船
中書省	177	12,464	21	950
河　南	106	3,928	90	1,512
嶺　北	119	-		
遼　陽	120	6,515		
江　浙	180	5,123	82	1,627
江　西	85	2,165	69	568
湖　廣	100	2,555	73	580
陝　西	80	7,629	1	6
四　川	48	986	84	654
雲　南	74	2,345	4	24
甘　粛	6	491		
合　計	1,095	44,201	424	5,921

(出典)　井口大介，前掲書，174-176頁．
(注)　1.中書省の陸站には，牛站2を含む．
2.遼陽の陸站には，狗站15を含む．
3.江浙の陸站には，歩站11と轎站35を含む．

備され、一站当たりの頭数も平均で七〇頭を超えている。西の砂漠地帯に向かう陝西《せんせい》には七六〇〇余の馬がいた。站の平均保有頭数は九五頭に達している。四川のそれが二一頭だったから、陝西には大きな站が多かったことだろう。

水站と船の数が多かったところは、運河が整備され、東シナ海や南シナ海に面した経済繁栄地域であった。河南や江浙《こうせつ》が際だっている。江西、湖廣、四川など南の内陸部にも水站の広がりがみとれる。長江《ちょうこう》（揚子江《ようすこう》）などの河を利用し無数の小運河が網の目のように張り巡らされていた豊かな土地であった。江西には有名な陶磁器の産地、景徳鎮《けいとくちん》がある。このようにジャムチの馬と船の配置の度合いからも、南船北馬という意味が読みとれる。

表4には示されていないが、陸站では、馬のほかにも、牛やロバや犬それに羊が飼われていた。その総数は牛八八八九頭、ロバ六〇〇七四、犬三〇〇〇匹、羊一一五〇匹であった。また、北の寒冷大地につながる遼陽では、馬の頭数に匹敵する五二五九頭もの牛と二六二一両の車が配されていた。牛車が普及していたのであろう。そこでは犬橇《いぬぞり》も重要な交通手段になっていた。狗站《くたん》と呼ばれる犬橇専門の站が一五ほどあった。ロバは少量の荷物をはこぶのに使ったのだろうが、羊の活用方法は不明である。その他、中央アジアではラクダも使われていた。

人力に負うものもあった。江浙では、歩站と呼ばれる人間が専門に荷物を運ぶ站が一一あり、総勢三〇〇〇人を超す逓運夫と呼ばれる荷物運搬人が働いていた。また、轎站《きょうたん》と呼ばれる籠専門の站も三五あり、一站当たり平均四台の籠《かご》が待機していた。有数の商都を抱えていた江浙（現在の江蘇《こうそ》省と浙《せっ》江《こう》省）では、馬を主体とした站に加えて、一六〇〇隻を超える船を擁する水站、それに歩站と轎站があり、多様な物流体系により、ヒトの移動や物資の流通を捌《さば》いていた。

ジャムチには急逓鋪《きゅうていほ》という、もう一つの制度《システム》があった。緊急に大カーンの命令などを伝達する専門の通信機関である。急逓鋪は漢代の郵に似ているが、直近の金朝の制度に倣っている。クビライが即位した一二六〇年、大都と上都と長安のあいだに敷設されて、以後、全土に展開されていく。引継ステーションとなる鋪は、人口と交通量の多寡に応じて、一〇里、一五里あるいは二五里ごとに一つ設けられた。一里は約六〇〇メートルである。それぞれの鋪には壮健で健脚の、鋪丁と呼ばれる飛脚が五人ずつ配置された。彼らは腰に革帯を締め鈴をつけ、房《ふさ》のついた纓槍《えいそう》を手にし、雨具をもって走った。送達する文書は柔らかい絹の包袱《ふくろ》に入れて、それを襷《たすき》にして背中にしょった。

鋪兵と呼ばれる飛脚もいた。鋪兵がはこぶ文書は包袱に入れたものをさらに厳重に柔らかい絹布で包み、油絹でもう一回覆《おお》い、その上に板にはさんで保護した。湿気、折り曲げなどによる破損を警戒してのことだが、よほど重要な文書であったのであろう。街道では飛脚の鈴の音《ね》が聞こえてくると、馬に乗った武将《さむらい》も、高位高官が乗った馬車も、もちろん庶民も道を避《よ》けなければならなかった。目指す鋪では次の飛脚が入口で待機し、文書を引き継ぐと、隣の鋪にまた走るのである。その激しい労働の見返りとして、飛脚は一身の雑徭《ざつよう》が免除された。

急逓鋪の鋪には「鋪司《ほし》」と呼ばれる管理者がいた。鋪司は発出文書を包袱に納め封印し、牌書に番号を付して、普通の文書には緑油黄字により書号し、緊急の文書には黒油紅字により書号した。緊急文書には発信時刻も記した。鋪に備えられた鋪暦という管理台帳には、発着文書の発着時刻、担当の飛脚名、文書の種類などが記録された。また前の鋪から走ってきた飛脚に対して、引き継いだ文書の発着時刻の証明書も出した。いずれも鋪司の仕事である。後年、急逓鋪の組織は大都に総急逓鋪提領三名、一〇急逓鋪ごとに一郵長が任命され、組織が強化された。

ジャムチの運営に欠かせないものに牌符《はいふ》がいる。自由な通行、宿泊、軍馬や鋪馬の徴発などを可能とする大カーンの権威《ちから》を示す一種の証票である。古代ローマ帝国の駅制でみられたディプロマタと同じ性格のものである。中国では古来から牌符が発達し、官位によって、授けられる牌符が異なる。たくさんの護衛の兵に守られ立派な館《やかた》に泊まりながら旅行ができる牌符から、ただ単に馬だけ借りられる牌符まで、さまざまな種類があった。

元代の牌符の形をみると、長牌、円牌、紙券の三つの形状

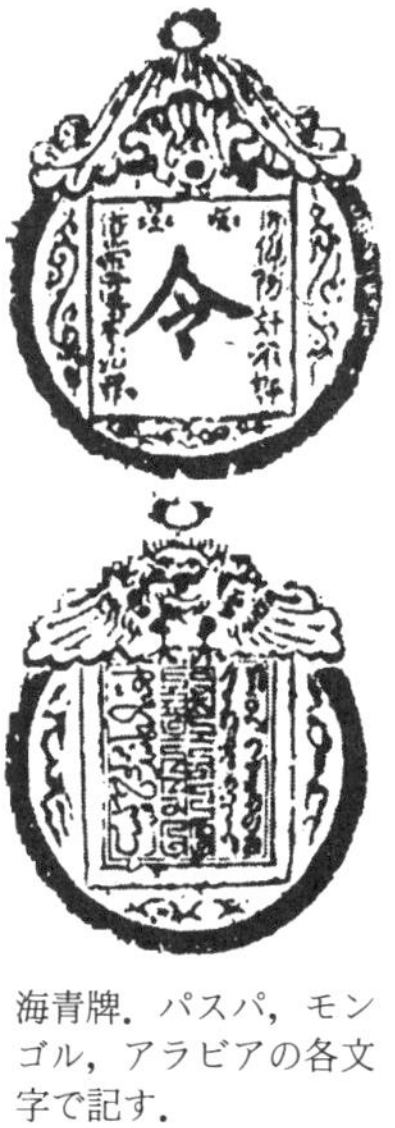

海青牌．パスパ，モンゴル，アラビアの各文字で記す．

がある。材質も金属、木片、紙片がある。長牌には金虎符・金符（金牌）・銀符（銀牌）がある。また、金虎符は虎頭金牌と虎闘金牌と獅頭金牌の種類があった。高位の牌符で、発給数もごくわずかである。円牌には海青《かいせい》符・円符があり、前者は金・銀・鉄の三種類の符が、後者は金字と銀字の木牌がある。一般的に使われたものであろう。紙券は駅券と鋪馬聖旨がある。たとえば、站と站とのあいだだけの馬の借上げだけに有効なもので、ひんぱんに使われた牌符である。利用範囲が限られ、格が低い。

チンギスやオゴタイあるいはクビライなど大カーンがモンゴル帝国を完全に掌握していた時代には、ジャムチもすばらしい機能を発揮していた。しかし、統治に翳《かげ》りがみえてくると、ジャムチの運営も乱れてくる。四代目の大カーンのモンケはジャムチの乱用を取り締まるために厳罰で臨んだが、それでもジャムチの機能維持はままならなかった。広大な道の安全とジャムチの規律を確保するには、やはり強力な政治基盤と軍隊が必要であった。後年、そのようななかでイル＝カン国のガザン・カンがいくつかの対策を打った。

まず、カザンの命を帯びて帝国を旅する使者がジャムチのルートをしばしば外れ、裕福な村々を通って、牌符の権威を嵩《かさ》に着ながら、私腹を肥やしていた者が多くいた。だから、この任に就きたがる者が大勢いた。そこで使者はジャムチのルートを必ず通ることを改めて定めた。使者は通過するすべての站でいわば通過証明をもらい、到着が遅れるとその旨も記された。カザンは、この新しいジャムチの規則に違反した者には躊躇《ちゅうちょ》することなく死刑を宣告した。

身内の規律保持もさることながら、権力者をもっとも悩ましたものは、草原や砂漠に出没する盗賊団である。カザンは捕らえた盗賊をことごとく死刑にし、盗賊をかくまった者も死刑にした。もちろん、街道の安全を確保するため、一万人の特別警備隊が組織され、とくに治安の悪いところには強力な分遣隊が送られた。分遣隊は盗賊を捕まえないと給金がでないので、必死になって盗賊を追いかけた。その裏には、給金を安易に出せば、盗賊と組まれてしまう恐れがあったからである。また、盗賊に支配されている村には、隊商を受け入れて泊めさせなければいけないことにした。そうすれば村人たちは盗賊を追い払わざるを得ないからである。この時代、中国からイランまで無事に旅すること、また便りを届けることは非常にたいへんなことであった。それでもシベリア鉄道が開通するまで、このジャムチの道はアジアとヨーロッパをむすぶ重要な交通そして通信の動脈となった。

『東方見聞録』の世界

モンゴル帝国のジャムチについて語るとき、マルコ・ポーロの『東方見聞録』(正式には『世界の記述』という)は見逃せない。見聞録は信憑性に少なからず疑問がないわけではないし、それに誇張がある。作者自身も多くの謎に包まれているが、それでもジェノヴァの牢獄で口述し、文人ルスチアーノがまとめたといわれている叙述から、往時のジャムチの活躍ぶりについて、より詳しく知ることができる。以下、愛宕松男の訳により、ジャムチにかんする部分を抜粋し、要約しておこう。

首都カンバルック(大都)から多数の公道が各地方に向かって発している。カーンの駅伝制度は実に素晴らしい。使者がカンバルックを発《た》って、この公道を二五マイル進むと、駅路一区間の終点に到達する。この駅路の終点をヤンブ(站=ジャム)というが、駅馬の宿駅の意である。駅には広々とした立派な館があって、カーンの使臣の宿となる。絹の敷布をのべたすてきな寝台が備わり、必要な品々が提供される。たとえ王侯が宿泊したとしても、きっと満足がいくに相違ない。駅にはカーンの命によって、常時四〇〇頭ばかりの馬が飼われていて、カーンがどこへ使臣を派遣しようとも、使臣の乗用にこと欠かぬように準備されている。

主要道路上には、二五マイルから三〇マイルごとにこのような宿駅がおかれ、豪奢《ごうしゃ》な宿泊ができ、それはカーンの統治するすべての地方、すべての王国に整備されている。また使臣が民家も旅館も絶えた山間荒野を行く際でも、かねてカーンはその地に宿駅を設け、馬や旅行に必要なものを整えていたから、まったくほかの宿駅と変わらないのである。ただこの場合、駅と駅との距離だけは普通よりも長くなり、三五マイルから四〇マイル以上にわたることさえある。カーンはまた住民をそこに移して土着し耕作せしめ、宿駅の勤務に服せしめているから、かなり大きな集落がそこに形づくられている。

この制度によって、カーンの使臣たちは日々の旅行に不便がない。この事実こそは、古来のいかなる帝王、いかなる人物によってもなし得られなかった壮大さ偉大さを如実に示すもっとも輝かしい証拠である。使臣の用に供するだけでも、二〇万頭の馬がこれら宿駅に飼養されており、その上になお一万以上の館が豪奢な設備を整えて設けられている。まったく驚嘆に値することがらで、その富厚さはとても筆舌では尽くし得ない。

このほかに、関連するいま一つのことがらがある。各宿駅間の三マイルごとに四〇戸ばかりの集落があって、そこにカーン宛の通信文書を伝達する飛脚人が住んでいる。飛脚人は幅広の帯を締め、帯のまわりに多数の鈴を垂らしている。飛脚人が公道をやって来れば、遠方からでもその鈴の音《ね》が耳に入る。終始全速力で疾走するのだが、三マイルだけ駆ければよい。三マイル先には次の飛脚人が支度万端を整えて、同役が待ち受けており、到着とともに書状を受け取り、併せて、書記官から伝票をもらい受けるや一目散に駆けだす。かかる方法で、一〇日行程を隔てる諸地方からの報告でも、カーンの許《もと》へは一昼夜で届けられるのである。季節ものの果実がカンバルックで採れると、それが一〇日行程を離れたシャンドゥ（上都）滞在中のカーンの許に翌日夕刻に早くも届けられる。

駅には書記官が常駐していて、そこに到着した飛脚人の到着日時とそれを受けて出発する飛脚人の出発日時を記録している。数名の官吏が別に任命され、毎月駅を巡回し検視し、職務を忽《ゆるが》せにする飛脚人がありはしないかを調べている。

カーンは飛脚人と宿駅在住の民戸からは賦税を徴収せず、かえって内帑《ないど》から支出して給料を支給している。各駅で莫大な数の馬が飼養されている。割り当てされた四〇〇頭の馬をすべて常時駅にとどめておくわけではなく、一ヵ月に二〇〇頭だけを駅において就役せしめ、その間、残りの二〇〇頭はよそで肥《ふと》らせておく。月末になると、肥らされた馬が駅に配備され、これと交替して現役の馬が役から外されて肥らされる。

権臣による反乱といったような火急の報告をカーンに伝えるため、騎馬の使臣は一日に二〇〇マイルときには二五〇マイルも走ることができるようになっている。使者が長距離を走破しようとする際には、できるかぎり速く進まなければならないことを示す大鷹の牌（海青牌）を身につけて行く。彼らは強壮俊足の良馬に乗って、腹を馬にしっかり縛り、頭に鉢巻きをつけ、全速力で飛ばし続ける。二五マイルの駅路を突っ走り、次の宿駅が近づくと、遠方からでも聞きとれる角笛を鳴らして、継馬を用意せよとの合図をする。緊急事態が起きて一日に三〇〇マイル走破するときは夜も走る。闇夜なら、速度は落ちるが、使者の前を宿駅の人たちが燈火をもって次の宿駅まで走った。これら使者たちはたいそうに厚い恩賞に預かるものである。　（第三章一〇九から）

カンチ王の領内には、都市・城邑《じょうゆう》は一つもない。住民はすべて野外で住み、常に移動している。領内には、馬も通わない地帯がある。つまり湖水と泉がいたるところに存在している。このやっかいな土地は一三日行程の範囲に拡がっているが、一日行程が終わるあたりにそれぞれ駅舎が設備され、この地を旅する使者の宿泊所に充てられている。駅舎ごとにロバほどもあろうかという大きな犬が四〇匹ばかり養われており、この犬が使臣を一駅舎から次の駅舎へはこんでくれるのである。橇《そり》が使用され、橇には車輪がなく、氷上も進行できれば泥濘地や沼地でもたいして沈まないように造られている。この橇の上に熊皮を敷いてその上に使臣が坐し、大きな犬六匹で一つの橇を曳《ひ》かすのである。犬は、御者がいなくとも橇を曳いて氷と泥の上を巧みに走らせ、一直線に次の駅舎まで駆けつける。使臣はこの方法によって駅舎から駅舎

カンチの湖水を走るカーンの犬橇．想像図．氷上でも沼地でも走行できる．御者がいなくても，目的地まで使臣を送り届けた．

への旅を続ける。駅舎の管理人も犬橇に乗り、これは使臣とは別の近道を通って次の駅舎に赴く。こうして使臣が次の駅に着くと、そこにも同様に犬と橇が用意され、使臣を逐次遠隔の地に送ることになっている。使臣を次の駅舎に送り届けた犬と橇とは、用を果たすと元の駅舎に引き返す。　（第七章二三二から）

武功を立てた人々といえば、それが百人長であれば千人長に、千人長であれば万人長にとそれぞれ昇進せしめる以外に、各自の官位に応じて銀盃とか権威の象徴たる牌符、立派な甲冑《かっちゅう》などが賞賜《しょうし》される。牌符であるが、これは百人長なら銀牌、千人長なら金牌または鍍金《めっき》の銀牌、万人長ならば獅子頭のついた金牌を本来それぞれに佩《お》びているものである。百人長・千人長の佩びる牌符は一二〇サッジ（一サジオ＝約四・七グラム、サッジは複数形）、獅子頭のついたものは二二〇サッジの重量をもっている。これらの牌符にはどれにも「偉大なる神の力により、また神がわれわれの皇帝に許し賜える非常の恩寵によって、カーンの御名に祝福あれ。カーンの命に従わざる者はすべて殺さるべし、滅ぼさるべし」と命令文が刻み込まれている。

一〇万人に将たる指揮官だとか大軍を率いる総司令官など広範な指揮権をもつ将軍は、前記の命令文を彫り刻

んだ重さ三〇〇サッジの黄金牌を所持しているが、この牌符では刻文の上部に日月を、下部に獅子の形がそれぞれ描かれている。かかる上級牌符の所持者は、騎行に際して必ずその指揮権の標識たる小型の日傘を頭上にかざさなければならないし、居坐《きょざ》する場合に必ず銀製の椅子にかけなければならない。カーンはまたかかる将軍には往々にして海青牌を授けるが、元来この牌符はカーン自身とまったく同様の権能をこれに許しても差し支えないような重臣に限って与えられるものである。したがって海青牌の所持者ならば、いかに高い身分の皇子に対しても、その部兵全部を己が護衛兵として提供せしめることもできるし、国王の馬も徴発できる。（第三章九〇から）

ニコロ、マテオ、マルコの三氏がいよいよ出発するに当たって、カーンは彼らをとくに御前に召され、権威の標識たる牌符二枚を授与した。この牌符には、カーンの領内ならどこへでも旅行ができる自由と、本人と従者に必要な食糧をいたるところで支給される特権が保証されていた。帰路、三人はキアカトゥ・カンに訣別する際にも黄金牌子四枚が授けられた。それぞれ重さが三、四ポンド、長さ一キューピット（約四六センチ）、幅は五フィンガー（一フィンガーは約一・九センチ。指幅）、表面に「永遠なる神の助力を受けてカーンの名号は尊崇され賞賛さるべし。命に背《そむ》く者は死罪・籍没《せきぼつ》に処せられん」と刻銘されていた。四枚の黄金牌子のうち二枚には大鷹、一枚には獅子が鋳《い》つけられており、ほかの一枚には何もついていなかった。（序章一九から）

このようにマルコ・ポーロの話は具体的であり、第三章一〇九ではジャムチの仕組みと急逓鋪などについてふれられている。第七章二三二はまさに狗站の話である。第三章九〇では牌符が詳述されている。また、序章一九をみると、外国の使節にも牌符が授与されていたことがわかる。元朝の、否、モンゴル帝国のジャムチは国家統治に欠かせない道具であった、と同時に、東西交易や文化交流に大きな功績を残し、まさに東西の架け橋になったのである。たとえば、大都から差し出されたイタリア特使の書簡は、ジャムチによって、チャガタイ＝カン国を経て、イル＝カン国に送られ、ローマ法王の許へ届けられた。一三〇三年の昔に、である。

4　インカの飛脚　王の目と耳に

一五世紀半ば、南アメリカ大陸を南北に走るアンデス山脈の奥深くに、突然、人口一〇〇〇万のタワンティンスーユ帝国が出現した。後にインカ帝国と呼ばれる。それは現コロンビア南部からチリ中部に至る、南北六〇〇〇キロに及ぶ地域の諸民族を統合した大国家であった。首都クスコは中央アンデスの高原盆地に位置し、海抜三四〇〇メートル。首都は一般大衆が生活していた上クスコ《ウナ・クスコ》と、インカの支配階級が住んでいた下クスコ《ウリン・クスコ》に分かれている。下クスコの喜びの広場《ワカイパタ》の周りには、石造りのみごとな建物が並び、なかでも黄金に輝く荘厳な太陽の神殿《コリカンチャ》は際だっていた。

壁も王座も金である。神殿の後ろには太陽の処女修道院《アクリャワシ》がそびえていた。そこには全国から集められた王にだけ仕える美しい処女がたくさんいた。首都は国中から商売をするためにやって来た大勢の人々で賑わっている。チチカカの湖畔に住むコヨ族、大きな幅の広い帽子をかぶったカンサ族、大きく編んだ髪を垂らしたワンカ族、黄色や赤い鉢巻きを締めているカンチャ族など、南アメリカの諸民族が長い道程を踏破してやって来た。まさにクスコは民族衣装に彩《いろど》られた一大ページェントを毎日繰り広げている感があった。

インカ帝国には近代国家にみられる複雑な官僚制度や徴税組織はなかった。しかしながら、インカ人の国を治める知恵には優れたものがあった。フランクリン・ピースと増田義郎の共著『図説インカ帝国』によれば、行政は地方の首長《クラカ》に委ねられ、「インカの目と耳」と呼ばれる少数の巡察使《トクイリクック》と、タワンティンスーユの州の地方行政官たる地方長官《トクリクック》が首長を統率した。これら高官の下に、住民数の増減や倉庫の物資搬出入のデータなどを記録する結縄書記官《キープ・カマヨック》が配置されていた。税はすべて民衆の労働によって支払われた。その労働をミッタという。そしてミッタには食糧や衣料などが見返りとして民衆に支給される。そこには互恵関係すらみられる。

西洋の視点からみれば、インカ社会は奴隷制や封建制あるいは社会主義的制度によって統治された、と断ずることができるかもしれない。しかし、巨大国家が簡素でむだのない組織により、しかも地方の自律性を認めながら、能率的に機能していた。物資が潤沢にあり、物乞いをする者も飢える人もいなかった。そのような国が中世ヨーロッパにはあっただろうか。乞食や盗人が横行し、汚職が蔓延していたスペインから来た、ある記録者は「インカの国はスペインより勝っている」と記している。インカはアンデスの特異な世界のなかで生まれた特別な国であった。

王の道

この大帝国を支えてきたものに道路とその上を走った飛脚がある。チェコスロヴァキアの民族学者ミロスラフ・スティングルは『大帝国インカ』のなかで章を割いて道路と飛脚についてふれている。同書によれば、インカには二本の主要街道が走っていた。一つは「王の道《カパック・ニャン》」と呼ばれる山側ルートの街道である。地図9に示すとおり、王の道はコロンビア北

地図9　インカ帝国の道（15世紀）

部アンカスマヨが基点、キトー、首都クスコを通って、聖なる湖チチカカをかすめ、ラパス地方を経て、トゥクマンの付近からアンデスを越え、コピアポ、マウレ川に至る全長五二〇〇キロの長い山岳道路である。海抜五〇〇〇メートルを超す高所もあれば、深い渓谷、アンデスの急流も越さなければならなかった。

そこでインカ人はオロヤと呼ぶ簡単なロープウェイを造った。まず川の両岸に高い柱をたて、そこに竜舌蘭科の植物アガベの繊維で編んだザイルを張り、籠《かご》をぶら下げ人や荷物をはこんだ。吊り橋も架けた。アガベのザイルをさらに寄り合わせてアナコンダの大蛇の胴まわりほどもあるロープを五本つくり、それを川に架け三本は橋床とし、その上に丸太を並べる。残りは欄干となった。アプリマク河の吊り橋は、スペインの植民地時代も使用に耐え抜き五五〇年も使われてきた。トトラ葦で編んだ船橋もみられる。

もう一つは「ワイナ王の道《ワイナ・カパック・ニャン》」と呼ばれる海側ルートの街道である。この道は、ペルーの港町トゥンベスが起点、半砂漠のコスタ地方を通り、太平洋に沿ってチリに入り、コピアポの町で王の道と合流し、マウレ川に向かう全長四〇〇〇キロの街道であった。一六世紀のスペイン生まれの年代記作者、ペドロ・デ・シエサ・デ・レオンは「王の命《インカ》により、海岸地方の首長たちは道幅一五ピエ（一ピエは一歩の幅）の道を造り、随所に一エスタード（身の丈の高さ）の頑丈な防砂用の壁を築いた。道は清掃され、並木には果物が実り、木々の花にはオウムなどの鳥がさえずっていた」と記している。理想的な道路にもみえるが、実際のところは、壁には防砂林のような役目もあったが、行進する兵士が隊列を離れることを防ぐ役目もあったこと。風の強い海岸地方で清掃を怠ると、たちまち道は砂で埋まり歩けなくなるという事情があった。また沼地や湿地では堤《つつみ》を盛って道にした。ペルーのアンタという町の沼地に一三キロに及ぶ堤が今もみられる。これに要した土砂は八〇〇〇万トンに上った。

以上の主要街道のほかに、クスコから帝国の四つの州に向けて街道が敷かれていた。州名と同じ名で呼ばれていたが、南東に向かうコリャスーユ街道、東に向かうアンティスーユ街道、南西に向かうクンティスーユ街道、そして北西に向かうチンチャイスーユ街道である。各州のなかにも支線が張り巡らされていて、主要街道や前記の四つの街道に接続し、インカの輸送ネットワークを形成していた。一例にすぎないが、ワナウコの町から反乱がたびたび起きるチャチャポヤ・インディオ居住区までの六〇〇キロの区間には、石が完全に敷き詰められた軍用の道路があった。それらの道の総延長は二万キロとも三万キロともいわれている。その維持・管理も、物資の輸送、軍隊の移動、王の巡察旅行などを円滑に行うために大切な仕事であった。そのため道路管理監督官《カパック・ニャン・トクリクック》ともいうべき高官を配して、その任にあたらせた。アメリカの考古学者ジョン・ヒースロップがインカの道を調査し、その成果を一九八四年に著書にまとめたが、支線まで含めたインカの道の全容を明らかにするまでにはまだ時間が必要である。

インカ文明には馬と車がない。仮に存在しても、階段もある高地インカの道では役にたたなかったにちがいない。人の乗り物は輿《こし》だけである。それも王族と上流階級の貴族・官僚だけが輿の利用を許された。一般の人たちは歩いて旅をする。荷物は人間が背負ってはこぶことが多かったが、リャマも使われた。リャマはアンデスの高原に生息するラクダ科の動物で、背丈は一メートル、重さは一〇〇キロを超す。一頭のリャマに一二キロほどの荷物を背負わすことができる。一日の移動距離は二〇キロほどであった。前一〇世紀には家畜として飼われていた。記録によると、一度に二万五〇〇〇頭ものリャマが物資の運搬に投入されたことがある。最後は干し肉《チャルキ》にされてしまうが、リャマはインカ国内の物資輸送を担う大切な家畜となっていた。

街道に沿って、タンボと呼ばれる宿場があった。タンボの構造はだいたいどこも同じであった。中央部に王の宿舎がある。兵士や物資の輸送人、一般の人々は王の宿舎の周辺の建物に泊まった。場所によっては王専用のタンボもあった。建物は日干し煉瓦《アドベ》で建てられ、インカ式の窓は台形の形をしている。壁面を赤く塗ったため、タンボ・コロラド（赤い宿場）と名づけられたところもある。また、タンボは物資の集散地ともなった。宿舎の隣には大きな倉庫があり、あらゆる種類の食糧、リャマやアルパカの毛、綿や綿布、そして軍隊の武器など膨大な物資が保管されていた。備蓄は徹底しており、ところによっては数年にわたり消費しても、なお余りある量が蓄えられていた。

チャスキ

インカの飛脚について、シエサ・デ・レオンは「これ以上のものは考えられない」と驚嘆して語っている。その言葉ど

インカの飛脚．白い鳥の羽でつくった鉢巻きをし，結縄の手紙を携え，ホラ貝のラッパを吹いている．ワマン・ポマ・アヤラ画．

おり、インカの飛脚は素晴らしい速さで情報を伝えるシステムであった。おそらく古代ペルーのモチカ族とチムー帝国の飛脚を手本としたものであろう。王の道をはじめとするインカの道の上に飛脚のネットワークが敷かれたのである。飛脚の走者は「チャスキ」と呼ばれている。道に沿って、チャスキが待機する中継駅《チュクラ》が半レグア（二八〇〇メートル）ごとに設けられた。タンボのなかにも中継駅がある。そこには二人のチャスキが常時待機していた。情報は口頭か後述する結縄で伝えられる。チャスキが中継駅に来るのがみえたら、待機中のチャスキの一人が出迎えて、走りながら、知らせを受け取った。口頭による場合には、前のチャスキは何度もなんども丁寧に送達すべき内容を伝えて、次のチャスキは正確に内容を覚えてから隣の中継駅に向かった。

　チャスキはものすごいスピードで走った。もちろん知り尽くした道程《ルート》を走ったこともあるが、それ以上に走る距離に関係があった。すなわちギリシャの使者へメロドローメンは一人で数十キロも走るマラソン型の仕事であったのに対し、チャスキは二八〇〇メートルを一気に走る中距離ランナー型の仕事であったからであろう。往時の史料によれば、チャスキによって引き継がれながら走るインカの飛脚の速度は一日五〇レグア（二八〇キロ）ほどで、王の命令はクスコの近くなら数時間、遠いところでも数日で届いたのである。クスコ－キトー間二〇〇〇キロの通信が五日足らずでできたという記録もある。時速一七キロになる。

　とくに優れた功績のあった俊足のチャスキには、インカ王自らが「アヤ・ワマン」あるいは「アヤ・ポーマ」という最高の称号を授けた。ワマンは鷹、ポーマはピューマの意味。鷹のように飛ぶように走る、とか、ピューマのように俊敏に走る、という尊敬の念が込められた称号である。反対に仕事を怠けるチャスキには、場合によっては、棍棒で頭を五〇回も殴られる刑に処せられた。処刑されれば、まず生きてはいられなかった。極刑である。

　曲がりくねった山道、深い渓谷、ゆれる吊り橋、数千段もの急な階段の道など難所がいっぱいの高地インカの道を、昼夜の別なく、酷暑であろうと暴風雨であろうと、命がけで走るチャスキの仕事には過酷なものがあった。まさに若い体力のある男にしかできない労働である。インカ人は年齢別に一〇のグループに分けられ、一八歳から二五歳までの男子のグループをサイア・パイアクと呼ぶ。兵役対象者だが、このサイア・パイアクのなかからチャスキが選ばれた。チャスキになることはミッタ（労働奉仕）を果たすことになる。ミッタのために、インカの男はふつう鉱山などで年三ヵ月間働かなければならなかったが、チャスキに選ばれたときは年一ヵ月の仕事でよかった。チャスキすなわち飛脚の仕事は、鉱山の労働よりも、三倍も辛いと考えられていたのである。選ばれたチャスキは自分の村《アイユ》にある中継駅で働いた。その中継駅を維持するのも村のミッタになったし、タンボでの物資の搬出入、リャマの世話、道路の建設補修など、すべてが地域住民のミッタとなった。

　インカの飛脚はさまざまな情報をはこんだ。もっとも重要な役割は軍事情報を伝達することである。クスコから各部隊に動員命令などが出されたが、これを伝えるのはチャスキである。逆にチャスキを通じて、辺境の国境警備隊からは、敵の部隊の動きなどがクスコにいる王のところに報告された。占領地域に派遣された道路管理監督官らは征服した部族の不満や反乱の兆候などの情報を集めて、それらをこと細かくクスコに報告した。いわゆる治安情報である。これらの情報によって、諸部族の反乱や謀反《むほん》を効果的に抑えることができた。軍事情報のほかにも、この通信回路を通じて、クスコからは行政上の指示、穀物などの生産にかんする経済上の指令が地方に流された。各地方からは事件をはじめ、ミッタによる工事の進捗状況やタンボでの物資の搬出入の数字などが報告された。

　飛脚にはもう一つ重要な役割があった。王の食卓には海で採れたばかりの魚やイカやタコが上った。太平洋岸からクスコまでは数百キロも離れているが、毎日、チャスキは王に供する魚類をはこんだ。海の魚をはじめ、アマゾンの獣の肉やチチャイコチャ湖の淡水魚など山海の珍味をはこぶのもチャスキの役割であった。

　インカの飛脚制度は、スティングルが著書のなかで述べているように、この国のもっとも進んだ制度の一つに数えてよく、実際、優れた能力を発揮した。ミッタを基盤として機能的に組織化されたシステムと、信賞必罰によるチャスキの管理がそれを可能にしたのである。帝国の安全と国防、そしてとくに帝国最後の一〇〇年間は、帝国の絶え間ない軍事的な領土拡大に大きく貢献した。後年、インカを征服したスペイン人がこの飛脚を使ったが、その速度は盛時のものには適《かな》わなかった、といわれている。

キープ

ここで「キープ」と呼ばれる結縄《けつじょう》についてふれなければならない。沖縄にもかつて「わらざん」と呼ばれる結縄があったが、インカのキープはもっぱら統計の記録に使われた。ある考古学者が論文の冒頭で「現代人がキープを手にしてみても心を動かされることはなく、古い縺《もつ》れたモップと見間違えるだけであろう。インカを征服したスペイン人もはじめは同じようなものであった」と書き出しているが、的を得た解説である。たしかに紐《ひも》の塊《かたまり》にみえるけれども、インカ人は、その紐にデータを巧みに記録したのである。キープの基本は一本の紐を横軸にし、そこに数十本の紐を垂れ下げて、これを縦軸にした。棒グラフの要領である。紐は綿か羊毛で編む。縦の紐には結び目がつけられた。結び目が一つなら一、二つなら二、三つなら三を意味する。垂れ下がった紐に結び目のコブが三つあったら、上の方から百の位、十の位、一の位とする。インカ人は十進法を使っていたのである。たとえば一番上のコブの結び目が三つ、次が八つ、一番下が四つだったら「三百八十四」と読む。

キープの原理はこれだけではない。縦軸の紐には、垂れ下がったものと、上に延びるものがある。前者をペンダントコードと、後者をトップコードと呼ぶ学者がいる。増減を示す概念が含まれていたのであろうか、興味深い。コードには補助コードもある。垂れ下がった紐の途中からもう一本紐が垂れ下がっていたら、それが補助コードである。これで内数を示すことができる。また紐が着色されていたので、たとえば赤い紐は軍隊の関係、黄色は金、白は銀を表した。白は銀だけではなく、比喩的に平和を意味し、黒は病気と時間を意味した。数種類の色の糸を一緒に編むと斑《まだら》模様ができる。二種類の単色の紐をつなぎ合わせることもあった。このようにしてキープの表現方法は広がり、さまざまなことを記録していった。今もたくさんのキープが保存されているが、その大きさはまちまちである。一番大きいものは長さ一六五センチ、幅六〇センチもある。

結縄を読む書記官．縄の色や結び目のちがいに意味がある．読み書きには高度な技能を要した．ワマン・ポマ・アヤラ画．

キープを読み取るには紐の色を識別し、結び目を数えて何の統計データかを判断する。簡単のようだが、高度の専門知識が必要である。キープを作成して、解読し、保管する技術をもった役人が多数いたが、彼らはキープ・カマヨックと呼ばれた。結縄書記官である。冒頭で述べたように、彼らは巡察使や地方長官らの高官の下で、各種統計データを握り、高度な判断も下す優れた行政官であり、高級職能官僚といった地位にあった。首都クスコには、膨大な国家統計を記録したキープの保管所があったろうし、キープ・カマヨックを養成する学校もあった。

キープ・カマヨックによって記録されたデータは、地域ごとのリャマの頭数、ジャガイモ、トウモロコシ、種子の澱粉を利用するキノアの収穫量、採掘した金・銀などの貴金属の量、ミッタの員数と日割計算、各部隊の兵力、徴税品の種類と量、川が氾濫した日、タンボの倉庫の収納データなど、それこそリャマの毛でつくった庶民が履くアストゥサンダルの在庫数までに及んでいる。しかし、もっとも重要なデータは人口統計であった。記録された統計は、村別、男女別、年齢別に把握され、ミッタの必要人員数の割り出しや、兵員の動員可能数などの判断に使われた。このように国民をグループ化し、それぞれに仕事を与えるためには、正確なデータの記録と管理が必要であった。キープはその役割を果たした。まさにインカ帝国全体がキープの助けを借りて管理されていたのである。インカ人は、今日のわれわれよりも、ずっと正確に人口動態を把握していたかもしれない。インカは意外と高密度の情報化社会を築き、キープを媒体にチャスキがそれらを流通させていた、といえないだろうか。

第5章　仏英における駅制の発展過程

1　フランスの駅制　ルイ一一世が整備開始

近世の西洋史を繙《ひもと》いてみると、フランス思想にデモクラシーの根源を求め、イギリスには資本主義の源流を求めることができよう。両国の現状にいささか不満があろうと、これら二つの大国に対して憧れにも似た気持ちをもつ日本人が今でも多い。事実、明治維新以降、日本はフランスとイギリスから多くのことを学び、政治や産業の近代化を推し進めてきた。学術文芸などの分野でも例外ではなく、現代でも、両国の影響は無視できない。しかしながら、その二大国も西ローマ帝国の崩壊後、中世になってから本格的な国造りをはじめ、近世から近代にかけて大きく開花した国であった。この章においては、そのフランスとイギリスの情報通信史の初期の歩みに焦点を当てる。両国の情報通信の発展過程をみると、たとえば、駅逓運営の請負化や戦費調達のため飛脚賃料が引き上げられたことなど、二国間の制度には意外と類似性があることに気がつく。以下、フランスとイギリスの情報通信略史である。

カール大帝の試み

まずフランスから。西暦一世紀、現在《いま》のフランスが位置する地方はガリアと呼ばれていた。ガリアはローマ帝国によって支配され、ゲルマニア方面の国境警備の補給基地として、重視されていた。その軍事上の必要性とむすびつき、ガリアにはローマの軍用道路が建設され、総延長は二〇万キロにも達した。当時の道筋が近代フランスの道路網の基《もと》になっている。その上に、あのローマの駅逓「クルスス・プブリクス」

が敷かれた。地中海に面したナルボネンシス州は早くからローマの属州《プロヴィンチア》となり、都市が発展していく。その他の地域も、三つの州に分けられ、ガリア三州の知事がいたルグドゥヌム（リヨン）、ドゥロコルトルム（ランス）、ブルディガラ（ボルドー）などの都市が栄えていた。

ローマ帝国が崩壊する五世紀まで、伝令官が、ローマとこれらの都市、あるいはローマとゲルマニアの最前線とをむすぶために、皇帝の命令や政府高官の書簡などを携えて軍用道路の上を走っていた。また、この時期はヨーロッパ精神文化のバックボーンとなるキリスト教が普及しはじめたが、その担い手となった聖職者の方は、メッセンジャーを自ら探さなければならなかった。リヨンの大司教で書簡論者としても知られるシドニウスも、自分の信書を教会書記や弁護士に託して文通をしていた。まだまだ通信不確実の時代であった。

中世の使者．樹皮を剥いだハシバミの枝をもっている．それは自由通行と不可侵の存在を表す．

八世紀、カール大帝（シャルルマーニュ）は教皇を脅かすロンバルド王国を征服して、北は異教のサクソン族を討ち、東はアジア系のアヴァール族を退け、南はイスラム教徒を破って、西ヨーロッパの主要部分を統一した。フランク王国の盛時である。カールは全国を多くの州に分け、各州に国王の地方役人たる「伯《コメス》」をおいた。伯の監督のために国王巡察使《ミッシ・ドミニキ》を各地に派遣して、中央集権にも努めた。さらに法律を制定して、最高裁判所と官房文書局を創設し、それらを国王の直轄とした。同時に、経済を振興し、教育を奨励したほか、イギリスの神学者アルクインら高名な学者をアーヘンの宮廷に招いて、学芸復興運動を展開した。カロリング＝ルネサンスである。

八〇〇年には、カールはローマ教皇レオ三世からローマ皇帝の帝冠が与えられて、ここに西ローマ帝国が教会との連携の下《もと》に復興した。カールの帝国、否、『シャルルマーニュの戴冠』を著したローベル・フォルツの記述を借りれば、キリスト教徒の帝国となるが、その帝国がビザンツ帝国を凌《しの》ぐ国となった。

カールは、中央集権強化のために、荒れ果てた古代ローマの道路網を修復し、かつてのローマの道と駅逓を再建しようとした。大帝自らもたびたび旅行をしたし、書簡の交換もひんぱんに行っていたので、道路と駅逓の再建は必要に迫られたものであった。事実、カールはローマにいる教皇レオ三世や、バグダードで君臨するカリフにも使者を送っている。アルクインはパーデルボルンに滞在するカールや、ブリテン島の七王国《ヘプターキー》の一角を担うケント王、それにローマに滞在中のザルツブルグ大司教アルノらに書簡を発出している。

それらの書簡の内容は、カール大帝とローマ教皇との関係や帝国理念の確立や皇帝の大権などについてふれたものが多く、単に消息を伝える手紙ではなく、一通の書簡が国を動かし、さらには国を形造る役割をも果たしていた。これらの書簡は当時ゆきかったものだが、ほんの一例にすぎない。それでもフランク王国内のみならず、ブリテン島やバグダードまで書簡がはこばれていたことを示している。その速さを示す資料は少ないのだが、一例を挙げれば、七九九年四月二五日にローマで起きたレオ三世襲撃事件の報は、五月中にカールの許《もと》に届いている。

しかし、この時代の道路と駅逓網の状態は、ローマ時代に維持されていた水準とくらべると、問題にならないほど貧弱なものでしかなかった。たしかに、ある年代記には、パーデルボルンに帝国集会を招集するにあたり、カールはザクセンの街道の悪党を一掃させ、公道はいたるところ平和になった、と記されている。しかし実情はといえば、平和は一時的なものだし、道路《みち》は補修されたとはいえ、悪路が続き、河には満足な橋が架かっているところは少なかった。エブロンからエルベ河まで赴くある使者は、延々と続く森と沼、そして高い山脈に遮られながら、馬に乗ったり歩いたりして、一ヵ月もかかった。それからピレネー山脈の彼方へ王の知らせを届けるのに、もう一ヵ月を要したのである。それでもフランク王国の道には使者ばかりではなく、カリフから贈られた象が行進したし、カール自身も在位四六年のあいだしばしばこの道の上を旅行した。御料地の館《やかた》や厩舎や納屋は、カール一行の宿泊施設ともなった。ある計算によれば、カールの旅の総延長は地球数周分に匹敵する距離となった。

書簡の交換、道路と旅についてふれてきた。しかし、中世がはじまる、この時代の人口のほとんどが自然を相手に暮らす農民であった。彼らには、読み書きができる能力、すなわちリテラシーがなかったけれども、正確な暦《カレンダー》を読むことよりも、むしろ「ヤマシギが飛ぶとき」や「雪が降りはじめる頃」など、農業に欠かせない重要な情報を体で察知する能力には素晴らしいものがあった。そして農民は一生を限られた教区の村のなかだけですごすことが普通であった。いわば土地に縛られた生活をする農民にとっては、手紙のやりとりも、旅行も、無縁なものであった。

このように、カール大帝の時代には情報と交通の手段は、まだ一部の権力者のためのものにしかすぎなかった。カールの死（八一四）後、大帝が築いたフランク王国を核とした西ローマ帝国は三分割されて、分割後の東フランク王国はドイツの、中部フランクはイタリアの、また西フランク王国はフランスの基礎となった。帝国の分割後、荘園制を軸とする封建社会が成立すると、自給自足の農業社会となり、交通や商業は衰退し、カールが敷設した駅逓は姿を消した。

王室御用便の創設

その後、ヨーロッパでは教会や大学の力が強くなり、一二世紀になると教会や大学が独自の通信機関をもつようになる。すなわち僧院飛脚や大学飛脚《メッサジェ・ドゥ・ルニヴェルシテ》である。また、経済が発達して、商人も自ら飛脚を運営するようになった。高橋安光は『手紙の時代』のなかで郵便の歴史的事情について一章を割いている。そのなかで、フランス郵便史の大著を完成させたウジェーヌ＝ヴァイエが一二九二年のパリ在住・飛脚業者一三人の人頭税《タイユ》の額を大著に記録していることを紹介している。それによると、人頭税をもっとも多く払っていた飛脚業者はサン・メリー地区に居住するリシャールで三六スー、最低はサン・チレール地区に住むロバンで一二ドゥニエ（一スー）であった。また、表5に示すように、ヴァイエは一五世紀の飛脚賃料も記録している。これ以上の詳細はわからないが、王室御用便《メッサジェ・ルワイヨー》が整備される前に飛脚業者がいたことだけは明白である。

僧院や大学などの飛脚が発達するなかで、カール以後、フランスの国家が駅逓の整備に本格的に乗り出したのは一五世紀になってからのことである。ルイ一一世が一四七七年に王室御用便を創設したのが、そのはじまりである。古い文献には一四六四年と記されているものもあるが、ローリン・ジリアクスの研究によれば、それは偽造された勅令から採ったものであり誤りであるという。王室御用便は名前が示すように、国王の専属の情報通信機関であった。当時出された勅令には、

表5　フランスの飛脚賃料・飛脚日当（15世紀）

日　付	内　容	賃　料
1429年8月18日	飛脚賃料（サン・ロー―ヴァローニュ）	35s.
1432年8月26日	飛脚賃料（フレーズ―リジゥー）	14s.
1435年1月19日	飛脚賃料（フレーズ―リジゥー）	75s.
1435年―1437年	徒歩飛脚（1日）	7s.6d.
1435年―1437年	騎馬飛脚（1日）	12s.5d.
1435年2月16日	飛脚賃料（往復10日間）	75s.
1435年3月25日	飛脚賃料（往復14日間，サヴィーニ修道院―ルーアン）	105s.
1437年10月3日	騎馬飛脚（3日間）	37s.
1498年8月3日	飛脚日当（リール―アラス）	8s.

（出典）　高橋安光『手紙の時代』98頁.
（注）　1スー（sou, s.）＝12ドゥニエ（deniers, d.）.

一般人がこの御用便を使用することを禁止する一方、たとえ高官であっても、国王あるいは御用便を監督する長官の許可が必要であることなどが定められていた。この禁を犯し、御用便を不正使用した者は死刑とされた。整備された御用便のルートは、当時宮廷がおかれていたプレシ＝レ＝トゥールと主要都市とをむすぶ数路線にすぎなかったけれども、それらは、その後の駅逓発展の土台となった。

　ルイは絶対王政成立へ向けて、さまざまな布石を打っていく。一四七七年には宿敵ブルゴーニュ公シャルルを斃《たお》して、公の領土を王の領土に合併したほか、アンジューとメーヌとプロヴァンスを合併し、フランスを統一する。加えて、農業を復興させ、商業や工業を振興し、印刷術もフランスに導入した。駅逓整備も彼が打った布石の一つであった。郵便史家のなかには、ルイを「フランス郵便の父」とまで記している者がいる。しかし、ルイがフランスの駅逓の基礎を固めたことは評価できるとしても、それが一般民衆に公開されたわけではないので、その表現は早計といえよう。

　王室御用便の駅《ルレ》は、主だった街道に四リュー（一リューは約四キロ）ごとに設けられた。各駅には四、五頭の交替用の駅馬が徴用されていて、国王に任命された駅長《メートル・ドゥ・ポスト》が駅を管理していた。駅長の多くが交通の要所に建てられた旅館の主人で、生計をたてるために近隣の畑を耕す人もいた。駅長の仕事は無償であったが、伝令官らが乗る駅馬一頭について一駅区間ごとに一〇スーの、いわば駅馬借上賃の支払を国から受けた。街道を走る遠距離の書簡輸送には「騎馬飛脚」が、支線を走る短距離の書簡輸送には「徒歩飛脚」が利用された。ルイ時代の駅逓は急ごしらえの域を出るものではなかったので、駅逓の運営は安定していなかった。それでも一四七七年一月六日、ナンシー付近でブルゴーニュ公シャルルが討たれた事件の報告《しらせ》は、騎馬飛脚の急使によって、一月九日には四五〇キロ離れたプレシ＝レ＝トゥールに滞在する国王の許《もと》に届けられた。駅の数はシャルル八世に引き継がれる一五世紀後半には二七〇まで増加した。

　その後、王室御用便の駅逓管理システムが徐々に整えられていく。シャルル八世は一四八七年、主馬長《コネタブル》（国王の最高軍事指揮官で、要職中の要職）の一人が駅逓全般の業務を管理運営することを定めた勅令を発した。絶対王政の機構の整備が進む一六世紀後半以降になると、主馬長が兼務したものの、駅逓総監《ジェネラル・デ・ポスト》というポストが創設された。駅逓の維持は、国政を遂行する国王と重臣らにとって、決して小さな問題ではなかったのである。

　歴史の研究者は一六世紀初頭から大革命に至る三世紀の時代を「アンシャン＝レジーム」と呼ぶ。フランス革命前の旧体制の時代をいうが、この時期に、フランスが近代国家の礎《いしずえ》を築いていく。強力な君主政治が行われた絶対主義の時代でもあった。ルネサンス文化が開花して、宗教改革も進む。同時にフランスは中世末期の戦乱による荒廃や、相次ぐ飢饉と疫病《ペスト》から解放され、平和が到来し、国家再建の段階を迎えた。商人や手工業者たちが富を蓄えて市民階級《ブルジョワジー》を形成し、彼らのなかから貴族にとって代わる実力者も出てくる。人口も大幅に増加。シャンパーニュやブリなど各地で「市《いち》」が開かれ、イタリアやスペインなどからも、さまざまな商品を携えた商人が訪れ、市を中心とする経済が活況を呈す。そこでは遠隔

至急の騎馬飛脚．御者（右）が鞭を振りながら運び手を先導する．左手にマイルストーンがみえる．ローマ時代のものであろう．

地間の為替決済も行われ、商品輸送と商業通信の需要が増加した。もちろん一般の通信も増加していった。

このように民間の通信需要が増加すると、王室御用便にも変化が出てくる。駅長は非合法と知りながらも、相対《あいたい》で値段を決めて、民間人に駅馬を貸したり、民間人の手紙も引き受けるようになった。この副業《サイドビジネス》が駅長にとって実入りのいい稼ぎになる。もちろん利用者にとっても便利であった。後年、副業の方が大きくなり、御用便の本務にも支障が出てきた。そのため、民間人の駅馬利用を禁止する勅令がしばしば発せられたが、駅長・利用者双方から無視された。そこでルイ一二世は一五〇七年、旅行者への駅馬の独占貸出権を駅長に与える勅令を出した。駅馬の利用料は一駅区間二〇スーと定められる。

この当時、陸上交通といえば馬が主な輸送手段であったから、この勅令によって、国家が輸送手段を独占したことになる。しかし実際のところは、一片の勅令だけで国の輸送体系全体を掌握することはできなかった。むしろ国王は別の意図をもって勅令を出している。すなわち国王の言に従えば、「朕《ちん》の庇護の下《もと》にある諸都市を、許可もなく得体の知れない運送人や旅人が駅馬を借りて歩き回ること、検閲もなしに荷物や書簡がもち込まれることは許し難いこと」なのである。以後、駅長は民間人の旅行者らの監視、書簡の検閲などの任

に当たることにもなる。駅は国のために情報機関《スパイ》の一端を担いはじめた。

書簡をはこぶ飛脚賃料がはじめて制定されたのは一五七六年になってからである。それは最終審を扱う高等法院《パルルマン》と下級審を扱うバイイ裁判所やセネシャル裁判所など国王裁判所とのあいだでやりとりされる法律文書の送達賃料を定めたものであった。高等法院は一三二八年にまずパリに設置され、一五七六年にはトゥールーズ、グルノーブル、ボルドー、ディジョン、ルーアン、エクス、レンヌの諸都市にも開設されていた。高等法院の開廷期間は秋から翌年春までで、文書の送達もその期間に限られた。余談になるが、当時のパリ高等法院で扱われた事件は殺人がトップで、以下、窃盗、異端、暴行傷害などの事件となっていた。

王室御用便の使者は、開廷の期間中、法曹家《レジスト》が作成した殺人事件の上訴文や異端事件の判決文などの法律文書を関係者に届けるのに忙しかった。賃料《タリフ》は一律で、用紙一枚の手紙一〇ドゥニエ、三通か四通の手紙の包み一五ドゥニエ、重さ一オンス以上の包み二〇ドゥニエと定められた。用紙一枚の手紙とは、現在の郵便書簡や航空書簡形式のものである。単位はドゥニエ。一二ドゥニエで一スーとなる。最初の郵便料金ともいえるが、地域や扱う文書が限定されていたので、特殊なものといえよう。

私人利用に道

アンリ四世は一五九五年、王室御用便が民間人の書簡をはこぶことを公式に承認した。アンリはフウケ＝ドゥ＝ラ＝ヴアラヌを駅逓総監に任命し、王室御用便全般の運営に当たらせる。御用便は大学飛脚や都市飛脚《メッサジュリ・ユルバンヌ》など当時いろいろあった駅逓便の一つにしかすぎず、御用便のネットワークは、宿敵ハプスブルク家の擁護の下《もと》にあったタクシス飛脚のネットワークとくらべたら、大いに見劣りするものであった。先行組に追いつくために、ドゥ＝ラ＝ヴァラヌは新しい駅路を切り開くのに知恵を絞り、また、民間人の書簡を取り扱う要員も増やす努力をした。私人にも公開された本格的な通信事業展開のはじまりである。

一七世紀の前半は、かのリシュリューの時代である。ヴァンデ地方リュソンの司教として頭角を現したリシュリューは、ルイ一三世に認められて、枢機卿、国務会議メンバーとなり、やがてその主席の座についた。宰相リシュリューの誕生である。この時代、国内統治機構が強化され、重商主義政策が打ち出され、フランスの絶対王政の基礎が築かれる。ドゥ＝ラ＝ヴァラヌの後を受け継いだのは、ピエール・ダルメラである。新駅逓総監は駅逓の規則を明確にし、運営の基盤を固めた。

まず、書簡の取扱賃料を公定にする。それまで賃料は手紙の送り手と駅長との個別交渉に委ねられていた。この相対《あいたい》による賃料決定の習慣を廃して、誰にでもわかる賃料の体系を公表する。透明性の確保である。それにもう一つ大事なことは、競合していた民間飛脚の賃料を意識して、それよりも賃料を低く設定したことである。その結果、王室御用便の賃料の実質値下げにつながった。A・D・スミスの『郵便料金の変遷』は、イギリス、フランス、ドイツ、アメリカそしてカナダの飛脚賃料や郵便料金の歴史的変遷を論述した専門書だが、スミスの研究によれば、一六二七年、ダルメラによって制定された賃料は、次のとおりであった。用紙一枚の手紙の賃料は、パリ―ディジョン間が二スー、パリ―リヨン、パリ―ボルドー、パリ―トゥールーズ間がそれぞれ三スーであった。また、用紙が二枚以上の手紙は、重さが半オンスまでのものは三スーから五スーのあいだ、重いものは一オンスごと五スーから八スーとなっていた。

また、ダルメラは大きな町村に書状取扱所を設けた。書状取扱所では、今様にいえば、第一種定形郵便物にあたる軽い書状形状のものに限り、引き受けることにさせた。かさばる商品などの小荷物の輸送は民間飛脚に譲ったのである。それには理由《わけ》があり、軽くてはこびやすい書状だけであれば、送達は容易で、スピードも出せるので、効率的な運営ができる。それに利益も大きい。利益を維持するために、一六三七年から王室御用便が書状取扱の独占《モノポル・ドゥ・ラ・ポスト・オ・レテウル》を打ち出した。

さらに、ダルメラは民間駅逓と競争するために、駅路の新設や速度の向上はもちろん、さまざまな手を打った。ときには、駅路拡張のために民間駅逓の営業特権すらも買収することがあった。また、この時期に、経費がかさむことと、駅逓を定期に運行するために、臨時単発の騎馬飛脚ではこばれていた宮廷高官らの国王宛の公的な報告書《デェペェシュ・オフィシィエル》などは、定期便の駅逓にまとめられ送達されるようになった。官民通信の一体化、書簡送達の合理化・集約化とみることができる。このように商才に長《た》けたダルメラは王室御用便の運営から巨額の利益を得た、といわれている。

一六三二年、ニコラ・サンソンとタヴェニールの二人がフランスの駅逓地図《カァルトゥ・デ・ルウートゥ・ドゥ・ポスト》をつくっている。パリとリヨンの二都が、それぞれ軸となり、そこから各地に駅路が延びている。当時の主要街道とみてもよい。もちろんパリ―リヨン間は重要な駅路となっていた。まず、パリから発する駅路の行き先を、北から時計回りで記せば、カレー、ブリュッセル、ソワソン、メッツ、アルザス、リヨン、クレルモン、トゥールーズ、ボルドー、バヨンヌ、ラロシェル、ナント、エフルー、カーン、ルアーヴルとなる。また同様にリヨンからの駅路の行き先を記せば、ブールアンブレス、ジュネーヴ、

サンソンとタヴェニールの駅逓地図．手書き，1632年作．国境は赤，黒の駅路は黄で上塗りされ，宿駅名や河川も詳細に記す．パリとリヨンが中心を成す．1695年，ジェイヨのフランス地図帳に入る．洋上の帆船が時代を感じさせる．

トリノ、グルノーブル、アヴィニョン、マルセイユ、モンペリエ、トゥールーズ、そしてリモージュとなる。

駅の総数は六二三である。一五世紀後半の駅の総数が二七〇であったから、二世紀のあいだに倍以上になっている勘定である。ブルターニュ地方を除けば、ネットワークに粗《あら》さはあるものの、フランス全土に、ほぼ駅路が敷かれていた様子がわかる。いずれも重要な街道となっていたが、その実状は惨憺たるものであった。天気がよければ、大きな穴ぼこや落石それに轍《わだち》の跡や土埃《つちぼこり》に悩まされ、雨が一時《いっとき》降れば、道路は泥沼と化して通行に支障を来す。信書のような小荷物でも運搬には多くの困難が伴った。一五九九年に道路長官《グラン・ヴワイエ》というポストが設けられたが、機能せず、本格的にフランスの道路が改善されるのは一八世紀になってからのことである。

高橋安光の『手紙の時代』からの引用になるが、地理学者であるギィ・アベロは、アンシャン＝レジーム時代の道路状況について、次のように述べている。「王室御用便の道路網は、その拡がりの大きさと周到な管理で、わが国でもっとも進んだ地上交通網を構成していた。パリから約一〇〇キロまでは、王家の移動と首都への食糧供給の便宜のために一七世紀につくられた舗装道路を使っていた。……だが地方の道路は、道路を必要としている者や経済活動家の眼には大きな欠陥と映じていた。宿駅はなく、したがって早馬や急使便はなく、移動は昔のまま、徒歩旅行者も騎乗者も馬車ものろのろと進んでいた」と。

王室御用便の発展

太陽王《ル・ロワ・ソレイーユ》、ルイ一四世は旧来の宰相制を廃し、コルベールらを重臣にし親政を敷き、絶対王政を確立した。ヴェルサイユに、巨額の金額を投じて、あの壮麗な宮殿を建て、文学や芸術も奨励する。この時期からフランス文化はヨーロッパの中心となった。ルイ一四世は、一六四三年から一七一五年までの七二年間にわたりフランスを統治したが、良くも悪くも、フランス史の上で一時代を画した。この治世にフランスの官僚機構が整備され、一六六八年、陸軍卿となったルーヴォワが駅逓総監《シュラタンダン・ジェネラル・デ・ポスト》も兼務する。ルーヴォワは軍事目的から旅行者には旅券をもたせ、動きを監視し、王室御用便が取り扱う書状も管理下においた。同時に、書状送達の独占を強力に推し進める。

その一環として、一六七二年、駅逓の運営を政府直営から請負方式《フェルム》に切り換える。すなわち、政府に一定の金額を納めた者に駅逓運営権を与える。収入総額から経費と政府納入金を差し引いた残りの額が請負人の利益となった。当初の政府納入額は一二〇万リーヴルであったが、請負方式が廃止される直前の一七九一年の納入額は一二〇〇万リーヴルに達した。駅逓請負人からの納入金は政府の重要な歳入財源の一つになっていく。政府独占を打ち出しながら、駅逓の運営を民間人に請け負わせるのは、やや奇異な感じもする。しかし、その裏には、いわば民間活力を利用しながら、事実上、政府が書状送達の独占を企《くわだ》てていたのである。駅逓請負人は利益を極大化するために、競争相手の駅逓便を買収して、駅逓のネットワークを常に拡大していこうとする商売上の行動《インセンティヴ》が働く。この行動こそが、請負人にとっては利益の拡大に直接むすびついていくし、政府にとっては、より完全な独占へ大きな力となっていったのである。

駅逓独占のために、かなり手荒な方法も使われた。適正な補償金を払い競争相手を買収するなら、理に適《かな》っているといえるが、無理矢理、競争相手を退場させてしまうことがしばしば起こった。たとえば、パリ―ボルドー間を走っていた民間駅逓の運営人を、屁理屈をつけて、九年間の強制労働の刑に処し、その後に王室御用便の請負人が新たな駅逓を走らせた。まさに強制収用である。また、あの一三世紀以来続いてきたパリ大学の飛脚も、一七二〇年までに、その運営が停止される。王室御用便から支払われた補償金は一二万フランであった。このように王室御用便のネットワークはあの手この手で拡張され、一八世紀はじめにはパリから主だった都市をむすぶまでに独占体制が固まった。表6に示すとおり、一八世紀はじめの主な街道は全部で二七本、うちパリを起点にしたものが一一本、リヨン起点が七本あった。いずれも駅路のネットワークにもなった。総宿数は六三〇である。

駅逓ネットワークの拡大は利用者にとっても大きな利点になったが、飛脚賃料の値上げという弊害が出てきた。情報管理と独占利潤を上げようとする狙いが駅逓総監にあったのだから、いわば当然の帰結である。スミスの研究によれば、一

表6　フランスの主要街道（18世紀）

街　道	宿数
パリ―リヨン	47
パリ―カレー	28
パリ―ペロンヌ	14
パリ―ルアーヴル	18
パリ―ルーアン	18
パリ―スワソン	7
パリ―メーヌ	31
パリ―ディジョン	24
パリ―トゥールーズ	58
パリ―バヨンヌ	70
パリ―ナント	54
ヴァレンヌ―クレルモン	6
ルーアン―カーン	10
ルーアン―アベヴィル	8
ルーアン―アミアン	7
ルーアン―ブロワ	19
ポワチエ―ブルアージュ	18
オルレアン―クレルモン	21
ボルドー―トゥールーズ	13
トゥールーズ―ペルピニャン	13
リヨン―ディジョン	14
リヨン―ジュネーヴ	8
リヨン―アンブラン	19
リヨン―ニース	43
リヨン―ペルピニャン	17
リヨン―リモージュ	20
リヨン―トゥールーズ	25
計	630

（出典）高橋安光，前掲書，104-106頁．

六七六年に制定された王室御用便の賃料は表7のとおりである。賃料が手紙の用紙の枚数、送達距離、重量の三つの要素で決められていたことがわかる。送達距離は四つのゾーンに分割され、用紙一枚の手紙の賃料は、ゾーン別に一スー刻みで二スーから五スーまでとなっている。独占的な賃料であったため、割高だったことはいうまでもない。

　国王は駅逓の収益に目をつけ、戦費調達のために、飛脚の賃料を値上げさせる。このことが飛脚賃料をより一層高くする結果となった。フランドル戦争、オランダ戦争、アウクスブルク同盟戦争、スペイン継承戦争、オーストリア王位継承戦争、ジョージ王戦争、七年戦争などと、一七世紀から一八世紀にかけて、対外摩擦が続いたフランスでは、断続的に戦争が繰り返されていた。これでは国家財政がもたない。増税につぐ増税で、駅逓賃料が値上げされてもおかしくない。一例を挙げれば、一七〇三年、四ゾーン制から八ゾーン制に細分化され、用紙一枚の手紙の賃料は「最低二スー・最高五スー」から「最低三スー・最高一〇スー」に値上げされた。これが一七五九年にはさらに「最低四スー・最高一四スー」まで引き上げられた。用紙二枚の手紙の賃料は、用紙一枚の手紙の賃料の二倍とすることも決められた。

　国内駅逓の国家独占はほぼ達成できたが、外国駅逓は多かれ少なかれ私営の飛脚に委ねられてきた。ルーヴォワは外国駅逓も国営とし、それを自らの管理下におくようにする。一方、国王は外国駅逓から上がる賃料収入をルーヴォワに与えることを約束した。このこともあって、ルーヴォワは、ヨーロッパの多くの国と駅逓取極《とりきめ》（郵便交換条約）の締結を積極的に進める。一六七九年一一月二七日に発表されたパリから出る駅逓出発日と時間は、表8のとおりであった。フランス革命まで、それはほとんど変わることはなかった。

このようにルーヴォワの時代に、外国駅逓も国家独占が図られ、短時間のうちに、そのネットワークが拡大されていった。ルイ一四世の親政に深くかかわったルーヴォワは、巨万の富を築き上げた。もちろん駅逓運営からも大きな利益を上げたことはいうまでもない。ルーヴォワの死（一六九一）後、外国駅逓は王室御用便に吸収される。その後も駅逓総監は役得の多いポストとして残り、たとえばバルロワ侯爵夫人の書簡集には、次のような文面がみられる。まず、一七一六年二月一〇日付け書簡には「オルレアン公はトルシー氏のために、六万二〇〇〇リーヴルの年金をつけて駅逓総監の地位を復活しました」とあり、また、翌一七一七年二月二三日付け書簡には「オルレアン公はトルシー氏に駅逓総監の地位を与えるにあたって五万エキュの天引きを許しましたが、また別に二万フランを与えました」と記されている。総監就任は巨額の利権を手にすることでもあった。

内外の駅逓運営を定着させたルーヴォワ駅逓総監の功績は大きい。たとえば、セヴィニェ夫人は「私たちの手紙を素晴らしく早く取りに来て、夜を日に継いで走り続けて、一刻も早く届けようとしていることを知って、ほっとしますね。私

表7　フランスの飛脚賃料（1676）

（単位：スー）

区分 ＼ 距離（リュー）		-25	25-60	60-80	80-
封書	用紙1枚の書簡	2	3	4	5
	同上，封筒付き	3	4	5	6
	用紙2枚の書簡	4	5	6	9
小包	（1オンスごと）	6	9	12	15

（出典）　A. D. Smith, *The Development of Rates of Postage*, p.80.
（注）　1リュー（lieue de poste,［英］league）＝3.897km.

表8　パリ発の外国駅逓（1679）

出発曜日	時　刻	宛　先
日曜日	正午	ハンブルク
〃	〃	北欧諸国
月曜日	正午	オランダ
〃	午後12時	スペイン（隔週）
〃	〃	
火曜日	正午	ポルトガル（隔週）
〃	〃	ケルン
〃	〃	リエージュ
水曜日	正午	スイス
〃	午後12時	イギリス
〃	〃	ヴェネツィア
〃	〃	ストラスブール
〃	〃	ミュンヘン
金曜日	正午	トリノ
〃	〃	オランダ
〃	〃	ハンブルク
〃	〃	イギリス
〃	午後12時	北欧諸国
〃	〃	ローマ
〃	〃	トリノ
土曜日	正午	スイス
〃	〃	ケルン
〃	午後12時	リエージュ
〃	〃	ストラスブール
		ミュンヘン

（出典）　高橋安光，前掲書，127-128頁.

表9　ハーグ―パリ間の飛脚

ハーグ発	パリ着	所要日数
1631年9月20日	10月12日	23日
1634年11月26日	12月8日	13日
1638年4月25日	5月19日	25日
1642年1月20日	1月31日	12日
1645年10月30日	11月11日	12日
1645年12月4日	12月16日	13日

(出典)　高橋安光，前掲書，111-112頁．

表10　パリ―ローマ間の飛脚

パリ発	ローマ発	差
1643年11月19日	12月21日	33日
1644年1月22日	2月25日	35日
1644年3月30日	4月25日	27日
1644年4月15日	5月14日	30日
1644年5月5日	5月30日	26日
1644年5月29日	6月26日	29日
1644年8月18日	9月11日	25日
1644年9月1日	10月2日	32日
1645年7月2日	7月29日	28日
1645年7月23日	8月20日	29日
1647年3月15日	4月7日	24日
1647年7月10日	8月19日	41日
1647年10月23日	11月24日	32日

(出典)　高橋安光，前掲書，112-113頁．
(注)　中欄の発信日は，パリから差し出された左欄の手紙に対する返書の日付．

表11　パリ―ナポリ間の飛脚

パリ発	ナポリ発	差
1769年9月23日	12月16日	85日
1770年1月6日	1月27日	22日
1770年1月9日	2月3日	26日
1771年1月14日	2月2日	20日

(出典)　高橋安光，前掲書，117頁．
(注)　中欄の発信日は，パリから差し出された左欄の手紙に対する返書の日付．

たちは書状配達人《ファクトゥール》に対し、また、至るところに駅逓の制度を確立したルーヴォワ氏に対して恩知らずですね」と、グリニャン夫人に宛てた一六七五年一〇月一六日付け書簡のなかで認めている。書状配達人の苦労に感謝し、ルーヴォワの手腕を讃える文面である、といえよう。

文通の所要日数

　ここで外国との書簡のやりとりにどの程度の日数を要したのか、実際の書簡から二、三の例を紹介しよう。高橋安光が調べたものだが、まず表9に示す新教の僧アンドレ・リヴェの往復書簡からである。数千通の書簡が残されているが、そのうちハーグ発パリ着の書簡の発信日と到着日を記し、所要日数を割り出してみる。最短は一二日、最長は二五日であった。その差は倍以上である。季節の良い時期にはこばれたものが時間がかかり、気象条件が厳しい筈の冬季にはこばれた手紙が時間がかかっていない。理由はわからない。

　次に、ローマに滞在していた画家のプーサンとパリにいたパトロンとのあいだで交わされた書簡をみてみよう。表10がそれである。発信日を基準としているので、両都市間の正確な所要日数はわからないが、プーサンがきわめて筆まめであったことを考えると、それぞれの発信日の差がほぼ所要日数とみてよい。最短は二四日、最長が四一日である。総じていえば、三〇日を超えるのは秋から冬にはこばれた手紙で、春から夏にはこばれた手紙は三〇日以下である。季節の要因が書簡送達にも影響していたことがわかる。一七世紀中葉にパリーローマ間にも飛脚が定期的に走っていたことも推定できる。

表11に一八世紀の例を挙げておこう。パリに駐在したナポリ王国の大使秘書ガリアニ師は、反重農思想がフランス当局に睨《にら》まれて、帰国を余儀なくされた。帰国後、パリ社交界の想い出が懐かしいとみえて、デピネ夫人とひんぱんに手紙《ふみ》を交わす。一七六九年九月の手紙は何か途中で事故にでも遭ったのだろうか、何と八五日もかかっている。

18世紀フランスの地方道路．舗装されておらず，雨が降れば泥濘に，風が吹けば埃が舞い上がる．巨大なノアの方舟と酷評された郵便馬車や，旅籠の亭主と話す騎馬飛脚などがみえる．

一七世紀から一八世紀にかけての、外国との文通所要日数の例をみてきた。これらを一般化することはできないが、おおよその感じをつかむことができる。ローマ、ナポリとイタリアの例を挙げたが、同じ時期、パリ—ロンドン間の書状送達日数は五日から七日程度であった。もちろん地理的条件もちがうが、仏英間の通信事情は、アルプス越えがある仏伊間のそれとくらべて、圧倒的に便利であった。近世における外国との通信は、送達距離の長短もさることながら、道路の整備状態、地理的条件、気象条件、そして戦時と平時のちがいによって、大きく送達日数が左右されたのである。

遠隔地の飛脚

パリやリヨンなどの大きな都市で家々に戸別に手紙を配達する飛脚を「小飛脚《プティット・ポスト》」と、また、全国の主要駅路を走る飛脚を「大飛脚《グラン・ポスト》」といった。一九世紀はじめまでフランスでは、この小飛脚・大飛脚のいずれのサービスも受けられない地域がたくさんあった。記録によれば、全国三万六〇〇〇の町村には飛脚が来なかった。飛脚のサービスがあり手紙のやりとりができた町村は、わずか一七七〇であった。これを

竹馬で手紙を配達する局員．ビスケー湾に面したランド県の砂地で活躍する．遠隔地では，交替がなく日曜も返上で毎日30キロも歩く配達人がいた．遠隔地の飛脚は勤勉な人たちによって支えられていたのである．

人口ベースでみてみると、全人口三三〇〇万人のうち何と八二パーセントの二七〇〇万人の人たちが駅逓のネットワークから外されていたことになる。政府は一八二九年、この状況を改善するため、遠隔地飛脚《サルヴィス・リュラル》の整備に乗り出す。遠隔地飛脚を統括する部署を設置するとともに、一八三〇年には遠隔地に四五〇〇人の書状配達人を任命した。同時に、それまで遠隔地の町村が県庁や市庁との連絡のために維持してきた飛脚を国の飛脚組織に統合する。この町村の飛脚が、短期間に遠隔地の飛脚ネットワークを整備するのに大いに役立った。

遠隔地宛の手紙に一デシーム（一〇分の一フラン）の追加賃料をかけたが、遠隔地飛脚の収支は赤字が続いた。たとえば一八四三年の収支をみると、収入二五五万フラン・支出四〇〇万フランで、一四五万フランの不足となった。それでも一八四六年には追加賃料が廃止された。一時は一万六〇〇〇人の書状配達人が、ビスケー湾に面した小さな漁村に住む人たちに、また、ノルマンディ丘陵にある町にいる人たちに、あるいは地中海の保養地で手紙を待つ人たちに、パリからの便りを届ける仕事をしていた。この時代、遠隔地飛脚の配達人がフランス全土で情報の伝播に果たした役割はきわめて大きかった、といえよう。

フランスの駅逓が近代郵便に生まれ変わるのは、低廉な料金で誰でも郵便が利用できるようになり、収穫の女神「セレス」を描いた切手が発行された一八四九年になってからのことであろう。

2　イギリスの駅制　ヘンリー八世が創設

前一世紀、ローマにいたキケロの許《もと》にブリタニアの島から一通の書簡が届いた。おそらく遠征していたカエサルが認《したた》めたものであったろう。ローマ到着まで、わずか二八日しか経ていなかった。ドーヴァー海峡をわたり、ガリアの荒野を走り、難所のアルプスを越える困難な旅の結果である。当時としては驚くべき記録であった、というべきであろう。そのブリタニアの島に本格的な駅制が敷かれたのは一世紀後半である。ローマ軍がこの島に進駐し、総延長一万六〇〇〇キロにも達する軍用道路を建設した。三世紀の史料には一六の街道が記されている。その上に、かのローマの駅制クルスス・プブリクスが敷かれていた。

　四一〇年、ローマ軍はブリタニアから撤退する。折しもゲルマン民族の大移動が起こり、この北の島にも、アングロ＝サクソン人が侵入してきた。九世紀に入ると、ヴァイキング（デーン人）が北方から来襲して、イングランド東北部を占拠した。一〇六六年、王位の継承を巡り、ノルマンディ公ギョームがイングランドに上陸して、王位継承候補者ハロルドの歩兵隊をヘースティングズで破り、ウィリアム一世として戴冠する。ここにノルマン朝（一〇六六―一一五四）がイングランドに開かれ、フランス系民族が支配階級の核となり、以後、イングランドの地に中央集権的な封建制社会を築いていく。

中世の通信事情

　ここでは中世イギリスの通信事情をみておこう。封建制の社会では、与えられた土地の代償《みかえり》として、国王の要請により、臣下が軍役奉仕などを行う主従関係が社会の基盤となる。国王から土地を直接与えられた者は直接受封者《テナント・イン・チーフ》と、なかでも有力な者は諸侯《バロン》と呼ばれた。この時代の遠距離通信はもっぱら書簡のやりとりであったが、書簡送達は軍役と並んで臣下の奉仕の一つとなった。記録によれば、レスタシャーの受封者は、年四〇日間、君主の書簡を全国各地にはこぶ義務を負っていたし、ウィルトシャーの受封者は、年間を通じて、領内で書簡を配達する義務が課せられていた。しかし、このような労働奉仕に代わって地代の金納化が進んでくると、臣下の、書簡送達の奉仕もしだいに消滅し、国王の書簡を専門にはこぶ王の使者《キングス・メッセンジャー》と呼ばれる宮廷官吏が登場してくる。

　王の使者の制度はプランタジネット朝（一一五四―一三九九）のほぼ全期間にわたり、王室の通信を支える組織として機能し、発展していく。新しい王朝の名称は、ノルマンディからピレネ山脈に至る地域を支配していた、アンジュー家の紋章プランタ・ジェニス（えにしだ）に由来する。イングランドはそのアンジュー帝国の一部となった。征服者はアングロ＝サクソン人と融合して、フランス支配からの解放に動き出す。フランスとの百年戦争（一三三七―一四五三）はそのような展開のなかで起きた。

　プランタジネット朝のはじめに誕生した王の使者は、国王個人のサーヴァント的な身分から出発する。宮廷の執務システムが整備されて、財務府《エクスチェッカー》などの行政組織ができると、国王や宮廷高官の書簡は財務府によって管理され、王の使者が目的地まではこぶようになる。使者には、弁護士や吟遊詩人

王の使者．1935年に当時のイギリス郵政省が作成したポスターから．ジョン・アームストロング画．

に次ぐ位にある伝馬使者《ノンシイ・レギス》と、それよりも下位になる歩行使者《コキニ》がいた。そのなかから国王から任命される勅任官として、宮廷官吏の一員になる者も出てきた。メアリー・ヒルの、この分野の調査研究をまとめた『王の使者』は一級の学術文献である。同書によれば、百年戦争が激しくなると、七一名もの使者が任務に就き、命令伝達や戦況報告にあたっている。ポワティエの戦いがあった一三五六年の、使者への給金などの支払額は、平時の二倍の一三一ポンドに達した。退役後、使者に恩給が支給されたが、その額は一三五五年の例で一日四ペンス半。国王に忠誠を尽くした成績優秀な使者には、追加の報償金が出るケースもあった。

ジャック・フォークスという王の使者が、供を一人連れて、ロンドンとアヴィニョンとのあいだを往復した記録が残っている。そこから往時の旅行事情や通信の速度がわかり、興味深い。アヴィニョンにはキリスト教会の最高統治機構となっていた教皇庁があり、エドワード三世がそことの連絡のためにフォークスに書簡を託したのである。一行は一三四三年七月二六日、ロンドンを出発した。ドーヴァー、パリ、リヨンなどの諸都市を旅して、八月二日アヴィニョンに着、一〇日間滞在、一二日に帰路について、二三日ロンドンに戻った。ほぼ一ヵ月の旅である。旅費は一三ポンド一四シリング一〇ペンスであった。一般の旅行者とくらべると、使者には出入国の自由や出国税の免除の特権があり、また必要なときには、護衛兵がつくなどの措置がとられた。使者は、外国語が理解でき、臨機応変の対応ができる人物でなければならない。フォークスは使者歴二〇年、かつてローマなどにも行った経験があり、アヴィニョン行きには最適な人選であった。

王の使者の制度は、駅逓制度が確立するまで、王室の書簡を送達する唯一の通信機関として機能する。駅逓が一般化すると、王室の多くの書簡が駅逓によりはこばれるようになった。だが、重要な機密外交文書の送達は引き続き王の使者の任務《しごと》として存続する。その名残りが最近まで英国外務省の外交連絡アタッシェにみられる。彼らは特別な旅券をもって、国王の名において、機密文書を各国にはこんだ。彼らの著作も数冊あるが、いずれも仕事に誇りをもち精勤したことが強調されている。

ところで中世イギリスでは、一般の人はどのように手紙の交換をしていたのであろうか。実は、一五世紀、ノーフォーク地方の土地もちの紳士階級《ジェントリー》の一族であったパストン家の人々と彼らの知人らとのあいだで取り交わされた一〇〇〇通に上る書簡が奇跡的に残っている。パストン書簡《レターズ》と呼ばれるものである。パストン家がとくにずば抜けて権勢を振るっていたわけではないので、歴史的には重要でないとする意見もあるが、生命力に溢れる市井の人々の生活がこのパストン書簡から浮かび上がってくる。情報通信史を研究する者にとっても、中世イギリスの文通事情を知ることができる貴重な史料となっている。フランシス・ギースとジョゼフ・ギースの共著『中世の家族——パストン家書簡で読む乱世イギリスの暮らし』という本が翻訳されているので、同書の助けを借りて、往時の通信の様子について少し探ってみよう。

乱世の時代を反映して、パストン書簡の多くは土地争いにかんするものであるが、同時にロンドンで買い物を頼んだり、息子の学業について気遣ったり、娘の恋愛沙汰や嫁ぎ先についての親の悩みなども記されている。これらの手紙は当時まだ高価だった「紙」に書かれている。用紙の大きさは縦一七インチ・横一一インチ（一インチ＝二・五四センチ）がいわば全紙の標準である。これに細かい字で手紙を書いたが、紙が貴重だったので、余った部分は切り取る。そのため手紙は横が一一インチ、縦が四、五インチの寸法となった。時には細長い紙切れのような状態にもなった。インクは赤味がかった茶色だったが、今では色褪せてセピア色になっている。書き上げた手紙は横に二つか三つに折った上で、さらに小さく折り畳み、紐か細い紙テープで縛《しば》り蠟《ろう》で封をした。

宛名は手紙の外側に直《じか》に、たとえば「敬愛するわが夫ジョン・パストンへ。急ぎ配達のこと」とか「フリート街のわが夫サー・ジョン・パストンへ」などと書かれ、使者に託された。そして使者にはしばしば追加の口頭メッセージが託された。手紙には「この手紙をお届けするサイモンにお尋ねになれば［レディ・フェルブリッグの］言葉を伝えるでしょう」などと書かれていた。居所がはっきりしていないときには、宛名は「本書簡はポールズ埠頭の旅籠《はたご》、ジョージ亭の主人かその妻に送り届け、そこからカレー、ロンドン、あるいは他の場所のどこにいるのであれ、サー・ジョン・パストンに届けられたい」などと記された。

使者は召使いがしばしば務めたが、誰であれ、旅に出る者は使者を務めた。それに輸送業者にも託したし、州長官の部下にも手紙が託された。パストン家の本拠地であるノーフォーク州ノリッジからロンドンまでは一四〇マイルあった。騎馬で四日ほどの道程だった。たとえば、一四七三年四月一六日付けの手紙に「(四月一二日に)手紙を書いたので、ノリッジには今日か明日の朝には届くだろう」と認《したた》められているので、そのことがわかる。このように中世イギリスでは、民間人が文通することにはまだまだ多くの困難が伴った。

駅逓長官の任命

ランカスター家とヨーク家が三〇年にも及び闘った薔薇《ばら》戦争。そのボズワースの戦でリチャード三世がリッチモンド伯ヘンリーに破れる。勝利を得た伯はヘンリー七世として即位し、テューダー朝(一四八五—一六〇三)の開祖となる。中世の時代が終わり、近世への幕明けの時代がはじまった。この時期、テューダー家は、ハプスブルクとヴァロワの二大王家が覇権をかけた戦争を繰り広げるヨーロッパの緊迫した国際関係を注視しながら、国家的な統合を進めていく。二流国の域をでなかった当時のイギリスにとって、統合は困難な事業となった。統合達成には、さまざまなものが必要となる。その一つが、軍事情報や国内情勢などを確実に掌握できる通信システムであった。

テューダー朝がはじまる直前に駅逓が臨時に敷かれたことがある。エドワード四世が一四八二年、スコットランドと戦争に入ったとき、イングランドとスコットランドとのあいだに、二〇マイルごとに駅馬引継所を設けさせた。駿馬が一日一〇〇マイルを走破した。しかし、それは急場を凌《しの》ぐためのもので、永続的な制度《システム》とはならなかった。テューダー朝ヘンリー八世の治世に、駅逓長官《マスター・オブ・ザ・ポスト》の官職が設けられる。初代長官にブライアン・テュークが任命された。任命の時期は、おそらく一五一六年と思われる。本格的なイギリス駅逓史のはじまりである。駅逓(郵便)史といえば、アメリカ人のハワード・ロビンソンが著した二冊の『英国郵便史』が欠かせない。ほぼ五〇〇年にわたるイギリスの駅逓・郵便の発達の歴史を過不足なく叙述し、基本文献となっている。この章もロビンソンの本に負うところが多い。

駅逓長官の任務は、イングランド全域に駅逓のネットワー

ブライアン・テューク．サンドウィッチやカレーなどの地方書記官を経て，初代駅逓長官に就任．

クを構築することである。具体的には、主な街道に一〇マイルから一五マイルごとに宿駅《ポスト・ステージ》を建設し、そこに要員と駅馬《ポスト・ホース》などを確保する。宿駅では、公用書簡をはこぶ使者や旅行をする宮廷官吏らに、宿と馬を提供する。このように目的地まで通し《スルー》で旅行する者に対して、宿駅が駅馬を貸し出す業務をスルー・ポストといった。早馬を走らせるときに欠かせない仕組みでもある。また、荷物や書簡などを次の宿駅に引き継ぐことも大事な業務となった。それは、騎乗者が各宿駅に待機《スタンバイ》して、荷物や書簡が前の宿駅から届くと、それらを引き継ぎ、新たな騎乗者が次の宿駅に送達する仕事である。スタンディング・ポストと呼ばれ、いわば継飛脚の仕組みである。このように当時の駅逓の業務内容をみると、交通と通信の役割が渾然《こんぜん》一体となっており、両者は密接不可分のものとなっていた。

もっとも、テューダー朝のイングランドでは、宿駅や駅馬をいつでも整えることができる、まともな街道はグレイヴゼンド（テムズ河口の街、ロンドンの外港）とドーヴァーとのあいだにしかなかった。そのため、南のポーツマスにイギリス海軍の軍艦が寄港すると、ロンドンとポーツマスとのあいだに臨時の駅路が敷かれた。また、一揆が発生している北のリンカーンシャーに国王が行くことになれば大事《おおごと》となる。宮廷と前線をむすぶ通信を確保するため、たとえばテューク は一五三六年、ロンドンから北に行く街道筋の、ウォルサム・クロス、ウォー、ロイストン、ハンティンドン、スティルトン、スタンフォード、シリフォード、リンカーンの八つの町に対して、昼夜の別なく人馬を用意するように命令を発している。臨時の軍事通信用の駅逓である。しかし民間人が払う駅馬の借上賃が一マイル二・五ペンスだったのに対し、公用通行のための駅馬の借上賃は一マイル一ペニーだったため、その差額の負担が問題になった。本格的な駅逓の展開は、各街道の道路が整備されるのを待たなければならなかった。

一般書簡局の創設

ステュアート朝（一六〇三―四九、一六六〇―一七一四）の時代に入ろう。共和国の時代をはさんで、前期と後期に分かれる。まず前期について。この時代、農業や国際貿易の分野で近代化を推し進めてきたジェントリが台頭し、ピューリタン革命と名誉革命、すなわちイギリス革命を通じて、イギリスが政治や経済のシステムを近代化して、世界の一流国に伸《の》し上がっていく時代でもある。この治世に、駅逓運営の面でも大きな変化がみられた。

ステュアート朝に入ると、ロンドンを起点として、道路網が徐々に整備されて、スコットランド行きの北街道やドーヴァー街道は曲がりなりにも機能していた。加えて、ロンドンから北西のウェスト・チェスター、また西のブリストル、さらに南のプリマスへの街道も開通する。それらの街道の上を王室駅逓《ロイアル・ポスト》が走ったが、悪路に悩まされて、駅逓の速度は上がらなかった。民間人にも王室駅逓の利用が黙認されたが、信頼性に欠けるため、当時、台頭してきた民間駅逓に客が流れる。たとえば「トラヴェリング・ポスト」と呼ばれる民間駅逓がロンドン―プリマス間三〇〇キロを王室駅逓と併走していた。ロンドンの一商人が創ったもので、片道三日、一週間で二都を往復できて好評だった。プリマスは、イングランド南部の良港で、新大陸に向かった、かの、メイフラワー号もここから出帆している。軍港そして貿易港として大いに栄えていた。そのためロンドン―プリマス線は官民にとって重要な駅路となり、同時に王室駅逓にとっても、民間駅逓にとっても、ドル箱の駅路となった。イプスウィッチやノリッジでは、コモン・キャリヤーズが運営されていたし、ハルの町もロンドンへ民間駅逓を走らせている。これら民間駅逓は、王室駅逓と競合しながら主だった街道を走っていた。

　一六三五年、イギリス駅逓史上で大きな節目となる「イングランドおよびスコットランドの一般書簡局《ジェネラル・レター・オフィス》の設置にかんする布告」が発せられる。この布告は、一般人が発出する書簡に対する郵税、郵政省の前身組織となる一般書簡局の設置、駅逓の国家独占や国による駅路整備などを定めて、王室駅逓の書簡送達と駅馬賃貸のサービスを一般人にも正式に公開することを宣言したものであった。実施は布告の原案をつくり上げたトマス・ウィザリングスに委ねられ、彼は駅逓長官に任命される。布告の内容を精査すると、今日的な郵便事業の原形をそこに見出すことができる。見逃せない点が二つあった。

　一つは新税を導入したことである。ステュアート朝の財政難は深刻で、そのあおりで駅逓の管理を任され、駅馬や要員を出している各宿駅の駅長《ポストマスター》に対する支払も長いこと滞った。一六三〇年までに駅長に対する駅馬借上賃の未払額は二万五〇〇〇ポンドになり、一六三七年には、その額が六万ポンドを超えた。未払額は増加するばかりで、支払われる気配はなかった。当時、このような国の債務不履行がしばしば起きている。

　財政難を解決するために、国王は赤字国債を乱発する一方、民衆からは船舶税《シップ・マネー》など各種税金を徴収する。同時に、あらゆる増収策が練られた。その一策として、王室駅逓を一般人に公開し、利用賃料を税金として取りたてることにした。駅逓の賃料は郵税《ポステージ》と呼ばれる。以後、駅逓の利益は新たな税収となり、王室費《シヴィル・リスト》の一部を賄うために使われはじめた。駅逓賃料は歳入確保の立場から決められる。その結果、原価をベースに設定される現代の郵便料金とくらべれば、当時の郵税は非常に高いものであった。

　郵税はまず用紙の枚数と距離で決められる。シングル・レター（航空書簡《エアログラム》のような用紙一枚の手紙）の郵税は、ロンドンから八〇マイル未満を二ペンス、八〇マイル以上一四〇マイル未満を四ペンス、そして一四〇マイル以上を六ペンスとした。また、ダブル・レター（用紙二枚の手紙か、用紙一枚を封筒に入れた手紙）の郵税は、シングル・レターの郵税の二倍とすることにした。次に、地域別の郵税が決められた。ロンドンからスコットランド宛は八ペンス、同じくアイルランド宛は九ペンスに設定された。また、駅馬の借上賃は一マイルごとに二ペンス半とした。

　もう一つは、駅逓運営を国家による独占《モノポリー》としたことである。税収の確保のためには、トラヴェリング・ポストなどの民営駅逓を廃業に追い込み、すべての駅逓の利益を押さえることが国にとって不可避となる。独占はそのために行われた。しかし、王室駅逓のサービスが民営駅逓のものよりも劣るため、独占の宣言後も、民営駅逓の一部は利用者に支持されて存続する。一片の布告発出だけで、民営駅逓を完全に駆逐することはできなかった。R・H・コースは「国家による駅逓の独占運営は、経済的な意味合いよりは、むしろ取り扱う書簡を検閲し情報をつかみ、反逆を探知することが往時の権力者にとって重要なことであった」と論じている。一面の真理を突いている。駅逓運営の国家独占の問題は、便利さと安さを武器にする挑戦的な民営駅逓や会員制の私設配達会社の出現などにより、その後もたびたび蒸し返される。それは、きわめて今日的な問題でもある。

クロムウェル時代から王政復古へ

　一六四九年、チャールズ一世が処刑される。君主制と貴族院が廃止され、ピューリタン革命の絶頂期を迎える。ここにイギリス初の一院制の共和国《コモンウェルス》が誕生した。だが議会は機能せず、一六五三年、オリヴァー・クロムウェルが護国卿となり、独裁政権となる。この間、一六五一年に航海法が制定される。また当時の貿易の覇者、オランダに挑戦する。イギリスは三次にわたる対オランダ戦争を通じて、オランダの貿易権益をゆるがす。その勢いに乗り、イギリスは大英帝国を形成する植民地建設の一歩を踏み出した。

　この時代、駅逓運営は黒字に転じる。しかし政府は二つの問題をかかえていた。一つはポストの問題である。すなわち駅逓長官のポストの利権を巡り、解任された元長官やポストをこれから得ようとする者が、それぞれの有力諸侯らの威光を後ろ盾にして、熾烈《しれつ》なポスト獲得競争を演じていた。当時、宿駅を管理・運営する駅長は、地元の有力な宿屋や馬車業者の主人らがなっていた。駅逓長官になれば、駅長を任命する権限が手に入る。任命権を行使すると礼金が入り、その上、事業は黒字なので、駅逓運営で年間一万五〇〇〇ポンドもの利益が懐《ふところ》に転がり込むと囁《ささや》かれていた。うまみのあるポストである。

この問題を打開するため、政府は一定の条件でもっとも高い契約金《レント》を国に納める者に対し、王室駅逓の運営を委ねることにした。請負契約《ファーム・コントラクト》による駅逓運営である。J・ウィルソン・ハイドは『勅許と請負による駅逓の歴史』のなかで駅逓請負についてふれている。酒井重喜も『近代イギリス財政史』のなかで請負制度全般を多面的かつ詳細に論じている。前二書によれば、テューダー・ステュアート両朝においては国王への金銭貸付けの見返りとして、貸付人が請負形式により関税・消費税・炉税などの税金を徴収することが広く行われていた。返済金の担保という性格もある。このような税金徴収の請負制度に準じて、郵税の徴収も請負化されたとみることができよう。

契約金は駅逓を独占運営するための、いわば政府に納める権利金。総収入から契約金と人件費や駅馬借上賃などの経費を支払った後の、残りの収入が請負人《アンダーテーカー》の利益となった。一六五三年に行われた入札の結果、何故か五番札のジョン・マンリーが契約金年一万ポンドで駅逓長官のポストを獲得した。請負条件は、①郵税は定められた額を徴収する、②契約金は三ヵ月ごとに納付する、③アイルランドへの駅逓を確保する、④クロムウェルと政府高官が差し出す書簡は無賃とする――ことなどであった。無賃送達《フランキング・プリヴァレッジ》の特権は、後年、その乱用で駅逓財政を大きく圧迫する。すでにみてきたように、フランスにおいても一六七二年から駅逓運営が請負化されている。

もう一つの問題は、ステュアート朝前期から続いている民営駅逓との競合である。当時、民営の料金が郵税の半額程度であったため、必然的に書状が民営駅逓に流れていった。低料金であっても、民営駅逓にとっては、書状の取扱量が多かったので十分に利益を上げられる。そのためクレメント・オクセンブリッジらの民営駅逓は、政府のたび重なる警告を無視して、一般人の書簡を非合法にはこび続けた。この影響を受けて王室駅逓の利用者が減り、郵税収入も落ち込む。政府は民営駅逓に対抗して、一六五四年、スコットランド向け書状などの郵税を半額に引き下げた。同時に、駅逓運営の国家独占もふたたび強化する。

一六五七年、前述の、請負条件、改訂後の郵税、独占強化の条項などが盛り込まれた包括的な駅逓法《ポスト・オフィス・アクト》がクロムウエルの議会を通過して公布された。イギリス初の駅逓にかんする法律である。後の郵便法の基礎となる。駅逓長官の呼称が駅逓総監《ポストマスター・ジェネラル》となった。外国宛書状の郵税も整理される。シングル・レターで、ニューヘーヴン六ペンス、ハンブルク

・フランクフルト八ペンス、ボルドー・マドリッド九ペンス、ジェノヴァ・コンスタンチノープル・コペンハーゲン・ストックホルム一二ペンスなどと定められた。

一六六〇年、王政復古《レストレーション》となる。クロムウェルの時代が終わり、オランダに亡命中の先の国王の次男がチャールズ二世として迎えられ、ステュアート朝後期に入る。王政復古は単に旧制度下に戻ることではなく、英国の議会政治のはじまりでもある。以下、この時代の駅逓事業の進展をみてみよう。

最初に、クロムウェル時代の駅逓法が無効とされ、一六六〇年の暮れに新たな駅逓法（チャールズ二世治世第一二年法律第三五号）が制定された。その理由は、復古王朝が、国王の不在中に議会がかってにつくったものは正式な法律ではなく、単なる条令《オーディナンス》にすぎない、という立場をとったからである。新法は旧法の条文を基本的に踏襲しているが、修正された箇所もある。もっとも重要な修正は、クロムウェルが保持して

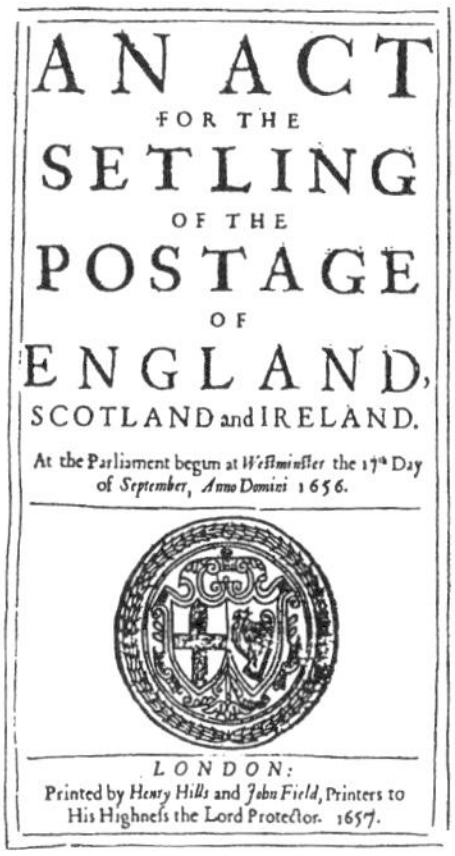
AN ACT FOR THE SETLING OF THE POSTAGE OF ENGLAND, SCOTLAND and IRELAND.

At the Parliament begun at Westminster the 17th Day of September, Anno Domini 1656.

LONDON: Printed by Henry Hills and John Field, Printers to His Highness the Lord Protector. 1657.

1657年の駅逓法．イングランド，スコットランドおよびアイルランドの郵税を定める法律．

いた駅逓総監の任免権が国王のものとなったことである。新法は駅逓憲章《ポスト・オフィス・チャーター》と呼ばれる。後述する一七一一年の駅逓法に引き継がれるまで、駅逓運営の基本法となる。ここに正式な法律により定められた王室駅逓がスタートした。新法では駅馬の借上賃を一マイル三ペンス、駅逓案内人《ポストボーイ》の一宿駅間の案内賃を四ペンスとすることが定められる。また内国・外国宛書状の郵税にも若干の修正が加えられた。

次に、王政復古後、駅長の顔ぶれが一新される。換言すれば、いわば報復人事が行われたのである。まず、クロムウェルの諜報機関として活動してきた円頂党《ラウンド・ヘッツ》と呼ばれる議会派の駅長が追放された。その後に、ピューリタン革命時に駅長の座を追われた騎士党《キャヴァリアーズ》と呼ばれる国王派の一族が戻ってきたのである。この事態も、王政復古直後に行われた、あの国王派の、議会派に対する復讐の一つであった、とみることができよう。交替劇の最中、駅長に返り咲こうとする国王派の一族から、国王へ多数の復帰請願書が提出される。数多《あまた》ある復帰請願書のなかには「一家はエリザベス女王陛下の時代から、ここ、テドカスター宿の駅長としてお仕えしております。父は、クロムウェルの、あの恐ろしい鉄騎隊から国王をお護《まも》りしているルパート王子（バーバリアの王子。騎兵隊を組織して、伯父のチャールズ一世を援助、議会派から救う）へ至急便をお届けするとき、トマス・フェアファックス軍司令官に殺さ

れて殉職しました」と訴え、一家の駅長への復帰を懇願しているものもあった。

さらに、王政復古後、駅逓の利益が王室に与えられることになった。背景には、この頃から議会が国家財政全般をコントロールするようになった、という事情がある。ピューリタン革命のきっかけは増税に走る放漫な王室財政に対する民衆の不満であった。革命により国王の課税権が否認され、代わって、議会が財政全般に責任を負い、民衆への課税も議会の議決によることになる。王室費も、議会が議決した一定額の範囲で賄わなければならなくなった。この王室費の一部に駅逓の利益が充てられる。一六六三年、駅逓の利益がチャールズ二世とヨーク公（国王の弟、後のジェームズ二世）に配分された。国王への配分は年間五三八二ポンド。うち四七〇〇ポンドが愛人バーバラ・ヴィリアーズの、五〇〇ポンドがレディー・グリーンの年金に充てられる。国王は陽気な王様《メリー・モナーク》と綽《あだ》名《な》され浮名を流し、バーバラもロンドン一の美人と謳《うた》われた伯爵夫人。二人は公認のカップルだった。夫人は後にクリーヴランド公爵位が与えられる。以後、一〇〇年以上にわたり、王室駅逓は王室費、それも、もっぱら国王の愛人の年金原資の捻出機関となる。

書簡送達の改善

王政復古後、王室駅逓の運営面でも変化がみられる。ロンドンのビショップスゲート街にあった一般書簡局の下に、内国書状取扱所《インランド・レター・オフィス》と外国書状取扱所《フォーリン・レター・オフィス》が設けられて、いわば中央郵便局として機能しはじめる。復古直後の人員は前者が四九人、後者が九人だった。内国書状は昼間集められ、夕刻から夜半にかけて区分され、真夜中に各宛先に発送された。ロンドンでは取扱所以外でも、内国書状はウェストミンスター、テンプル・バー、チャリング・クロス、フリート街、ストランドなどの町内に配属された書状受付人《レター・レシーヴァー》のところでも差し出すことができた。また、市街地から外れたグリニッチ、デットフォード、ブラックウォール、サザックなどの郊外には、移動書状受付人《トラヴェリング・レター・レシーヴァー》が配され、彼らに手紙を託すこともできた。このように内国書状の体制は整いつつあったが、他方、外国書状の運営は船舶の出入港の日程や天候に大きく左右された。

書簡の取扱いにも注意が払われる。王政復古後、初の駅逓総監となったヘンリー・ビショップの発案により、一六六一年から書簡に日付印を押すことになった。日付印はビショップ印と呼ばれる。効用は、ビショップの言葉を借りれば、宿駅に着いた書簡に日付印を押せば、これまで宿駅でしばしば起きていた手紙の長時間滞留を防ぐことができる、ということであった。各宿駅に通達が発せられる。内容は、①書簡は同じ場所に三〇分以上とどめてはならない、②書簡に日付印を押し夏はその日のうちに、冬は遅くとも翌朝までに配達する、③書簡をはこぶ速度は四月から九月までの温暖な季節は時速七マイル、その他寒冷月は五マイルを維持する——などであった。

もっとも手紙の到着の遅れの原因は、駅逓側だけではなく、利用者側にも多分にあった。たとえば、使用人が受け取った手紙を家人にわたすのが遅れたとか、使用人が託《ことづ》かった手紙を早く差し出さなかったというようなことがよくあった。このような利用者側の不注意に対して、日付印は当局側の弁明証拠にもなったのである。

駅逓のネットワーク整備は、一《いっ》に街道の整備にかかっている。ところが一六世紀までのイギリスの道路は満足な状態のものは皆無に近く、ヨーロッパ有数の悪路の連続だった。農民に道路の補修を強制したが、状況は一向に改善されなかった。しかし土地所有者らによる有料道路《ターンパイク》の建設が法律で認められるようになると、各地に有料道路が建設されるようになる。有料道路とはいえ、名ばかりのものも多かったが、それでも徐々に道路は改善されて、そのネットワークも拡大していった。一七世紀中葉の街道は、ロンドンを軸に各地に放射状に延びていた。主な街道は六本。いずれもロンドンからである。まず、コヴェントリー、ウェスト・チェスターそしてアイルランドへ通じる北西に向かうチェスター街道、スタンフォード、ドンカスター、ヨーク、ダラム、ニューカースル、ベリックそしてスコットランドへ通じる北街道、ソールズベリー、エクセター、南西のプリマスへ向かう西街道、レディングを通り真西に向かうブリストル街道、コルチェスター、イプスウィッチを通り東に向かうヤーマス街道、そしてロチエスター、カンタベリーを通り南に向かうドーヴァー街道（ケント州街道）があった。これらの主要街道は駅路《ポスト・ロード》ともなる。

駅路の状況を把握するため、各宿駅の名前と宿駅間の距離を記録した駅逓地図《ポスタル・マップ》がつくられる。第一版が一六六九年に公表された。地図というよりは、駅逓里程表と呼ぶ方がふさわしいような簡素なものだった。これをみると、各街道筋の書

ビショップ日付印．12月26日（上）と4月1日の印影．

簡の送達時間や旅行の大まかな日程が割り出せるようになった。また、一六七五年には、有名なジョン・オーグルビーの道路地図帳が出版された。実際に測量して、法定マイルにより一〇〇葉にまとめられた地図である。各宿駅間の距離や方位はもちろん、地形や町の様子も書き込まれた。旅行者には欠かせない道路地図となる。駅逓運営にも貴重な地図になった。

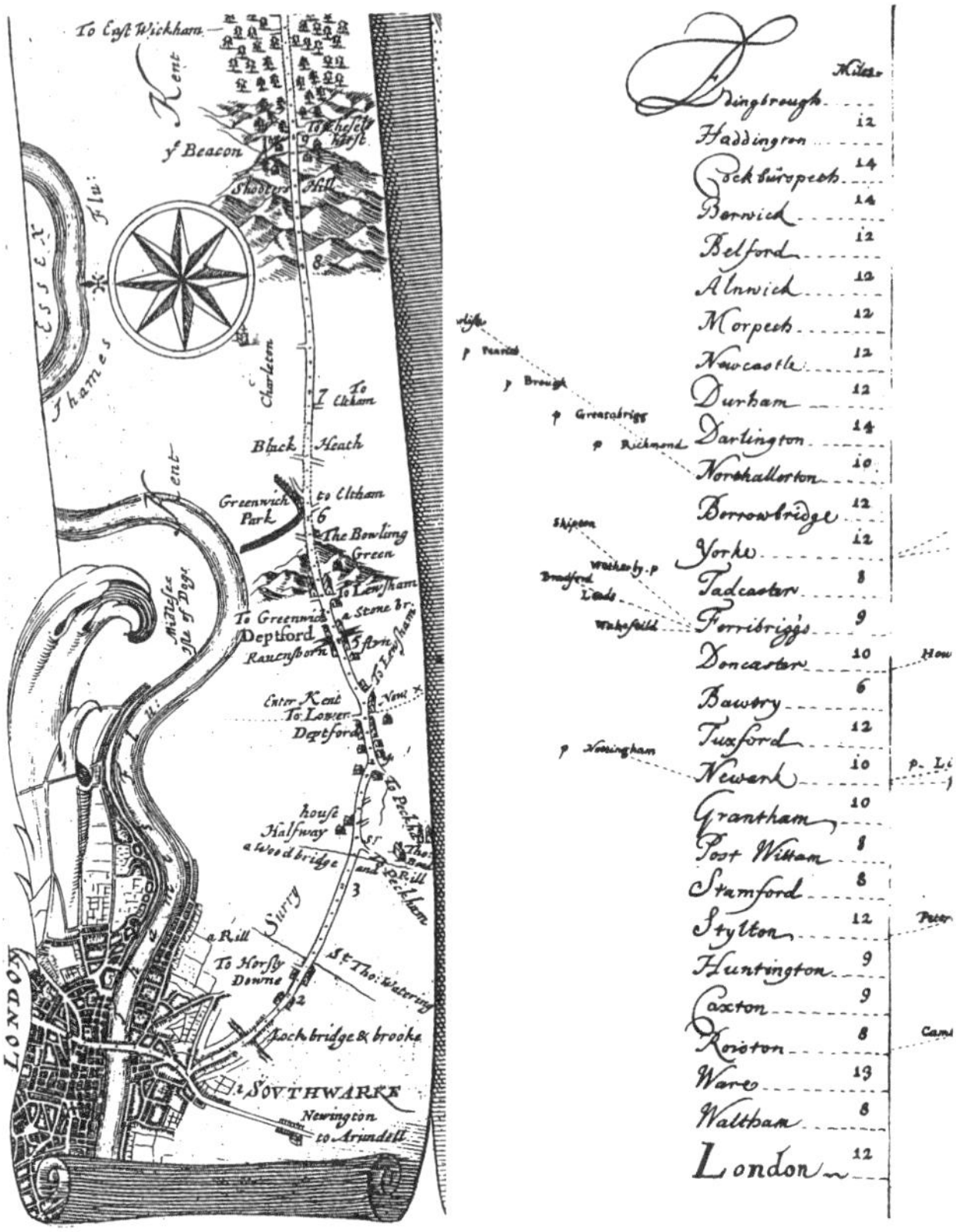

オーグルビーの地図（左）は，ロンドン市内からテムズ川を渡りサザックに入り，グリニッチに向かう道を示す．駅逓地図（右）は，ロンドンからエディンバラまでの各宿駅名と距離を示す．

書簡の発送には大小の郵袋《ゆうたい》が使われようになった。まずロンドンから発送される書簡は、宿駅別に区分され、小郵袋に入れられる。小郵袋には宿駅名が刻まれた真鍮《しんちゅう》の表札がつけられ、到着時刻などが記入できるようになっていた。次に同一駅路上の小郵袋がまとめられ、大郵袋に入れられる。最後に大郵袋は騎馬飛脚に託され、各地にはこばれていった。郵便史の先駆的業績と評価されている『英国郵便の歴史』を著したJ・C・ヘンメオンは、往時の書簡送達の所要時間について調べている。それによると、ロンドンからドーヴァーまで一九時間から二二時間、同じくブリストルまで二五時間から三〇時間、同じくエディンバラまで七三時間から一〇三時間であった。

前述のとおり、書状受付人や移動書状受付人の配置、日付印の考案、駅逓地図の作製、大小郵袋の組み合わせなど、この時期に民間駅逓との対抗上の意味合いもあったが、駅逓業務の改善のために、さまざまな手が打たれた。抜本的な改善にはつながらなかったが、それでも以前にくらべて、利用者へのサービスや書簡の送達速度が改善される。

また、この時期、郵税収入も大幅に増加する。チャールズ二世の治世が終わる一六八五年の年間収入は八万ポンドを超えた。経費は四分の一ですみ、そのなかには国王への配分金五三八二ポンドも含まれる。そのほかの支払をみると、名目的な駅逓総監に一〇〇〇ポンドが、実質的に駅逓事業を仕切っていたフィリップ・フラウドにやはり一〇〇〇ポンドが支給されている。駅長への支給額は、都市の重要度によって異なる。一番はプリマスの駅長で一九〇ポンド、以下、バーミンガム一四〇ポンド、ノリッジ一三〇ポンド、エディンバラ一〇〇ポンドとなっていた。最下位は一〇ポンド程度で、マンチェスターの駅長は年一四ポンドであった。当時の都市の重要度が支給額から推定できて興味深い。

一七一一年駅逓法

一六八八年、ジェームズ二世らの専制政治とカトリック教徒による統治への恐怖から、名誉革命が起こる。オランダの武装援助を受けた軍が挙兵すると、事態に狼狽《ろうばい》した国王はフランスに逃亡した。一六八九年、オランダからジェームズの長女メアリーを妃とする、プロテスタントのオランイェ公ヴィレム（オレンジ公ウィリアム）が妃とともに迎えられた。以後、ウィリアム三世とメアリー二世として、イギリスの共同統治者となる。

名誉革命は駅逓の運営体制にも影響を与えた。まず、駅逓総監が二人制になったことである。革命がトーリー・ホイッグの主導によったために、他の政府高官の任命と同様に、駅逓総監の任命も両派に配慮した形になった。複数任命にはトップの権限配分や意思決定に問題が生じ、とくに両派の政策が異なるときに、それが増幅された。それでも二人制は一八二三年まで続く。その間、任命された駅逓総監は三八名。在任期間は単純平均で七年であった。出身別にみると、公爵一、侯爵一、伯爵一三、子爵一、男爵五、貴族院議員一一、無冠六で、爵位をもつ者が半数を超す二一名もいた。駅逓総監が多分に貴族の名誉職、そして実入りのいいポストであったことがうかがえる。実質的な駅逓業務の遂行は副官以下の官吏があたった。一般書簡局の呼称も、一般駅逓局《ジェネラル・ポスト・オフィス》に変更される。以後、この呼称は郵政事業が公社化される一九六九年まで使用された。GPOはイギリス人にとって、もっとも身近なお役所となる。日本では、前島密が「駅逓院」と記しているが、現在は一般に「郵政省」と訳される。

　一七一一年、新たな駅逓法（アン治世第九年法律第一〇号）が制定される。新法には、一六六〇年の駅逓法の内容が一新されて盛り込まれた。同時に、駅逓の利益を戦費に使えるようにする条文が加えられる。背景には、イギリスが植民地帝国を形成していく過程で、外国と幾多の戦争をしたため、戦費が膨張し、戦費調達先を拡大しなければならなかった事情があった。新法では、駅逓の利益から七〇〇ポンドを財務府に毎週火曜日に納めることが定められる。実施期間は三二年間。年間三万六四〇〇ポンドの利益供出となり、総額は一一六万ポンドになった。原資確保のために、郵税が大幅に値上げされる。

　ここで当時のイギリスの財政状況についてふれる。一七〇三年度の国家歳入は五五六万ポンド、これに対して歳出は五三一万ポンド。六六パーセントが軍事費で、その額は三四九万ポンドに上《のぼ》った。同時期、駅逓の利益は一六万ポンドである。一八世紀後半に入ると、郵税値上げの効果と書簡取扱量の増加により、たとえば一七九六年度の駅逓収支は、収入六九万ポンド・支出一八万ポンドで、利益が五一万ポンドとなった。利益率が七四パーセントである。キャニンガムとマッカサーは「駅逓が金を生み出す機関《マネー・メーキング・コンサーン》として成功して、国家財政のなかに組み入れられた」と述べている。また、かのアダム・スミスは『諸国民の富』のなかで「郵便局（駅逓）はそれ自体の経費を賄っても、なお、その上、ほとんどすべての国できわめて多額の収入を主権者にもたらしている」と指摘している。これら学者が述べているように、イギリスでも駅逓から莫大な利益が上がり、もっぱら戦費や王室費などに消えていく。

　次に、新法はスコットランドの駅逓をイングランドの駅逓と一体化させた。理由は、イギリス議会がスコットランドにも議席を与えることで、両王国が一七〇七年に合同したからである。グレート・ブリテン連合王国の誕生である。その結果、スコットランドの駅逓法が連合王国の新法に吸収された。

実務面からみると、スコットランド通貨一シリングはイングランドの一ペニー。また、スコットランド・マイルはイングランド・マイルよりも長く、アイルランド・マイルよりも短かった。郵税算定の基礎はまず距離であり、その基準がちがえば混乱が起きる。通貨のちがいもしかりである。一体化によりイングランド側からみれば、両王国の基準のちがいから生じる郵税算定上の問題が整理される。以後、ロンドンの一般駅逓局が連合王国全体の駅逓を統括する。

しかし、スコットランド人のイングランド人に対する激しい対抗心と、山岳地帯が多く気象条件がイングランドよりもはるかに厳しいスコットランドでは、駅逓も自ずと独自の発展を遂げていく。そのことをA・R・B・ホールデンは『スコットランド郵便三〇〇年史』のなかで明らかにする。

さらに、新法には、いくつかの重要な条項が盛り込まれている。まず、本国と植民地との間の通信を確保するために、西インド諸島やニューヨークをはじめ、新大陸の諸都市に書簡取扱いの駅逓管理局を設ける条項が入った。在外郵便局の設置である。また、書簡送達業務の国家独占を強化することがふたたび規定された。その内容は、運送業者、駅馬車、行商人、船員その他何人《なんぴと》であっても、荷物に付随した文書を除いて、その他すべての書簡の取り集め、運送、配達を禁止するというものであった。

さらにもう一つある。事実上、ロンドン市内で運営されていたペニー飛脚《ペニー・ポスト》が法制化される。第7章において詳しく述べるが、ペニー飛脚は、一ペニーを支払えば、ロンドン市内のすみずみまで手紙を届けてくれた飛脚である。当時のロンドンっ子に大いに利用されていた。ペニー飛脚はフランク・スタッフが著した『ペニー郵便』によれば、ウィリアム・ドクラという民間人が一六八〇年に事業化したものである。しかし、ペニー飛脚による戸別配達が利益の上がる商売《ビジネス》とわかると、独占権を盾に、国が強引に国有化する。ドクラのペニー飛脚はわずか二年八ヵ月で幕を閉じた。新法は、この市中飛脚の適用地域を内国書状取扱所から一〇マイルの範囲とすることなどを定めた。戸別に配達するサービスの導入は、それまでの都市と都市をむすぶ、いわば点と線のサービスに加えて、面の拡がりをもつサービスが加わった。一部地域に限られていたが、郵便の基本サービスが実現したことになる。大きな変化であった。

このように、新法は、駅逓組織を戦費調達のための徴税機関として明確化したほか、植民地との通信確保のため必要な組織を海外に設置することを規定、戸別配達サービスも法制化した。新法は第二の駅逓憲章と位置づけられ、近代郵便が確立するまで駅逓の基本法となる。

アレンの連絡飛脚

ハノーヴァー朝は一七一四年から一八七年間続く。前半はイギリス植民地帝国の形成時代で、貿易の拡大、商業革命の進行によりイギリスの富が蓄積されていく。商業通信を中心に通信需要も増大し、もはや王室駅逓は国王や官吏のためだけの制度ではなく、ブルジョワ階級の利用にとどまったものの、今日的な公共性を帯びた事業に変化していく。この時期に、王室駅逓の発展も新たな段階に入った。ここでは、そのハノーヴァー朝前半までの、駅路の発展と、街道と街道とをむすぶ脇街道を走る連絡飛脚の誕生についてふれよう。

地図10上は一六世紀エリザベス朝の街道地図である。ロンドンを起点にし、エディンバラへ向かう北街道、チェスター街道、ブリストル街道、プリマスへ向かう西街道、そして、ドーヴァー街道の五街道だけが延びている。もちろん、これらの街道が駅路にもなったが、宿駅は十分に整っていなかった。地図10中央は一七世紀の地図である。駅逓長官となったウィザリングスが引いた駅路の整備試案である。前記の地図とくらべると、東に向かうヤーマス街道が増えている。それに各街道には脇街道ができてきた。一世紀のあいだに、人口が増加して、町や村が成立し、道ができる過程がよくわかる。なるほどたしかに道路のネットワークに拡がりが出てきた。しかし依然として、街道はロンドンを起点にして、各方面に放射状に延びているだけである。そのため異なる街道上の都市のあいだをやりとりする書簡は、すべていったんロンドンを経由しなければならなかった。

この経由問題を解決したのが、一七世紀末から各地で建設がはじまった街道と街道とをつなぐ脇街道《クロス・ロード》である。連絡道路といってもいいが、駅逓もこの脇街道を利用するようになった。その結果、地方都市間の手紙がロンドンを経由しないで直接送れるようになった。脇街道を走り地方都市間の書簡をはこぶ飛脚を、ここでは連絡飛脚《クロス・ポスト》と呼ぶことにしよう。連絡飛脚は一六九六年にまずエクセター以北に敷かれる。連絡飛脚がない時代には、たとえばエクセターからブリストルへ書状を差し出そうとすると、書状はまず西街道を通りロンドンへ、そこで再仕分けされて、今度はブリストル街道を通ってブリストルへ、と二つの街道を通りはこばれた。街道の距離はそれぞれ八〇マイル以上あった。書状にかかる郵税も各街道ごとの郵税の合計額となり、当時のシングル・レターの郵税で六ペンスとなった。

連絡飛脚ができると、書状は、エクセターから西街道とブリストル街道をむすぶ脇街道を通って、ブリストルに直接はこばれる。距離も七六マイルと、以前の半分以下になった。したがって郵税も短縮された脇街道のマイル数分だけですみ、

地図10　イギリスの駅路

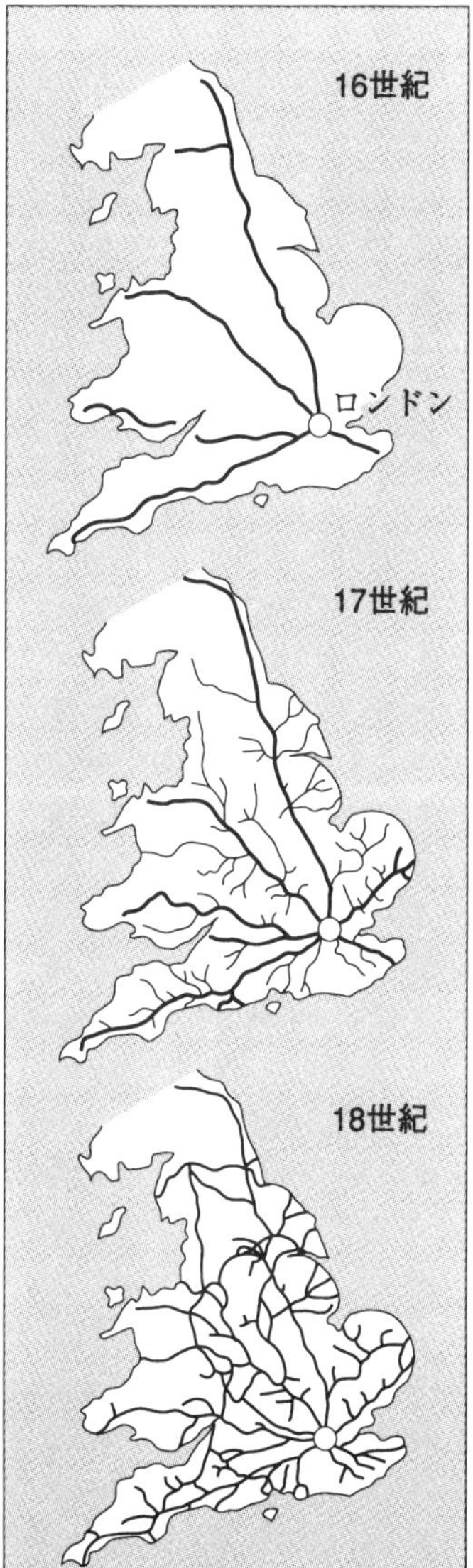

二ペンスとなった。ロンドン経由の郵税にくらべて三分の一に軽減される。これによって地方における都市間の通信が、経済的にも、時間的にも、大幅に改善された。それは利用者にとって大きな福音になったが、国にとっては税収減になった。そもそも郵税が低くなったのだから減収になるのは当然だが、それ以上に、ロンドンにおいて各宿駅が扱った書状の取扱通数を直接監視できなくなったことが問題《ネック》となった。監視ができなくなると、不心得な駅長がロンドンの駅逓局に取扱通数と郵税徴収額を少なめに申告することがよく起きるようになった。

荒廃した連絡飛脚を立て直したのが、バースの駅長をしていたレーフ・アレンである。アレンは一七二〇年、契約金年六〇〇〇ポンドの支払で七年間、一般駅逓局から連絡飛脚の運営を請け負う。当時の連絡飛脚の収入が年四〇〇〇ポンド程度だったから、契約金額はかなり冒険的な数字といえる。以後、数次にわたり契約が更新される。アレンは郵税徴収額を正確につかむために、さまざまな工夫を凝らす。まず、各駅長に書状の送受記録を四半期ごとに作成させる。正直に記録を作成した駅長には報償金さえ出している。次に一七世紀末に誕生した駅逓監察役《ポスト・オフィス・サーヴェヤー》の機能を活用して、送受記録のクロスチェックを行う。たとえばアレンは「ベヴァリー宿の送受記録では、同宿からドンカスター宿に数十通の書状が常時継ぎ立てられていることになっているが、ドンカスター宿からは何の報告もない」と、クロスチェックの結果を駅逓監察役に伝え、緊急監察を命じている。

　さらに、各駅長に対して、引き受けた手紙には必ず宿名が刻された地名印《プロヴィンシャル・スタンプ》を押すことを義務づけた。これには次のような経緯《いきさつ》があった。すなわちこの時代は郵税（郵便料金）が後払・受取人払だったので、受取人がいなかったり、受取りを拒まれて手紙が配達できないときは郵税が徴収できなくなり、駅長は配達経費《コスト》を回収できないことになる。そこで補償金を駅長に出して、彼らの損失を補塡《ほてん》することになっていた。この仕組みを悪用して、駅長らが示し合わせてニセモノの配達不能の書状《デッド・レターズ》をつくり、アレンから補償金を不正に受け取る事件が続発する。そのため実際に差し出されて配達不能になった書状かどうかを見極める技術がアレン側に必要となってきた。そこで考え出されたのが、各宿ごとに特徴のある地名印を彫らせて、それを手紙に押させるのである。特徴のある凝った印鑑は偽造し難いので、真贋《しんがん》の判定には打ってつけであった。

　このほか、アレンは連絡飛脚の拡充を積極的に進め、地図10下に示すように、一八世紀半ばになると、その路線は全国的に展開される。連絡飛脚の管理本部は最盛期に全国三三四の宿駅を統括していた。しかし、イギリスの道路網が発達し、街道と脇街道とを区別する意味が薄れると、連絡飛脚も一八世紀後半に廃止され、国内書状の輸送が一本化されていく。

　アレンの功績は大きい。まず、駅逓監察役を積極的に活用して、王室駅逓のサービス向上に努め、その信頼性を高めた。また、連絡飛脚の便数を増加させて、路線も拡充した。その業績は広い範囲に及んでいる。連絡飛脚の収支をみると、アレンのさまざまな努力により、収支は赤字から黒字に転換して、利益は年間一万二〇〇〇ポンドにもなった。試算によれば、王室駅逓に一五四万ポンドもの利益をもたらした、とさえいわれている。ベンジャミン・ボイスが著した伝記『博愛の人、バースのレーフ・アレンの生涯』によれば、建築用の石材事業にも成功したが、決して成功者にありがちな驕《おご》りがなく、事業から得た利益をバースの温泉病院の建設費用などに寄付している。また、自分のバース邸宅（プライア・パーク）を開放し、政治家、学者、文人などの著名人を招いてサロンを主宰した。その客のなかには、小説家のヘンリー・フィールディングやサミュエル・リチャードソンらの顔もみえる。アレンは社会慈善家・改良家であり、当時の新興ブルジョワジーの理想的な人間だった。

　イギリスの王室駅逓は、その後、郵便馬車《メイル・コーチ》が導入されて書状の輸送に大きな変革をもたらす。しかし、旧来からの古い制度に縛《しば》られた駅逓事業が近代的な郵便事業に生まれ変わるのは、産業革命が進みさまざまな社会改革が行われる一九世紀半ばになってからのことである。

第6章　わが国の情報通信の歩み

1　弥生時代　意外と高い情報密度

　第1章において古代ギリシャなどの狼煙《のろし》についてみてきたが、わが国でも、古代通信の代表格は狼煙となろう。前三世紀からはじまる弥生《やよい》時代には狼煙がすでに使われていた形跡がある。稲作農耕の社会が進み、村長《むらおさ》やそれを束ねる首長が生まれて、余剰生産物の富を巡り戦争《あらそい》が起きるようになったのも、この時代からである。大きな村では、弥生人が集落のまわりに壕《ほり》や土塁を巡らして、壕の縁《ふち》には物見《ものみ》櫓《やぐら》などをつくり村を守った。佐賀県・吉野《よしの》ヶ《が》里《り》遺跡にみられるような環壕《かんごう》集落である。さらに防備を固めるために、見晴らしのきく丘の上にも人を住まわせて、周辺の監視にあたらせた。佐賀県の唐津湾を見まわすことができる海抜一七〇メートルの台地の縁に、高地性集落・湊中野《みなとなかの》遺跡がある。遺跡から、狼煙を上げた跡とみられる火熱を受けた穴が二五ヵ所も発見された。弥生人の狼煙跡である。ここからは玄界灘が一望でき、壱岐島、糸島半島、唐津湾などが眼下に入る。陸地をみれば、脊《せ》振《ぶり》山地や伊万里の大野岳などが望める。まさに絶好の狼煙ポイントであった。想像をたくましくして書けば、ここは末盧《まつろ》国《こく》の情報収集の最前線基地であり、一支国《いきこく》や伊都国《いとこく》の動向を監視して、さらには中国大陸からの船の出入りを見張りながら、何か異変があれば末盧の中枢部へ狼煙を上げて、情報を伝えていたのであろう。

　このほかにも大分県玖珠《くす》郡の白岩遺跡などからも狼煙の焼け穴が発見されている。高地性集落は九州北部のほかにも、瀬戸内海沿岸や大阪湾岸の地域などでもみられる。香川県にある紫雲出山《しうでやま》遺跡は、その一例である。多くの集落には、見張り台を兼ねた狼煙台がおかれていた。そのような狼煙台から弥生人は外敵侵入の警報を一条の狼煙に託して、村人たちに送ったことであろう。

外敵侵入の情報だけが弥生人の情報ではなかった。むしろ平時にはさまざまな情報が広範囲にゆきかっていた。たとえば、同じような製法の鏃《やじり》や土器それに金属製の武器などが一定の地域で使用されていたことが確認されている。そのことは、平時に、それらの製作技術などについての情報交換が一定の地域内において行われていたことを意味している。弥生人の情報伝達の密度は意外と高く、その伝達の範囲も広かったのではないだろうか。しかし情報の質・量を考えると、国内の情報回路よりも、この時代、大陸と邪馬台国《やまたいこく》とをむすぶ情報回路がより重要なものであった。そのための専用の通信回路があったわけではないが、使者の派遣や文物の移動に付随して、大陸から膨大な情報が流入してきた。このような経路によってもたらされた大陸の先端情報は、わが国の文明ひいては文化に大きな影響を及ぼしていく。

中国の正史によれば、漢代に倭《わ》には一〇〇あまりの小国が分立し、それぞれが朝鮮半島におかれた楽浪《らくろう》郡の役所に使者を送り、中国の王朝と交渉をもった。また、北九州にあった倭《わ》の奴国《なのくに》が紀元五七年に漢の洛陽に使者を送り、光武帝から金印を授けられる。三世紀に入ると、小国家がしだいに統合されて、卑弥呼《ひみこ》が支配する邪馬台国が頂点にたった。外交は邪馬台国が握って、魏《ぎ》に使者を送り、二三九年には魏の皇帝から親魏倭王《しんぎわおう》の称号を受ける。ここに本格的な大陸との交流がはじまった。邪馬台国の使節が洛陽に入るまでの経路はまだ解明されていない。おそらく次のような経路を辿ったのではないだろうか。まず、邪馬台国から海路で壱岐・対馬の島づたいに航行し、朝鮮半島の南端に到達。続いて、朝鮮半島の沿岸を航行して黄海に入り北上し、渤海《ぼっかい》湾を横切り黄河に接岸。そこから陸路で黄河沿いに洛陽に入った。

島影や陸地をみながらの沿岸航行と黄河を上る陸行の組み合わせである。自然の地形に導かれての、有視界の旅行であった。水行は楠《くす》などの木の刳舟《くりぶね》を二隻あるいは三隻つなぎ合わせた小舟によって、陸行は漢王朝の郵駅によって行われたと考えられる。海路は強い時化《しけ》や台風に遭《あ》えば、ひとたまりもなかったにちがいない。

この時代には魏から邪馬台国に使者が来ている。こちらの方は『魏志』倭人伝に道程《みちのり》などが記されている。それによると、帯方郡《たいほうぐん》―狗邪韓国《くやかんこく》―対馬国《つしまこく》―一支国―末盧国―伊都国―奴国《なこく》―不弥国《ふやこく》―投馬国―邪馬台国というコースとなり、その全長は一万二〇〇〇里余り。魏の使いは対馬国の道を「禽鹿《きんろく》の径《みち》の如し」と評し、また、末盧国の道については「草木茂盛し、行くに前人を見ず」と記している。まさに獣道《けものみち》を下地にした踏分道《ふみわけみち》であった。この倭人伝の記述をそのまま信じると、実は邪馬台国は九州のはるか南方洋上にはみ出してしまう。そこで邪馬台国の所在を巡って九州説と畿内説の熱い論争が続いている。論争は未だに決着していないが、魏と邪馬台国とのあいだに交流があったことだけは事実である。謎に包まれた道程ではあるが、そこを通じて、外交文書が往復し、当時のハイテク技術の情報や進んだ文物が邪馬台国にもたらされた。古代の国際通信回路でもあったのである。

2　大化前代　大和と筑紫のあいだに早馬が走る

木下良の『道と駅』の説明によれば、駅という字は「はゆま」とも読み、もともとは早馬という意味があった。そこで馳駅《ちやく》は早馬を走らせる、駅使《やくし》は「はゆまつかい」とも読み、早馬に乗った使いとなる。また、駅家《やくか》は「うまや」とも読み、早馬の替馬を備えておく乗り継ぎする家、役所となる。後に単に駅と呼ばれるようになり、休息や宿泊することもできるようになった。早馬が当時もっとも速い乗り物であり、通信手段でもあった。これらを総合して駅制という。その駅制がわが国において本格的に整備されはじめるのは六四五（大化元）年の大化の改新以降とされているが、大化前代においても、ある程度の交通・通信の体系が整えられつつあった。この時代、大和《やまと》や河内《かわち》の豪族たちが連合して強力な政権を樹立し、地方の豪族も勢力下に入れて国土を統一した。大和政権の誕生である。その大和政権の時代に駅制がどの程度整備されていたのか不明な点が多いのだが、『日本書紀』にそのことが推定できる記述があるので、いくつか例を挙げておこう。

五九二年、蘇我馬子《そがのうまこ》が崇峻《すしゅん》天皇を暗殺。都《みやこ》から筑紫《つくし》に駅使。筑紫の将軍らに内乱でも外防備が疎《おろそ》かにならないように促す。

六〇三年、新羅《しらぎ》を攻めるために筑紫に赴任していた将軍、来目皇子《くめのみこ》が死去。駅使を出し都に報告。

六四三年、四月に朝鮮百済《くだら》から、六月に高麗《こま》から使者が来る。それぞれ筑紫大宰《つくしのおおみこともち》が駅《はゆま》を馳《は》せて都に報告。

これらの事例により、重大な事変が起きると大和と筑紫とのあいだに早馬が走ったことがわかる。その大和―筑紫間に国造《こくぞう》早馬制と屯倉《みやけ》早馬制が敷かれて、併存していたとする論文が発表されている。前者は国造《くにのみやつこ》が大和政権への服従の証《あかし》としてはじまった馬の献納に、また、後者は地域の政治・軍事拠点であった屯倉に旅行用の馬をおいたことを根拠としている。大化の改新後、国造早馬制と屯倉早馬制が統合されて、中央と地方をむすぶ連絡手段として評家《ひょうけ》駅家制が成立したと推定している。しかし制度の実態はまだ解明されていない。

道がなければ早馬は走れない。大和の道といえば、山辺《やまのべ》の道や斑鳩《いかるが》の道などが有名であるが、かの『日本書紀』には、北陸《くがのみち》、東海《うみつみち》、西道《にしのみち》、東山道《ひがしのやまみち》などの名がみられる。大和と筑紫とをむすぶ西道がもっとも重要であったことはいうまでもないが、全容を明らかにするために、古代道の発掘が進んでいる。奈良県御所《ごせ》市の鴨神《かもがみ》遺跡からは、五世紀の道路遺構が発掘されたが、そこには古代の豪族の葛城《かつらぎ》氏の本拠地があった。遺跡は紀ノ川から風ノ森峠を越えて、葛城・奈良盆地へ入る道筋にある。紀水門《きのみなと》と大和とをむすぶ幹線の道路だった。遺構は幅二・五から三・三メートル、長さ一三〇メートルにわたるもので、土地の地形に沿って、緩やかなカーブを描いて、締まった粘土や砂利を入れるなどの工事も施された舗装道路であることが判明した。修羅《しゅら》（古墳の石を乗せてはこぶ大きな木橇《そり》）が通ったし、大陸からの情報もここを通って大和に伝えられた。

大化前代の古墳時代には、鉄・玉類・塩などの生産性が高まり、全国的な流通網が確立している。勾玉《まがたま》に代表される玉類は、畿内でももっぱら加工され、大きな玉造工房があった奈良の曾我遺跡からは八五万点の玉類が発掘されている。しかし玉類の材料の産地は畿内ではなく、滑石《かっせき》は和歌山、碧玉《へきぎょく》は島根、緑色凝灰岩《ぎょうかいがん》は北陸、翡翠《ひすい》は新潟、琥珀《こはく》は千葉が産地であった。そこから原石が畿内にはこばれてきたが、そのことは交易網が全国に拡がっていたことを裏づけている。それを支えたのが道である。

西道は大和の命令を筑紫に伝達あるいは情報を収集するための、いわば一方通行的な政治の道であった。これに対して、翡翠や琥珀がはこばれた道は交易に欠かせない道である。これら交易の道は、都から一方的にモノや情報が流れていったわけではなく、政権に距離をおきながら、モノや情報がゆきかう相互補完的な役割を果たしていた。そこには、情報の送り手も受け手も、相手の情報を互いに理解し合い、さらには刺激を与えて、そして受けることができる社会的そして文化的素地があった。情報通信の往復回路である。交易の道では、駅使に代わって、交易に従事した人々が、情報伝達の担い手となっていたのである。

3　律令時代　唐律を範に通信網を敷く

中大兄皇子《なかのおおえのおうじ》は六四五（大化元）年、中臣鎌足《なかとみのかまたり》とともに蘇我《そが》蝦夷《えみし》・入鹿《いるか》父子を滅ぼして、新たに即位した孝徳天皇の下で皇太子となり、新政府を創って、国政改革に乗り出した。大化の改新である。それは地方豪族の農民支配を中央貴族の手に収めるための変革であった。以後、天皇を頂点とする中央集権的な政治がはじまり、唐の律令制を範とする国家の建設がはじまった。この時代、政治支配を諸国に確立するため、交通・通信は飛躍的な発展を遂げる。

この分野の研究では、坂本太郎の『上代駅制の研究』がまず挙げられる。律令の史料を調べ体系的に整理した先駆的な研究である。また、古代から明治初期までの交通・通信関係の史料を編纂した青江秀の大著『大日本帝国駅逓志稿』は一般向きではないが、史料的な価値が高い。これらの基礎研究などを踏まえ、田名網宏が『古代の交通』をまとめ、青木和夫は『日本交通史』のなかで、古代の交通について精緻《せいち》に論じている。また、永田英明が『古代駅伝馬制度の研究』を著し、古代国家の構造と展開を駅伝馬制度を検討しながら明らかにしている。この章の叙述は、これらの論考をはじめ先学の研究に負うのだが、以下、律令の情報通信史である。

駅路と駅家

六四六（大化二）年に発せられた有名な「改新の詔《みことのり》」には、改新政治の大綱が示され、軍備・戸籍・税制などの整備と並んで、駅伝制の整備が盛り込まれた。詔は「駅馬《はゆま》・伝馬《つたわりうま》をおけ。鈴契《すずしるし》を造り、……駅馬・伝馬を給するには、皆、鈴《すず》・伝符《つたえのしるし》の剋《きざみ》の数に依《よ》れ。凡《およ》そ諸国および関には鈴契を給せ」と定めている。元もとの条文にない修飾が後世に加えられているといわれているが、それで駅伝制の原理が変更されたわけではない。駅伝が軍備などと同一視されていたことは、国を治めるために駅伝がいかに重要なものであったかがわかる。しかし、改新の詔は駅伝制の導入の方針を示したものにすぎない。以後、駅伝制は整えられて、その内容は飛鳥浄御《あすかきよみ》原令《はらりょう》（六八九）をはじめ、大宝《たいほう》律令（七〇一）や養《よう》老《ろう》律令（七一八）にみられる。格式《きゃくしき》により運営規則類も定められた。唐制を範としたものである。坂本太郎は著書のなかで「唐代の駅制は、他の種々の制度とともに、わが国に輸入された。大化の制にはじまり、大宝律令に完成したわが国の駅制は、唐制に多少の修正を加えたものである。これがいかに運用されたかは王朝時代史の興味ある一面である」と述べている。

大略、駅馬は緊急連絡用の公文書の逓送に、伝馬は公務旅行者の乗用に用いられた。前者が通信用、後者が交通用といってもよい。古代駅伝制は駅馬（駅制）と伝馬（伝制）の二つの仕組みを組み合わせた総称であり、リレーしながら走るという現代の「駅伝」競争の意味合いとはちがう。

まず、駅制からみていこう。古代の都はしばしば変わったが、大和・河内・和泉《いずみ》・山城《やましろ》・摂津《せっつ》の畿内五ヵ国とその周辺から離れることはなかった。いわば当時の首都圏である。その首都圏から、放射状に幹線道路が全国に延びていた。令制では、東北日本に向かう道路に東海道・東山道・北陸道の三道があり、西南日本に向かう道路に山陰道・山陽道・南海道の三道があった。九州には大宰府《だざいふ》を中心に放射状に拡がる西海道が敷かれた。以上の七道は道路に沿う地方の名前にもなった。いわゆる「五畿七道」である。駅路と主な国府は次のとおりであった。

東海道（伊勢、尾張、相模、甲斐、武蔵、上総、常陸）
東山道（近江、美濃、信濃、上野、下野、出羽、陸奥）

大宰府に賜る飛駅函．内記（中務省の役人）が封をしているところ．天皇の勅などを入れ，厳重に封をし飛駅使らがはこんだ．寸法は長さ1尺1寸6分，幅3寸，深さ2寸で檜製．大正天皇大礼に献上された「日本交通図絵」から．梶田半古筆．

北陸道（若狭、越前、加賀、能登、越中、越後、佐渡）
山陰道（丹波、丹後、但馬、因幡、伯耆、出雲、石見）
山陽道（播磨、美坂、備前、備後、安芸、周防、長門）
南海道（紀伊、淡路、阿波、讃岐、伊予、土佐）
西海道（筑前、肥後、薩摩、大隅、豊後、日向、対馬）

これらの幹線道路は、都と各地の国府を最短距離でむすぶため、できるだけ直線になるように建設された。現代の高速道路も同様の原理で建設されているので、高速道路のルートが古代道のルートと一致するところも少なくない。武部健一の『道』によれば、五畿七道の総延長は六三〇〇キロにも達する。道路を直線にするあまり、幹線道路とつながらない国府も出てきた。そこで幹線道路と離れた国府をむすぶ支線が敷かれる。たとえば、東海道の鈴鹿から伊勢や志摩へ行く伊勢路や、北陸道の田上《たがみ》から能登へ行く能登路などが支線にあたる。これら幹線道路と支線が駅路となり、その上を早馬が走った。駅路には重要度に応じて、大路、中路、小路の別がある。山陽道とそれに続く大宰府までの駅路が大路、東海道と東山道が中路、そして北陸道と山陰道と南海道と西海道と支線が小路とされた。山陽道がもっとも重要な駅路であり「影面《かげとも》の道《みち》」と呼ばれ、日のあたる正面の道の意である。同じ京と大宰府をむすぶ山陰道は「背面《そとも》の道《みち》」と呼ばれた。後述するが、等級により駅家への駅馬の常備疋数がちがう。

地図11に律令時代の駅路を示す。いわば施行細則ともいうべき『延喜式《えんぎしき》』に基づいて作図されたもので、一〇世紀頃の状況を示している。駅路ができた七世紀から八世紀にかけての状況とは異なる。一番大きなちがいは相模《さがみ》から下総《しもうさ》に入るルートで、はじめは旧利根川河口の低湿地帯を避けて、相模の走水（はしりみず。現在の横須賀市）から上総《かずさ》へ渡った。海を渡ったから「東海道」と呼ばれるようになった。上総・下総の地名も駅路の順につけられたものである。その後、低湿地帯の干拓が進み、この地図のように、駅路は天候の影響の少ない武蔵国を通る陸路となった。

地図11　律令時代の駅路（10世紀）

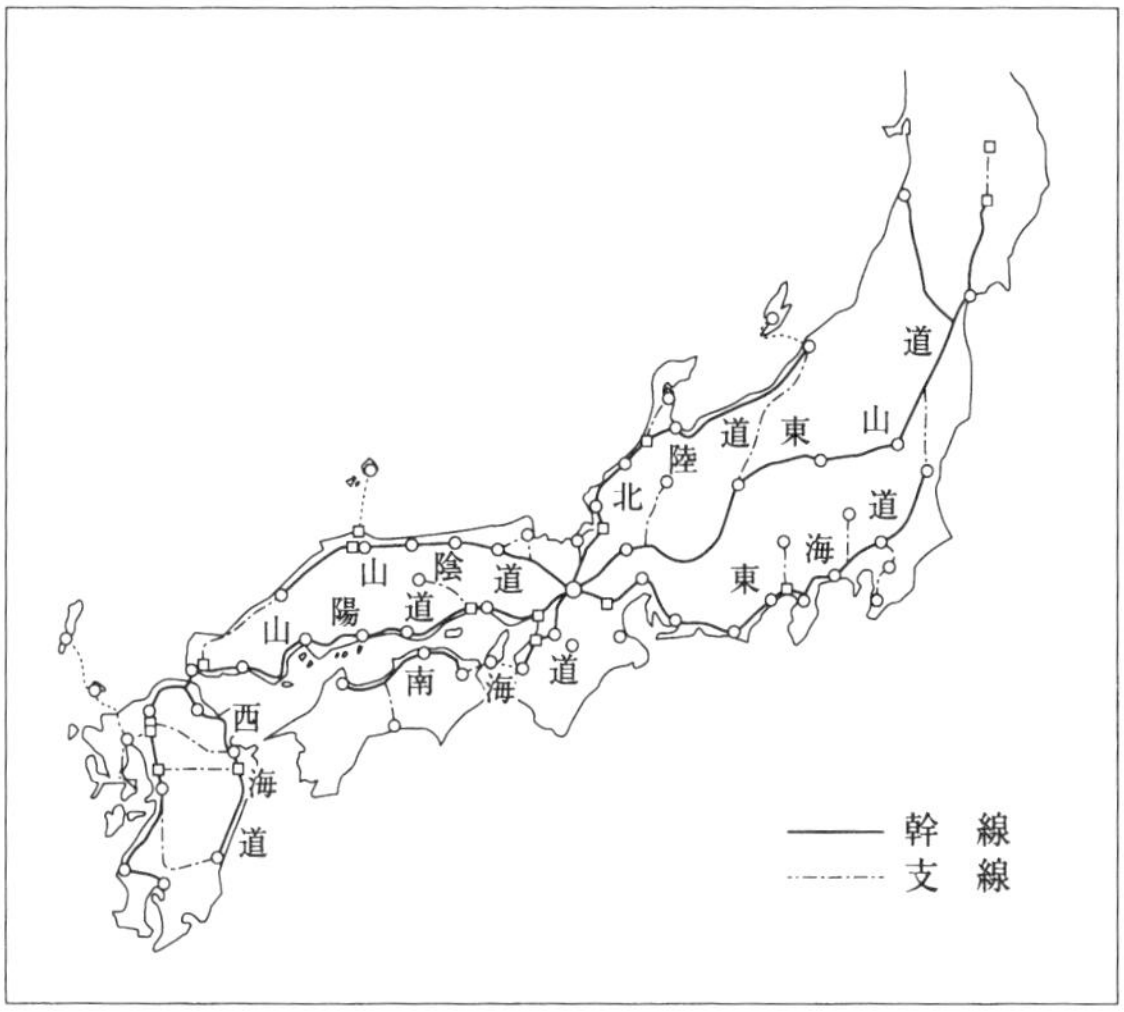

　律令時代の七道も、弥生時代の踏分道に少し手を入れた幅一、二メートルの小道とこれまで考えられてきた。しかし古代道の復元を試みる歴史地理学の研究者が近年行った発掘調査などによると、これまでの考えとは、まったく異なる計画的に建設された直線の大きな道の存在が浮かび上がってきた。木下良の『道と駅』を読むと、そのことがよくわかる。同書によると、航空写真の解析により、佐賀平野を一六キロにわたって真っすぐに通る、奈良時代（七一〇—七九四）の道の存在が確認された。肥前《ひぜん》国府跡（佐賀県大和町久池井《くちい》）の南方から東方に向かって、国分尼寺・国分僧寺の前を通る西海道肥前路である。吉野ヶ里遺跡も通過する。数ヵ所を発掘した結果、平野部では道幅が最大一五メートルもあり、丘陵の切り通し部分でも道幅が六メートルあった。この駅路に隣接する日の隈山と朝日山には狼煙台があったことも確認されている。

　群馬県では、高崎市から上野《こうずけ》国府跡（前橋市元総社町《もとそうじゃまち》）までの約六キロの直線道路の存在が確認されたほか、新田《にった》町の下新田遺跡からは直線の道路二五〇メートルが発掘された。道幅は前者が六メートル、後者が一二メートルもあった。また、栃木県では、高根沢町・南那須町と氏家《うじいえ》町・喜連川《きつれがわ》町との境界に沿って、「将軍道《しょうぐんみち》」と呼ばれる約五キロの直線道路の存在が確認された。いずれも東山道の駅路であったと考えられている。以上のほかにも、古代道の存在が各地で確認されているが、これらには、いくつかの特徴がある。まず、道路が直線であること。背景には既述のとおり、最短距離でルートが計画されたことと、駅路が条理地割の基準線となったことがある。また道幅が九、一二、一五メートルと三メートルの倍数となっていること。これは、丈（約三メートル）を単位にして道路が造られた結果である。きわめて計画的、かつ、人工的な道路であったことがわかる。

大和の条理は南北に通る下《しも》ツ道《みち》とそれと直交する横大路《よこおおじ》が基準線になっている。道幅は下ツ道が一五丈（四五メートル）、横大路が一〇丈（三〇メートル）であった。駅路跡の一部が現在でも道路として踏襲されているところがある。また、その痕跡が町村や大字《おおあざ》・小字の境となって、今でも生かされているところが多い。律令の駅路が平成に脈々と引き継がれているのである。

以上の発見は、道は自然発生的にできて、時間《とき》とともに発展していくという、従来の歴史家の考えを大きく転換させるものとなった。律令国家は、計画的に広い道路を建設する、それも畿内のみならず、全国に、まさに大道《だいどう》を敷設していった。中央集権の国家建設を強力に進めた天武天皇も、道造りに並々ならぬ力を注いだ一人である。背景には日本軍が朝鮮に出兵したが、白村江《はくすきのえ》の戦い（六六三）において唐軍に破れ、大国唐の驚異が一段と高まったこと、それに壬申《じんしん》の乱（六七二）以降、国内掌握の必要性が一層高まっていた事情があった。このように内外ともに緊張した時代には、軍隊の機動的かつ大量動員に欠かせない道路網と通信のネットワークの構築がまず必要となった。律令の、道幅の広い強固な地盤の道路はまさにそれに応えるものであった。

それは隋唐の都や道路を模倣したものであったろう。しかし、わが国の律令国家の道路建設の計画性と技術は、領土全域に総延長二九万キロの軍用道路を建設した、かつてのローマ帝国のそれにも劣らないものがあった。古代のローマや中国と同様に、古代中央集権国家だからこそ成せる技《わざ》だったのかもしれない。律令国家の駅路は、まさに古代の情報スーパーハイウェイであったのである。

駅路に沿って駅家《うまや》（駅）がおかれた。現代用語では、駅は汽車や電車が停まるところであるが、昔は馬が停まるところであった。馬という字が偏になっているのが何よりの証拠である。壬申の乱を記した『壬申紀』には、伊賀国の隠駅家《なばりのうまや》と伊賀駅家という具体的な名前が出てくる。律令初期の駅家の存在を示すものである。廐牧令《くもくりょう》の諸道置駅条には「凡《およ》そ諸道に駅を置くべくんば、三〇里ごとに一駅を置け。若《も》し地勢阻険、及び水草無からむ処は、便に随って安置せよ。里数を限らざれ」と記されている。これは駅家の設置基準である。駅の設置は三〇里（約一六キロ）ごとが原則であったが、厳しい山岳地帯や、水や牧草がないところでは別である、という意味である。たとえば、山陰道出雲国の野城《のぎ》―黒田《くろだ》―宍道《しんじ》―狭結《さゆい》―多伎《たき》の間隔は、『出雲国風土記』によると、それぞれ二一里・三八里・二六里二二九歩（三〇〇歩で一里）・一九里となっている。中央アルプスを越える美濃の坂本《さかもと》駅と信濃の阿智《あち》駅の間隔は七四里にもなった。

文献史学の立場から制度面が研究され、これまでに駅名などが詳細に明らかにされてきた。しかし、駅家そのものは粗末な建物で跡をとどめるものがないと考えられてきたこともあり、駅家の正確な位置や具体的な構造などの解明までには至らなかった。だが近年の考古学研究の目覚ましい進展により、発掘された遺構が駅家と確認されるケースが出てきた。播磨《はりま》国の布勢駅や山城国の山崎駅などがその例であり、発掘の成果がたくさん発表されている。それらの成果から駅家の実態に迫ってみよう。

東北地方をみると、岩手県江釣子《えづりこ》村の新平遺跡から廐《うまや》とみられる打込柱式の建物跡が発見された。板橋源が岩手大学の研究年報のなかで報告しているが、遺跡は丘陵の上にあり、八〇メートル四方の濠に囲まれている。周辺からも打込柱式建物跡、鍛冶場《かじば》跡、竪穴式住居跡などがみつかった。出土した須恵器《すえき》から平安時代（七九四―一一八五）初期のものと判明した。遺跡周辺が通称「馬の木戸《まっこせば》」と呼ばれていたことなどから、陸奥《むつ》国の胆沢《いさわ》城と志波《しわ》城とのあいだにあった東山道の磐基《いわき》駅と推定されている。遺跡には廐や鍛冶場など駅馬の管理に必要な施設跡がみられる。住居は竪穴式で質素であったが、駅家と断定されれば、東北経営のフロンティアたちの交通・通信機関として、欠かせない駅家であったにちがいない。

これに対して、中国の使節団なども迎えた山陽道の駅家は豪華なものがあった。山陽道の駅家については、高橋美久二が『古代交通の考古地理』のなかで詳しく論述している。以下、もっぱら同書に負うのだが、山陽道の駅家の構造は、推定の域をでないが、おおよそ次のようなものであった。駅家の中心部の広さは一町（一〇九メートル）四方以内である。地方支配のための役所である国衙《こくが》や郡家《ぐうけ》の建物は広い方形の土地に配されるのが一般的であったが、地方官衙でありながら駅家は必ずしもこの原則にとらわれていない。駅家は、駅使や使節をもてなすために、むしろ眺望がきく風光明媚《めいび》な場所に立地したことが多かった。駅家の区画は板塀などで囲まれ、あるいは濠《ほり》が巡らされていたこともあった。

そのなかに二つの建物群があった。屋とか倉とか呼ばれた一群と、駅館《やくかん》（うまやたち）を中心とする一群である。前者は駅長の執務所、駅子《やくし》の控室、厩、食事を用意する厨《くりや》、それに駅田からの収穫物を収める倉などの建物群で構成されていた。井戸などの水利も不可欠な施設である。駅家の周辺には駅子の住居をはじめ、田地や牧草地もあった。駅館の建物があったところを駅館院という。古書には「四面築垣、鳥居一基」と記されているものがある。この記述に沿えば、駅家全体の囲みのなかに築地《ついじ》などで囲まれた内郭《ないかく》が造られて、そこに駅使や使節が泊まる正殿風の寝殿が建てられていた、ということになる。奥の院の門は鳥居であろう。菅原道真《すがわらのみちざね》の詩文などによれば、駅館院には楼閣があり、そこに太鼓がおかれて、駅使一行がみえると、駅子が太鼓を叩いて駅長らに到着を報せたらしい。

山陽道にあった駅館は、発掘調査の結果によると、朱塗りの柱、白壁、瓦葺《かわらぶ》きで建てられた豪華な建築物であったことが判明した。掘立柱式の建物から建て替えられた事例が多い。当時、瓦は高級な建築資材であったが、それは官営の瓦窯《かわらがま》でつくられ、まず国分寺の寺院建設に使われた。国分寺の建立が終わると、残りの瓦は国府や郡家の建物に使われる。山陽道では、国府の建物に先んじて、駅館でまず瓦が使われているところが少なからずあり、駅館がいかに重要視されていたかがわかる。山陽道が朝廷の高官や外国使節をひんぱんに迎える大路であったからであろう。山陽道で出土した瓦から、駅家と推定された遺跡には、たとえば表12に掲げるようなところがある。

表12　山陽道の瓦葺駅家一覧

国　名	遺跡名	駅　名
播磨国	古大内遺跡	賀古駅
同	小犬丸遺跡	布施駅
同	落池遺跡	野磨駅
備前国	富原遺跡	津高駅
備中国	矢部遺跡	津峴駅
同	毎戸遺跡	小田駅
備後国	大宮遺跡	安那駅
同	中島遺跡	品治駅
同	父石遺跡	葦田駅
同	本郷平遺跡	者度駅
安芸国	下岡田遺跡	安芸駅
同	中垣内遺跡	大町駅
長門国	前田遺跡	臨門駅

（出典）高橋美久二「律令制支配と交通体系の整備」『考古学による日本歴史』78頁・図1「山陽道の駅家跡と瓦」から．

このように駅館は地方でもっとも豪華な建物であり施設となったから、官人たちが宴会《うたげ》の場として使った。大宰府の近くにあった蘆城駅家《あしきのうまや》では都に帰任する府官の送別の宴がしばしば行われていたし、また、越中国府の近くにあった射水《いみず》郡の駅館でも宴会が行われている。これらの駅家には遊女がいた。大伴家持《おおとものやかもち》が越中守《えっちゅうのかみ》であったとき、遊女に迷った下級国司の尾《お》張《わりを》少咋《くひ》を教え諭したが、家持の意見は聞き入れられなかった。そこで家持はその結果を「先の妻《め》、夫《せ》の君の喚使《つかい》を待たず、みずから来りし時に作る歌一首」として、「左夫流児《さぶるこ》が斎《いつ》きし殿に鈴掛けぬはまゆ下れり里もとどろに」と詠《よ》んでいる。本妻が呼ばれもしないのに、都から鈴もかけない早馬でやって来たので、里中が大騒ぎになったという意味である。左夫流児は遊行女婦《うかれめ》（遊女）の名前、殿はもちろん少咋のことである。

一義的には、駅家は国府の交通機関そして情報センターとなったが、それ以外にも前述のとおり、賓客をもてなす迎賓館となり、国府に赴任している役人たちの社交の場ともなり、さまざまなニーズに応える場でもあった。

駅馬、駅起稲

駅家には駅馬《やくめ》（はゆま）が配置された。廐牧令の諸道置駅馬条には、駅馬は「大路に二〇疋、中路に一〇疋、小路に五疋。使稀なる処は国司量《はか》りて置き、必ずしも足るを須《ま》たざれ」と規定されている。対外的な緊張度が高い大路と蝦夷《えみし》に備えた中路に多くの駅馬が配されることが規定されている。員数はあくまで基準であり、その決定は国司に委ねられた。駅伝制の衰退期の記録になるが、駅家と駅馬の数が施行細則となった『延喜式』兵部省諸国駅伝馬条に記されてる。概略は表13のとおりである。それによると、駅家総数四〇二、駅馬総疋数三四九九で、平均をみれば、各道の駅馬疋数は配備基準を少し下回っている。別の見方をすれば、山陽道が駅馬の配備総疋数でも平均疋数でもトップである。平均が一七疋となっているが、駅伝制が十分に機能していた奈良時代の山陽道では一駅の標準が二五疋であった。なかでも播磨国の賀《か》古《こ》駅では四〇疋の駅馬が配備されていた。全国最大規模の駅である。次に東山道が続いている。このデータからも両道が当時軍事的に要路であったことが理解できる。最低は常陸《ひたち》国・陸奥《むつ》国・越後国の八駅で二疋ずつであった。

駅馬は早馬である。そのため筋肉強壮の駿馬でなければならない。毎年、国司が駅馬を検閲して、老齢などで使用に耐えられない馬は売却され、後述する利稲《りとう》で、新たな馬が市《いち》で調達された。上馬が四〇〇束（一束米三キロ）、中馬が三〇〇束、下馬が二〇〇束前後であった。強壮な上馬や中馬が駅馬

表13　古代駅家・駅馬一覧

国　名	駅家（家）	駅　馬（疋）	平均（疋）
畿　内	9	93	10.3
東海道	55	465	8.5
東山道	86	841	9.8
北陸道	40	201	5.0
山陰道	37	230	6.2
山陽道	56	954	17.0
南海道	22	110	5.0
西海道	97	605	6.2
合　計	402	3,499	8.7

（出典）国史大辞典編集委員会『国史大辞典』252-253頁.

として買い上げられたことであろう。信濃国望月の馬牧場で飼育された馬は良馬として知られていた。駅馬は「中中戸《ちゅうちゅうこ》」と呼ばれる地域の富豪の家で養われた。中中戸は九等戸制に基づく資産の格付けの一つ。一般の戸をその資産により上上戸から小小戸まで九等に区分して格付けした。中中戸は二〇〇戸に一戸の割合でしかいない資産家である。駅馬の実際の世話をしたのは駅戸《やくこ》の人たちである。駅馬の管理は、富豪に飼育させ、いわば専門職に世話させるなど、伝馬とくらべると、並々ならぬ配慮がなされていた。

駅家の経費を捻出するために、駅起田《やくきでん》と呼ばれる田地が駅家の周辺にあった。駅起田は駅子の徭役《ようえき》労働で耕作されて、そこから収穫された稲を駅起稲《やくきとう》と呼ぶ。駅起稲を元手に出挙《すいこ》した。出挙とは稲を貸し付けて、利稲（利子）をつけて返済させることである。駅起稲出挙帳という貸付帳簿が今でも残っている。利稲により、駅馬購入費、駅使接待費、駅舎修繕費など駅家の経費を賄った。本稲《ほんとう》（元本）は減らさない。駅起田は今日の財団法人の基金にも似ているところがある。以上の利稲経費充当説に対して、利稲ではなく、駅起稲から直接経費を支払ったという説がある。いずれにしても駅家運営は独立採算性がとられていた。しかし外国からの賓客に備えて、山陽道の駅館を瓦葺きの建物にするために、七二九（天平元）年、駅起稲から臨時に各駅家に五万束ずつ支出されたことがある。

基金となる駅起田の面積は、田令の駅田条により、大路が四町（一町約一ヘクタール）、中路が三町、小路二町と決められた。米の収穫量は土壌の善し悪しにより差が当然出てくるが、収穫量は四区分されていて、最上級の上田では一町五〇〇束（米一五〇〇キロ）、次の中田では四〇〇束とされた。駅起田は神田《しんでん》・寺田《じでん》と同様の税金が免除される不輸租田《ふゆそでん》である。後に「起」という文字が省略されて、養老令では、駅田・駅稲と改称された。七三九（聖武《しょうむ》一一）年には駅稲は正税《しょうぜい》に併合され、駅田も廃止された。駅家の経理が特別会計から一般会計に移されたということであろう。国家財政の立場からすれば拠点タテ割的な財政構造が解消されたが、一方で、次に述べる駅制を管理する組織の力は大きく削《そ》がれることになった。

駅制の運営体制

駅制の管理や駅家の運営はどのように行われていたのだろうか――。中央レベルでは駅制も伝制もいっしょに兵部省《ひょうぶしょう》の兵馬司《ひょうばし》が総覧していた。兵部省が駅伝制を統括していたことで、駅伝が軍事色の強い制度であったことが推定できる。地方では、諸国の国司が駅伝制の管理者となった。国司《こくし》は、毎年、駅馬帳や伝馬帳などの記録を作成して、兵馬司に提出する。しかし、駅伝運営の実質的な責任者は郡司《ぐんじ》であった。伝制と駅制との管理方法のちがいは、前者は馬そのものの維持管理という狭い業務であったが、駅制の管理は、兵部省が頂点に立ち、馬のみならず駅家施設やその人的・財政的基盤を含めた「駅家」全体の維持管理の業務全体を行うことであった。駅家はいわば兵部省の地方出先機関であり、その直接の管理を国司や郡司が行った。この職掌を「郵駅」と呼ぶ。今様にいえば、運輸通信業務を国の直轄事業で行うことであるが、それは国家統治のためのものであり、一般私人には公開されていなかったところが現代の国営事業との大きなちがいとなろう。

この駅家を支えたのは、駅戸《やくこ》と呼ばれる周辺の農家である。駅戸の戸数は、駅家の規模に応じて決まっていた。駅馬一について駅戸二の割合が平均的で、一〇から五〇の駅戸が一つのグループを形成していた。それは無作為に集められた農家の一団ではなく、また、自然発生的にできた集落をまとめた里とも異なり、計画的に造られた駅路に沿う集落であった。里と同様に、駅家を軸とした立派な行政体でもある。大路や中路には、一つの郷すべての農家が駅戸となったところもあった。また、駅路を直線的に敷いたので、集落のない地域もあり、そのようなところには人を移住させて駅家をつくり、運営にあたらせた。このような集落を駅家郷《うまやのさと》と呼ぶ。たとえば、近江国《おうみ》では、野洲郡《やす》、神崎郡、犬上郡、坂田郡に駅家郷があり、それぞれ篠原駅、清水駅、鳥籠駅《とこのうまや》、横川駅で働く駅戸の集落があった。

廐牧令《くもくりょう》によれば、国司の助手として「駅戸の内の家口《かこう》富みて事に幹なる者」が駅長に任命された。換言すると、裕福で才能のある農家が駅長に選ばれたが、任命は終身である。駅長の任務は、駅使の送迎と接待、駅馬の段取り、駅田の管理、駅稲の収穫など日常の駅務を面倒みることであった。駅馬や鞍《くら》などの馬具を不注意でなくすと、駅長が弁償しなければならなかった。また、駅長の死後も弁償の義務が家族に及んだので、裕福な農家でなければ任に差し支えが出る。いわば豪農の世話役というところで、正式の官吏ではなかったが、任命の見返りとして、駅長は課役（庸《よう》・調・雑徭《ざつよう》）の負担が免除された。

駅子は駅戸の二一歳から六〇歳までの正丁《せいてい》のなかから選ばれた。彼らは駅家の現場の仕事をこなしたが、内容はさまざまである。まず、駅使が到着すると、駅子は待機している駅馬に鞍をつけた。その駅馬に駅使が乗り換えて、次の駅家へ向かう。同時に駅子自らも馬に乗り次駅に走る。しばしば従者の荷物をはこばなければならなかった。次駅に着くと、駅使と従者をそこの駅子・駅馬と交代させて、自分の駅馬を曳いて帰る。大量の荷物の扱いは駅子にとって過酷な労働になったし、荷を積まれた駅馬にとっても過重な負担となった。そのことが後に駅伝制が崩壊する一因となる。

播磨国の明石駅家とみられる遺跡から、松の丸太を輪切りにしてつくられた、直径六〇センチほどの木製の車輪が出土した。律令の道に牛に曳《ひ》かれた荷車もみられたのであろう。しかし、当時の駅路では、やはり駅馬がもっとも代表的な乗り物であった。その駅馬の世話は駅子の大きな仕事となった。既述のとおり、駅馬飼育の義務は富豪の駅戸にあったが、馬を実際に飼育するのは駅子の仕事である。駅家の厩で駅馬が飼われていたし、駅子の家で飼われていたこともあったろう。駅子の生活は、まさに馬とともにあった。このほかにも、宿泊する駅使一行の世話をはじめ、駅田を耕すこと、蓑笠づくりなど現場の仕事が駅子の肩に重くのしかかっていた。これらの労働は徭役として農民すなわち駅子から無償で提供され、律令の交通通信の機能を支えていた。駅子は他の徭役（庸と雑徭）の負担が免除された。

駅子の員数について。たとえば、安芸《あき》国の一一駅で各駅一二〇人、美濃国恵那郡坂本駅では二一五人、駿河国の三駅で計四〇〇人などという記録が残っている。各駅の駅子の配置は駅馬一に対して六人から一〇人程度というところである。荷物の逓送が難しくなる険しい山間部になるほど、駅子の配置員数が増加した。アルプス越えの難所であった美濃坂本駅の駅子二一五人は、その好例である。ここでは郡司が直接の指揮をとり責任者となった。

駅　使

駅使《やくし》（はゆまつかい）は、まさに早馬を使い目的地に情報や命令などを伝達する官人である。駅馬の利用者といってもよい。第一の利用者は飛駅使《ひやくし》である。飛駅とは、軍事・外交・内政などの情報のうち、きわめて重要かつ緊急を要する通信のことである。いわばお国の一大事を通報する早馬であった。公式令《くしきりょう》の国有急速条の表現を借りれば「急速の大事」な通信となろう。地方から中央に飛駅を発することについては厳格な決まりがあったが、自由裁量で飛駅が発することができる中央については規定がなかった。飛駅使は乗馬に練達した官人であればよく、官位は問題でなかった。中央からの飛駅使には馬寮《めりょう》の馬部《まべ》が、地方からの飛駅使には軍団の武官や健児《こんでい》など郡司土豪の子弟がなった場合が多かった。重大な情報伝達だから、文書情報に加えて、飛駅使からの補足説明が欠かせなかった。そのため飛駅使は専使である。出発地から最終目的地まで一人で駅馬を乗り継ぎながら走った。従者もついた。

飛駅使の速度についてみてみよう。七四〇（聖武一二）年、乱を起こした藤原広嗣《ふじわらのひろつぐ》を捕らえた報《しら》せが、大宰府から伊勢に行幸中の聖武天皇のところに四日で届いた。一日にほぼ二〇〇キロ走ったことになる。これは例外的な速さであろうが、飛駅使の速度は、公式令の給駅伝馬条では、一日一〇駅以上となっており、三〇〇里一六〇キロ以上走らなければならなかった。しかしこれは決まりである。実際の飛駅使の速度は『続日本後記《しょくにほんこうき》』にそれがわかる記述があるので、表14に整理した。同じルートでも、そのときの状態によって、大きく速度がちがう。地方から中央への飛駅（馳駅）は、七七一（宝亀二）年から一〇一九（寛仁三）年の約二五〇年間に九四件あった。うち三三件が大宰府からの遣唐使船の遭難や新羅・刀伊《とい》の侵略の報せなどで、二三件が奥羽・出羽からの蝦夷《えみし》関係の報告などであった。この発信件数をみると、本当に国の一大事にだけ飛駅使を走らせたことがうかがえる。中央からの飛駅はさらにわずかである。中央発は、七〇二（大宝二）年の大幣を諸国にわかつためのものと、七三一（天平三）年の諸国への神宮増飾の二件だけであった。

　第二の駅馬利用者は通常の駅使である。さまざまな公文書を国府から国府へ逓送《ていそう》する駅使である。リレー方式ではこぶから、人は交替する。駅使には、国府、郡家、軍団の官人らがなったが、公式《きまり》の速度は、一日八駅、二四〇里一二八キロと定められていた。飛駅使と駅使は中央と地方をむすぶ官の通信を支える重要な役割を果たした。このネットワークによって、中央の指令が迅速に地方に伝達され、また逆に、地方の軍事情報が都に通報された。まさにこれら情報伝達装置によって、律令国家の支配が維持されてきたのである。

　前述のとおり、飛駅使と駅使による駅馬の利用は通信用である。しかし、第三の利用者となった公務出張者の場合は目的がちがう。この場合には、駅馬は人の輸送すなわち旅行に使われたのである。公式令の在宮諸司条に「在京の諸司、事

表14　飛駅使の速度（京都宛）

発信日	到着日	所要日数（1日の速度）	書簡の内容
（大宰府発）			
836年7月2日	7月15日	14日（約 57km）	遣唐使船4隻出航
7月6日	7月16日	11日（約 73km）	遣唐使船2隻遭難
7月9日	7月16日	8日（約100km）	同
（出羽国発）			
878年3月17日	3月29日	13日（約108km）	夷俘の乱
6月28日	7月10日	13日（約108km）	同上関連（？）

（出典）　田名網宏「古代の交通」『日本交通史』42-43頁．

ありて駅馬に乗るべくんば、皆、本司は太政官に申せ。奏してのち給え」とあり、これが適用条文となった。神祇官の幣《へい》帛《はく》使《し》や国司の使者である四度使《よどのつかい》などの公務旅行がこれにあたる。公用出張者のなかには、大勢の従者を連れ、たくさんの道具をはこぶ者もいたので、駅家の負担はたいへんだった。

駅鈴

逓信博物館創設に尽力した樋畑雪湖《ひばたせっこ》が『日本駅鈴論』という本をまとめている。同書によれば、駅馬の利用にあたって駅鈴《えきれい》（うまやのすず）が必要であった。駅鈴は駅馬の乗用資格証明で、駅鈴に刻まれた剋数《こくすう》によって、利用できる駅馬の疋数が決まっていた。換言すれば、駅鈴は、駅馬を徴用することができる強力な命令書というべきものであった。剋数は公式令の給駅伝馬条に定められて、親王と一位以上の者が一〇剋、以下、三位以上八剋、四位六剋、五位五剋、八位以上三剋、初位以下二剋となっていた。位階によって差があり、一剋が駅馬一疋の意である。位階の高い者に多くの剋《きざみ》が与えられたのは、高官は従者も多く、馬も多く必要としたからであろう。

駅鈴は厳重に管理されていた。それは皇位継承の璽《しるし》として、三種の神器とともに皇室に代々引き継がれる御品の一つとされた。中央では、駅鈴は宮中温明殿《うんめいでん》にある唐櫃《からびつ》のなかに納められて、中務省《なかつかさ》の大主鈴《だいしゅれい》二人・少主鈴二人が駅鈴の出納責任者になった。天皇から駅鈴を賜るという形式がとられて、在京の諸司から太政官に飛駅使派遣の上申があると、公式令の飛駅式に基づいて内記《ないき》（中務省の役人）が作成した書式により、太政官の少納言を通じて、勅を仰いだ。天皇行幸の際には一部の駅鈴を留守役に預けたほかは、すべてもち歩いた。それほど大切なものであった。

中央から地方への飛駅式は下《げ》式《しき》という。飛駅使派遣のための特別な勅である。そこには宛先の国司の官位姓名、伝達内容、日付時刻、駅鈴の剋数などが明記され、また、文字が改《かい》竄《ざん》されないように重要な文章のところにはすべて天皇の印が押される。準備ができた下式は飛駅函に納め革袋に入れられて、主鈴を通じて飛駅使になる馬部に駅鈴とともに下げ渡された。通常の駅使ならば、特別な勅はないが、手続はほぼ同様の手順を踏んだ。

地方では、駅鈴が大宰府に二〇口、三関《さんかん》と陸奥国に各四口、一般の大国・上国に各三口、下国に各二口がそれぞれおかれ、諸国の長官自身が管理した。三関とは東海道伊勢の鈴鹿、東山道美濃の不破、北陸道越前の愛発《あらち》の、京を守る三つの関所をいった。地方から中央への飛駅式は、上式《じょうしき》による解《げ》と呼ばれる報告書であった。地方からの飛駅使は解と駅鈴をもって都に向かった。これら勅文・解文その他公文書の送受信については、使人姓名・年月日・内容が計会帳《けいかいちょう》という台帳に記録された。毎年、諸国の四度使である朝集使《ちょうしゅうし》がこの計会帳を中央に持参し、中央の記録と照合した。任を終えて在所に戻った駅使は、二日以内に駅鈴を返納しなければならなかった。それを怠ると、遅れ一日につき笞《ち》（ムチ打ち）五〇、一〇日につき徒《ず》（懲役）一年の厳しい刑が科せられる。また、任地に赴任した国司は国衙に駅鈴を返納し、必要なときは改めて都に上申しなければならなかった。

どこかで内乱が起こると、駅鈴の争奪がはじまった。壬申の乱をはじめ、七五七（天平宝字元）年の橘奈良《たちばなのなら》麻呂《まろ》の乱や同じ年の藤原仲麻呂の乱でも、駅鈴の奪い合いがみられる。七四〇（聖武一二）年に起きた藤原広嗣の乱では、大宰府の長官代理であった広嗣が駅鈴一口を手放さず敗走している。駅鈴は天皇の権威と力を帯びた万能の通行証であると認識されていたから、広嗣らは、駅鈴を嵩《かさ》に駅馬を徴用して、寝食の便益を求めたことであろう。否、それよりも駅鈴の保持が政治的権力の所在を意味することの方が重要だったのかもしれない。その背景には、駅鈴が駅制利用証ということよりも、

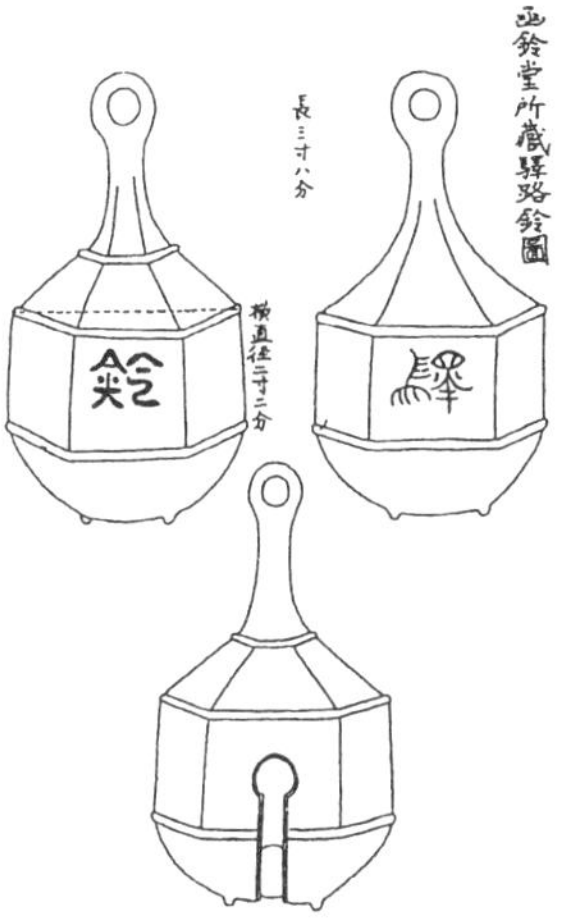

駅鈴．隠岐国造家伝来の八角形の駅鈴（上）と大宰府の六角形の駅鈴．後者は，1835年，大宰府付近の四王寺山麓坂本村の農民が畑で掘り出したもの．これを買い取った吉田なる人物が大宰府飛駅の駅鈴であるとして，函鈴堂という祠（ほこら）を建てて納めた．明治時代に久留米と福岡の博覧会に出品されたが，その後の消息は不明．

むしろ天皇から賜った「みしるし」として強く意識されていた面が強かったのではないだろうか。そのことが駅鈴争奪戦を生む真の原因であったとも考えられる。

これまでに存在が確認できた駅鈴に、隠岐国造《おきのくにのみやつこ》家に伝来するという八稜鈴二口がある。国の重要文化財に指定されている。億岐《おくき》豊伸《とよのぶ》の研究によれば、幅六・七センチ、高さ八・五センチ、重さは甲音駅鈴が七七〇グラム、乙音駅鈴が七〇〇グラムである。材質は金・銀・錫・鉛などの合金製で、その光沢と音色から推定すると、金の含有量が多いと考えられる。駅鈴には、二口とも篆書《てんしょ》で浮き彫りにされた「駅」と「鈴」という文字がある。音響調査の結果によれば、駅鈴の音色は唐代の楽器の音階に合致して、甲音は唐古律南呂《なんりょ》（清）に近く、乙音は唐古律林鐘《りんしょう》（清）に近い、と分析されている。

隠岐の駅鈴が残った理由について、樋畑雪湖は著書のなかで、隠岐が都から遠く離れていて、かつて孤島であった地理的な事情を挙げながら詳述している。要約すれば、次のようになろう。大化の改新で国造が廃止され、国司が任命された。それまでの国造は郡司や総社の神官などがなり、隠岐の国造は隠岐総社（玉若酢命《たまわかすみこと》神社）の神官がなった。この地の国司に命ぜられた者は、危険な航海などを恐れて赴任を拒んだ者が多く、隠岐の神官が国司の職務を兼ねていたと考えられている。その後、国府廃止で、駅鈴が各地から都に回収されたはずであったが、隠岐の駅鈴は何かの事情で返納されないままになった。その後、残った隠岐の駅鈴は代々神官を勤める億岐家に大切に保存されて、今日に伝えられている。都に集められた駅鈴は、一〇六八（治暦四）年の火災で焼失したという記録があるから、現存する隠岐の駅鈴は貴重な存在となる。この駅鈴には剋が刻されていないので、真贋《しんがん》論争がある。剋数が勅文など携行文書に記されていたのだから問題はないとする説や、それを否定する説、また隠岐の特殊性による説などがあり、未だに結論が出ていない。

旅人の山こへわふる夕霧にむやまの鈴の音響くなり

駅鈴を詠んだ古歌である。この歌から、駅鈴の音色は万葉の人々にとって、身近な音であったことがわかる。駅鈴は馬の首に下げられたのか、それとも駅使が首からかけたのか、確たる説はないが、鈴の音を鳴らしながら、飛駅使が律令の街道をひた走ったことだけは間違いない。駅鈴の音が聞こえたら、駅家の人たちにとっては、替え馬の用意などの合図になったろうし、また、街道をゆきかう人にとっては、道を開けなければならない合図になった。この駅鈴の鈴の音も神聖な伊勢神宮付近では御法度であった。延喜式には「凡そ駅使、太神宮の堺に入らば、飯高郡の下樋《したひ》の小河に到りて鈴声を止めよ」という決まりがあった。

伝制

駅制を説明してきたが、ここで伝制についてもふれなければならない。伝制については、改新の詔《みことのり》に「駅馬・伝馬をおけ」と定められており、それを受ける形で、廐牧令の諸道置駅馬条に「其伝毎郡各五」とある。各郡家に伝馬五疋をおくことという、この細則めいたものがある以外、あまり詳細な規定はみあたらない。平安時代に入ると、駅制と伝制の役割が変質していくが、基本は、駅制が早馬を飛ばす緊急連絡用の通信機関であり、伝制が中央から使者のための交通機関であった。

駅路に対して、伝路《でんろ》がある。伝路は、国府と郡家と、郡家と郡家とを連絡する道路である。集落と集落とをつなぐ方法で建設されたもので、おそらく古道を改修したものであろう。木下良の『道と駅』に詳しいのだが、同書によると、全国各地で伝路と推定される遺構がいくつか発掘されている。それは両側に溝を備えた幅六メートル前後の道路が多く、意外と広い道である。駅路と伝路がはっきり別れていたところもあれば、駅路が伝路にもなったところがある。今様に表現すれば、駅路を高速道路と、伝路を一般道路と考えるとわかりやすい。別々に道があった例は、駿河国西部でみられる。まず、東海道の小川駅から横田駅への駅馬の道（駅路）は、現在の焼津市から日本坂を越えて静岡市に入るルートである。一方、益頭《ましず》郡家から有度《うと》郡家へ行く伝馬の道（伝路）は、現在の藤枝市から宇津ノ谷《うつのや》峠を通り静岡市に入るルートである。伝路の方が近世東海道の道筋となっている。

しかし郡家が駅路に沿ってあったところでは、自ずと駅路が伝路にもなった。こちらの方は新幹線規格と在来線規格の車両が一緒に走る秋田新幹線みたいなものである。この典型例は出雲国を通る山陰道でみられる。すなわち山陰道の黒田駅は意宇《おう》郡家と同じところに、出雲郡家は駅路上に、狭結駅は神門《かむど》郡家と同じところにあった。郡家が駅と同じところにあったといってもよいが、換言すれば、伯耆《ほうき》国境から意宇・出雲・神門の諸郡家を通って石見《いわみ》国境に到る経路は、山陽道の駅路であり、また伝路でもあった。まさに複線運行体制である。

駅家に相当する伝家という施設はなかったが、郡家すなわち郡の役所がその機能を果たしていた。一〇三〇（長元三）年頃に作成された『上野《こうずけ》国交替実録帳』によれば、上野国の各郡家には、郡の事務や儀式を行う郡庁の建物、正税収納の米倉となった正倉《しょうそう》のほかに、館《たち》と呼ばれる建物群があり、そこに食事を用意する厨家《くりや》も併設されていた。館は公用旅行者の宿泊施設となった。今様に表現すれば、郡家は県庁舎でもあり、地域の交通ターミナルでもあったのである。

前述のとおり、各郡家に五疋の伝馬《でんめ》（つたわりうま）をおくことになっていた。『延喜式』の記録では、全国五九〇の郡に、総計六八七疋の伝馬がおかれていた。おおむね五疋の伝馬が各郡家に配されていたことになるが、筑前国御笠《みかさ》郡では一五疋、出羽国白谷郡などでは三疋となっており、配備数には幅があった。そもそも伝馬がいなかった郡家が全体の四分の三ほどある。伝馬制の衰退期の数字だからであろう。律令体制が盤石だった時期には、多くの郡家に伝馬がおかれていたにちがいない。早馬になった駅馬には市で調達された駿馬がなったが、伝馬にはもっぱら官馬が充てられた。官馬は官有牧場で繁殖させた兵馬用の馬で、育つと兵士の家で飼われる。伝馬はそのなかから選ばれた。官馬がないときは、郡稲という財源から支出して、市で馬を買い入れた。駅馬とくらべると、五〇束ほど安い馬が伝馬にあてがわれた。駅馬は駿馬、伝馬は駄馬というと、言いすぎであろうか。

伝馬の運営は郡司が担っていたが、実際の仕事は一般農民の雑徭によって支えられていた。雑徭とは、年間六〇日を限度に土木工事などの公の労役に携わる義務である。郡家周辺の農家の人たちが交替で伝制の仕事を勤めたのであろう。伝馬を預かった農家は人手があり裕福な階層で、預かることを名誉と心得させられた人たちである。伝戸・伝子ということになろうが、正式な言葉ではなく、後世の学者が駅戸・駅子に対応する用語として便宜的に使ったものである。

大日向克己や市大樹らの研究によると、伝馬を利用する者を「伝使」という。しかし、この言葉も駅使に対比するもので、便宜的なものである。その伝使には、任地に赴任する国司や一般の公使らがいた。罪人の移送にも伝馬が使われた。そのことについて、周防《すおう》国の正税帳《しょうぜいちょう》と越前国の郡稲帳《ぐんとうちょう》を調べたデータがある。それによると、中央から発遣される伝使では、赴任国司がもっぱら伝馬を使っていたことがわかる。諸国から発遣される伝使では、書逓送使などの役柄がみられる。前者の中央発遣伝使の数が圧倒的に多いが、後者の諸国発遣伝使はごくわずかであった。国司は別名「くにのみこともち」と呼ばれた。天皇の御言《みこと》を伝える使者、天皇の代理人として地方へ赴任する者と解することができる。このような性格をそのほかの伝使ももっていたといってよい。理念的になるが、伝制は、まさに中央から派遣される天皇の代理者の送迎に、地方が奉仕する仕組みであったともいえる。

伝馬の利用には剋数が刻まれた木契《もっけい》すなわち伝符（つたえのしるし）がいる。駅鈴と同様、位階により剋数が段階的に異なり、親王と一位以上の者が三〇剋、三位以上二〇剋、四位一二剋、五位一〇剋、八位以上四剋、初位以下三剋となっていた。この剋数は駅鈴の基準よりもかなり多い。理由は、高官の旅行になると、従者それに大量の荷物の輸送が伴ったからであろう。このように伝馬には貨客輸送の性格があった。一剋が伝馬一疋の利用を示す。たとえば一〇疋の伝馬提供をしなければならないときに、郡家に五疋しか配置されていない場合には、不足分は民間の馬（私馬）から徴用された。伝符は原則として中央で一元的に管理されていた。建前論かもしれないが、このことは伝制が「みこともち」のための制度であったことを示している。永田英明が指摘しているように、この伝馬制は、律令制のなかでも古いタイプの交通制度と評することができるのではなかろうか。

駅制が完全に機能していた奈良時代、飛駅使は都と大宰府のあいだを四日四晩ないし五日四晩で走り抜けた。都と陸奥とのあいだも七日六晩で連絡している。しかし、平安時代になると、都と大宰府とのあいだが六日ないし一二日、都と陸奥とのあいだが一三日もかかるようになった。明らかに駅制のシステムに綻《ほころ》びが出てきた。

他方、伝制についてみると、七六八（神護景雲二）年に山陽道の伝馬が廃止されて、代わりに各駅に駅馬が五疋ずつ増やされた。七九二（延暦一一）年には伝馬廃止の勅が出された記録もある。緊急通信には駅馬を、その他の場合は伝馬を使うという基本的な枠組みが崩れ、駅馬がさまざまな用途に使われるようになった。そのため諸使が権力を嵩《かさ》にして駅馬を乱用するようになったため、駅家の負担は増大した。もちろん、剋外乗用を禁止する勅を発したり、監視役を駅家に配置したりしたが、効果はなかった。美濃坂本駅では、駅子が妻子とともに全員逃亡するという最悪の事態を迎えた。

駅馬乱用以外にも、各地に台頭してきた荘園《しょうえん》の力が駅伝制のネットワークそのものを分断することになった。交通通信システムはネットワークの形成こそが命である。たとえ一ヵ所でも不通のところが出てくれば、その駅路全体が機能しなくなる。まさにそのような事態が生じてきたのである。中央集権国家の力が強大で、国のすみずみまでその威光が届いているあいだは、あらゆるシステムが完全に機能する。しかし国の力にいったん翳《かげ》りがみえると、コントロールが効かなくなり、やがて国のシステムが崩壊していく。駅伝制のシステムもその一つであった。

律令国家の駅伝制は、飛鳥・奈良・平安の三代三世紀にわたり、国家の交通通信機関として機能してきた。それは律令体制の崩壊とともに消えていったが、その遺産は、江戸時代に至るまでの、前近代の交通と通信の骨格を創り上げたのである。

烽　制

律令時代の通信システムを考えるとき、これまでみてきた駅伝制は当時の通信システムの中核をなしたが、烽制すなわち狼煙《のろし》システムも重要な役割を果たしてきた。最重要の緊急通信に使われたものであるが、当時、烽制と駅伝制が互いに補完関係にあり、それらが一体となり、律令の通信システムを支えてきた。後述する烽家墨書土器の発見（一九九五）を契機に、シンポジウム「古代国家とのろし」宇都宮市実行委員会と平川南と鈴木靖民が『烽の道――古代国家の通信システム』をとりまとめた。同書には狼煙研究者の論文が集められ、これで古代から近世までの狼煙の歴史や技術が一望できるようになっている。以下、同書に負うが律令の烽制についてみていこう。

かの『日本書紀』には、六六四年、対馬と壱岐と筑紫の三国に防人《さきもり》と烽《とぶひ》を配したことが記されている。これは前年の百済《くだら》救援のために朝鮮へ出兵した日本軍が白村江《はくすきのえ》の戦いで大敗して、唐や新羅《しらぎ》が脅威となったためにとられた軍事展開であった。後の天智《てんじ》天皇となる中大兄皇子の命によるものであったが、いわば警備隊と通信隊を大宰府の周辺に配して、わが国の防衛を強化したのである。以後、道路網の整備と並行して、百済から渡来した技術者の指導を受けるなどして、朝鮮式の山城や狼煙台が西日本の各地に築かれていった。

まず狼煙の表記についてふれる。古くは、烽、烽火、烽燧と記され、平安時代の辞書である『和名類聚抄《わみょうるいじゅうしょう》』によれば、これらは「度布比《とぶひ》」と読む。この時代、烽煙、烽烟、飛火とも書かれた。後の時代に「乃呂之《のろし》」というようになったが、漢字で書くと、狼煙をはじめ狼烟、狼糞、野狼屎、狼火、狼燧などとなる。烽、烽火などの表記も引き続き使われた。狼煙という文字が使われはじめたのは鎌倉時代（一一九二―一三三三）になってからである。狼《おおかみ》という文字が多いが、その理由については後段で記そう。

律令時代のわが国の烽制は、中国の律令や式などに定められた烽制を受け継いだものであるが、必ずしもそのまま採用したわけではなく、わが国の事情に合わせながら取り入れている。日本の律令のなかでは「軍防令」が烽にかんする基本規定を定めている。佐藤信が『烽の道』のなかで整理しているが、それによれば、各条の概要は次のとおりである。

第六六条（置烽条）　四〇里（約二一キロ）ごとに烽をおく。

第六七条（烽昼夜条）　昼は烟《けむり》、夜は火を上げる。烟は一刻（三〇分）のあいだ上げ、火は火炬《かこ》一束を燃す。次の烽が対応しないときは、使いを走らす。

第六八条（有賊入境条）　状況に応じて燃やす火炬の束数は式において定める。（『延喜式』の兵部省式には、大宰府管内の細則があり、国家使節の船なら烽一炬を上げ、賊なら二炬を上げ、船二〇〇隻以上なら三炬を上げることなどが定められてる。）

第六九条（烽長条）　国司が三年ごとに烽長《のろしのおさ》を選任し、烽長二人が三ヵ所の烽を管轄する。（負担軽減のため、駅長と同じく、烽長は課役が免除された。）

第七〇条（配烽子条）　烽子《のろしこ》は成年男子である正丁《せいてい》（いなければ六一歳以上の次丁《じてい》）から徴用し、烽ごとに四人ずつ配属し、二人一組で交代で勤めさせる。（同じく、駅子と同じく、烽子は徭役が免除された。）

第七一条（置烽処条）　火炬は二五歩（約四五メートル）間隔でおく。

第七二条（火炬条）　火炬は乾燥させた葦を心にして乾いた草で縛って束ね、その周りに松葉を差しはさむ。それを一〇個以上雨に濡れないように常時保管しなければならない。

狼煙．想像図．狼煙リレーは天候に大きく左右され，不良のときは連絡の使いを走らした．烽制と駅制の連携プレーである．

第七三条（放烟貯備条）　昼に上げる烟の材料は艾《よもぎ》・藁《わら》・生柴《なましば》などを混ぜたものとし、その保管にあたっては放火や野火に注意しなければならない。

第七四条（応火筒条）　烽の火筒の方向は、東に通報するときは筒口は西に向けて開き、西に通報するときは筒口を東に向けて開く。

第七五条（白日放烟条）　曇りや霧のときは、使を次番に走らせ連絡する。また、烽の周囲二里（約一キロ）以内においてみだりに烟や火を放ってはならない。

第七六条（放烽条）　間違って烽を放った場合に、最初に間違って放った烽がその旨を国司に告げ、国司は調査をし、その結果を飛駅を発して中央に報告する。

以上、わが国の軍防令の規定を逐条でみてきたが、このなかで、第七五条は唐の兵部式にはみあたらない条文である。瀧川政次郎の論文によれば、わが国の編纂者が老婆心ながらつけ加えたものであろう。軍防令の烽関係の規定に対応して、衛禁律《えごんりつ》には、規則違反に対する罰則が定められた。たとえば烽を上げるべきときに上げなかった結果、民や兵あるいは城柵に損害が生じたときなどは重大な違反とされ、責任者は絞《こう》（絞首刑）とされた。律令国家は厳しい罰則を設けて、規律の維持に努め、烽の機能を確保したのである。

また、烽制は軍事システムの一つとして位置づけられている。烽長や烽子を直接指揮したのは、諸国軍団の指揮権をもつ国司である。西海道では、国司の上に大宰帥《だざいのそち》がおかれ、帥が烽を掌握した。中央では兵部省が「烽火事」を所管した。このように兵部省―（大宰帥）―国司―烽長―烽子の垂直的な軍隊組織によって、烽が運営された。そのため烽は軍事施設と密接にかかわりがあった。たとえば、石川県鹿島郡相馬村字瀬戸の烽の遺跡は軍団の遺跡に接近しているし、備後国葦田郡常城の遺跡には烽があった。

烽はそれだけで機能したわけではない。軍防令の規定にみられるように、烽が伝わらないときには、使いを走らせた。烽の使いは、駅家や郡家の助けを借りながら駅路や伝路を走った。間違って烽を上げたときは、飛駅を発して中央に報告するという規定もある。こうして考えると、烽はできるだけ駅路や伝路に沿って設けられていたにちがいない。このように古代国家の情報通信システムは、駅伝制と烽制が一体となって、運営されていたのである。

律令国家の烽ネットワークは、大宰府など前線と都とをむすぶ通信回路であった。その痕跡が各地で確認されているが、全容解明は今後の研究に委ねられている。八世紀の都の周辺には、河内《かわち》国に高安烽があった。奈良県生駒《いこま》と大阪府八尾の境にある高安山に位置したと推定され、難波《なにわ》から藤原京や飛鳥の都に通じていた。次に平城京に都が遷《うつ》ると、河内国に高見烽が、大和《やまと》国には春日烽が設けられた。高見烽は生駒山にあった。万葉集の歌に「射駒山《いこまやま》、飛火《とぶひ》が嵬《たけ》」と詠まれているので、万葉人にも烽はよく知られた存在であった。春日烽は春日山麓にあったと推定され、春日山麓には今でも飛火野《とぶひの》の地名がある。続いて平安京への遷都が実現すると、山城国に牡《おとこやま》山烽が設置された。現在の京都府八幡市の男山と考えられる。高安、春日そして牡山の各烽は、都の情報送受装置といってもよい。古代の烽ネットワークのなかで、もっとも重要なものであった。

風土記にも烽が記されている。七三三（天平五）年に編まれた『出雲国風土記』には、出雲郡家の北西三二里の馬見《まみ》烽、神門《かむど》郡家の東南一四里の土椋《とくら》烽、出雲郡家の正北一三里の多《た》夫志《ぶし》烽、島根郡家の正南七里の布自枳美《ふじきみ》烽、意宇《おう》郡家の正東二〇里の暑垣《あつがき》烽の各烽をむすぶネットワークが記されている。これらの烽は順に、出雲市の標高四七メートルの浜山、同じく標高三五九メートルの大袋山、出雲・平田境の標高四五六メートルの旅伏《たぶし》山、松江の標高三二六メートルの嵩山《だけさん》、安来の標高二〇七メートルの車山にあったと推定されている。別の史料では、新羅との関係が緊張したため、七三四（天平六）年、節度使の命により出雲と隠岐とのあいだに烽をおき、実際に烽を放つ演習が行われたことも伝えられている。

『肥前国風土記』には、国内一一郡のうち七郡に烽が設けられていて、養父《やぶ》郡・神埼《かんざき》郡・小城《おき》郡・藤津《ふじつ》郡には各一ヵ所、松浦《まつら》郡に八ヵ所、彼杵《そのき》郡に三ヵ所、高来《たかく》郡に五ヵ所、計二〇ヵ所に烽があったと記されている。松浦郡の烽については、「褶振《ひれふり》峯。郡の東に在り。烽家。名を褶振烽と曰《い》う」、また「値嘉《ちか》郷。郡の西南の海中に在り。烽家三所有り」という具体的な記述もみられ、烽家の存在もうかがえる。褶振峯は、大伴狭手彦《おおとものさでひこ》が朝鮮の任那《みまな》に船出したとき、弟日姫子《おとひひめこ》がここに登って褶を振ったと伝えられる、たいへん見晴らしのよいところである。値嘉郷は現在の長崎県五島列島であり、東シナ海の海上交通の要所であった。『豊後国風土記』には、大野郡・大分郡・速見《はやみ》郡に各一ヵ所、海部《あま》郡に二ヵ所、計五ヵ所に烽があったことが記されている。

　古代史料で烽の存在が確認できたのは、畿内、出雲、西海道である。そこで問題となるのは、西海道や出雲からどのようにして畿内へ烽をリレーしていったかということである。この点について、松原弘宣は『烽の道』のなかで、瀬戸内海沿岸の各地に築造された山城が、烽の連絡網を形成した可能性があることを示唆している。多くの山城が見晴らしのよい場所に位置していたこと、また、兵員がいたこと、そして烽が軍事施設であったことを考えると、山城が烽を併設していても不思議でない。瀬戸内海に面した古代山城には、豊前国の御所ケ谷城《ごしょがたにじょう》、長門国の山城、周防《すおう》国の石城山神籠石《いわきさんこうごいし》、伊予国の永納山城、讃岐《さぬき》国の城山城・屋島城、備後国の常城・茨城城、備前国の大廻小廻山城などの名前が挙がっているが、そこに烽の施設があった可能性が非常に高い。

　古代、九州と近畿とをむすぶ線上に、鏡による光通信のネットワークが敷かれていた。横地勲が『古代の光通信』のなかでそう述べている。ルートは、九州を出て、下関の火ノ見山、宇部の日の山、岩国の石城山神籠石、愛媛の永納山神籠石、徳島の日ノ丸山、和歌山の内原王子神社、天筥岳、奈良の玉置山などの地点をむすぶもので、ほぼ北緯三四度の緯度に沿って一直線に延びている。九州には「鏡山」という所がいくつかある。地名に「火」や「日」という文字がみられることも、古代の光通信の存在を証明する有力な証拠となっている。烽の一形態であろうか。

　このように、烽の存在が西日本に偏っている。そのことは当時の朝廷がいかに唐や新羅や渤海など外国勢力に注意を払い、備えていたかを示すものといえよう。

　一九九五年、栃木県宇都宮市の中心部から東に七キロほどの鬼怒川左岸にある飛山《とびやま》城跡の古代竪穴住居跡から、古代の軍用狼煙施設の存在を示す土器が発見された。この種の発見は、わが国ではじめてのことであり、当時話題になった。今《こん》平利幸《べいとしゆき》が『烽の道』のなかで詳しく報告しているが、それは

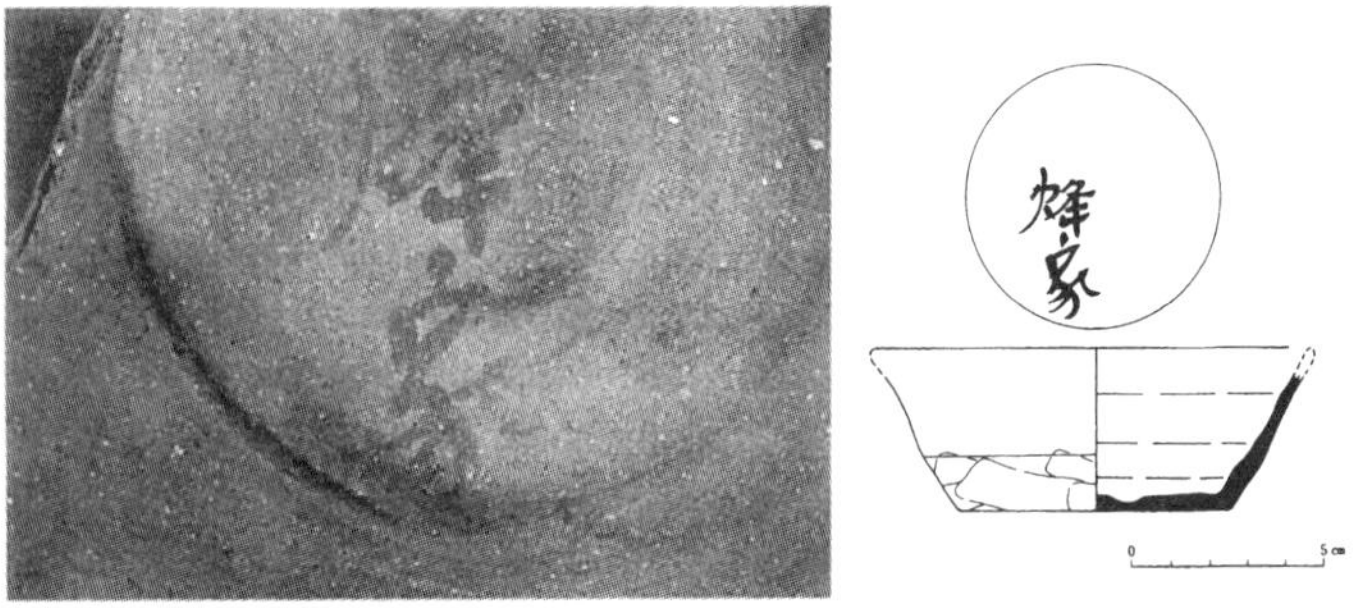

飛山城跡から出土した烽家墨書土器（左）とその実測縮尺図．寸法は推定で口径11.4㎝・高さ４㎝・底径７㎝．文字は土器底部内面に書かれている．狼煙施設を意味する土器が発掘されたのはこれがはじめて．

土器は須恵器の杯で、内側の底に「烽家《とぶひのやけ》」の文字が墨で書かれていた。平安初期のものと推定されている。烽家の墨書土器が東国下野の飛山城址から発見されたために、関東以北の烽の存在に関心が集まっている。七八〇（宝亀一一）年、陸奥で蝦夷の族長、伊治公呰麻呂《これはるのきみあざまろ》が乱を起こした。この乱で中央から派遣された按察使《あぜち》の紀広純《きのひろずみ》が伊治《これはる》城で殺され、陸奥国府の多賀城も焼かれた。そのとき烽があまり機能しなかったことが『続日本紀』に記されている。また、出羽の羽白目《はじろめ》遺跡には、秋田城の前線を守る烽があったのではないかといわれている。このように蝦夷に向けた烽が東北にあり、下野飛山の烽も発見され、この地方の烽の研究も点から線へと広がりをみせている。

烽の実践の記録は少ない。七四〇（天平一二）年に起きた藤原広嗣の乱のときに、広嗣が筑前国の遠賀《おんが》郡家で烽を上げて、兵を徴発したことが知られているくらいである。七九九（延暦一八）年、大宰府管内を除き、烽は停止されたり廃止された。その後、蝦夷の征討や新羅の海賊に悩まされ烽の出番もあったが、一〇世紀はじめに入ると、古代国家が維持してきた烽制は駅伝制とともに衰退していった。それはまさに律令制度の崩壊と同じ軌跡を歩んだ。

古代国家の駅制の特徴

わが国の律令時代の通信システムについて概観してきた。それは中央集権国家にとって、欠かすことのできない情報送受の道具となった。ここでは「駅制」という用語を広い一般的な意味で使うが、わが国の駅制は古代ローマ帝国のものなどとくらべると規模は小さいけれども、しかしながら制度そのものについてみると、外国の中央集権国家がもっていた駅制と類似した点が多くみられる。それらの特徴を表15に整理したので、みてみよう。

第一の特徴は、強力な政権基盤と見事な道路網が存在していたことである。いずれの国も強大な権力が中央に集中し、天皇や皇帝そしてカーンがその頂点に立ち、広大な地域を支配していた。支配地域にはまず中央に直結する道路が建設された。すべての道はローマに通ず、という格言があるように、都から地方に放射状に道路が延びている。アッピア街道に代表される古代ローマの道は、総延長が実に二九万キロに達するものであった。モンゴルの草原の道を除けば、多くの道は舗装され広い道幅を備えていた。それが駅路となり、通信ネットワークを形成していた。

第二の特徴は、どの国においても駅制の統括は軍が担っていた。その理由は、道路や駅制の維持管理が国防の要であったからである。たとえば、日本では兵部省兵馬司が統括していたし、ローマ軍の主要な仕事に道造りがあった。しかしながら、駅の現場の仕事を実際に支えたのは古代中国では兵士であったが、他の国では、もっぱら駅周辺の農民が駆り出された。駅戸やモンゴルの站戸《たんこ》は彼らを組織したものである。カーンは駅専用の站戸形成のために人の集団移住も行っている。日本の駅家郷も同じ性格を有するものであろう。

第三の特徴は、宿駅が一定の距離ごとに設けられた。駅家、駅亭、陸駅、站と呼び方がちがうものの、宿駅を一日の行程ごとに造ることは、駅制運営の基本である。設置間隔が長い古代ローマではムタティオネスという中継所も設けられていた。モンゴルの站設置数が一万以上となっているが、これは『東方見聞録』の叙述の数字で、かなり誇張があるから割り引いて読む必要があろう。

第四の特徴は、どの国でも馬が宿駅の規模に応じて配されていた。近世まで馬が一番速い交通手段であり、情報伝達の任を担っていたからである。長安の都の駅には七五頭の馬が配置される規定になっていた。また、マルコ・ポーロはモンゴルのある站には四〇〇頭の馬が飼育され、その総数は二〇万頭である、と記している。誇張があるが、一つの指標となろう。砂漠地帯では、ラクダなども重要な交通機関となっていた。次に、早馬をいかに駅で素早く交換し走らせるかが駅運営のポイントであった。日本の飛駅使や古代中国の急駅そしてモンゴルの急逓鋪の使者は、夜を日に継いで砂塵を巻き上げ、それこそ命がけで脇目もふらず馬を飛ばしたことであろう。さまざまな記録があるが、ローマ帝国の早馬は一日で三〇〇キロを走破した。日本の例を考えると、驚くべき数字

表15　古代駅制の国別比較

国名		古代日本(律令時代)	古代ローマ	古代中国(唐代)	古代モンゴル
総称		駅伝制 (駅制と伝制)	クルスス・プーブリクス（公共の道）	駅（漢代の帝・郵・駅・伝を集約）	ジャムチ（站赤） (中国語では，駅站)
時代		7～10世紀	1～4世紀	7～10世紀	13世紀
首都		畿内	ローマ	長安	カラ・コルム，大都
創設根拠		改新の詔（646年）			オゴタイの勅 (1235年)
敷設範囲		東北から九州まで (五畿七道)	地中海を囲むローマ帝国全域 (720万m²)	東シナ海からアラル海，アルタイ山脈から南シナ海まで	ユーラシア大陸のほぼ全域
駅路		6,400km	290,000km	30,000km	
管理体制		中央：兵部省兵馬司 地方：国司，郡司 業務：農民（駅戸）	中央： 地方：属州総監 業務：農民ら	中央：兵部駕部郎中員外郎 地方：軍団司令官 業務：兵員	中央：中書兵部等 地方：諸站都統領使 業務：農民ら (站戸)
宿駅		駅家（駅路に設置）	マンショネス(駅亭)	陸駅・水駅	ジャム（站）
	基準	30里（約16km）ごと	30～50kmごと	30里（約18km）ごと	40km～48kmごと
	設置数	402ヵ所（延喜式）	3,500ヵ所，主な駅429ヵ所（ポイディンガーの地図）	陸駅　1,297ヵ所 水駅　260ヵ所 水陸両用駅　86ヵ所 (唐六典)	10,000ヵ所以上 陸站　1,095ヵ所 水站　424ヵ所 (東方見聞録，元史)
	その他	郡家（伝路に設置） 590ヵ所	ムタティオネス（小駅舎）．各マンショネス間に6ヵ所から8ヵ所設置，中継所の役割を果たす．後に統合されて，スタチオネス（駅．英語＝station）に．		急逓鋪用の舗（引継ステーション）が別途6kmから15kmごとにあった．
駅馬配置		3,499頭（延喜式） 大路20頭，中路10頭，小路5頭．各郡家に伝馬5頭を配置．	40頭から数頭まで．早馬，馬車に使う．	都亭駅75頭 一等駅60頭 二等駅45頭 三等駅30頭 四等駅18頭 五等駅12頭 六等駅 6頭	20万頭(東方見聞録) 44,301頭（元史） 馬のほかに，牛，犬橇，ロバ，ラクダも使われた．
1日の速度		令制：飛駅10駅（160km）以上 その他8駅（128km） 実際の速度：飛駅で，50～110km	速い例：200～300km その他：60～80km	急　駅：200～280km その他：6駅 (100km)	火急の報告： 320km～480km (東方見聞録)
利用許可書		駅鈴 伝符	ディプロマタ	「符節」と総称． 銅魚符，木契，伝符，駅券，随身魚符	「牌符」と総称． 長牌（虎頭金牌等） 円牌（海青符等） 紙券

(注)　各国とも制度が変化していったので，この表に掲げたデータは，それぞれ特定の時点のものである．

である。モンゴルの四八〇キロは『東方見聞録』の数字だから、信憑性に難がある。

第五の特徴は、どの国でも駅のサービスを受けるための許可証を発行していた。同時に、その不正使用に頭を痛めていた。駅鈴、ディプロマタ、符節、牌符などと呼ばれていたが、いずれも統治者から授かる形をとっている。だから天皇や皇帝あるいはカーンのみしるし的性格を有している。馬の徴発、宿や飲食を受ける権利など、大きな効力をもつもであった。許可証は軍属や文官などいわば軍用・公用に限られていたが、位によって受けられるサービスが異なっていた。そのため許可証には多くの種類がある。許可証の形もいろいろあり、日本は鈴、ローマでは羊皮紙を二つ折りしたディプロマタ、中国では魚の形をした銅製の符、モンゴルでは虎の顔が刻された金の牌などが用いられていた。許可証が不正に使われることがどの国でも大きな悩みであった。窃盗や不正使用には死罪も稀ではなかった。国が安定しているあいだは、取り締まりの手もまわったが、いったん国力が低下してくると、許可証の乱用に歯止めがかからなくなり、駅に携わる民衆が疲弊していくとともに、駅制の機能も著しく低下していった。すなわち中央集権体制の崩壊とともに、多くの労力を要する駅制は崩壊していったのである。それは各国共通の現象である。日本も例外ではなかった。

4　平安時代　手紙文化の誕生

平安京へ都を遷《うつ》してから一一〇年余、一〇世紀はじめのわが国では東アジアの大国、唐の滅亡と軌を一にして、文化の主流が唐風から国風へと移っていった。大きな変化は仮名《かな》文字の登場である。公式文書には漢字が引き続き使われていたが、仮名文字も広く使われるようになり、和歌が生まれた。それは紀貫之《きのつらゆき》らによって編まれた勅撰和歌集として『古今和歌集』に結実した。同時に、仮名文字による日記や物語あるいは歌合《うたあわせ》などの作品が生まれてくる。清少納言の『枕草子』や紫式部の『源氏物語』が、その代表作となろう。国風化は文学の分野だけにとどまらず、美術工芸から衣食住に至るまでの各分野に及び、華麗な王朝貴族の世界を築いていく。

手紙の語源、書札礼

この時期にわが国独特の手紙文化が誕生する。現在ではインターネットや電子メールをはじめ、さまざまな通信手段があるので、手紙の役割が相対的に低くなったことは否めないが、ほんの一〇〇年前までは、情報のやりとりといえば、もっぱら手紙に委ねられてきた。その手紙の歴史を調べてみると尽きないものがあるが、小松茂美の『手紙の歴史』は、手紙の形式や内容それに手紙に使う紙の変遷などについて、多くの実例を引きながら興味深く語ってくれる。同書よれば、手紙という言葉は江戸時代（一六〇三―一八六七）はじめから使われだしたらしい。手（筆跡）を書く紙という意味になるが、文字と紙という二文字で表しているところに、その本質をよく捉えている。

　手紙にはいろいろな呼び方がある。たとえば、書状、書簡、書翰、信書などの呼び方は今でも使われているが、古くは尺《せき》牘《とく》、書札《しょさつ》、消息《しょうそく》、玉梓《たまずさ》などがあり、尺素《せきそ》、鯉素《りそ》、魚素《ぎょそ》もしばしば使われた。尺という字があるが、これは中国の文帝が単《ぜん》于《う》という男に紙幅一尺一寸の手紙を送ったのに対し、単于が紙幅一尺二寸の手紙で答えたという、『史記』に出てくる故事に由来している。尺一《せきいつ》という言い方もある。鯉と魚の文字については、手紙を巻いて魚の口の形にして封じ目をすることに由来している。

　玉梓は、元もとは手紙をはこぶ使者がもっていた梓《あずさ》の杖をいうが、それが転じて、杖をもつ人すなわち使者の意となり、さらに手紙の意味に転じている。古来、使者が彼らの身分を示すものとして、梓の枝を携える習慣があったからである。梓には呪力《ちから》が宿っていたと信じられ、屋根にこの木を使えば落雷を避けることができるとも伝えられている。また、使者は梓の枝に手紙をむすびつけてはこんだ。既述のとおり、ヨーロッパでも、樹皮を剝《は》いだハシバミの枝が飛脚のシンボルとなり、枝をもつ飛脚は侵《おか》してはならない存在となった。目的地に着いた飛脚は、枝の先に手紙をはさんで受取人に差し出した。このように日本でもヨーロッパでも通信が不確実な時代には、木立の枝に神聖な力が宿っていることを信じ、そこに、手紙が災難に遭《あ》うことなく無事に届くことを願う、あるいは使者が裏切ることなく届けることを願う、送り手の切なる心情が込められていたのかもしれない。

　また、雁《かり》の使い、雁書《がんしょ》、雁札《がんさつ》も手紙のことである。前漢の時代、匈奴《きょうど》の国に捕らえられた蘇武《そぶ》という男が、雁の足に手紙をむすんで放ったところ、その文が間もなくして天子の許《もと》に届いたという。雁書などというのは、この中国の故事に由来している。雁書を詠んだ歌が『万葉集』にもあるが、「九《なが》月《つき》の其の始雁《はつかり》の使にも思ふ心は聞こえ来《こ》ぬかも」はその一つである。人間は鳥に手紙を託すことを夢みてきたが、雁書はまさにそのことを示すものであろう。実際に雁が手紙をはこぶとは思えないが、古今東西、伝書鳩を使った通信には実例がたくさんある。

　手紙の礼儀を述べたものを書札礼《しょさつれい》という。もっぱら男性の社会で交わされる書簡について述べたものであるが、古くは、光明皇后自らが筆写したという『杜家立成雑書要略《とかりゅうせいざっしょようりゃく》』が正倉院に所蔵されている。それは色麻紙をつないだ巻物で、すべて漢文である。今様にいえば、手紙文上達早わかりとでもいうべきガイドブックである。杜家は七世紀の隋末唐初の名文家であった杜《と》正蔵《せいぞう》である。この書札礼には、写本のため本を借りる、火事を見舞う、馬を借りたい、干し魚と濁酒《どぶろく》で杯《さかずき》を傾けたい、また泥棒にはいられた友人を慰める、などの手紙の文例が問答すなわち往復書簡の形で書かれている。三六件七二通の文例が納められているが、唐の人々の生活を知る史料にもなっている。奈良の人たちも杜家の文例をみながら、手紙を書いたことであろう。

国風化が進む平安時代に入ると、手紙も、わが国独特の様式を生み出していく。京の貴族社会においては、実用的な要求よりも、形式や先例故実を重んじる気風が生まれて、手紙の書き方においても、身分のちがいによるさまざまな作法や定式がつくられていった。そこには、社会のヒエラルキーや様式美を尊ぶことが貴族社会の維持に不可欠であったという事情があった。

一一世紀半ば、藤原明衡《ふじわらのあきひら》が『雲州消息』を編んだ。これは日本人による初の書札礼で、江戸時代に塙保己《はなわほき》一《いち》が古文献類を広く集めて編纂した『群書類従』によれば、一三七通の手紙文を三巻に納めたものである。明衡は和漢双方に通じ、とくに文章の才に秀でていたという。文章生《もんじょうしょう》を振り出しに、文章博士、大学頭《だいがくのかみ》などを経て、尊仁《たかひと》親王（後の後三条天皇）の東宮学士までになった人物である。明衡がつくった文章は漢文ではあったが、美文であり調子が高く、また、語呂がよかった。杜家の文章とちがって、何よりも日本人の生活習慣に即したものであり、人々に馴染《なじ》みやすいものであった。内容は、四季折々の年中行事についてのものが多く、遊山や詩歌会への誘い、物の贈答に添える手紙など生活の万般にわたって用意されている。明衡の手紙読本が平安の人々に大いに活用されたことはいうまでもない。

平安末期に藤原忠親《ふじわらのただちか》が『貴嶺問答《きれいもんどう》』を編んだ。この書札礼では、文例のほかに書簡の形式などが事細かく記されているので、当時の貴族社会の手紙の作法を理解するのに欠かせない史料となっている。たとえば、①改めて事柄を説き起こすときに使う接続詞「抑《そもそも》」は行の最初に書いてはいけない、②用件が多くなり紙の裏まで書いたときは、折りたたまないで、ぐるぐる巻いておくこと、③謹言・月日・上所《じょうしょ》など手紙の最後の部分を裏面に書いてはならない。たとえ字が小さくなっても、必ず表面に書き、もし余白がなければ、上所は書かないのが作法である、④手紙の品位が落ちるので「候《そうろう》」の字は多用してはならない――など多岐にわたっている。このほか、一通の手紙には裏紙《つつみ》、懸《かけ》紙などを含めて用紙五枚を使うなどと記されている。後年、書札礼は武家社会に引き継がれていき、さらに精緻なものに発展していく。

雅《みやび》の世界

政治《まつりごと》の世界では漢文が依然として幅を利かせている時代に、紫式部は『源氏物語』を仮名文字で書いた。実は手紙の歴史それもわが国の手紙の原点を知る上で、この物語ほど有用なものはない。物語五四帖のほとんどの帖に、文《ふみ》、御文、消息、御消息などという言葉が出てきて、まったく手紙らしいものが登場しないのは、わずかに「花散里《はなちるさと》」くらいのもであるからである。平安時代の手紙百科なのである。物語には、恋文ばかりではなく、見舞《とぶらひ》いの文、贈り物に添える文、女同士のやりとりの文など、さまざまな手紙が織り込まれている。いずれの場合も、和歌が中心におかれて、その前後に、折りに応じた気の利いた言葉を書き添える形をとっている。

尾崎左永子の『源氏の恋文』は、光源氏や藤壺らの手紙を軸に、手紙に使われた紙や様式、そして文使いの話などについてもふれながら、平安の王朝貴族の雅《みやび》な世界に誘《いざな》ってくれる。以下同書に負うのだが、貴重な紙を自由に使うことができる貴族社会の充実、仮名文字の発達が極点に達した平安中期こそ、手紙の黄金時代だった、という。また見方を変えれば、この時代に、わが国の手紙文化が誕生したといえるだろう。

書に用いる紙を色紙《しきし》を含めて「料紙《りょうし》」という。『源氏物語』を含めて王朝文学を調べてみると、手紙に使われた料紙には陸奥国の衣川一帯で漉かれた陸奥紙《みちのくにがみ》が多い。檀《まゆみ》の皮でつくられたといわれているが、平安時代に使われたものは楮《こうぞ》を原料としていたと考えられている。これを男性は唐風に檀紙《だんし》と呼び、女性は真弓紙《まゆみがみ》ともいった。清少納言が『枕草子』のなかでうれしきものとして「みちのくに紙、白き色紙、ただのも、白う清きは得たるもうれし」と述べているように、陸奥紙の特徴はその白さにある。陸奥紙を讃えるいくつかの歌の描写から、陸奥紙が、ふくよかで、ぽってりと分厚く、少し毛羽だって、年を経るとやや黄ばんでくる紙であったことが推定できる。地方の名産の紙というところであるが、官製の紙屋紙《かみやがみ》を駆逐して、公文書や和歌を認《したた》める懐紙などに広く使われるようになった。

陸奥紙で恋文を書くのは少し寂しい。そこで斐紙《ひし》と呼ばれる雁皮紙《がんぴし》の薄い紙が重宝がられた。雁皮類の繊維は、粘りがあり滑らかになる成分を多く含んでいる。これを楮や麻の繊維に混合すると、水中でよく分散して、繊維を均一に充分に絡み合わせ、薄くて丈夫な透きとおるような紙ができる。和紙独特の漉《す》きの技術《わざ》である。薄様《うすよう》とも呼ばれて、表16に示すように、さまざまな色で漉かれた。表に掲げた色の紙以外にも、檜皮色《ひわだ》、空色、浅緑、黒などの色の紙がみられる。実に多彩である。そこに日本人の色彩感覚の原点をみるような気がする。薄手の紙だから、襲色目《かさねのいろめ》を応用して、二枚重ねて使うこともしばしばあった。重ね方により名前がついていた。たとえば、上が赤で下が青のときは紅葉《もみじ》重ね、上が紅で下が蘇芳《すおう》のときは紅梅重ね、上が白で下が青のときは卯の花重ね、また、上下とも青のときは青柳重ね、さらに上下とも白のときは氷重ねと呼んだ。このように薄様を重ねることによって、細やかなおぼろな色の世界を演出した。

ときに応じて、紙の色を変えて、紙を重ねて繊細な小宇宙を創《つく》り、そこに和歌を認めて意中の人に文を送る。それだけでも立派な恋文になりそうだが、そこに、平安貴族は折り枝

表16　消息と折り枝

料　紙	色　彩	折り枝（季節）
白き色紙	白	咲きたる梅の花
しろきしきし	白	みどりの色あらはれたる松のえだ
しろき紙	白	菖蒲の根（5月5日の節）
薄紫の色紙	紫	梅の花
紫の色紙	紫	桜の花
むらさきのかみ	紫	藤の花
むらさきの紙	紫	房ながき藤
むらさきの紙	紫	楝《おうち》（せんだん）の花
むらさきの薄様	紫	咲きみだりたる萱《かや》
青き色紙	青	五葉
青き色紙	青	呉竹
青き色紙	青	桔梗《ききょう》
青き色紙	青	すゝき
青き色紙	青	撫子《なでしこ》の花
あをき紙	青	菖蒲の葉（5月5日の節）
あをき薄様	青	柳の萌え出でたる
赤き色紙	赤	瞿麦《なでしこ》の花
赤き色紙	赤	卯の花
いみじうあかき薄様	赤	めでたき紅梅
くれなゐの紙	紅	紅梅の花
紅のうすやう	紅	雪のふりかゝりたる松の枝
あさ花だなる紙	縹《はなだ》	いと葉しげきうつきたる枝
はなだのうすやう	縹	桜の枝
黄ばみたる色紙	黄	山吹に
きなるうすやう	黄	たち花（橘）をつゝみて
りやうの鈍色《にびいろ》の紙	濃鼠色	藤の花
濃き青鈍の紙	青縹色	菊の気色ばめる枝
濃き青鈍の紙	青縹色	樒《しきみ》
緑の薄様	緑	小松
くるみ色	胡桃色	いろかはりたる松
香の紙	淡茶色	萩の露ながらおしおりしたる
紅梅（襲《かさね》）の色の紙	表—紅 裏—紫	紅梅
氷の襲ねたる薄様	表—白 裏—白	雪いたう積りてしみ凍りたる呉竹
葵がさねの紙	表—蘇芳《すおう》 裏—薄紫	柳

（出典）　小松茂美『手紙の歴史』76-80頁.

桜の折り枝．文をむすびつける．料紙の色，文に認められた和歌，そして桜にはどのような意味が込められていたのだろうか．『薄様色目』所収図版を模写．

を添えた。四季折々の風情を添える効果があり、折り枝は、手紙の美的感覚をいやが上にも高める役目を果たした。一輪の花を摘み貴婦人に捧げるという風習がヨーロッパの中世騎士道にみられるが、そのようなことが古く日本にあったことは興味深い。しかし、それは愛する女に花を贈るという行為とは少し意味合いが異なり、上代からの慣習に基づくものであった。一《ひと》枝を携えること自体に意味があったのだが、それにしても雅な習わしである。折り枝についても表16に記したが、それ以外にも、朝顔、榊《さかき》、木綿《ゆふ》、白梅、りんどう、蘭（藤袴）、玉笹なども王朝文学に登場してくる。

折り枝といっても、木の枝ばかりではなく、草花も多く、その折々の季節感を伝え、あるいはその折りにふさわしいものが選ばれた。たとえば、神に奉仕する斎宮《さいぐう》には榊を、また、出家した人には仏教的な樒《しきみ》が使われた。どのように折り枝を文に添えたのか、はっきりわからない。尾崎左永子が『源氏の恋文』のなかで述べているのだが、折り枝に添えた文のやりとりは、それを文使いが届けるだけに、時間の流れのゆっくりしていた時代の、華麗でのびやかな雰囲気を想像させてくれる。

そこで折り枝を何にするか、色紙はどれを使うか、その取り合わせは微妙である。表16に示すように、多くの場合には、折り枝と色紙は同系列の色で統一されている。たとえば、白い紙に菖蒲《しょうぶ》の白い根、紫の紙に藤の花、黄ばんだ色紙に山吹、紅《くれない》の紙に紅葉、緑の薄様に小松、そして濃い青鈍《あおにび》の紙に樒《しきみ》などといった具合である。また、氷の襲《かさ》ねたる薄様に「雪いたう積りてしみ凍りたる呉竹」を添える、となれば、そこには日本人の研ぎ澄まされた感性をみることができよう。現代の色彩感覚でも、同系色で統一することは趣味の良さを感じさせるが、平安時代の貴族の色彩感覚もすぐれて洗練されていたといえよう。このルールを外した近江《おうみ》の君の手紙は非常識だと非難されるが、常識を知っていて、わざとそれを破った夕霧の手紙はむしろ風流であるといわれているから、源氏の世界は難しい、否、奥が深いのである。

便箋に通信文を書き、それを封筒に入れて郵便切手を貼る。これが現代の手紙の形であるが、『源氏物語』のなかに出てくる手紙の形は「立文《たてぶみ》」と「結び文」が多い。立文は「竪《たて》文《ぶみ》」とも書くが、正式な手紙を認《したた》めるときに用いられた様式で、改まった感じのする手紙である。後世、細かい決まりが出てくるが、平安時代の立文は、おおよそ次のような形である。立文は立紙《たてがみ》に書かれた。立紙は檀紙などの和紙の全紙の状態のものをいい、一枚に書ききれないときは二枚、三枚と使った。書き終えると立紙をたたんで、それを白い礼紙に縦長に包み、上下の余ったところを折り曲げて、上下あるいは上の首のところを紙撚《こより》でむすんだ。しかし女性への消息文には、礼紙を使わないのが一般的だった。

結び文には、しなやかな薄手の紙が使われた。立文とくらべるとずっと私的な手紙で、王朝時代の恋文の形といってもよい。九条兼実《くじょうかねざね》の日記（一一九二）に「親国（平）御書（薄様の立文なり）を宮の御方にもち来る。御返事は、薄様の結文、其の上、又、一重を以ってこれを裹《つつ》む」とある。里に下がっていた中宮任子《ちゅうぐうとうし》（兼実女）の許《もと》に、後鳥羽天皇から薄様の立文が届いた。中宮は薄様に返事を書いて、結び文にした。さらに、それを一重《ひとかさね》の薄様で包んだ、というのである。この記述からすれば、高貴の方々の結び文は薄様で包むのが礼儀であったかもしれない。平安以降、結び文はもっとも普遍的な手紙の形となり、江戸時代には一般庶民のあいだでも結び文がやりとりされた。

平安時代にも公用の書簡をはこぶ駅制が整備されていたが、私的な手紙を届ける飛脚はまだみられなかった。『源氏物語』に登場してくる光源氏や藤壺や玉鬘《たまかずら》のような王朝貴族は自ら使者をたてて、想いを寄せる人たちに文を届けた。使者は文使いと呼ばれた人たちである。文使いには女童《めのわらわ》や童、あるいは出入りの女房らがなることもあったが、邸《やしき》から邸へ手紙を届ける文使いは男性がその役割を果たした。『枕草子』には「きよげなる男のほそやかなるが、立文もちていそぎ行くこそ、いづちならんと見ゆれ」とある。若い男が文使いに急ぐ姿は風情がある、という意味であろう。同じく『枕草子』には「随身《ずいじん》めきてほそやかなる男の、かささして、そばのかたなる塀の戸より入りて、文をさし入れたるこそをかしけれ」とあり、これは雪が降りしきる日の文使いの姿を描いたものである。

文使いは主人から託された文を相手の邸に届けるが、その文の性格により、邸の誰にわたすのか、返事をもって帰るのか、また目だたぬようにわたすのかなど、主人の意に添った判断が求められる。このため主人と文使いとのあいだには、固い信頼関係がなければならなかった。地位の高い人のところで文使いとして仕えた人のなかには、役人として左京大夫《さきょうのだいぶ》や宰相（参議）にまで昇進した者も出ている。文使いの役目もなかなか機微なところがあった。

5 鎌倉時代　六波羅飛脚が京都と鎌倉をむすぶ

鎌倉時代（一一八五－一三三三）は武士の世界のはじまりである。それは古代国家の成立以来長く続いてきた畿内・西国の勢力の、東国の武士の勢力に対する優位が崩れ、両者の力関係が逆転したことを意味する。すなわち源頼朝《みなもとのよりとも》が鎌倉の地に幕府を開き、東国の武士を束ねて武士による政治を展開していく。しかしながら、それによって京都の朝廷がまったく無力になったわけではなく、いわば公武二元支配の体制となったのである。京都と鎌倉が政治の中心となり、この時代、二都とをむすぶ交通・通信のネットワークが整備されるとともに、同時に、東国においても道路が整備される。

鎌倉時代の交通や通信については、新城常三の『鎌倉時代の交通』が基本文献となろう。以下同書に負うが、鎌倉幕府は、一一八五（文治元）年一一月二九日、守護と地頭を置く勅許を朝廷から得たが、同時に、東海道の駅路の法を定めた。鎌倉時代の公式記録となっている『吾妻鏡《あづまかがみ》』は、そのことについて「今日二品《にほん》（頼朝）、駅路の法を定めらる。この間重事たるにより、上洛の御使・雑色《ぞうしき》等、伊豆・駿河以西近江国まで、権門庄々を論ぜず、伝馬を取り、騎用すべし。かつ到来の所に於いて、その粮を沙汰すべき由と、云々《うんぬん》」と記している。すなわち、伊豆から近江までの東海道沿線に点在する荘園や御家人に対して、鎌倉から京都に向かう使者たちに馬や糧食を提供するように求めたものである。もっとも、はじめは幕府の体制が固まっていなかったため、荘園がこの負担に抵抗し、もっぱら沿道の御家人や幕府近親者だけがその任にあたった。

このように、鎌倉時代の駅制は古代駅制のような強固なシステムではなく、必要に応じて馬を出す程度のものであった。そのため急場には間に合わなかった。『吾妻鏡』に記された一一九四（建久五）年の布令によれば、大きな宿には八人の要員が、小さな宿には二人の要員しか配されていなかった。馬について明記されていないが、布令の見出しが「早馬事」となっているから、おそらく前記の人数に見合う馬が配備されていたことであろう。

六波羅飛脚

だが、鎌倉幕府の体制が固まるにつれ、京都には六波羅《ろくはら》探《たん》題《だい》が、九州には鎮西《ちんぜい》奉行がおかれるなど、その支配地域は広がり、これら地方行政司法機関と鎌倉とのあいだの通信需要がますます増加していった。とくに、朝廷の監視機関となった六波羅探題と鎌倉とのあいだの情報伝達は最重要かつ迅速さが求められた。このように東海道の駅路の改善が差し迫っ

六波羅飛脚．京都から馬を乗り継ぎ，5日，重大な書状を携えて鎌倉に入ったところ．矢羽を背負い，弓をもっている．「日本交通図絵」の一葉．町田曲江画．

た課題となる。問題は、宿が自然発生的に発達した交通集落であったために、距離間隔が不均等であったことである。そこで幕府は、宿が等間隔で位置するように必要な地に新宿《しんしゅく》を置くように努め、また、宿の整備すなわち駅制の整備にも努めた。たとえば幕府は一二六一（弘長元）年、宿の規模にかかわりなく、それぞれの宿に馬二頭ずつ常備するように布令を発している。

この時代、京都と鎌倉とのあいだ、約一二〇里（四八〇キロ）をむすぶ飛脚のことを「六波羅飛脚」とか「鎌倉飛脚」と呼んだ。早馬によるもので、その淵源は駅路の法に求めることができる。これら二都のあいだを普通に旅をすると、一五日前後の日数を要したが、これに対して早馬による飛脚を使うと、五日から七日程度で情報を伝えることができた。古代の飛駅に相当するものである。『吾妻鏡』には「文治三年（一一八七）一二月飛脚を京都に進せらる。其行程を七日とす」という記述がある。実際の六波羅飛脚の速さを調べてみると、後白河法皇が崩御した報《しら》せ（一一九二）は死去から三日と一〇時間後に、後鳥羽上皇が挙兵したの報せ（一二二一）は四日でそれぞれ鎌倉に届いた。その到着時刻のなかには子《ね》の刻（午後一一時―午前一時）、丑《うし》の刻（午前一時―三時）、辰《たつ》の刻（午前七時―九時）など未明、深夜、早朝にかけたものが多い。早馬が夜中も走っていたことがわかる。また『吾妻鏡』は「赤木左衛門尉平忠光、六波羅飛脚として参著す。……殆《ほとん》ど飛鳥《ひちょう》の如し」とも記録している。

駅制の馬を早馬と呼んだ。飛脚の意味でもある。新城常三は『鎌倉時代の交通』のなかで、当時の政権が敢《あ》えて古代以来の駅馬・伝馬という名称を棄《す》てて、新たにきわめて直接的な表現である早馬なる語彙を通して用いた点は、古代駅制以上に、通信の迅速性が駅制設置の焦点であったと解される、と述べている。明治政府が「飛脚」を「郵便」と言い換えたことにも似ている。

国難来《きた》る。一二六八（文永五）年、モンゴル帝国のクビライ＝カーンの国書を携えた使節が博多に着いた。蒙古襲来の脅威が現実のものになり、鎌倉幕府の飛脚のネットワークは博多まで延長される。執権《しっけん》北条時宗の許、九州全域の武士の動員、上陸を防ぐ防塁の築造、海戦用の船の徴用など防御体制の強化が進められた。この非常時下、多くの命令伝達が早馬による飛脚により博多と京都とのあいだ、そしてその周辺を飛び交った。

一二七四（文永一一）年、文永の役。戦果の報せは早馬により博多から鎌倉に速報されたが、一六日を要した。一二八一（弘安四）年の弘安の役では、その捷報《しょうほう》が一二日で鎌倉に通報された。これを博多―京都間の所要日数だけに限ってみると、文永の役で最速で一一日、弘安の役で同じく六日という記録が残っている。大幅な改善がみられ、文永の役以降、幕府が山陽道の駅制整備に力を入れた結果といえよう。使者はまさに夜を日に継いで、わが国の勝利の報せを胸にしまい命がけで馬を飛ばしたことであろう。もっとも、全体的にみれば、その速度は平安時代の飛駅のスピードには及ばなかった。最盛期の律令時代の駅制にくらべれば、鎌倉時代の駅制は脆弱《ぜいじゃく》なものであった。

この時期、馬や要員を使用できる証明書を過書《かしょ》といったが、これを扱う専門の職制はなく、執権や政所《まんどころ》が適時発行していた。しかし、文永の役以降、蒙古の脅威は幕府の飛脚運営にも緊張をもたらし、宿次《しゅくつぎ》過書奉行という専任の職が設けられた。

早馬による飛脚についてみてきたが、この当時、多くの場合、脚力と呼ばれた徒歩で行く使者が書簡をはこんでいた。たとえば、頼朝から範頼《のりより》への書状のなかに「今日是《これ》より脚力を立てんとし候ひつる程に御脚力到来」という文言がみられるように、日々の通信は、徒歩の使者に負っていたのである。むしろ騎馬飛脚の利用は、元寇《げんこう》のようなきわめて重大な事件に限られていた。

東海道と鎌倉街道

六波羅飛脚が走った東海道について述べる。平安時代まで東国へのルートは信濃や上野《こうずけ》を通る東山道がよく使われたが、鎌倉時代に入ると、東海道がそれに代わる。それはまた武家政府と古代朝廷とをむすぶ大動脈に発展していく。そのはじまりは、古代官営の駅が廃《すた》れ、そこに自然に発生した民間の宿《しゅく》がむすばれて街道が造られていった。地図12は中世の東海道である。そこに示すように、古代の東海道は鈴鹿峠を通り伊勢に出て萱津《かやつ》に入る。坂ノ下はその中継宿であった。中世になると、伊勢路に代わって、琵琶湖の湖畔に沿って美濃路

地図12　中世東海道

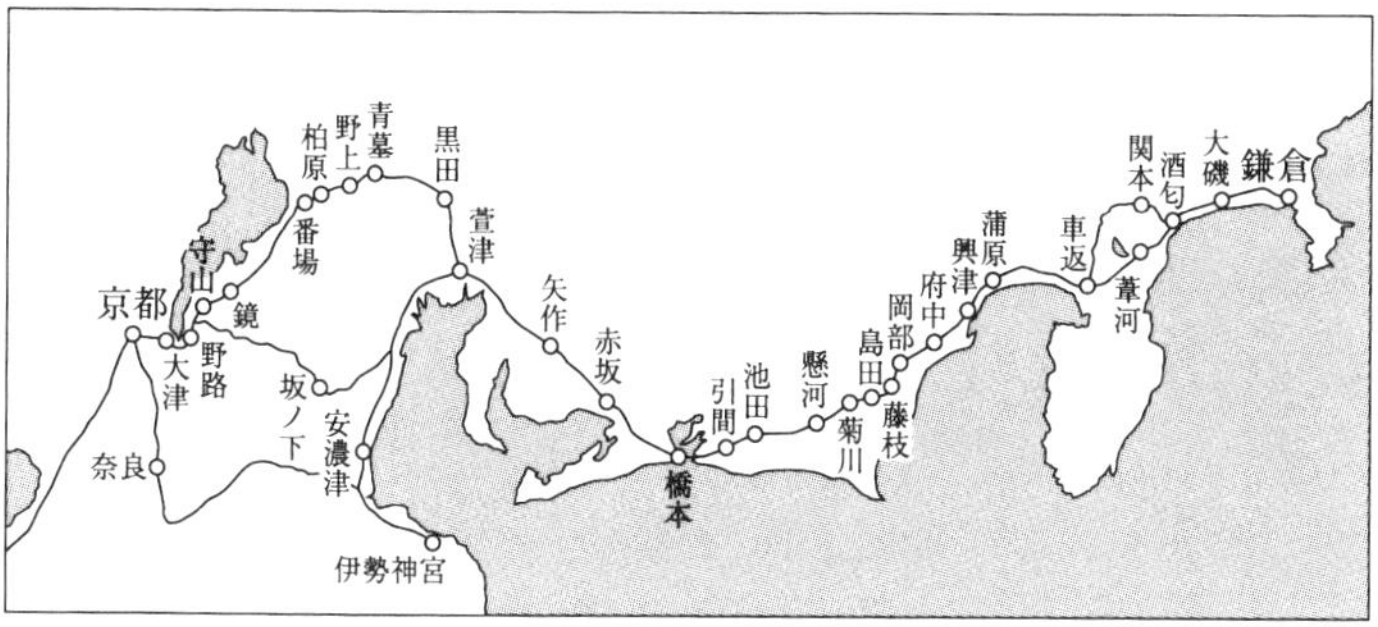

に入る道が主流となる。

まず発生形態に沿って宿をみていこう。東海道には橋を架けることが難しい大きな河川が多い。そのため両岸には渡河を待つ旅人のために、宿が自然発生的にできた。浜名湖畔の橋本宿、天竜河畔の池田宿、大井河畔の島田宿などが、その代表例である。山越の地点にも宿が発達した。足柄山麓の関本宿や宇津谷峠の岡部宿がそれにあたる。

街道と街道の接する付近にも交通集落ができる。たとえば、美濃路と鈴鹿道との交流点に近い近江の野路《のじ》宿、新旧東海道の合流点そして年貢米の積出港として繁栄した萱津宿、四通八達した美濃の赤坂宿、箱根街道と足柄街道の分岐点となった駿河の車返《くるまがえし》宿などが有名である。

市《いち》や市場から発展していった宿もある。尾張の黒田宿や三河の矢作《やはぎ》宿、それに駿河の藤枝宿などが該当する。藤枝は鎌倉時代に旅人が宿泊した形跡はなく、いわば地方の経済マーケットとして機能していた。主だった宿の名前を挙げつつ、鎌倉時代の東海道をみてきた。京都と鎌倉のあいだに機能的な早馬による飛脚のネットワークを築くには、やはり等間隔で替え馬を提供する宿を設ける必要があった。そのため幕府は間隔が長いところに新しい宿を建設しようとしたが、なかなか進まなかった。それでも京都と鎌倉は以上の宿によりむすばれ、鎌倉時代の交通路として、そして通信回路として役割を果たすようになった。それはまた近世東海道の礎《いしずえ》ともなった。

地図13　鎌倉街道（13世紀）

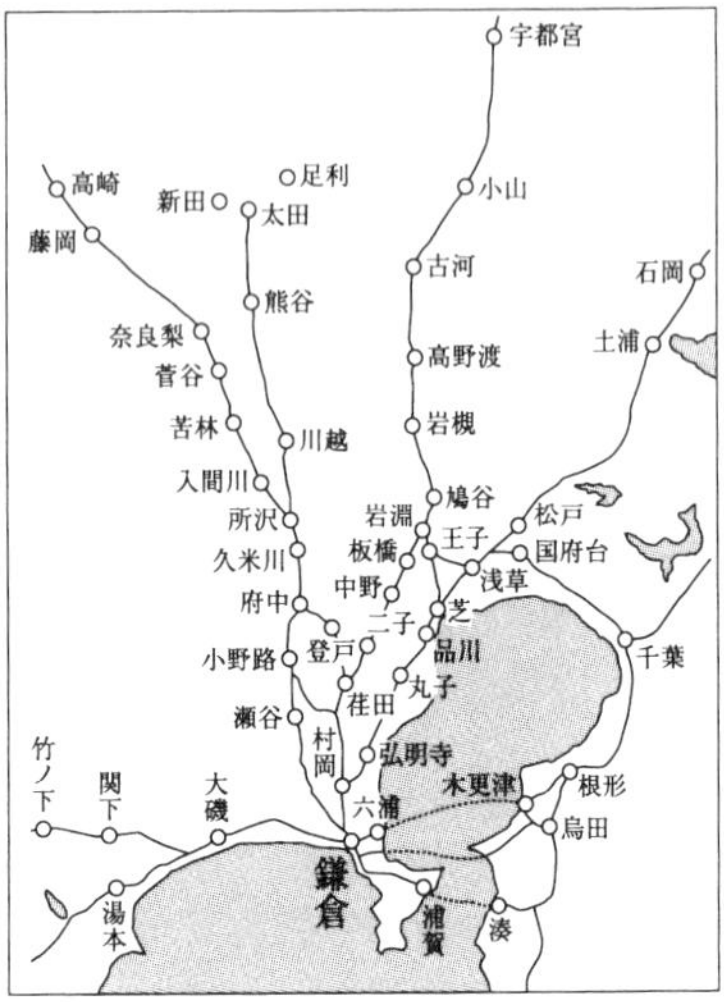

　東海道の次に重要な道路は鎌倉街道である。江戸時代になってから、そう呼ばれるようになったが、それは東国御家人が鎌倉に向かう道であり、また鎌倉に物資をはこぶ道であった。地図13に鎌倉街道を示すが、それは遠江《とおとうみ》、駿河《するが》、伊豆《いず》、甲斐《かい》、相模《さがみ》、武蔵《むさし》、安房《あわ》、上総《かずさ》、下総《しもうさ》、常陸《ひたち》、信濃《しなの》、上野《こうずけ》、下野《しもつけ》、陸奥《むつ》、出羽《でわ》の一五ヵ国に張り巡らされていた。危急存亡のとき、幕府は、鎌倉街道のネットワークを使い、御家人たちの動員を指令したのである。文永の役や弘安の役もそうだが、たとえば一二九三（永仁元）年、平頼綱《たいらのよりつな》が次男を将軍職に就けようとして反乱を起こしたとき、執権北条貞時はすかさず東国に使者を発して、御家人に参集を命じ、あるいは待機を命じた。しかし東海道にみられるような常設の駅制は整備されていなかった。

　鎌倉街道に駅制が設置されていた可能性について、新城常三は「そこに駅制が設けられた形跡はない。両者（東国御家人と鎌倉）の公的交通が一般にまれであり、かつ道路が比較的短距離のため、必ずしも逓送に依らずとも迅速な通信が可能であった」と著書のなかで述べている。このことは駅制敷設の条件がかなりの交通通信の需要があることが前提となる。この当時、鎌倉街道を使う交通通信の需要は、東海道のそれにくらべれば、かなり低かったということであろう。鎌倉街道は地図13に示すように、鎌倉から放射状に東国一円に延びているが、これらの道筋については諸説がある。それというのも、木下良が『道と駅』のなかで述べているように、鎌倉街道は古代駅路のように一本の道筋として固定したものではなく、同じ道筋でも複数の路線が並走しており、また多くの支路があったから、どの道が主路であったか不明なことも多い。

　鎌倉街道は『太平記』では上道・中道・下道と、『梅松論』では武蔵道・中の道・下の道と記されている。このことから、鎌倉街道には大きく三つのルートがあったことがわかる。菊池紳一の論文も参考にしつつ、ここでは上道・中道・下道として、大略、そのルートを示そう。

まず上道は、鎌倉の化粧坂《けわいざか》口を出て、村岡、小野路、府中、久米川、所沢、入間《いるま》川、苦林《にがばやし》、菅谷、奈良梨《ならなし》、そして藤岡、高崎に向かうルートである。所沢でわかれて、川越、熊谷、太田に向かう道もある。これらは武蔵国や上野とをむすぶ街道で、早くから開かれた道である。

中道は、鎌倉の巨福呂坂《こぶくろざか》口から出発。いろいろな見解があるようだが、奥州に向かう道とみることができる。ルートは、村岡、荏田《えだ》、登戸《のぼりと》、中野、板橋、岩淵、鳩谷《はとがや》、岩槻《いわつき》、高野渡、古河《こが》、小山《おやま》、宇都宮に至る。源頼朝が奥州に下るときに整備された道といわれている。

下道も説がわかれる。出発点は鎌倉の山ノ内とか朝比奈口ではないかといわれているが、東京湾沿いに弘明寺《ぐみょうじ》、丸子、二子、品川、芝、浅草へ向かうルートである。そこから、松戸、土浦、石岡など北上して常陸に至る街道と、千葉、木更津に下る下総・上総に至る道があった。

いざ鎌倉。いったん事があれば、御家人たちは上道や中道や下道を馬に鞭打ち鎌倉に馳《は》せ参じた。また、鎌倉からの軍勢もここを行進したのである。その軍事行動を隠匿するために、鎌倉街道には堀状のものや道の両脇に土手を築いたところもある。優れて軍用道路であったともいえよう。もちろん鎌倉街道は幕府と東国の武士をむすぶ重要な通信回路であったことも忘れてはならない。

鎌倉幕府が滅亡すると、皇位の正統性を巡る吉野の南朝と京都の北朝が対立する、いわゆる南北朝の動乱が六〇年も続

室町時代の早馬．侍が首から胸に大切な文書袋を下げ馬を飛ばし，その後ろから馬柄杓をもって走る従者が追う．『鎌倉公方九代記』によると，室町になると，騎馬飛脚を「早馬」と，脚力と呼ばれた使者を「飛脚」と改める．中村洗石画．

いた。南北朝の合体を成功させ、この動乱を収めたのが足利《あしかが》尊氏《たかうじ》の孫、義満《よしみつ》である。義満は一三七八（永和四）年には、京都室町に王朝風の伝統様式を取り入れた壮麗な花の御所を造り、そこで政治を行った。室町幕府の誕生である。将軍（公方《くぼう》）を補佐する管領《かんれい》がおかれ、鎌倉には鎌倉公方そして上杉氏の世襲ポストである関東管領が、九州、奥州、羽州にはそれぞれ探題がおかれた。

足利氏にとっても、京都と鎌倉とのあいだの交通通信のネットワーク維持の重要性は変わらない。しかしながら室町幕府の威勢は鎌倉幕府にくらべたら脆弱であった。その最盛期でも幕府が完全に支配していた地域は京都を中心とした数国にしかすぎず、それ以外の地域は守護大名が掌握していた。そのため、鎌倉公方や鎮西探題《ちんぜいたんだい》との連絡を確実に行うことができる駅制や早馬制度を組織することは到底不可能であった。室町幕府の通信ネットワークが完全に機能していた範囲は京都周辺の地域に限られていた。もちろん庶民が使えるような開かれた通信システムなどはなかった。

前述のとおり、古代中期以来久しく断絶していた駅制が鎌倉幕府によって復活したが、それは室町幕府に引き継がれず、崩壊してしまった。全国的な通信ネットワークが出現するのは、戦国時代を経て、江戸時代の飛脚のネットワークが確立するまで待たなければならなかった。

6　戦国時代　密使が飛び交う世界

応仁の乱（一四六七―七七）にはじまった戦国の争乱のなかから、各地方では、地域に根をおろした実力のある支配者が台頭してきた。戦国大名である。たとえば、小田原を本拠とした北条氏、越後の上杉氏、甲斐《かい》から信濃を領国とした武田氏、駿河・遠江《とおとうみ》を支配した今川氏、越前には朝倉氏、尾張には織田氏などの強豪がいた。中国地方には、安芸《あき》の国人《こくじん》であった毛利氏と尼子《あまこ》氏が争っていた。四国には長宗我部《ちょうそかべ》氏や三好氏が、九州には大友氏や島津氏が覇を競っていた。彼らは戦いに勝ち抜き、領国を安定させなければ地位を保つことができなかった。そのため富国強兵策がとられ、城下町の建設や鉱山の開発などの事業もてがけた。

富国強兵策の一環として、戦国大名は伝馬《てんま》制度を積極的に整備していく。すなわち本城と支城をむすぶ道路を敷設して、川に船を渡し、要所要所に宿駅を設置し、将兵の通行や軍需物資を運送するための交通システムを構築したのである。もちろん平時には商品の流通に役立った。実際の運送業務は領民に課せられて、無料かごくわずかな賃料で、人手や馬の提供をさせられた。この伝馬ルートが情報伝達ルートにもなったことは明らかである。代表的な戦国大名の伝馬制度について、福島正義が『日本交通史』のなかでまとめているので、その概要を紹介する。

まず、北条氏の伝馬制度である。古くは一五二四（大永四）年の関山文書に伝馬制度の存在が確認できる文言がある。北条家伝馬《てんま》掟《おきて》によれば、大きな宿場には問屋をおいて伝馬の仕事を負担させた。公用荷物は無賃だったが、その他の荷物は一里一銭がかかった。利用証となった伝馬手形には印判が押され、手形は北条家で必要な物資輸送や人員の移動に発給された。伝馬のルートは小田原を中心にして、支城があった韮山《にらやま》、山中、玉縄、江戸、八王子、河越、岩付、松山、忍《おし》、館林、鉢形、松井田、厩橋《うまやばし》、沼田などをむすんでいた。

今川氏の伝馬制度は駿河を中心に各支城をむすぶもので、駿河、遠江、三河の国をカバーするものであった。一五五四（天文二三）年に規定された条文によれば、三河国御油《ごゆ》宿で一里につき一〇銭の賃銭を徴収することが公認されていた。北条氏の一里一銭とくらべると割高にみえるが、関東と東海では一里の道程が異なるので、実質的には差がなかった。ここでも伝馬の仕事は宿場の負担になったが、別の形で負担軽減がはかられている。たとえば、今川氏は丸子宿に対しては地子《じし》を免除したり、駿河蒲原《かんばら》宿の伝馬屋敷三六軒分に対して棟別銭《むねべつせん》を免除したりしている。

武田氏の伝馬制度も一六世紀前半には成立している。その範囲も甲斐にとどまらず、武田氏が信濃や駿河にも進出していたので、それらの所領にもルートが延びていた。ある伝馬制度の掟書には、武田家の龍印が押していない場合には一切伝馬を出す必要がないなどと規定されている。また、駿河のある宿に発出された一五七六（天正四）年の掟書には、①公用伝馬には手形に朱印を二個・私用には一個を押す、②私用伝馬は一里一銭を徴収してよい、③伝馬を勤めない者は駄賃稼ぎをしてはならない、④伝馬を勤仕する者は普請役を免除する、⑤小田原からの伝馬には異議なく勤めなくてはならない、などと定められていた。この掟書では、③の反対解釈になるが、伝馬関係者に駄賃稼ぎの副業を認めていること、また、北条氏との友好関係が成立しているので、北条氏の公用荷物の通過に便宜を与えていることがわかる。

戦国時代の情報通信史を書くのに文献を探しあぐねていたところ、またとない本が出版された。山田邦明の『戦国のコミュニケーション』がそれである。著者は、北条氏綱《うじつな》と長尾為景《ためかげ》が交わした書状や朝倉義景《よしかげ》と上杉輝虎《てるとら》が交わした書状などを丹念に読み解きながら、通信の担い手となった戦国時代の使者や飛脚について、具体的に語ってくれる。ここでは同書の助けを借りながら、戦国時代の情報伝達の実態に迫ってみたい。

書状を目的地まではこんだのは使者と飛脚であった。時代が変わろうとも、国が変わろうとも、書状をはこぶのは人間が主役である。しかし、戦国時代の使者と飛脚がほかの時代の者たちとくらべてちがうところは、その仕事の危険性がきわめて高かったことである。まず、使者の話からはじめよう。

戦国時代に使者を務めたのは、戦国大名の家臣である。ときには、大きな勢力を味方に誘い、援軍派遣を依頼するといった重要な使命を使者は課せられたから、かなりの手腕をもつ者でなければ勤まらなかった。そのため何よりも理解力と交渉能力に秀でた家臣が使者に登用された。もちろん、ある情報を迅速に通報するという一刻を争うときには、足の速い家臣が選ばれた。このように使者には交渉当事者タイプと俊足タイプに分けられる。そして家臣にとっては、使者の役目は軍役と同様にきわめて重要な義務だったのである。武田家には諸国御使者衆という職制があった。また大名に信任された僧侶も使者を務めることも多く、こうした人を「使僧《しそう》」と呼んでいる。たとえば、上杉輝虎は将軍暗殺の真相をたしかめるために朝倉家に使僧を送った。

山伏《やまぶし》も戦国大名の使者になった。山伏は諸国往来の自由があり、霊場がある険しい山道にも精通し、密使に最適な存在であった。密使が敵に捕らえられたときの用心のために、書状を折り畳んで、髻《もとどり》（髪を頭の上で束ねたところ）のなかに隠してはこんだ。書状の大きさは約七センチ四方の小さな紙片で、これを「髻の綸旨《りんじ》」という。北条氏綱が長尾為景に認《したた》めた手紙には、道が塞《ふさ》がれたため出羽山伏に書状を託したことが書かれているものがある。道が塞がれても、それを乗り越えて目的地に行くことができる山伏の超人的な能力には驚かされる。

この時代、多くの大名や国人たちが対立関係にあり、相手方の情報伝達の内容を何とかキャッチしようと各陣営ともさまざまな策を弄《ろう》していた。密書が奪われて、使者が殺されることも特別ではなかったから、使者の道中は危険きわまりないものであった。そこで、もしもの場合を想定して、補償を約束する証文を家臣に与えたケースがある。一例だが、北条氏康《うじやす》・氏政《うじまさ》の父子が家臣である高橋郷左衛門尉宛に「大事な使いの役目を果たしたら、相応の恩賞を用意する。もし途中で落命したら、あなたの子供を取り立てる」と補償を書面で約束している。命じる方も、命じられる方も、それぞれ真剣勝負であったのである。使者となった家臣は、ときには僧侶や山伏あるいは町衆に変装して書状をはこんだ。

次に、飛脚についてみてみよう。脚力《きやくりき》とも呼ばれたが、飛脚の任務は書状を目的地にできるだけ早く届けることであって、目的地において交渉ごとなどは行わなかった。送達専業の職務で、とくに足の速い者が飛脚に選ばれた。飛脚に就く者は、戦国大名の家臣たる武士ではなく、一般には町人や僧侶のなかから健脚の者がなった。詳細は不明だが、主だった宿場の町人や寺に飛脚役の賦課がなされていた。しかし例外的なケースであろうが、勢力のある伊豆の行学院《ぎょうがくいん》や鎌倉の本《ほん》覚寺《がくじ》などには飛脚役免除の証文が出されている。

使者には二つのタイプがあり、その使者のなかにもっぱら書状を届けることだけを任務とする足の速い使者がいたと述べた。北条家では「飛脚使」と呼んでいる。そうすると、書状を迅速に目的地に届けるという役目だけに着目すると、飛脚と俊足の使者とのちがいがつきにくい。飛脚使となるとなおさら混乱するが、彼らは大名の家臣であり、書状を届ける飛脚の任務を帯びた使者ということになろうか。北条氏政が家臣の石巻伊賀守《いしまきいがのかみ》に対して、長年の飛脚使の労に報いて太刀一腰と五〇〇〇疋の地を与えた証文が残っている。

制度的に明確に確立したものではなかったが、戦国の争乱が本格化すると、「早飛脚」という表現が書状によく出てくるようになる。山田邦明の研究によれば、武田信玄《しんげん》の書状には「不審の条々、早飛脚をもって、申し越されべく候」と、上杉輝虎の書状には「早飛脚をもって申し越す子細、聞き届け候」と、あるいは北条氏政の書状には「敵出張の義、承り届くにおいては、夜通し早飛脚をもって申し入れべく候」と記されている。いずれも緊急事態が発生した様子がうかがえる。早飛脚はとくに足に自信があり俊足で走ることができる健脚家のなかから選ばれ、彼らは夜も通し続け、書状を目的地まではこんだのである。

続飛脚《つぎ》という言葉もみられるようになる。要所要所で飛脚が交替しながら目的地に書状をはこぶ仕組みである。リレー飛脚とでもいえようか。北条氏政から由良信濃守《ゆらしなののかみ》に宛てた書状には「夜通し倉内《くらうち》へ注進あるべく候。是よりの飛脚労《いた》わり候らわば、続飛脚あるべきこと専一《せんいつ》に候」と書かれている。その意味は「夜通し飛脚を走らせて倉内（群馬県沼田市）に注進して下さい。こちらから派遣した飛脚が疲れていたら、続飛脚を差し向けてください」というものである。この書状の一文からでも、当時の戦国大名が自己の通信ネットワークを確保するため、日頃から続飛脚の仕組みを維持していたことがうかがえる。数字はないが、続飛脚のために配置された飛脚の人数も相当に上ったにちがいない。

早飛脚や続飛脚を使えば、それなりの速さで書状を相手に届けられたろうが、一般には、手紙のやりとりにはたいへん時間がかかった。一例にすぎないが、京都の僧侶が箱根の金剛王院の住持《じゅうじ》に宛てた書簡の冒頭には「昨年四月廿三日の御状、七月到来候。委曲披見《いきょくひけん》候。すなわち御報申《おしらせ》すべきところ、彼の使者罷《まか》り来らず候。また幸便《こうびん》存ぜざるにより、打ち過ごし候。しかれば、只今罷り下るの者候。啓《けい》せしめ候」と返事が遅れた理由が記されている。その意味は「昨年四月二三日付けの御状は七月に到来しました。詳しく拝見しました。すぐに返事をと思ったのですが、そのときの使者がいなくなってしまい、また幸便も思い浮かばなかったので、月日を過ごしてしまいました。今そちらの方面に向かう者がいるので、この書状を託してお届けすることにします」となる。

この書状の日付は三月一四日であるから、七月に届いた書状の返事を八ヵ月も経ってから出したことになる。発信日から数えると何と一年一一ヵ月目になる。遅れた理由は、手紙を届けた使者がいなくなったことと幸便が見つからなかったことである。幸便とは都合よく手紙を届けてくれるメッセンジャーを確保することをいう。遠くに旅をする人が、さまざまなところから書状の配達を頼まれ、たくさんの書状を抱えながら、そしてそれらを配りながら移動したわけである。戦国時代には、このような悠長な方法で、すなわち幸便で通信が行われたことも多かった。

戦国時代の狼煙

この章のはじめに律令時代の烽制《ほうせい》についてふれたが、戦国時代にも狼煙《のろし》による通信は活躍した。全国的な規模で狼煙ネットワークが敷かれたわけではないが、戦国大名は領国のなかにさまざまな工夫を凝らして自己の狼煙のネットワークを築いた。甲斐武田の狼煙もその一つであろう。八巻與志夫が『烽の道』のなかで紹介しているが、それによると、中世甲斐の城館跡が四五〇ヵ所ほど確認されていて、そのうちの約一三〇ヵ所が烽火《ほうか》台や鐘突き堂などの伝承がある小さな城郭である。すべてが狼煙台として通信施設として機能したとは考えられないが、見晴らしのよいところにあったものは狼煙台として使われたにちがいない。江戸末期に編まれた『甲斐国志』の鳥居峠の項には「比志、江草二村ノ堺ニ在。……此辺狭間《はざま》屈曲シテ峯岳ノ隔テアルユエ烽火台数所ヲ置ク」とか、同じく、城山の項には「五八村ノ南、岩下村ノ堺ニ在リ。烽火台ノ跡ナリ。鴨狩ノ山上ヨリ此《ここ》ニ達シ、此ヨリ市川ノ城山ニ達スト伝」と書かれている。後者の記述には狼煙の伝送ルートもうかがえる。有名な『甲陽軍鑑』には高坂弾正《こうさかだんじょう》が狼煙を整備したことが記されている。それは飛脚篝火《かがりび》とか篝飛脚といわれた。昼は煙、夜は火をたいて連絡した。

烽火台があったのではないかと考えられる城郭跡は、釜無川、塩川、笛吹川、桂川、富士川などの河川の両岸に多く点在している。なかでも塩川流域に集中している。甲府からみると、北西方向になるが、須玉町や長坂町がある付近で、星山古城、獅子吼《ししく》城などがあったところである。富士川を北上し、笛吹川と釜無川が交わる付近にもたくさんの烽火台があった。たとえば福士の城山、南部城山、本城山、栗倉山の烽火台、宮木の烽火台、城山（鴨狩津向《かもがりつむぎ》）、中野城、笹砦などの狼煙ポイントが確認されている。敵が乱入してきたときなどは、これらの烽火台をリレーしながら、重大異変の情報が本城に速報された。記録によれば、川中島から府中までの約一五〇キロの距離を、武田信玄が敷いた狼煙ネットワークを使い情報を送ると、おおよそ二時間から二時間半で届いたという。

もう一つだけ例を挙げておこう。韮山《にらやま》城から伊豆西海岸にあった狼煙ルートについてである。この地域は後北条の領国で、『北条五代記』に出てくる三浦合戦の記事のなかに狼煙の話がある。それを裏づけるものとして、服部英雄の研究によれば、一五八〇（天正八）年、伊豆半島の西海岸北部一帯の村々に狼煙通報の文書が配布された。その一通が静岡県戸《へ》田《た》村井《い》田《た》に伝わる高田文書に残っている。内容は「敵の舟を見つけたら、どの村でも狼煙を揚げよ。それを見た村は引き続き狼煙を揚げよ、浦のうちすべてに狼煙を揚げよ」と村人に命じるものだった。領国の狼煙本ルートは、韮山城から伊豆・駿河国境の鷲頭《わしず》山（標高三九二メートル）へ、次に狼煙は真城《さなぎ》山にリレーされる。そこから戸田周辺で中継され、土《と》肥《い》の丸山城に伝えられた。そこで敵を発見したら、この狼煙の本ルートに情報を伝えるべく、浦の各村に文書が発出された。各村では隣接する村と狼煙を揚げる位置やその方法を確認するために、狼煙の演習をしたといわれている。

横道に逸れるが、狼煙、狼火、狼烟などと書いて「ノロシ」と読む。どうして「狼」という漢字がはじめに来るのだろうか。このことについて、高橋敏が『烽の道』のなかで説明している。それによれば、オオカミの毛糞を火にくべると、どんなに風が強く吹いていても、煙が真っ直ぐに空に昇るといわれてきた。中国の唐代の『酉陽雑俎《ゆうようざっそ》』にもそう記されている。その理由は、オオカミの毛糞には、花火の発火剤に用いられている硝酸カリウム（硝石）に似た成分が多く含まれているためである。そのため狼煙を揚げるときに、藁《わら》と松葉にオオカミの毛糞を加え、秘伝の薬を落として煙を上げたという。その組み合わせが重要で、天候、風向きによっても、組み合わせが微妙に異なってくる。ペリーの黒船が来航したとき、緊急通報用の狼煙に使うために、オオカミの糞を必死になって集めたことが紀州藩の文書に残っている。

織田信長は中部・近畿地方に統一政権を樹立して、関所を廃止し、街道に並木を植えて、近江《おうみ》瀬田の橋を架け替えなどして交通路を整備した。また、楽市《らくいち》・楽座《らくざ》を認めて商業の発展も促した。本能寺の変（一五八二）の後、豊臣秀吉が天下を統一して、交通にかんしては信長の政策を踏襲して、小田原から会津までの約一〇〇里のあいだに、幅三間《けん》（約五・四メートル）の道路を建設させるなど一層の交通整備に努めた。

地域によって異なっていた里程も全国一律に一里三六町に統一したのも秀吉であった。このように交通インフラストラクチャーが整備され、商業が発展すると通信の需要も増加したが、その全国展開は次の江戸時代まで待たなければならなかった。

7　江戸時代　飛脚のネットワークが完備

一六〇三年、関ヶ原で勝利を収めた徳川家康は江戸に幕府を開く。以後二六五年間、幕府中心の政治が行われ、近世日本が築かれていく。この間、新田《しんでん》や農具の開発により農業生産は増加し、地方の特産品の生産も諸藩の奨励により拡大する。生産物は株仲間の商人によって扱われ、輸送は廻船問屋《かいせんどいや》らの輸送業者の手によって行われた。一大消費地となった江戸や大坂には、全国から米をはじめ、さまざまな商品が集まった。富の蓄積は、あの、きらびやかな元禄と化政の文化を開花させる。このような江戸の政治・経済・文化の活動は、高密度に張り巡らされた飛脚による情報伝達網によって補完され、否、むしろ支えられていたといえよう。以下、江戸の交通と通信の事情についてみる。

宿駅制度

家康も信長と秀吉の交通政策を引き継いで、幕府が開かれると、江戸を中心とした街道整備を急速に進める。街道整備はまた通信ネットワークの形成をも意味するものであり、幕藩体制の維持に欠かせないものとなった。それは京都中心の、それまでの古代の残滓《ざんし》を含む交通体系からの脱却であり、江戸時代の街道は東京中心の近代日本の交通体系の礎《いしずえ》となった。なかでも地図14に示す、江戸と京都をむすぶ東海道、江戸と高崎・下諏訪・大津をむすぶ中山道《なかせんどう》、江戸と宇都宮・日光をむすぶ日光道中、宇都宮と白河をむすぶ奥州道中、江戸と甲府・下諏訪をむすぶ甲州道中は五街道と呼ばれ、とくに重要だった。これらの街道は道中奉行が管理した。このほか脇《わき》街道（脇往還《おうかん》）として、日光御成《おなり》街道や伊賀越《いがごえ》道中や長崎路など多くの街道が整備された。

また、伝馬《てんま》制の整備にも乗り出す。まず一六〇一年、公儀御用の通行を確保するために、江戸と京都とのあいだに宿継《しゅくつぎ》（宿次）を定め伝馬制を敷く。伝馬定書《さだめがき》には、各宿に三六頭の伝馬を置くこと、一頭の積み荷は三〇貫目（一一三キロ）に制限することなどが定められた。伝馬の利用には、将軍の朱印や老中《ろうじゅう》からの証文が必要であった。一六〇二年には中山道にも伝馬制が敷かれる。以後、伝馬制は各街道に展開される。

その体制は寛永年間（一六二四―四四）に入ると、東海道は五三次に各次要員一〇〇人・伝馬一〇〇頭に。中山道は六七次、五〇人・五〇頭に。その他三街道は二五人・二五頭にそれぞれ拡充された。さらに要員や伝馬が不足するときには、

地図14　江戸時代の主要街道

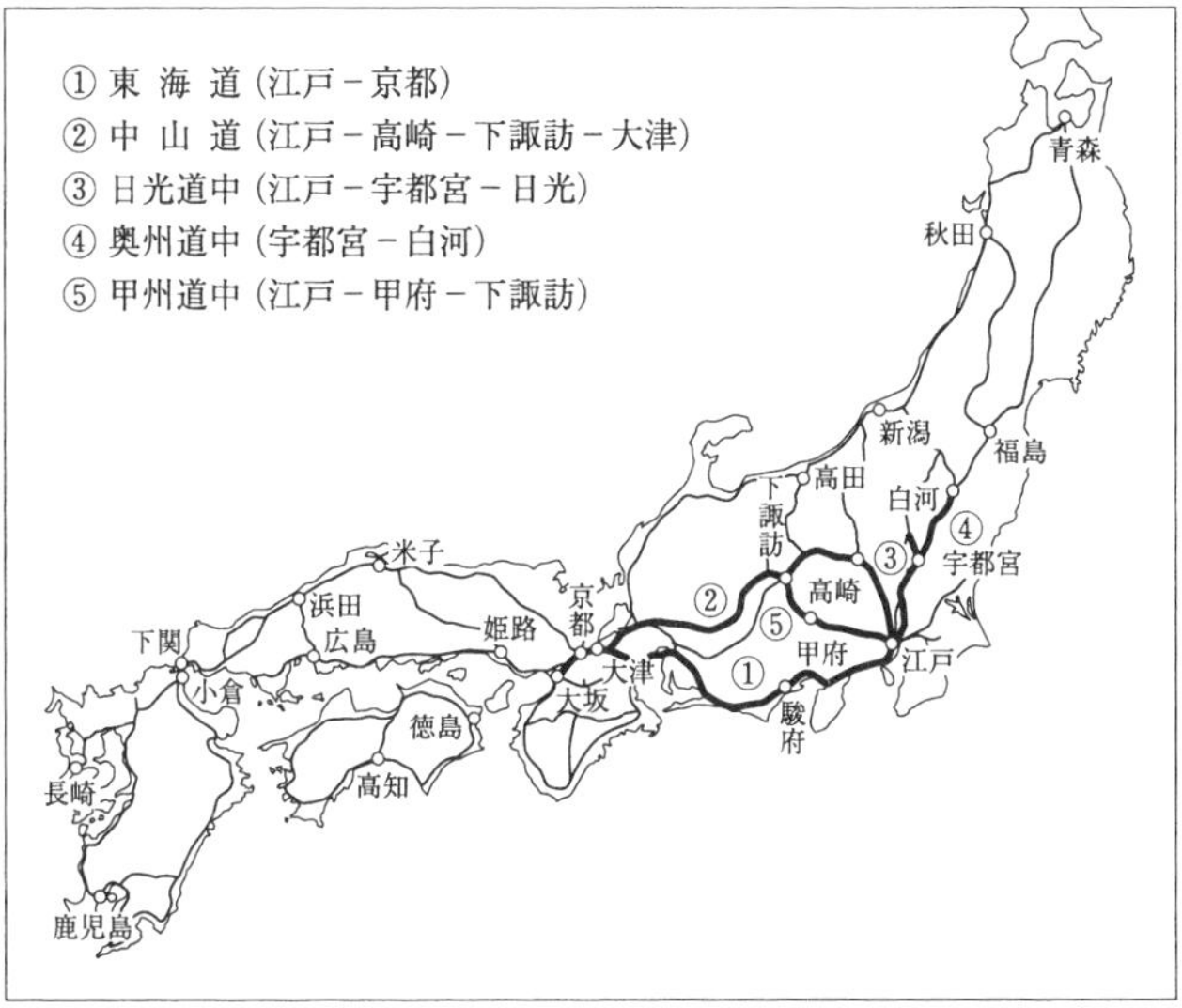

近隣の町や村が不足分の要員や馬を提供する助郷《すけごう》という支援体制も整えられていった。

同時に、伝馬制を支える宿場の機能も拡充されていく。寛永時代までに、宿役人、物資輸送と休泊の一切の業務を仕切る問屋、それを補佐する年寄《としより》、荷物の差配をする人たちが任命された。宿場には、幕府役人や大名が宿泊する本陣をはじめ、庶民のための旅籠《はたご》などの休泊施設が設けられた。このように街道・伝馬制・宿場が一体的に整備されて、それは近世宿駅制度となり、江戸時代の交通システムの根幹をなすものとなった。それはもっぱら幕府と大名の公用通行に対して便宜を図るものではあったが、民間の貨物や旅行者に対してもさまざまな形でサービスを提供した。むしろ公用通行のコストを賄うために、民間交通に対する独占的なサービス提供は不可欠なものであり、主要な業務であったといえよう。

継飛脚

江戸時代の通信システムといえば、すぐに飛脚という言葉が頭に浮かんでくる。すでに各章でみてきたとおり、飛脚は、書状を宿場から次の宿場へはこぶ人、あるいは全行程を走破して目的地まで書状を直接はこぶ人、そしてその仕事そのものをいう。しかし、江戸時代、飛脚を単独の業務としてみることはできない。むしろ宿駅制度の重要な業務の一つであっ

たというべきであろう。言い換えれば、宿駅のサービスを利用しながら、遠隔地に手紙や小荷物をはこんだ。すなわち宿駅制度の下、交通と通信の業務が渾然《こんぜん》一体となって運営されていたのである。江戸時代の飛脚については、交通史の文献や研究論文集などのなかで、井上卓朗、宇野脩平、小口聖夫、桜井邦夫、澤田濱司、鶴木亮一、二宮久、林玲子、藤村潤一郎、丸山雍成、藪内吉彦、山本弘文、山本光正らがそれぞれの立場から論じている。ここでは以上を参考にしながら、江戸の飛脚事情について、その概略を整理する。

江戸の飛脚を大別すると、継《つぎ》飛脚、大名飛脚、町飛脚の三種類がある。最初に幕府公用の継飛脚について説明しよう。

継飛脚は、家康が江戸に入った一五九〇(天正一八)年に、荷駄馬を率いて出迎えた現在の皇居前広場付近にあった宝田村と千代田村の村民に対して江戸三伝馬町の伝馬役を命じたことからはじまる。この伝馬役への取立は家康を出迎えた功績によるものであった。以後、継飛脚を取り扱う宿場の負担を軽減するために、一六三三(寛永一〇)年以降、東海道と美濃《みの》路の各宿に継飛脚給米《きゅうまい》が支給されるなど、一七世紀前半までにほぼ継飛脚の制度が定まった。継飛脚給米は、取り扱う業務量に応じて、たとえば三伝馬町は豊島郡高田村の年貢米から一二石《こく》余が与えられている。以下、表17に示すように、それぞれの宿場に継飛脚給米が支給された。一八世紀に入ると、佐渡路、中山道、日光道中、奥州道中と甲州道中の主だった宿場にも継飛脚給米が支給されるようになった。給米高は時代によって増減があったが、詳細は不明である。

表17　継飛脚要員と継飛脚給米高（抄）

宿駅名	当時の名称	人数	継飛脚給米高
			石-斗-升-合
品川	御状箱持夫	8	26-9-0-0
保土ヶ谷	御継飛脚定役	6	20-4-8-0
三島	御状箱取扱役	4	61-4-6-0
原	御状箱持夫	10	25-9-3-6
藤枝	飛脚番	8	27-8-2-9
〃	御状箱持	8	
島田	飛脚番	10	29-0-8-1
〃	御継飛脚之者	10	
御油	飛脚番	6	17-7-7-2
〃	御継飛脚	10	
赤坂	飛脚番	6	15-6-7-0
藤川	飛脚番	6	23-3-0-5
岡崎	飛脚役	7	28-3-1-4
池鯉鮒	御状箱持飛脚	8	34-5-7-4
亀山	飛脚	12	17-1-6-7
土山	御書飛脚	6	24-4-5-2
草津	御書飛脚	10	36-5-4-8

（出典）　鶴木亮一「継飛脚の継立方法とその問題について」『法政史学』（第23号）30頁.

継飛脚が利用できる幕府の役職は、老中、京都所司代《しょしだい》、大坂城代《じょうだい》、駿府《すんぷ》城代、勘定奉行、京都町奉行、道中奉行などに限られていた。利用に際しては、老中の証文などそれぞれの宿継《しゅくつぎ》証文が必要となった。この証文は継飛脚が利用できることを証するきわめて重要な公文書で、道中奉行は伝馬町の名主に対して、これらの証文がないものは継飛脚ではこんではならないと命じた記録が残っている。継飛脚は書状だけをはこんだわけではない。御用物《ごようもの》と呼ばれる公用の荷物もはこんだ。継飛脚が取り扱う内容も規定されていて、一六八九（元禄二）年には継立《つぎたて》項目が五〇に限定されていた。しかし五五年後には八〇項目増加して一三〇項目になり、さらに、そのまた二九年後には一四四項目にも増加している。たとえば、将軍への献上品になったものであろうが、尾張《おわり》の鮎鮓《あゆずし》、三河の海鼠腸《このわた》、大和の葛《くず》、京都の呉服や雛《ひな》、宇治の茶壺、備《びん》後《ご》の畳表なども御用物となり、これらの品物も継飛脚によって江戸まではこばれた。このような品物まではこんだ宿場の負担もたいへんなものであった。

それでは江戸からの差立《さしたて》の手順についてみてみよう。作成された御用状は御状箱《ごじょうばこ》と呼ばれる黒い漆塗《うるしぬ》りの文箱《ふばこ》に入れられた。まず、江戸城にある表右筆所《おもてゆうひつどころ》から目付《めつけ》に渡される。表右筆所は朱印状その他文書類の書記を行う役職である。そして目付から伝馬町の役所に御状箱が届けられて、伝馬役所は江戸の四宿（品川、千住、板橋、内藤新宿）に御状箱を届けた。そこから各街道の宿場によって御状箱は継ぎ送りされたのである。現在の東京都中央区にあった三伝馬町とは、大伝馬《おおでんま》町と南伝馬《みなみでんま》町と小伝馬《こでんま》町のことをいうが、大伝馬町と南伝馬町の両町が道中筋御用を扱い、月を二分して、上一五日には大伝馬町が御用を勤め、下一五日には南伝馬町が御用を勤めた。

継飛脚．月夜の赤坂宿（上）と暁の富士．赤坂宿は現在の愛知県音羽町付近．初代広重の東海道五十三次から，部分図．暁の富士は北斎作「富嶽百景」（1835）の「暁ノ不二」を，大正時代に逓信博物館が拡大模刻し彩色したもの．１人が御状箱をもって伴走者と走る．上図では伴走者が御用の長柄の高張提灯を掲げている．

御用がないときは、両伝馬町は、いわば民間営業である駄賃伝馬を行っていた。小伝馬町は江戸府内の御用を引き受けていた。一八世紀はじめには、三伝馬町には御用のために、一万余の人が働き、一万頭の馬がいた。それは江戸の巨大な交通そして情報センターとなっていたのである。

なお、江戸に入る御状箱については、伝馬町を経由しないで、江戸四宿から直接江戸城に届けられた。

継飛脚の仕事は各宿場にあった問屋場《といやば》が行い、二四時間体制で支えていた。とくに、問屋場の他の業務と区別するためであろうが、継飛脚を取り扱う部署を御状箱御継所などと呼んだ。幕府の重要な公用通信の役割を果たした御状箱の継立は昼夜を問わず行われ、要員が各宿場の問屋場にいつでも出発できるように待機していた。表17に、東海道の主だった宿場で待機していた御状箱をはこぶ飛脚の人数と名称を示す。待機人数をみると、亀山宿では一二人、三島宿は四人と少ない。宿場の規模などにより差があった。もちろん表の数字は固定したものではなく、時代により増減した。飛脚の名称も、御状箱持夫《もちぶ》とか御状箱飛脚之者などとさまざまに呼ばれている。問屋場には、問屋役とか年寄などと呼ばれた宿場を管理する役人が任命され、さらに帳付役とか伝馬役という役職も設けられ、これら宿役人が継立業務をはじめ宿全般の運営を差配していた。一般的ではないが、問屋場ではなく、名主宅や本陣が継飛脚の仕事を行っていた宿場もあった。

保土ヶ谷宿が一八四一(天保一二)年の一年間に扱った継飛脚の実績が残っている。それによると、京都など上方《かみがた》方面への宿継御状箱は四一六荷、要員延べ一五四〇人、うち継飛脚四一六人。宿継御用物は二九六荷、要員延べ三三八三人などとなっていた。御用物は、大きな荷物のときは一〇人がかりでとか、小さい荷物のときは四人がかりで、次の宿場まで継ぎ送った。宿人足と呼ばれた要員が不足したときには助郷《すけごう》の制度により近在の村から応援を出してもらうこともしばしばあった。

御状箱が前の宿場から届くと、宿役人が送り状の裏に捺印したり、御継飛脚書留帳に宿継証文の文言を写し、刻付《こくづけ》便の場合には受取時刻も記載した。御状箱はたいへん大事に取り扱われ、各宿場の責任問題にも絡むため、引き継いだものに破損や汚れなどを発見したら、それを請書《うけしょ》に書きとめた。たとえば「御証文之表、御印之脇ニ少シ紙之生星二ケ所、同上之方ニ紙之生星弐ケ所有レ之候」といった具合に記された。生星は汚れの意味である。御状箱はもちろん別の箱に入れて担いだ。

それに継飛脚は何よりも速さが命である。そのため街道の通行にはさまざまな特権があった。たとえば川越《かわごし》がそうである。大井川の平常の水位は二尺五寸(約七六センチ)であったが、増水により四尺五寸（約一三六センチ）になると川留めとなった。しかし水位が五尺（約一五二センチ）になるまで、御状箱は輦台《れんだい》に乗せられ、川越に熟練した二、三〇人に担がれて対岸に渡された。川明けは水位が四尺（約一二一センチ）になったときだが、御状箱は四尺五寸で渡河できた。川留めになった御状箱は事故が起きないように村役人が番人をおいて昼夜警備したという。

　継飛脚の速度はどの程度のものであったろうか――。京都から江戸までの区間約五〇〇キロの例を引きながら検証する。この御状箱の継立日限すなわち逓送スケジュールが決められていて、一七〇〇（元禄一三）年の例では、普通で九〇時間、御急《おいそぎ》で八二時間、無刻《むこく》と呼ばれた超特急便は五六時間から六〇時間となっていた。一七六三（宝暦一三）年の例では、御証文付御状箱刻限と諸御役人御用状問屋賄という、いわば幕府直営の継飛脚システムによりはこぶものと、民間の飛脚問屋に委託してはこぶものとに分けて、継立日限が定められていた。前者には老中文書など重要なものが、後者にはより一般的な公文書が託された。

　ここでは前者の継飛脚の例を挙げておこう。常体と呼ばれた普通便で五日、中急御用で四日、急御用で六六時間から六八時間となっていた。急ぎの便であれば、京都から江戸まで三日弱で御状箱が届けられたことになる。これが民間の飛脚問屋に委託するともう少し時間がかかった。最速の継飛脚の平均時速は七・六キロ、人の並足の二倍弱のスピードとなろうか。継立の時間もあったから、実際の飛脚の速さはもっと速かった。正月恒例になっている今日の箱根駅伝の選手ほどではなかったろうが、継飛脚の走者には当時としては最速のランナーをそろえていたのではないだろうか。

　日本に滞在したドイツ人医師エンゲルベルト・ケンペルは、彼の著書『江戸参府旅行日記』のなかで継飛脚について驚嘆《おどろき》をもって次のように記している。

　将軍や大名の手紙をはこぶためには、昼も夜もそれをもって走ってゆく男（飛脚）が待機している。この飛脚は、少しの遅れもなく休まずに走り続け、次の宿場まで手紙をもってゆく。飛脚は手紙を差出人の定紋のついた黒漆塗りの文箱《ふばこ》に入れ、それを棒にしっかりとむすびつけ、肩に担いではこんでゆく。万一、一人の身に何かが起これば、もう一人がその役目を引き継ぎ、文箱を担いで次の宿場まで急いでゆくことができるようになっている。

　彼が将軍の書状をはこんでいるのであれば、誰でも、もちろん大名行列でさえ、彼が走るのを妨げないように道を空けてやらなければならない。だから彼は、いつも鈴を鳴らして遠くから走っているのを知らせるのである。

ケンペルの記述からもわかるが、継飛脚は二人一組でチームを組み走る。御状箱は交替で担ぎ、夜は一人が御状箱を担ぎ、もう一人が高張提灯《たかはりぢょうちん》をもって走った。継飛脚は公儀御用の仕事であり権威があった。道中、飛脚は威勢を振るって通行人にぶつからんばかりの勢いで駆け抜けていく。酷暑の日も、雨の日も、風の日も、ただひたすら走った。公儀御用のために。

この継飛脚の仕事にかかった問屋場の経費は、幕府から支給される継飛脚給米だけでは足りず、不足分は宿場に転嫁された。御状箱や御用物を次の宿に継ぎ送ることは、そもそも宿場に課せられた義務なのだから、幕府から十分な財政支援を得られるはずがない。無賃の継飛脚の仕事が増加してくると、宿場そして近隣の助郷村にとっては大きな負担となってくる。その対策として、幕府はとくに緊急かつ機密を要する重要な公文書を除いて、その他の公文書や御用物の逓送を、御定賃銭《おさだめちんせん》（公定料金）により、後段で述べる定飛脚問屋に委託するようになった。商業ベースによる民間委託である。御定賃銭が低く抑えられていたという問題はあったが、宿場財政を改善させる効果はあった。抜本的な解決にはむすびつかなかったが、この形で幕末まで継飛脚の運営が続く。

御状箱の継立は、当時、最高の通信システムとして機能し、幕藩体制の維持に欠かせない命令伝達、そして各地の情報収集の役割を果たしたのである。

大名飛脚

諸大名にとって、国元《くにもと》と江戸藩邸あるいは大坂蔵屋敷《くらやしき》とのあいだの通信は欠かせない。しかし、幕府の継飛脚は使うことはできないので、各藩はそれぞれの方法で飛脚のシステムを整えた。これを大名飛脚と総称している。尾張《おわり》、紀州、水戸、鳥取、越前《えちぜん》、加賀《かが》、福岡、津山、高松、松山、川越、会津、大垣、松本、上田、仙台、松前、八戸、盛岡、富山、飯田などの各藩のものが知られている。なかでも尾張・紀州両徳川家の七里飛脚と呼ばれた大名飛脚がとくに有名である。ほぼ七里（約二八キロ）ごとに継ぎ立ての詰所をおいたことから、こう呼ばれた。

紀州藩の七里飛脚についてみてみよう。継所《つぎしょ》を武州の神奈川を起点として、大和田菱沼、小田原、箱根、沼津、由比、丸子、金谷、見附、新居、御油《ごゆ》、大浜茶屋村、熱田と佐屋《さや》の一四ヵ所に配置した。大和田と大浜を除いて宿場におかれている。ほぼ七里間隔である。普通は熱田から船で桑名にわたり伊勢路に入る。海が荒れたときは、遠回りになるが佐屋宿を迂回《うかい》した。そして伊勢からは紀州藩の駅制が敷かれていたので、それを使い紀州和歌山に入った。合計で二〇余の中継ポイントをリレーしながら、江戸と和歌山をむすんだ。江戸からは五の日に、和歌山からは十の日に、それぞれ毎月三便ずつ紀州藩の七里飛脚が出立した。その速さは、おおよそ常便で一七〇時間、最速便で九〇時間であった。速ければ三日と一八時間で江戸と国元をむすんだことになる。

尾張藩の七里飛脚は、六郷、保土ヶ谷、藤沢、大磯、小田原、箱根、三島、元吉原、由比、小吉田、岡部、金谷、掛川、見附、篠原、二川、法蔵寺、池鯉鮒《ちりゅう》の一八ヵ所に継所をおいた。間隔が短く、平均で四里二七町で七里はない。また、尾張の飛脚も、紀州の飛脚も、途中まで同じ東海道を走ったのに、それぞれの中継ポイントがかなりちがう。たしかに箱根や金谷や見附など同じ場所に継所をおいた所もあるが、そのことについて、宇野脩平は論文のなかで、七里役所（継所）が情報収集の役割も果たしていたから、殊更にそれぞれが別地点を選んだことも考えられよう、と推理している。

紀州七里飛脚．七里の者（左）は，鼠地木綿に龍虎や松竹などを紅染めし黒ビロードの半襟をした半天に，赤房の十手と刀を差し威勢を示す．北渓画春興摺物を樋畑雪湖が模写．

両藩は、継所に中間《ちゅうげん》すなわち藩に仕える雑事をこなす者を飛脚要員として数名ずつ配置した。初めはこの中間自らが継送の仕事をしたが、後に宰領《さいりょう》として継送の業務を監督するだけになった。宿場では、七里の者と呼ばれ、彼らは継所を御七里役所と称して、たいへん幅を利かせていた。七里飛脚は御三家の権威を笠に着て横暴な振る舞いなどが多く、宿場や街道沿いの民衆を苦しめた。江戸時代の農政家であった田中丘隅《きゅうぐ》は『民間省要《みんかんせいよう》』のなかで次のように記している。

> 七里飛脚の者は自分でもちはこぶべき大切な御状箱を問屋の者にまかせ、自分でもつことはまれで、刀を差し小袖などを着て遊びふけって、その費用はみな宿場にもたせて人々を苦しめている。常に御状箱を笠に着て、宿々の問屋場や海川の渡し場では種々の難題を吹きかけて金を借りる口実にする。……常に馳走にあい、金を借りて露ほども恩に思わず、ましてありがたいとは考えず、後また無心をいう。二、三年来道中第一の難儀はこれである。

継所に要員を常時配して、七里飛脚のシステムを維持していくだけでも膨大な費用がかかった。その上、七里飛脚を利用して送られる書状などが増大していったために、さらに費用が嵩《かさ》んだ。そのため七里飛脚の運営が困難となり、しばしば運営が停止され、後段で述べる民間の飛脚問屋にしだいに委託されるようになった。

　御三家以外の大名飛脚の全容解明は今後の課題となっているが、丸山雍成《やすなり》が『日本近世交通史の研究』のなかで福岡藩の事例を紹介している。それによると、福岡―江戸間を走る福岡藩の飛脚の種類は、所要日数に応じて、一〇日便、一一日便、一三日便、一五日便の四便がある。前二便は大早と呼ばれた大至急便である。大早の一〇日便の場合、一日の走行距離は昼夜兼行で走り、二八里三歩五厘（約一一〇キロ）となった。飛脚のコースは、大略、江戸―大坂間が東海道を利用する陸路、大坂―下関・小倉間が瀬戸内海を利用する海路であった。飛脚に支払われた経費の記録が残っているが、大早一〇日便を命じられた飛脚には、往来分の御救《おすくい》銀、日数分の苦労銀、拝領金、用心金など合計して二両一分二朱（銀四〇八匁六分）が支給された。また福岡藩の飛脚が泊まる宿も決まっていて、たとえば、石部宿では水口屋、四日市宿では河守屋、所によっては複数の定宿があり、日坂《にっさか》宿では黒田屋と莨屋と酒屋の三つの宿が指定されていた。

　鳥取藩では、江戸と鳥取に飛脚頭をおき、家老や目付ら家中の書状をまとめて、定期的に御飛脚を往復させた。所要日数は六日から一五日ほどであった。年賀状など私信が多くなり、飛脚頭は、重量軽減のため御用以外の書状を飛脚に入れないこと、また薄くて軽い美濃紙を使用することという触をしばしば出した。しかし、効果はほとんどなく、縁故で飛脚を利用する者が後を絶たなかった。

　飛脚の通信のほかに、緊急事態が発生したときは、藩士を急使にたてて早打駕籠《はやうちかご》により事態を国元に通報した。一七〇一（元禄一四）年三月、播州《ばんしゅう》赤穂《あこう》藩主の浅野《あさの》内匠頭《たくみのかみ》が殿中松の廊下において吉良《きら》上野介《こうずけのすけ》を切りつけた。内匠頭は即刻切腹、藩は改易《かいえき》となった。この悲報は藩士二人により早打で大石内蔵助のもとに四日半で伝えられた。江戸から赤穂まで六八〇キロ、時速六キロだった。

　このように諸藩はさまざまな方法により、江戸と国元などとのあいだの通信を確保したが、藩領内にも独自の通信ネットワークをもっていた。たとえば鳥取藩では、鳥取―由良―淀江のあいだ数ヵ所に御用状継立所を、また、その中間に飛脚落合宿をおき、そこで毎日文書を交換した。土佐藩では、藩内に送番所が設けられ、村送とか笹送という書状送達の仕組みをもっていた。その他の藩でも領内にいろいろな情報伝達システムを構築していた。

町飛脚

最初に、町飛脚誕生に大きなかかわり合いをもつことになる武家の三度飛脚についてふれなければならない。この飛脚は当初、大坂、京都、駿河で勤める番衆のためのものであった。番衆とは、大坂城や二条城などを警備する江戸から単身赴任してきた旗本を指す。任期は二年から長くても五年で、その間、江戸にいる家族や知人への便りは欠かせなかった。しかし番衆の私信は継飛脚や大名飛脚などの公用飛脚は使えないので、専用の飛脚システムをつくったのである。番衆の家来や臨時の請負人などが飛脚の宰領になり、江戸―大坂間を月に三往復した。馬を三頭継ぎ立てての道中で、所要日数は八日と決められた。たとえ臨時雇いの町人が宰領になっても、飛脚が城内番衆の武士の飛脚である。そこで町民の宰領であっても、御月番御組頭御紋付の法被《はっぴ》を着て帯刀しての旅となった。月に三往復したことから、三度飛脚と呼ばれるようになった。御番衆定飛脚とか城内御用飛脚などとも記される場合がある。

馬子に引かれる宰領．笠をかぶり，半天，胸当姿で，腰には道中差がみえる．馬の両側に明荷（つづら）をつけ，定飛脚を示す絵符を差す．「日本交通図絵」から．月耕画．

さて、町飛脚という言葉には二つの意味がある。一つは幕府の継飛脚や大名飛脚などの公用の飛脚に対して、民間の飛脚を総称するときに使う。もう一つは、たとえば江戸市中だけの手紙などを扱う飛脚をいう。シティーメイルである。民間飛脚たる町飛脚が台頭してきた理由は、もちろん、江戸時代に入ると商業が大いに発展し、商人など一般人の通信需要が大幅に増加したからである。

その町飛脚の本格的なはじまりは、武家の三度飛脚の請負からであった。寛永年間、大坂の飛脚業者が冥加金《みょうがきん》を納めて、御用飛脚の名目を借り、その紋付法被を着て帯刀し、各宿場から人や馬の提供を受けて、城内番衆の用務だけではなく、一般商用を含めて営業を開始した。提供される馬三頭のうち、飛脚宰領がまたがる馬には城内御用の書状などを、他の二頭の馬には飛脚業者が集めた荷物を積んだのである。御用の名前を借りての飛脚営業は、伝馬制度が公儀御用のためのものであり、民間商用のために各宿場で人や馬の提供を受けることが難しかったことから、敢《あ》えて商用と唱えなかった。商人の知恵である。

一六六四（寛文四）年、大坂四軒、京都三軒、江戸七軒の飛脚業者が幕府から正式に三度飛脚の営業許可を取得した。御用飛脚に見せかけた営業を廃して、三都の飛脚業者は、月三度、各宿場で一回六頭の伝馬を相対賃銭で利用できる特権を活用しながら、公用書簡や荷物をはじめ、一般民間人なかんずく商人の手紙や荷物、さらには金銭や為替などを幅広くはこぶようになる。町人の三度飛脚の誕生である。三都の飛脚業者、すなわち大坂の三度飛脚問屋、京の順番飛脚問屋、江戸の京大坂定飛脚問屋が中心となって全国の飛脚ネットワークを形成していく。

三度飛脚の仲間は、互いに相仕《あいし》（仲間）として飛脚を共同で運営する。株仲間の公認以前から共同で運営する形態をとっており、第三者の参入制限を目的とした閉鎖的な組織の基盤がすでにできていた。なかでも、道中奉行から公認された江戸の定飛脚《じょうびきゃく》問屋が大坂や京都の問屋より優位に立っていた。定飛脚問屋の経営形態は面白い。飛脚業なのに人や馬などの輸送手段をもっていなかったし、引き受けた荷物や書状の逓送に直接かかわるわけでもなかった。ただ、引き受けた荷物や書状をはこぶ飛脚を仕立てるのが仕事だった。道中、人馬継立を実際に仕切るのは、定飛脚問屋に雇われた飛脚宰領であった。言い換えると、定飛脚問屋は顧客から受け取った賃銭のなかから、宰領に対して飛脚運行に必要な経費を支払う。その残りが定飛脚問屋の利益となった。一方、宰領は定飛脚問屋から受け取った範囲内の金額で飛脚の経費を賄い、利益も出した。形式的にみれば、それぞれ独立した営業体ではあったが、宰領は定飛脚問屋に従属していた。今様に表現すれば、問屋が飛脚の総合指揮者、宰領が現場のコーディネーターというところであろうか。

一八世紀半ばになると、三度飛脚の仲間は江戸九軒、大坂九軒、京都一三軒の計三一軒となる。当初の一四軒とくらべると、倍以上になっている。これら定飛脚問屋の仲間のなかには、上州・奥州などへも定飛脚を仕立てて、各地に支店を出す者も出てきた。一例にしかすぎないが、十七屋孫兵衛は仙台や福島にも出店した。その繁盛ぶりは「十七屋日本の内ハあいといふ」と川柳に詠まれるほど有名になった。

その結果、この時期、取次地は、東海道では、藤沢、小田原、箱根、三島、沼津、吉原、岩淵《いわぶち》、興津《おきつ》、江尻、府中、藤枝、島田、金谷、掛川、見附、浜松、新居《あらい》、吉田、岡崎、池《ち》鯉鮒《りゅう》、宮、桑名、四日市、関、土山《つちやま》、水口《みなくち》、草津、大津の二八ヵ所。日光道中・奥州では、宇都宮、喜連川《きつれがわ》、白川、郡山、二本松、福島、桑折《こおり》、仙台の八ヵ所。上州では、藤岡、高崎、伊勢崎、前橋など六ヵ所となった。上州ルートは養蚕地帯の絹を西陣に送り出す役割を果たしたので、江戸時代のシルクロードといわれている。

これらの都市が有機的にむすばれて、江戸—大坂間は月一二回、江戸—仙台間は月六回、江戸—西上州間は月一二回、江戸—東上州間は月四回の定期飛脚が往来した。このほか江戸—木曽路—京都、甲府—木曽路—京都の臨時便もあり、三都を中心にしつつも、大坂から仙台までの地域をカバーする飛脚の全国ネットワークが完成した。もちろん、その他の街道にも、飛脚網が順次整備されていく。方法は、飛脚仲間が相互乗入などの協定をむすび、ネットワークを拡大していくのである。相仕と呼ばれる協力関係で、スピードアップと料金低減に寄与した。たとえば、大坂の津国屋は兵庫などへの飛脚は直営だったが、長崎便は大和屋と、西国筋早飛脚は堺屋と、下関などへの舟便は水運業者の尼崎屋とそれぞれ業務提携をした。さらに、江戸の嶋屋は仙台以北の箱館（函館）にも飛脚のネットワークを拡大している。

このように一八世紀後半に入ると、定飛脚問屋による商品輸送が全国に拡がる。しかし、それを捌《さば》く各宿場の要員や馬などの輸送体制が追いつかなかった。その上、無賃で輸送する公用継立や公用に見せかけた継立も増加し、各宿場では、公用優先のために商用の飛脚荷の継立は後回しにされた。そのため江戸—大坂間を五日か六日で走る早飛脚が七日から八日かかり、同じく八日か九日で走る並飛脚に至っては三〇日もかかることもあった。加えて、各宿場は公用継立のコストを民間に転嫁しようとし、町飛脚に対して高い駄賃を要求するようになった。この事態を打開するために、一七七三（安永二）年、三都の定飛脚問屋が申し合わせて、冥加金を年間五〇両納めることを条件に、株仲間として継立などで特権的な地位を認めるように道中奉行に嘆願書を提出した。九年後、これが認められ、道中奉行は、各宿場に対して、定飛脚の継立駄賃は御定賃銭（公定料金）によることとし、飛脚荷を滞留させないため助郷馬を出してでも継立を行うように通達した。

株仲間が認められた定飛脚問屋とは別に、江戸には、六組飛脚屋仲間があった。六組飛脚屋は、参勤交代の諸大名などの荷をはこぶ通日雇《とおしひやとい》を仕立てる問屋であり、上下飛脚とも呼ばれた。一七八九（寛政元）年、日本橋、神田、山之手、大芝、芝口、京橋に六組一九四人がいた。通日雇は定飛脚問屋の逓送のように宿場ごとに荷継ぎをするのではなく、道中を通して荷をはこぶ飛脚である。六組飛脚屋日本橋組（後に京橋組）の若狭屋忠右衛門は、はじめ歩行飛脚を仕立てていたが、後に東海道に継所を設置して通馬による早飛脚を開始した。この早飛脚は荷継の回数が定飛脚よりも少ないので輸送期間が短縮できる。そのため商人から歓迎された。定飛脚にとって六組飛脚は手強い競争相手となったが、後年、定飛脚問屋と業務を提携している六組飛脚屋もあらわれた。一九世紀に入ると、競争に勝ち抜くための有効な飛脚ネットワークを築くために、株仲間などの枠を越えた提携が意外と進んでいたのかもしれない。

ドイツ人医師で博物学者であったフィリップ・シーボルトは一八二六（文政九）年、江戸に向かう途中の大坂で日本の郵便（飛脚）について、次のように記している。

この大坂から長崎へ速達で手紙を出すよい機会に恵まれている。郵便網はここから全国に通じ、ことに首都である江戸と京都、外国人の貿易都市長崎へ送られ、その制度は日本商業の中心地大坂ではとくによく整っている。ここでは郵送の日が決まっていて、日本の月で、毎月七・一七・二七は長崎へ、八・一八・二八は京都や江戸までとなっている。この定期便は大坂から下関を経て長崎まで七日でゆく。その上、下関までは舟足の速い、たくさん漕ぎ手を乗せた小さな帆船で行く。そこから郵便物は陸路を進む。一定の宿駅が置かれていて、荷物を棒にくくりつけ、走り手が先にとはこぶ。その運び手は次の駅まで急いで走り、荷物を引き渡すと、直ぐにまた先へとはこばれて行く。私はたびたびこういう飛脚をみた。この定期便のほかにいつでも海上を下関へ、陸路を他の地方へ手紙を出すことができ、送料は五〇ないし一〇〇グルデン、状況によってはもっと高くかかることがある。

これまでにケンペルそしてシーボルトが江戸時代の飛脚をどのように観察していたかを紹介したが、このほかにもイギリスの初代公使となったラザーフォード・オルコックが『大君の都』のなかで、また、イギリス使節団随員のローレンス・オリファントが『エルギン卿遣日使節録』のなかで、やはり飛脚について書いている。いずれも、わが国の飛脚が十分に機能していることを好意的に叙述している。文明国から来た外国人からみても、江戸の飛脚は高水準の通信メディアに映った。

市中の飛脚

江戸や大坂などの大都市では、市中だけを配達エリアとする、まさに町飛脚が営業されていた。飛脚は書状を入れた箱を担いで、棒の先には風鈴をつけて、それを鳴らしながら町を走ったので、チリンチリンの町飛脚といわれた。また、便り屋、町小使、町使などとも呼ばれた。

江戸で起きた事柄を年代順に記録した『続武江《ぶこう》年表』の一

八五四（安政元）年一二月の条に、「このごろ町飛脚という者が市中へあらわれて、書簡を届けるものをもって職業とする。浅草より出現したのがはじめてで、所どころに出現する。小さい箱を背負い、棒の先へ風鈴を下げている」と記録されている。町飛脚を調べた往時の資料がある。必ずしも全体を正確に記録したものではないが、それによると、浅草に二三、以下、日本橋・神田に各九、京橋・吉原に各四、芝に三、品川・本所《ほんじょ》・下谷《したや》・深川・四谷・四谷新宿に各二、三田・麻布・高輪《たかなわ》・湯島に各一軒の町飛脚を営む店があった、という。喜多川守貞が著した『守貞謾稿《もりさだまんこう》』によれば、芳町、浅草、芝の者が協議して安政年間にはじめたもので、主な料金は次のとおりであった。「上ゲ置き」は届けるだけの意味。次に大坂市内の町飛脚の料金も示しておく。宣伝チラシに掲載されていたものである。

町飛脚．書状箱の棒の先に風鈴がみえる．江戸寿留賀町，現日本橋室町付近，後方は越後屋．初代広重作，部分図．

○江戸御府内四里（約一六キロ）四方　町飛脚御値段

日本橋から芝大門	上ゲ置き	代二四文
日本橋から浅草芝居町	上ゲ置き	代二四文
芝大門から品川	上ゲ置き	代三二文
山谷から千住	上ゲ置き	代三二文
麹町から新宿	返事取り	代五〇文
本郷から板橋	返事取り	代五〇文
浅草田町から吉原	返事取り	代五〇文
御屋敷様方（武家）	近所	代五〇文
御屋敷様方（武家）	遠所	代一〇〇文

○大坂市内からの料金（抄）

堂　嶋	八文	北新地	一二文	中之嶋	六文
南船場	八文	道頓堀	一六文	玉　造	二四文
天王寺	三二文	北堀江	一二文	阿波座	八文
うつぼ	七文	伏見堀	六文	西天満	一二文

江戸の吉原や品川などの遊女が書く一種の恋文は、密かにそして相手に直接届けなければならない。風鈴をチリンチリンと鳴らしながら昼間堂々と手紙を配達する町飛脚では、秘密が守れない。そこで遊女屋の若い者が小遣い稼ぎにメッセンジャー役を勤めていたが、しだいに量が増えてきたので、

淡野史良の研究によれば、遊女の手紙を専門に扱う「文使い屋」と呼ばれる職業が生まれた。吉原には江戸中どこへでも手紙の配達を請け負う「ともへや五兵衛」という有名な文使い屋があり、この店の者が毎日手紙を集めにきた。もちろん遊女本人が書いた手紙も多かったが、女文字が達者なお爺さんが代筆した手紙も少なくなかった。これらの手紙を遊女の馴染《なじ》みの若旦那たちに届けた文使いは、秘密裏に任務を遂行するために、さまざまな知恵を働かしたことであろう。料金は不明だが、特殊な手紙だからチリンチリンの町飛脚よりも高かった。また文使いにとっては、手紙の受取人からもらうチップがよい収入になった、という。

最後に、特定分野だけの目的をもった飛脚について紹介しておこう。もちろん町飛脚として分類できる。たとえば、金飛脚というものがあった。一六七一（寛文一一）年、大坂と江戸の飛脚問屋が協力して、二都のあいだで実際の金銀を逓送する「金飛脚《かねびきゃく》」を開始した。島屋三右衛門ら一四名が「手板組《いたぐみ》」という組合をつくり、月番を定めて、金子《きんす》入りの書状をはこぶ金飛脚を運営した。現金書留の原型である。手板《て》とは、厚手の紙で作成された荷送り状で、宅配便の伝票の役目を果たした。何回も使った。

米飛脚も有名である。当時、大坂堂島の帳合米相場が米の国内取引の基準値となっていた。毎日、米相場を印刷した相場触が出され、それが米飛脚によって近畿一円さらには西国筋の豪商や米穀商人たちに向けて通報された。大坂では、この米飛脚は高度に発達し、米相場のみならず、商人や庶民の用にも大いに活用された。

油飛脚という飛脚もあった。菜種油や綿花油は摂津《せっつ》、河内《かわち》、和泉《いずみ》、伊勢などで生産されていたが、その売買は相場を定めて大坂で行われていた。この相場を伝達するのが油飛脚であった。米飛脚にくらべれば少ないが、兵庫の西尾屋武兵衛などが油飛脚を営んでいた。

このように江戸時代の飛脚は、全国にネットワークを張り巡らせて、政治や経済を支える運輸通信の一大インフラストラクチャーとなっていた。また、江戸や大坂などの市中には、より高密度の通信サービスが展開されて、さまざまな通信ニーズを満たしていた。それは政治経済の発展のみならず、江戸の文化を育《はぐく》む役割も果たしたことも忘れてはならない。幕末の動乱で江戸の宿駅制度は崩壊するが、しかしながら、その枠組みを活かしながら、明治近代国家の運輸通信システムが築かれていくのである。

第7章　中世ヨーロッパの成立と飛脚の台頭

1　僧院飛脚　キリスト教社会の絆に

　これまでに述べてきたとおり、中央集権的な古代国家においては、時代《とき》の権力者たちが情報収集と伝達のために壮大な駅制を整備して、それをテコに国を治めてきた。しかし中世ヨーロッパでは、情報伝達の道具が国王のみならず、新たな勢力として台頭してきた教会、大学、騎士団、商人、さらには都市の住民たちによっても保持されるようになる。それは僧院飛脚や大学飛脚などで、特定集団の成員や都市の住民のための飛脚であった。ここでは、それら特定集団や都市の飛脚に光をあててみたい。

　中世ヨーロッパでは、国王や諸侯の勢力をも凌《しの》ぎ、新たな、そして大きな力をもつことになるキリスト教会が台頭する。教会が独自の通信組織を築き、一二世紀はじめ、僧院に仕える僧侶が書簡や文書をはこぶようになった。僧院飛脚《マナスティック・ポスト》の誕生である。背景には、この時期、ヨーロッパではカトリックの権威が高まり、教会や修道院が各地に建設されて、それらをむすぶ飛脚が必要となったからである。一一九八年、インノケンティウス三世が教皇に就いた。教皇は教皇権を太陽に、皇帝権を月になぞらえて、教皇の権力を世俗的な君主の上に及ぼそうとした。教皇は君主に帝冠を授けて、その威勢を民衆に示した。教会は国王などから土地を寄進されて、広大な土地の所有者となり、国王諸侯と同様に、教会が土地と民衆を支配するようになった。教会は最大勢力に成長し、大きな組織となっていった。組織の頂点にローマ教皇を戴《いただ》き、その下に大司教・司教・司祭・修道院長らが列《なら》び、教会はヒエラルキー社会を形成した。教皇庁はローマにおかれ、そこを軸にケルン、カンタベリー、ボルドー、トレド、リヨン、ヴェネツィア、アヴィニョンなどの都市に、大司教座がおかれた。このように教会のネットワークが築かれて、そこではさまざまな情報がゆきかうようになった。

その原点は、キリストの弟子であるパウロやヨハネが書いた手紙であろう。それらはキリストの物語の一部を構成するものになっているが、小嶋潤《おじまじゅん》は『西洋教会史』のなかで、初期の教会の礼拝で、パウロの手紙のようなものも読まれるようになったであろう、と述べている。手紙は筆写されて、別の教会に送られ、また、そこで読まれた。一通の手紙がいくつかに複製され布教に使われた。宗教の布教活動の上で、手紙は情報を伝えるという以上の大きな意味をもっていたのである。インノケンティウス三世の時代になれば、教会の組織運営のために、書簡の送受が増えてくる。

たとえば、ローマ教皇庁からは大司教座へ指示を下す公文書が発出され、それが大司教座で筆写されて、管轄の司教へ回送された。もちろん各地の大司教座は教皇庁へ定期的に教区の状況を文書で報告をしていた。このほか修道院間の連絡通信もある。それに教皇庁から国王へ書簡が出されたこともあったろう。これらの通信の需要をさばくために、教皇庁をはじめ各僧院は、僧侶を使者にたてた。それがネットワーク化されて、僧院飛脚となる。僧院飛脚はローマからの上意下《か》達《たつ》を担い、ローマ教皇庁の支配を確実なものにし、聖職者の階層制度の維持にも欠かせない道具《システム》となっていった。

九一〇年、フランスの東南部ブルゴーニュの森のなかに創設されたクリュニー修道院は、聖職売買などそれまでの世俗的な弊害を粛正する運動の先頭に立ったことで有名である。クリュニー修道院は、それまでの修道院相互間の連絡や統制を欠いた体制を見直して、修道会《オルドー》を組織して中央集権的な体制を築いていった。母体となる修道院には、大修道院長が座を占めて、組織内の修道院を統括し、院長を任命した。クリュニー修道会の最盛期は一一世紀後半である。その後も勢力がしばらく衰えることなく、一二世紀半ばには、フランス、イタリア、ドイツ、イングランド、スペインなどの国の一四五〇の修道院を傘下に収めた。同時に、修道院の中央集権体

僧院飛脚（右）が大修道院長に手紙を渡しているところ．手紙は聖マインラートにチューリヒ湖畔の修道院での説教を依頼するもの．1466年の木版画．

制を維持するために、修道院間の情報伝達体制をより組織的なものにしていく。情報の伝達はもっぱら僧院飛脚の仕事となったが、民衆のなかに入り布教に務めた修道会の托鉢《たくはつ》僧は、一般私人の信書もたくさんはこんだ。
　僧院飛脚がはこんだ手紙には、羊皮紙《パーチメント》による巻物状のものがみられる。修道士の訃報《ふほう》が記された巻物書簡が修道院に到着すると、その修道院では、それに新たな追悼文をつなぎ合わせて、次の修道院へ送り出した。追悼書簡は徐々に大きな巻物状になる。一一二二年の聖ヴァイタル大修道院長の追悼書簡は、幅二五センチ・長さ七メートルを超える長大な巻物となった。二〇六ものヨーロッパの修道院をまわり、追加された一件あたりの手紙の長さは平均八センチ、それぞれに大修道院長の死を悼む詩歌《うた》が記されていた。また、一一一三年のマティルダ大修道院長の追悼書簡の場合には、二五二の修道院をまわり、その長さはなんと二〇メートルにも達した。僧院飛脚の使者がはこんだが、重さもたいへんなものになったにちがいない。このような長い巻物書簡は一六世紀半ばまでみられたが、教会独特の書簡形式といってよい。そのため僧院の使者は「巻物の使者《ロテュラリュ》」とも呼ばれた。

僧院飛脚（中）が為政者に手紙を渡しているところ．飛脚は僧衣を着ているが，場所は僧院ではなく，時の権力者の居所であろう．中世の版画．

　一四世紀に入ると、教皇権が衰退していき、ローマの治安が悪化する。教皇と国王の力関係は逆転し、もはや教皇位はフランス国王の庇護なしでは維持できなくなった。ボルドー大主教はフィリップ四世の臨席の下に教皇座に就いて、クレメンス五世となった。一三〇九年には教皇庁がローマから南仏ローヌ河の左岸に望むアヴィニョンに移された。樺山紘一の『パリとアヴィニョン』によれば、以後六八年間、キリスト教会の最高統治機構がアヴィニョンにおかれる。伝統あるローマ・カトリック教会の立場からすると、この時代を、ユダヤ人がバビロンに捕囚された故事にちなんで、バビロン捕囚時代ともいう。しかしアヴィニョンの教皇庁は、決してフランスのフィリップ四世の傀儡《かいらい》であったわけではない。むしろアヴィニョン教皇庁は、政治と知の双方における指導者としての役割を果たした。

この時代、アヴィニョンには、教皇と二〇名に近い枢機卿集団と、それを補佐する巨大な官僚グループが形成されていた。彼らは、ヨーロッパのキリスト教会全般の組織を整備して、集権化していく。アヴィニョンは、教会組織の中枢として、また、財と人間の交流の中心として機能することになった。書簡や文書の往来も増加し、アヴィニョン庁における文書の作成と伝達も、よりシステム化されていく。文書の作成や管理などの責任者は書記官で、法学関係の大学を修了した者が主体となり、公文書士とも呼ばれた。彼らは教皇庁の各部署に配置され、常時、その人数は三〇名から六〇名ほどであった。公文書士の下には、写字士と文書送達士が控えていた。公文書士が起草した文書は写字士によって必要なだけ複製され、それらは文書送達士、すなわち教皇庁の飛脚によって、ヨーロッパ中の教会に届けられた。

また、それぞれの任地にいる枢機卿らからの外交情報なども文書送達士によってアヴィニョンにもたらされた。アヴィニョン庁の最盛期には一〇〇〇人を超える要員を擁していたというから、庁が送受信した情報量も膨大なものになったことであろう。その送受信の仕事を支えたのが教皇庁の飛脚の使者であった。

アヴィニョン庁の時代は短い。後年、ローマ教皇庁においても、組織的な飛脚システムを維持していたことは間違いない。しかし宮下志朗の『本の都市リヨン』を読むと、一六世紀、イタリアの銀行家などが組織した「教皇庁輸送便」がローマーリヨン間を一週間ほどでむすんでいた。リヨンは、ローマ教皇庁からフランスへ送られてくる勅書、覚書、聖職禄授与書などの集配センターとなっていったのである。教皇庁は飛脚の運営を銀行家などの当時の資本家に委ねていた、ということになろう。銀行や商人などが富を蓄え、独自の情報ネットワークを築き専用の効率的な飛脚をもつようになったのも、この頃からである。今様にいえば、共同運行ということになろうか。

2　大学飛脚　故郷と学生をむすぶ

前述のとおり、中世ヨーロッパはキリスト教の時代であった。教会の権威は絶対的なもので、生活も文化もすべて教会を離れては存在できなかった。学問の世界でも例外ではなく、神学が最高の学問となり、学校は司教座聖堂や修道院の付属施設にすぎなかった。しかし、時代が経つにつれて、それらが母体となって大学《ウニヴェルシタス》が生まれた。諸国の君主が法律の知識をもつ役人を必要としたこともあって、君主は大学にさまざまな特権を与えて保護した。学生は国籍を問わず、どの大学においても勉強できたから、有名大学には多くの学生が集まった。とくにパリ大学とオックスフォード大学は神学で、イタリアのサレルノ大学は医学で、また、ボローニャ大学は法学で有名であった。

　大学の草創期、そこに集う教授や学生と彼らの故郷とをむすぶ定期通信の手段がなかった。その役割を担うようになったのが大学飛脚《メッサジェ・ドゥ・ル・ヴェルシイテ》である。なかでもパリ大学で創設された飛脚制度が優れていた。パリ大学の歴史は古い。シテ島のノートルダム修道院などの周りにあった教会参事会員の家に学校が開かれたのが起源となっている。学校は一二世紀から一三世紀にかけて、教皇インノケンティウス三世の援助を受けて、当時の言葉を借りれば、普遍なる教会の一要素として育成された。教皇グレゴリウス九世は大学に特権を認めた。一三世紀には神学を中心とする人文学一般の最初の最高学府となる。パリ大学にはフランシスコ修道会員やドミニコ修道会員をはじめ、ヨーロッパ各地の貴族の子弟などが集まり、学生は神学・哲学・法律・科学などを学んだ。

　パリ大学では学生が出身地ごとに同郷会《ナシィオ》を結成した。たとえばフランス、ノルマンディ、ピカルディー、イングランドの同郷会があった。同郷会は大学の前身となった組織で、同郷の教授や学生のあいだの相互扶助と友愛関係を築くことを目的とした。同時に学頭《レクトール》を補佐して、大学の財政管理や対外折衝などにも参画した。教授や学生の故郷との通信手段を確保することも、同郷会の大きな仕事となる。各同郷会はパリ市内の名望家に飛脚の運営を委ねたが、任命にあたって厳かな宣誓式が行われた。委任され飛脚を運営することになった者は上飛脚《グレート・メッセンジャー》と、実際に同郷会の手紙をはこぶ使者は空飛ぶ飛脚《フライング・メッセンジャー》と呼ばれた。

　同郷会の飛脚は、それぞれのメンバーの出身地とパリとのあいだを走った。すなわち、フランス同郷会の飛脚は中世フランスの諸都市をはじめ南仏・イタリア・スペインの各地を、ノルマンディ同郷会の飛脚は文字どおりノルマンディ地方を、ピカルディー同郷会の飛脚はフランス北部の都市を、イングランド同郷会の飛脚はイギリスと中欧・北欧の諸都市を、それぞれ守備範囲とした。フィリップ四世が一二九七年に発した布告にこれら大学飛脚のことが言及されている。おそらくこれが大学飛脚にかんする最初の布告となろう。

　上飛脚に任命された者は、大学の教授や学生が享受していた特別待遇とほぼ同じ待遇を受けることができる。それは十分の一税や塩税やワイン税や通行税をはじめ、国王への物品の寄進、兵士宿泊の世話、勤労奉仕などの免除であった。この特別待遇は大きな魅力となったし、飛脚運営からも取扱料や過分な心づけによる収入も相当な額になったから、上飛脚の人数は急速に増えていく。上飛脚は飛脚になる使者への費用などを支払っても、なおかなりの余剰金を手にしたため、任命権者である同郷会へ相応の額を納めた。納付金は同郷会の財政を大いに潤《うるお》し、大学の施設改善に充てられた。同郷会にとっても、飛脚運営は魅力があったといえよう。

上飛脚は学生の生活にも深くかかわるようになる。たとえば故郷の親から頼まれ、学生の生活費を管理する上飛脚さえも出てきた。学生に大きな金を一度に渡すと、それをすぐに使ってしまう。学生気質は今も昔も変わらない。そこで親から送られてきた金をまず上飛脚が預かり、それを少しずつ学生に渡していく。こうすれば浪費が防げる。このように上飛脚は学生の親代わりも務め、親からも学生からも頼りにされた。他方、大学から許可を得て、金貸しになる上飛脚も出てきた。当時、学生は金もち貴族の子息ばかりではなく、立身出生を夢みる庶民の子息も学生になっていた。彼らの多くは写字生や家庭教師などをして、学費や生活費を稼いだ。中世文学でお馴《な》染《じ》みの貧窮学生がかなりいたのである。稼ぎだけでは足らず、中世の苦学生は上飛脚から金を借りることもあった。

親代わりを務める上飛脚や、苦学生に金を貸す上飛脚まではよかったのだが、特別待遇を受け税金逃れだけの、何もしない上飛脚が増えてきた。このため税金の負担が増加する一般市民に不満が高まり、彼らは大学や上飛脚に抗議した。立場がちがうが、税収が減る国王も上飛脚の必要性を問題にしはじめた。

これに対して、大学側は、上飛脚の特別待遇は八世紀シャルルマーニュの時代から与えられたものであり、特別待遇付与の権限は大学固有の権利であると宣言した。大学はその他さまざまな特権とともに、この上飛脚への特別待遇を手放さなかった。大学飛脚の優遇措置を巡る、大学と国王、大学と市民とのあいだの争いはしばしば起きた。上飛脚側も守りにまわる。往時の年代記作者によれば、上飛脚に任命された者たちがパリに集まり、彼らの仕事を、奇妙な組み合わせなのだが、聖処女と聖シャルルマーニュの聖人守護者の庇護の下《もと》におくことを決め、友愛団体を結成したりした。狙いは、談合して上飛脚の人数をこれ以上増やさないようにカルテルをむすび、国王や市民の批判をかわすことにあった。

運営人である上飛脚の増加は抑えられたが、大学飛脚の使者すなわち空飛ぶ飛脚の人数は、書簡の増加と路線延長に伴って増えていった。使者は書簡の送達人にとどまらず、学生と故郷の家族とをむすぶ精神的な絆《きずな》の役割をも果たしていた。

ある使者は家族の友人として厚く遇され、また、ある使者は家族に信頼されて、上飛脚と同じように、学生の親代わりのようなことまでしていた。ジャック・ヴェルジェの『中世の大学』を読むと、学生たちは実にさまざまなことを手紙に認《したた》めていたことがわかる。まず学生生活の困窮について嘆き援助の依頼をする文面が多いこと。それはまた学生用書翰範例集のお決まりの一つにもなっていたのである。ほかにも勉学の熱意、友との友情、教授に対する賞賛の気もち、戦争や食糧欠乏についての噂《うわさ》や心配、それに病気や死への恐れなど、内容は多岐にわたっている。もっとも、アシル・リュシェールは『フランス中世の社会』のなかで、一二、三世紀の書式集に収められている学生の手紙のほとんどは金の無心以外の何ものでもない、と断じている。使者はこれら学生たちの手紙を遠く離れた家族の許《もと》に届けたのである。

大学飛脚（左）が学生に手紙と銀貨を渡しているところ．飛脚は「遊びすぎないで，勉強するように」という親の言い付けを口頭で伝えている．

空飛ぶ使者が戻って来る日は、みんなもう嬉しくて、お祭り騒ぎのようになった。遠隔地との行き来は年に一回か二回、近くでもほんの数回だったから、使者の到着は一大行事になっても不思議ではなかった。中世の学生にとって故郷《ふるさと》からの便りがどんなに待ち遠しく、嬉しいものであったか——。それは現代人の想像をはるかに越えるものがあったにちがいない。その様子がフランスの古文書のなかで、次のように綴られている。

大学飛脚の使者が帰ってくる日、すべての人たちがサント・ジュヌヴィエーヴの丘の麓に集まった。まだこんなに早い時間なのに、先頭で、宿屋の主人が今かいまかと飛脚を待っている。そう、神学生から溜まった飲み代を払ってもらおうと。その隣には、魅惑的な女の子に可愛いリボンのついた帽子《ボンネット》を買って密かに贈ろうと考えている、親の臑《すね》をかじる法学生が立っている。こちらには、菱形の、あの威厳ある学帽をかぶった勉学に励む学生がいる。彼は、写字生のところに行って、長いあいだ欲しいと考えていた写本の要約を手に入れようと、銀貨を待っている。そして一五歳で親元を離れてここに来ている少年は、心をときめかせながら家族からの手紙をそっと待っている。……

パリ大学の飛脚は、後年、大学関係者以外の人たちの書簡も手広く集めてはこぶようになった。一四世紀末には一般書簡の送達が定期的かつ利益の上がる商売となり、飛脚の利益がパリ大学の主要な収入源の一つになった。別の見方をすれば、中世に誕生した大学が文化の形成や消費経済の発展に大いに貢献したが、情報整備の面でも貢献していた。そのことについて田中峰雄は『歴史のなかの都市』のなかで「外国人を多くかかえたパリ大学のドイツ同郷会で一五世紀に発達をみた飛脚制度は、一六世紀の王国の飛脚制度のモデルになったともいわれる」と述べている。

このように大学飛脚は国レベルの情報整備にも大きな影響を与えた。しかし第5章において述べたとおり、フランスでは、他の飛脚制度を強引に吸収しながら王室御用便《メッサジェ・ルワイヨー》の整備拡充が進む過程で、一七二〇年、大学飛脚の運営が停止された。一二万フランの補償金が国から大学に支払われる。ここに大学飛脚は四世紀の歴史に終止符を打ち、多くの人に惜しまれながら消えていった。パリ大学以外でも、カーン大学は一四四九年に七人の大学飛脚の使者を、ブルージュ大学でも一四六四年に六人の使者を任命したという記録が残っている。また、ドイツのハイデルベルク大学やイギリスのケンブリッジ大学も大学飛脚を設立していた。

3　商都の飛脚　商業活動を支える

中世ヨーロッパでは封建制が整い社会が安定すると、同時に、技術の進歩により物資の生産も増加した。余った物資を交換する定期市が各地に生まれ、貨幣による交換経済も進んだ。定期市はしだいに都市に発展し、商人や手工業者たちがそこに移り住むようになった。一一世紀から一二世紀にかけてみられる、このような都市と商業の発展を商業ルネサンスという。商業ルネサンスが開花した地域をみると、ジェノヴァとヴェネツィアが支配した地中海商業圏、ハンザ諸都市とフランドル地方の北欧商業圏、そして両商業圏をむすぶシャンパーニュの大市などとなろう。これらの商業圏では、商業通信の増加により、商人のための飛脚が発達していった。以下、ヴェネツィア、ハンザ都市、ロンドンの事例を紹介しよう。

まず、ヴェネツィアは、塩野七生の『海の都の物語』によると、葦に覆われた潟《ラグーナ》に築かれた商都である。ヴェネツィアは現実主義に徹した交易によって、その地位を築き、ナポレオンの侵略で滅ぼされるまで、一千年の歴史を刻んだ。東方産の香料や染料や絹織物などを取り引きしたシリアや小アジアとのレヴァント貿易などで大きな富を築く。その富を築くには、まず通商権益を獲得し維持することが何より重要である。そのため、ヴェネツィアは周辺国のフランク王国やビザンティン帝国などの政治情勢の分析に怠りがなかった。その情報収集の任にあたったのが外国商館などに派遣されたヴェネツィア商人である。彼らは商業活動に従事したほか、任地の情報収集にも大きな力を割いた。集めた情報は自らの商船によってヴェネツィアにはこんだ。このように、ヴェネツィアは、情報の収集伝達の重要性を早くから認識し、対策を打ってきた。

　古くは八四〇年に締結されたヴェネツィアとフランク王国の条約のなかに、ヴェネツィア側が飛脚を自由に運営できることを、フランク王国に認めさせた条項がある。この時代に早くも自らの飛脚をもっていたことになる。

　本格的な飛脚がヴェネツィアにみられるようになったのは一四世紀になってからである。北イタリアにあるロンバルディア地方の山岳地帯にベルガモという町がある。その町のオモデオ・タッソという人物が「ベルガモ飛脚《コリエリ・ベルガマスキエ》」を興したのは一二九〇年のことである。さらに、タッソは隆盛を極めるときのヴェネツィア共和国にも食い込んで、一三〇五年には同地に「ヴェネツィア使者商会《コンパニア・ディ・コリエリ・ヴェネティ》」を創設した。このタッソ一族は後にヨーロッパの郵便を支配するタキシス郵便の祖先にあたる。共和国は、タッソ一族のために、ローマ教皇庁から一族が教皇庁の支配地域において飛脚業務を行う権利を得る。以後、ヴェネツィア使者商会は私企業ではあったが、共和国公認の飛脚として、広くヴェネツィア商人が活躍する地に手紙をはこんだ。

　一五世紀半ばの史料から、主要都市からヴェネツィアまでの飛脚の平均所要日数が計算できる。個々の日数に相当ばらつきがあるので目安にしかすぎないが、ローマ一一日、マントヴァ三日、フェララ三日、フィレンツェ六日、ボローニャ三日などとなる。交通革命が起きる近世まで、飛脚の所要日数はこんなものであったろう。次に一七世紀前半の飛脚賃料をみると、料金と税金の二本建てで、たとえばヴェネツィア―マントヴァ間の重さ一ヴェネツィア・オンスの書簡の料金は一四ソルディ（二〇分の一四リラ）で、それに税金が三ソルディ加わった。

　タッソの飛脚は、イタリア半島の主要都市をはじめ、フランクフルトやマドリッドやバルセロナなどの都市にも足を延ばし、ヴェネツィアの商業活動を支えるために大きな役割を果たしてきた。と同時に、タッソ一族が飛脚の事業から大きな利益を上げてきた。

　ヴェネツィアには、国際便を受け持つタッソの飛脚のほかに、市内便だけを受け持つ「ヴェネツィア飛脚《ポステ・ディ・ヴェネツィア》」と呼ばれた、都市飛脚が活躍していた。創業の時期ははっきりしていないが、一四三六年まで続く。ヴェネツィア飛脚の使者は、あの大運河《カナル・グランデ》にかかるリアルト橋をわたり、聖《サン》マルコ広場を走り抜けて、官邸にいる元首《ドージェ》に要人の書簡を届けたり、ときには停泊中の商船で、指揮をとる船長《カピタン》に商人の手紙を届けたりしたことであろう。

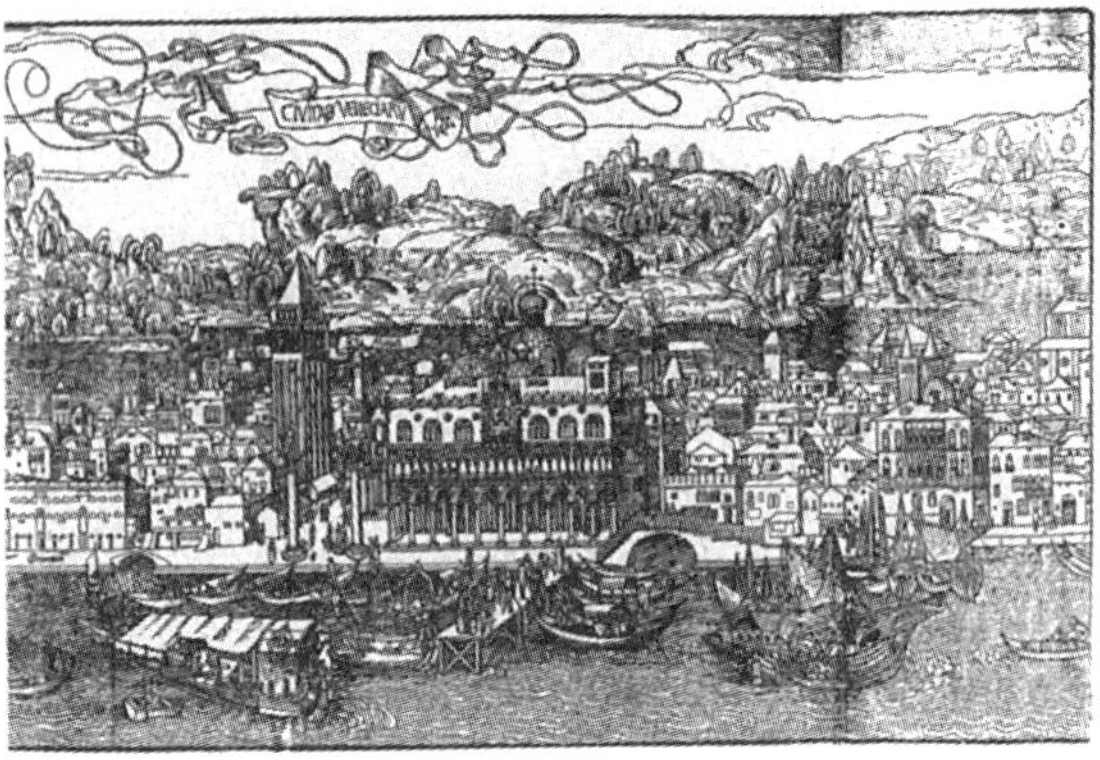

商都ヴェネツィア．そこには，フランドルの毛織物の生産高，ギリシャのオリーブの作柄，ダマスカスの果実の出荷時期など，さまざまな商品情報がゆきかっていた．タッソの飛脚は，それらの情報収集に欠かせない存在だった．15世紀の木版画．

ハンザ同盟の都市にも優れた飛脚制度がみられる。ハンザ同盟は、ライン都市同盟などと同様に、君主諸侯の力に対抗するために創られた都市連合の一つである。連合の勢力を背景に、ハンザ諸都市は自治独立を確保していた。そのため君主といえども、自分の都市の政治にかってに介入できなかった。飛脚運営もハンザ自治権の一つであったのである。ハンザ都市の総数は八五とも二〇〇ともいわれている。個々のハンザ都市の飛脚について明らかにすることは不可能であるが、ハンザ商人の手によって、ハンザの都市と都市とをむすぶ壮大な通信ネットワークが北欧商業圏に築かれていた。

たとえば、ブレーメンでは一二世紀半ばに早くも飛脚制度が創られた。三井高陽は『ドイツ郵便専掌史』のなかで、ハンブルクから発するハンザ都市をむすぶ三本の飛脚ルートを示している。それによると、ハンブルク—リューベック—ロストク—シュテティーン—ダンツィヒ—ケーニヒスベルク—リーガ線、ハンブルク—ブレーメン—アムステルダム線、ハンブルク—ツェレ—ブラウンシュヴァイク—ニュルンベルク線があった。以上は一六世紀から一七世紀にかけての状況を示しているが、これらの都市からさらに遠くの都市にも飛脚が延び、ヴェネツィアやシャンパーニュの大市をはじめ、ロンドンやウィーンやプラハなどの国際都市にも通じていた。ハンザの飛脚は規則正しく運営され、発着時刻はきわめて正確であった。

話が少しそれるが、高橋理《おさむ》が『ハンザ同盟』のなかで商人の文字習得についてふれている。それによれば、商人ははじめ読み書きができなかったので、一二世紀半ばまで、商業文書の作成は聖職者が独占していた。聖職者は商人とともに航海し、相手方との交渉に協力し、通訳をし、契約書を作成していた。商人にとって、聖職者は教会の後ろ盾もあり頼もしい存在だった。だが半面、教会権力の介入を招き自由な商売が妨げらる恐れがあり、聖職者からの独立が不可避であった。商人の文字習得の背景には、以上の事情があった。商人が文字を習得した結果、自由に遠隔地と書簡による通信が可能となり、商人の都市への定住が促された。それが都市成立の一つの要因となっている。商人の文字習得は王侯貴族よりも早く、文字という情報ソフトと飛脚組織という通信ハードをもった商人は、その後の市民社会形成に大きな力を発揮していくのである。

一五世紀のロンドンには外国商人が運営する飛脚が活躍していた。そこには、ハンザ商人をはじめ、ネーデルランドのフランドル商人やイタリア商人などが、イギリス商人と覇を競い合っていた。この時代、ヘンリー七世らが推進した重商主義《マーカンテリズム》政策により、大陸との毛織物貿易などが増加し、それに伴って商業通信も伸びていた。一四九六年、イギリスとネーデルランドは通商条約《インテルクルスス・マグヌス》を締結する。通商条約には、イギリスで商売をする外国商人に対して、大陸との飛脚の運営を認める特権が盛り込まれていた。特権に基づいて、一五一四年に外国商人飛脚《マーチャント・ストレンジャーズ・ポスト》が創設される。ロンドンなどに居留している外国商人たちの商業通信を取り扱う飛脚である。この飛脚を利用すれば、外国商人はイギリス官憲の検閲なしで大陸との通信を自由に行うことができた。背景には、イギリス商人よりも財力がある外国商人やアントウェルペン(アントワープ)の貨幣市場から多額の資金を借りていたイギリス国王が、その見返りとして、貸し手にさまざまな特権を与えなければならなかった、という事情があった。外国商人の立場は、国王から与えられた特権により強化され、飛脚運営の特権もその一つとなった。もしもイギリス商人が外国商人飛脚を使えば、イギリス商人の手紙は開封されて公然と読まれてしまい、取引内容が競争相手の外国商人に筒抜けになってしまう。これでは競争にならなかった。

外国商人飛脚に対抗して、半世紀ほど遅れて、イギリス冒険商人組合が冒険商人飛脚《マーチャント・アドヴェンチャラーズ・ポスト》を設立した。イギリス商人が力をつけてきた証である。彼らは大陸への毛織物輸出を推進し、一六世紀イギリスの外国貿易をリードしていく。当時の広告によれば、ロンドン王立取引所《ロイアル・エクスチェンジ》の裏手にあった居酒屋「アントワープ亭」の向かいの、ジョージ旅館が拠点となり、そこで書簡が引き受けられ、毎週土曜日の夜半、ネーデルランドやハンザ都市に向けて出帆する船に積み込まれた。しかし一七世紀に入ると、外国との通信手段が外国人や民間人によって握られているのは、単に経済上の問題のみならず、外交上も好ましくないという理由から、二つの海外飛脚はイギリスの王室駅逓《ロイアル・ポスト》に吸収されていく。

4 為替と飛脚　支払期限を決める飛脚の速さ

ヴェネツィアなどの商都の飛脚についてみてきた。既述のとおり、商人が文字を習得し、そのことで商人が都市に自ら店をかまえ、各地に代理人をおいて、そこに手紙を送り、商品の売買をするようになった。このように商売が複雑になってくると、現金輸送の危険を避けるために為替《かわせ》が編《あ》み出されたり、商品輸送の危険を分散する海上保険なども発達していく。そこには契約書や為替手形や保険証券などさまざまな商業文書がやりとりされるようになった。飛脚はまさにこれらの商業通信を支える役割を果たしていたのである。とくに為替と飛脚のあいだには密接な関係があった。ここではその点について説明しよう。

大黒俊二が『移動と交流』のなかで中世ヨーロッパの為替と飛脚の関係について詳しく論じている。その叙述を借りながら、最初に中世の為替の基本的な仕組みについてふれよう。

まず、スペインの生産者がイタリアに羊毛を輸出したとしよう。代金は、貨物がイタリアに着いた後、輸入者から支払われる。しかし、この支払を待つことなく、輸出者は貨物を船にさえ積めば代金を回収することができる。それが為替手形である。為替手形の額面は輸出代金、支払人は輸入者、支払期限は三ヵ月後。そのように記載した手形をつくり、それと交換に輸出者は地元の銀行から代金の前払を受ける。銀行は手形をイタリアの代理人に送り、代理人は支払期限に輸入者から代金を受け取る。その金で、今度は代理人がスペインの輸入者が支払人となる三ヵ月後の支払期限の手形を市場から買い取り、スペインの銀行に送る。この手形で銀行はスペインの輸入者（最初の輸出者とは別人）から前払金相当額を受け取る。このように銀行は六ヵ月かけて当初の前払金を回収するのである。

以上の取引を別の角度からみると、輸出代金を為替手形にして、それを担保に輸出者が融資を受ける、あるいは銀行が貸し付けるということになる。そこで輸出者へ支払われる前払金は手形の額面より数パーセント少ない。これを割引というが、割り引かれた額が貸付利子に相当する。また、銀行はスペイン通貨とイタリア通貨との交換からも差益を生み出していた。利子の話が出てきたが、中世のカトリック世界では、金を貸して利子をとること、すなわち「徴利」は宗教上の罪となった。しかし為替取引は、その複雑さゆえに、徴利を擬装する格好の取引となった。もっとも高位聖職者が自らの資金の運用を高利回りで資金を集めていたイタリアの銀行家たちに委ねていた節がある。預けられた資金はいずれ貸し出される原資となることは明らかだ。聖職者が暗に禁を破っていたのだから、当時、徴利禁止が本当に守られていたかどうかは疑わしい。

中世の商取引では、飛脚の日数で手形の支払期限が決められた。スペインとイタリアの手形の支払期限が三ヵ月となっていたが、そのことは、とりもなおさず両国間の飛脚の日数が三ヵ月以下であったことを意味している。もし飛脚の日数が不安定で、手形の到着が支払期日を超えてしまう、換言すれば、手形の不渡りがしばしば起きるようでは、為替取引や為替市場は育たなかったであろう。手形の支払期限が設定できたことは、おそらく一四世紀前半までにヨーロッパでは、速度に幅があったにせよ、到着日数が予測できるまでに飛脚が発達していたことを裏づけている。一五世紀のフィレンツェ商人G・ダ・ウィツァーノは、各都市間の飛脚の日数を一覧表にまとめ、商業手引書に収めている。また、一九八〇年代にはF・メリスという学者が中世の商業書簡三二万件を調べて、飛脚の日数を分析したデータがある。そこで表18にダ・ウィツァーノとメリスの日数と為替手形の支払期限の数値を並べてみた。飛脚の日数をみると、遅いものと速いものでは四倍から一一倍も開きがあることがわかる。

この表から導き出されることは、手形の支払期限が飛脚の日数、それももっとも遅い日数以上の期間で設定されている

表18　飛脚の所要日数と為替の支払期限（ユーザンス）

区間＼データ	A 最小	→			最大（日数）	B（日数）	C（月数）
フィレンツェ―ブリュージュ	14	26	27	33	59	20-25	2-3
フィレンツェ―バルセロナ	5	16	23	29	56	20-22	2
バルセロナ―ブリュージュ	11	22	23	24	48	19-20	3

（出典）大黒俊二「為替手形の「発達」――為替のなかの「時間」をめぐって」『シリーズ世界史への問い3　移動と交流』113-139頁．

（注）1．データAは，1380-1500年の間に送受された商業書簡32万件から飛脚の所要日数を調べた結果の一部．所要日数の最小・最大を両端におき，真ん中の数字がもっとも多かった所要日数，その両隣の数字が次と次に多かった所要日数を示す．
2．データBは，15世紀中頃のフィレンツェ商人G.ダ・ウィツァーノの商業手引書に記された各都市間の飛脚所要日数一覧表からとったもの．
3．データCは，為替手形の支払期限（ユーザンス）．

ことである。メリスの分析に照らしてみると、ダ・ウィツァーノの数値は飛脚の平均日数となろう。そこで手形の支払期限は、この平均日数の二倍から四倍半の日数で設定されている。商取引では、速さよりも確実に手形が決済されることの方がいかに重要であったかがうかがえよう。手形の支払期限のことを、現代金融用語では「ユーザンス」というが、イタリア語の原義そのものには「慣習」という意味がある。つまり支払期限は商人の自由契約により決めるものではなく、そもそも慣習すなわち飛脚の日数によって決められるべきものであった。もし支払期限を短めに設定すると、不渡りが続出し、為替が日常的な決済手段になり得なかった。中世の時代には、飛脚の日数が商取引を縛《しば》っていた。

為替取引について輸出代金の決済を例にとりながら説明してきたが、為替取引はさまざまな資金需要に応じるものであった。その為替業務を仕切っていたのが銀行家（両替商）と大商人であった。なかでもフィレンツェのメディチ家の銀行やアウグスブルクの富豪フッガー家の銀行は、商都に支店や代理人をおいて、為替取引から巨万の利益を上げていた。相場は生きものである。たとえばヴェネツィアの港からガレー船が出港するときには貨幣が高騰したし、ある都市が傭兵に給与を支払わなければならなくなると、その土地の貨幣が不足して高騰した。貨幣の需要動向は、商人にとって予見できるものもあれば、できないものもあった。そのため為替取引で一儲《もう》けしようとする商人たちは、銀行飛脚などを利用して、各地の情報収集に余念がなかった。あるフィレンツェ商人は「為替相場はさながら渡り鳥にも似て、飛来したときに捕らえなければいけない。捕り逃がすと戻ってこないから」と商売の手引書に記している。けだし名言である。

名言をもう一つ。贅沢《ぜいたく》な商品としてのニュースは同量の金よりも価値がある――。社会史の大御所、フェルナン・ブローデルが『地中海』のなかで述べた言葉である。ブローデルは中世の飛脚の速さ、否、遅さについて多くの事例を示しつつ明らかにしている。普通飛脚では急な用事はとても間に合わず、宮廷をはじめ大銀行家や大商人はいざというときには、金に糸目をつけず、急使の飛脚を仕立てて、ニュースを目的地へ送った。費用はパドヴァ大学やサラマンカ大学の教授の年俸よりもずっと高くつくこともあったから、まさにニュースは贅沢な商品であった。しかし、飛脚がはこんだニュースによって、為替取引から巨額の利益が得られるとしたら、銀行家や大商人にとって、飛脚賃は決して高いものではなかったのである。

ヨーロッパの為替市場はさまざまな都市で生まれて、そして消えていった。リヨンにできた為替市場について、宮下志朗は『本の都市リヨン』のなかで述べている。それによると、一六世紀のリヨンはヨーロッパの金融市場の一つとなっていた。街の中心には、為替広場《プラス・デュ・シャンジュ》と呼ばれるところがあった。当時、フランスには二〇九の銀行があったが、代理人などを含めて、そのうち何と一六九の銀行がリヨンに集まっていたのである。銀行家たちは為替広場の界隈を拠点としたが、その九割がイタリア人で、フィレンツェ、ルッカ、ジェノヴァなどの銀行家であった。

リヨンでは、一月の公現祭、復活祭、八月、一一月の万聖節の年四回、大市《ラ・フォワール》が開かれた。大市の日には為替広場に木の柵が張り巡らされ、即席の青空金融市場が誕生する。フィレンツェ国民団の領事が音頭をとって、広場に集まってきた各国の商人たちが手形を見せ合って、手形の引受を迅速に決めていく。手形引受の二、三日後、ふたたび各国の商人が広場に集まり、次回の段取り、すなわち手形の引受日、為替換算率の設定、支払期限などを決めた。為替換算率は、それぞれ競合関係にあったルッカ、フィレンツェ、ジェノヴァの各国民団のあいだの協議で決められた。どこの国の通貨を基準通貨に選んでも異論が出るので、リヨンの市場では「エキュ・ド・マルク」という架空の通貨単位を設けた。この通貨単位を基準に三通貨の換算率が設定された。エキュ・ド・マルクは現在の機軸通貨ドルというところである。最後に、各地で振り出されたさまざまな為替手形《レットル・ド・シャンジュ》が、商人たちのあいだで、ほとんど現金のやりとりもなく相殺されて、リヨンの大市は終わるのである。

為替換算率などが決定されると、それらの情報は銀行飛脚によって、アントウェルペン、ジェノヴァ、カスティリアなどの各市場に通報された。電子メールや電話などがなかった時代であったから、大市の情報をはこぶ飛脚の役割は、今日では想像もつかないほど重要なものであった。一六世紀半ばのリヨンでは、四人の飛脚役《メートル・デ・クリエ》が任命され、手紙や小包を扱っていた。通貨の面でもそうだが、飛脚の分野でもイタリア勢が強かった。早くからフィレンツェの銀行と商人が飛脚の主導権を握っている。事実、フィレンツェ出身のジャン＝バティスト・ヴェラサンという人物が、リヨンの飛脚を取り仕切っていた。利益独占に反感をもつ地元リヨンの銀行家が、フィレンツェ勢を裁判に訴え、大きな騒ぎになったことがある。

フィレンツェの銀行家と商人たちによって組織された飛脚便は、彼らの商業書簡や為替手形だけをはこぶことにとどまらず、教皇庁や国王の文書もはこんだ。リヨン金融界と王室とのフィクサー役を演じていたトゥールノン枢機卿は「公文書はいったんリヨンに送れ、銀行飛脚が毎日出ているから」と書簡のなかで書いている。国王専属の伝書使などが任命されていたにもかかわらず、その迅速さと便利さゆえに、宮廷官吏も銀行飛脚や商人飛脚を利用した、と伝えられている。

5　騎士飛脚　青い外套をまとい馬にまたがる

　中世のヨーロッパ社会で、大きな力をもっていた教会や大学そして商人や銀行家たちの飛脚をみてきた。しかしここで騎士《シュヴァリエ》の飛脚にもふれておきたい。阿部謹也の『甦える中世ヨーロッパ』によると、中世社会は聖職者・貴族（騎士）・農民という三身分から成り立っていた。このうち騎士は剣《つるぎ》をもって闘う者として、この時代の唯一の戦闘集団であり、それと同時に多くの場合、土地領主や裁判領主などでもあった。公権力が十分に確立していなかった中世社会のなかで、騎士は、公権力の担い手でもあったのである。換言すれば、一方の手で剣をもち、戦争や私闘に明け暮れる騎士はもう一方の手で土地台帳を基に農民から取り立てる年貢を計算し、裁判も行った。

　中世ドイツの地図をみると、北のバルト海の沿岸に沿って、ドイツ騎士修道会国家がある。騎士の集団が国家を樹立していたところである。騎士修道会は一一九〇年、第三回十字軍が占領したアッコン郊外で創設された。その騎士修道会が一二三一年、プロイセンを占拠し、そこに効率的な行政組織を創った。中世の騎士といえば、婦人に対する奉仕や愛を歌った詩をつくるなどいわゆる華やかな騎士道精神だけを思いがちだが、このように国家を運営する一団もあった。ドイツ騎士修道会は支配していた土地を治めるために、そこにまず有効な飛脚のネットワークを敷く必要があった。命令伝達と情報収集は、いかなる為政者にとっても欠かせなかったからである。しかし、本拠を東プロイセンのマリーエンブルクに定めた一二七六年当時、騎士修道会は組織だった通信手段をもっていなかった。山本與吉と井手賁夫の共著『世界通信発達史概観』によれば、緊急事態が発生すれば、そのたびごとに、騎士自らあるいは彼らの従卒たちが馬をとばして伝令にあたった。急を要しない書簡は、もっぱら僧院飛脚に頼るほかな

騎士飛脚．ドイツ騎士道会の若武者か，それともウィティングの若人であろうか．目指す城門がみえてきた．アルブレヒト・デューラー画．

かった。

騎士修道会の飛脚にかんする記録は一三八〇年のものが最初となろう。記録では、マリーエンブルクの本部と支部に飛脚の監督官各一名を任命して、信書や荷物の送受、その要員や厩《うまや》の監督にあたらせた。監督官は、自分の監督範囲の土地に一定の距離ごとに駅をおき駅長を指名した。駅長の仕事は、馬の世話をはじめ、書簡の通数や宛先や発送日時を帳簿に記した後、書簡をリンネルの袋に入れて、それを送達人にわたすことなどであった。書簡をはこんだ送達人は騎士修道会の若き騎士たちで、青い外套をまとい馬にまたがり次の駅まで走った。もちろん徒歩で書簡をはこんだこともあった。

ドイツ騎士修道会は飛脚の運営を自ら手がけたが、また同時に、古くからいるウィティングと呼ばれる土地の者に飛脚の仕事を託した。騎士修道会がプロイセンの土地を支配するようになると、ウィティングは騎士修道会に忠誠を誓い、その功により、多くの知行を与えられた。ウィティングの土地は一定の間隔をおいて点在していたので、飛脚網構築にはまことに好都合であった。騎士修道会は、ウィティングに対して、要求に応じていつでも馬が使えるように準備し待機するように命じた。

何冊かの郵便史の文献を読んでみたが、ドイツ騎士修道会の飛脚にかんする詳しい叙述をみつけることができなかった。推測になるが、ハンザ都市やヴェネツィアの飛脚がヨーロッパの各都市をむすんだ国際的な飛脚ネットワークを形成したのに対して、騎士修道会の飛脚は領地内のネットワークに止まっていたらしい。その飛脚も騎士修道会の勢力に翳《かげ》りがみえはじめる一六世紀初頭には消滅した。

6　都市の飛脚　市民のコミュニケーションを支える

中世ヨーロッパでは、本格的な都市が誕生してくる。ここでは、都市の飛脚について、ドイツ、パリ、ロンドンの事例を引きながら紹介しよう。

ドイツ諸都市

南ドイツのロマンティック街道を南下すると、今でも中世都市の名残りを残したディンケルスビュールやローテンブルクなどの美しい街並みがみられる。それらヨーロッパの中世都市の物語を著した本もたくさんある。たとえば、ハインリヒ・プレティヒャの『中世への旅　都市と庶民』によれば、一四世紀ドイツの都市人口はケルンが三万人、ミュンヘンやフランクフルトでは一万人であった。しかしこれらは例外的に大きな都市で、多くの都市は人口が一万人以下で、一〇〇〇人を超す町村は一六〇しかなかった。現代の感覚からすれば、何と小さな都市といえるかもしれないが、往時のこれらドイツの都市は政治的にも経済的にも重要な役割を果たしていた。都市は堅固な城壁に囲まれていて、そこに偉容を誇るドームと美しい市民の家が建てられた。王侯貴族と張り合い、商業が栄え富が集まり、豊饒な文化が醸成されていた。このような都市では必然的に有効なコミュニケーション手段が市民から求められ、それに応える形で都市飛脚が誕生したのである。

　ドイツでは、シュトラスブルクの町が早くも一〇世紀から一一世紀にかけて飛脚制度を整えていた。山本與吉・井出賁夫の『世界通信発達史概観』によると、シュトラスブルクでは、大司教の指令により、二四人の飛脚を常時用意しておく義務が町に課されていた。しかし大司教は年に三回ほどしか飛脚を利用しなかったから、多くは市の役人や商人が利用したのではないかと考えられている。一四四三年の市の文書によれば、三名の上席飛脚《オーベルボーテ》と数十名の副飛脚が任命されていた。上席飛脚が飛脚全体の仕事を管理していた。この時代になると、飛脚の人数は九七人に増加している。報酬のほかに、飛脚には衣料用の布と靴の修理代が支給された。また市の文書には、飛脚は市民のためにできるかぎり信書送達に従事すること、と明記されている。まさに市民のための飛脚となっていた。

　一四世紀末のケルンにも、よく整備された飛脚の組織がみられる。四名の飛脚が任命されていたが、もっぱら市の公用信などを扱った。これとは別に、ケルン市には市の保護と監督の下に、多数の飛脚が商人や市民の手紙を取り扱っていた。当時の文書には、ケルンからの飛脚の賃料が定められていたが、それによれば、ボン八シリング、デュッセルドルフ一四シリング、ブリュッセル六シリング、ハイデルブルク八マルクなどとなっていた。飛脚は市の中央にある飛脚詰所に待機していて手紙を引き受けたが、ときには、差出人の家まで手紙を集めにいった。各都市ごとに飛脚の出発時刻が決められていたので、商人のポーターが締切時間に間に合うように手紙を詰所にもっていくのが一般的だった。市の飛脚に対する監督規定には「手紙の秘密を漏洩してはならない、偽りの封印を行ってはならない、手紙を開封してはならない」などという、禁止条項があったが、その他賃料の設定などは飛脚の裁量に委ねられた。

　フランクフルト市でも機能的な飛脚システムが存在していた。一三八五年の市の会計帳簿で確認できるのだが、フランクフルトの飛脚は、アシャッフェンブルク、コブレンツ、ケルン、ジーゲンなどの諸都市に行っていた。さらに騎馬飛脚を走らせて、アウクスブルク、ブレーメン、ハンブルク、シュターデにも規則正しく運行していた。阿部謹也の『中世の窓から』には、ドイツの飛脚の話が紹介されている。それによると、一四三五年のフランクフルトの飛脚の書には、ヘンヒェン・ハナウという飛脚の肖像が描かれている。飛脚のハナウは左胸にフランクフルト市の紋章をつけ、右手に手紙を、左手に槍をもっている。背中には紋章がついた壷を吊している。衣服をはじめ、これらの所持品はすべて市の参事会から支給されたものであった。紋章のバッジは小さな盾でもあった。壷は飛脚が宣誓のときに受け取ったもので、そのなかに羊皮紙《パーチメント》の手紙を入れた。はじめは木の文箱《ふばこ》だったが、一五世紀に入ると、木箱や壷に代わって、銀製の箱が用いられるようになった。この頃から飛脚が銀の紋章をつけ銀の文箱をもつようになったことから、「銀の飛脚《ジルベルボーテン》」と呼ばれるようになった。

フランクフルト市の飛脚．夏の服装（左）と冬の服装．いずれもフランクフルト・アム・マインの飛脚ヘンヒェン・ハナウの肖像画である．1435年刊，同市の飛脚の書に描かれたもの．

槍は、街道で強盗などから身を守るときや、濠《ほり》などを跳び越えるとき、また町や村で犬をかわすときなどに使われた。一般の人たちは市《いち》の日に武器の携行を禁止されていたが、飛脚は例外だった。右胸の紋章は帝国自由の身分であることを示し、いわばパスポートである。飛脚の衣装の色ははじめ灰色だったが、飛脚の社会的な役割が高まるにつれて、色も変化していった。後年、フランクフルトの飛脚は、市の色である赤と白の鮮やかな衣装を着るようになった。このフランクフルトの飛脚には、市長や市参議会員だけでなく、商人や一般の市民も手紙を託すことができた。飛脚は市民権をもっていたし、余暇には手工業などを営む者もいた。

パ　リ

一七世紀パリの人口は二〇万人になった。当時のパリについて、ある学者は「地主や富める人々が地方から搾取してパリに居住し、ここで消費する」と論じている。それを裏づけるかのように、別の学者がパリで消費される金額を推計している。総計三八二万リーヴル。うち商工業によって地方から

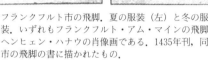

得る金額二四万リーヴル、国債の利子と俸給という形でパリに落ちる金額一四四万リーヴル、地代と地方で営む企業から得られる金額一一四万リーヴルとなっている。まさに消費経済型の構造である。そこに住んでいた人たちは、王侯貴族、大地主、弁護士、金融業者、商人、文学者らであった。ここからも消費型の社会が形成されていたことがうかがえる。パリは何度となく改造されて、大都市に発展していく。このような都市の性格を考えると、都市のコミュニケーションを支える飛脚のニーズはきわめて大きかった。

　本城靖久は『十八世紀パリの明暗』のなかで「日取りが決まると、親類や友人に結婚の通知状が送られる。……パリ市内においては、郵便物の配達は一七六〇年まで行われていないので、それまでは馬車に乗っていちいち親類縁者のところをまわって通知するか、あるいは従僕に結婚通知状を託し、配達してまわらせていた」と書いている。一八世紀半ばのパリの郵便事情がわかり興味深い。結婚の通知以外にも、商売の書簡、金融業者の借金の督促状や折々の出来事を知らせる手紙、あるいは恋人たちの手紙など、さまざまな手紙がいろいろな手段でやりとりされていた。従僕をはじめポーターたちがモンパルナス地区からサン＝ラザール地区へ、またあるときは、バスティーユ地区からエリゼ地区へと駆け巡り、主人やお客から預かった信書を届けていたのである。

　前述のとおり、一七六〇年までパリ市内には手紙を配達するサービスがなかった。だが、そのおよそ一〇〇年前に一つの試みが一人の男によって行われていた。高等法院の評定官であったジャン＝ジャック・ルヌール・ドゥ・ヴィライエが一六五三年、フランス国王から勅許を得て、パリに戸別配達サービスを提供する市中飛脚を開業した。パリの小飛脚《プティット・ポスト》と呼ばれたものである。ドゥ・ヴィライエは、手紙を集めるためにパリの主だった街区《カルティエ》一一ヵ所に壁ポストを設置して、手紙を一日三回取り集め、同じく一日三回、すなわち午前六時、午前一一時、午後三時に手紙を配達した。また、飛脚賃料が後払（受取人払）だった時代に、ドゥ・ヴィライエは、手紙の配達賃を前払制にし、賃料を支払った証拠として、賃料支払済証紙《ビイエ・ドゥ・ポー・ペイ》なるものをつくり、それを王宮の側《そば》で販売した。証紙は一枚一スーであった。返事をもらうときには、証紙を一枚多く買って手紙に入れるように薦めている。切手の原型とみることができよう。小飛脚の勧誘広告がパリの市内にまかれたが、次のような呼びかけではじまっていた。

　……従僕をもたない方々へ、従僕が病気で外に出せない方々へ、従僕に家で仕事をさせないといけない方々へ、ぶらつくのが好きで、後で住所が見つからなかったという召使いを抱えている方々へ、お客様を失うことが恐ろしくて店を外せない商人《あきんど》の方々へ、外出できる自由がない内の手伝いしかいない方々へ、健康が優れず外に出られない方々へ、借金取りに追い回されている方々へ、監獄に投獄されている方々へ、修道院などで神に仕える方々へ、使者がいない大学で勉学に励む方々へ……

しかし、ドゥ・ヴィライエの小飛脚の登場は、パリ市内で小荷物や手紙の運搬業などを生業《なりわい》としていた人たちの職を奪うことになってしまった。小飛脚は彼らの敵愾心《てきがいしん》を買うことになり、早々、廃業に追い込まれてしまった。それに、パリっ児たちには壁ポストの使い道が理解されず、そこにゴミが捨てられたりして、ネズミの巣になってしまったところもあった。

パリの街区に戸別配達を行う小飛脚がふたたび登場してくるのは、ほぼ一〇〇年後の一七六〇年になってからのことである。博愛家で知られるピエロン・ドゥ・シャムセが独占ではないが勅許を得て創業したものである。事業は成功する。成功の要因は、ドゥ・シャムセが生活の糧《かて》を奪われる小荷物運搬人を小飛脚の書状配達人として雇い入れたことであろう。その人数は二〇〇人になった。ドゥ・シャムセは、パリの市内九ヵ所に書状受付所を設け、書状や小包を引き受けた。小飛脚の賃料は前払とし、パリ市内宛一オンス以下の書状が二スー、また、王室御用便《メッサジエ・ルワイヨー》が行かないパリ近郊宛は三スーであった。人口五〇万、否、一〇〇万になろうとしていたパリは、ヨーロッパ有数の都市として発展し、そこには王侯貴族をはじめさまざまな人々が暮らしていた。そのなかで文字が書けない人もたくさんいたが、同時に、手紙をやりとりする人もたくさんいた。小飛脚に対する需要はきわめて高いものがあり、初年度の利益は五万リーヴルに達した。

パリの小飛脚．1760年．左手に手紙，右手にカタカタと音を出すカチンコをもっている．受取人を待っているのであろうか，それとも市中で手紙を集めているところであろうか．

小飛脚が収益性のある事業とわかると、王室御用便は小飛脚を接収する。ドゥ・シャムセには、接収に際して、三万リーヴルの補償金が支払われた。手紙の戸別配達を行う小飛脚はパリ以外にも導入され、一七六六年にはボルドーに、続いて一七七七年ナント、一七七八年ルーアンとナンシー、一七七九年リヨン、一七八〇年ストラスブール、一七八一年マルセイユ、一七八四年リールに、それぞれ小飛脚がお目見えした。どの都市でも成功を収める。一七八九年には、フランスの王室御用便が駅逓事業全体で一二八四の書状取扱所（郵便局）を所有し、一万三〇〇〇人の雇い主となった。

ジャン＝アンリ・マルレの『タブロー・ド・パリ』という本がある。一九世紀はじめ王政復古期のパリの情景を描いた石版画集である。そこに小飛脚も取り上げられているが、小飛脚の石版画の解説によると、パリ市内と隣接する郡の町村をカバーする飛脚のネットワークは小飛脚（小郵便）と、その他地方の郡の集配網は大飛脚（大郵便）と呼ばれた。大飛脚の業務を受けもつ郵便馬車は、すべてジャン＝ジャック・ルソー街の中央郵便局から出発した。パリの各地区には総計二〇〇のポストが設けられ、手紙は朝七時から夕刻七時までのあいだに二時間ごとに集められ、九つの街区の郵便局にはこび込まれた。手紙は、そこでスタンプが押された後、配達のために中央郵便局あるいは各街区の郵便局に発送された。パリでは、手紙は戸別に配達されて、原則として、朝九時から夕刻七時までのあいだに六回行われた。最終便で回収された手紙を除き、手紙はポストに投函した日のうちに相手に配達されたのである。

手紙の料金はパリ市内三スー、郊外四スーであった。手紙の配達員は赤い襟のついた青い制服に、錫《すず》メッキの帽章のついた防水革のシルクハットをかぶり、雨の多いシーズンには短いケープを羽織っていた、という。一日一回の配達が一般的な現代の郵便サービスとくらべると、一九世紀パリで展開された小飛脚のサービスは羨《うらや》ましい限りである。

ロンドン

一七世紀後半のロンドンは、今井登志喜の著書『都市の発達史』によれば、二万人もの犠牲者が出た一六六五年の疫病《ペスト》の大流行や一万余の家屋が焼失した一六六六年の大火の発生にもめげず、大火を節目に建物は木造からレンガと石造りに変わり、町並みは一新する。人口は五〇万。ロンドンは繁栄する当時の商都アムステルダムを凌《しの》ぎ、パリとともにヨーロッパの中心地となった。ロンドンは、エドワード・チェンバレンの言葉を借りれば、「貴族、紳士、僧侶、法律家、商人などさまざまな人が集まる、もっとも洗練された機知ともっとも優れた美の大いなる集合所であった」のである。しかしながら、このように大きな都市に発展していったにもかかわらず、王室駅逓《ロイアル・ポスト》は手紙の戸別配達サービスをロンドンの人たちに提供していなかった。そのため市民は専門のメッセンジャーに手紙を託したり、コーヒーハウスや旅館などに手紙を留め置きにしたりして、文通をしなければならなかった。ヨーロッパの中心地とまで謳《うた》われた都市に、市内の飛脚サービスがなかったのは、いかにも時代遅れの感があった。

このような不便を解消したのが、税関吏でもあり、ロンド

ンの事業家でもあったウィリアム・ドクラである。ドクラは一六八〇年三月、数名の共同出資者《アンダーテーカーズ》を募り、ロンドン市内で

17世紀のロンドン．有名なクレイス・ヴィシャーの絵地図．右手に旧ロンドン橋，左上には大火で消失する前の旧セント・ポール大聖堂などがみえる．手前はサザック，左下に六角形や八角形の形をした有名な地球座が建っている．このような街のなかをペニー飛脚の使者が手紙を配達した．

手紙の戸別配達サービスを開始した。今様にいえば、ベンチャー・ビジネスの誕生である。T・トッドの『英国切手の歴史』によれば、ドクラの市内飛脚は重さが一ポンド（四五四グラム）以下で、その価値が一〇ポンドまでの手紙や小包を引き受けた。飛脚賃料は前払で、一律一ペニー。そのペニーを取って、ドクラは創設した飛脚を「ペニー飛脚」と呼んだ。ペニー飛脚は、シティー、ウェストミンスター、サザックを中心に東西七マイル・南北二マイルの市街地と、イズリントンなど四つの近郊の町をカバーするものであった。ドクラはこれらの地域を七つに分割して、各地区に書状区分所《ソーティング・ハウス》をおいた。本部はシティーのライム街にあったドクラの屋敷を充てた。次に、ドクラは市内に点在していたコーヒーハウスや商店に、手紙などの引受業務を委託した。これがペニー飛脚の書状引受所《レター・レシーヴィング・ハウス》となり、今日の民間宅配便の取次店の役割を果たした。その数は四〇〇から五〇〇にも達した。

近郊の町では、書状区分所の窓口で手紙を受け取る「局留扱い」だったが、追加賃料一ペニーを払うと、宛先まで手紙を配達してもらえた。また、ペニー飛脚は地方宛の手紙をロンバート街の王室駅逓の内国書状取扱所に届けることにも使われた。ペニー飛脚による手紙の取集・配達の回数は、シティーなどビジネス街では一日一〇回から一二回、その他の市街地では六回から八回、近郊でも四回から五回だった。その

ため、早ければ、ビジネス街では差出から一時間、近郊でも三時間ほどで手紙が相手に届いた。明治時代にあった東京の「一日十九度便」と呼ばれる市内郵便にも劣らないサービスを、ドクラのペニー飛脚は、一七世紀にロンドンの市民に提供していたのである。

このような良質なサービスが受け、ロンドンのさまざまな人たちがペニー飛脚を利用した。その取扱量は創業直後の一六六〇年四月が週一万通、以下、八月が週二万通、翌年三月には週三万通とほぼ一年間で三倍に増加した、という推計がある。しかし、フランク・スタッフの『ペニー郵便』に詳しく述べられているのだが、創業時点には、ペニー飛脚の裏にカトリック派の陰謀が潜み、国家に対する反逆罪につながる手紙が郵袋《ゆうたい》のなかに満ちみちている、とあらぬ弾劾を受けた。それに職を奪われたメッセンジャーやポーターからも攻撃を受け、こともあろうに、ドクラの飛脚が川に投げ込まれる事件まで起きた。このように、ペニー飛脚は多難なスタートを切った。

飛脚の賃料を支払ったことを証する、手紙に押印された三角形の賃料収納印は、ペニー飛脚のトレードマークといってもよい。この収納印について研究した文献がある。ジョージ・ブルメルが著した『ロンドンの地区郵便』という本である。同書に負うが、収納印には「ペニー飛脚／支払済み」という字句が三辺に、書状区分所名の略字が中央に刻まれている。略字は、Ｌがライム本部を、以下、Ｂがビショップスゲート、Ｈがハーミテージ、Ｐがセントポール、Ｓがサザック、Ｔがテンプル、Ｗがウェストミンスターの各区分所のことを表している。ドクラが考案した賃料収納印は、切手のように買いおきができる便利さはないが、料金前払を示すアイディアとしてはまずまずのものであった。収納印は「切手」の先駆けとなるものとなる。

また手紙の賃料は受取人払が原則だった時代には、収納印を手紙に押すことが二重払防止にも役立った。ドクラは収納印のほかに手紙の配達時刻を示すハート型の時間印も考案した。配達の遅れをなくすための対策そして配達時刻を証明するものとして採用している。採用の背景には、利用者から手紙の配達が遅いとよく苦情が寄せられた事情があった。もっとも、ドクラは「借金の督促状など、都合の悪い手紙は、しばしば受取人から無視されるものだ」と述べ、責任はむしろ受取人側にある、と弁明している。

創業二年目に入ると、ロンドンでは当時まだ各建物に住所番地がつけられていなかったが、商店の看板などを目印に家並みを熟知した飛脚たちによって、手紙が迅速に配達されるようになった。このサービスの良さが受けて、ペニー飛脚はロンドンっ児に大いに利用されるようになる。経済学者のウイリアム・ロバート・スコットという人が、近世イギリスの株式会社《ジョイント・ストック・カンパニー》にかんする本をまとめているが、そのなかでドクラの事業についても数字を挙げて論じている。スコットによれば、利用増加を反映して、ペニー飛脚の収支は一六八二年初頭には、累積していた赤字二〇〇〇ポンドを解消できるまでになり、それ以降、ペニー飛脚の事業収支は黒字基調に移っていく。東インド会社《イースト・インディア・カンパニー》も三〇〇万ポンドの新株公募の通知を、ペニー飛脚のチャネルを通じて広く世間に流した。ダイレクト・メイルのはしりともいえよう。このようにペニー飛脚は商業活動をはじめ、さまざまな分野の活動を広く支えるようになった。

しかし、ドクラのペニー飛脚は一六八二年一一月、王室駅逓の独占権《モノポリー》を侵《おか》したかどにより、一文の補償もないままに国有化された。国有化が突然行われたわけではない。ペニー飛脚開業の宣伝開始直後から、後にジェームス二世となるヨーク公が「ペニー飛脚は、国がもつ駅逓の独占権に抵触し、国家に一万ポンドの損害を与える」とドクラを攻撃したのである。その背景には、当時、公が王室駅逓から上がる利益を自由に使っていたから、公が駅逓の利益の増減に神経をとがらせていた事情があった。これに対し、ドクラは「ペニー飛脚

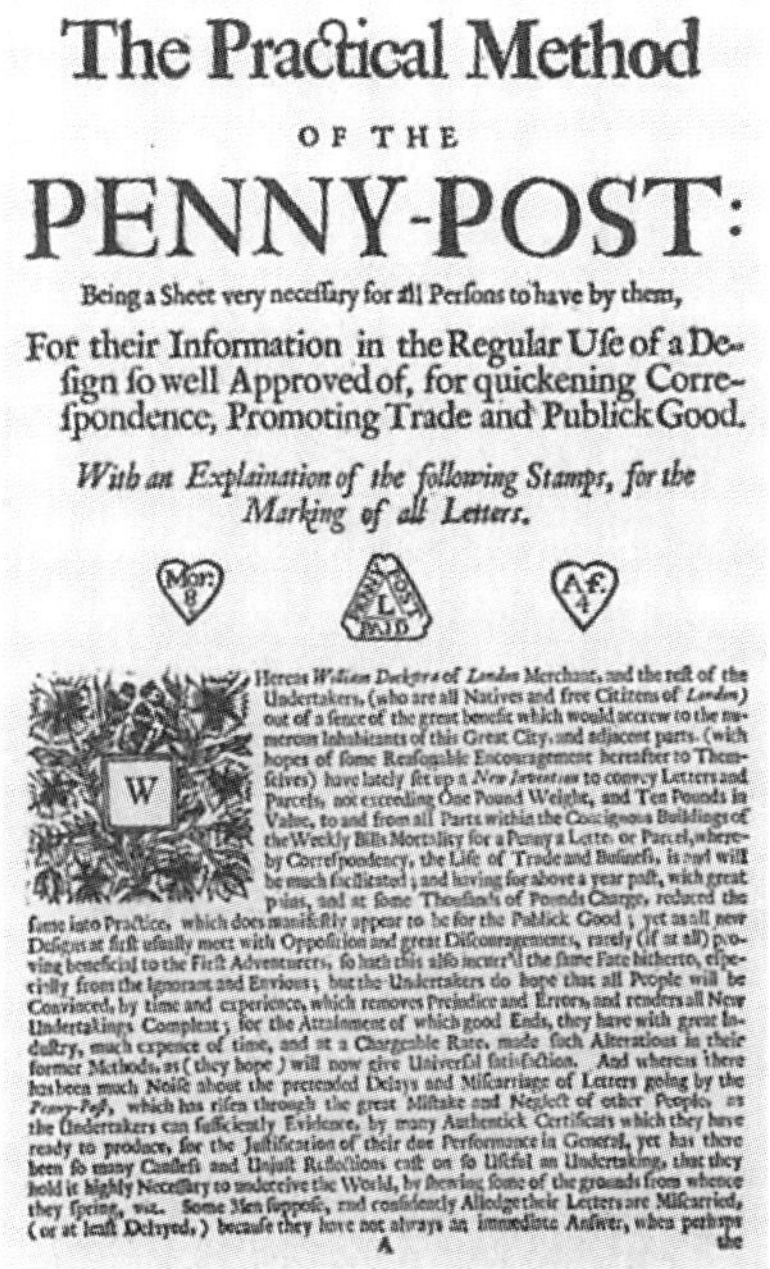

The Practical Method
OF THE
PENNY-POST:
Being a Sheet very neceſſary for all Perſons to have by them,
For their Information in the Regular Uſe of a Deſign ſo well Approved of, for quickening Correſpondence, Promoting Trade and Publick Good.
With an Explaination of the following Stamps, for the Marking of all Letters.

Hereas William Dockwra of London Merchant, and the reſt of the Undertakers, (who are all Natives and free Citizens of London) out of a ſence of the great benefit which would accrew to the numerous Inhabitants of this Great City, and adjacent parts, (with hopes of ſome Reaſonable Encouragement hereafter to Themſelves) have lately ſet up a New Invention to convey Letters and Parcels, not exceeding One Pound Weight, and Ten Pounds in Value, to and from all Parts within the Contiguous Buildings of the Weekly Bills Mortality for a Penny a Letter or Parcel, whereby Correſpondency, the Life of Trade and Buſineſs, is and will be much facilitated; and having for above a year paſt, with great pains, and at ſome Thouſands of Pounds Charge, reduced the ſame into Practice, which does manifeſtly appear to be for the Publick Good; yet as all new Deſigns at firſt uſually meet with Oppoſition and great Diſcouragements, rarely (if at all) proving beneficial to the Firſt Adventurers, ſo hath this alſo incurr'd the ſame Fate hitherto, eſpecially from the Ignorant and Envious; but the Undertakers do hope that all People will be Convinced, by time and experience, which removes Prejudice and Errors, and renders all New Undertakings Compleat; for the Attainment of which good Ends, they have with great Induſtry, much expence of time, and at a Chargeable Rate, made ſuch Alterations in their former Methods, as (they hope) will now give Univerſal ſatisfaction. And whereas there has been much Noiſe about the pretended Delays and Miſcarriage of Letters going by the Penny-Poſt, which has riſen through the great Miſtake and Neglect of other People, as the Undertakers can ſufficiently Evidence, by many Authentick Certificats which they have ready to produce, for the Juſtification of their due Performance in General, yet has there been ſo many Cauſleſs and Unjuſt Reflections caſt on ſo Uſeful an Undertaking, that they hold it highly Neceſſary to undeceive the World, by ſhewing ſome of the grounds from whence they ſpring, viz. Some Men ſuppoſe, and confidently Alledge their Letters are Miſcarried, (or at leaſt Delayed,) becauſe they have not always an immediate Anſwer, when perhaps
A　the

ペニー飛脚のブロードサイド．1682年にドクラが作成した広告．設立趣旨やサービス内容が記されている．中央の印影は，左から，午前8時の時間印，ライム（L）本部の賃料収納印，午後4時の時間印．

ドクラの賃料収納印（左）と国有化後の賃料収納印．ウェストミンスター（W）局とテンプル（T）局のもの．綴りがPENNYをPENYに，PAIDをPAYDに変更．右の印には曜日を追加，SATは土曜日のこと．

を通じて、王室駅逓への信書の差出が増加して、むしろ国家は利益を受ける。それにペニー飛脚に類似したサービスがない」と反論した。その強気の発言の裏には、ペニー飛脚が議会で圧倒的な議席を占めていた、シャーフツベリ伯のホイッグ党に支持されていたことがある。国王に頼らなくてもよい金融資本家や商人や土地貴族らから成るホイッグ党は、ヨーク公の国王継承に反対し、国王継承排除法案《エクスクルジョン・ビル》を成立させようと躍起になっていた。だが国王は議会を開かず、ホイッグは手詰まり状態になっていた。このためシャーフツベリは公の排斥の望みを失い、逮捕を恐れ、オランダに亡命した。国王派のトーリー党が反撃に転じた。公はこの機を逃さず、ペニー飛脚を強引に国有化した。国有化はいわば時代の政治的反転のなかでの、一つの出来事であったのである。

　国有化後、政府は一六八二年一二月、ドクラの組織をそのまま利用し、ペニー飛脚を再開する。以後、国営のペニー飛脚は取扱量を増加させ、一八世紀初頭には年間一〇〇万通の書状を取り扱い、四〇〇〇ポンドもの利益を上げた。ペニー飛脚は地方にも導入され、まず一七七三年にダブリンに、次いでエディンバラなどに導入されていく。このペニー飛脚の登場により、ロンドンと地方とをむすぶための輸送業に近かった旧来の駅逓のあり方が一変する。すなわち「点や線」に限られていた、それまでの駅逓サービスに、市内における書状の戸別配達つまり「面」のサービスが加わったことになる。賃料前納制や戸別配達などを採用したドクラのペニー飛脚に、近代郵便の原型《プロトタイプ》をみることができよう。

　精査するまでもなく、パリの小飛脚とロンドンのペニー飛脚は酷似している。創業についてみれば、パリでは一六五三年、ロンドンでは一六八〇年で、わずか二七年しかちがわない。スタート時点で、職を奪われたポーターたちから攻撃を受けたが、そのことは二都の社会構造が同質だったことを意味するのだろうか。また、飛脚の賃料支払も前払方式を採用し、パリでは賃料支払済証紙が売り出され、ロンドンでは三角形の賃料収納印が使われた。いずれも切手の役目を果たすアイディアである。そして、いずれの市内飛脚も民間人が立ち上げ、それが利益の上がる事業だとわかると、時の権力者が国有化した。国有化後、地方にも導入されていったことも同じである。このようなことは通信事業の発展に共通する一過程なのかもしれない。

第8章　ハプスブルク家と歩んだタクシス郵便（駅逓）

1　一六世紀中葉までの発展　フランツが基礎を築く

西洋郵便史を繙《ひもと》いてみるとき、それがフランス郵便史であれ、イタリア郵便史であれ、トゥルン・ウント・タクシス家の駅逓（郵便）の存在を無視して語ることはできない。一族の駅逓は、ヨーロッパに君臨してきた、あのハプスブルク家とともに歩み、四〇〇年にわたり発展してきた事業《ビジネス》で、ヨーロッパ各国をむすぶ国際郵便になったからである。以下、その興亡の物語である。

タクシス前史

タクシス家の祖先は北イタリアのミラノに近い山岳部ベルガモ地方の出身である。ブレンボ渓谷のコルネッロ・デイ・タッソ村がその故郷である。イタリア名ではタッソとかタッシスと呼ばれて、タクシスは、後にドイツ化してからの名称である。そのタッソ一族は山岳地帯で家畜を放牧することを生業《なりわい》にしていた者や祭司や司教、あるいはトルクワート・タッソなどの詩人らを輩出していた。しかしローマやヴェネツィアに出て財を成した商才に長《た》けた者のなかには、飛脚を手がける者も出てきた。彼らは、ずば抜けた能力を発揮し、持続的に飛脚の組織を維持して、さらには拡大して、あの壮大なタクシス郵便を後《のち》に築き上げたのである。郵便といえばタクシス、タクシスといえば郵便といわれるまでになった。

オモデオ・タッソという人物がベルガモ飛脚《コリエリ・ベルガマスキエ》を興したという記録がある。一二九〇年のことであるが、一八世紀までベルガモの地で飛脚業者として続いた。そのタッソ一族が隆盛をきわめるときのヴェネツィア共和国に食い込み、一三〇五

タクシス一族を輩出した北イタリアのコルネッロ・ディ・タッソ村．ブレンボ川に角のように突き出た高台にある．コルネッロには角とか先端部という意味がある．12世紀創建の教会を中心に住宅が寄り添っている．ロマネスク様式の鐘楼がそびえ立ち，下の方にはアーチ構造の道に荷馬車などがみえる．タクシスの飛脚もこの道を走った．

年、同地にヴェネツィア使者商会《コンパニア・ディ・コリエリ・ヴェネティ》を創設した。共和国は、タッソ一族のために、ローマ教皇庁から一族が教皇庁の支配地域で飛脚を行う権利を得る。以後、ヴェネツィア使者商会は私企業ではあったが、共和国公認の飛脚として、広くヴェネツィア商人が活躍する地に手紙をはこんだ。もちろん教皇庁の書簡をはこぶ教皇の飛脚として活躍する者もいた。

本論に入る前に、タクシス駅逓が後《のち》に深いかかわりをもつことになるハプスブルク家と神聖ローマ帝国について、簡単に説明しておこう。まずハプスブルク家について。江村洋の『ハプスブルク家』によれば、同家の名前がはじめて歴史に刻まれるのは一一世紀の頃である。しかし全欧的な規模の王朝として発展を遂げるのは、後に神聖ローマ帝国の皇帝となるマクシミリアン一世が一四七七年にときをきわめるブルゴーニュ（ブルグント）公国のシャルル突進公《テメレール》の跡取り娘マリアと結婚してからのことである。強国が相手が弱いとみれば、強引に侵略し領土をかすめ盗《と》った時代に、ハプスブルク家は、そのような野暮な武骨者が用いる手段はとらなかった。もっと雅《みやび》な方法で、もっと効果的に他人が苦心惨憺《さんたん》して造り上げた国家をちょうだいしたのである。すなわち愛の力によって、結婚によって。ブルゴーニュ公国の領地は、フランス南部ブルゴーニュ地方からロレーヌ（ロートリンゲン）州を通り、北海に面したフランドル地方に至る長大なものであった。マクシミリアンはマリアとの結婚によって、その広大な公国の君主となったのである。

ハプスブルク家の巧みな結婚政策は、その後も続く。マクシミリアンの嫡男フィリップ美公は、アラゴン王フェルナンドとカスティリア女王イザベラとのあいだに生まれた、スペイン王女フアナとむすばれた。二人の王子と四人の王女が生まれたが、そのうちカールはスペイン王、ナポリ王、加えて発見まもない新大陸アメリカの君主にも就く。フェルディナントはハンガリーの王女と、マリアは同じくハンガリーの王子と結婚した。それらが結実して、まずハンガリーの王冠が、次いでボヘミア（チェコ）の王冠がハプスブルクに転がり込んできた。カールとフェルディナントは後に神聖ローマ帝国の皇帝となる。そして一六世紀前半のカール五世の時代のヨーロッパは、英仏両国とローマ教皇庁領などを除けば、ほとんどハプスブルク家の支配下にあった、といっても過言ではない。

次に神聖ローマ帝国について。ローマ帝国がかつて支配し、キリスト教を布教したドイツの地といってもよい。今日のドイツよりもはるかに広大で、オーストリア、オランダ、ベルギー、フランス東部、スイス、イタリア北部、チェコなどのかなりの地域を含んでいる。マインツ大司教やボヘミア王など七人の世襲の選帝侯が帝国の王を選ぶ。選ばれた王はローマに赴き、教皇から帝冠を授与されると皇帝と呼ばれた。しかし帝国には二〇〇とも三〇〇ともいわれる大中小の公国・帝国自由都市・僧正領・騎士領などがひしめき合って、それぞれが独立国のような性格を帯びていた。だから神聖ローマ帝国の皇帝といっても、江村洋によれば、その権限はあってなきが如しなのである。それでも皇帝の権威に重みがあったのは、ヨーロッパ文化の根底に横たわるキリスト教を守護するのが皇帝の役割とされたからである。その聖性は歴然としていた、という。

前おきが長くなってしまった。実はタクシス家の駅逓が展開していくなかで、以上のことが複雑にからみあってくるのである。タッソ一族がハプスブルク家に仕えるようになったのは、一五世紀半ば、一族がアルプスを越え、チロルに進出してきたときからである。一四五一年には、ロゲリウス・タッシスがチロル―シュタイアーマルク間の宮廷書簡を送達していたという記録がある。ロゲリウスの孫にあたるヤネット・デ・タッシスが一四八〇年に皇帝マクシミリアン一世の知遇を得る。おそらくヤネットがヴェネツィアや教皇の許《もと》で飛脚業を務めていた関係があったからであろう。皇帝の命を受け、ヤネットはインスブルックに駅逓本部を設け、チロル周辺の駅路の敷設を開始する。インスブルックの宮廷財務庁《ホーフカンマー》の記録には、ヤネットがヨハンというドイツ名で宮廷官吏の立場で奉職していたことが記されている。

一四七七年にマリアと結婚したマクシミリアンは、ハプスブルク領とりわけインスブルックの地と、フランドルなどブルゴーニュ公国の二つの領地を効果的に治めていかなければならなかった。そのためには機能的な通信システム、換言すれば、迅速な書簡の送達手段がまず必要となる。当時のヨーロッパでは、書簡の遠距離送達といえば、騎馬飛脚がもっとも速い手段であった。それは替馬を提供する宿駅と宿駅とを

マクシミリアン１世がタクシスの飛脚に書簡を直々に手渡しているところ．帝はローマ教皇の飛脚を任じていたタクシス家をインスブルックに招請し，駅逓運営を委ねた．当時の木版画．

有機的にむすんで、騎手と馬が各地の宿駅ごとに交代しながら、目的地に書簡を引き継いでいく方法である。馬による継飛脚である。しかし、当時、騎馬飛脚の運営に都合がいいように、馬を提供できる宿駅が点在していなかった。そのため、宿駅と宿駅との間隔が長いところには、新たに馬を交換するための中継所をつくらなければならなかった。

一四八九年、ヤネットは宮廷駅逓長《ホーフポストゲネラル》に任命される。宮廷駅逓長の主たる役割は、騎馬飛脚が機能する仕組みを構築することであった。三井高陽は、タクシス郵便（駅逓）の発達過程とその歴史的意義について述べた論文を『ドイツ郵便専掌史』という本にまとめている。同書によれば、ヤネットはクルーブルーデンツ—フェルドキルヒ—リンダウ—アウクスブルク—ヴォルムスなどの町をむすぶ駅路を開拓した。それはインスブルックから現在の南ドイツに入る駅路である。チロル地方を通り、現在のドイツ、オーストリア、スイスの国境が接するアルプス山地からボーデン湖をかすめ、平地に入るコースとなった。

フランツ・フォン・タクシス

一四九〇年に入ると、ヤネットの兄弟であるフランチェスコ・タッシスが、ヤネットと協力しながら、ハプスブルク家の統治を確たるものにするために、本格的な長距離の騎馬飛脚の開拓に乗り出す。後段で述べるが、フランチェスコは後に上級貴族に列せられて、フランツ・フォン・タクシスとなる人物である。以下、フランツと記す。

フランツは、ハプスブルク家の当時の中核都市インスブルックとブルゴーニュ公国の中心都市ブリュッセルとをむすぶ駅路を主幹ルートとする駅逓網の構築に精力的に取り組んだ。たとえば、騎馬飛脚の運営に欠かせない駅馬を提供する宿駅を均等に配置し、書簡送達のスピードアップを図る。また、駅逓の運行管理を徹底させるために、宿駅の責任者に書簡の発着時間を記録させたりした。このような地道な仕事のほかに、各地を移動するマクシミリアン一行に同行し、皇帝の滞在地とインスブルックとの、あるいはブリュッセルとのあいだをむすぶ臨時の騎馬飛脚も仕立てなければならなかった。このように初期の駅路は必ずしも固定したものではなく、絶えず変更されたのである。

ウォルフガンク・ベーリンガーの研究によれば、マクシミリアンは、フランツらが整備した駅逓により、誰よりもより早く情報を受け取り、また指令を出すことができた。それは諸侯の羨望《せんぼう》の的となったが、フランスとイタリアといくつかの都市を除いては、広域的な情報ネットワークをもっている諸侯はみあたらなかった。しかし、駅逓の運営には膨大な費用がかかる。飛脚の賃金、駅馬の借上料、そして駅逓を管理する宿駅の主人に対する支払など多岐にわたる。金を払わないで、民衆に使役の形で広域的な駅逓運営を強制的に押しつけることは、強大な力をもった古代帝国の権力者なら可能だったかもしれないが、マクシミリアンやインスブルックの小さな宮廷の手にはできなかった。それを可能にしたのが、今様にいえば、民間活力の活用であり、その立役者がフランツであった。

一五〇一年、タクシス家はその本拠地をインスブルックの町からブルゴーニュ公国のブリュッセルに移した。そこは当時繁栄をきわめるフランドルの中心都市であった。また、スペインの王女と結婚したマクシミリアンの嫡男フィリップ美公が、ネーデルランドの総督として、居住していたところでもある。一五〇五年、タクシス家は、そのフィリップ美公とのあいだに駅逓協定《ポストフェルトラーク》を締結する。この協定について、渋谷聡は『コミュニケーションの社会史』のなかで、スペイン王権の援助金を元手としつつ、タクシス家の請負経営という形態で進められる駅逓事業を、国法の上で確定した取極《とりきめ》であったとみることができる、と述べている。協定締結前後に、フランツは駅逓長官《オーブリステンポストマイスター》に就任している。

一五〇五年の駅逓協定では、①タクシス家側がスペイン領ブリュッセルと、マクシミリアンの本拠地インスブルック、スペイン宮廷があるグラナダ、それにパリなどの都市とのあいだに宮廷飛脚を走らす、②ブリュッセルからの所要時間はインスブルック五日半（冬六日半）、パリ四四時間（同五四時間）、グラナダ一五日とする、③ハプスブルク家側はタクシス家側に請負経費として年一万二〇〇〇リーヴルを支払う、ことなどが決められた。それぞれの権利義務が盛り込まれた双務契約の形となっている。緊張関係にあったヴァロア家のフランス宮廷との外交折衝の必要性からか、パリへの駅路が敷かれることが興味深い。協定には民間人の手紙の取扱禁止規定は含まれていなかった。

タクシス家は協定締結の翌年には民間人の手紙も引き受けるようになる。民間書簡の取扱禁止の規定がなかったのだか

フランツ・フォン・タクシス．タクシス郵便の開祖．1504年頃，駅逓長官に就任．手前に羽ペンと手紙と金貨がみえる．ホルバイン筆．

ら、もちろん協定違反ではなかった。だが国王の飛脚が宮廷書簡しか送達してはならなかったこと、もし民間人の手紙をはこべば死罪にも値するといわれていた時代であったから、タクシス家の行動は異例といえる。その背景には、ハプスブルク家が経費支払を滞らせたことと、同家がタクシス一族から巨額の貸付を受けていたため、民間人への飛脚サービス公開を黙認せざるをえなかった、という事情があった。

正確なデータはないが、民間人から徴収した往時の手紙一通の料金は距離により異なるものの、おおよそ二五グルデンから八〇グルデンのあいだであった。騎馬飛脚の一ヵ月の給金が八グルデンほどであったから、飛脚の料金が非常に高いものであったことがわかる。この時期、アウクスブルクの銀行家、アントニ・ウェルサーの書簡をはこんだという記録があるが、当時、タクシス家が送達した民間人の書簡は、銀行家や豪商などごく限られた財力がある者の書簡だけであったろう。

情報通信史の上では、一五〇五年の駅逓協定とその後の民間人への飛脚サービス公開は大きな意義をもつ。ヤネットが一宮廷官吏として飛脚を運営したのに対して、フランツは、三井高陽の言葉を借りれば、皇帝の至上権に属する郵便（駅逓）権を全面的に得たことになる。換言すれば、国家から国の駅逓事業を独占的に運営する権利を民間人が取得したことになろう。ベーリンガーは、民間企業家の参入を認めた一五〇五年の協定を駅逓事業の「マグナカルタ」に譬《たと》えている。民間人の書簡をも取り扱う素地をつくった協定は、この時代、やはり画期的なものであった、と評価してもよい。

実際の駅逓業務は、騎手を雇用して馬を所有する各地域にあった宿駅、すなわち地元の旅籠《はたご》が行っていた。前の旅籠から書状が届くと、旅籠はその書状を引き継ぎ、待機していた騎手が駅馬に乗り、次の旅籠まで書状をはこんだ。これが繰り返され、目的地まで書状が送達されるのである。その仕事は皇帝の飛脚として認知された。一刻も早く公用書状をはこぶために、街道通行の優先権が与えられた騎手は特別の駅逓ホルンを携帯し、飛脚の通過や宿駅への到着を、高々とホルンを吹いて知らせた。そして道路を通行する人や馬や馬車は飛脚に道を譲ることが義務づけられていた。タクシス家と旅籠との関係は、ベーリンガーによれば、いわばフランチャイズシステムにより、旅籠が前の旅籠あるいは次の旅籠とのあいだの書状送達の仕事をタクシス家から請け負ったのである。そしてタクシス家が全体のフランチャイズシステムを管理監督し、駅逓事業を運営した。タクシス家すなわち駅逓長官の監督下にある旅籠や騎手には課税が免除されるなどの特権が与えられた。

　フランツは三人の甥《おい》に各地の駅逓局を管理させる。シモーネをミラノの責任者に、ダヴィデをヴェネツィアの責任者に、マッフェオをスペインの責任者にそれぞれする体制を整えた。一族で組織を固め、一族が協力して連携しながら精力的に駅逓の運営にあたったのである。これらタッシス一族の駅逓事業の功績が認められて、一五一二年、皇帝マクシミリアン一世から、フランツをはじめ、フランツの兄弟にあたるヤネット、ルッジェロ、レオナルドと、ルッジェロの子供、シモーネ、ダヴィデ、ジョバンニ・バッティスタ、マッフェオに対して、世襲貴族の地位と世襲領地並びにオーストリアとブルゴーニュ公国の宮中伯の称号が授与された。ジョバンニ・バッティスタは、後年、フランツの後継者となる人物である。トゥルン・ウント・タクシス家の誕生である。

　その後、系譜学者の研究により、タクシス家がイタリア貴族のデ・ラ・トッレ家（トリアニ家という記述もあるが）と血縁関係があることが証明されると、一六五〇年に皇帝から勅許を得て、「ド・ラ・トゥール・エ・タッシ家」とイタリア流の称号でも名乗り、一六九五年には神聖ローマ帝国貴族に列された後は「フォン・トゥルン・ウント・タクシス家」と名乗ることになった。大きな特権を得たことになる。

　ここで、トゥルン・ウント・タクシス家の名前の由来について考えてみよう。まず、トゥルンには塔《タワー》という意味がある。その言葉には、一四世紀末にミラノが包囲されたときの戦いで、一族がある塔を死守した英雄的な武勲が秘められている。次に、タクシスの語源はイタリア語のタッシ（単数形タッソ）から来ている。アナグマという意味である。領地のなかにアナグマ山《モンテ・デリ・タッソ》と呼ばれる山があったからという説や、あるいは一族が落石防止と虫除けのために馬の首にいつもアナグマの毛皮をつけていたからという説などがある。このようにドイツ語化した名前には、出身地イタリアの故事が含まれているのである。

　一五一七年、フランツは五八歳で亡くなる。タクシス家の駅逓事業の基礎を築き、ヨーロッパ各国をむすぶ国際郵便の開祖となった。遺体はブリュッセルのノートルダム・デュ・サブロン教会に埋葬されている。ブリュッセルは本家筋が居住することになり、後年、タクシス家はオランダ副王と並んで、豪華な邸宅をブリュッセルに構えた。ここを起点としてスペイン系ハプスブルク家の駅逓事業が展開される。フランツの後は甥のジョバンニ・バッティスタ、ドイツ名ヨハン・バッティスタが引き継いだ。

スペインへの進出

一五一六年、フィリップ美公の嫡子カールがスペイン王カルロス一世として即位する。ここにスペイン系ハプスブルク家が誕生する。翌年、ブルゴーニュの宮廷家臣らとともに大挙して、イベリアの地に第一歩を印した。ナポリ王国、シチリア島、サルディニア島、新大陸のスペイン領、そしてフランドル・ブラバンドを含めたネーデルランド（ブルゴーニュとほぼ同義）などの支配者となる。世界各地の植民地から入る富によって、この時代、スペインは繁栄を謳歌《おうか》する。

しかし、当時のヨーロッパ経済の枠組みからみると、繁栄の舞台はたしかにスペインにみえるが、実は、もっぱらアントウェルペンを中心とする都市が主役になっていたのである。理由は、アントウェルペンを含むネーデルランドがハプスブルク家の領地であり、同家がカールの即位によりスペイン王家となり、ネーデルランドがスペイン領になった。そのことが、すでに先進商業地域に発展していたアントウェルペンの商人にとっては、無上の取引先ができたことになった。樺山紘一は『ヨーロッパの出現』のなかで、スペインの巨大な財貨は、国際システムに預託されて、商業循環はアントウェルペンでの決定に服し、もっとも裕福者であるかにみえるスペインは、奇妙にも植民地である低地地方《ネーデルランド》に従属した地位に甘んずるはめに陥った、と述べている。ハプスブルク家の巧妙な統治がみてとれる。

カルロス一世が即位した一五一六年、新たな領土獲得を見越しつつ、一五〇五年の駅逓協定が拡充され改訂された。新協定は、タクシス家がスペインをも含む拡大したハプスブルク家の各領地をむすぶ駅逓を運営すること、そしてそれをスペイン王室がバックアップすることを双方が確認するものであった。新協定にも、ブリュッセルに発着する各都市間の書簡送達の所要時間が定められている。表19に示すように、一五〇五年の協定のそれとくらべると、タクシス家の駅逓事業の改善が実り、短縮されている。たとえば、ブリュッセル－インスブルック間は半日、ブリュッセル－パリ間は夏場は八時間、冬場は何と一四時間も短縮している。駅逓の起点がスペインの首都ではなく、植民地のブリュッセルになっているところが興味深い。

渋谷聡の研究によると、書簡の所要時間を定めた規定のほかに、概略、次の五つの事項が協定を受けて出された条令に示されている。第一に、タクシスの騎馬飛脚のために各宿駅に二頭の駅馬を常におかなければならないこと。第二に、タクシスの騎馬飛脚が各地の領土を通過できるように、ローマ教皇、フランス国王その他諸侯に対して通行許可書を発行するように、スペイン国王から働きがなされたこと。第三に、ネーデルランドやナポリなどを含むスペイン領内では、タクシスの飛脚が、代金と引き換えに馬や食料などの物資の提供を受けることができること。また、駅逓業務を運営する権限の範囲内において、タクシスが刑罰権を得ていること。第四に、各宿駅に配置すべき騎手、書記その他要員に支払われる賃金の半額までをスペイン王室が補助すること。第五に、タクシスの駅逓長官の許可を得ないで、駅逓の業務を行うこと、また、駅馬の使用も禁止すること。以上であるが、最後の禁止規定は、都市の飛脚などを対象としたものである。

表19　ブリュッセルからタクシス駅逓の書簡送達速度

宛　先	1505年駅逓協定		1516年駅逓条令	
	夏場	冬場	夏場	冬場
インスブルック	5.5日	6.5日	5.0日	6.0日
パリ	44.0時間	54.0時間	36.0時間	40.0時間
グラナダ	15.0日	—	—	—
ブルゴス（スペイン）	—	—	7.0日	8.0日
ローマ	—	—	10.5日	12.0日
ナポリ	—	—	14.0日	—

（出典）　渋谷聡「広域情報伝達システムの展開とトゥルン・ウント・タクシス家」『コミュニケーションの社会史』54頁．Carl H. Scheele, *A Short History of the Mail Service*, pp.24-25.

当時のタクシス家の飛脚について、渋谷聡の分析を借りて述べれば次のようになる。すなわち、スペイン王権の後ろ盾により、タクシスは、地図15に示すとおり、ブリュッセル―インスブルック間の駅路を主要幹線として、そこからヨーロッパの主要都市に、そのネットワークを拡げつつあった。しかし、主要幹線の周辺で勢力をもつドイツ諸侯がタクシス家の飛脚を認めようとしなかった。理由は、タクシスの背後に控えるスペイン王権のドイツ進出を諸侯が警戒していたからである。また、ライン川に沿ったこの地域は、古くから交易が盛んなところであったため、都市の飛脚が充実しており、これらの飛脚をタクシスが自己の駅路に組み込んでいくことは容易ではなかった。したがって、一六世紀前半までのタクシスの飛脚は、ハプスブルク勢力の後援の下《もと》に、主要駅路こそ確保しえたものの、局地レベルの情報伝達ルートの取り組みには踏み出せない状況にあったのである。

一五一七年にフランツが没すると、甥のヨハン・バッティ

地図15　タクシス駅逓路線図（1490-1520）

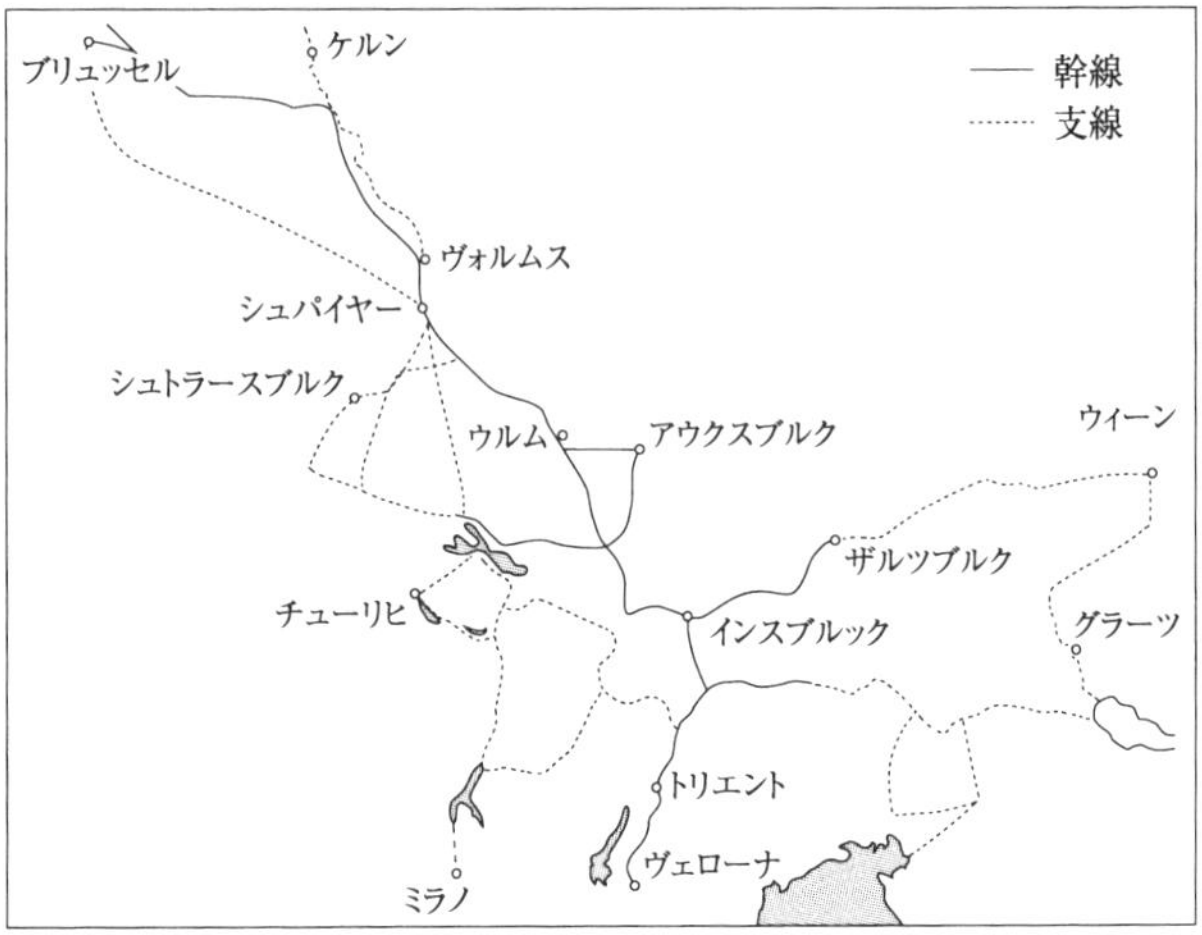

スタが後を継いだ。官職が改められ、駅逓総長官《ゲネラルオーベルポストマイスター》となる。呼称には宮廷の書簡を扱う官吏という意味が含まれているが、ハプスブルク家との駅逓協定に基づいて、単に宮廷官吏としてではなく、むしろ企業家として駅逓事業を展開していく。タクシス家の飛脚を一般にも、より開かれたものにした功績はヨハン・バッティスタである。ヨハン・バッティスタの在任中、もっとも名誉ある仕事は、一五一九年、神聖ローマ帝国の皇帝選挙の結果をブリュッセルの宮廷に急報したことである。それは、スペイン王カルロス一世が、皇帝選挙において、有力候補だったフランス国王フランソワ一世やイギリス国王ヘンリー八世を退けて勝利したニュースであった。マクシミリアンの後継皇帝、カール五世の誕生である。

　次の仕事は、駅逓運営のためのインフラストラクチャーの整備である。ブリュッセルの駅逓本部と末端の各宿駅とのあいだに中間の管理組織をおいた。今様にいえば、大都市にある中央郵便局に相当するものとなろうが、ここでは地域駅逓局と呼ぼう。ベーリンガーの調査によれば、最初の地域駅逓局はライン川の重要な船の渡し場があったラインハウゼンと帝国直轄の自由都市アウクスブルクに設けられた。そのほかにも、アントウェルペン、インスブルック、ウィーン、ヴェネツィア、プラハ、ボルツァーノ、ケルン、ヴェローナなどに地域駅逓局が設けられた。ケルンを除いて、地域駅逓局長《ポストマイスター》にはタクシス家の一族の者が就任した。

　駅逓のインフラストラクチャー整備といえば、駅路の延長拡充が欠かせない。一五二〇年代にアウクスブルクからレーゲンスブルクを経由してプラハに向かう駅路や、ネーデルランドーニュルンベルク間の駅路が新設された。イタリアやスペインへの駅路も確保され、とまれヨーロッパの主要都市をむすぶ飛脚ネットワークの基盤ができた。この時期、カール五世は、宿敵フランス王室に対して、タクシスの飛脚がフランスの領土を通過する権利を認めるように要求したが、巨額な費用負担とフランスの監督下に入ることを求めてきたため、この話は破談となった。そのためスペインなどへの書状送達では、タクシスの飛脚は、迂回《うかい》経路を探して書状をはこばなければならなかった。これらインフラストラクチャー整備には多くの資金を必要としたため、ヨハン・バッティスタは、アウクスブルクの豪商フッガー家やウェルゼル家から資金を借り入れした。このほか資金面では、ローマの銀行家サンドリや豪商ゴニ、フィレンツェの商館ナシなどからも支援を受けていた。

三番目の仕事は、同族企業としての基礎を固めることであった。ブリュッセルにタクシス家の本部をおいたが、スペインの責任者になっていたマッフェオがスペイン王室の威光を笠に着てか、その指揮に従わず、本家筋を手こずらした場面もあったが、ヨハン・バッティスタは、スペイン王国すなわちハプスブルク領をスペイン・ドイツ・ネーデルランド・ローマの四つの地区に分けて、もちろんブリュッセルを本部とし、タクシス一族の人々が分割して駅逓事業を管理することにした。

ヨハン・バッティスタは、一五三六年、病身のため職を辞す。後任は三男フランツ二世が継いだが早世し、一五四三年、四男のレオンハルトが駅逓総長官に就任した。後見人の助言を入れ、レオンハルトは、タクシス一族の割拠主義の弊害を除いて、一族の統率に努めた。タクシスの飛脚がゆきかうすべての地域の料金を統一したことは、その成果の一つであろう。ハプスブルク家の領地だったナポリ王国があるイタリアの駅路を強化したのもレオンハルトだった。ミラノからコモ、ジェノヴァ、ピアチェンツァ、ボローニャ、フィレンツェ、ローマ、ナポリまで駅路が整備された。タクシスの飛脚の歴史を振り返ると、このカール五世の治世に、もっとも華やか

タクシス家の家紋．家名の由来となったアナグマやハプスブルク家の双頭の鷲などを配す．1534年，神聖ローマ帝国の皇帝カール5世からヨハン・バッティスタが賜ったもの．

な発展を遂げている。タクシス家の発展は、ハプスブルク家の隆盛と軌を一にしているといえる。

カール五世の時代、ブリュッセル、アントワープ、アウクスブルク、ウィーン、インスブルック、マドリード、ヴェネツィア、ミラノ、そしてローマなどの地域駅逓局はすべてタクシス家一族によって管理運営されていた。そこでは、神聖ローマ帝国やスペインやイタリアなどハプスブルク家の壮大な領土と、その隣接する国々で送受される書簡が毎日ゆきかっていた。取り扱われた書簡は、法王庁の通信や王侯貴族の手紙、それに商人の書簡など多岐にわたっている。イギリス王ヘンリー八世も利用していた記録がある。タクシスの局舎には、帝国の紋章とタクシス家の紋章が掲げられ、その偉容は周囲を圧倒していた。まさにタクシスの駅逓局舎は、近世ヨーロッパにおける情報の送受信基地として機能し、政治や宗教や経済や文化など、あらゆる面の活動を支えてきたのである。

2　一八世紀中葉までの発展　帝国駅逓の地位を獲得

一五五八年、カール五世が没すると、ハプスブルク家はスペイン系とオーストリア系に分割される。カールの後を継いだフェリペ二世は、一五七一年、レパントの海戦で地中海支配を目論むトルコを破った。スペイン王国は、コロンブスが発見した新大陸との貿易で莫大な富を蓄え、太陽の沈まぬ国として繁栄を謳歌《おうか》した。しかし、スペイン領だったネーデルランドの新教徒プロテスタントを迫害したが失敗し、同地方の北部を失ってしまった。一五八一年、ネーデルランド連邦共和国が誕生する。フェリペは一五八八年にはイギリス侵略を企てて、あの無敵艦隊《インヴィンシブル・アルマダ》を出撃させたが、かえって大敗を喫してしまった。一方、オーストリア系ハプスブルク家といえば、皇帝フェルディナント一世が引き継いだものの、プロテスタントとカトリックとの争いに加え、ドイツ国内には三〇〇もの領邦国家が乱立し統一はままならず、君主はひんぱんに入れ替わった。

帝国駅逓への格上げ

このような情勢の時代に、タクシスの駅逓が帝国駅逓《ライヒポスト》に格上げされるのである。以下、もっぱら渋谷聡や三井高陽の文献に負うのだが、格上げの背景には、ハプスブルク家の分割により、ドイツ帝国へのスペインの脅威が払拭《ふっしょく》されたという時代の変化があった。すなわち、この変化を受けて、帝国の諸侯は、タクシスの駅逓をむしろスペインから切り離し、これを独自の駅逓制度として認めることが得策と判断したのである。一五七〇年のシュパイヤー帝国会議に、選帝侯から

「タクシスの駅逓を帝国に確保して、外国勢力の手にこれを引き渡さないこと」と要請が提出されている。

側面的には、ネーデルランドにおけるスペインに対する反乱が、タクシスの駅逓をドイツに定着させる結果になったともいえる。この反乱中に、同地におけるタクシスの駅逓は甚大な損害を受け事業が遂行できなくなり、ブリュッセルにあったタクシス家の財産が掠奪《りゃくだつ》される被害にも遭《あ》った。一五七七年以降は、ネーデルランドにおけるタクシスの駅逓に対するスペインからの援助金が途絶したため、各地の地域駅逓局長や宿駅長《ポストハルター》（旅籠）に対する支払が停止された。これを不服とする地域駅逓局長や宿駅長らが業務遂行を放棄して、タクシスの駅逓は崩壊の危機に瀕《ひん》した。この危機を回避したのが皇帝ルドルフ二世である。タクシス家がドイツでの駅逓権益を一時失うという事態になるなど紆余《うよ》曲折はあったものの、結局、ルドルフは、アウクスブルクから招いた調停役を介して、タクシス家と地域駅逓局長や宿駅長とのあいだにふたたび業務遂行の契約をむすばせることに成功した。

帝国駅逓への格上げに伴い、ルドルフは一五九五年、レオンハルトを帝国駅逓総長官に任命した。帝国駅逓総長官の官職はマインツ選帝侯の管轄下にある帝国書記局《ライヒスカンツライ》に所属することとなったので、この時点で、タクシスの駅逓はドイツ帝国の国制に固定化されたとみることができる。別の見方をすれば、タクシス家は皇帝の大権《レガーリエン》たる駅逓運営権を世襲の知行《レーエン》として法的に正式に授与されたのである。この結果、タクシス家の駅逓運営は合法化されて、駅逓業務に携わる要員の任命や書簡取扱所の開設などが正式に独自の裁量でできるようになった。また、レオンハルトは、フッガー家などの豪商から財政的な支援を得て、混乱した飛脚事業の再建に乗り出していく。

一五九六年に駅逓条令が公布施行された。崩壊寸前にあったタクシスの駅逓の規律を回復するため、条令にはさまざま

駅逓総長官，ヨハン・バッティスタ（左）とレオンハルト．前者はフランツの後を継ぎ，1517年から41年まで総長官を務める．豪商から金を借り，駅逓の基盤を整備した．後者は1543年から1612年までの69年間総長官を務め，1595年からは帝国駅逓総長官に任じられる．ルドルフ２世の指揮の下，当時の駅逓を立て直す．

な規制や罰則の規定が盛り込まれた。たとえば、送達時間を厳格に管理するために「送達時刻票《ポストシュトゥンデンツェッテル》」を書簡などをいれた郵袋《ゆうたい》に添付させて、各宿駅ごとに引継時刻を記入することを義務づけた。時刻票をつけ忘れた宿駅の要員や時刻票を紛失した飛脚の騎手には罰金を科すことも定められた。また、厳格な送達を遂行するために、送達の途上で郵袋をほどいた者は解職にすること、駅馬を使わずに徒歩で郵袋をはこんだ者、正規の駅路を離れて迂回した者、部外者に業務を託した者には罰金を科すことが規定されている。さらに、各宿駅には三頭の駅馬を常備すること、タクシス飛脚の騎手からは通行料を徴収してはならず、その通過を認めなければならないことも定められた。

ネーデルランドとの関係が改善した。一五九八年、タクシス家は、ブリュッセルからドイツを経由して帝国の南の都市トリエントへ向かう路線と、同じくブリュッセルからロートリンゲンを経由してフランスとスペインへ向かう飛脚の運営を、年一万リーブルの金額で請け負う。これによりタクシス家はネーデルランドで蒙《こうむ》った損失を短期間で取り戻すことができた。この成功はレオンハルトの経営手腕に負うところが大きかった。

一方、さまざまな飛脚との競合が問題となっていた。そこで一五九七年に無許可の飛脚業者を取り締まる命令《マンダート》が発せられた。この命令発出の背景には、スペイン領ネーデルランド、イタリア、ドイツの各地でタクシスの飛脚運営が好転したにもかかわらず、局地的には、無許可の民間飛脚《ネーベンボーテンヴェルク》がはびこり、皇帝の正規の駅逓制度すなわち帝国駅逓が衰退しかねない。ひいては皇帝の大権が傷づけられかねないという切迫した事情が、皇帝そしてタクシス家側にあったのである。無許可の飛脚のなかには、独自に六マイル（一マイルは七・五キロメートル）から一〇マイルごとに馬と騎手を配置し、週に一日か二日を飛脚の日として定め、ドイツのみならず外国宛の書簡も引き受けていた。また、シュヴァーベンやライン地方をはじめドイツ各地で、都市の食肉業者が畜肉を仕入れるために定期的に農村を回ったが、そのときに手紙を引き受けた。これを「食肉業者飛脚《メッツゲルポステン》」と呼んだ。いずれもタクシスの飛脚にとっては、手強《てごわ》い競争相手であった。

命令は、無許可の飛脚を禁止し、発見すれば、騎手と馬はその場で取り押さえて拘禁する、とした。許可が与えられるケースは、古くから営業していた都市の飛脚で、馬を使うことは認められたが、騎手を交替してリレー式で書簡などを送達することはできなかった。一人の騎手で進める範囲を営業範囲として認めようというものであった。許可証明書の不携帯やホルンの不正使用があったときは、騎手は逮捕、送達物は押収し、罰金五〇グルデンを科す、とされた。命令は帝国駅逓総長官のレオンハルトとケルンの地域駅逓局長のヤーコプ・エノーの連名で出され、各宿駅に掲示された。この命令には、タクシス家側が各地で営業している飛脚の認可権を握り、それを行使することによって、都市の飛脚をタクシスの幹線ルートに組み込み、あるいは競争相手を排除していく狙いがあった。競争相手であった食肉業者飛脚は一六一四年に

タクシス家のアウクスブルクの駅舎．中世になると，同地はイタリアとドイツをむすぶドナウの要衝の地となる．駅逓にとっても，ヨーロッパ各地への中継地点となる．騎馬飛脚や馬車がみえる．1616年，ルーカス・キリアンの銅版画．

営業が禁止された。

また、命令には、各地の諸侯に対して、タクシスの飛脚を認めるように要請することも書かれていた。それは、通行権を与え、護衛をつけ、有料で駅馬を提供するように駅逓関係者に対して諸侯が必要な措置をとることを求めるものであった。要請の背景には、ドイツ各地に林立する領邦国家の諸侯や各都市側がそもそも飛脚運営権をもっているという意識が強かった事情があった。それでも、要請はライン川沿いの諸侯のあいだで受け入れられていった。たとえば、一五九八年にケルン選帝侯（大司教）とユーリヒ公が命令を支持し、領内で無許可で営業している飛脚業者を取り締まるように命じた。一六〇二年にはトリーア選帝侯（大司教）も同様の布告を領内に発している。

このように、タクシスは認可権を行使して、都市飛脚を掌中に入れる一方、競争相手を排除した。また、諸侯にタクシスの飛脚運営を認めさせることにも成果を収めつつあった。この功績は、タクシス家側の努力もあるが、帝国駅逓への格上げを実現したルドルフの理解と後ろ盾があったからともいえる。もっとも、帝国駅逓への格上げや帝国駅逓総長官の拝命はタクシスの飛脚が国制の一つに位置づけされたという意義はあるが、むしろ、タクシス家側にとっては、飛脚事業を企業として独占して、経営していくために欠かせない公的な

お墨つきとなった、といえる。

三十年戦争

ドイツを舞台にした、旧教徒カトリックと新教徒プロテスタントとのあいだの宗教戦争は、ヨーロッパの多くの国が介入し長期化した。三十年戦争である。そこには単に宗教上の動機のほかに、ハプスブルク王朝とブルボン王朝との対決という政治的な野望などが多分に含まれていた。三十年戦争は、一六四八年に締結されたウェストファリア条約で終結する。条約で、新教徒と旧教徒は同権であり、相手の立場を尊重することが再確認された。しかし、政治的にはフランスが絶対優位となり、スペインからの支援もままならなかったハプスブルク家が大きな痛手を被る。ハプスブルクは、フランスにアルザスを、スウェーデンにドイツ北部を割譲せざるをえなかった。その上、オランダがスイスとともに独立を正式に認められ、ドイツの諸侯など領邦君主の主権もほとんど完全に認められた。オーストリア系ハプスブルク家の領土は、オーストリアとハンガリーとフランドル（ベルギー）だけとなったのである。

このように激動するヨーロッパの歴史の流れの真っ直中《ただなか》で、タクシス家も翻弄《ほんろう》される。

まず、ウェストファリア条約の締結は、タクシスの飛脚運営に対して、大きな打撃を与えた。フランスに割譲されたドイツのアルザスやライン左岸ヴェルダンの地方と、スウェーデンに割譲されたドイツ北部ポンメルンにおいてタクシスの駅逓権が失われた。ネーデルランドでも、オランダが独立したので、フランドルだけにしか足場がなくなった。これらの地域では戦乱で、タクシスの駅逓局舎が占拠されたり、局長が追放されたりして、迂回の駅路を急いで拓《ひら》き書簡を送達しなければならなかったなど、タクシス家にとっては人的にも経済的にも大きな被害を出した。

渋谷聡は一七世紀中葉の帝国駅逓の主要駅路を地図にして解説している。地図16がそれである。駅路の解説によると、ウェストファリア講和会議の開催地となった旧教の都市ミュンスターと新教の都市オスナブリュック周辺には、タクシスの駅路は及んでいなかった。皇帝フェルディナント三世の指揮により、情報収集と伝達の手段を確保するため、タクシスは、これら二都と宮廷があるウィーンとをむすぶ駅路の開設に乗り出す。当時、ドイツ北西部に敷設されていたケルン―リッペローデ―デトモルト―ハンブルクの駅路を活用し、まず、デトモルトとオスナブリュックをむすび、ミュンスターとも接続した。

そして一六四三年には、ケルン―ハンブルクの駅路を走る飛脚は週一便から週二便に増便された。同駅路からウィーンへは週一便、まずフランクフルトへ、そこでニュルンベルク行の便に積み替えなければならなかった。ニュルンベルクからはレーゲンスブルクなどの都市を経由してウィーンに到達した。積み替えに時間がかかるために、フランクフルトを経由しないで、ケルンからニュルンベルクへ行く駅路を検討したが、三十年戦争で蒙った中部ドイツの被害は大きく、そこ

地図16　帝国駅逓主要路線図（17世紀）

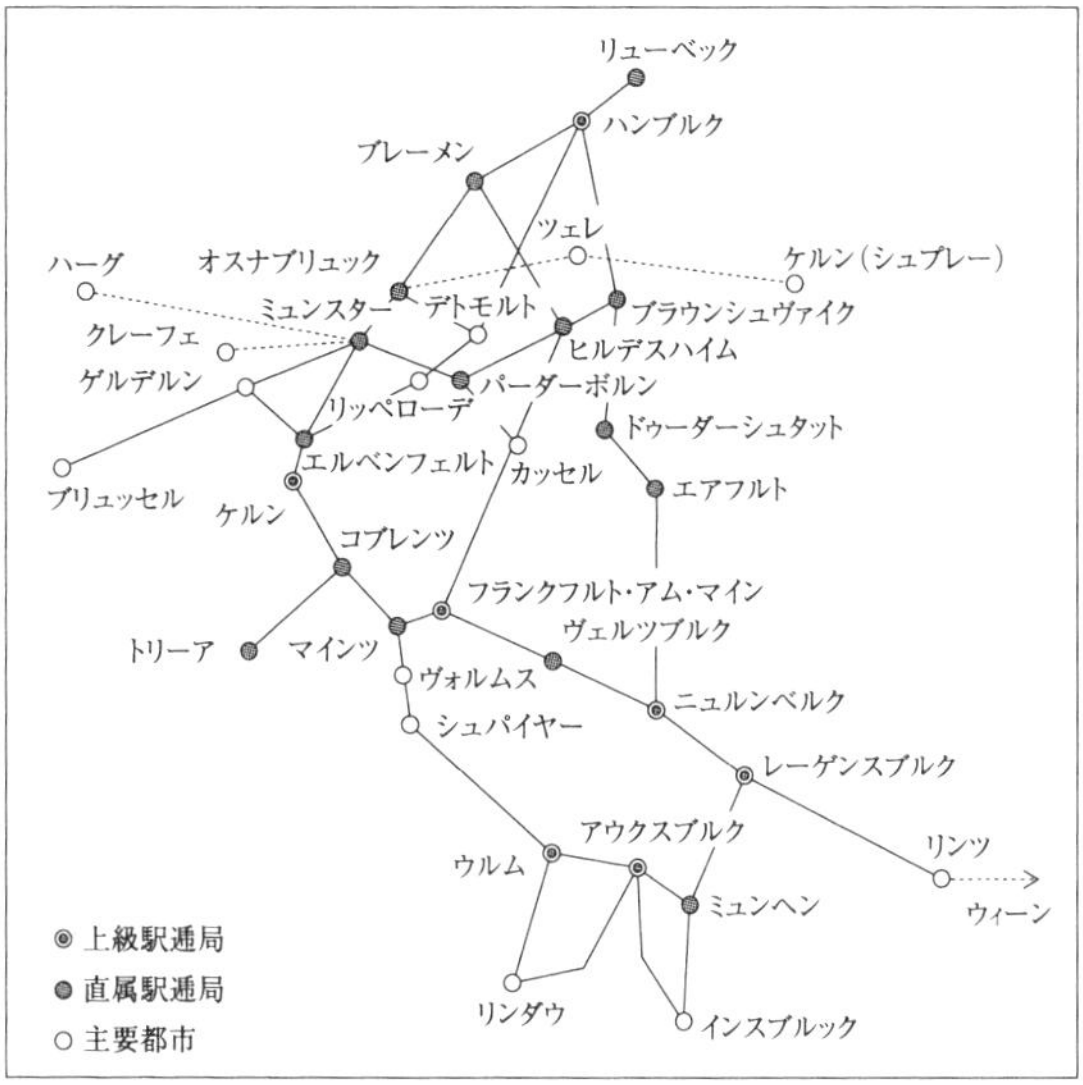

でハンブルクからブラウンシュヴァイクを迂回してニュルンベルクに至る駅路が開拓された。急がば回れ、ということであろうか。

一六四六年、ブリュッセルとミュンスターとをむすぶ駅路も整備される。それまではブリュッセルを出発した飛脚便はケルンで積み替えてからミュンスターに向かった。ここでも積み替えにすこぶる時間がかかったので、ブリュッセルからゲルデルンを経由してミュンスターに行く直行便が開設された。ブラバント定期便《ブラバンティッシェ・オルディナーリ》と呼ばれる飛脚便で、週二回出発した。所要日数は三日から四日であった。以上がフェルディナント三世の指揮の下で行われたウェストファリア会議に対応する新しい駅路敷設の概略である。しかし会議が進行している最中でも戦争は継続していたので、タクシス飛脚の使者は狙われ、書簡などが強奪されることもしばしば起こった。そこでタクシスの飛脚を保護する令状《シュッツブリーフ》が皇帝から、続いて帝国駅逓を承認したフランス国王から、そして帝国各地の諸侯から発出された。

ところで皇帝の許にある帝国駅逓は、対峙《たいじ》する新教プロテスタント勢力からみれば、帝国全体の制度とはいえ、それは皇帝のための、換言すれば、旧教カトリック勢力のための、忠実な通信手段として映るのである。当時の遠距離通信といえば、使者を立てて情報を直接伝達することを除けば、書簡

左から，ニュルンベルクの飛脚，無蓋の駅逓馬車，そして馬に乗る伝書使が描かれている．この版画から，17世紀末ドイツの交通と通信の事情がわかる．

の交換が唯一の方法であった。機密保持のためには、敵対勢力の管理下にある飛脚に自分たちの書簡を託すわけにはいかない。まして密書ならなおさらのことである。そのため有力なプロテスタント勢力は独自の駅路を敷くことにした。たとえば、スペインとの対抗上タクシスの飛脚を嫌ったネーデルランド連邦共和国は、ハーグとミュンスターとを直接むすぶ駅路を確保した。また、ブランデンブルク選帝侯とブラウンシュヴァイク公は、ブランデンブルク選帝侯国のシュプレー川沿いのケルンからブラウンシュヴァイク公国のツェレを経てオスナブリュックに至る駅路と、北西ドイツではブランデンブルク選帝侯国のクレーフェからミュンスターとオスナブリュックをつなぐ駅路を独自に敷設した。

絶えなかった紛争

この時期、タクシス家は何かと紛争が絶えなかった。一つはパール家との紛争である。タクシス家はハプスブルク家との関係が深いはずなのに、地図16に示すタクシスの駅路にはハプスブルク家の本領たるオーストリアに駅路がない。理由は、一六二一年、トゥルン・ウント・タクシス家が女系でも継ぐことができる世襲の帝国駅逓総長官の職を手にしたものの、その際、オーストリアにおける駅逓の権益を手放してしまったからである。その後の事情について、山本與吉と井出賁夫が『世界通信発達史概観』のなかで述べている。それによると、オーストリアの駅逓権を確保したのは、イタリア系のフォン・パール男爵であった。男爵は、駅逓権を保持していたハンス・ヤーコプ・フォン・マグノーという人物から、一万五〇〇〇グルデンと五頭の駅馬と引き換えに権利を取得した。一六二七年には皇帝フェルディナント二世から、オーストリアにおける、そしてオーストリアの、軍事飛脚、宮廷飛脚、国家飛脚などあらゆる飛脚の運営権がパール家に対して与えられた。このことはオーストリア国内であれドイツの地であれ、皇帝が赴く先々で、そこで発生する通信はパール家が取り扱うことができることを意味した。

皇帝がレーゲンスブルクの会議に赴いたとき、同地において、パール家が皇帝のために飛脚を取り仕切ろうとすると、タクシス家から猛反発があった。タクシス家にとっては、自己の営業地域にパール家が乗り込んできたのだから、排除しなければならなかった。このようなことはレーゲンスブルクだけではなく、パッサウをはじめ各地で起きた。しかし両家の駅逓管轄権に重複やあいまいなところがあり、紛争が絶えなかった。長い抗争が続いたが、マインツ選帝侯が作成した調停案により、一応収束する。調停の骨子は、皇帝がオーストリア以外の地に滞在するときは皇帝の書簡はパール家が取り扱う。ただし、従者の書簡はタクシス家が取り扱う。収入は両家が折半する、というものであった。

しかし、これで紛争は終わらなかった。一六五六年、皇帝フェルディナント三世は、パール家に対して、こともあろうに帝国の世襲地および領土の内外における世襲の駅逓権を新たに与えたのである。これで世襲の駅逓権をもつ駅逓総長官が帝国内に二人誕生したことになる。長い抗争と論争が続き、この件は一七四五年になって正式に決着するのだが、それより前の一七二〇年にパール家の駅逓権は、九万グルデンの補償金などが国庫から同家に支払われ、事実上、国有化された。何故、皇帝が駅逓権を二重に与えたのか、また、タクシス家が何故オーストリアの駅逓権を手放したのかなど、真の理由は闇のなかである。

もう一つの紛争がブランデンブルク選帝侯国との関係であった。ウェストファリア条約の締結により、ドイツの領邦君主の主権がほとんど完全に認められた、と前段で書いた。そのことは、永年にわたる争乱により、ハプスブルク家のドイツ皇帝としての権力が弱められた結果なのである。実は、この結果がタクシスの駅逓運営にとっても、大いに禍根《かこん》を残す。すなわち、領邦君主に主権が正式に認められたことから、ドイツ皇帝、否、神聖ローマ帝国の皇帝からタクシス家に与えられた駅逓権が、領邦君主が有する主権に抵触するというのである。もちろん以前からあった問題ではあったが、条約の締結後、領邦のなかには彼らの主権に駅逓権が当然に含まれるものとして、駅逓を自ら開設して、公然と飛脚を運営する領邦も出てきた。

代表例を挙げれば、ブランデンブルク選帝侯国、後のプロイセン王国（プロシャ）である。選帝侯国について、ゲオルク・シュタットミュラーは『ハプスブルク帝国史』のなかで、北ドイツの小国家ブランデンブルクもまた興隆期に入った。プロイセン公国との合併（一六一八）によって、将来の政治的発展のための土台を築いた、と述べている。力を蓄えてきたブランデンブルクは独自の駅逓を強力に展開し、タクシス家と軋轢《あつれき》を増幅させていく。

ブランデンブルク選帝侯国の駅逓史をみると、一二世紀にはブランデンブルクの骨格ができ上がっていたので、その頃から何らかの通信システムがあったにちがいない。三井高陽と山本與吉・井出賁夫の文献に負うのだが、記録が残っているところでは、一六世紀には駅逓がかなり整備されていて、ブランデンブルクからハイデルベルクやウィーンにまで飛脚が行き来していたことがわかっている。一六〇一年の駅逓規則によれば、選帝侯の飛脚長の下に、三人の銀の飛脚《ジルベルボーテン》と二一人の官房飛脚が任命されていた。銀の飛脚は選帝侯のために従事していて、選帝侯の書簡を銀の小箱に納めてはこんだ。官房飛脚は公文書送達のために従事し、政府の文書を錫《すず》の小箱に納めてはこんだ。飛脚長の許可があれば、官房飛脚は私人の手紙もはこんだ。ベルリンではこれらの飛脚がいつも飛脚詰所に待機していて、必要があれば、いつでも目的地に飛脚が出発できる体制ができていた。一六世紀末には、リレー方式による騎馬飛脚も走っている。

一六一八年、ブランデンブルク選帝侯国はプロイセン公国を併合した。バルト海に面した北ドイツに大きな勢力がここに台頭してきたことになる。プロイセン公国の前身はドイツ騎士修道会国家で、騎士飛脚が活動していた地域である。三十年戦争で混乱した選帝侯国を立て直して、海運を興し、財政を改革し、プロイセンの基礎を築いたのは選帝侯フリードリヒ＝ヴィルヘルムであった。ブランデンブルクとプロイセンの領土を治めるために、選帝侯は即位後ただちにバルト海に沿って走るメーメル―ダンツィヒ間、南北に走るケーニヒスベルク―ワルシャワ間、そして東西に走るベルリン―クレーヴェ間に駅路を敷設した。選帝侯の治世に、ポンメルン、ミンデン、マグデブルクなどの地を獲得している。この時期、駅逓運営に秀でたミヒャエル・マティアスという官吏を得て、選帝侯国内に主要都市をむすぶ飛脚ネットワークが築かれていった。

このブランデンブルク選帝侯国の地では、タクシス家の飛脚は一人として走っていない。タクシス家が選帝侯国の周辺で駅逓運営権を維持していたのはウェストファリア地方だけであった。タクシス家は、北ドイツへの駅路を確保すべくニュルンベルク―ハンブルク間の駅路を開設するため、ベルリンに代表を送り飛脚の通行を認めるように迫ったが、選帝侯国から拒否された。この件にかんして皇帝と選帝侯のあいだに書簡の往復があったが、一六五二年の選帝侯の書簡には「臣の領土には祖父の時代からすでに駅路が敷設され、臣の飛脚はいかなる飛脚よりもその任務を立派に遂行しています。駅逓の運営は臣の特権で臣に属しています。皇帝におかれましても、世襲領地に独立の駅逓を所持されてるように」と書かれ、駅逓運営の権利は領邦君主の主権に属すると主張している。その上、ブランデンブルクは、ブラウンシュヴァイクやザクセンやヘッセンなどの領邦君主と団結して、タクシス家の飛脚の進入を阻止した。その後も両者のあいだで解決の糸口さえみえないまま抗争が続いた。

さらに、当初からあった問題ではあるが、タクシス家にとって競争相手が無視できない存在となってきた。皇帝の再三の書簡送達の禁止令もほとんど無視され、ハンザ飛脚、大学飛脚、都市飛脚、食肉業者飛脚などが活発に活動し、公営私営の飛脚がタクシス家の手強い競争相手となった。ローリン・ジリアクスの郵便史によると、ケルンの飛脚は、アントウェルペンからアウクスブルク経由ヴェネツィアまで五、六日で手紙をはこび、賃料もタクシスの飛脚よりも安かった。タクシス家にとっては、領邦君主《ランデスポスト》の飛脚に加えて、これらの飛脚との競合も頭の痛い問題となった。

以上の困難に対して、タクシス家はどのように対処していったのであろうか——。タクシスの駅逓の優れた機能は、何といっても、その広範な国際ネットワークである。これを活かした事業展開こそが生き残りの道であった。タクシス家は、好意的な領邦から飛脚運営権を獲得したり、それが無理な場合には、領邦に書簡の中継を委託するとか、その業務を請け負う形にして、ドイツにおいて切れ目のない飛脚のネットワーク形成に務めた。たとえば「バイエルン王国タクシス駅逓」はその好例であろう。すなわち駅逓はバイエルン王国の国営事業であり、その局舎には王国と帝国の紋章が並んでいたが、駅逓運営の全般はタクシス家に委任されていた。君主が名をとり、タクシス家が実をとったケースである。ザクセン選帝侯国では、タクシス家がライプツィヒ経由ウィーン線などの通過権を確保した。いわば以遠権の承認である。また、タクシス家はイギリス、フランス、スペインなどとも、それぞれ二国間の駅逓条約をむすび、飛脚の国際ネットワークを維持した。パリやウィーンには、タクシス家の代表が常駐し、条約締結交渉などに携わっていた。

ゲオルク・マルクスの『ハプスブルク夜話』によれば、タクシス家のレーゲスブルクの広大な居城には、宮廷枢密顧問官、侍従長、宮廷女官、宮廷騎士、主馬頭、内膳頭、狩猟長などと呼ばれた四〇〇人を超す人たちが仕えていた。ここに、一国を相手に条約締結の外交交渉もできる、タクシス家の底力をかいまみることができよう。

もちろん、タクシス家は企業家精神を発揮して、サービス向上にも意を注いだ。大小さまざまな競争相手と、ときには強硬に、ときには柔軟に対応しながら、駅路を拡大し、便数を増加させて、賃料を引き下げていった。そして上納金を巧みに吸い上げるタクシス家の財政システムは、同家の富を増加させていった。一データにしかすぎないが、表20に示すように、南ドイツにあったリンダウ地域駅逓局の一六五三年第2四半期の支出記録をみると、何と支出の五三パーセントがタクシス家への上納金であった。この高率の上納金こそが同家の富の源泉であった。一七〇二年には、帝国駅逓総局の機能がブリュッセルからフランクフルトに移された。ここから帝国駅逓の地方駅逓局にさまざまな指示が出され、そこからまた末端の宿駅に細かく指示が出されたが、その中央集権的な運営はきわめて組織だって機能的に行われていた。

　この時期、タクシス飛脚のほかに、一二の領邦君主が併せて四五万平方キロ、人口一六七〇万の国土に飛脚のサービスを提供していた。この広大な土地に展開する領邦君主の飛脚は、タクシス家にとっては営業範囲がそれだけ縮小したことを意味している。しかし、タクシス家は、充実したサービスを提供することにより、ふたたび繁栄の時代を迎えた。

　一八世紀に入ると、郵便馬車《ポストヴァーゲン》も走らせるようになり、タクシス家はアルプスから北海までの南北、エルベからフランドルまでの東西を包含するヨーロッパ各地に、一万八〇〇〇台の郵便馬車や急行乗合馬車などを走らせて、手紙や荷物のみならず、旅行者もはこんだ。その面積は二二万平方キロ、人口一一三〇万人の地にタクシス家の駅逓ネットワークが構築されていたことになる。それは、イタリア、フランス、イギリス、スカンディナビア、ポーランド、ロシアの各国へ通じていた。もちろん、ボスポラスのサルタン宮殿に通じる陸路にもタクシス家の飛脚が走っていた。一七六〇年にはウィーン—パリ間を走る郵便馬車もおめみえした。盛時にはタクシス家は二万人の従業員を擁し、一日の売上が二万リーヴル、年間四〇〇万リーヴルの利益を上げた。タクシス家は通信と旅客貨物輸送を担う巨大企業に成長していった。

　実は、このタクシス家の復活の時期は、恵み豊かな治世を築いた、あのマリア・テレジア女帝の時代と軌を一にしている。マリア・テレジアは、オーストリアの豊饒の地であったシュレージエンを強奪したプロイセンを打倒するために、宿敵フランス・ブルボン王朝の寵姫《ちょうき》ポンパドゥール夫人とロシ

表20　リンダウ局の支出構成

(1653年第2四半期)

科目	比率
タクシス家への上納金	52.7%
地域駅逓局長の取り分	30.1%
支線の補修費	5.7%
書記の俸給	5.7%
局舎の家賃	3.0%
送達人の賃金	1.5%
紙代	0.6%
封印用の蠟代	0.3%
紐代	0.3%

(出典)　渋谷聡，前掲書，67頁.
(注)　支出総額は332グルデン.

アのエリザベータ女帝と手を組んで、敢然とプロイセンに立ち向かった。シュレージエンを今一歩ところで奪還できなかったが、予想外の三国の女性の結束、いわゆる「三枚のペチコート」の包囲網により、プロイセンを狼狽《ろうばい》させ、オーストリアにマリア・テレジアあり、とヨーロッパ諸国に認めさせた功績は大きい。内政にも大鉈《おおなた》を振るい、国力を発展させて、オーストリアを近代国家にする素地を創《つく》った。それを間接的に支えたのが交通通信の整備であり、まさにタクシス家の出番であった。タクシス家はそれによく応えた。

3　タクシス郵便の終焉　四〇〇年の歴史に幕

フランス革命の後、かの稀代の英雄、ナポレオンがヨーロッパ諸国を席巻《せっけん》した。ナポレオンは一八〇六年、西南ドイツの一六の中小諸侯にライン同盟を結成させ、自己の保護下においた。諸侯は国家主権が与えられ神聖ローマ帝国から離脱したが、ナポレオンに軍事援助の義務を負わされた。その勢いに飲まれ、同年、ハプスブルク家のフランツ二世が帝国の帝位を捨てる。フランツの退位により、神聖ローマ帝国は八四四年の歴史に終わりを告げた。

神聖ローマ帝国の消滅

本論に入る前に記述の変更にふれる。この章ではこれまで「駅逓」とか「飛脚」などと書いてきた。しかし近代国家が誕生する一九世紀に入ると、これら中世の名残のある言葉を引き続き使うことには、些《いささ》か抵抗がある。ここではこれから「郵便」という言葉を使うことにしよう。もちろん、飛脚と書いても、郵便と書いても、それは手紙を目的地に届ける仕事のことであり、本質的には差異がない。外国語では一般的にどの時代でも飛脚も郵便も「ポスト」という単語で表すことができる。わが国では書簡の送達事業を明治になると「郵便」と称して、旧来の「飛脚」と区別するようになった。そのためそれらの使い分けに頭を悩ますことはないのだが、外国の郵便史を日本語で書くときには、いつも、この問題に直面するのである。一八世紀までは「飛脚」と呼び、それ以後は「郵便」とする、と決めることができればすっきりするのだが……。いずれにしても明確な定義がないので、用語の変更はあくまで私が受ける語感の問題である。

さて、神聖ローマ帝国の消滅により、タクシス家の駅逓、否、これからは「タクシス郵便」となるが、そのタクシス郵便に帝国皇帝から与えられていた世襲の営業権益も消滅することとなった。為政者の後ろ盾のない一民間の郵便業者に降格したのである。しかし、複雑な過程を辿《たど》りながら、タクシス郵便は、神聖ローマ帝国が消滅した後も六〇有余年にわたって存続する。エルヴィン・プロプストは、ライン同盟、ドイツ連邦、北ドイツ連邦、そしてドイツ帝国へとドイツが統一されていく筋道のなかで、どのようにタクシス郵便が生き延び、最後に国有化されていったかについて、詳細な論文を発表している。これから主としてプロプストの論文を参考にしながら、国有化までの軌跡を追う。

ナポレオンの体制下では、バイエルンやヴュルテンブルクは早々に自国の郵便制度を創設した。タクシス郵便に業務を委任していたバーデン大公国も一八一一年に入ると自国の郵便をもつようになった。ベルギーとオランダは新しい国家管理に移ったし、プロイセンがライン州を併合すると、プロイセンがそこの郵便を接収した。かつての神聖ローマ帝国の領土のなかに四三もの郵便組織が林立することになる。このようにドイツ各地でタクシス郵便が切り裂かれ、領邦君主の手に、そしてプロイセンの手に移っていった。その上、フランス軍は、タクシス家に七万フラン余の軍税を課した。もっとも、郵便を自ら運営できない小さな国や都市は、依然としてタクシス郵便に運営を委ねている。しかし、その範囲は限られていた。

一八一二年、ナポレオンが厳冬のモスクワで敗退し、ヨーロッパの情勢は大きく変わった。一八一四年、戦後処理のために、ウィーン会議がはじまる。このウィーン会議でタクシス郵便のことが議論された。まず、タクシス家の処遇の問題である。処遇案は、一民間企業として運命のままに運営させ

タクシス郵便のフランクフルト中央駅．19世紀中葉．ドイツ各地，パリやウィーン行きの郵便馬車が発着した．急行駅馬車も運行され，激しい料金競争が行われた．駅周辺の大エッシェンハイム横丁などには貸切馬車（現在のタクシー）が待機し，市内へ客を送った．郵便の発着場所でもある．荷物を扱う駅員や馬車を待つ紳士淑女も描かれている．

るか、それとも帝国郵便のような特権的な立場をふたたび保証して運営させるか、また、連合領邦郵便を創り、その頂点に据えるかなどを中心に議論された。議論のなかで、ドイツの法律家ヨハン・ルートヴィッヒ・クリューバーは、全ドイツの郵便局をタクシス家の下に統合することを主張した。この主張の背景には、永年にわたりタクシス家がグローバル企業として郵便事業に大きな経験を有していることがあった。それに特定の国の政治権力に影響されないことも無視できない。これに対する反論は、タクシス家の経営は利益優先主義であり、かつ、州の部外者が州内において富を築くのは問題である、というものであった。前者は経済合理性の観点から、後者は公益そして民族主義的観点からの意見といえよう。

タクシスの御者．凛々しい制服に身を包む．厚手の長コートは，寒い道中，郵便馬車を操るのに欠かせない．1847年のドイツ郵便年鑑に収められた図版．

憲法草案の議論では郵便事業の規制について、造幣、関税、商業、交通などの問題とともに俎上《そじょう》に上った。郵便事業を「収益機関」とみるべきか、「公益機関」とみるべきかが争われ、その隔たりは解消できなかった。収益機関として利益を確保したいバイエルン公国は、公益機関であるべきとするオーストリアやプロイセンの考え方に反対した。オーストリア外相メッテルニヒ（後の宰相）は、小さな国の郵便を併せて、すべてタクシス郵便に委任するべきである、とも発言している。

一方、タクシス家側といえば、オーストリア、プロイセン、バイエルン、ザクセン、ヴュルテンブルクなどの中大国の郵便は独立して引き続き運営させるが、それ以外のところはタクシス郵便が運営することを企図していた。たとえば、神聖ローマ帝国の消滅後も、ヘッセン、フランクフルト、リューベック、ブレーメン、ハンブルクなどがタクシス家に郵便の運営を委任していた。

一八一五年二月、ナポレオンが収監されていたエルバ島から脱出して、パリに進撃中との情報がウィーンに伝わった。舞踏会に明け暮れていたウィーン会議の列席者たちは顔面蒼《そう》白《はく》となった。ナポレオンの百日天下に終わったものの、それが会議の凝固剤になり、とまれ会議はまとまった。その結果は、王政復古、原状回復、そして保守反動の体制が敷かれることになった。ドイツでは、オーストリア・プロイセンの両大国を軸に三五の君主国と四つの自由都市からなるドイツ連邦が組織された。この延長線上に、タクシス郵便に対する結論もある。

すなわち、結論は「満場一致で別途協定がむすばれるまでは、タクシス家は、一八〇三年の帝国代表者会議の決議およびその後の取極《とりきめ》で確認された、各国における郵便事業の所有権と利用権を保有する。あらゆる場合において、帝国代表者会議主要決議の第一三条により、タクシス家には郵便事業の継続所有または補償を受ける権利および要求が保証される。このことは、この決議に反して、すでに一八〇三年以来、郵便事業が禁止され、しかも協定による補償がまだ確定していない場合にも適用される」というものであった。

ウィーン会議で採択された決定は、要するに以前の状態に戻すことである。大規模な分離などタクシス家に不利益になるような最終決定は行われなかったし、反対に、事業拡張につながるような決議も行われなかった。それは、はじめからわかり切っていた結論であったと見る向きもある。しかし、これによってタクシス家はドイツの中小国家やハンザ同盟の都市において地歩を占め、マクシミリアン・カール・フォン・トゥルン・ウント・タクシス侯の下で、事業がひとまず安定的に継続していくのである。

当時のドイツには大小さまざまな国や都市があり、そのすべてについてウィーン会議前後のタクシス家との関係をここで述べることはできない。しかし、ヴュルテンブルクの事例を取り上げておきたい。それは当時のタクシス家の状況を理解する手がかりとなるからである。ヴュルテンブルクが独自の郵便を創設したことにはすでにふれたが、それは国王の急

ヴュルテンブルク郵便の御者と護衛（左）．1850年．上着は黄，ズボンは白．ラッパをもっている．タクシス家が運営を引き受ける．統一後の帝国郵便職員（右）．1871年．図中左から，地方の配達人，都市の配達人，駅長．制服は濃紺，帽子もシルクハットではなくなっている．1890-91年，グスタフ・ミューラー画．

進的な改革を反映したもので、タクシス侯爵家の格下げも断行された。ウィーン会議の決定ではタクシス郵便の原状回復と補償が謳《うた》われたが、ヴュルテンブルクでは、その実現がきわめて困難だった。それでも一八一九年には、世襲の条件で、国家郵便の運営がタクシス家に委任され、郵便収入のすべてが世襲国家郵便長官としての職務の報酬としてタクシス家が受け取る。代償として、タクシス家は封建地代として年間七万グルデンを王国に支払うことになった。

それは原状回復と補償を約した決定とはかけ離れた結果であった。郵便の運営は、タクシス郵便の名前を冠することなく、すべて「王立ヴュルテンブルク郵便総管理局」の名前で行わなければならなかった。タクシス家としては、名を捨て、実を採った苦渋の選択であった。世襲とはいえ、もはやタクシス家は郵便事業運営の一受託者の地位に甘んじなければならなかったのである。しかし、郵便世襲制による、この運営体制については議会から強い反対が出た。長い論争が続き、一八五一年、一三〇万グルデンの償還金と引き換えに、タクシス家は完全にヴュルテンブルクでの郵便運営を王国に引き渡した。タクシス家は重要な地域を失ったことになる。この時期、フランクフルト国民議会で論議になっていた憲法第八条の案文には「立法権と郵便監督権は中央政府の役割とする」と規定されていた。このこともヴュルテンブルクとの決着では影響していたのかもしれない。

ところで、ヴュルテンブルクで運営していたタクシス郵便の料金とプロイセンの国家郵便の料金を比較したものがある。表21にまとめてみたが、タクシス郵便の料金水準がプロイセンのものよりも大分低い。プロイセンも値下げしたが、それでもまだタクシス郵便よりも高かった。ヴュルテンブルクの人々はタクシス郵便のお陰で、プロイセンよりも安い郵便を利用していたのである。

表21　郵便料金比較表

距離 ドイツマイル	ヴュルテンブルク（タクシス郵便）	プロイセン（国家郵便）	
	～1850	1824	1844
1－3	2kr.= 6.9pf	2.3sgr.	1.5sgr.
3－6	3kr.= 10.3pf	3.0sgr.	2.3sgr.
6－12	4kr.= 1sgr. 1.7pf	4.5sgr.	3.0sgr.
12－18	6kr.= 1sgr. 8.6pf	6.0sgr.	3.8sgr.
18－24	8kr.= 2sgr. 3.4pf	7.5sgr.	4.5sgr.
24－30	10kr.= 2sgr.10.3pf	7.5sgr.	4.5sgr.
30－36	12kr.= 3sgr. 5.1pf	9.0sgr.	6.0sgr.
36－42	14kr.= 4sgr.	10.5sgr.	6.0sgr.
42－48	16kr.= 4sgr. 6.9pf	10.5sgr.	6.0sgr.
48－54	18kr.= 5sgr. 1.7pf	12.0sgr.	7.5sgr.
54－60	20kr.= 5sgr. 8.6pf	12.0sgr.	7.5sgr.

（出典）　A. D. Smith, *op. cit.*, p.354.
（注）　kr.= Kreuzer（南ドイツの通貨）
sgr.= Silber-groschen（北ドイツの通貨）

プロイセン・オーストリア郵便連合

　ここでプロイセン・オーストリア郵便連合について述べなければならない。一九世紀はじめにナポレオンの圧力により、ドイツの群小諸侯国と大多数の帝国直轄都市が廃止され、それらはバイエルンやヴュルテンブルクの中規模諸邦に配分された。その結果、三〇〇有余の政治単位が一挙にほぼ四〇に激減した。それでも、かつての神聖ローマ帝国の地に四〇もの国家が独自に郵便を運営し、あるいはタクシス郵便に委任していた。通貨がちがうし、料金体系もちがう。郵便送達も複雑で、郵便の通過を他の邦から認めてもらう、二国間で郵便を相互に交換する、タクシス郵便に委任する、費用の負担はどうするのかなど、当時のドイツとオーストリアの地の郵便運営は、まるで繊細なそして壊れやすいモザイク状態の細工物のようであった。これでは統一的そして効率的な郵便運営は望むべきもなかった。タクシス郵便の場合、一八〇六年から廃止されるまでのあいだに三三六件の協定を各邦などと締結していることがトゥルン・ウント・タクシス侯爵家中央文庫の目録に記録されている。

　この複雑な関係を簡素化する動きがオーストリアではじまった。プロプストの論文によれば、一八四二年、同国は料金を単純化し、バイエルン、バーデン、ザクセンと郵便協定を締結した。翌年、タクシス郵便とオーストリアとのあいだにも郵便協定がむすばれた。完全なものではなかったが、低廉で迅速な郵便交換の実現に向けての第一歩となった。

　第二のステップは、一八四七年から四八年にかけてドレスデンで開催された会議において、オーストリアとプロイセンにより、ドイツ連邦の諸邦が参加するドイツ郵便連合の基本原則が示された。この会議には、タクシス家も代表を送っている。基本原則を受け、一八五〇年に「プロイセン・オーストリア郵便連合協定《ポストフェライン》」が成立し、プロイセンとオーストリア、それにバイエルン、ザクセン、メクレンブルク、シュトレリッツ、ホルシュタインも参加し、協定締結国間の郵便事業の統一が実現した。一九の領邦や都市から郵便運営の委任を受けていたタクシス家も接続協定の形で、プロイセンとオーストリアとそれぞれ協定をむすぶ。

　この郵便連合協定はまだ荒削りの内容であり、郵便事業の統一から統合に移行するまでには、さらに検討が必要であった。そのためドイツ郵便会議《ポストコングレッセ》が一八五一年ベルリンで、一八五五年ウィーンで、一八五七年ミュンヘンで、一八六〇年フランクフルトで、最後に一八六六年カールスルーエで、それぞれ開催された。

　第一回ベルリン会議には、投票権をもつ協定締結国が一六になっていた。この会議の成果は、改訂郵便連合協定が合意されたことであろう。郵便料金が統一されて、プロイセンやオーストリアをはじめ、バイエルン、ザクセン、ハノーバー、シュレスヴィッヒ・ホルシュタイン、ブラウンシュヴァイク、バーデン、ヴュルテンブルクの協定締結国が郵便切手を発行した。イギリスが一八四〇年に郵便事業を近代化して世界初の切手「ペニーブラック」を発行したが、そのアイディアがここでも採用されている。タクシス郵便も切手を発行しているが、当時、切手は額面を自国の通貨で表示して国家が発行する有価証券であったから、タクシスの切手は例外中の例外ということになろう。通貨表示も北ドイツの銀グロッシェンと南ドイツのクロイツェルの二種類がある。

第二回ウィーン会議と第三回ミュンヘン会議においても郵便連合協定が審議されたが、タクシス郵便のホームグランドで開催された第四回フランクフルト会議は大きな意味をもつことになった。会議では、八〇条の新たな協定条項案が提案され、また、その補足規則として郵便輸送の規則や郵便業務の指針の制定、それに郵便馬車からの収益分配を調査する委員会の設置などの審議が控えていた。調査委員会は二五人で構成され、プロイセンから九人、タクシス郵便側から四人が出ている。一八六六年、最終的に合意された郵便連合協定がカールスルーエ会議で署名された。最終協定書には、タクシス家を代表してフリードリッヒ・ロスヒルト法学博士、プロイセンとルクセンブルクを代表してハインリッヒ・シュテファン、オーストリアを代表してウィルヘルム・コルベンシュタイナーをはじめ、協定締結国の代表が署名した。この連合協定は、それまでの多数の複雑な二国間協定を整理して、単一の国際協定を全加盟国が承認する簡素な形になった。そしてタクシス家はまさに一国家並みの権限をもって署名に臨むことができた。

プロイセンの台頭と国有化

プロイセンの宰相ビスマルクは議会の反対を押し切って軍備を拡張した。一八六六年七月、プロイセン軍がフランクフルト郵便総局を占拠した。それはドイツ連邦を解体して、プロイセンを盟主とする北ドイツ連邦を創り上げるための、ビスマルクが推し進めた普墺《ふおう》戦争の過程で起こした一事件にしかすぎない。しかし、その事件は、四ヵ月前に締結された郵便連合協定がタクシス家にとってもはや反故《ほご》同然のものになってしまったことを意味している。そして、短期間のうちに、プロイセン側は強引にタクシス郵便を接収していく。プロプストは、この間の事情について詳しく検証している。

プロプストによると、プロイセン軍のフランクフルト進駐後、間髪を容《い》れず、枢密郵便顧問官として、ハインリッヒ・シュテファンがフランクフルトに派遣された。そこで命令により、シュテファンは、プロイセンの行政官の資格で、マイン軍総司令官陸軍中将フォン・マントイフェル男爵からタクシス郵便の管理を移譲された。シュテファンの方針は明瞭だった。すなわち、タクシス式の管理基盤は中世的なものであり、バロック時代に形成され、それは国有独占思想に根差している。タクシス家をただちに事実上処分すべきである。それも郵便事業を可能な限り短時間のうちにプロイセンに法的に移譲させ、かつ、あらゆる時代にドイツにおいて侯爵家に与えられた世襲権益を一挙に消滅させる方法によって、というものであった。

一八六六年八月から九月にかけて、プロイセン軍が占領した地域にあるタクシス郵便の運営管理機構がただちに廃止された。連邦諸国やハンザ諸都市においても、プロイセン側の外交手段により、タクシス郵便との訣別を表明する書面に署名させられた。それは圧倒的な軍事力をバックにプロイセン側が一方的に行った行動といえよう。いわばプロイセン式の接収、強制的な国有化であった。

郵便国有化とほぼ同時に、シュテファンはタクシス家に対する賠償交渉を開始した。賠償金額は主として表22に示すタクシス郵便の利益《ネットレヴェニュー》に基づいて決められたといわれているが、ここでも強国プロイセンとタクシス家とのあいだの交渉では、自《おの》ずから勝負がみえていた。一〇〇〇万ターレルとも四〇〇万ターレルともいわれたタクシス側の賠償請求額に対して、結局は、三〇〇万ターレルの賠償金の支払でタクシス家は妥協せざるを得なかった。このほか、①タクシス家に属していたすべての郵便施設および不動産並びに管理局が有する文書および会計文書一式を一八六七年七月一日までにプロイセン側に移譲する、②タクシス家の従業員はプロイセン側が引き続き雇用する、③遺族年金を含む年金の支払はプロイセン側が引き継ぎ、原資となる年金基金はプロイセン側に引き渡すことなどが決められた。最終議定書は、一八六七年二月にプロイセン王ヴィルヘルム一世とマクシミリアン・カールとのあいだで交わされた。

シュテファンは高ぶる気持ちを抑えることなく何通かの報

表22　タクシス郵便の利益

年度	利益	年度	利益
	Florins		Florins
1855-56	405,582	1860-61	648,519
1856-57	579,218	1861-62	464,751
1857-58	692,884	1862-63	583,409
1858-59	500,412	1863-64	753,917
1859-60	638,801	1864-65	724,405

(出典)　A. D. Smith, *op. cit.*, p.355.

告書を作成しベルリンに送った。たとえば「本官はタクシス家の郵便を接収した。これは歴史的な行為である。三〇〇年続いた体制が崩壊した。金庫、文書庫その他全管理機構がわれわれの手に入った。ホーエンローエ侯爵は昨日私に祝賀の意を述べた」と書いているし、別の報告では「ドイツのすべての古い政治的約束や昔の法律をたてにあらゆる小さな宮廷と癒着し、オーストリアとバイエルンの影響に取り囲まれていた四〇〇年の体制を覆した。しかり、今日は歴史的な一日になるだろう。ここに打ち砕かれたのは郵便王の宝庫であり、本官は将軍であり、同時に一兵卒である。タクシス郵便が存続する限り、プロイセン郵便は偉大な時代、より重要な時代をみることはあり得なかった」と認《したた》めている。また、彼の自著には「ドイツにおける三五〇年来の癌《がん》を切除した」とも書き残している。

しかし、そうだろうか。シュテファンが考えていたようにタクシス郵便はドイツ国民にとって何も利益がない制度《システム》であったのであろうか。そして独占をほしいままに暴利をむさぼっていたのだろうか。体制を覆した、とか、うち砕かれたのは郵便王の宝庫であり、さらには癌を切除した、といって喜べる性格のものであったのであろうか。もちろん世襲という特権を享受し、高い料金を要求したことがあったことも、ときに高慢な態度であったことも、また、富を蓄えてきたことも否定しない。しかし、富は再投資されて、駅路の拡大や施設の建設に使われてきた。そしてタクシス郵便はいつの時代も競争相手がいて、それに悩まされてきたのである。

また、小さな宮廷と癒着して、というが、むしろ逆であった。彼らが独自で郵便を運営するよりは、タクシスに業務を委任することの方がはるかに経済的で合理的であった。三〇〇を超す領邦が林立する神聖ローマ帝国の土地に、タクシス家に代わって莫大な投資をして、どこの領邦があのような広い土地に効率的な郵便を運営できたであろうか。どこの領邦にも影響されない、いわば民間企業だからこそ、それが可能だったのではないだろうか。そのように考えていくと、プロイセンによるタクシス郵便の国有化は、強国となったプロイセンがドイツを統一して、その面子《メンツ》にかけても、通貨統合や

マクシミリアン・カール・フォン・トゥルン・ウント・タクシス侯爵．最後のタクシス郵便の郵便総長官を務めた．

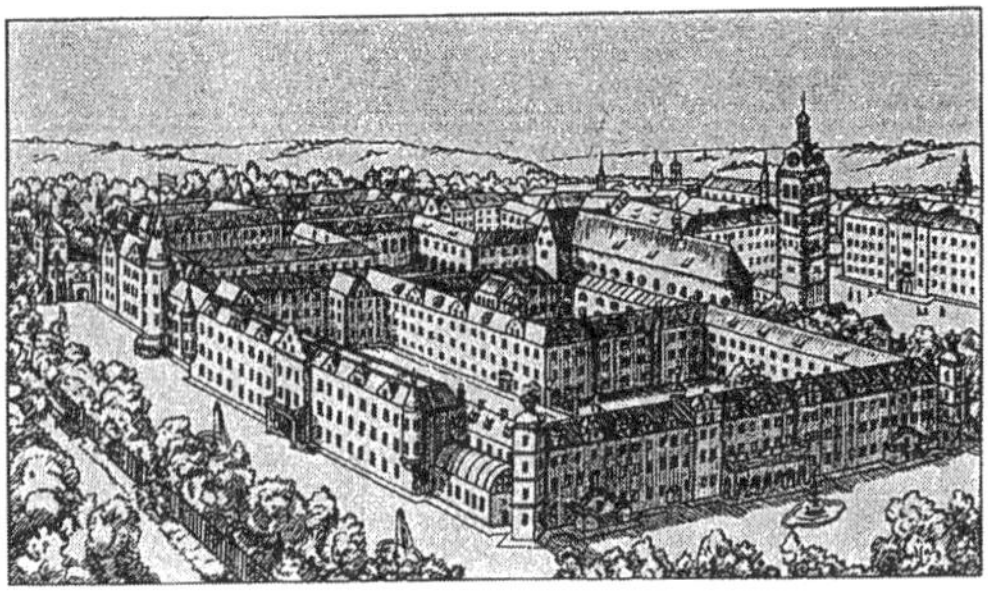

レーゲンスブルクのトゥルン・ウント・タクシス城．ザンクト・エムラム城とも呼ばれ，現存する．最盛期には，二国間交渉などの外交的な戦略などがここで練られた．

財政改革と並行し、新生北ドイツ連邦のために国営郵便《ブンデス・ポスト》を創設する必要があった。そのためには、タクシス郵便の存在はきわめて不都合なものであったのである。鉄血政策を推し進めるビスマルクの意を受けたシュテファンの考え方は、タクシス郵便を排除するためのものだけであった、と断じることができよう。

一八六七年六月二八日、マクシミリアン・カールは、痛む心で、タクシス郵便の職員に対して、大略、次のような訣別の訓辞を述べている。思慮深い辞といえよう。

私は、職員諸氏のわがタクシス郵便に対する長いあいだの奉仕に心から感謝する。これからは、プロイセン国王陛下に忠誠を捧げて、郵便の仕事に奉仕するように諸君に要請する。また、祖国ドイツの地で郵便が統一的に運営されることにより、国民がより大きな利益と繁栄を得ることができることを期待する。

法王や君主の信書を託され、商人の手紙を預かり、ヨーロッパ中を駆け巡り、四〇〇年にわたり情報を伝えてきたタクシス郵便。ここに、そのタクシス郵便の時代が終わった。半世紀後、オーストリアのフランツ・ヨーゼフ皇帝がウィーンのシェーンブルン宮殿で亡くなり、ハプスブルク家が事実上消滅した。神聖ローマ帝国の消滅、タクシス郵便の終焉《しゅうえん》、ハプスブルク家の瓦解《がかい》と中世の名残を色濃く残したものが一つまた一つと消えていった。それは時代の流れであり、ヨーロッパにおける近代国家建設へのプロローグでもあった。一八七一年にはドイツ帝国が誕生する。

ゲオルク・マルクスによれば、タクシス家のメンバーは他の貴族と同様に、芸術家たちのよき保護者《パトロン》であった。有名な『売られた花嫁』を作曲したフリードリヒ・スメタナもタクシス家から支援を受けた一人である。ドイツ系の流れを汲《く》むタクシス家の子孫は、過酷な運命を受け入れ、激動の時代の変化を素早く読み取って、残された数十の城館や土地、森林、工場などの資産を効率的に投資して、今でも、ドイツ有数の資産家になっている。もっとも、オーストリアの分家筋は「花籠《はなかご》一つありゃしない」と揶揄《やゆ》されるほど無一文も同然の状態だとか。今も、ドナウ河畔の美しい古都レーゲンスブルクには、トゥルン・ウント・タクシスの城《シュロス》があり、タクシス郵便の偉業を忍ぶことができる博物館もある。

日本の新聞に、一九九〇年、プリンツ・ヨハネス・バプティスタ・デ・イエズス・マリア・ミグエル・フレードリヒ・ボニファツィウス・フォン・トゥルン・ウント・タクシスが死亡したことを紹介するコラム記事が出たことがある。長い名前ではあるが、トゥルン・ウント・タクシス家の血を引いた現代の貴族で、三四歳下の公爵家出身の女性と結婚し社交界の話題をさらったり、また、その振る舞いが傍若無人なところがあったらしい。この、やんちゃだったドイツ最大の富豪は「トゥルン・ウント・タクシス家は、流通業とコミュニケーション屋の出身であり、当時のＩＢＭだった」とよく語っていた、という。

第Ⅲ部　改革と発展の時代——近世から近代へ

第9章　合衆国成立とアメリカ郵便の誕生

1　手紙をはこんだ私営船　母国との絆を担う

次の文章は、メイフラワー号で新大陸に渡った巡礼始祖《ピルグリムズ》に宛てた手紙の一節である。差出人はオランダのロジャー・ホワイトという分離派《セパラティスト》のピューリタン、受取人はウィリアム・ブラッドフォードである。

一六二五年四月二八日。愛する、そして親切だった友人たちよ。この手紙があなた方の手許《てもと》に届くのか、それとも、ほかの手紙と同じように、どこかに行ってしまうのか、私にはわかりません。これが届くように神にひたすら祈っています。別れて以来、楽しかったこと、名残惜しかったことを振り返りながら、あなた方がどのような日々を送られてきたのか、無性に知りたくて、この手紙を認《したた》めています。……

巡礼始祖の多くは分離派のピューリタンであった。彼らはイギリス国教会の弾圧を逃れ、オランダに亡命した。ホワイトもその一人だったにちがいない。ブラッドフォードはプリマス植民地《コロニー》の建設で指導的な役割を果たした人物である。後に『プリマス植民地史』を著している。手紙の文面から、一七世紀の初頭に新大陸アメリカへ家族や知人を送り出した人たちが、かの地で生活する母国出身者からの便りを一日千秋の思いで待ち望んでいたことがわかる。また同時に、大西洋を横断する手紙のやりとりがきわめて困難で不確実であったこともうかがえる。幸いホワイトの手紙はブラッドフォードの許に届いたことが『プリマス植民地史』のなかで確認できる。そのことは、多くの手紙が当時輸送途上で不明になってしまったことを考えると、稀《まれ》なケースで幸運だったといわなければならないだろう。

私の手許にあるアメリカ郵便史の文献は、ウィリアム・スミスの『イギリス領北アメリカの郵便史』、ウェスリー・E・リッチの『合衆国郵便の歴史』、ウェイン・E・フラーの『アメリカの郵便』などである。前二書は制度の変遷などを精緻《せいち》に調べて、その発展を丹念にまとめている。基本的な郵便事業史といえよう。しかし、フラーの本はもちろん事業史として読むこともできるが、その叙述は、西部開拓の時代、郵便が人々の生活エリアを拡大させていったという視点に立っている。社会史の一分野を開拓したものといえる。日本では、森本行人が植民地時代の郵便の発展について論文にまとめている。この章の記述はもっぱら以上の文献などに負うが、以下にアメリカ郵便の発展について概観しよう。

一七世紀に入ると、イギリスがアメリカにおいて植民地経営に乗り出す。まず、一六〇七年にヴァージニアのジェームズタウンに植民地が建設される。一六二〇年にはメイフラワー号がプリマスに一〇二人の入植者《コロニスト》をはこんできた。一六三〇年には、マサチューセッツにも植民地が創設される。以後、宗教の自由や経済上の利益を求める人たちが新天地を目指して続々とアメリカに移住し、ニューイングランドを築き上げた。一八世紀前半までに一三の植民地ができあがる。

植民地の建設がはじまると、最初に母国イギリスと植民地ニューイングランドとのあいだの手紙の交換が渇望された。入植初期の書簡の輸送は、大西洋を横断する不定期の私営船に託する以外に方法はなかった。母国では、ロンドンなどの港町にあったコーヒーハウスが、植民地宛の手紙の受付交換場所になった。まず、私営船の船長が、行き先と出港日を表示した麻袋をコーヒーハウスの店内に下げて、植民地宛の手紙を集めた。一方、植民地から託されてきた手紙はコーヒーハウスに留め置きにされ、受取人を待った。船長は、対価として、手紙の差出人と受取人から、それぞれ一ペニーずつの金をもらった。コーヒーハウスは、私設外国郵便局として機能していたのである。しかし、植民地には、このような書簡

メイフラワー号．イギリスから64日間の苦難の航海を果たし，1620年11月９日，ケープ・コット（現プロヴィンスタウン）に入港した．

の取扱施設がなかったため、母国から植民地に着いた手紙は運がよければ名宛人に届いたけれども、そこで行方不明になる手紙も多かった。他方、母国宛の手紙を私営船に託すことも、船がいつ来るのかもわからなかったし、決まった手紙の受付場所もなかった。だから入植者にとっても手紙をやりとりすることは、やっかいな仕事となっていた。

各植民地は、さまざまな気候や風土を反映しながら、特色のある独自の社会を築いていった。自治の組織もそれぞれの植民地に誕生し、植民地の統治に必要な法律や規則などを制定するようになった。最初に郵便関係の命令《オーダー》を発したのはマサチューセッツ植民地の総会議《ジェネラル・コート》であった。総会議は、一六三九年、ボストンにあるリチャード・フェアバンクスの宿泊所を、母国と植民地とのあいだを行き来する書簡の取扱所に指定した。当時の宿泊所は単なる宿泊施設ではなく、入植者の集会所となり、情報交換の場ともなっていた。また、フェアバンクスの宿泊所《ターヴァン》はコーヒーハウスでもあった。

ボストンのフェアバンクス書簡取扱所．アメリカ初の郵便局．母国イギリスから手紙が届いた．

総議会の命令は、フェアバンクスに対して、取扱所に差し出された郵便を所定の船に載せ母国に発送すること、到着した書簡は名宛人に配達すること、そして誤配などの照会に応じることを義務づけている。同時に、命令はフェアバンクスに対して、発送配達一通ごとに一ペニーの料金を発送人あるいは受取人から徴収することを認めている。しかしながら、命令はフェアバンクスに書簡取扱いの独占権《モノポリー》を与えたものでなく、あくまで入植者たちへ便宜を図るためのものであった。だから入植者に他の手紙の送達ルートがもしあれば、その利用も可能であった。

この総議会の命令は、各植民地間の書簡送達については言及していない。命令は母国との手紙の交換についてのみ規定している。その理由は、各植民地が独自に発展していったため、植民地間の書簡交換の需要がまだほとんどなかったからである。まずは母国との安定した書簡輸送ルートの開設が先決であったのである。アメリカ郵便史上、この命令が最初の郵便法令となった。新たに入植する者たちがもたらす母国の情報も貴重なものとなったが、この輸送ルートを通じて、一七世紀半ばのイギリスから、ピューリタン革命、クロムウェルの台頭、王政復古、名誉革命と激変する宗教や政治にかんするニュースが入ってきた。もちろん入植者の消息や植民地の様子も母国に伝えられ、このルートが母国と植民地とをむすぶ大事な情報回路となった。

2　植民地飛脚の整備　遅々として進まず

次に、植民地内や植民地間の手紙の交換についてみてみよう。入植から苦節半世紀、生活を支えてきた農園経営も軌道に乗り、商業活動も活発になる。子供たちは成長し親許から離れて独立するようになった。村が町になり、町が市になり、さらには郡《カウンティ》が形成されて、植民地の人々の活動範囲が拡がっていった。そこでは、親から子への安否を気遣う家族の便りや、日用品雑貨を注文する商用書簡など、さまざまな通信需要が出てきた。しかし、それらに応えられる通信の手段がなかったので、入植者たちは、さまざまな方法により手紙を交換した。

東海岸《イースト・コースト》に点在する各植民地間の書簡の輸送はもっぱら沿岸を航行する帆船に負った。しかし、手紙の発送は突然の船の入港に合わせなければならなかった。陸路では手紙をはこぶメッセンジャーを特別に雇うか、宛先に向かう旅人を根気よく探さなければならなかった。フラーによれば、アムステルダム砦《とりで》のオランダ人が最初にプリマスの入植者に手紙を書いたのは一六二七年、プリマス近くに住んでいた先住民であるインディアンと突然出会ったときにである。オランダ人は、インディアンにプリマスに入植したピューリタン宛の手紙を託したのである。

このように手段が何もない状態を改善するために、各植民地では、いくつかの試みが行われる。たとえば、ヴァージニアの代議院会《ハウス・オブ・バージェセス》は一六五七年に「タバコ飛脚」と呼ばれる制度を創設した。これはそれぞれの大農園《プランテーション》をむすぶ飛脚システムで、大農園の所有者に対して、隣接する大農園への公用書簡の送達を義務づけたものであった。この義務を怠ると、罰則として、タバコ大樽一樽が科せられた。

マサチューセッツでは、書簡送達にかかるコストを抑えるために、書簡送達人《レター・キャリアー》の賃金を一マイル三ペンスとした。送達人の馬の餌代も規制され、宿屋の主人《インキーパー》は、オート麦一ブッシエルは二シリング・干し草は四ペンス以上とってはならないとされた。一六七七年、マサチューセッツ総会議はジョン・ヘイウッドという人物をボストンの書簡取扱所の責任者に任命した。また、クエーカー教徒であったウィリアム・ペンが一六八一年に創設したペンシルヴァニア植民地では、フィラデルフィアと近隣をむすぶ飛脚サービスを一六八三年に開始した。

しかし、ヴァージニアもマサチューセッツも、そしてペンシルヴァニアの植民地の試みも、全部永続的なものにはならなかった。もちろん各植民地のあいだをむすぶ飛脚とはなり得なかった。その背景には、入植者たちが依然として母国に強い関心を抱き、他《よそ》の植民地には関心がそれほどなかった事情があった。アメリカにいるイギリス人という感情がまだまだ残っていたのである。

それでも、ボストンとニューヨークとのあいだをむすぶ定期飛脚などが計画された。ニューヨークはかつてニューアムステルダムと呼ばれたオランダ領だったが、一六六四年にイギリス領となる。ニューヨーク総督《ガヴァナー》フランシス・ラヴレスは、一六七三年、ボストンへ一人の書簡送達人を送り出した。そのとき、ラヴレスはマサチューセッツ総督ジョン・ウィンスロップへ宛てた手紙を託している。そこには「ここに二つの珍しいモノを贈りましょう。一つは私が得た最新情報の塊《かたまり》と、もう一つは飛脚《ポスト》です。あなたは一ヵ月後にまた新たな情報を受け取るでしょう」と書かれてあった。ボストン―ニューヨーク間の月一便の飛脚開設である。とはいえ、道はろくになかったので、書簡送達人の苦労は並大抵のものではなかった。そこで楽天的なラヴレスはウィンスロップに「有能な森の住人《ウッズマン》に道づくりを頼んだらすぐに道が完成し、立派な王の街道となろう」と提案している。もちろん無視された。一六七三年、ニューヨークがオランダに奪還され、ニューオレンジと改名されたが、半年後にイギリスに返還された。奪還中、二都をむすぶ飛脚は停止、返還後も復活しなかった。

植民地争奪戦の最中、フランスと、フランスと友好的なインディアンの脅威が強くなると、ニューヨーク総督トマス・ドウナンは、一六八四年、各地のイギリス植民地を結束させ防備を固めるために、北はアカディア（ノヴァスコチア）から南はカロライナまでをむすぶ飛脚網建設の構想を打ち上げ、要所に書簡取扱所《ポスト・ハウス》を設けること提案した。この構想を受けて、

地図17　初期植民地時代のアメリカ（17世紀）

ニューヨーク参議会《カンシル》は一六八五年、各植民地に書簡取扱所を設置し、料金を一〇〇マイルごと三ペンスとすることを定めた条令《オーディナンス》を制定した。もっとも他の植民地ではこのような条令が定められた記録はないし、この構想が機能した形跡もない。ただしニューヨークとボストンとのあいだの飛脚はドウナンによって再開され、ほそぼそと維持された。本格的な植民地間の飛脚の展開がはじまるのは、もうしばらく後になってからのことである。

3　植民地の駅逓　イギリス本国が管理する

一七世紀末の植民地の人口は二〇万となった。南部ではタバコや綿花などの大農園が大きく発展し、北部では農業のほかに造船や漁業や海運業が栄えた。これらの産業は本国イギリスの重商主義《マーカンティリズム》の体制に組み込まれ、本国の富の増加に貢献した。このような発展を受け、植民地内の駅逓整備も課題となり、イギリス政府は一六九一年、トマス・ニールに植民地の駅逓の特許状《パテント》を与えた。

特許状にはカナダ東岸からヴァージニアまでの地域の駅逓独占権が謳《うた》われている。期間は二一年。国王への上納金は年わずか六シリング八ペンス、名目的な額であった。ニールは勝負師的なところがあり、国王やその取り巻きたちにカードを配ったり、もめ事があれば仲裁役を勤めた。彼は賭博場《とばく》の設置許可や富籤《とみくじ》発行などの仕事にもかかわった。駅逓特許状の取得も、成功すれば巨額の利益が転がり込んでくると踏んだ形跡がある。ニールはアメリカに一度も渡ったことがなく、この事業をニュージャージー総督のアンドリュー・ハミルトンに任せた。

ハミルトンはスコットランド出身の能吏、早速、植民地内の駅逓整備にとりかかった。まず、各植民地の主要都市に統括駅逓局を置き、ニールが任命する駅逓局長《ポストマスター》を配することを骨子とする駅逓法の試案を作成した。ニールの駅逓独占権を担保する試案であったが、各植民地議会が制定する法律のたたき台でもあった。これを基礎にニールはハミルトンに各植民地と駅逓開設の交渉をさせた。メリーランドとヴァージニアは拒否した。ニューハンプシャー、ニューヨーク、ペンシルヴァニア、コネティカット、マサチューセッツは条件つきでニールの案を受け入れた。植民地の駅逓法には、公用書簡の無料送達が規定されたほか、植民地によっては、書簡取扱所の責任者（ほとんど宿屋の主人がなった）に対する酒税の免除、書状送達人に対する通行税の免除、また、受付年月日を示すスタンプの押印などが規定されたものもある。このほか、マサチューセッツは駅逓が効率的に機能することが確認できれば、ニールに駅逓運営の独占権を与えるという厳しい条件をつけた。

　ニューハンプシャーからデラウェアまでの約五〇〇キロのあいだの、ポーツマス―ボストン―ニューロンドン―ニューヘヴン―ニューヨーク―パースアンボイ―バーリントン―フィラデルフィア―ニューキャスルの各町をむすぶ路線が拓《ひら》かれて、一六九三年、週一便のニールの駅逓運営がはじまった。このアメリカにおけるイギリス初の駅逓組織は成功するかにみえたが、しかし創業から四年後の収支は赤字となった。すなわち、収入一四五六ポンド・支出三八一七ポンドで、差し引き、ハミルトンは二三六一ポンドの負債を負った。原因は、無料の書簡が大半を占めたことと、一般の手紙の多くが料金が高いため他に逃げてしまったからである。また、メリーランドやヴァージニアをはじめ、多くの入植者がいたニューヨークのハドソン川沿いの地域の権利が得られなかったことも痛かった。方向によって料金がちがうことも評判が悪かった。たとえば、各植民地が料金をばらばらに決めたため、ボストンからニューヨーク宛の手紙は九ペンス、逆に、ニューヨークからボストン宛の手紙は一二ペンスであった。

　ニールの特許状は、彼とハミルトンの死によって、第三者に渡り、一七〇七年、イギリス政府に買い戻された。財政的には失敗したものの、ニールの駅逓はウィリアム王戦争とアン女王戦争の戦時に、軍事や政治などの情報を報告する公用信を無料ではこび、いわば各植民地の情報伝達機関として機能した。

　一七世紀後半から、イギリスはフランスと戦争状態に入り、戦火はヨーロッパを越えて、アメリカ大陸にも飛び火した。ウィリアム王戦争やアン女王戦争をはじめ、フレンチ・アンド・インディアン戦争などである。重商主義的な植民地の争奪戦であった。イギリスでは、長期になると予想された対仏戦争の戦費調達のために、さまざまな手が打たれた。一六九三年に国債発行がはじまり、翌年には国庫金を集中管理するイングランド銀行が創設された。駅逓にも目が向けられ、一七一一年に新駅逓法が施行されて、郵税が五〇パーセントも値上げされた。計画では、三二年間にわたり郵税から一〇〇万ポンドを超える戦費を調達することになった。

　新駅逓法はイギリス植民地の駅逓をロンドンの統制下に置くことと、そこで適用される郵税も定めた。植民地の駅逓がはじめて法律で定められたことになる。同法によれば、エディンバラ、ダブリン、ニューヨーク、西インド諸島に統括駅逓局を設け、駅逓副長官《デピュティ・ポストマスター・ジェネラル》を任命し、帝国の植民地駅逓を運営する。手紙一通の郵税はロンドン―ニューヨークが一シリング、以下、ニューヨークからの額で、西インド諸島四ペンス、フィラデルフィア九ペンス、ボストン一シリング、ウィリアムズバーグ一シリング三ペンスなどと定められた。ヴァージニアを除き、各植民地がこの本国の法律を認めた。しかし、ヴァージニアは、代表を送っていないイギリス議会がかってに決めた税金（郵税）は払えない、と法律を受け入れなかった。一七六五年に起きた印紙税法《スタンプ・アクト》の廃止騒動のときのアメリカ側の言い分と同じである。

アメリカの植民地駅逓を統括する駅逓副長官にジョン・ハミルトン（アンドリューの息子）が任命された。南部への駅逓路線はなかったが、北部では、ニールの命を受け父ハミルトンが開拓した駅逓路線が引き続き機能していた。たとえば、金曜日にフィラデルフィアから出た便は土曜日夜にニューヨークに到着。さらに、ボストンへの便はニューヨークを月曜日に出発し、木曜日にニューヨークとボストンとの中間点セイブルックで、ボストンからきた折り返し便に接続した。ほぼ一〇日の旅である。一七三二年、かつてヴァージニア植民地の副総督だったアレクサンダー・スポッツウッドが駅逓副長官になると、アナポリス－ニューポート経由でヴァージニアのウィリアムズバーグに行く南部への駅逓路線が開設された。この線は、さらに南のカロライナの港町エデントンまで延長される。ここにニューハンプシャーからカロライナまでの、約八五〇キロに達する駅逓路線がまがりなりにも完成した。

4　駅逓から郵便へ　新聞郵便がスタート

まだまだおぼつかない駅逓システムではあったが、郵便と呼んでもよい、新生アメリカにおける通信を支えるシステムの骨格がみえてきた。一七五三年、ベンジャミン・フランクリンが、ウィリアム・ハンターとともに、駅逓副長官に任命された。ここからは郵便副長官と呼ぼう。フランクリンは稲妻が電気であることを証明した科学者であることで、つとに有名である。それに彼は大陸会議の代表、独立宣言起草委員、駐フランス公使なども務めたことがあるアメリカを代表する政治家の一人となった。そのフランクリンが郵便事業に関与したのはこれが初めてではない。彼は一七三九年からフィラデルフィアで郵便局長の職に就いていた。植民地時代、フィラデルフィアは文化の中心地だった。フランクリンはそこで印刷業を営み、新聞も発行している。当時、郵便は新聞を扱わなかったが、郵便局長は職権によって、新聞を郵便の流れのなかに入れることができた。それも独占的に自分の新聞だけを。

そのため新聞を発行する印刷業者が競って郵便局長になるケースが増えてきた。彼らは植民地の印刷郵便局長《コロニアル・プリンター・ポストマスター》と呼ばれていたが、フランクリンもその一人であった。しかし、フランクリンとハンターは、新聞を発行している郵便局長から反対があったものの、一七五八年、郵便をすべての新聞に公開した。新聞郵便のスタートである。料金は五〇マイルまで九ペンス、新聞発行人同士の見本紙交換は無料となった。新聞郵便の誕生は、郵便が広く情報の伝播を担うことになり、アメリカの民主主義を育てるのに大いに貢献する。

フィラデルフィアのオールド・ロンドン・コーヒーハウス．町の交通の要所，目抜き通りの角地に建設された．18世紀，同地の郵便局としても機能する．

フランクリンにとって、郵便副長官への就任はたっての願いが適《かな》ったものであったが、彼は在任期間中のほとんどをイギリスですごしている。それでも、フランクリンは有能な同僚のハンター副長官と協力しながら、自ら郵便路線調査のためにヴァージニアまで足を延ばすなどして、植民地の郵便を大いに改善する。郵便料金はイギリスの法律で定められていたため、郵便の定期発着と速度向上それに路線拡大が改善の柱となった。まず、フィラデルフィア—ニューヨーク間の郵便が週三便になり、所要時間は三三時間になった。また、フィラデルフィア—ボストン間の郵便のやりとりはそれまで六週間かかっていたが、三週間に短縮された。この時期、フィラデルフィアの町には、郵便の戸別配達サービスも展開されるようになった。

このようなフランクリンらの業務改善の努力が実り、一七六〇年、植民地郵便の収支が初めて好転した。ウィリアム・スミスの論文によれば、フランクリン就任から三年間の郵便収入は九三八ポンド、それが一七五七年になると単年度で一一五一ポンドになる。一七六四年には四九四ポンドの余剰金がロンドンへ送金された。これを受け取ったイギリス大蔵省は驚き、会計帳簿に「この種のもので送金されたのはこれが初めてである」と記している。以後、この送金は続く。フランクリンは自叙伝のなかで「アメリカからの送金はアイルランドからの額の三倍になっている」と誇らしげに書いた。

七年戦争は一七六三年、イギリスの勝利に終わった。この戦争で、アメリカ大陸にいたイギリス人は本国への忠誠心を守りながら、フランスと先住民インディアンと戦った。七年戦争までのイギリスの植民地政策は、軍事・外交・通商の問題は本国が握ってきたが、内政・予算・課税は植民地会議の権限として認めてきた。しかし深刻化する財政打開のために、一七六五年、本国が植民地に印紙税法を適用したときから事態が大きく変化する。英国商品の不買《ボイコット》運動などを煽《あお》る反英組織、自由の息子《サンズ・オブ・リバティ》や通信委員会《コミティーズ・オブ・コレスポンデンス》などが生まれた。

このように急変する対英感情のなかで、植民地郵便も排斥の対象となり、アメリカ郵便《アメリカン・ポスト・オフィス》の創設に向けて、ボストンの通信委員会などが動き出す。イギリスは一七七四年にフランクリン郵便副長官を解任した。理由は、自由の息子たちに邸宅を破壊されたマサチューセッツ副総督トマス・ハッチンソンの書簡を暴露した廉《かど》だった。しかし、イギリス側の郵便には手紙が集まらなくなり、一七七五年一二月、王室植民地郵便の閉鎖が布告された。八四年の歴史を刻みながら……。

5　アメリカ郵便の発展　西部開拓とともに歩む

一七七三年、東インド会社を救済する目的でイギリスで制定された茶法《ティー・アクト》に対するアメリカ民衆の怒りが爆発し、あの有名なボストン茶会事件が起きた。これを契機に、イギリスに対する反抗運動がますます高まったが、本国側はボストン港を閉鎖するなど高圧的な態度で臨んだ。翌年、植民地側は大陸会議《コンチネンタル・コングレス》を開いて、本国に抗議したが事態は変わらず、ついに一七七五年、レキシントンで両者の武力が衝突した。植民地側はジョージ・ワシントンを総司令官にして団結して戦い抜き、一七七六年七月四日、一三の植民地代表がフィラデルフィアにおいて独立宣言を発表した。

独立宣言は、人間の自由平等や圧政に対する反抗の正当性を主張したもので、その後の近代民主政治の基本原理となった。独立軍ははじめ苦戦したが、フランスの参戦などに助けられ、一七八一年、ヨークタウンの戦いでイギリス軍を破った。翌々年、イギリスはアメリカ合衆国の独立を承認する。一七八七年にはフィラデルフィアで憲法制定会議が開かれ、一七八九年、憲法に基づく新政府が発足した。もっとも輝かしいアメリカの歴史の一こまである。この時期、郵便も、イギリス植民地の郵便からアメリカ合衆国の郵便として生まれ変わる。

合法郵便、連合郵便、合衆国郵便

ボストン茶会事件の後、反英運動組織の一つであるボストンの通信委員会の意向を受けて、一七七四年、著名な新聞発行人でありプロヴィデンスの郵便局長の経験もあるウィリアム・ゴダードが、合法郵便《コンスティチュショナル・ポスト》を植民地自らの手により創設すべきであると運動を展開する。彼は、イギリス側が植民地の同意なしに、非合法に郵便に税金をかけていると攻撃した。反英感情が高まるなかで、ゴダードの運動も時代の流れに乗り支持され、イギリス植民地の郵便局長として活動してきた者のなかからも、この合法郵便に鞍《くら》替《が》えする者もあらわれてきた。本格的なアメリカ郵便のはじまりである。

一七七五年に開催された第二回大陸会議において、郵便の戦略的な重要性が認識され、ゴダードの郵便は大陸会議の管理の下におかれることとなった。ベンジャミン・フランクリンが郵便長官に、ゴダードが郵便調査官にそれぞれ任命された。翌年、フランクリンがフランスの支援を獲得すべく公使となりパリへ赴任したため、婿のリチャード・バーチャが郵便長官の職を継いだ。独立戦争時の郵便の運営は困難をきわめた。駿馬《しゃんめ》にまたがり郵便をはこぶポストライダーは、悪天候の荒野を走り、敵陣を横切り、刻々と移動する独立軍の本部と前線基地をむすび、あるいは大陸会議の代表者のあいだをむすび情報を届け続けた。また、ポストライダーはコンコードやバンカーヒルやヨークタウンなどの戦場で戦う兵士と彼らの家族や恋人たちとのあいだをもむすび、さまざまな消息を伝えた。

しかし、すべての郵便が宛先に無事に届けられたわけではない。多くの手紙がイギリス軍やその諜報部員《スパイ》の手に落ちた。書簡の内容がしばしば盗み読みされたし、ときには解読された機密情報が親英派の新聞にすっぱ抜かれることさえも起きた。それでもイギリス側の多くの妨害を乗り越えて、郵便は大陸会議の重要な情報伝達機関となり、フラーの言葉を借りれば、それはまたイギリスへの対抗心を高め、アメリカ人としての共通の認識を育《はぐく》みながら、アメリカ統合のために偉大なる働きをしたのである。もっとも、その運営コストは非常に高くついた。戦争遂行のためとはいえ、大陸会議の代表者をはじめ、役人や兵士が差し出す手紙をすべて無料としたため、郵便の運営経費は膨大な額となった。一七八〇年の一年間だけでも大陸会議は一六万ドル余の金を郵便の運営に注ぎ込んだ。

母国との戦争が終わった。少し理屈っぽい話になるが、アメリカの独立は一三の植民地のそれぞれの独立であり、合衆国は一三の独立した邦《ステイツ》(一般に「州」と訳すが、憲法成立以前は独立性が強かったから「邦」と記す)のゆるやかな連合体にすぎなかった。国のまとまりを保つためには恒久的な中央政府の樹立がぜひとも必要だった。しかし一七八一年に批准された連合規約《アーティクルズ・オブ・コンフェデレーション》では、各邦が主権をもち、中央政府には課税権がなく、各邦から委譲された権限だけを行

18世紀ニューイングランドの諸都市．上から，ロードアイランドの紡績工場，帆船モーガン号とコネティカットの街並み，マサチューセッツの旧議事堂．郵便はこれら諸都市をむすんだ．

使できるとされた。その背景には、重税と硬直化した官僚に支配された、あのイギリスの中央政府よりも、アメリカの民衆のなかに、安価で監視可能な地方政府が望ましく、弱い中央政府を必要悪として認めるにすぎない、いわゆる分権的な連邦共和国の思想が強くあった。

郵便事業の運営は各邦にまたがる事項であったため、中央政府の数少ない権限の一つとなった。サムエル・モリソンの『アメリカの歴史』によれば、連合規約の採択後、外務、財務、陸海軍などの五つの主要な行政省が設立されたが、そのなかに郵政省《ポスト・オフィス・デパートメント》が含まれていた。連合会議は、郵便が戦争のときも平和なときも欠かせない重要なものであり、合衆国内の情報伝達機能を保持することが国防安全上また商業の発展のためにも不可欠であるという認識の下に、一七八二年、連合の郵便法を制定した。中央政府による郵便の独占運営を定めたものであったが、経費を支払う正貨がないために、満足な運営ができなかったことや、高い料金だったため郵便利用者が他のルートに逃げてしまい独占運営はままならなかった。前者の問題は大陸会議と各邦が乱発した紙幣《ペーパーマネー》の価値が大暴落した結果であり、当時の通貨危機を反映したものであった。中央政府が郵便を独占的に運営できなかった、もう一つの理由は、連合規約の規定ぶりにあった。中央政府が邦領内のことに介入してくることを極度に恐れて、規約では、中央政府の郵便運営権を邦と邦とをむすぶ範囲にかぎるとされた。そのため、わずか一筋の連絡郵便路線《ポスト・ロード》を除いて、郵政長官《ポストマスター・ジェネラル》は、邦内の郵便路線整備や郵便局建設などを自由にできなかった。

連合規約の地方分権的な制約があるなかで、郵政長官に任命されたエベンザー・ハザードは、メインからジョージアまでの諸邦の都市をむすぶ郵便を定期的に走らせた。北部の重要な都市には郵便をはこぶ駅馬車《ステージ・コーチ》も走った。郵便路線は西部にも延びる。アパラチア山脈を越えてピッツバークまで行く便がはじまったのもハザードの時代であった。もちろん郵便が遅いとか、届かなかったという苦情は絶えなかった。しかし、郵便は民衆の生活のなかに着実に溶け込んで、人々は郵便の日《ポスト・デー》を楽しみにし、ポストライダーや駅馬車の到着を今かいまかと待つ光景が日常的にみられるようになった。独立一三年目のこの新生アメリカの「連合郵便」を支えたものは七五の郵便局と一八七五マイルの郵便路線であった。

一七八九年、合衆国憲法に基づく新政府が樹立し、初代大統領にジョージ・ワシントンが就任した。その背景には、強力な通商政策の実施や巨額の債務償還などの問題処理が各邦の能力を超えたため、集権的な政府樹立の声が高まっていた事情があった。アメリカは、単なる、堅き友情でむすばれた各邦の連合ではなくなり、近代的な立法府・行政府・司法府を備えた強力な合衆国《ユナイテッド・ステイツ》に生まれ変わった。合衆国憲法では、課税・貨幣鋳造・国債発行・軍隊編成など国家的な重要な事項が連邦議会の権限として規定されているが、その並びで、郵便局と郵便路線の設置も議会の権限とされた。

合衆国憲法に基づく新たな郵便法が制定されたのは一七九二年である。新郵便法では、郵政長官のポストを設ける、料金は距離別で用紙一枚の手紙が最低三〇マイルまで六セント、最高四五〇マイル以上二五セントとする、郵便物の窃盗は死罪とすることなどが定められた。このほかに、郵便事業は独立採算性とし、余剰金はサービス向上のための投資に使うこと、連邦議会《コングレス》が郵便路線を設置することも規定された。

アメリカ合衆国の郵便法をつくる段階で問題になったのが、議会の郵便路線の設置権限である。すなわち、郵便路線の設置権限を議会が郵政長官に委譲《デレゲート》すべきか否かが問われたのである。上院は委譲に問題がないとした。無定見な議会が考えるより、郵政長官がどこに郵便を走らせるのかを決めることは論理的であるし、また、イギリスでもそうしていると主張した。これに対して、下院は委譲に反対した。イギリスの郵便の例が合衆国郵便《ユナイテッド・ステイツ・メイル》の正しい規範《ガイド》とはなり得ないし、両者のあいだには何ら関係がないと反論した。さらに、どこに郵便を走らせたらよいのかを一番よく知っている人民《ピープル》の意向を尊重すべきであって、仮に郵政長官の判断で路線を設置することになれば、人民の意向が無視されるだろうと下院は主張した。だが、下院の議論の底流にあったものは、憲法解釈の議論よりは、選挙区への郵便路線の導入という政治的な関心であった。西部の荒野にある小さい村や町にとって、大都市につながる郵便路線が通過し、郵便局があることは地域の存在を示し、生活の上でも大きな意味があった。結局、下院の意見が通る。

議会は民意すなわち選挙民の利益を大切にする。このことがその後の合衆国郵便の発展によく表れている。郵便路線がない地域の選挙民は、路線設置の請願《ペティション》を直接あるいは議員を通じて議会に提出した。請願は、ミシシッピーやミズーリの河に沿った町から、カンサスやネブラスカの平原の町から、そして太平洋に面した町からも届いた。まさに西部開拓の進展に合わせて、請願される郵便路線の設置地域は西へ西へと延びていった。議会はこれらの請願を採択し、来る年も来る年も、新たな郵便路線を敷設する法律を制定し続けた。請願の内容は路線設置にとどまらず、速度の向上、支線の開設や新サービスの提供など多岐にわたった。議会はこれらの要求に応えようとした。二〇世紀のはじめまで、議会への請願が一番多かった事項は、何と郵便関係であった。まさに、人民の、人民による、人民のための、郵便づくりが実践されたが、そこに民主主義《デモクラシー》の原点をみることができる。

リチャード・R・ジョンは『ニュースよ拡がれ』のなかで、一八世紀末から一九世紀前半までの郵便ネットワークの拡大を表にしている。それを表23に示すが、郵便局の増加により、一局当たりの人口と受持エリアの面積が急激に減少していく。一七九〇年と一八四〇年の数字を比較すると、郵便局数は一八〇倍に、逆に、人口は四〇分の一に、面積は五七分の一に激減している。すなわち郵便局が身近な存在になりつつあることを示している。

表23　郵便ネットワークの拡大

年	局　数	人口/局	面積/局
1790	75	43,084	3,493
1800	903	4,876	339
1810	2,300	2,623	180
1820	4,500	1,796	116
1830	8,450	1,289	76
1840	13,468	1,087	61

（出典）　Richard R. John, *Spreading the News*, p.51.
（注）　面積＝平方マイル

党人任用制度《スポイルス・システム》（猟官制）も定着して、大統領が変わると、勝ち組の選挙協力者たちが公職に任命された。ドロシー・G・ファウラーが『閣僚政治家　郵政長官』のなかで、この問題について論述している。同書によると、身近な公職であった郵便局長の交代もひんぱんに生じた。一八四五年の選挙終了後、一万四一八三人の郵便局長のうち、七七パーセントの一万九六九人の局長が解任や辞任によりポストを離れ、新たな者がそこに任命された。もちろん勝ち組の有力運動員たちである。これもアメリカの民主主義である。一八五〇年に入ると、郵便局数が一万八四一七局、郵便路線は一八万マイルに達し、世界有数の規模をもつ郵便事業に成長した。

6　ニューヨークの市内郵便　民営郵便が活躍する

アメリカ郵便史を少し角度を変えてみてみよう。民営郵便が繁盛していた一九世紀ニューヨークの話である。一九世紀は新生アメリカの世紀のはじまりである。なかでもニューヨークはアメリカの中心的な都市となり、現在でも、その座を維持している。ニューヨークの歴史は、一六二六年、オランダ人が先住民族であったインディアンと、わずか六〇ギルダー相当のアルコール類と日用品でマンハッタン島を交換したときからはじまる。史上最大のバーゲンといわれる取引であった。オランダ人はそこにニューアムステルダムを建設した。三八年後、イギリスの支配下となり、ニューヨークと改称される。以後、イングランドから、アイルランドから、そして世界各国から新天地を求めて多くの人々が移住してきた。ニューヨークは彼ら移民者の受け皿となり、活気に満ちた都市へと変貌していった。一八六〇年のニューヨークの人口は、ブルックリンを含めれば、優に一〇〇万人を超えるまでになっていた。金融や商業の情報、芸術や学問の論争、さらには金持ちたちのゴシップまで、さまざまなニュースが飛び交うニューヨークは、アメリカの情報の一大送受信基地となっていた。

一九世紀半ばのニューヨークでは、合衆国郵便と競い合いながら、何社かの民間業者が市内郵便《シティー・ポスト》の戸別配達サービスを市民に提供していた。ドナルド・S・パットンは『ニューヨークのボイド地方郵便』と『ブルックリンの地方郵便』という小冊子をまとめている。それら二書によれば、一八四四年六月、アイルランド系移民の子孫であるジョン・トマス・ボイドによって設立されたボイド・シティー・エクスプレス・ポスト社が代表的な民営市内郵便ということになろう。ボイドの社屋はウィリアム街四五番地で、周辺には、商品取引所や競争相手の合衆国郵便のUS・シティー・ディスパッチ・ポストの局舎などがあった。開業時の新聞広告をみると、ボイドの市内郵便の配達区域は二六丁目以下のブロックで、おおよそ現在のマンハッタンのダウンタウン地区とみてよい。地方宛の手紙を合衆国郵便の郵便局に届けることもした。手紙の引受は街のドラッグストアやホテルなど二〇〇ヵ所に委託した。これらの引受所《ステイション》に午前七時までに差し出された手紙は九時の便で配達、同様に、午後一時までに差し出された手紙は三時の便で配達された。ウィリアム街のボイドの引受所では、配達一五分前まで手紙を受け付けていた。

郵便料金は前払で、手紙一通が二セント。新聞社宛の手紙は無料とした。政府の切手発行に先がけて、ボイドは自社の郵便事業のために切手も発行している。切手の額面は二セント、図案は鷲《イーグル》である。一〇〇枚まとめて切手を買うと、一二・五パーセント引きの一ドル七五セントとなった。創業から三ヵ月目には、ボイドはマンハッタンの対岸ブルックリンも配達地区に加えたほか、手紙の取集《コレクション》を七時・一〇時・一二時・一四時の四回に、配達《デリヴァリー》も九時・一二時・一四時・一六時の四回に増加させた。ボイドの市内郵便の業績は着実に向上していったが、マンハッタン―ブルックリン間をやりとりする郵便には法的問題が生じた。一八四五年七月に施行された合衆国の新郵便法は市内の手紙の集配を民間人にも認めたが、郵便路線（区域）を越える手紙の集配業務は禁じた。マンハッタン島からフェリーでイースト・リバーをわたり、ブルックリンまで手紙をはこぶことは、まさに郵便路線を使い、別の郵便区域に入ることになる。行政区画の上でも、当時のブルックリンは今のようなニューヨーク市の一部ではなく、別の区域であった。ボイドはそのような郵便物を取り扱うことは合衆国の郵便法に抵触すると判断し、便法として、ウェリントン・ウォルトンという代理人をたてて、ブルックリン・シティー・エクスプレス・ポスト社という別会社を設立し営業を続けた。

18世紀末ニューヨーク．教会を中心に街並みが形成される．星条旗がはためく建物は市庁舎であろうか．この町が世界一の都市に発展していく．

　また、ボイドが配達した初期の手紙の例をみると、ブルックリンの別会社をはじめ、他の民間郵便業者が他の都市からはこんできたニューヨーク宛の手紙もボイドが配達していた形跡が残っている。パットンの研究によると、ボイドと提携した会社は、たとえば、シカゴやデトロイト地区などに強いレター・エクスプレス社や、ニューイングランドやフィラデルフィア・ボルティモアなどに路線をもつヘイル社や、西部の諸都市との便をもつポウムロイ・レター・エクスプレス社などであった。

　一八四〇年代後半から五〇年代前半にかけて、市内郵便に民間企業の新規参入が相次いだ。人口が集中しているニューヨークなどの大都市では、郵便需要が旺盛となり、郵便集配の事業は収益性の高い商売となった。その証拠にボイドの会社が設立された後も、カミングス・シティー・ポスト社、マンハッタン・エクスプレス・ポスト社、ヘンフォード・ペニー・ポスト社など、市内郵便の専門会社が相次いで誕生した。このほかにもキャナル・ストリートとユニオン・スクエアとのあいだの、往時のアップタウンを配達区域にするフランクリン・シティー・ディスパッチ社や、ボイドの切手図案を盗用したニューヨーク・シティー・エクスプレス・ポスト社など、多くの民間業者が市内郵便事業に参入してきた。なかでも合衆国郵便のチャタム・スクエア分局《ブランチ》があった同じ建物に開業したチャタム・スクエア・ブランチ・ポスト・オフィス社は、手強《てごわ》い競争相手となった。創設者はアーロン・スウォーツで、会社名も合衆国郵便の機関であるかのような呼称である。合衆国郵便に差し出す地方宛の手紙の料金は一セントとした。

　他方、合衆国郵便の市内郵便の運営は一八四六年に民間に委ねられたが、政府は一八四九年一月、二五の引受所を設け、直轄で市内郵便を再開させた。料金は一セントとした。一八五一年八月には法律により、ニューヨークの市内郵便の独占化を試みた。その内容は「郵政長官は郵便法に基づきニューヨーク市内のすべての道路を政府の郵便路線とし、市全域を配達区域とする。これに伴い四五名の郵便集配員を任命し、市内二〇〇ヵ所に書状受付箱を設置した。郵便物の集配は一日四回とする」というものであった。これに対してボイドは新聞広告を出して、「長年にわたり迅速な手紙の配達を心がけ、それは皆さまに満足いただいていると確信しています。郵政省は、皆さまと良好な関係にある私どもの商売を打ち砕こうとしています。しかし、私どもは今までどおりのサービスを皆さまに提供します」と事業継続を顧客に宣言した。ボイドら民間業者側は、合衆国郵便側のサービスが十分でなかったこともあり、官側の警告を無視し続けた。それに対して官側が有効な対抗措置をとれなかったので、この問題は、これ以上大きくならなかった。

　一八五〇年代にニューヨークで盛んになった民営市内郵便の状況について記録した史料がある。低料金の郵便を求める運動家が作成したものである。それによると、民営大手二社が手広く市内郵便のサービスを提供していた。料金は書状一通が二セントで、集配は日に四、五回だった。一社は集配係が四五名いて、二五〇〇の書状受付箱を市内各所に設置し、一日に六〇〇〇から一万五〇〇〇通の手紙を集めて配達していた。選挙の前日には、一六万通もの手紙を一日で配達したことがあった、という。もう一社は集配係が二五名で、一日に一万通ほど集めて配達していた。大手二社とはボイドとスウォーツの会社を指している。これら二社以外にも、中小の民営郵便数社が活躍していて、この時期が、民営郵便がニューヨークでもっとも活躍した時代である。

　一八五九年六月、ボイドが六二歳で病死した。ボイドが運

合衆国郵便の市内配達人．政府は1863年から市内の郵便配達を制度化した．

営していた市内郵便の事業は、後見人の下で、一七歳の長男によって引き継がれた。この頃から郵政省は全国的な規模で市内郵便の整備に力を入れはじめて、郵便事業の単独運営に乗り出した。民間側からみれば、政府による郵便事業の独占化となる。ニューヨークについては、一八五一年の郵便法を確認する形で、一八六〇年七月に命令が出され、「市内五五丁目以下のすべての街路、道路、路地、街道は郵便路線とし配達区域とする」と宣言された。実行面では、郵政省は、鍵付き鉄製の書状受付箱を主要都市に大量に配置した。ニューヨークでは、大型の受付箱を大きな街路に、小型の受付箱を小さな路地に取りつけた。その数は五〇〇にもなった。

　ボイド二世は政府の強硬方針を嫌って、一八六〇年八月に事業を一時中断する。しかしフィラデルフィアのブラッド・エクスプレス社は、政府の方針に抵抗し、民営市内郵便の適法性について、裁判所に判断を求めた。事業が継続できるか否かの瀬戸際に立たされた、ボイドら民間郵便業者は固唾《かたず》を飲んで判決を見守った。判決は「市内に限り郵便の取集配達をしているブラッド・エクスプレス社は、郵便法に抵触しない」というものであった。政府が上告しなかったために、判決が確定し、民間の市内郵便運営が適法とされた。もっとも適法判決にもかかわらず、ボイド二世は、一八六〇年一二月頃市内郵便の営業権をウィリアム・ブラックアム夫妻に売り渡した。夫妻は一八五九年春にアイルランドから移住してきたばかりだが、購入と同時に、新経営者は「ボイド」の名前を継承して事業を再開した。ブラックアムは一八六二年末に事業の本拠地をウィリアム街からフルトン街三九番地に移す。移転により私信を出す個人客が減少したために、新たな収入源を見いだす必要に迫られた。夫妻は、増収策として、まず広告をとり鉄道や船舶の時間表を発行し、これを自前の郵便で顧客に配った。次にコレクター向けに切手も発行した。だが本業は、特定の会社などが顧客となる、大量のパンフレットや回状や書類などの配達に移っていった。

　政府は一八六三年、従来の距離別料金・市内料金・市内配達追加料金などを廃止して、郵便料金を全国一律三セントとした。小さな町や村には郵便配達の恩典がまだまだ届かなかったが、料金面で、郵便サービスがアメリカ全土に公平に及ぶ形が整えられた。政府の郵便運営の充実によって、民営の市内郵便が消えていったが、それまでの民間郵便業者の功績を忘れてはならない。すなわち、民営郵便は合衆国郵便が提供できなかったサービスを市民に提供し、官業を補完してきたのだから。ボイドの郵便はさまざまな手紙をニューヨーク市民に届けた。夜会の招待状、結婚カード、恋文、ときには借金の督促状も。そしてニューヨークっ児に欠かせない通信メディアとなっていった。ボイドの事業は通運業への性格を強めながらも、一八八二年まで続いた。

7　安息日の労働　是非を巡り論争

このように一八世紀から一九世紀にかけてアメリカの郵便は大きく発展するが、それはまた新たな秩序を創《つく》り出し、旧来の慣習とぶつかり合うことになる。フラーは『一九世紀アメリカにおける道徳と郵便』のなかで、この問題を取り扱っている。一九世紀アメリカでは、メイフラワー号で新大陸に渡ってきたピューリタンがアメリカを建国したと信じている人たちがいた。すなわちアメリカはキリスト教徒の国である、と。そして敬虔なキリスト教徒にとっては、安息日すなわち日曜日には労働をしてはならない日となる。そのことが郵便の日曜営業で覆《くつがえ》る。

一八一〇年、政府は郵便法を改正し、新法に「陸路または水路により到着した郵便物は週の各日に適切な時間内に配達する。郵便局長は週のすべてどの日にも郵便物を配達し、また、郵便物を引き受ける」（要旨）という規定を盛り込んだ。この条項は安息日に郵便局が仕事をすること意味し、キリスト教徒の戒律を犯すことになる。不思議なことに、法案は議会でほとんど議論されることなく通過した。しかし、郵便局が安息日に業務を行うことについては、以後、長いあいだの論争を引き起こすことになる。

キリスト教徒の反対を押し切って、郵便局が安息日の業務遂行を続ける背景には、増加する郵便物をさばくという意味もあったが、日曜新聞やペーパーバックなどの出版社のニーズもあったことも無視できない。もはやアメリカは厳しいキリスト教の戒律に律せられた理想の社会を築く考え方よりも、本格的な資本主義の芽が出つつあるこの時期に、豊かな発想と才覚があれば富を得る可能性のある自由な社会を築くことに人々は魅力を感じるようになっていた。商業主義の台頭といってもよい。敬虔《けいけん》なキリスト教徒からみれば、顔をしかめるような出版物も郵便によって村の若者たちに浸透していったことも事実である。郵便が心温まる手紙や有益な知識ばかりをはこんだわけではない。キリスト教団体から非難されたが、郵便は情報を伝播する本来の業務を遂行していったのである。一九世紀、ラジオやテレビがない時代、郵便が良くも悪くも情報伝達機関として機能し、アメリカ社会の新しいモラル形成に影響を与えた側面があった。

第10章　一九世紀イギリスの郵便改革

1　近代の郵便事情　高い料金が利用を阻む

切手を考案するなどして、郵便を最初に近代化した国はイギリスである。その郵便の近代化は産業革命《インダストリアル・レヴォリューション》の時期に行われた。まず産業革命期はどのような時代であったのだろうか、その点を簡単にふれておこう。産業革命は、イギリスの経済構造を農業社会から工業社会へと大きく転換させて、同国を世界の工場に伸《の》し上げた。水力、風力、畜力、人力などの自然の力が隅に押しやられ、代わって蒸気機関を利用した人工動力が主役となるエネルギー革命が起こった。それと併行して、鉄道輸送が馬車輸送にとって代わり、河川沿いには運河が掘られ、大規模な交通革命も起こる。増加する鉄鋼生産はイギリスの工業化を一層促進させた。世界中から集められた原材料は、加工されて、安価な衣料などの商品となり、それらは市場に氾濫《はんらん》し、国民の消費が拡大された。このようにして、ヴィクトリア朝のイギリスは発展し盛時をきわめたのである。

他方、急激な社会の変化により、深刻な問題が多数発生した。産業革命を裏から支えた人々は、大工業都市に集まった無産の労働者たちである。彼らは低賃金の上に過酷な作業環境の下で、長時間の労働を強《し》いられていた。生活は悲惨そのもので、衣食住すべてが人間の最低限の生活を維持することすらできるような状態ではなかった。これもヴィクトリア朝の一つの側面であった。

しかし一八世紀そのままの旧式な政府の行政組織は、これらの難問題を解決する力をもっていなかった。そのためこの時代に社会改革を目指した人々は、政府がいったい何をなすべきかを、まず考えなければならなかった。彼らは議会に専門の調査委員会を設置させ、そこで、あらゆる分野の問題点を浮き彫りにする作業を行った。その結果はさまざまな統計や調査報告とともに青書や白書に盛り込まれて、国民に公表された。それらは過重労働から児童を保護することを義務づけた工場法の制定、上下水道の普及、初等教育の制度化や監獄の近代化といったような内政問題の改善などにつながっていった。郵便制度の近代化も、ヴィクトリア朝に行われた内政改革の一つである。

　産業革命が進行していった一八世紀から一九世紀にかけての、イギリスの郵便は、無料郵便《フランクス》の増加と高い郵便料金と不正利用が大きな問題となっていた。まず、無料郵便の問題から。無料郵便の制度《フランキング・プリヴァレッジ》には古い歴史があり、一六五三年から国会議員や政府高官らに対して、無料で郵便が送受できる特権が与えられてきた。その後、この特権は差出制限や廃止などを含む制度の見直しが何度か行われてきた。だが、ほとんど改善されずに、むしろ、その乱用が肥大化するばかりであった。一七八四年には年間三〇〇万通もの郵便物が、この特権を利用して無料で送受された。もう一つの無料郵便は新聞であった。当時の新聞には税金がかかったが、郵便は無料となった。ロンドンでの新聞郵便の年間取扱通数は、一七八四年三一六万通、一七九六年には八八二万通に達し、一二年間で約三倍になった。

　これらのことが高い郵便料金の原因の一つとなった。すなわち、無料郵便の送達コストも有料郵便《ペイ・レターズ》からの料金で賄われていたので、必然的に料金が割高となった。たとえば、一七六四年の無料郵便のコストは一七万ポンドで、その額は、有料郵便からの料金収入総額一九万ポンドにほぼ匹敵するまでになった。この点を見事に表している一枚の風刺漫画がある。ヘンリー・コールが編集していた新聞『ポスト・サーキュラー』に掲載されたものだが、そこにはロンドン発エディンバ

GREAT WEIGHT AND NO PRICE! LITTLE WEIGHT AND ALL PRICE!!

新聞郵便2,296通重さ273ポンドは無料，無料郵便物484通重さ47ポンドも無料，収入印紙託送公用小包（重さ177ポンド）も無料，ただし一般の有料郵便物1,565通重さ34ポンドは料金93ポンドの支払さ……．ヘンリー・コールの『ポスト・サーキュラー』から．

ラ行きの郵便馬車が描かれている。馬車客室の屋根の上にはたくさんの郵袋が積み上げられているが、それぞれに説明がついている。つまり、この風刺漫画は、重さにして六パーセント・通数にして三六パーセントの有料郵便物が、大半を占めている無料郵便物の送達コストを負担させられていることを示している。

　郵便料金は税金として取り扱われ、「郵税《ポステージ》」と呼ばれる。このことが料金を一層高くした。すなわち、郵便料金の設定は、国の財政事情に大きく左右された。一例にしかすぎないが、たとえば、一七八四年に石炭税の導入が失敗すると、政府は代わりに郵便料金を引き上げて、国家予算のつじつまを合わせた。また、対仏戦争前後には戦費調達のために、一七六五、一七八四、一七九六、一八〇一、一八〇五、一八一二の各年に、郵便料金の値上げをたて続けに行った。一八一二年にはシングルレターの最低料金が四ペンス、同じく最高が一シリング五ペンスにもなった。後者の額は、当時の農業労働者の一日分の賃金に見合う額までになり、とても一般大衆が一通の手紙のために支払えるような金額ではなかった。

玄関をノックして家人を待つ郵便配達人．料金を配達時に受取人から集めたので，配達にたいへん時間がかかった．

　このため高額の郵便料金の支払を免れようと、人々のあいだに郵便の不正利用が横行した。その方法は、無料郵便の特権をもつ政府高官の差し出す書簡に見せかけて無料で郵便を出すとか、古い新聞の余白に暗号を記して新聞郵便として差し出すとか、その例を挙げれば、枚挙にいとまがない。ある出版経営者は、年間六〇〇〇通余の自己の商業郵便を無料で送った、と豪語さえしている。

　無料郵便のシステムを不正に利用する方法以外にも、当時の、料金受取人払制度を逆手《さかて》にとった方法も大いに利用された。その方法とは、都会に働きに出た青年と、村に残った恋人といった、手紙をやりとりする二人のあいだでまず暗号をつくる。たとえば「宛名のクリスチャン・ネームをAにしたら元気で働いている」といったような暗号を決めておき、それを手紙の表面に密かに記して消息を連絡しあった。つまり受取人は手紙を一瞥《いちべつ》して、素早く暗号を読み取り内容を理解したら、その手紙の受取を拒否し、料金の支払を免れた。そのような手紙の中身は、ほとんど白紙が多かった。

郵便の運営面でも矛盾がたくさんあった。当時、ロンドンには三つの配達組織があり、それぞれが配達業務を行っていた。すなわち市内の郵便を扱う地区郵便局《ディストリクト・ポスト》と、地方からの手紙を配達する内国郵便局《インランド・オフィス》と、海外から到着した郵便を配達する外国郵便局《フォーリン・オフィス》である。同じロンドンという地区で、これらの組織がそれぞれ郵便配達員をかかえ、三つ巴《どもえ》の様相を呈しながら郵便配達サービスを展開した。配達員の総数は六三〇人に達し、三分の二が地区郵便局の要員だった。市内便と地方便と外国便というちがいがあるものの、郵便の配達方法が大きく変わるわけではないので、業務の重複が問題となった。それに各組織が書状引受所を独自に設けたので、ロンドンには二〇九の地区郵便局の引受所と六四の内国郵便局の引受所が点在することになった。それらが隣合せになっていることも珍しくなく、ここでも重複問題が生じた。

加えて、当時の郵政省《ジェネラル・ポスト・オフィス》の複雑な官僚組織と旧態依然の事業運営は、今日のような迅速で確実な郵便のサービスをとても人々に提供できるような状態ではなかった。

ウォーラスによる改善

以上のような古い体質の郵便制度にまず改善のメスを入れたのは、ロバート・ウォーラスであった。彼は一八三二年の選挙法改正法《リフォーム・アクト》によって、新興工業都市から選出された庶民院議員の一人で、スコットランド南西部クライド湾に面した港町グリーナクの出身であった。ウォーラスが郵便に関心をもつようになった動機は、彼が携わっていた西インド諸島貿易に関係している。つまり事業の円滑な運営には、西インド諸島とグリーナクと、また、ロンドンとグリーナクとのあいだに、低廉で、かつ迅速な通信手段の確保が不可欠であったのに、往時の郵便はこれに応えられる状態ではなかった。そのため、ウォーラスは、国会議員として最初に手がける仕事は郵便事業の改革である、と信じるに至った。

ウォーラスは一八三三年八月、郵便制度の改革の必要性を庶民院ではじめて取り上げた。そして郵便も自由放任《レッセ・フェール》の原則に基づいて自由な経営が必要である、と訴えた。しかし、政府の重い腰を動かすまでには、その後、数年にわたる院内外の運動がウォーラスにとって必要であった。彼の最初の成果は、一八三五年にダンキャノン卿を長とする郵政省にかんする管理運営調査委員会を院内に設置させたことである。調査委員会は、郵政省の業務全般にわたり調査を行い、一八三五年六月から一八三八年一月にかけて、フィンチ・ヴィドラーによる郵便馬車の供給独占や、ずさんな郵便船《パケット・ボート》の管理などの問題点の指摘を含め、調査結果を一〇巻に及ぶ調査報告書にまとめて、議会に提出した。いわゆる「郵便青書」である。青書は必ずしも包括的なものではなかったが、それでも郵政省に対する郵便馬車の供給契約を公開入札化させたなどの一定の成果を上げた。

この間、ウォーラス自身も郵便制度の改善策を練り、郵便料金の計算基礎を用紙の枚数制からフランスなどの国がすでに採用していた重量制に改めること、最初の基本重量を四オンスまでとし、その書状料金を五〇マイルまで三ペンスとすること、郵便の送達便数を増加させ日曜日にも郵便の送達を実施すること、などを骨子とした改善案を提案している。一八三六年には、ウォーラスはダンキャノン卿らとともに、郵政省の改組、すなわち一人の郵政長官が大幅な権限を握る体制から、複数の代表によってコントロールする機関に改組し、その長に庶民院の議員を充てる、という行政改革法案を議会に提出した。法案は庶民院を通過したものの、貴族院で否決された。その背景には、歴代の郵政長官《ポストマスター・ジェネラル》が貴族院議員のなかから出ていたという事実があったからであろう。

それでも一〇〇以上もあった郵便関係の法律が、実質的な改正を伴わなかったが、五本の法律に整理されて、一八三七年に公布・施行された。これもウォーラスらの努力の結果である。このようにウォーラスが行った改革は、必ずしも根本的な解決にはつながらなかったが、少なくとも、当時の郵便が多くの問題を抱えていたことを、国民に認識させ、その後の改革の方向づけを行った、ウォーラスの功績は大きい。

2　ヒルの郵便改革案　外部からの提案

ウォーラス議員らの郵便改革に対する弛《たゆ》みない運動は議会の内外で続いていたが、在野の一市民が具体的な郵便改革案を練り上げ、それを実践に移した。ローランド・ヒルがその人である。後に「近代郵便の創設者」などと称せられるまでになった人物である。すでに述べたとおり、郵便は庶民が手軽に利用できる状態ではなかった。この問題を改革するために、ヒルは、郵便料金の大幅引下げなどを骨子とする郵便改革案を『郵便制度の改革――その重要性と実行可能性』と題する一〇〇ページほどのパンフレットのなかで明らかにする。パンフレットの初版は一八三七年初頭に刊行されたが、同年二月二二日に第二版が、また一一月一五日には第三版が発行された。執筆にあたって、ヒルはウォーラスから借用したダンキャノン委員会の郵便青書のなかに出てくるデータを駆使した。松野修が解説をつけてこのパンフレットを翻訳しているから、日本語でも読める。以下、その要旨である。

まず当時の基本的な法定の郵便料金をみると、用紙一枚のシングル・レターの場合、距離別に一四段階にわかれ一ペニー刻みで、最低四ペンス・最高一七ペンスだった。また手紙の重さにかかわらず、用紙二枚のダブル・レターは料金が二倍に、用紙三枚のトリプル・レターは三倍になった。複雑な体系である。それに何より問題だったのは、郵便料金が、ヴィクトリア朝の庶民の賃金や物価水準を考えると、非常に高いものであったことである。

ヒルは、郵便料金が高いため、人口増加や商工業の発展の度合いにくらべて、郵便利用はそれほど増えず、そのため郵便事業の利益が伸び悩んでいる、とまず指摘する。表24はそのことを示したものである。この表によれば、一八一五年から一八三五年までのあいだに人口が六〇六万人増加した。率にして三一パーセント増。これに対して、同期間中の郵便利益の実績はむしろ二万ポンド減少した。率にして一パーセント減。仮に人口増加率と同じ率で郵便事業の利益も伸びると試算すれば、一八三五年の利益は二〇五万ポンドにならなければならない。だが、実績値がこの試算値よりも五一万ポンドも下回っている。

ヴィクトリア時代のロンドン中央郵便局．国内郵便物を取り扱う部署の作業風景．天井に明かり取りがあり，照明は蠟燭を使っている．1844年の銅版画から．

ヒルは、駅馬車税《ステージコーチ・デューティ》との比較でも、郵便の伸び悩みを説明している。それによれば、一八一五年の駅馬車税の税収は二二万ポンド、一八三五年には五〇万ポンドに達して、その間に一二七パーセント増加した。仮に同率で郵便の利益も伸びるとしたら、一八三五年の利益は三五五万ポンドにならなければならない。しかし、実績値は試算値よりも二〇一万ポンドも低い。以上について、ヒルは、政府が高い郵便料金を設定したために、五一万ポンドあるいは二〇一万ポンドもの得べかりし利益を自ら喪失させている、と分析した。

次に、ヒルは郵便一通当たりの総コストを推計する。具体的には、年間の郵便総経費を、その年の郵便総取扱数で割ると、郵便一通当たりの平均総コストが出る。数字は表25に示すとおり。推定平均総合単価（総原価）といってもよい。ヒルの計算によれば、郵便一通当たりの平均総コストは一・三三ペンスにしかならなかった。このうち〇・八四ペニーが一次配達（ごく小さな町村の配達分を除く）コストで、その内訳は輸送コストが〇・二八ペニー、配達などのコストが〇・五六ペニーであった。こうしてみると、当時の郵便料金の水準は、ヒルの推計した平均総コストの数倍から十数倍になっており、きわめて高額なものになっていた。ヒルは計算に当たって、郵政省に正確な郵便取扱数の統計がなかったため、注意深く推計した数字を使用した。後に、それらの数字の妥当性が問題となる。

続いて、ヒルは、ロンドン－エディンバラ間六〇〇キロを走った郵便馬車《メイル・コーチ》を例にとりながら、郵便一通当たりの輸送コストを試算してみせた。郵便馬車の運行総コストは五ポンド、内訳は表26に示すとおりである。郵便一通当たりの輸送コストは次のとおり算出した。まず、いわゆる風袋《ふうたい》込みの一回の郵便送達総重量を平均八九六ポンド（一ポンドは四五四グラム）、うち郵袋《ゆうたい》の重量を二二四ポンドと仮定した。郵袋重量を差し引いた正味の郵便物の重さは六七二ポンドとなる。これをシングル・レターの平均的な重さ〇・二五オンス（一オンスは約二八グラム）で割ると、四万三〇〇八通となる。手紙一通当たりの輸送コストは郵便馬車の運行総コスト五ポンドを前記の四万三〇〇八通で割るとでる。答はわずか〇・〇二八ペニー。同様に、やや重量がある新聞郵便の例を、一通の重さを一・五オンスとして計算してみても、新聞一通当たりの輸送コストは〇・一六七ペニーにしかならなかった、とヒルは強調している。

表24　人口増加率にリンクさせた郵便の利益試算と実績

年	人口	実績	試算	差額
1815	1,955	156	156	0
1820	2,093	148	167	-19
1825	2,236	167	179	-12
1830	2,396	152	192	-40
1835	2,561	154	205	-51

（出典）　Rowland Hill, *Post Office Reform; Its Importance and Practicability*, 3rd ed., p. 2.
（注）　人口＝万人
実績・試算・差額＝万ポンド

表25　郵便1通当たりの平均総コスト（推定平均総合単価）

A 年間総経費	696,569 ポンド
B年間総取扱数	126,000,000 通
有料郵便	88,600,000
無料郵便	7,400,000
新聞郵便	30,000,000
Cコスト(A÷B)	1.33 ペンス

（出典）　Hill, *op. cit.*, p.8.

表26　London-Edinburgh 間の郵便馬車運行コスト（ポンド）

London-York馬車借上費	1- 5- 6
York-Edinburgh 〃	1- 5- 0
御者・護衛の賃金	10- 6
通行税・その他雑費	1-18-12
合　　計	5- 0- 0

（出典）　Hill, *op. cit.*, pp.12-13.

全国均一料金の前払制

ヒルは、以上のような現状分析にもとづいて、大胆な郵便事業の改革案を打ち出す。

第一は、郵便料金を大幅に引き下げて、書状の基本料金を一ペニーとすることを提案する。いわば大幅な料金引下げによる需要の拡大策である。経済学でいうところの「需要の価格弾力性」の法則に沿った考えである。前段で述べたとおり、書状一通当たりの平均総コストは一・三三ペンスで、料金を一ペニーにすると原価割れになる。しかし料金値下げにより郵便の需要が増大し、輸送コストなどの変動費は増加するものの、変動費の総経費に占める割合は低い。それに、総経費に占める割合が高い人件費などの管理費がそれほど伸びないため、結果的には、手紙一通当たりの総コストはむしろ引き下げられ、一ペニーでも十分にコストを賄える、とヒルは力説した。

当時の一ペニーは、およそ肉なら一〇〇グラム、バターなら五〇グラム、黒ビールなら半パイントほど買えるぐらいの価値だった。現在の円の価値に換算すると、一五〇円前後であろうか。また、ヴィクトリア朝の学校の授業料は一日一ペニー、出版界では『ペニー・マガジン』や『ペニー百科事典』の刊行が流行し、ペニー郵便（戸別配達を行う市内郵便）も各地で運営されていた。まさに世はペニー貨の時代《エイジ》であった。ヒルが一ペニーを基本料金として提案したのは、このような時代背景があったからでもあろう。

第二は、手紙の送達距離で決める郵便料金システムを改め、全国均一の郵便料金制を採用することを提案する。その根拠は、先にみたように、ロンドン―エディンバラ間の郵便馬車のケースでは、書状一通当たりの輸送コストが〇・〇二八ペニーで、総コスト一・三三ペニーに対して、それはわずか二パーセントにしかすぎなかった。つまり、郵便の総コストに占める輸送コストの割合はきわめて小さいので、輸送コストの多寡を考慮して距離別に料金を定めるほどではない、とヒルは考えた。それにたとえ近距離の郵便であっても、いっぺんにはこぶ通数が少なければ、一通当たりの輸送コストは、長距離郵便のコストよりも高くなることがある。逆に、大量の長距離郵便であれば、その一通当たりの輸送コストは、むしろ短距離郵便よりも低くなることが十分にあり得る。この考え方も、全国均一の郵便料金システム導入を提案する論拠を支えるものとなった。また、ヒルがこの提案を行った背景には、当時、鉄道の出現によって、貨物の迅速、低廉かつ大量輸送が実現しつつある情勢があった。このことも見逃せないポイントだ。

第三は、距離別の料金計算に加えて、手紙の用紙の枚数により料金が変わる旧来の方式も廃止し、重量別による料金体系を導入することを提案した。これによって、テーブル・クロスのような大きな用紙の重い手紙も、メモ用紙みたいな小さな用紙の軽い手紙も、郵便料金が同じという矛盾が解消できる。加えて、重量制の導入は、郵便局員が蠟燭《ろうそく》の薄明かりで手紙を透かして用紙が何枚使われているかを調べる、あの煩《わずら》わしいキャンドリング作業も省くことができる。重量制の基本料金について、ヒルは初版の『郵便制度の改革』のなかで「書状一オンスまで一ペニー」と提案していたが、二版目以降の版のなかでは、大蔵大臣の提案を受け入れ、彼は「半オンスまで一ペニー」に改めている。

　第四は、郵便料金の前払《プリペイメント》システムを採用することを提案する。ヒルの郵便改革案のなかで、もっとも重要な提案である。すなわち、一七世紀から続いてきた料金受取人払システムでは、郵便配達員《レター・キャリヤーズ》が手紙を配達するときに、料金を受取人から徴収していたので、非常に手間がかかり、郵便の配達に多くの時間がかかった。ロンドンの、ある郵便配達員は「六七通の手紙の配達に一時間半もかかった。小銭のない家もあり、少なくとも一軒二分はかかる」と証言している。しかし料金前払システムだったら、配達のときの面倒な料金徴収の仕事がなくなり、配達時間が大幅に短縮できる。加えて、郵便事業にとって、料金が確実にかつ事前に徴収できることはきわめて大きな意味がある。料金前払の方法としては、郵便書簡の形式がはじめ提案された。切手のアイディアはヒルの改革案には当初含まれていなかった。

　以上がヒルの提案した郵便改革案の要旨である。郵税の減収を恐れる大蔵省を説得するために、さらにヒルは次のような説明を加えている。すなわち、コーヒー税の税率を半分にしたら、コーヒーの需要が約三倍になって、税収は五九パーセントも増加した。郵便でも、料金を下げれば需要は五倍になる。業務は簡素化されるので、一次配達コストは〇・八四ペニーではなく、コストが引き下げられ〇・三二ペニーまでになる。そうなれば無料郵便と新聞郵便の経費を差し引いても、年間二八万ポンドの利益がでるだろう、と。まさに逆転の発想である。

　ヒルの改革について、佐々木弘は『イギリス公企業論の系譜』のなかで「彼（ヒル）の研究の核心は、次の二つに分けられる。一つは、料金そのものの研究、すなわち現行料金の再検討、正確なコスト計算とそれに見合う料金の決定である。他の一つは、料金徴収方法の問題、すなわち料金徴収方法の簡易化、経営効率化の問題である」と述べているが、ヒルの改革論は、まさに前記二つの研究を軸に組み立てられていたのである。

3　一ペニー郵便開始　社会生活に溶け込む

改革案が盛り込まれたヒルのパンフレット『郵便制度の改革』がどうのような評価を得たのか、また、提案がどのように実施に移されたのかなどについてみていこう。まず、ヒルのパンフレットの評価についてである。ウィリアム・J・リーダーの『英国生活物語』によれば、一八世紀後半から一九世紀前半にかけて、社会改革を目指した人々やグループは、関心のある事柄についての問題点とその解決案などをまとめて、それをパンフレットにして争って出版した。パンフレットは、一義的な改革責任者であるホワイトホール（ロンドンの官庁街。日本の霞が関にあたる）のお役人さんを手こずらせることになった。もっとも、パンフレットの多くは感情的な文章がだらだらと綴られていたものが多かった、といわれている。

そのようななかで、ヒルのパンフレットは、統計数字を重視し、それらを分析し、肉づけし、郵便改革案の理論構成を行った。ヒルのパンフレットの内容は、ややもすると叙情的な内容に流されがちな他のものと異なり、統計的なデータを重視したのである。しかしながら、ヒルがパンフレットのなかで数字を多用していたことから、郵政当局とヒルとのあいだに、それら数字の信頼度や解釈を巡り問題が生じた。当局が一番懸念したのは、料金を大幅値下げしても、ヒルの試算どおり、ちゃんと郵便取扱量が増加して、所期の利益が確保できるのだろうか、という点であった。懸念は後に的中するのだが、他方、ヒルの郵便改革案は、手紙をひんぱんに書き郵便をもっとも利用する有識者や商工業者をはじめ、有力新聞『タイムズ』などに支持された。議会には二六万二八〇九人の署名を集めた二〇〇七の請願書が提出された。そのなかにはロンドン市長と一万二五〇〇人のシティーの商人たちが署名した請願もあった。

ローランド・ヒル．ロンドンのセント・マーティンズ＝ル＝グランドに立つ銅像．ウースターシャーのキダーミンスター生まれ，8人兄弟の三男．学校教育や植民地委員会の書記，新聞印刷輪転機の改善などの仕事に携わり，42歳になってから『郵便制度の改革』を執筆し，以後，郵便事業にかかわる．

議会では庶民院に、ウォーラス議員を議長とする郵便料金にかんする特別委員会が設置された。委員会は一八三七年一一月から九ヵ月間、ヒルやウォーラスの提案を土台に、郵便制度の改革案について精力的に審議を続けた。ヒルもこの委員会で何度か証言している。答申を受けた政府は一八三九年七月、渋々ではあったが、書状の基本料金を全国一律一ペニーとする均一料金制度の導入と無料郵便制度の廃止などを盛り込んだ、いわゆる一ペニー郵便料金法案を議会に上程した。この法案の上程に対して、政府部内から郵政長官らの反対もあったが、結局、法案は世論に押される形で成立した。ヴィクトリア女王の裁可を得て、一八三九年八月、一ペニー郵便料金法が公布された。九月初めにヒルが一ペニー郵便の準備のために大蔵省に二年契約で採用される。ヒルの意に反して、彼の身分は、大蔵省と郵政省の職員に対して直接指揮する権限がない相談役的なものであった。

世界初の切手．1840年．意匠はヴィクトリア女王．額面１ペニーで黒なので，「ペニーブラック」と呼ばれる．女王は若き日の肖像を愛し，図案変更を認めなかったとか．

　一八三九年一二月五日から一ペニー郵便の準備が整うまでの期間、暫定料金が適用されることになった。二分の一オンスまでの書状基本料金が四ペンス。しかし一ペニーが基本料金とばかり思っていた民衆は大いに失望し、暫定料金は厳しく批判される。予想外の民衆の反応に驚いた大蔵省は、急ぎ一二月二八日の官報《ガゼット》に「明年一月一〇日から書状基本料金を半オンス一ペニーとする」と発表した。暫定料金は五週間で廃止された。税収減少を恐れて、当局が中途半端な暫定料金を採用したばかりに、準備もそこそこに一ペニー郵便をスタートさせる結果となった。切手や郵便書簡の発行も間に合わず、あの有名なペニーブラックが発行されたのは四ヵ月後の五月一日になってからのことである。

　ともあれ全国版一ペニー郵便がスタートとした。近代郵便の誕生といってよいだろう。当時の『ウェストミンスター評論《レヴュー》』は、次のように伝えている。

　その日［一八四〇年一月一〇日］ロンドンのセント・マーティンズ゠ル゠グランドにある中央郵便局のホールには、手紙を出そうとする人々や物見高いロンドンっ児たちで溢《あふ》れかえっていた。警察官はわれ先に窓口に走ろうとする連中を制止しながら、長い、そして幾重《いくえ》にもなった列の整理に追われ、一方、郵便局員は殺到するお客を捌《さば》くのに汗だくだった。郵便引受はそれまで一つの窓口で十分であったのだが、この日ばかりは六つの窓口が開かれ、二人一組みの局員のチームが差し出される手紙を引き受け、料金の徴収（現金の収納）にあたっていた。それでもお客が捌ききれないため、閉局一五分前には、窓口がもう一つ追加され、結局、合計七つの窓口で郵便物が引き受けられた。引受が終り、窓口が閉じると、ホールにいた群衆のなかから期せずして、歓声が沸き上がった。それは奮闘した郵便局員を労《ねぎら》い、一ペニー郵便創設にかけたヒルのひたむきな努力を賛える人々の歓喜の声であった。……

民衆は一ペニー郵便のスタートを大いに歓迎した。しかし、この時点では、料金前払制と後払制がまだ併存していた。前払料金の二倍二ペンスを支払えば、手紙は料金後払すなわち受取人払で従来どおり差し出せた。ヒルの日記によれば、たぶんロンドン中央郵便局の数字であろうが、一ペニー郵便開始初日の取扱数は一一万二〇〇〇通、そのうち料金前払の手紙は一万三〇〇〇から一万四〇〇〇通程度であった。一割そこそこの数字である。料金前払の手紙が予想外に少なかった理由は、印刷が間に合わず切手や郵便書簡が発売されていなかったから、それに利用者が制度に馴染《なじ》んでいなかったからであろう。受取人払の制度が廃止され、一般に、料金が切手による前払に一本化されたのは一八五三年になってからのことである。

分かれるヒルの業績評価

一ペニー郵便は成功したのだろうか――。まず数字面からみると、ヒルが予測したとおりにはならなかった。導入直後の一八四〇年の郵便取扱量は前年比一二二パーセント増の一億六八八〇万通。倍増はしたものの、五倍になるという予測にはほど遠い実績となる。取扱量が五倍になったのは一四年後である。収支にも問題が生じた。一八四〇年の収入は前年比四三パーセント減の一三六万ポンド。取扱量は倍増したものの、料金大幅値下げで、収入はほぼ半減した。収入が導入直前のレベルに戻ったのは一二年後のことである。一番懸念された利益（税収）の落込みはさらに大きい。一八四〇年の利益は前年比六九パーセント減の五〇万ポンド。導入直前の利益水準までに回復するのに、何とその後二四年もかかった。また運営コストは予想よりも下がらず毎年増加していく。一八四〇年のコストは前年比一三パーセント増の八六万ポンドとなった。

税収確保の点からみれば、ヒルが手がけた郵便改革は失敗だった。失敗を巡って、経験をもとに現実的な方法で改善していこうとした大蔵省と郵政省は、世論を背景に理論により改革を強引に推し進めようとしたヒルを強く批判した。これに対して、ヒルは、利益が出なかったのは郵政省が私の構想《マイ・プラン》どおりに一ペニー郵便を実施しなかったからで、コストが増えたのは鉄道会社への支払が予想外に大きくなったからであるなどと反論した。試算の誤りと政権の交替が重なり、一八四二年、ヒルは大蔵省の二年ポストの更新を拒否された。四年後にホイッグが政権を奪回すると、ヒルは郵政省にポストを得て一八年間勤める。しかしマーティン・J・ドゥントンの『王室郵便』によれば、自己の構想ばかりを主張し全権を手中に収めようとするヒルと、歴代長官・次官とのあいだには争いが絶えなかった。そのためヒルは省内で協力者が得られず、兄弟や子供など身内を職員に採用し周辺を固めた、という。外部の性急な改革論者《プロパガンディスト》が、上下関係や所掌範囲がうるさい官僚組織のなかで生きていくことの難しさがうかがえる。

村の郵便配達人．赤い制服にシルクハットをかぶる．ちょっと焦らせながら，村娘に手紙を渡そうとしている．手紙がない娘の表情と，それを眺める老婆の表情が面白い．1ペニー郵便の恩恵をさり気なく伝える．1859年，J.P. ホール画．

　しかしながら、一ペニー郵便そのものはヴィクトリア朝の有識者や商工業者らに受け入れられた。料金の大幅値下げは今様にいえば「価格破壊」である。それが利用者に大いに歓迎されたことはいうまでもない。郵政省内部の評判とは別に対外的には、ヒルは、近代郵便創設の功労者として認められた。晩年には、サーの称号やロンドン名誉市民の称号などが彼に授与される。割り引いて読む必要があるが、大部の自伝と親族による伝記のなかには、ヒルの功績があますところなく語られている。そのうちの一冊、ローランド・ヒル自身と甥《おい》のジョージ・バークベック・ヒルが共同で執筆した一〇〇〇ページを超す伝記『サー・ローランド・ヒルの生涯とペニー郵便の歴史』が本多静雄によって翻訳されている。邦訳された本も二巻八〇〇ページを超す大著である。

　さて、税収減があったとしても、一ペニー郵便の収支は黒字だった。郵便取扱量も予想を下回ったものの、着実に伸びていった。一ペニー郵便は社会的には認められ、事業採算面では問題がなかった。当時、郵便は唯一の通信の基盤施設として機能して、経済活動や社会運動を側面から支援し、国民生活のなかにも溶け込んでいく。たとえば、穀物の輸入自由化を推進する反穀物法同盟《アンタイ・コーン・ロウ・リーグ》にとって、一ペニー郵便が果たした役割は大きかった。エイザ・ブリックスの『改良の時代』によれば、自由化運動の最盛期には、マンチェスターから毎週三トン半もの雑誌が一ペニー郵便を使って全国の支持者たちに送り出されたし、郵便は資金集めにも活用された。もちろん庶民の生活にも郵便は欠かせないものとなった。チャールズ・ディケンズは、二月一四日の聖《セント》ヴァレンタインの日のロンドン中央郵便局をつぶさに観察し、平日より五割多い一九万通の手紙が差し出され、局員が愛の手紙《ラブレター》の配達に夜遅くまでかかったことを記事にしている。またイギリスの歴史家ジョージ・M・トレヴェリアンは、ヒルについて、次のように記している。

　ヒルの一ペニー郵便はイギリス人による偉大な改革である。それは文明化した国々に野火《のび》のように駆け抜け、商業を発展させ、貧しい恋人たちにも郵便の恩恵を届けたのである。……

岩倉使節団がみた一ペニー郵便

イギリスで一ペニー郵便が創設されて三二年後の一八七二（明治五）年、岩倉具視《いわくらともみ》の使節団が同国を訪問した。一行の使命は、欧米先進国の進んだ政治システムや法律制度、経済社会の仕組みなどあらゆる分野について学ぶことであった。調査担当が決められ、法律や運用などを調べて日本にもち帰った。これを基に、使節団の一員であった久米《くめ》邦武《くにたけ》が編集して、一八七八（明治一一）年に五編二一一〇ページに及ぶ『特命全権大使欧米回覧実記』が刊行された。もちろん郵便制度も調査対象となっていた。以下、少し長くなるが、イギリスの郵便制度にかんする記述を回覧実記から引用する。それは盛時をきわめるヴィクトリア朝の、英国人が自慢する世界に冠たる郵便制度を活写している。久米の文章がすばらしい。ここで、とくに説明を加える必要はないであろう。

○郵便館《ポストオフィス》、是モ「シチー」ニアリ、倫敦《ロンドン》ニテ郵便局ノ設ケハ甚タ多キ内ニ、当時ハ此館ヲ以テ大総館トス、近来別ニ新ニ郵便館ヲ、此側ニ経営ヲ起シ、広サ二百八十六尺、長サ二百四十四尺ノ地域ヲ占メ、楼屋《ろうおく》ヲ五層トナシ、高サ八十四尺ノ大館ヲ建ント、正ニ建築中ナリ、○英国ノ内地已《すで》ニ庶殷《しょいん》ニシテ、属地モ亦《また》広大ナレハ、郵便館ノ設ケ、内外ニ二総館アリテ、其法ヲ異ニスレトモ、皆コレヲ倫敦ノ郵便総館ニ管轄ス、郵便ノ一項、其事務タル実ニ劇要ナリ、五洲ノ列国ト締約シ、遐《か》陬《すう》僻地ニモ達ス、政府事務ノ一大部分ニオルモノナリ、○郵便ノ法ハ、米欧各洲ニ於テ、凡《およ》ソ貿易ヲ盛ニシ、文教ヲ普《あまね》クスル国ハ、殊ニ緊要ナル務トス、大都ニハ必ス郵便館ヲ置テ、之ヲ総轄シ、郵便ノ券子ヲ印刷シテ、全国売捌ク、英国ニ於テ製スル券子ハ、大抵長サ八「インチ」許《ばかり》、濶《ひろ》サ六「インチ」許、他ノ国国ニテハ、些《すこし》ノ大小アレトモ、大般ハ同シ、価ニヨリテ色ヲ異ニシ、模様ヲ異ニス、券背ニ樹脂《ゴム》ヲ塗リ、信書ニ糊貼《こちょう》スルニ便ニス、此券子ヲ売捌ク店アリ、其価ヲ出シ買入レテ貼用スレハ、已ニ信書ヲ差立ル賃ヲ払ヘル理ナリ、市街村巷《そんこう》ニハ郵便差入ノ鉄製転斗《てんと》アリ、信書ヲ此斗《このます》ニ投スレハ、時ヲ以テ郵便丁来リ、其信書ヲ収メテサル、若《も》シ券子ヲ貼用セサル信書アルモ、亦《また》其届クヘキ地ニ配達スレトモ、扱所ニテ定法一倍ノ券子ヲ貼シテ、其価ヲ届ケ主ヨリ徴求ス、是《これ》各国ノ通則ナリ、○英国ニテ郵便ノ仕組ハ、人口五千人ニ一ノ取扱所ヲ設ク、倫敦ノ一府ニテ例スレハ、全府人口三百二十五万余人アリ、之ヲ十大区ニ分チ、郵便館ヲ設ク、毎区ニ百ケ所ノ取扱所ヲ統轄ス、即チ全府ニテ千ケ所ナリ、英、蘇、威、愛ノ各地、ミナ此ニ例ス、是《これ》内国ノ郵便ノ制ナリ、外地ノ制ハ、少シク之ニ異ナルトモ、外地ニテ加拿他《カナダ》、印度、「オ、スタラリヤ」等ノ属地、各其内地ニ設ケタル制ハ、亦此例ニヨリ酌量セリ、内外ノ郵便、ミナ之ヲ倫敦ノ「ポストオフィス」ニ統轄ス、綱紀瞭然《りょうぜん》トシテ、網ノ綱アルカ如シ、○郵便館ニテ通信ヲ収メ、之ヲ見調《ミシラ》ヘ、届先《トドケサキ》ノ地方ヲ査《シラ》ヘテ部分《ブワケ》ナシ、夫夫《それぞれ》ニ取束《トリツカ》ネ、麻布ノ嚢《ふくろ》ニ盛リ、時ヲ定メテ配達丁ニ付シ、遠近ノ地ニ送ル、英国ニテモ、今ヨリ四十年前、蒸気車モ創《はじ》マラサル時ニハ、駅駅ニ駿馬《しゅんめ》ヲ繋《つな》キ、配達丁、馬ヲ疾《ハヤ》駈《ガケ》シテ逓送セリ、其時ニテモ、一日ニ二百四五十英里ノ遠キマテハ届ケタリシニ、蒸気車ノ便興リテヨリ、「ポスト」ノ車ヲ定メ、一日ニ四百英里ノ遠《とおき》ニ達ス、夫《それ》ヨリ更ニ速カナランコトヲ務メ、近年ニテハ「ポスト」ニカヽル疾行車ハ、例シテ日行七八百英里ニ及フ、其快モ亦至レリ、故ニ倫敦ヨリ蘇格蘭《スコツトラン》ノ北地「ホロラ」港マテ、路程八百余英里モアレトモ、三日間ニハ郵便ヲ応返スルニ至レリ、昔時人馬ニテ継送《つぎおく》リタルトキハ、信書ノ軽重ト、届ケ先キノ遠近ニヨリテ、券子ヲ貼スルモ差アリ、重量五銭ノ書状ヲ、内地四百英里ノ距離ニ送ルニハ、券子二「シルリンク」モ貼用セリ、今ハ蒸気車ノ便ニヨリテ、内地ノ郵便ニ遠近ヲ一ニシテ、重サ五銭ニ付唯《ただ》一「ペニー」ノ券子ヲ貼用スルノミ、属地ノ郵便所ハ、三十年前マテハ、僅《わずか》ニ四千五百ケ所アリシニ、今ハ増シテ二万ケ所ニ及ヘリ、〇千八百七十一年、一歳ニ内外ノ信書ヲ総計セルニ、十一億一千七百万封、其内届ケ先不明了ニテ、「ポストオフイス」ニ回《かえ》セルモノ、只三百五十万封アリテ、中ニ全ク没書トナリタルハ、十七万封ニスキス〈没書ノコトハ第十三巻ニ出〉、郵便切手ノ代価ヲ収メルコト、四百八十八万磅《ボンド》、其内ヨリ三百六十一万一千磅ヲ雑費ニ消却シ、余ル所ノ一百二十六万九千磅ハ、大政府ノ歳入ニ帰セリ、米国ノ如キハ、地大ニ人稀《まれ》ニ、亦《また》内地同価ノ法ニテ、券子代ヲ収ムレトモ、年年闕《けつ》アリ贏《あまり》ナシト伝、

欧羅巴《ヨーロッパ》ノ貿易、月月年年ニ盛ンニテ、一球世界ニ舟跡ヲ普《あまね》クシ、各其業トスル所ニ従事シ、其《その》相隔テ、交際スルハ、郵便ノ便ニ頼ルモノナリ、加之《シカノミナラス》ニ文学モ亦益《ますます》開ケ、人ミナ言語ニ習ヒテ、談緒《だんしょ》ニ富ム、門ヲ出テ数町ヲ歩シ帰レハ、必ス一二ノ新聞異見ノ話スヘキコトアリトス、其言語ヲ綴リテ、文字トナスヤ、率爾《そつじ》ノ語モ之ヲ録記ス、家族相離ル、両三日、必ス数回ノ消息アリ、家猫ノ子ヲ産スルモ、亦相報知スルニ至ル、殊ニ英国ノ如キハ貿易最モ盛ナル国ナレハ、郵便ノ夥《おび》多《ただ》シキ実ニ甚シ、郵便館ノ前、収信丁ハ四方ヨリ郵便箱ノ信書ヲ収メ、袋ニ套《おおい》シテ来リ、擲《なげう》チ入ル、モノ、五秒七秒時ヲ隔テ、、続続絶ヘルコトナシ、是ヲ整理シ、之ヲ査験シ、軽重ヲ衡《はか》リ、記名ヲ閲《けみ》シ、配達ノ地方ヲ分チ、以《もっ》テ各其主名ニ配リ、遠キハ香港横浜ニ至ルアリ、近キハ数町ノ内ニ達スルアリ、大封小封、雑《ざっ》錯《さく》シテ来ル、貨幣ヲ送ルハ別ニ懇囑《タノミコム》ノ口アリ、局内ノ忙シキコト、之ヲ比スルニ物ナシ、

第11章　日本の郵便近代化

1　創業前夜　幕末の混乱で宿駅制度が崩壊

一八六八（慶応四）年三月、新政府は、天皇が神々に誓う形で五箇条の御誓文を発布し、公議世論と開国親和などの理想に基づき、諸外国から技術を学び日本を近代国家に造り変えていく基本方針を示した。続いて政府は七月、江戸を東京と改め、九月には元号を「明治」と定めて、さまざまな改革に乗り出す。富国強兵を目指して殖産興業に力を注いだのも、その一環である。官営で、造船・紡績・鉱山・炭鉱などの基幹産業が興され、鉄道や電信などの社会基盤も整備されていくが、郵便の整備も近代化の大きな課題となった。この章においては、明治期に行われたわが国の郵便近代化についてみていこう。

日本の郵便史の文献としては、逓信省や郵政省が創業五〇年、一〇〇年あるいは一二〇年といった節目に事業史を編纂している。とくに、一九七一（昭和四六）年、郵政省が編纂した『郵政百年史資料』は創業当時の公文書類を集めた全三〇巻にも及ぶ出版物で、経済史などの研究者にとって欠かせない文献となっている。このように官製の郵政事業史にはみるべきものがあるのに、日本の郵便史にかんする学術書は少ない。時代を限定すれば、郵便創業前後を取り扱った藪内吉彦の『日本郵便創業史』などがあるし、郵趣的な立場から研究した特定地域の郵便線路をはじめ切手や消印などを扱った実践的で精緻《せいち》な郵便史研究も多いが、日本の郵便通史を扱った単独の学術書は見あたらない。

文献についてはこれからもふれていくが、ここから本論に入ろう。明治時代になるまでの通信の状況は、第6章で述べたとおり、もっぱら「飛脚」によっていた。それは幕府の公用通信を扱う継飛脚《つぎびきゃく》、大名の書状をはこぶ大名飛脚、そして主に商人など民間の書状をはこぶ町飛脚に大別できる。これらの飛脚は運輸と通信が一体となった宿駅制度によって維持されてきた。徳川幕府が崩壊すると、幕府の道中奉行が行っていた宿駅管理は新政府の会計官の下に設置された駅逓司《えきていし》に引き継がれ、維新後もしばらくのあいだ宿駅制度は継続される。

この時期の事情については、先に出てきた藪内吉彦の文献をはじめ、石井寛治の『情報・通信の社会史』、山本弘文の『維新期の街道と輸送』、阿部昭夫の『記番印の研究——近代郵便の形成過程』などに詳しい。これらの文献により、以下、幕末から維新にかけての混乱した交通通信の事情について簡単に整理しておこう。宿駅制度は宿駅から宿駅への書状や物資の輸送を、各宿駅に住む民衆から要員と馬を供出させて行ってきたものである。要員や馬が不足する場合には、それらを近在の農村から供出させる助郷《すけごう》という制度もあった。町飛脚を運営してきた定飛脚問屋《じょうびきゃくといや》は人馬《じんば》継立《つぎたて》などの賃銭を宿駅に支払い、幕府は宿内の課税を免除したり多少の給米を支給したものの、宿駅制度は、前記のとおり、基本的には民衆の負担によって支えられてきたのである。

しかしながら、国内の物流が盛んになるにつれて輸送する人や物資が増加すると、当時の宿駅制度は、それらを捌《さば》く輸送能力をもっていなかった。宿駅機能を強化すればよいのだが、それも、幕末から明治はじめにかけての混乱期ではままならなかった。そのため宿駅には旅行者や物資が停滞するようになり、宿駅や助郷が課された村は、能力を超える輸送の負担に耐えられなくなり、宿駅業務の負担軽減や役職辞退の嘆願をはじめ、サボタージュなどの形で宿駅の負担を拒否しはじめる。徳川幕府の権勢がゆるぎない時代にはとても考えられないことであったが、幕府の威光が消え、明治新政府も弱体であったから、それらの行動を抑えることができなかった。限界を超えた貨客輸送が宿駅機能をマヒさせることになったが、当時の物価騰貴も宿駅財政をマヒさせた。米や油をはじめ、すべての物価が上がっているにもかかわらず、定飛脚問屋が支払う人馬継立などの定賃銭すなわち公定料金が固定化されていたため、定賃銭と実際に負担する経費とのあいだに大きな格差が生じた。このことも宿駅の負担に拍車をかけた。

疲弊した宿駅制度を立て直すために、新政府は、一八六八（慶応四）年はじめから改善策を打ち出す。その背景には、戊辰《ぼしん》戦争などにより混乱が続くなか、維新政府にとっては軍事・行政用の通信手段の確保が急務であり、そのため、とりあえず宿駅制度を維持する必要があった。同年六月、改正仕《し》法書《ほうがき》が布告される。それによると、まず制度の広域運用により負担を平等化するという目的で、宿駅と助郷を一体化して、問屋場《といやば》などを伝馬所《てんましょ》とし、そこに伝馬所取締役をおいた。取締役は、多くの場合、旧来の問屋役や助郷総代などのなかから選ばれた。また宿駅の遣高《つかいだか》すなわち業務の範囲と量も制限することにした。

次に、駅逓司は、公家や武家などの特権階級に適用していた人馬継立の公用定賃銭を引き上げた。改正仕法書によれば、定賃銭を一七一一（正徳元）年の元賃銭《もとちんせん》の七・五倍に増額した。一方、商人など民間人の書状などをはこぶ定飛脚問屋は、幕府崩壊後も旧来の特権を守るために、公用定賃銭かそれに近い額で、駅の要員と馬を借り受けたいと新政府に請願した。駅逓司は、馬一頭について一里四四〇文とし、東海道往来に九三頭の宿馬を使用し、定便と急便を合わせて月に三九便の飛脚の運行を定飛脚問屋に対して認めた。四四〇文は元賃銭の一一倍にあたる額にはなるが、当時の相対《あいたい》賃銭すなわち自由料金の一里一貫（＝九六〇文）の半額にも満たない金額だったため、宿駅の財政負担は依然として残る。

しかし、それではとても宿駅の経営がなりたたず、ついに一八六九（明治二）年四月、定飛脚問屋の宿駅での継立が相対賃銭によることになった。ここに定飛脚問屋は、幕府の保護の下に、株仲間だけでの独占運営と低く抑えられた継立賃銭により、利益を上げることができた永年の営業特権を失うことになった。

宿駅制度の梃子《てこ》入れに加えて、新政府にとっては、公用信の迅速な送達とその費用の抑制が問題となった。鳥羽・伏見の戦いではじまった戊辰戦争は緊急の軍事通信を増加させたが、新政府は、それらを宿駅に対して無賃で継ぎ送るように強制した。昼夜を問わず、風雨にもめげず、緊急信をもって走った脚夫《きゃくふ》と呼ばれた宿駅の送達人たちの苦労は言語に絶するものがあった。その上、公用に名を借りた私信の無賃輸送が横行したために、宿駅の財政は一層悪化して、このままでは公用信そのものの送達が危うくなってきた。このため駅逓司は一八六八（慶応四）年六月、公用信の無賃継立を廃止する布告を発して、定飛脚問屋に公用信の送達を委託することにした。翌月には、無賃の御用状すなわち公用信については、どんなことがあっても宿駅に止どめ、継ぎ立ててはならいことを命じる布告を出している。しかし、宿駅の状況は一向に改善されなかった。

公用信の無賃継立が禁止されて、公用信が定飛脚問屋に委託されたものの、その経費は驚くほどかかった。当時の布告によれば、京都から江戸までの仕立便を三日限りで送ると二一両二分、以下、四日限り一二両、五日限り九両、六日限りでも六両の飛脚料がかかった。

東京遷都により駅逓司も京都から東京に移ったが、その駅逓司が一八六八（明治元）年一〇月に「諸官司《かんし》発スル所ノ公状及諸荷物ハ一切諸道各駅伝馬所ニ於テ之ヲ逓伝《ていでん》セシメ駅逓司官吏一名ヲ出シ之ヲ監督セシム」という布告を出した。公用信の定飛脚問屋への委託を廃止して、いわば旧来の継飛脚のシステムを復活したのである。公用信をまとめて送るために、月六回、東京から京都へ六日限りの定便が仕立てられたりしたが、送達日数のかかるこの駅逓司の便はさほど利用されなかった。多くの公用信は急を要するものとして、依然として、和泉屋など五軒の定飛脚問屋へ託された。

だが、定飛脚問屋へ支払う飛脚料があまりにも高いこと、しばしば書状の到着が遅れること、それに監督が不十分なことなどの理由により、急便の定飛脚問屋への委託も取り止めとなった。一八七〇（明治三）年六月、駅逓司自らが伝馬所宿継便を組織して、当分の間、東京と京都と大阪のあいだに三日限りの大至急御用状便、四日限りの至急御用状便、五日限りの急御用状便の三種類の急便を走らすことになった。同月、その旨の触書が民部・大蔵両省の合意の上で、東海道の品川から守口までの各宿役人に発せられた。この伝馬所宿継便は、従来の継飛脚を活かしたものであるが、翌年、東海道に導入されることとなる新式郵便の試行とみることができる。新式郵便は結果的に民間人の通信にも広く公開されることになるが、前段で述べたように、往時の通信の整備は、公用信の迅速で安定した送達の確保そして費用の削減が目的であった。しかし後述するように、開化政策の一環として、郵便は公用通信だけでなく民間通信のためにも全国展開を図っていくことになる。

2　前島密　近代郵便創設を建議

新式郵便の創設を建議したのは前島密《まえじまひそか》である。前島の業績を調べるには、前島が語ったものを口述筆記した『郵便創業談』や直筆の原稿を復刻した『行《ゆ》き路《みち》のしるし』などがある。前島の記憶に負っているので公式記録とはならないが、郵便創業の背景を理解するのにはたいへん便利である。そのほか前島の伝記には山口修、小林正義、橋本輝夫らの著作がある。また、前島について、童門冬二は小説にしているし、加来《かく》耕三は同時代の坂本龍馬と比較して本を書いている。

伝記を読むと、前島は一八三五（天保六）年、越後国頸城《くびき》郡下池部村、現在の新潟県上越市で生まれた。郵便の父として知られているが、前島の業績は郵便創設にとどまらず、海運の振興、新聞の発刊、仮名文字の推進など多岐にわたっている。一八六九（明治二）年一二月、徳川家縁《ゆかり》の駿河藩において奉行を勤めていた前島は、民部大蔵省九等出仕、改正掛勤務を命じられる。三五歳のときである。一一月に民部省に設けられた改正掛は旧制の改革や新規の施策について調査・検討し新たな法制や条令を制定する、新政府にとってはきわめて重要な部署であった。この部署に全国から有能な人材が集められ、旧幕臣のなかからも人材が登用された。前島もその一人である。改正掛では、民部大蔵卿の伊達《だて》宗城《むねなり》をはじめ大隈重信や伊藤博文ら政府高官が、近代化の諸施策を議論していたが、前島も議論に参画した。

一八七〇（明治三）年四月、前島は改正掛に所属したまま、租税権正《そぜいごんのかみ》のポストに就き、租税正《そぜいのかみ》であった渋沢栄一の下で、租税改革に取り組んだ。改正掛の仕事は多岐にわたり、駅逓の改善も差し迫った課題であったが、前島が自ら引き受けた。五月一〇日、前島は駅逓権正《えきていごんのかみ》の兼任を命ぜられる。駅逓正《えきていのかみ》のポストが空席だったので、事実上、前島が責任者として新式郵便の創設を検討する。駅逓の改善に前島が乗り出した背景には、彼が北は函館、南は鹿児島まで全国各地をたびたび旅行して街道筋の地形や宿駅の状況に精通していたことと、旅行中に信書往来の必要性を痛感していたことがあったのかも知れない。

前島は最初から郵便事業を国営で行うことを考えていたのではない。そもそも維新政府が巨額の創業資金や運営資金を醸出できるはずがなかった。また、当時の信書送達は旧来の宿駅の機能を利用して飛脚問屋が取り扱い、駅逓改善もその枠を越えてなされていなかった。前島が郵便国営を検討するきっかけは、手許《てもと》に回付された一件の支払廻議《かいぎ》書で、それを基に調べた結果、政府が公用信送達のために五軒の定飛脚問屋へ毎月一五〇〇両も支払っていたことが判明したからである。前島は、この金額があれば政府自らが郵便を運営できると判断した。創業談によれば、一五〇〇両を費やせば、毎日定刻の時間に東京と大阪から各一便を差し立てることができる。公用通信だけではなく、三府（東京・京都・大阪）と東海道沿道の民間人の手紙も扱えば、そこから一五〇〇両の料金収入が得られる。この収入によって郵便運営の経費を賄うとともに、新たな線路（日本では郵便のルートのことを「線路」と呼ぶ）を拡張していくための基金に充てられる、としている。

前島のコスト試算がある。それによると、東京―京都間一二八里の急行便の費用は一里六〇〇文として往復で一五三貫六〇〇文、それに夜間護衛や配達の費用などを含めると二八六貫二二〇文となる。一日往復三〇〇通の書状を取り扱えば、一通の原価は九五四文となる。これを基準にして、東京―京都一貫四〇〇文、東京―大阪一貫五〇〇文などと料金を算定した。すなわち、民間からの料金収入により、公用通信のコストも含めた運営費用全体を賄い、将来の投資資金も確保する、いわば独立採算、自立型の料金体系である。

この構想は、五月一五日の民部省改正掛の会議にかけられて、渋沢栄一や玉乃《たまの》世履《せいり》らの賛同を得た。続いて布告や通達や規則を立案して、六月二日の民部・大蔵両省の会議に「郵便創業に関する建議」を提出している。候文ではあるが、建議の全文を次に紹介する。


追而官便郵伝法取立、国内普ク信書物貨之往来自由相成候様致度、就而者馬車等相用ヒ簡便之方法モ可有之ト存候得共、多分之御入用相掛リ、殊ニ新規之儀ニ付、全国総躰申合規畫相整候様ニ者多分之日月相掛可申、然ルニ両京大坂之三地ハ国家之咽喉百政之機軸ニ候処、未タ日々報知信書ヲ通スルニ至ラス、東西之景況遠近之人情貫徹イタシ兼、政令上於テ不都合不少、且月々御用状之費東京而已ニテ八百両余之数ニ及ヒ候得共、人民信書之便利ニ毫モ與リ難ク、蓋シ文化政府之欠典トモ被存候ニ付、何様ニモ郵便法差急御取開相成度、依テ試験旁先東海道筋西京迄三十六時大坂迄三十九時之郵便毎日発行之御仕法別紙之通調候間、何卒至急御評決、夫々御施行有之度、依之別紙件々相添此段相伺申候

新式郵便の創設は、まさに新政府のスローガンである富国強兵・殖産興業・文明開花の政策を支えるものとなるのだが、前島の建議をみると、新式郵便を全国に展開するには相当の準備期間が必要となるので、まずは試験的にもっとも重要な三府間で実施し、そこに郵便を毎日走らせ、東京から京都まで三六時《とき》すなわち七二時間、大阪まで三九時七八時間でむすぶことなどを提案している。この郵便試行の案が実施されることになった。

しかし、新式郵便とはいっても、それは従来からの宿駅の機能を活用した飛脚の制度を再編したものである。そのため名称を「飛脚便」とか「駅逓便」と呼ぶ案もあったが、前島が敢えて「郵便」とした背景には、郵便を、新しい時代の、新しい制度として普及し、旧来の飛脚とのちがいをできるだけ強調したかったという事情があった。飛脚と郵便の大きなちがいは、飛脚が特定の地域で、客の注文に応じて便を仕立てるのに対して、郵便は毎日決まった時刻に出発する、そして最終的にはそのネットワークを全国くまなく敷こうとしていたことである。もっとも「郵便」という言葉自体は、江戸時代から使われていた。菊池五山が書いた書簡のなかに「明四日之郵便ニ発申候」とあるように、漢学者などの知識人のなかには、飛脚便のことを郵便と呼んだ人もいる。新式と銘打った制度に江戸時代の言葉が用いられたことはやや皮肉なことかもしれないが、前島がこの言葉を採用した理由は語感や言い易さなどからであろう。

前島は六月七日、郵便実施のための規則類を整備し、太政《だじょう》

官《かん》に建議するために民部省の廻議書に付した。駅逓権正に就いて、わずか一ヵ月の作業である。九月一日、太政官から新式郵便の創設が正式に許可になった。しかし、それより前の六月一七日、新式郵便の創業準備に入ろうとしていた前島に対し、特命弁務使・大蔵大丞《だいじょう》の上野景範《うえのかげのり》を補佐するため、イギリス行きを命じられた。用件は鉄道借款問題の処理であった。六月二四日、上野ら一行は横浜からアメリカ経由でイギリスに出帆した。

前島密（左）と杉浦譲．前島も杉浦も旧幕臣ながら，その能力が高く評価され維新の国造りに参画，近代郵便創設も両者の功績の一つ．前島が立案した創業プランを，急遽洋行した前島に代わり，杉浦が実施に移す．帰国後，前島は郵便の仕事に戻り，わが国の郵便を大きく発展させた．

3　杉浦譲　新式郵便スタートに尽力

前島の創業プランに基づき、郵便事業をスタートさせたのは杉浦譲であった。高橋善七の『初代駅逓正　杉浦譲』によれば、杉浦は一八三五（天保六）年、甲斐国山梨郡甲府西青沼で生まれた。前島と同年生まれである。幕府の外国奉行所に登用され、幕末の列強諸国との難しい外交に従事した。渡欧二回、徳川昭武の使節団の一員として、フランス皇帝ナポレオン三世の謁見式に参列し、渋沢栄一らとパリの万国博覧会も視察している。維新後、薩長土肥の時代になったが、人材が不足していたので、前島と同様、杉浦は旧幕臣ながら民部省の改正掛勤務を命じられ、国家機構の改編、不平等条約の改正、富岡製糸工場の創設など近代国家建設のために尽力した。郵便事業を実際に立ち上げたのも杉浦の功績の一つであろう。

　一八七〇（明治三）年六月一七日、杉浦は前島の後任として駅逓権正となった。前島が郵便の創業案を完成させていたとはいえ、実行に移すとなると、やはり原案どおりには進まない。杉浦は前島の創業案を再検討し、かなりの修正を加えたほか、新たな事柄も追加して郵便事業を開始した。以下に杉浦が軸となり駅逓司が行った郵便開業までの準備についてふれよう。

九月七日、郵便法説諭《ゆうびんほうせつゆ》振《ぶり》を東海道筋の府藩県の駅逓掛に回達する。地方の郵便管理部署に対して、郵便ガイドラインを周知するためである。回達書では、郵便の意義を説くとともに、一八項目にわけて、その実施方法を解説している。各宿駅では各府藩県から出張している駅逓掛員が責任者となり、伝馬所役人らとともに郵便開業の準備にあたった。駅逓司は現地ミーティングも実施する。すなわち九月一〇日から約一ヵ月間、駅逓司の駅逓大佑《だいじょう》・山内頼富ら四人が大阪までの街道筋の各地で郵便の準備会議を開き、回達書に基づいて、各府藩県の出張駅逓掛員らとさまざまなことについて協議している。たとえば、一〇月はじめに大津において郵便準備会議が開かれ、駅逓司からの出張官吏に加えて、膳所《ぜぜ》藩・水口藩・亀山藩・桑名藩・度会《わたらい》県・大津県の各駅逓掛員と、大津駅から桑名駅までの各宿駅の取締役が出席した。

九月一七日、郵便賃銭切手の製造について大蔵省に委任する。いわゆる切手である。当初は「賃銭切手」とか「書状切手」と呼ばれた。世界最初の切手はイギリスから発行されたが、今でも、郵便料金を前払いした証拠として欠かせないものとなっているし、記念切手などの形で美しい図案のものが多数発売されている。日本最初の切手については、生嶋功らの優れた研究論文がすでに発表されているので、ここでは要点のみを記す。額面は、当初案では一〇〇文、二〇〇文、五〇〇文の三種類であったが、四八文が加えられ四種となった。図案についてみると、偽造防止の観点から、前島による簡単な「梅の花」の図柄が複雑な「雷紋と七宝に取り囲まれた双龍」の図柄に変更された。後に「龍切手」と呼ばれる。王政復古後、龍は天子すなわち天皇の象徴として使われ、紙幣や貨幣や切手に配された。切手に彫られた龍は火焔《かえん》（稲妻）龍で、太政官札や民部省札などにも描かれている。駅逓司の了承を得て、大蔵省出納寮は一一月末に松田《まつだ》敦朝《あつとも》（玄々堂緑山《げんげんどうりょくざん》）

日本初の切手．1871年．48文など４種類の額面がある．前島の当初案は梅花であったが，杉浦はこの龍の図案に変更した．

に切手製造を命じている。しかし松田は太政官札などを印刷した実績をもっていたが、図柄の均一性の保持などの技術的問題をクリアできないためか、当初は切手製造の受注を躊躇《ためら》っていた。

一〇月七日、書状集メ箱の制式《デザイン》を決定する。書状集メ箱とは郵便ポストのことで、創業時、都市用と街道筋用の二種類のポストを準備した。江戸時代の目安箱を参考にしたという説があるが真偽のほどは定かではない。駅逓司は一二月、書状集メ箱と郵便切手売捌所の標札を各宿駅において官費でつくるように、雛型《ひながた》図と寸法などを添えて、各藩を通じて各宿駅に通達した。標札は郵便局の看板である。最初は「郵便切手売捌所」と表示されたが、直ぐに「郵便御用取扱所」という標札もつくられる。各駅では、達書の雛型図に従って、上り方と下り方の二つの書状集メ箱をつくったり、標札をつくり郵便の開業に備えた。

当時の史料によると、達書が静岡藩から順達された赤坂駅では、岡田作郎が実物大の絵図面を描いて書状集メ箱をつくっている。集メ箱と標札の作成費用は三両永《えい》一五八文で、内訳をみると、柱四本一分永一〇八文三分、幅広板二枚一六六文七分などと記されている。また、別の史料では、袋井宿の大工は四両一朱と見積もったが、三両二分に値切られている。開業直前に駅逓司の眞中忠直ら二名が各駅を回って、書状集メ箱と標札が達書のとおりできているか調べ、標札に官許の証印を押している。

一二月八日、切手に押す「検査済」と「賃銭切手済」と刻された二種類の消印の製造が大蔵省に委任された。郵便準備会議では、切手の再使用防止が大きな議論となり、駅逓司からは検査済の印を配布するので、それで切手を抹消すべしと回答した。すると今度は、消印した切手は駅逓司に返すのかと質問があり、これに対して「受取人が反故《ほご》にして差し支えないので、差し返すことは不要」と答えている。当時の関係者が手探り状態で郵便創業を準備していたことがかいまみえ、このやりとりは興味深い。たとえば、袋井郵便御用取扱所の史料には、次のような受領品の目録がみられ、切手も消印も同時に配給さたことがわかる。

巡回駅逓司より御渡相成候品々目録

未二月十一日請取

一、五百文銭切手　弐百枚　［五シート］
一、弐百文同断　四百枚　［一〇シート］
一、百文同断　四百枚　［一〇シート］
一、四拾八文同断　弐百枚　［五シート］
一、検査済黒印　壱
一、賃銭切手済黒印　壱
〆

一八七一（明治四）年一月二四日、東京と大阪のあいだに郵便を開設することを知らせる太政官布告「郵便創業の布告」と郵便の業務マニュアルを定めた「継立場駅々取扱規則」が発布された。同時に、利用者向けに郵便の利用方法を詳細に説明した「書状ヲ出ス人ノ心得」と各地の郵便時刻表と料金を定めた「各地時間賃銭表」も公示されている。心得には、書状集メ箱の設置場所、切手の貼り方と購入方法、書状の差出方法、郵便物の大きさと重さの決まりなどが記されていた。二月七日には郵便役所や函場《はこば》と呼ばれた書状集メ箱の設置場所を知らせるために、「郵便」と大きく書いた旗を定め、遠方からでも目につくように高だかと掲げた。新式郵便開業の準備が整った。

4　郵便創業　六五の郵便局でスタート

一八七一（明治四）年三月一日、東京―大阪間に試験的に新式郵便が開業した。新暦では四月二〇日、現在、この日は逓信記念日になっている。とくに式典のような行事はなく、静かなスタートであった。開業当時の状況を少し整理しておこう。駅逓司が全体を統括したが、三府には郵便役所が設けられ、設置場所は東京は日本橋四日市、京都は姉小路《あねやこうじ》車屋町西入、大阪は中ノ島淀屋橋角であった。東海道筋には六二の郵便取扱所が置かれた。財政的に苦しい政府は、多くの場合、宿駅の伝馬所取締役を郵便取扱人に指名して、伝馬所の一部を郵便取扱所とした。また、書状集メ箱が設置されたが、三府においては郵便役所以外の場所にも設置された。その設置箇所は東京一一ヵ所、京都四ヵ所、大阪七ヵ所であった。いわゆる函場である。各取扱所には、上り方・下り方と二個ずつの書状集メ箱が設置された。このように、わが国の郵便事業は六五の郵便局と一四九のポストで業務を開始することになった。

書状の大きさは縦九寸（一寸は約三センチ）・横三寸以内とした。賃銭すなわち料金は、宛名別に一通分の料金が定められ、重さは五匁《もんめ》（一匁は三・七五グラム）までが一通分の料金、一〇匁までが一通半分の料金、一五匁までが二通分の料

駅逓寮．左側に郵便役所が併設された．1874年．三代広重の錦絵，東京府下名所尽から．

表27　創業時の東京からの郵便料金（1871）

料　金	地　　　名
100文	川崎，神奈川，藤沢
200文	大磯，小田原（横浜）
300文	箱根，三島，原
400文	吉原，蒲原，興津（韮山）
500文	静岡，岡部
600文	島田，金谷，掛川
700文	見附，浜松，新居（相良）
800文	豊橋，赤坂
900文	岡崎，池鯉鮒
1貫文	熱田，佐屋（新城，田原）
1貫100文	桑名，四日市，庄野（西尾，挙母，名古屋）
1貫200文	関，土山，水口（犬山，笠松，大垣，高須，神戸）
1貫300文	石部，草津，大津（津）
1貫400文	西京，伏見，枚方（淀，松坂，西大路，八幡）
1貫500文	大坂（山田，堅田）

（出典）　『各地時間賃銭表』，近辻喜一「手彫時代の郵便史（5）」『郵趣研究』（第44号）10頁．
（注）　カッコ内の地名は，入路上の地名を示す．

金となっていた。五匁刻みである。表27に示すように、東京からの郵便料金は、宛先別に一〇〇文から一貫五〇〇文まで一〇〇文刻みで一通分の料金が定められた。厳密な距離別料金ではないが、遠くなれば遠くなるほど高くなる鉄道運賃と同じ方式である。表中カッコのなかにある地名は、東海道の本筋から少し離れたいわば枝道にある町で、当時、横浜は神奈川から別れて行く町であり、名古屋も熱田から別れて行く町であった。料金は割高となり、横浜宛の料金は藤沢宛よりも高かった。

　創業時の郵便のスケジュールは、毎日、東京からは午後四時に、大阪からは午後二時に出発し、二都を七八時間でむすぶというものであった。伝馬所宿継便の三日限り大至急御用状便の所要時間に近い。郵便はよほどの悪天候でない限り出発した。郵便をはこぶ脚夫と呼ばれた送達人は、三貫目（約一一キログラム）の行李《こうり》を担いで、二時間で五里走ることが要求された。夜間は二人で走る。送達人の基準賃金は一人一里六〇〇文であった。街道筋のそれぞれの郵便取扱所における郵便発着時刻も定められ、各取扱所では時間に合わせて待機して、郵便の受け渡しを行った。まさに郵便の駅伝リレーである。記録によると、大阪から東京までの郵便の送達時間は、初日七五時間余、二日目七六時間余、三日目七九時間であった。いずれも計画した時間よりも少し速い。江戸時代の継飛脚の最速便の送達時間とあまり変わらない。伝馬所宿継便の経験が大いに役に立ったのではないだろうか。

　創業初日の郵便取扱数は、東京から一三四通差出、東京への到着分が京都から二一通、大阪から一九通、下り途中から一三四通で計三〇八通であった。東京郵便役所だけの数字だから、全体ではもう少し多い数字であったことであろう。一日三〇〇通を予定していたのだから、まずまずの成績であった。

この郵便創業の準備を全力で推し進めてきたのは、杉浦の指揮下、駅逓司の改正・用度・定式・郵便の四掛三〇名余の職員であった。三月一〇日、杉浦は駅逓正に昇任する。その後、外国との窓口となる横浜郵便役所の開設などにも尽力する。八月二九日、杉浦は大蔵省少丞《しょうじょう》出仕《しゅっし》となり、さらに中央の正院へ転出した。異説もあるが、栄転であろう。

5 前島洋行 英米の郵便制度を視察

話は戻るが、郵便創業を建議した直後の一八七〇(明治三)年六月から一年余の期間、前島は、鉄道借款の問題を処理する上野景範を補佐するために欧米に派遣された。渡欧経験が二回ある杉浦は、前島に対して欧米の郵便事情をできるだけみてくるように薦めた。この薦めもあったので、前島は英米の郵便事情をつぶさに視察してくる。

以下に『郵便創業談』の記述を引用するが、前島が太平洋上でまずわかったことは、アメリカ政府が郵便をはこぶ民間船会社に対して巨額の補助金を出していることであった。その背景には、海上輸送において、アメリカが国威をかけてイギリスと争っていた事情があった。とくに両国が大西洋の横断時間を競った「ブルーリボンの闘い」はつとに有名である。郵便を所管する連邦政府の省のことにもふれているが、それは郵政省《ポスト・オフィス・デパートメント》のことである。外務、財務、陸海軍などの省とともに一八世紀後半に設立された、米国でももっとも古い省の一つであった。

……私の乗つた汽船は、米国政府の郵便物を東洋に運送するのが本来の目的であつて、其《そ》の為め同国政府から毎年五十万弗《ドル》を補給されて居る……此《この》日船の上に掲示があつた、其要《そのよう》は

本船は明何日を以て桑港《サンフランシスコ》本社船と洋中に行き逢ふべし、右に付き日本及支那地方に向け出す所の郵便物は、其《それ》以前に船内郵便局若《も》くは郵便函に投ずべし

……どうして此《この》船内に郵便局が設けてあるのかと、不思議に思つて、船長に質問した所が、彼は詳細に其《その》事由を説明して、猶《なお》英仏等の文明国も皆同様であるといふ事を説き聞かされた。

それから米国に着いて見ると、郵便特用の汽車汽船もあるし、四頭六頭の馬に曳かせる郵便馬車もある。又各都邑《とゆう》には巍然《ぎぜん》たる大建築の郵便本支局もあつて、総て法律規則の具備して居る許《ばか》りでなく、特に郵便行政の一省を設けて、専ら其《その》事務を管掌せしめて居る。

次に創業談からイギリスの部分を引用する。駅逓院と記さ

れているが、郵政省《ジェネラル・ポスト・オフィス》のことである。一六六〇年に創設され、イギリスでは、もっとも長い歴史を有する政府機関の一つである。前島は、ローランド・ヒルが提唱した全国一律料金制により郵便が運営されていることに驚いている。また、郵便為替の振出や受取、郵便貯金の預入や引出について実際に試みていることがわかる。

　又英国に行けば、尚一層完備して居る。それ故私の眼に触れ心に印する者は、悉《ことごと》く我斯《わがし》事業に利益する資料とならない者はない、中にも私の一番感嘆に堪へなかつたのは、ローランド・ヒル氏の発明したといふ遠近均一の郵便料金法を、各国で採用施行するといふ事である。

　其外《そのほか》郵便物の数の非常に多くして、為に収入の巨額である事、新聞書籍商品見本からして郵便為替法の便利な事など、何《いず》れも皆私の意想外であつたので、とくに英国などは郵便貯金法の設けもあつて細民の福利を進める事に汲々として務めて居る。実に至れり尽せりという有様である。我邦は今僅かに郵便の種を蒔《ま》いたばかりであるのに、欧米諸国では既に根幹長大して盛に果実を収穫して居る。……本務の余暇があれば郵便と為替貯金との事業を視察するに余念なく、先づ初めて龍動《ロンドン》に着した時、直に数件の大書肆《しょし》に就て、郵便に関する書籍を買はうとした処《ところ》が、何れの書肆にも此類《このるい》の本はなく、唯《ただ》郵便案内書と英国郵便史とを得たばかりでした。私は此《この》二書に於て英国郵便の一斑を知る事が出来て、大いに参考の益を得ました。

　……私は一個人として為《な》し得られる丈《だけ》の研究を為《し》ようと思つて、或時は郵便為替の差出人となつたり、其《その》受取人となつたり、又は貯金預人となつて、更に又其払戻の手続をするなど、出来る丈《だ》けの実験を試みました。

　……東洋銀行頭取の紹介で以《もっ》て、度々《たびたび》駅逓院に行く事が出来た。……其《その》筋の役人とも交《まじわり》を結んで、懇親になつたのですから、実地取扱上の事も聞取り、又数種の官版の諸規則や官用印刷の諸式紙まで公然貰ふ事が出来た。

　このように、前島は、イギリスとアメリカの郵便事情について創業談のなかで語っているが、前章において述べたように、ほぼ同じ時期に、岩倉使節団に参加した久米邦武が、イギリスの郵便事情について、使節団員の調査データを駆使しながら『欧米回覧実記』のなかで詳述している。また、それより前の一八六六（慶応二）年、ヨーロッパの郵便事情について、福沢諭吉が『西洋事情』に「飛脚印」という一節を設けて、わが国にはじめて紹介している。幕末から明治にかけての日本人が西洋文明を貪欲に吸収していった様子がここでも忍ばれる。

　ところで、世界初の切手「ペニーブラック」やイギリス植

表28　郵政事業組織の変遷（抄）

組織設置・改変日	名　　称
1868（慶応４） 1.17	内国事務総監
1868（慶応４） 4.21	会計官 駅逓司
1869（明治２） 4. 8	民部官 駅逓司
1869（明治２） 7. 8	民部省 駅逓司
1871（明治４） 7.27	大蔵省 駅逓司
1871（明治４） 8.10	大蔵省 駅逓寮
1874（明治７） 1. 9	内務省 駅逓寮
1877（明治10） 1.11	内務省 駅逓局
1881（明治14） 4. 7	農商務省 駅逓局
1885（明治18） 12.22	逓信省
1943（昭和18） 11. 1	運輸通信省 通信院
1945（昭和20） 5.19	内閣 逓信院
1946（昭和21） 7. 1	逓信省
1949（昭和24） 6. 1	郵政省
2001（平成13） 1. 6	総務省 郵政事業庁
2003（平成15） 4. 1	日本郵政公社
2007（平成19） 10. 1	（郵政事業民営化）

（出典）　郵政省『郵便創業120年の歴史』35-37頁．阿部昭夫『記番印の研究―近代郵便の形成過程』10頁．日本郵政公社．

民地の切手をたくさん印刷したパーキンス・ベーコン・アンド・ペッチ社の古い書簡などの綴りのなかに、前島とパーキンス社とのあいだでやりとりされた書簡の記録が残っていた。それによると、前島は、ロンドンの投宿先であろうノッティングヒル・ラドブローク通り三三番地から一八七一年二月二日付けで、パーキンス社に「本官は切手のシートを刺し通す機械をできれば見学したいが、いつ稼働しているか教えていただきたい」と手紙を書いた。マエシマ・ゴンノカミと署名している。翌三日、パーキンス社は「弊社はイギリス切手の目打ち《パーフォレーション》の作業は行っていない。しかし、サマセット・ハウスで稼働中の目打ちの機械をみることができる。オーモンド・ヒル（ローランドの甥）が案内できるだろう」と返事している。創業談には、目打ちの機械を見学したことが記されているが、前島の探求心の強さの一端がうかがえる。このようにして、前島が外国で得た郵便の知識は、その後のわが国郵便の発展に大いに役立ったことであろう。

　出発から一年余の一八七一（明治四）年八月一一日、前島が帰国する。しかし、その前日の八月一〇日、表28に示すように駅逓司は大蔵省に移管し、駅逓寮となり、駅逓頭が長となった。今様にいえば、課長職から局長職に格上げされたのである。駅逓頭には杉浦の後を継いだ浜口儀兵衛が就いていた。浜口は銚子の山サ醤油の当主で、紀州藩御用商人である。修身の教科書にも登場する人格者であった。帰国してみると、このように浜口が駅逓頭に就いていたため、前島は駅逓頭就任について大蔵大輔の井上馨に直接請願した。その結果、八月一七日、浜口が出身地の和歌山県の大参事（副知事）に転出し、その後《あと》に前島が発令された。この発令は適材適所という意味では妥当であったかも知れないが、押し出す形で発令早々の幹部を差し替える人事となった。

6　旧制の再編成　交通と通信を分離

この時期、民間の定飛脚問屋が担ってきた信書送達を国が直接運営することとなったため、定飛脚問屋の救済が大きな問題となった。一方、官営の新式郵便といえども、既述のとおり、その信書送達は従来の宿駅の継立機能に負わざるを得なかった。定飛脚問屋の救済問題と旧来の送達手段への依存という二つの問題をかかえながら、政府は、運輸は民営により、通信は官営により行う新交通通信体系への再編成に向けて動き出す。以下、山本弘文の『維新期の街道と輸送』や増田廣實の論文などを参考にしながら、再編成の概略を紹介しよう。

新体系への再編成には二つの流れがあった。一つの流れは、民間の陸運会社を各駅に設立させることである。この行政指導方針は、一八七〇（明治三）年五月、「宿駅人馬《じんば》相対継立《あいたいつぎたて》会社《がいしゃ》取建之趣意説諭振」として決定された。それは、公的な伝馬所とは別に、民間の会社を設立して、停滞している民間貨客の輸送を打開する狙いがあった。説諭振《ガイドライン》には、会社の概念、その必要性や運営方法、業務遂行上の心得、継立運賃の設定方法など多岐にわたる説明が盛り込まれた。しかし、会社は出資者による自由な合本組織ではなく、宿駅と近傍における排他的な輸送権と、街道からの刎銭《はねせん》の徴収権を与えられた旧宿駅役人を中心とする組織のようなものであった。この方針は駅逓司の官員が巡回して東海道の各駅に説明されたが、郵便創業の準備と重なって、陸運会社設立の動きは一時中断した。

一八七一（明治四）年三月に郵便がスタートすると、郵便制度を充実する役割が会社に新たにつけ加えられた。五月には、その趣旨を盛り込んだ「陸運会社規則案」を各駅に示して、駅逓司は強力に会社設立を各駅に指導した。駅逓寮（八月から寮に昇格する）が一〇月に各駅陸運会社に郵便業務を全面的に委託する方針を決定したこと、また、強力な行政指導により、東海道筋の各駅が会社設立に向けて動き出し、翌年一月、同筋に各駅陸運会社が正式に創設された。同時に、東海道各駅の伝馬所、助郷、駅逓官員駐在が廃止される。その後、全国の各街道や脇街道でも各駅陸運会社の設立が進められ、同年八月には、全国の伝馬所と助郷が廃止された。ここに近世の輸送の中心的な役割を果たしてきた宿駅制度は公に廃止され、以後、新政府から輸送の特権を与えられた各駅陸運会社が各地の継立輸送を行うことになる。

もう一つの流れは、定飛脚問屋を再編成して陸運元会社を結成することであった。定飛脚問屋は、江戸時代はじめから株仲間の公認や駅馬の利用などさまざまな保護と特権を幕府から受けながら、公用私用の信書、貨幣、貨物の運送取扱業務に携わってきた。とくに書状送達は大きな収入源となっていた。このため官営郵便の開業はまさに家業存廃の岐路に立たされることになり、三都の定飛脚問屋は生活援助の陳情などを政府に起こした。また、郵便がスタートすると、書状送達の営業権を強制的かつ無償で奪われる形となった定飛脚問屋は、結束して、官営郵便に対抗する。まず、料金を官営郵便並みに引き下げて、長年のノウハウと団結によって、定飛脚問屋は政府に挑戦してきた。ドル箱の東京―横浜間に直通の郵便が開設されると、江戸の定飛脚問屋は料金を官営の半額にして客を集めた。これを受けて、官営郵便も料金を半額にして、便数も朝晩二便に増やし、今様に表現すれば、双方が価格破壊とサービス競争を展開した。

　このような深刻な状況を打開するには、政府が無償で国有化した飛脚営業権に対して、適切な補償金を定飛脚問屋に支払えば解決する。しかし、政府にはその財源がなかった。そこで、陸運元会社を設立させて、政府が郵便に関連するさまざまな業務を元会社に委託するほか、各種の特権を付与して救済する方針を打ち出した。この方針に沿って、帰国早々の前島が定飛脚問屋を説得した。結局、定飛脚問屋側は政府方針を受け入れ、まず、東京の定飛脚問屋がまとまり、陸運元会社を一八七二（明治五）年五月に結成した。その背景には、定飛脚問屋側には政府の救済策を受け入れ事業を遂行していかざるを得なかった事情があったし、また、政府側にも郵便の全国展開には飛脚業者の経験と力を借りなければできない事情があった。政府から委託された業務は、金子入書状（現金書留）の逓送と配達、駅逓寮から支給される郵便配達人の賃金や郵便取扱所の手当金それに切手の各地への輸送、各地からの切手売上金の集金などで、いわば現金輸送である。信用がなければ受託できない事業であり、それはまた陸運元会社の経営基盤を支えるものとなった。

　大阪と京都の定飛脚問屋も、結成された陸運元会社に合併や入社の形をとって組み込まれていった。貨物運送の個人私営を禁じる保護策もとられ、陸運元会社は各駅陸運会社も傘下に収めて、全国規模の近代運送機構へと発展していく。それは輸送ルートの発展と同時に、郵便線路の拡大でもあり、わが国の経済活動や社会活動を支える基盤となる交通通信網となっていく。陸運元会社は一八七五（明治八）年に内国通運会社と改称される。後の日本通運株式会社である。

7　郵便の全国展開　政府専掌を打ち出す

一八七一（明治四）年三月、東京―大阪間に新式郵便が試行され、七月に東京―横浜間に、一二月に大阪―長崎間などにも郵便が開設された。神戸と長崎には郵便役所が設けられる。翌年七月には北海道の後志《しりべし》と胆振《いぶり》以北を除いて、新式郵便が全国的に実施された。試行からわずか一年三ヵ月で、郵便の全国ネットワークが曲がりなりにも整えられた。制度も急速に整備され、郵便規則も定められた。書留郵便や書籍類や見本品の取扱いも、この頃からスタートする。以下、創業後の発展をみる。

一八七三（明治六）年三月、わが国の郵便史上きわめて重要な太政官布告が出される。布告の要点は二点ある。第一点は均一料金制の採用である。布告には「量目《めかた》等一《おなじ》ノ信書《てがみ》ハ里《み》数《ち》ノ遠近《とおくちかき》ヲ問ハス国内相通《あいつう》シ等一《おなじ》ノ郵便税ヲ収《おさ》メ候」とある。四月一日から、距離にかかわらず、書状二匁までごと二銭（旧貨二〇〇文に相当）とする全国均一料金制が採用された。市内は半額にするなどの特例があったが、これにより料金の体系が大幅に簡素化された。料金そのものも引き下げられている。

もう一点は、郵便が国家の独占事業となったことである。布告には「信書《てがみ》ノ逓送ハ駅逓頭《かみ》ノ特任《ひとり》ニ帰セシメ何人《なんびと》ヲ問ハス一切信書ノ逓送ヲ禁止ス」と記されている。郵便を官営独占事業とした背景には、一義的には、当時の国是であった富国強兵や殖産興業や文明開化を強力に推し進めていくためには、それらを支える、安い料金で全国あまねく手紙が届く制度創設が不可欠であり、そのような公益的な事業の運営は民間企業には望めず、国家以外にないという考え方があったからであろう。また、政府が定飛脚問屋との熾烈《しれつ》な競争に手を焼いたことも、政府専掌を明確にする布告を出した理由である。前者の体制の論理よりも、後者の理由の方が差し迫った理由であった。

この時期に郵便独占化の施策が打ち出されたのは、小林正義が『郵便史話』のなかで語っているように、従来の飛脚業者が陸運元会社として再編されたり、吸収されることによって、元会社への郵便運送の委託など大方の見通しが立ったからでもあろう。さらに、藪内吉彦が著書のなかで推察の域を出ないがと断りつつ、郵便の官営独占には、政府の機密漏洩の防止と、士族反乱や民権運動に対する諜報活動への思惑があったのではないか、と述べていることは興味深い。フランスなど郵便先進国の歴史を繙《ひもと》いてみれば、あながち穿《うが》った見方とはいえない。

ここに、切手を発行し、全国均一料金により運営する近代的な官営郵便の枠組みがほぼできあがった。明治維新、西洋の技術やノウハウをそのまま日本に移植した鉄道や電信などの近代化プロセスとは異なり、郵便の場合は、かつての江戸時代の宿駅制度や飛脚システムを巧みに再編し、その骨格を造り上げたところに特徴がある。

発展過程の検証

表29に五年ごとの数字を抜き出して、わが国の郵便物の引受数、郵便局と郵便ポストの設置数を整理した。郵便物の引

受数でみると、明治の後半になると年間一五億通に達し、創業当時の数字とくらべると急成長していることがわかる。以後、第二次大戦で大きく落ち込んだものの、着実に数字を伸ばしていった。最近では、二五〇億通前後の郵便が引き受けられている。ここでは明治時代の郵便の発展過程について、三人の研究者の論文を参考にしつつ、検証してみよう。

明治前期の郵便ネットワーク形成について、杉山伸也が経済史の立場から論じている。地図18は一八八三（明治一六）年の郵便線路図である。杉山論文によると、この年に郵便線路が大線・中線・小線の三つに区分され整備が図られて、陸路の郵便線路は延べ五万四一七三キロになっていた。その内訳は、主要都市をむすぶ大線五二四六キロ、大線と大線とをむすぶ中線七九六八キロ、地方の小線四万九五九キロであった。そのほかに海路が約八万キロもある。この時期までに主

表29　わが国の郵便物引受数・郵便局数・郵便ポスト設置数

年　度		郵便物引受数（千通）		郵便局	郵便ポスト
			うち外国宛		
1871	M 4	566	-	179	-
1875	8	30,163	260	3,815	703
1880	13	83,294	517	5,036	4,662
1885	18	115,403	331	4,795	24,823
1890	23	224,127	893	4,134	26,550
1895	28	446,385	2,082	4,240	34,305
1900	33	739,526	5,385	4,798	42,487
1905	38	1,234,847	15,283	6,217	51,888
1910	43	1,508,526	10,165	7,054	56,740
1915	T 4	1,883,186	11,692	7,334	61,474
1920	9	3,806,120	22,303	8,002	63,563
1925	14	4,266,410	21,432	8,705	68,958
1930	S 5	4,409,552	26,848	9,954	73,713
1935	10	4,735,348	50,442	11,253	78,818
1940	15	4,484,938	253,060	13,278	83,391
1945	20	3,027,178	-	13,281	-
1950	25	3,523,108	11,500	15,017	78,846
1955	30	4,854,559	27,460	15,566	92,934
1960	35	6,945,521	49,906	16,234	104,790
1965	40	9,554,361	75,882	18,740	115,719
1970	45	11,796,776	115,477	20,643	126,752
1975	50	14,121,202	90,918	22,039	135,622
1980	55	15,786,687	111,631	23,001	142,801
1985	60	17,188,269	116,804	23,629	148,586
1990	H 2	22,814,889	125,410	24,103	160,952
1995	7	24,785,831	122,776	24,583	166,144
2000	12	26,530,886	105,986	24,774	177,217
2005	17	24,818,619	77,535	24,631	191,423

（出典）　郵政省『郵便創業120年の歴史』215-219頁．総務省郵政事業庁．

（注）　1.原則として，年度末の数字であるが，12月末などの数字を含む．

2.外国宛郵便物の数字のうち，1940年度の数字が急増しているが，当時の満州国宛の郵便を「外国宛」に計上したためと推定される．

表30　東京の郵便シェアの推移

年　度		郵便物総計（千通）		新聞雑誌郵便（千通）	
			うち東京		うち東京
1877	M10	47,129	18,333 (38.9)	9,616	8,344 (86.8)
1884	17	112,862	28,709 (25.4)	15,087	8,845 (58.6)
1891	24	238,680	65,110 (27.3)	49,082	27,159 (55.3)

（出典）　杉山伸也「明治前期における郵便ネットワーク：〈情報〉の経済史Ⅰ」『三田學會雑誌』（79-3）319頁．

（注）　カッコ内の数字は，パーセント．

要な郵便線路が陸路と海路によって全国に開通したといえる。陸路では、従来の脚夫と呼ばれた送達人による郵便輸送に、人力車や馬車による輸送も加わった。その後、鉄道の東海道本線や東北本線が開通すると、それが同時に郵便線路となり、鉄道が郵便輸送に大きな役割を果たす。

地図18　郵便線路図（1883）

　このように郵便線路が全国に敷かれていったが、表30に示すように、郵便の利用は東京に集中している。郵便差出ベースの数字だが、一八七七（明治一〇）年から七年ごとの三つの時期の数字をくらべると、たとえば、東京の差出シェアは、三九パーセント、二五パーセント、二七パーセントと推移している。シェアが落ちたのは、それだけ地方の郵便差出が増加したことを意味している。それでも東京のシェアは四分の一を占めている。新聞雑誌の郵便だけをみると、より顕著にあらわれる。すなわち、東京の新聞雑誌の差出シェアは、八七パーセント、五九パーセント、五五パーセントと下降傾向にあったとはいえ、それでも過半数を占めている。郵便物差出数でみれば、三倍の二七一六万通に増加している。もちろん東京からの郵便差出の数字だから、そのなかに地方にはこばれた郵便がかなり含まれていた。そのことからも、東京に情報が集中し、郵便によって、数多《あまた》の情報が全国に向けて発信されていたことがわかる。それは文明開化の薫りを全国に伝えるメディアとなり、また、あるときは自由民権運動を高揚させる役割も果たしたのである。

　創業期、郵便局がどのように立地展開されていったのだろうか。地理学の立場から、この問題を近代的空間組織形成の研究として取り組んだ山根拓の論文がある。広島県を対象としたものだが、都市と農山漁村が併存し、全国の平均的な地域といえる。山根の研究によると、郵便創業から一〇年余りのあいだに沿岸や内陸地域を問わず、郵便局が急速に普及して高密度な分布を呈した。局設置は三つの局面があり、一八七一（明治四）年から翌年にかけて山陽道や陰陽連絡路の沿線各駅に郵便局（当時は郵便取扱所）が設置された。中心集落への展開である。一八七四（明治七）年にまた大量設置があり、このときに中心集落以外にも農村集落へも郵便局が設置され、県内一帯にほぼ均等な分布が実現した。郵便条令が制定された一八八二（明治一五）年にさらに増設され、県東部に新設局が集中し地域的な偏《かたよ》りがみられるものの、郵便局の分布は一層周密化した。

このような立地初期における数次の同時多発的な大量立地展開は、他の行政機関の設置でも例がない。この大量立地展開が可能となった背景には、中央集権的な全国統合のための通信網の急速な整備が要請されていたこと、郵便普及に鉄道や電信などのような最新の技術が必要とされていなかったこと、それに郵便局運営に請負制が採用されたことなどの事情があった。請負制とは、国が地主や資産家など地元の名望家に対して準官吏待遇の郵便取扱役に任命し、わずかな手当を支給する。その代わりに、自宅の一部を局舎として提供させて、地元の郵便運営を委ねる方式であった。投下する資金がなかった明治政府が郵便局を全国に設置するには、この方法によらざるを得なかった。当時の人々の、格式を戴《いただ》き、お国《かみ》の仕事に従事できるという名誉心を上手《うま》く利用した政策である。現在の特定郵便局の淵源《えんげん》ともなっている。

一八八三（明治一六）年、各府県が郵便業務を管理していた体制を駅逓局直轄にし、全国を五一の駅逓区に分け、さらに駅逓区を多数の郵便区に割った。その郵便区ごとに郵便局一局を設置することにした。すなわち郵便局の受持エリアを明確にしたのである。この年、郵便線路の整備も行われ、サービス提供の全域化が急速に進んだ。

しかし、請負制により設置された郵便局の運営がきわめて厳しく、多くの局が廃局に追い込まれた。理由は、手当が三〇銭から五〇銭ほどで一般官吏の一割にも満たない額だったから、それだけでは人を雇い煩雑な業務を運営することは困難であり、また、当時の松方デフレによる深刻な不況と重なり、私財を郵便運営に回す余裕がなくなった者が増加していったからである。財政事情を考えると、政府は手当をむやみに上げることもできず、もっぱらより裕福な地主、庄屋、名主、酒問屋などと呼ばれた当時の資産家に対して、郵便局の運営を委ねていった。廃局の影響もあったが、その後も郵便局の分布は全県にほぼ均等に保たれ増加していく。

一九世紀後半の郵便局の分布を、同時期の他の公的機関のものと比較してみよう。まず、警察署と裁判所は郡役所の所在地だけにあり、圧倒的に郵便局の分布が周密であった。逆に、小学校や町村役場の数とくらべると、郵便局の数は少ない。広島県内の小学校は八〇〇校前後、町村役場は約四〇〇、それに対して郵便局は二三〇局であった。郵便局は金融機関としても機能していくが、民間の金融機関である銀行の本支店総数は、郵便局数よりも上回っている。しかし、立地は資金が集中する広島や呉などの都市部に偏在していた。その点、郵便局は非都市部にもくまなく設置されており、より均等な分布を示している。

広島県だけの一事例研究だが、以上のような郵便局の立地展開の過程は、東京などの大都市を除いて、当時の多くの県でほぼ同じような過程を辿《たど》っていたのではないだろうか。銀行などの民間営利企業とは異なり、郵便局が地域に均等に分布しているところが、公的な事業たる所以《ゆえん》なのかもしれない。明治政府が推し進める文明開化政策の一翼を担い、郵便局は情報受発信の基地《ステーション》として、また、庶民の金融機関として地域にはなくてはならない存在になっていく。その陰に、局運営を請け負い三等郵便局長になった地域の名望家の、ときには郵便貯金の運転資金の調達まで行うなどの貢献があったからこそ、均等に分布した郵便局ネットワークが構築できたことも忘れてはならない。民間人の協力なくして、草創期の郵便局は成り立たなかったシステムであったのである。

ところで、県庁や戸長役場などの公文書を送達する「公用郵便」の展開も郵便網の均等分布に役立った。このことは意外と知られていないが、この点について、田原啓祐が滋賀県のケースを調べて、論文にまとめている。それによると、郵便創業当初から公用郵便の制度があったわけでない。当時、地方庁の公文書の送達は県の吏員などが直接届けたり、末端では近世以来の村社会のシステムにより伝達されていた。書状送達の政府専掌を布告した際にも、公文書状の伝達は例外とされた。

一八七三（明治六）年、開封または帯封で差し出された公文書は料金を半額とする公用郵便制度が制定された。後に「地方郵便」と呼ばれるようになる。駅逓当局は公用郵便の利用を促《うなが》したが、司法省は裁判所に郵便利用禁止を通達しているし、県でも利用に慎重だった。この時期、滋賀県に設置された郵便局は三〇局あったが、そのうち二三局が主要街道沿いに設置されていて、人口の少ない地域にはほとんど郵便局が設置されていなかった。それでは公文書を県内くまなく公平かつ迅速に送達する仕組みとしてはとても使えない。これが利用が進まなかった大きな理由である。

一八八三（明治一六）年、公文書を取り扱う地方郵便が廃止される。廃止は、料金割引の制度をなくし、全国均一料金制をより完全なものにするための、一連の料金体系の見直しのなかで行われた。また、政府専掌の規則から公用書状の例外規定も削除された。公用書状も郵便の対象となったのである。代わりに、郵便料金を一年分前納して切手を貼ることなく、公文書を差し出すことができる「地方約束郵便」と呼ばれる公用郵便が府県単位でスタートした。このことは、公文書送達のニーズに応えることができる郵便ネットワークの構築がある程度まで進んだことを意味している。地方約束郵便の実施時の、県内の郵便局数は七四局で、前記の三〇局の数字とくらべると、二・五倍になっている。同じく実施前後の郵便ポストの設置数をみると二七から一二三四に、切手販売所は三五から一二三九に急激に増加している。戸長役場が一二八三であったから、ほぼ各役場にポストと販売所を短期間のあいだに設置したことがうかがえる。

このように県内全域に郵便ネットワークがとまれ均等に敷かれた。もちろん、このネットワーク拡大は、前年に公布された郵便条令を受けて、郵便のより完全な全国実施を目指したものである。しかしながら、地方約束郵便の実施に向けた側面も少なからずあった。その意味で、公用郵便の展開が郵便ネットワークの均等拡大に果たした役割も見逃せない。滋賀県を対象とした一事例研究ではあるが、東京や大阪などの大都市を除いて、この傾向はやはり多くの県でみられたのではないだろうか。

以上、明治期における郵便線路の拡大、広島県における郵便局の立地展開、滋賀県における公用郵便の普及の状況についてそれぞれみてきたが、そこには文明開化を強力に推し進める新興国家のエネルギーにより、郵便もまた大きく飛躍する姿が読みとれよう。

北海道と沖縄

前節で郵便実施に伴う宿駅と定飛脚問屋の再編をみてきたし、前段では全国展開についていくつかの事例を考査してきたが、北海道と沖縄ではその様相が前記の事情とはかなり異なる。その点についてふれておく。まず、北海道からみていこう。宇川隆雄が『北海道郵便創業史話』のなかで全道一周の郵便ネットワークが完成するまでの過程について詳述している。同書によれば、一八七二（明治五）年七月、函館に郵便役所が開設された。函館は江戸時代から繁栄し、当時の人口は六六一三戸二万四五八四人で、郵便引受が一日平均一五通、配達が二〇通ほどであった。同年一〇月、函館—札幌—小樽ルートが開通する。札幌の人口は五五六戸九一六人であった。三年後には太平洋岸の苫小牧—浦河—釧路—根室ルートが、その一年後にはオホーツク沿岸の宗谷—紋別—網走—厚別ルートなどが拓《ひら》かれ、曲がりなりにも、北海道を一周する郵便線路が完成した。

これら大半の郵便線路が旧来の駅逓線路の上に乗る形で敷設されていった。駅逓は松前藩時代からあり、駅逓所は宿泊施設や人馬の継立などの業務を行っていた。北海道庁は補助金を出して駅逓所を民間人に運営させていたが、利益の出ない奥地には駅逓所ができないために、後に官費により駅逓所を運営するようになった。駅逓所は、地方の交通宿泊機関として機能し、形式的にみれば、直接の郵便組織ではなかった。しかしながら、北海道における郵便輸送は、この駅逓所のネットワークに負っていたのである。駅逓所の廃止は一九四七(昭和二二)年で、それまでに六六〇の駅逓所が全道でつくられた。それは北海道開拓のフロンティアたちを支える一大インフラストラクチャー、そして通信ネットワークの役割を果たしてきた。

次に沖縄について。紺碧《こんぺき》の海と青い空、四方を海に囲まれた琉球列島は、大国の狭間《はざま》でゆれ動きながら歴史を刻んできた。三山《さんざん》を一四二九年に統一した第一尚《しょう》王朝、そして大交易時代を築き上げた第二尚王朝の下に、一六〇九年から島津藩の支配を受けつつも、首里を中心に紅型《びんがた》や組踊りに代表される独特の文化を育《はぐく》んできた。ここでは、金城康全《きんじょうこうぜん》の『琉球の郵便物語』を参考にしながら、琉球王朝時代の通信システムにふれるとともに、明治政府による郵便導入の過程についてみる。

一五世紀の事績を記録した古書『球陽』に「国中ノ里数ヲ改定シ以テ広狭、険易《けんい》、遠近ヲ紀《しる》ス。且ツ亦《また》駅郵ヲ創建シ以テ命令ヲ伝フ」と記されている。駅郵は番所《ばんじゅ》すなわち役場のことを指し、間切《まぎり》すなわち村ごとにおかれた。駅郵の任務には、首里王府から発せられる羽書《はがち》(布達)を各番所に継ぎ送ることと、間切からの報告を首里に伝えることがあった。通信伝達の業務であるが、これを宿次《しゅくつぎ》といっていた。宿次は首里に隣接する西原、浦添《うらそえ》、真和志《まわじ》、南風原《はえばる》の四間切を起点として、東海岸に沿って行くものを東宿と、西海岸に沿って行くものを西宿と称していた。東宿のコースは西原—宜野湾《ぎのわん》—越来《ごえく》—国頭《くにがみ》で、西宿コースは浦添—北谷《ちゃたん》—読谷山《よみたんざ》—恩納《おんな》—名護—本部《もとぶ》—今帰仁《なきじん》の順である。宿次の仕事は間切の民衆に転嫁された。

琉球王統時代の駅郵使者．首里から１人は馬に乗り，もう１人は走って，羽書を各間切（村）に届けるところ．

琉球列島は、久米、渡名喜《となき》、伊平屋《いへや》、粟国《あぐに》、伊江など多数の島から成り立っている。これらの島の高台には烽火《ほうか》台が設けられ、船が近づくと遠見番《とおみばん》が狼煙《のろし》を上げて、島から島に信号を送った。宮古、石垣、慶良間《けらま》などの離島間では、イエーイと呼ばれた早船による伝達手段もあった。このように、沖縄では陸路では宿次が、目視できる島々のあいだでは狼煙が、そして離島間では大海原を渡る小舟が情報をはこび、重大情報が首里の王府に届けられた。首里城にはアザナと呼ばれた展望台があった。

維新政府は一八七二（明治五）年、琉球国を琉球藩とし琉球王は藩王とした。さらに七年後、琉球藩を廃止して、新たに沖縄県を設置した。すなわち、島津藩の支配下にあり、同時に清国にも名目上属するという複雑な両属関係にあった琉球国を日本に帰属させた。琉球処分である。このような時代背景のなかで、維新政府にとって、本土と沖縄をむすぶ郵便の設置は重要な国策の一環となる。駅逓寮の眞中忠直大属《だいさかん》と小尾輔明小属は一八七四（明治七）年一月、沖縄に渡り、藩側と協議して郵便実施に踏み切った。三月二〇日に首里、那覇、今帰仁の三ヵ所に郵便仮役所が、また、浦添、北谷、読谷山、恩納、名護、本部、羽地《はねち》、大宜見《おおぎみ》、国頭の九ヵ所に郵便取扱所が設置された。沖縄における近代郵便のスタートである。

眞中は滞在中に琉球藩王の尚泰《しょうたい》と会見している。藩王は藩内に「京官ノ令ヲ奉シ新ニ郵便会社ヲ設ク（中略）脚夫ヲ賞シテ各エ銭ヲ給ス其ノ金銭ノ賜ハ皆東京政府ヨリ出ヅ」と郵便の開設を布告した。この時期、日本政府郵便蒸気船会社が東京と那覇とをむすぶ定期船を年六回往復させて、郵便もはこぶことになった。郵便所要日数は二五日程度であった。沖縄における郵便開設は、通信ネットワーク拡大という表面上の意味のほかに、金城康全が述べているように、当時の琉球国を日本国の領地であるということを示す狙いがあった。郵便開設は既成事実を一つつくったことになろう。

以上、北海道と沖縄における郵便開設の状況を概観してきたが、広く全国に郵便ネットワークを開設していくという維新政府の郵便政策に基づいているものの、両地への郵便展開は、政治的かつ経済的な意味合いが強い。すなわち郵便の展開は本土化あるいは内地化への布石の一つとなった。

8　外国郵便の開始　日米郵便交換条約の締結で

郵便事業を政府専掌にする理由に、外国郵便の実施があった。すなわち、国家間で締結する条約に基づいて郵便を交換するのだから、民間の飛脚問屋にはできないという理由である。日本では、その外国郵便は列強の領事館郵便からはじまった。ペリーが一八五三（嘉永六）年、黒船四隻を率いて浦賀沖に来航、幕府に開国を迫った。その結果、翌年には日米和親条約が締結される。また、一八五八（安政五）年には日米修好通商条約がむすばれて、アメリカに対して、函館・神奈川・長崎・新潟・兵庫の五港と江戸・大坂を開き、貿易を認めた。次いで、イギリス、フランス、オランダ、ロシアとのあいだにも、同様の条約が締結された。

開港の直後から、条約締結国は開港地に公使館や領事館を設置し、外交事務や自国民の保護などの活動を開始した。江戸においては、イギリス総領事オルコックが高輪《たかなわ》の東禅寺に、アメリカ弁理公使ハリスが麻布の善福寺に、フランス総領事ドゥ・ベルクールが三田の済海寺に入り、それぞれ仮公使館を構えた。開国を待ちかねたように真っ先に日本へやってきた人たちは、新開地で利を求める商人と、キリスト教を布教しようとする宣教師たちであった。外国商人では横浜に英一番館を建てたジャーディン＝マセソン商会の代表になったケズウィックとバーバーが、宣教師ではローマ字を創始したヘボン博士らがいた。

彼らは、まず、母国との郵便のやりとりの方法を考えなければならなかった。鎖国をしていた当時の日本では、外国宛の手紙を取り扱う飛脚業者などは存在していなかったので、各国公館が自らその役割を担うことになった。すなわち公館文書は蒸気船や軍艦に託してはこんだが、そこに外国公館が受け付けた自国民の手紙も入れて、併せて、はこぶことにしたのである。いわゆる領事館郵便である。この分野の研究書としては、松本純一の『横浜にあったフランスの郵便局』が好著である。同書によれば、領事館員が片手間に郵便事務を取り扱った程度のものから、発展を遂げて、独立の局舎を設けて専従の職員を抱える組織になったものまで、さまざま形態があった。それらは在日外国郵便局と総称される。イギリス、アメリカ、フランスの三国は、在日局を横浜、兵庫、長崎などにそれぞれ設置した。在日局では、自国の郵便ルールに従って、自国の切手が販売され、手紙が引き受けられ、自国の郵便印も使用されていた。日本の港に、イギリスやアメリカなどの、まさに外国の郵便局があったのである。

明治に入ると、わが国の駅逓寮が外国郵便の創設に向けて動き出す。駅逓寮は、一八七二（明治五）年、在日外国郵便局の機能を利用して、外国郵便の仕組みを考案し、海外郵便手続を制定した。まず、海外から在日局に到着した手紙のうち、横浜宛の手紙は在日局側が配達する。その他各地に宛てた手紙は日本側が配達する。それらの手紙の横浜からの国内料金は受取人払とし、その額は国内料金と同じにした。それまで地方宛の手紙が配達できず差出人に送り返されていたので、この方法は、地方にいる外国人に福音になった。また、逆に海外宛の手紙は大きな封筒に入れて、国内料金と外国料金の合計額を日本切手で貼って駅逓寮に送る。駅逓寮では中身の手紙だけを在日局に持ち込み、在日フランス郵便局であれば、フランスの切手を貼って送達を依頼した。

横浜郵便局開業之図．1875年．外交官らを招き開業の式典を挙行した．伊藤博文が英語で挨拶，米国公使ビンガムが祝辞を述べる．2階で軍楽隊が演奏，ガス燈や馬車など新しい時代を感じさせる．三代広重画．

このような方法により、多くの外国人が本国と手紙をやりとりしていた。たとえば横浜から遠く離れた但馬《たじま》国（兵庫県）生野《いくの》銀山に赴任していたお雇い外国人の一人、ジャン・フランソワ・コワニーと母国フランスに住む人たちとのあいだで交換された手紙が今でも残っている。それら一連の手紙には、それぞれの無事をたしかめ合い、日本の珍しい出来事やフランスの最新ニュースを知らせることがたくさん綴られていたにちがいない。この時期、日本とフランスとのあいだの郵便所要日数は五〇日から六〇日ほどであった。

新生国家にとって、郵便主権の樹立が大きな問題となっていた。万国郵便連合《ユニヴァーサル・ポスタル・ユニオン》は一八七四年に創設されるが、この時点ではまだ創設されていなかったので、郵便交換のために個別に各国と条約を締結しなければならなかった。まず、アメリカと条約締結交渉に入る。外国郵便の経験がほとんどない駅逓寮は、交渉の補佐役として、アメリカ人のサミュエル・M・ブライアンを雇った。ブライアンはオハイオ州出身、米国財務省で英米間の郵便業務の監査などに従事していた経歴があり、外国郵便に精通していたことから、交渉の実質的な当事者となった。在京アメリカ公使デロングの支援やブライアンの巧みな折衝によって案文がまとまり、一八七三（明治六）年、ワシントンで日米郵便交換条約が調印された。翌年、在日アメリカ郵便局が閉鎖された。この辺の事情について、高橋善七が『お雇い外国人』のなかで詳述している。それによれば、日米郵便交換条約に「アメリカの郵便船には日本の郵便物を無料で載せ、日本の郵便船にはアメリカの郵便物を無料で載せる」という条文があった。太平洋横断の蒸気船をいつ就航できるか目処《めど》さえ立っていなかった日本側にとっては、アメリカ側からこの点を突かれれば返答に窮したことであろう。当時のアメリカは大らかで寛大であった。

わが国は一八七五（明治八）年、外国郵便の取扱いを正式に開始し、外国郵便用の切手も発行する。同年の外国郵便は差立《さしたて》一六万通、到着一四万通であった。以後、発着とも着実に増加していく。二年後、日本は万国郵便連合に加盟が認められた。しかし、在日イギリス郵便局の閉鎖は一八七九（明治一二）年、在日フランス郵便局の閉鎖はその翌年になってからのことであった。このようにわが国の郵便主権の確立までに多くの時間を要したが、国力と制度の脆弱《ぜいじゃく》さを考えると、松本純一が指摘するように、在日外国郵便局の存在を郵便主権の侵害とみるよりは、創業過渡期に在日局が果たした役割の方をむしろ評価すべきである。と同時に、郵便主権の樹立は、関税主権などとくらべると重要性が低いが、治外法権撤廃の先駆けを果たしたのではないだろうか。その意義は大きい。

他方、外国郵便局の撤退を列強と交渉しながら、わが国は一八七六（明治九）年、清国の上海と朝鮮の釜山浦に日本の郵便局を相次いで開設した。以後、両国に当時機能する郵便システムがなかったこともあり、日本はこれら外国の地に郵便局をつくっていった。郵便の主権を唱えながら、近隣国のそれを侵すという矛盾した政策をとったと指摘することができるが、これも時代《とき》の大きな対外政策を支える一環であったのである。

9　東京府内の郵便　一日一九回も配達

第7章で近世のパリやロンドンの都市飛脚について、第9章では一九世紀ニューヨークの市内郵便《シティー・ポスト》についてみてきた。これら大都市では、さまざまな工夫が凝らされて信書の配達サービスが実施されていた。とくに起業家精神《アントレプルヌール》に富んだ民間人の手によって都市における信書配達がビジネス化され、大きな利益を生み出していた。利益が出るビジネスとわかると、フランスでも、イギリスでも、そしてアメリカでも独占権《モノポリー》を振りかざして、政府がその事業に乗り出し、民間サービスを閉め出していった。日本でも、江戸の町に町飛脚が営業し、便利なコミュニケーション手段として機能していた。しかし官営郵便の開業で、町飛脚は消えていった。その図式が前記の欧米のケースと非常に似ていることが興味深い。近世・近代の、都市における郵便の発達過程には、意外と各国に共通しているところが多い。ここでは草創期の官営郵便が東京で提供した配達サービスなどについて紹介する。それは欧米の都市郵便にも勝るサービスを提供していた。

幕末維新の動乱は江戸・東京を荒廃させた。江戸最盛期の人口は一〇〇万とも一五〇万ともいわれているが、維新直後の人口は推定六〇万程度に激減した。主な原因は、徳川慶喜《よしのぶ》と幕臣一万四〇〇〇家が静岡に、諸大名と家臣二万家が国元に、町人六〇〇〇家が横浜にそれぞれ移ったからである。これだけで二〇万人が東京を離れたという試算がある。武家屋敷の多くは空き家になり、政府は藩邸跡地を廉価で払い下げ、一時期、桑や茶の栽培を奨励した。その結果、千駄ヶ谷、青山、小石川、麻布、市ヶ谷、駒込、雑司《ぞうし》ヶ谷《や》などに桑茶畑ができて、その面積は一〇〇万坪に達した。その後、新政府の体制が強固になり、文明開化の大波が押し寄せてくると、東京は大きく発展していく。藩邸跡地は新政府が利用して、たとえば、大蔵省と内務省は現在の千代田区大手町にあった旧姫路藩邸を使った。以下、日本の首都となった東京における、明治前期の郵便の展開についてみていこう。

一八七一（明治四）年三月に郵便が創設された。東京では、一つの郵便局と一二の郵便ポストでスタートした。郵便役所と呼ばれた郵便局が日本橋四日市町の江戸橋南詰に設けられた。江戸佃島《つくだじま》の漁師が魚を揚げる魚河岸《かし》付近である。そこにあった旧幕府の魚類御用屋敷を改修して、郵便役所に使った。日本橋が交通の起点となっていたから、この地が選ばれたのであろう。手嶋康と淺見啓明が著した『19世紀の郵便』と題する三部作の大著がある。さまざまな公文書や手紙に実際に押された東京の消印を丹念に調査研究し、一九世紀東京の郵便について、全容を明らかにする。同書によると、創業直後、駅逓司が日本橋の東京郵便役所に移り両者が合併し、郵便役所が実質的に廃止された。合併は経費節減と府下の現業部門を直接指揮するためである。一八八六（明治一九）年まで、東京の郵便はいわば本省直轄で管理運営された。

郵便フラホ．橋の袂にはためく．その下に書状集メ箱がみえる．1871年．東京名所四十八景「京はし」から．

書状集メ箱すなわち郵便ポストが東京府内一一ヵ所と東京

郵便役所前に設置された。その場所を「函場《はこば》」と呼んだ。町の世話役らが函場見守番人（郵便ポスト管理者）として任命される。見守番人の仕事は、書状集メ箱の盗難などの監視のほか、切手の販売、朝夕二回の書状集メ箱の出し入れや布告の掲示などであった。それに郵便旗の朝夕の上げ下げの作業も重要な仕事となる。書状集メ箱の設置場所と函場見守番人の氏名を表31に示すが、皇居の周りを囲むように、バランスよく配置されている。このほか切手販売人も指定された。

表31　東京の郵便ポスト設置場所（1871）

設置場所（函場）	見守番人
四谷御門外（麹町11丁目16番地）	杉山源右衛門
虎御門外	鳥羽長助
赤羽根橋際（飯倉5丁目）	伏見市右衛門
赤坂表伝馬町1丁目1番地前	竹澤政治
京橋（南詰）	小林平八
牛込（玉咲町1番地所前）	高城幸吉
芝神明前	中村栄助
浅草雷神門前広場	待乳山平三郎
永代橋際	橋本伊之助
両国橋際広場	金森佐吉
筋違御門外（御橋台）	岡本六太郎
郵便役所前	

（出典）　手嶋康・淺見啓明『19世紀の郵便――東京の消印を中心として』解説編52頁.

郵便役所や書状集メ箱の設置も一通り完了したが、東京府民の郵便への理解はほとんどなかった。そこで郵便役所と函場に大きな郵便旗を揚げて宣伝にもつとめた。唐木綿《とうもめん》の白地に黒く「郵便」と染め出し、高さ四間、約七メートルの丸太に揚げられた。遠くからも郵便旗はよくみえ、錦絵の題材にもなった。英語のフラグが訛《なま》ったものであろうが、郵便フラホと呼ばれた。明治の人は旗が好きで、役所をはじめ、商店や会社も旗を掲げ、町には、人力、牛のちち、パン、牛鍋などの文字が染め抜かれた旗も青空に翻《ひるがえ》っていた。旗は文明開化の象徴であった。

創業直後の郵便集配人は、わずか一二人であった。背中に郵便という文字が白抜きにされた紺木綿の半纏《はんてん》姿の集配人が午後二時頃に各函場に書状を集めに行き、三時頃までに郵便役所に集めた書状を持ち帰った。最初は徒歩で行き来していたが、直ぐに馬で往復するようになった。しかし手紙を配達する郵便役所は一ヵ所にしかなく、配達には時間がかかった。そのため、新式郵便がスタートしたとはいえ、府民の手紙のやりとりは、旧来の町飛脚に負うところがまだまだ大きかった。明治になっても、町飛脚が鈴を鳴らしながら定時に手紙を集めに来た光景がよくみられたらしい。第7節において述べたように、郵便線路は短期間に全国に拡大し、創業一年目に函館へも手紙が出せるようになった。また、大阪から東京まで三日半で手紙が届くようになったが、東京府下の宛先まで配達するのに、さらに一日から一日半もかかった。このた

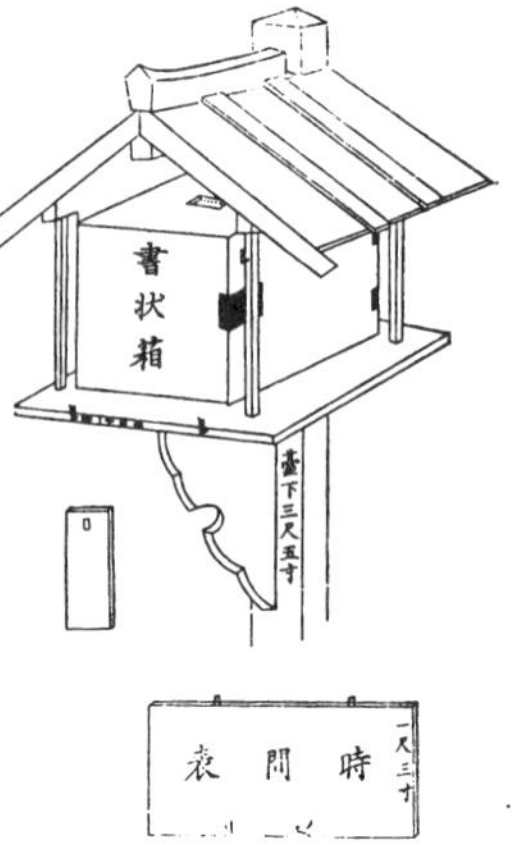

書状箱（ポスト）の雛形．1871年．都市に設置されたもの．木製白木，支柱の高さは３尺５寸，約1.15メートル．

め府下における郵便配達の時間短縮が大きな課題となり、府内郵便の整備に乗り出す。ちなみに、創業初日から六日間の東京における郵便取扱数は、三月一日一三四通、以下、一一五通、八四通、九一通、一一二通、一一六通で、一日当たり一〇〇通前後であった。

京都・大阪に遅れること三ヵ月、一八七二（明治五）年三月、東京でも府内郵便がスタートする。制度実施に伴って、府内に日本橋四日市本局の分局と一五の郵便取扱所が新たに設置された。取扱所の設置場所は、両国、浅草、下谷《したや》、本郷、牛込《うしごめ》、市ヶ谷、麹町《こうじまち》、四谷《よつや》、赤坂、赤羽根、三田、麻布《あざぶ》、芝、本所《ほんじょ》、深川であった。さらに、一一五の書状集メ箱も追加された。サービスの面では、ポストに投函された手紙を集める集信業務とそれを宛先に届ける配達業務すなわち「集配」の便数を、それまでの一日一便から一日三便に増加させたほか、府内料金を一銭に設定した。そして、その後の発展には目覚ましいものがある。郵便局や郵便ポストを増設したほか、集配便数を増加させ、利用者のニーズに応えていった。ここで集配便数の増加の過程をみておこう。

集配の便数は創業時一便だったものが、一八七二（明治五）年には三便になった。同年六月に東京―横浜間に鉄道が開通すると、朝・午前・日中・午後・夕・夜の六便に増加して、三年後には一日一〇便となる。その年一ヵ月分の東京の郵便取扱数のデータがある。それによると、総数九一万通、うち書状が五九万通、新聞二九万通などとなっていた。創業時の数字とくらべると急増している。その後、一〇便制度は、冬は九集信八配達、その他の季節は九集配に減便されている。それでも郵便ポストからの集信作業は、一八七九（明治一二）年の例で、朝五時四五分から夜九時三五分までのあいだに九回、配達も朝五時半から夜六時五〇分までのあいだに八回行われている。

一八八三（明治一六）年五月からは、従来のほぼ二倍の一日一九便の集配サービスが開始された。これは後述する府内郵便の割引料金制度が廃止されたことに伴う、サービス向上の一環として実施された。当時の新聞には「府下では四五分ごとに郵便を集めて配達する。麻布や赤坂にある郵便ポストに浅草や本郷宛の手紙を投函すれば、三時間半以内には届く。また、本局の区内や連合局間であれば、二時間以内に配達される。締切時間に注意して投函すれば、郵便を一日に三回から四回往復させることができる。よほど格別至急の用件でもない限り郵便でこと足りて、今後は官庁も商店も郵便で用件をすますことになろう」という趣旨の記事が載っている。

連合局とは、当時、近隣する郵便局ごとにグループが編成されていた。たとえば、麻布局は、四谷、赤坂、麹町、田町、飯倉、新橋の各局とグループを組んでいたが、そのグループを連合局と呼んだ。連合局間では、本局を経由することなく、郵便をやりとりできるので配達も迅速にできた。そのことが記事に書かれている。

朝五時半から夜七時まで、一日一九回の郵便配達。これほどまでの郵便サービスを実施した国はあるだろうか。少し外国の例をみてみよう。まず、一七世紀ロンドンではドクラが創設したペニー飛脚が市内中心地で一日一二回手紙を配達した。一九世紀パリの市内郵便では、朝九時から夕刻七時までのあいだに六回、郵便配達を実施したという記録が残っている。一九世紀ニューヨークでは、一日五回の配達である。このようにしてみると、日本の一日一九便というサービスは、まさに驚くべき便数といえよう。たとえば、麹町に住む人が麻布谷町の酒屋さんに「明朝醤油を一升届けて欲しい」という注文を記した葉書がある。この葉書から、まさに人々が郵便を電話のように使い、郵便が生活のなかに溶け込んでいった様子がうかがえる。朝から夜まで、郵便集配人たちは東京の町を走り回り、それこそ八面六臂《ろっぴ》の働きをした。明治の人々の意気込みがひしひしと伝わってくる。

もっとも、一日一九回の郵便配達は、多くの要員を要するなど、郵便局にとって、あまりにも負担が大きくなり維持することができなくなった。結局、一九便制度は五ヵ月で終了する。しかしながら、その後も減便されたとはいえ一日一二回の配達が維持された。

前段では、東京府内の郵便集配回数の変遷などについてみ

夕暮れ時の郵便配達．間違えないようにカンテラの明かりで表札を確認している．明治中葉．

てきたが、これから府内郵便の料金とその範囲などについて述べてみたい。

一八七三（明治六）年四月、それまでの距離別の郵便料金制度が廃止され、全国一律、書状基本料金が二匁まで二銭となった。ただし、同一市内宛の書状は半額に、郵便局がない地域宛のものは持込税とか不便地増料金などと呼ばれた追加料金一銭がかかることになった。ここに組織面の整備とともに、料金面でも市内郵便の枠組みができあがった。東京の場合をみると、朱引《しゅびき》の範囲が東京郵便役所の管内とされ、その管内でやりとりされる書状は一般料金の半額となった。

朱引の歴史は古い。一八一八（文政元）年、江戸の行政区画すなわち御府内外の境を明確するために、幕府老中であった阿部備中守正精《あべびっちゅうのかみまさきよ》が地図の上に朱で線を引いた。これが朱引の由来で、その内側は御府内ということになる。その範囲はほぼ現在の山手線の内側に江東区と墨田区などを加えた地域であった。明治政府も江戸時代の朱引を踏襲して、行政区画を定めている。しかしながら、東京の行政区画は目まぐるしく変わる。郵便創業時には、武家地として栄えていた高輪や麻布や市ヶ谷などの山の手地区は衰退荒廃が著しく、そのために朱引外になっていた。東京の行政区画が安定してきたのは一八七八（明治一一）年に一五区六郡制になってからであろう。一五区は、麹町、神田、日本橋、京橋、芝、麻布、赤坂、四谷、牛込、本郷、下谷、小石川、浅草、本所と深川である。六郡は、荏原《えばら》、東多摩、南豊島、北豊島、南足立と南葛飾《かつしか》である。現在の品川、目黒、渋谷も郡部に含まれた。この制度は、一九三二（昭和七）年まで半世紀を超える期間続いた。

往時の規則に即していえば、朱引内でやりとりする深川から芝宛の手紙は市内料金が適用されて一銭となった。しかし、これよりも距離が短い芝から品川宛の手紙は、品川が朱引外だったから、二銭となった。さらに品川でも、品川宿からわずかに出たところにあった南品川利田新地《かがたしんち》宛となると、追加料金一銭がかかり、合計三銭となった。明治はじめの府内郵便サービスは、現在の視点でみれば、ごく限られた地域にしか提供されていなかった。

その後、東京が急速に発展してくると、府内郵便の適用エリアを朱引内に止めておくことは、実際上、実状に合わなくなってきた。そこで駅逓寮は一八七六（明治九）年に行政上の朱引とは別に、朱引に隣接する村を市内に含めて郵便独自の境界を定めて、割安の市内料金が適用される区域を拡大した。往時の地名のままだが、まず、品川、内藤新宿、板橋、千住の四街道口が編入された。また、東多摩郡の中野村と本郷村も入った。中野村は追加料金が徴収されたところだったので、たいへん便利になった。このほかにも、王子や赤羽、それに南葛飾郡の篠原、四ツ木、渋江などの村も組み入れられた。このように府内郵便のエリアは拡大され、料金も半額だったため、府内郵便のサービスは、この時期、府民にとって欠かせない通信メディアに成長していった。

しかし、一八八三（明治一六）年一月、前年末に公布された郵便条例により、料金均一制が徹底されて、市内郵便の割引料金、市外宛の追加料金、地方郵便と呼ばれた公用信書の割引料金などが廃止された。府内郵便の書状基本料金は一銭から二銭になった。二倍の値上げである。田辺卓躬の推定では、往時の郵便は年間約一億通、うち府下郵便が占める割合は一〇パーセント強とみている。増収を図ろうとしていた駅逓局は、この数字を無視することはできなかった。反面、値上げに見合うサービス改善が求められることになったが、それに対して、一日一九便のサービスを導入した。

新式郵便が創設されて一〇年余、一応、どこでも、いつでも、誰でも、ともあれ同じ料金で公平に郵便のサービスが受けることができる体制ができ上がった。明治版郵便ユビキタス時代の到来である。

第Ⅳ部　情報の伝送——古代から現代まで

第12章　陸路の情報伝達

1　使者と飛脚　情報通信史のプロローグを飾る

これまで情報伝達の仕組み、すなわち飛脚や郵便の制度《システム》などについて述べてきたが、この章では、情報が実際にどのように伝送されてきたかについて、その方法ごとに周辺の事情も含めて考えていきたい。われわれ現代人は、家庭に居ながらにして、世界の出来事を知ることができる。それも文字や音声、さらには映像によってである。また、逆に家庭のパソコンからインターネットを通じて世界に向けて情報を手軽に発信することもできる。さらに携帯電話の進化は、時間や場所を考えることなく、誰でも映像を含めさまざまな情報を手軽に送受信できるようになった。その技術的可能性は弘《ひろ》まるばかりである。このような情報化社会が到来したのは、情報電子技術が急速に進歩した、ここ十数年のことである。電信・電話などに代表される電気を利用した情報の伝送技術が確立するまでは、数千年にわたり、情報の伝送路は「道」であり、人間自らが、そして後《のち》に馬や馬車を利用して情報伝送の任を担ってきた。まず、それを語るには、情報通信史のプロローグを飾る、次のエピソードが一番相応《ふさわ》しい。

勝った！

この一言の情報を伝えるため、フェイディッピデスは、マラトンから三七キロを走り抜き、アテナイの王宮に勝利を告げると、その場で絶命した。この前四九〇年の、大軍で押し寄せてきたペルシア軍をマラトンの野で破ったアテナイ軍の勝利を伝えた使者の話は、現代のマラソンの故事となった。真贋《しんがん》のほどは定かではないが、フェイディッピデスは実在の人物であり、飛脚を生業《なりわい》とする健脚家であった。ヘロドトス

勝利を伝えるフェイディッピデス．アテナイの女官や兵士も描かれている．イギリス郵政省が1935年に作成したポスターから．ジョン・アームストロング画．

によれば、スパルタに援軍を求める使者として選ばれたフェイディッピデスは、アテナイからスパルタまでの二〇〇キロ余りの道程《みちのり》を二日で走った。ギリシャ神話には、ヘルメスが神々の使者となって、その脚《あし》には翼がつき、鳥のように山野を飛びまわる勇姿が出てくる。そこには一刻も早く情報を届けたい、受け取りたいという切実な神々の、否、人間の願望が込められていた。古代の人たちはヘルメスのように、そしてフェイディッピデスのように命をかけて走り抜き、国家の命運を左右する重大な情報を伝えてきた。

　ノルベルト・オーラーが『中世の旅』のなかで、中世ヨーロッパの使者と情報伝達について、たいへん興味深いことを書いている。著者によれば、古代にはペルシアやローマに優れた国家の情報伝達組織があったが、西欧では、そのような強力な使者の制度《システム》は、ローマ帝国の没落、遅くともカロリング朝とともに絶えた。その後は、すでにみてきたように、僧院や大学が独自の組織を創《つく》ったし、また、商人や都市も自分たちの飛脚制度を設けた。

　使者を維持するには膨大な金がかかる。遠くの国に特使を派遣することになれば、道中の旅費はいうに及ばず、賄賂《わいろ》や雑費などを含めて、多額の金を使者に支払わなければならなかった。たとえば道中しばしば遭遇することだが、旅を急ぐため、船長に時化《しけ》のときにも船を出させる気にするには、ちょっとした鼻薬が必要となった。これも旅の必要経費である。一六世紀、ヴェネツィアからローマに使者を送るのに、市《し》の高官の一ヵ月分の給与、庶民の生活からみれば、大人三人家族の年間のパン代に相当する金額が必要となった。

　使者の仕事を担った人はさまざまであった。専門に任命された使者をはじめ、司教、修道士、巡礼、商人、御者、遍歴する歌い手、ときには羊飼いも使者になった。道中には寒波や暴風などの自然の脅威、また賊に襲われる危険がいっぱいあり、仕事は生半可なものではなかった。使者に求められたことは、何より健康で、そして敏捷《びんしょう》かつ鍛えられた身体《からだ》をもち、重荷に耐えられ、その上、重要なことは順応性がなければならないことだった。書簡を届ける役割だけの使者もいたが、教皇や相手国との交渉を託された使者もいた。後者は特使といってもよい。いずれの使者も、秘密の情報を託すことができる信頼のおける者でなければならなかったし、多くの外国語にも通じていなければならなかった。だからラテン語の読み書きができて、礼法をわきまえた聖職者が使者に重用された。

中世ヨーロッパでは、使者の保護が非常に大きな関心事となっていた。それ自体が国際法の規範となった。そのことを示す逸話《エピソード》がある。それは、ハインリヒ四世が一〇七四年、自分の使者が無事往来できるか否かをたしかめるために、ヘアスフェルトの修道院長を反旗を翻《ひるがえ》したザクセン人の許《もと》に派遣したのである。すると、ザクセン人は「われわれはいかに反目していても、使者の身を傷つけてはならぬことを知らないほど愚かではないし、蛮族のあいだですら広く承認された国際法を尊重しないものでもない」とハインリヒに伝えるように修道院長を帰国させた。

しかし刺客が送り込まれることが日常化していた時代だから、どこの権力者も使者には最大限の注意を払った。たとえば、一〇世紀、フランク王国の方伯ルートヴィヒ四世が十字軍に赴くとき、国王は、定まった指輪をもって妃エリザベートのところにやって来た使者だけを信頼するように妃と取り決めた。送り手にとっても、受入側にとっても、そして使者自身にとっても、危険を孕《はら》んでいたが、オーラーが語るように、使者の往来そのものは国と文化を互いに知らせるのに役立った。それは好奇心を駆り立て、自分とちがったものに対する関心を目覚めさせた。使者の果たした役割は、情報を伝えることに止まらず、相互理解と豊かな文化を育《はぐく》むことにも貢献した。

一五世紀になると、ヨーロッパでは飛脚の姿をよくみるようになる。彼らは都市の飛脚であり、商人たちの飛脚であった。阿部謹也は『中世の窓から』のなかで一節を割いて、中

中世スイスの州の使者．聖職者に手紙を渡している．槍をもち剣を帯す．ベルンなど州ごとに使者がおり，それぞれ独特の衣装を着た．フランクフルトやパリにまで派遣された．中世の木版画．

世ヨーロッパの飛脚について記している。それによると、ニュルンベルクの「一二人兄弟の館」に一四二五年頃死んだ飛脚ディートリッヒの肖像画がある。それをみると、ディートリッヒは丸い帽子をかぶり、右手にニュルンベルク市の紋章のついた壺をもち、左手に槍《やり》をもっている。壺のなかには手紙を入れる。槍は街道で強盗などから身を守るための武器となり、濠《ほり》などを飛び越えるときや町や村で犬から身を守るためにも使われた。裁判記録には、一般の人々には市《いち》の日に武器の携行を禁じているが、飛脚には槍や石弓の所持を許している文言がある。

　飛脚は槍をもっていたが、古くは杖《つえ》をもっていたことがアレマンネン法典にみられる。ヨーロッパの初期中世においては、ハシバミの枝の樹皮を剝《は》いだものを飛脚のしるしとして用いていた。古代ゲルマン人の世界では、ハシバミの枝は裁判を行う場所を区切るときにも使われ、聖なる木とされてきたので、ハシバミの杖をもつ飛脚も不可侵の存在となったのである。飛脚は宣誓するときに紋章と壺を受け取った。後に壺は銀の箱になり、飛脚は「銀の使者《ジルベルボーテン》」とも呼ばれるようになる。銀の使者が角笛《ホルン》を吹きながら町に入ってくると、便りを待ちわびる人々が戸口に顔を出して、飛脚を迎える光景がよくみられた。

　日本でも江戸時代まで飛脚が活躍した。ここでも実際に書状や荷物をはこんだ者は脚力の強い男であった。英国公使オルコックは『大君の都』のなかで「二人の男が駆け寄ってくるのを目にした。そのうちの一人は肩に注意深く包んだ小包を担ぎ、そして誰もみな彼のためにすぐに道を開けた」と記している。飛脚には権威があり、街道筋では通行優先権があった。このように前近代まで、洋の東西を問わず、情報をはこぶ担い手は使者や飛脚すなわち人間であった。それは一九世紀に至るまで陸上における情報伝送の主役であった。今でも東京やニューヨークやパリの街角で手紙を歩いて配達するポストマンは、都市の風景のなかに溶け込み、世界の情報を届ける使者《メッセンジャー》となり、今日も人と人とをむすぶ絆《きずな》となっている。

　横道に逸《そ》れるが、飛脚は、信書などをはこぶ人や職業を表す用語だが、漢字そのものを直訳すれば、飛ぶような脚をもつ人などという意味となる。そこには速さを願う人々の気持ちが込められているが、英語でも「フライング・メッセンジャー」という言葉がある。冒頭でもふれたが、神々の使者になったヘルメスの脚には翼が生えていて、自由に空を飛びまわり手紙を届ける役目があった。飛翔の世界である。それは東洋でも西洋でも古代から人間の尽きることのない夢であったのである。飛脚という文字には、そのような人間の夢が託されている。しかし、現実には、道中、飛脚には自然の脅威のほかに強盗や刺客の危険が襲いかかってきた。飛脚や使者の仕事はたいへん厳しいものであった。

2　駿馬　至急報伝達の主役に

人間は、荷物や手紙をはこぶのに、馬をはじめさまざまな動物の力を借りてきた。とくに馬にまたがり全力疾走するスピードは、人間が走る速さをはるかに凌駕《りょうが》する。駿馬による情報伝達は近世近代に至るまで、至急報伝達の代表的な方法であった。

すでにみてきたように、古くは、ペルシアのダリウス一世が前六世紀に建設した王の道の上に駅制が敷かれ、そこを駿足の馬が走り、王の命令をはこんだ。ヘロドトスの『歴史』によれば、スウサからサルディスまでの二五〇〇キロの王の道に、一一一の駅亭がおかれ、そこで馬を替えながら、急使便が一週間で走破した。古代ローマでは広大な領土に網の目のように軍用道路が建設され、その上にクルスス・プブリクスと呼ばれる駅制が敷かれた。ここでも急使には馬が使われている。一世紀の記録になるが、特別の使命を帯びた伝令官が駅亭で馬を乗り継ぎながら、ローマからスペイン中部の町クルニアまでの二〇〇〇キロの道程を六日半で走った。

日本でも七世紀になると、唐制を規範とした駅制が整備されて、駅家《やくか》には駅馬が配備された。鎌倉時代には、京都と鎌倉とをむすぶ六波羅《ろくはら》飛脚が登場し、二都の通信に早馬が使用された。それまで一五日前後もかかっていた書簡の輸送日数が五、六日に短縮された。また、北方騎馬民族であるモンゴル民族も馬を活用する駅制を早くからもっていた。ジャムチと呼ばれ、一三世紀から一四世紀にかけての、モンゴル大帝国の情報伝達機関として機能した。往時のある記録では、站《たん》の総数は一五一九、配備された馬は四万頭を超えたといわれている。このように、馬が書簡の輸送に使われた例を挙げれば、古今東西いくらでもある。馬は近世に至るまで、荷物や手紙の輸送に欠かせなかった。もちろん馬以外にも、トルコやインドでは牛が郵便をはこんだし、帝政ロシアでは手紙をはこぶ犬橇《いぬぞり》やトナカイの橇が雪原を走っていた。バグダードではラクダが郵便輸送に使われていた。しかし、扱いやすさ、スピードなどを考えると、馬に代わるものはなかった。

ポニー・エクスプレス

馬を利用した通信といえば、西部開拓時代のポニー・エクスプレスがある。話は、一八四八年、カリフォルニアで金鉱が発見され、ゴールド・ラッシュが起きるところからはじまる。翌年になると一攫千金《いっかく》を夢みる人々がそれこそ世界中からカリフォルニアに押し寄せてきた。彼らは「フォーティナイナーズ」と呼ばれた。一八四九年に来た人々という意味である。ネヴァダ、コロラド、モンタナなどでも金銀の鉱脈が発見され、シエラネヴァダ山脈沿いに多くの鉱山町《まち》が建設された。鉱山町の人々の生活を支えたのが、ウェルズ・ファーゴ社に代表される多くの輸送業者であった。これら輸送業者は、金鉱探しに必要なあらゆる物資を輸送して、鉱山町の住人に供給した。火薬や武器をはじめ、食料、衣類、新聞などさまざまなものが対象となった。金塊を安全な銀行に届ける仕事や、手紙を郵便局に届けるサービスも行った。

　この時期、アメリカは、テキサスを併合して、オレゴンも獲得し、続いてメキシコ戦争に勝ってカリフォルニアとニューメキシコも支配下に治め、アメリカの領土が一気に太平洋岸に達した。いわゆる明白な運命《マニフェスト・デスティニー》の達成期にあたる。西部の地に進出したフォーティナイナーズをはじめ、開拓者《フロンティア》たちは、アメリカ東部のニュースを渇望していた。当時、ニューヨーク―カリフォルニア間の郵便ルートは、メキシコやパナマ経由、南アメリカの最南端ホーン岬を回る海路、そしてアメリカ大陸の横断ルートがあった。経路にもよるが、その所要日数は一ヵ月から三ヵ月もかかった。東部からの鉄道はミズーリのセントジョセフまで敷設されていたが、そこから西はまだ開通していなかった。ミズーリからカリフォルニアまでの大陸横断ルートはいくつかあるが、一つはテキサスとニューメキシコの砂漠を走りカリフォルニアに入る南ルート。もう一つはカンザスの大平原《グレートプレインズ》を踏破し、ユタからロッキー山脈を越えて入る中央ルートがあった。

　南ルートでは、後段において説明するが、一八五八年からジョン・バタフィールドの大陸横断郵便会社《オーヴァーランド・メイル・カンパニー》が馬車を使って郵便をはこんでいた。しかし、バタフィールドの便ではセントルイスからサンフランシスコまで二三日も要する。カリフォルニアの人々はもっと速い通信手段を求めていた。その要求は、南北戦争《シヴィル・ウォー》（一八六一―六五）が近づき混沌《こんとん》とした時代を迎え、情報の重みが一層高まり、開拓者のみならず政府内部からも出てきた。この要求に応えたのが、西部を本拠とするラッセル・メイジャーズ・ワッデル社である。ウィリアム・ラッセル、アレクサンダー・メイジャーズ、ウィリアム・ワッデルの三人の経営者が創設した会社である。西部でもっとも有名な貨物輸送会社《フレート・エンタープライズ》の一つとなった。同社はポニー・エクスプレスを展開するために、セントラル・オヴァーランド・カリフォルニア・アンド・パイクス・ピーク・エクスプレス社という別会社を新設した。

　ポニー・エクスプレスの計画は、ニューヨークから鉄道でセントジョセフに輸送されてきた郵便物を、そこから馬で中央ルートを踏破し、カリフォルニアのサクラメントまで一〇日で輸送する。さらにサクラメントからは船で川を下り、サンフランシスコまで郵便をはこぶ冒険的な事業であった。これまでにポニー・エクスプレスにふれた文献は青少年向けの本を含めてたくさん出版されてきているが、ジョセフ・J・ディチェルトの『ポニー・エクスプレスの武勇談《サガ》』やリロイ・R・ハーフェンの『大陸横断郵便《オーヴァーランド・メイル》』が内容的にしっかりしている。以下、両書をもっぱら参考にしつつ、ポニー・エクスプレスの勇姿を再現しよう。

　ポニー・エクスプレス計画を実施に移すためには、さまざまなことを準備しなければならない。三人の経営者は仕事を分担した。ラッセルが中心的役割を果たしたが、彼は政府からの郵便輸送契約や財政支援獲得のために首都ワシントンでカリフォルニア出身の議員に働きかけたり、財界からの支援の獲得に飛び回った。しかし、これといった成果は出せなかった。メイジャーズは実際の運営を担当した。馬の扱い方や悪天候のときの輸送方法など、輸送の仕事に精通していた。ワッデルは調達担当となった。騎手の雇用や馬の購入をはじめ、開業までに、何百種類の商品を調達しなければならなかった。

　まず、ルート上に騎手と馬を交替させる中継所《ステーション》を建設しなければならなかった。コースは旧開拓者街道《オールド・パイオニア・トレイル》をほぼ踏襲して、現在の州の名前で記述すれば、ミズーリ、カンザス、ネブラスカ、コロラド、ワイオミング、ユタ、ネヴァダ、そしてカリフォルニアの大地に至る三〇〇〇キロの行程である。表32に示すように、一八九の中継所が建設され、二九が宿泊施設を備えた中継基地《ホーム・ステーション》であった。地勢により異なるのだが、一五キロから三〇キロごとに中継所が設けられた。それぞれの場所で確保できる建設材料を使ったので、石の家あり、丸太の家あり、煉瓦《れんが》の家ありといった具合である。家というよりは粗末な小屋に近いものであったが、それでも長い時間荒野を走ってきた騎手や馬にとって、中継所は一息つくことができるオアシスであったにちがいない。

　優秀な騎手《ライダー》も確保しなければならなかった。ルートを五つに分割して、それぞれの管理区分ごとに七、八〇人ずつの騎手を採用することになった。広告には「募集。一八歳未満、

表32　ポニー・エクスプレスの中継所

州　　名	設置箇所数
ミズーリ	1 (1)
カンザス	14 (2)
ネブラスカ	39 (7)
コロラド	2 (1)
ワイオミング	42 (4)
ユタ	29 (5)
ネヴァダ	44 (7)
カリフォルニア	18 (2)
合　　計	189 (29)

(出典)　Joseph J. Di Certo, *The Saga of the Pony Express*, pp.205-214, Appendix A.

(注)　1. 州名は現在のもので示す。
2. 中継所 (relay stations) と中継基地 (home stations) の合計数値で示す。
3. カッコ内は中継基地の数で，内数。
4. 代替的設置，暫定的設置，中途改廃したものなどを含む。

痩《や》せてて柔軟性のある者。死をも恐れない乗馬に熟達した勇敢な者に限る。孤児優先」などと書かれていた。馬を自由に操《あやつ》ることができることが条件であったことはいうまでもないが、馬の負担を減らすために、体重が軽い若者が対象となった。また、昼夜を問わず、悪天候もいとわず、道なき道を飛ばさなければならなかったので、危険《リスク》が非常に高い仕事であった。そのため騎手は銃《ガン》の使い手であり、死をも恐れない真の勇気と強靭《きょうじん》な持久力が求められたのである。走行距離にもよるが、手当は月一〇〇ドルから一五〇ドルで、中継所の男たちの月五〇ドル以下とくらべたら高かった。

　五〇〇頭余の馬の調達もたいへんだった。俊速で忍耐強く信頼のおける馬が必要となったが、それに応えられる馬として、多くは雑種のカリフォルニア産の小型の半野生馬《ムスタング》が選ばれた。この馬は二、三〇キロならほとんど休みなしで走ることができる。カンザスのレーヴェンワース砦《とりで》の調教の行き届いた軍用馬、カリフォルニアではバタフィールドの馬車を牽引していた馬、ケンタッキーとユタからは最高級の馬をそれぞれ調達した。一頭平均一七五ドル、なかには一頭で二〇〇ドルする馬もあった。馬の調達だけで支払は八万七〇〇〇ドルに上った。準備は整った。

　一八六〇年四月三日、午後七時一五分、ミズーリのセントジョセフからポニー・エクスプレス第一便が、合衆国大統領からカリフォルニア知事宛の祝賀信書を含めて七〇通の手紙を携えて、サンフランシスコに向けて出発する。東部からの鉄道が延着したので、予定より二時間一五分遅れのスタートとなった。サクラメント到着は一三日の午後五時四五分、所要時間は九日と二二時間三〇分で、約束の一〇日を切った。休む間もなく、騎手は、大型外輪蒸気船の羚羊《アンテロープ》号に乗りサンフランシスコ向けてサクラメント川を下った。同地に着岸したのは一四日昼すぎの一二時三八分であった。一〇日半の騎手《ライダー》の旅が終わった。

　ポニー・エクスプレスの開設は、ルート上のどの町でも歓迎された。なかでも、セントジョセフから第一便のポニー・エクスプレスを迎えたサンフランシスコの歓迎は際だっていた。当時の新聞は、次のように伝えている。

> ミズーリからカリフォルニアまでの旅が、七五頭の駿馬によって一〇日半で達成された。サクラメント川の船で下ってサンフランシスコの街に着いた、この駿馬の騎手は、駆け抜け抜けてきたすべての騎手を代表している。砂漠を駆け抜け、湖や山を越えて、大河をわたり、大草原や森のなかを走ってきたのだ。ポニー・エクスプレスの到着を控えて、当地の劇場で、サクラメントからポニー・エクスプレスの乗った船が着いたら、到着の式典が挙行されると発表された。到着前から、カリフォルニア

ポニー・エクスプレス．その言葉は「子馬の郵便屋さん」などという可愛いイメージを人々に連想させるが，その響きとは反対に，仕事は時間との闘いで，危険と裏腹の過酷なものであった．騎手は，手紙を入れることができるモチラと呼ばれる鞍にまたがって走る．背景にセントジョセフからサクラメントまでのルートが示される．

の音楽隊は町中を練り歩き、子供たちがそれに連なった。あちこちの広場《プラザ》や波止場では火が焚《た》かれ、ワルツやヤンキードゥードゥルの曲に合わせて、人々はダンスに興じた。船が着いて、ポニー・エクスプレスの騎手が駿馬にまたがり船を下りると、群衆は喝采《かっさい》し、音楽隊は、ここぞとばかりに大きな音を出して演奏しはじめた。一人の婦人が馬の首にリボンを巻きつけ、苦労を労《ねぎら》った。みんなポニー・エクスプレスの事務所に移動した。騎手が携えてきた二五通の手紙を配り終えると、お偉方が景気よく長々と演説をはじめた。……

この記事から、西部開拓の最後を飾ったカリフォルニアの人々が、ポニー・エクスプレスにかけた期待がいかに大きかったかがわかる。それまで早くても一ヵ月はかかっていた東部との連絡が、ポニー・エクスプレスの開業で二週間ほどでできるようになったのだから、その喜びようはたいへんなものであった。もちろん八五通の手紙を携えてサンフランシスコから同じ日に出発した東部行き第一便も、セントジョセフに計画どおりに到着した。

その後もポニー・エクスプレスの騎手は、セントジョセフを出て、メアリズヴィル、カーニー砦、プラムの渡し場《クリーク》、煙突岩、スコット断崖《ブラフ》、ララミー砦、スイートウォーター、ロッキーの分水嶺《リッジ》、ソルトレーク、ルビー渓谷《ヴァレー》、コールドスプリングス、サッター砦などの中継所を経て、サクラメントに入るコースを往復した。騎手は、モチラと呼ばれる特別な鞍《くら》にまたがった。それは鞍の四隅に手紙を入れる小さなポケットがついている。中継所に着いたら、そのモチラを新しい馬に乗せるだけの作業で、馬の交換と郵便の積み替えが一度に終わった。わずか数十秒の作業である。ポケットには鍵がついていた。

もっとも、到着した中継所で、故障があり替わりの馬がいない事態が起こると、騎手は、そのまま次の中継所まで走らなければならなかった。そのことをダブルストレッチという。そのような場合でもポニー・エクスプレスの馬は応えてくれた。有名なバッファロー・ビルは、ダブルストレッチで、二一時間四〇分、五一五キロも馬に乗り続けた記録をもっている。騎手一人の一回の乗馬距離は、三頭の馬を乗り継ぎ、五〇キロから六〇キロであった。この距離はすぐに一二〇キロから一六〇キロに延長される。騎手はこの距離を週二回往復した。西部開拓時代のヒーローとなったポニー・ボブやビリー・リチャードソンらの、勇敢な騎手の活躍は、今でもアメリカ人の心をときめかせ、語り継がれている。

ポニー・エクスプレスが一回にはこんだ手紙は、一八六〇年一一月から翌年四月までのサンフランシスコ行き一便の平均は四一通、次の三ヵ月が六四通、さらに次の三ヵ月が九〇通であった。最盛期には一便で三五〇通の手紙をはこんだこともあるが、意外と少ない。その理由は、料金が一通五ドルで、非常に高かったからである。現在の貨幣価値に直すと二五〇ドルにもなり、それでは一般の人がほとんど利用できず、利用はもっぱら新聞社や特別の商用に限られていた。

ポニー・エクスプレスは、夏場は平均九日、冬場は一四日で走り、東部からはリンカーン大統領誕生の、西部からは新しい金鉱発見などのニュースを伝えた。一八六一年一〇月に中央ルートの電信線が完全にむすばれると、ポニー・エクスプレスはわずか一九ヵ月の命を閉じた。帳尻は、収入が五〇万ドル、それに対し支出が七〇万ドル、政府の補助が得られなかったこともあり、結局、二〇万ドルの赤字となった。しかし、ポニー・エクスプレスは、大陸の東と西に住む人々の絆《きずな》となった。それは、人間と馬とが織りなした最高の西部開拓魂のドラマであり、アメリカ史の一こまを飾るに相応《ふさわ》しい話題をわれわれに提供してくれる。

3　馬車　旅人と郵便をはこぶ

速さを重視したポニー・エクスプレスなどの騎馬による郵便輸送の難点は、一回にはこぶことができる量が少ないことであった。もちろん力強い馬を利用すれば、かなりの量の郵便物を馬の背に載せることができるかもしれないが、速さを犠牲にしなければならなかった。速く、そして、たくさんの郵便をはこぶことができる方法はないか。それを解決したのが「馬車」であった。馬車には古い歴史があり、古代ローマの時代には、かの軍用道路の上を馬車が走り、人間や情報をはこんでいた。しかし、乗客とともに手紙もはこぶ本格的な郵便馬車《メイル・コーチ》が誕生したのは、とくに、ヨーロッパにおいて高速で馬車が走行できる道路が整備された近世になってからであろう。

イギリスの郵便馬車

ここでは、一時代を画したイギリスの郵便馬車をまず取り上げておこう。この分野の文献としては、チャールズ・R・クリアの『郵便馬車の先駆者《パイオニア》――ジョン・パーマー』などがある。

中世までのイギリスの道は、青銅器時代とあまり変わらない状態のものがかなりあった。雨が降れば泥濘《ぬかるみ》と化したし、風が吹けば土ぼこりを舞い上げた。しかし一八世紀に入ると、イギリスの道路事情が大きく変わる。スコットランド人技師ジョン・マカダムは、道路の基礎となるところに、二五センチほどの砕いた石を敷いて、その上に細かい石をまいてローラーで固めるという、簡単で経済的な道路の舗装方法を考案した。マカダム方式と呼ばれる、この舗装は雨の多いイギリスで泥濘を防ぐのに大いに役立った。道路が良くなると、交通は「人と馬」の時代から「駅馬車《ステージ・コーチ》」の時代に移る。一八世紀半ばには、空飛ぶ馬車《フライング・コーチ》と呼ばれる特急が誕生し、全国各地をむすぶようになる。馬車が手紙をはこぶことは禁止されていたが、手紙が一刻も早く届くことを願う人々は、スピードのある駅馬車に手紙を託すようになった。

温泉保養地として名高いバース出身のジョン・パーマーが、一七八二年、郵便輸送に駅馬車を利用することを、後に首相となるウィリアム・ピット議員に提案する。この郵便馬車の構想は、バースとブリストルの二つの劇場を、パーマーが同時に運営するなかで浮かんできたものである。彼はかけもち役者の送迎などに馬車をよく使ったが、途中でポストボーイの馬が重い郵袋《ゆうたい》を喘《あえ》ぎながらはこぶのをみて、それなら大量の荷物を迅速にはこべる馬車を、郵便輸送に採用すべきである、と考えた。

パーマーの構想では、まず、郵政省が駅馬車業者と一マイル三ペンスの割合で郵便物輸送の委託契約をする。次に有料道路の料金所《トール・ゲート》をノンストップで通過できる特権を郵便馬車に与える。その背景には、当時、有料道路会社《ターンパイク・トラスト》が一六〇〇もあり、その上、各社が思いおもいに道路を建設していた。馬車輸送の業者は各所で止められ料金をとられるため、走行に時間がかかったという事情があった。この特権付与は、この細切れの有料道路の上を、郵便馬車が木戸御免《フリーパス》で通行できるようにするための措置であった。優れたアイディアだ。

さらに、追い剝ぎ《ハイウェーメン》から郵便馬車を守るために、ラッパ小銃を携えた護衛を馬車に乗せる。かの有名な小説家ウォルター・スコットはシャーウッドの森で活躍したロビン・フッドを神賊と称《たた》えたが、たしかにロビンのような義賊もいたのかもしれないが、多くの追い剝《は》ぎが街道沿いで狼藉《ろうぜき》を働いていた。賢い旅人は財布を二つもち、追い剝ぎに遭《あ》ったら、小銭だけの財布を渡したものだった。パーマーの構想は最後に「郵便馬車の導入で、郵便がスピードアップされサービス向上につながり、料金値上げが利用者に受け入れられる。ひいては国庫収入が増大するだろう」とむすんでいる。

石炭税の導入が失敗して、財源確保に頭を痛めていたピットは、パーマーの構想に飛びついて実現を図ろうとしたが、政権が倒れ、構想の推進は一時挫折した。一方、郵政省は構想を非現実的なものとして反対を唱えた。一七八三年、ピットが首相になる。彼は郵政省の反対を押し切って郵便馬車の構想を承認した。ここでパーマーが得意の政治力を発揮した。年俸一五〇〇ポンドの主席郵便監査官という高額の新設ポストへの任命と、加えて、郵便からの収入の一部を報償金として受け取ることを、パーマーは首相に認めさせた。

一七八四年八月二日、午後四時、イギリス初の郵便馬車が手紙を満載し、ブリストルを発《た》ち、翌朝八時、ロンドンに着いた。一八三キロを一六時間で走る。時速一一キロにしかすぎなかったが、従来の郵便輸送時間の三分の一、駅馬車よりも二時間も速いタイムだった。人々はこの大記録に熱狂して、惜しみない賛辞をパーマーや馬車の御者たちに贈った。郵便馬車は速さが命だ。そのため馬車は一トン足らずの一番軽い特注タイプが採用された。風雨から守るため、車体には幾重にもペンキやニスが塗られ、最後に黒と茶のツートンカラーで仕上げられた。ドアには王室の紋章と路線名と車体番号が金色のペンキで記される。それはまるで高級な漆《うるし》製品を思わせる風情があった。一七八五年末までに、郵便馬車の路線はイングランド全域をほぼカバーし、翌年夏にはロンドン―エディンバラ間六〇七キロにも郵便馬車が走った。

郵便馬車の日々の運行を支えてきたのがロンドンに点在し

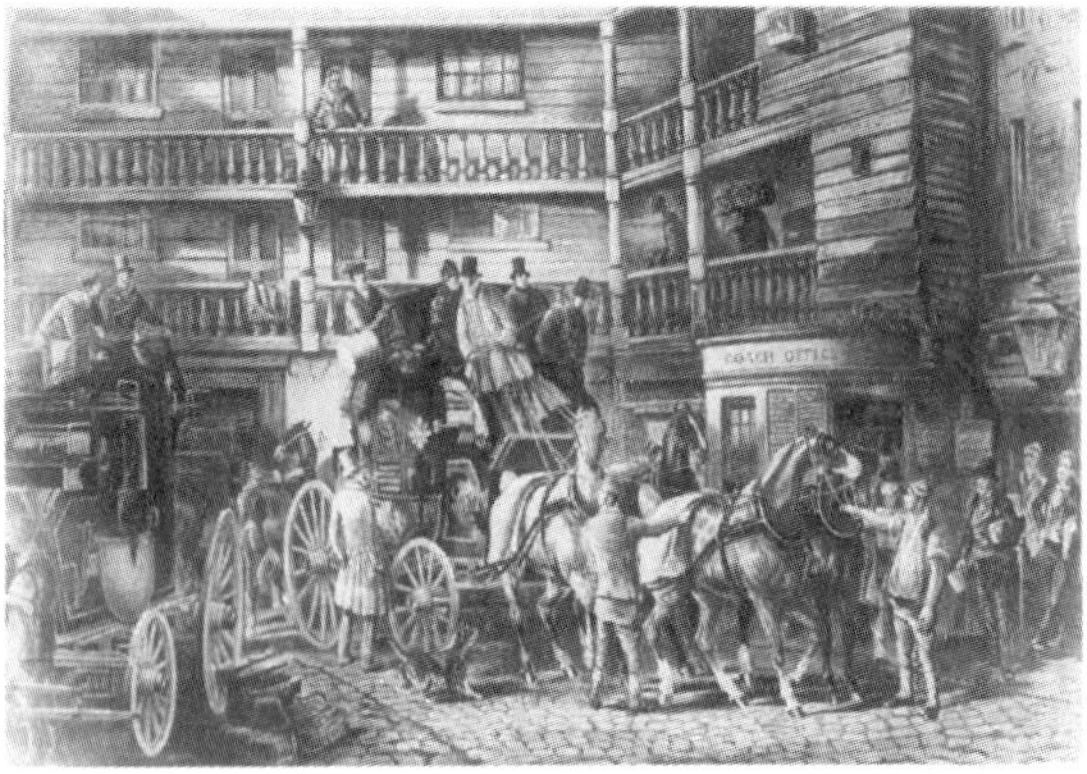

シャーマン所有の「牡牛と馬の口亭」の中庭．1階は予約事務所や荷物取扱所それにコーヒーハウスがあり，2階からは宿泊用の部屋になる．中央の郵便馬車のドアには「グラスゴー，カーライル，マンチェスター，ロンドン」の4ヵ所の地名が記されている．出発間際の一こま．

ていたたくさんの馬車旅館《コーチング・イン》である。たとえばセント・マーティンズ＝ル＝グランド街にあったエドワード・シャーマン所有の「牡牛と馬の口《ブル・アンド・マウス》亭」はエディンバラ便やグラスゴー便などの、また、ラッド小路《レイン》にあったウィリアム・チャプリン所有の「二つの首の白鳥《スワン・ウィズ・ツー・ネックス》亭」はファルマス便やブリストル便などの発着場所となっていた。このほかにもロンドンには「野生の麗人亭」とか「サラセンの頭亭」とか「鈴の王冠亭」などが有名であるが、実に奇妙な屋号の亭が多い。イギリスにはこれらの名前の由来を研究する屋号（看板）解釈学なる学問もちゃんとある。

亭はターミナル駅である。朝、地方から亭に到着した郵便馬車はウェストミンスターのジョン・ヴィドラーの工場に整備に回送されて、その日のうちに亭に戻された。夕刻、整備された郵便馬車はロンバート街の中央郵便局に向い、目的地の郵袋を受け取ると、ふたたび全国各地に散っていく。高い契約金に問題があったが、郵便馬車の運営は大手の駅馬車業者に委ねられてきた。亭の経営者でもあったチャプリン一族は、最盛期に七〇両の馬車と一八〇〇頭の馬をかかえて、駅馬車をはじめ郵便馬車を全国各地に走らせていた。

郵便馬車は文字どおり、郵便輸送が本業である。しかし手紙だけではなく旅人もはこんだ。スピードを出すために、郵便馬車の定員は車内四人と決められていた。駅馬車の車内六人・車外六人の定員とくらべると、三分の一である。もっとも、この規則は最初のうちだけで、後に御者の横に一人、後ろに二人といった調子で、乗客を増やしていった。乗客へのサービスは副次的なもので、郵便馬車にとって大切なことは正確な定時運行と速度の維持であった。前述のとおり、郵便馬車は道路料金所をフリーパスで通行できたし、宿駅での馬の取替は五分と決まっていた。定時運行の遂行はたいへんなもので、郵便馬車が定刻までに宿駅に到着しないと、御者が罰金を払わなければならなかった。その正確さは馬車の通過で時計が合わせられる、といわれるほどであった。

時間厳守のため、乗客は厳しい旅を余儀なくされた。一八〇一年、イギリスを訪れたドイツの大学教授が記した旅行記には「ヤーマスからロンドンまで二〇〇キロを一五時間で走り、途中降りたのは食事の半時間だけ。用足しを少し遅れれば、荷物だけがロンドンに行ってしまう恐れがある。御者の責任は予定どおり走らせることであり、乗客が全員揃《そろ》っているかどうかは彼の責任ではない。運賃は最初に徴収してあることだし……」と書かれている。この記述は強《あなが》ち誇張ではなさそうだ。食事の真っ最中に出発しなければならない乗客からの苦情に対して、当時の郵便次官は「郵便馬車は時刻表どおりに走らなければならない。時間がとれなかったのは、食事を出すのが遅れた宿駅の主人の責任である」と乗客の苦情を一蹴している。昼夜を問わず走る郵便馬車は速かったけれども、夜行走行もあり辛い旅にもなるので、昼間だけゆっくり旅ができる駅馬車の人気も高かった。

また、郵便馬車はニュースもはこんだ。イギリスのウェリントン将軍が率いる連合軍が、一八一五年、ワーテルローでナポレオンと闘った。そのことについて、フレデリック・ヒルは「みんな戦いがあったことは知っていた。勝敗の結果は今日わかるはずだ。人々は早朝から道に出て、ロンドンからの郵便馬車を待っていた。定刻どおり、郵便馬車は猛烈な勢いでバーミンガムの町に入ってきた。……そう、大きな月桂樹の枝に包まれた郵便馬車が入ってきた。何と素晴らしい光景だ。イギリスが勝ったんだ。勝ったんだ」と、興奮気味に書き記している。

長靴《ブーツ》と真っ赤な制服を身につけた御者──。郵便馬車の御者は、今様にいえば、自動車ラリーのドライヴァーの趣があった。ときには、遅い荷馬車を弾き飛ばさんばかりの勢いで、荒っぽい運転をしたが、それがまた恰好《かっこう》よく映って、御者は当時の若者たちの憧《あこが》れの仕事となっていた。郵便馬車が町や村の亭に着くと、御者は、地元の若い娘たちから冷えたビールを差し入れされ、乗客らから羨《うらや》まれたものであった。

郵便馬車は、あの牧歌的な「陽気なイングランド《メリー・イングランド》」と呼ばれた時代の最後の舞台を懸命に走り抜けた。人や馬が一体となって苦労しながら、手紙や旅行者やそしてニュースをはこんだ。それは運河交通や河川交通などとともに、イギリスの交通革命の一翼を担ったのである。産業革命の無機質な機械文明の到来で、その役割を鉄道に譲ったが、郵便馬車の栄光は、ホーリーヘッド行きの急行列車の名前に残った。「アイリッシュ・メイル号」と。イギリス人の作家トマス・ド・クインシーは郵便馬車を称《たた》える『イギリスの郵便馬車』という名著を残している。このように郵便馬車への郷愁《ノスタルジア》はイギリスの人々の心に残り、それは今も音楽や文学のなかに生き続けている。

アメリカの駅馬車

郵便馬車はイギリスのみならず、ドイツやフランスでもみられるし、トゥルン・ウント・タクシス家の郵便馬車はヨーロッパの主要都市をむすんでいた。しかし、郵便をはこんだ馬車といえば、アメリカの駅馬車を忘れてはならない。

駅馬車といえば、ジョン・フォード監督、ジョン・ウェイン主演の、あの不朽の名作『駅馬車』を思い出す人も多いのではないだろうか。映画では、アリゾナからニューメキシコに向かう男女九名の乗客を巡るドラマが展開されているけれども、アメリカの駅馬車は郵便物もはこんだ。砂塵《さじん》を巻き上げて、西部の荒野を疾走する駅馬車の場面《シーン》が強烈で、駅馬車は西部固有の乗り物という印象《イメージ》が強い。しかし、鉄道が開通するまでは、アメリカの東部でも中西部でも、駅馬車が重要な交通機関であった。むしろ西部開拓の歩調に合わせて、駅馬車の路線が西部に徐々に延びっていったのである。

新生合衆国が誕生して五年目の一七九四年、合衆国議会《コングレス》は、郵政長官《ポストマスター・ジェネラル》に郵便輸送について駅馬車会社と契約することを正式に認める。その背景には、輸送する郵便物が増加し、騎手による騎馬輸送では限界が出てきたことと、議会に郵便事業の利益によって駅馬車の交通網を整備したいという狙いもあった。当時の郵便ネットワークは、東部ニューイングランドと南部それにペンシルヴァニアを包含した地域に敷かれていた。一七九三年の統計では、郵便物の輸送距離は、週延べ二万六二七三キロで、うち五二パーセントの一万三六六二キロですでに駅馬車が使われていた。議会の決定は、こうした現状を追認した面がある。郵便の収益率は二八パーセント、年間三万ドルほどの利益を上げていた。駅馬車による郵便輸送の契約は一般入札にかけられたが、信頼性や運営能力なども考慮されることになった。ここから、政府と運輸業者との長い付き合いがはじまる。

本格的な駅馬車による郵便輸送の開幕である。郵便をはこぶ駅馬車の走行距離《マイレッジ》は、一七九三年が前記のとおり週一万三六六二キロだったものが、四年後に七六パーセント増の二万三九七七キロ、八年後には一八八パーセント増の三万九四〇四キロに達した。しかし、多くの駅馬車会社は利益の上がる乗客輸送には万全を期したが、手間のかかる郵便輸送にはほとんど注意を払わなかった。政府が決めた時刻表は乗客に不便だったこともあり、守られなかった。また、駅馬車は郵便物の積み込みがある郵便局を通過していったり、乗客の荷物が多くなると、積んでいる郵便物を近くの中継所《ステーション》に置き去りにしていくこともしばしば起こった。これでは規則正しい郵便輸送は期待できなかった。

そこで政府が駅馬車を直接運営することになった。一七九九年、評判の悪かったボルティモア―フィラデルフィア間には政府直営の駅馬車を走らせた。車体は緑色に塗装され、ドアには「合衆国郵便駅馬車」と記され、翼を拡げた鷲《スプレッド・イーグル》の国章も配された。民間業者の嫌がらせもあったが、政府の駅馬車運行は成功した。まず、郵便輸送が、安全、正確かつ迅速に行われるようになった。加えて、財政面の成功も見逃せない。運営三年目で、路線の資産は一万六〇〇〇ドルになり、利益は一万ドルを超えた。乗客の運賃収入だけで資産の調達費用が償却でき、郵便料金収入はすべて利益となった。この成功を受けて、南部への駅馬車路線延長が検討されたものの、初期投資額が巨大となるために、延長計画は実現をみなかった。一八一〇年、ニューヨーク―フィラデルフィア間に、もう一つの政府直営の駅馬車が走った。運営収支は赤字になったが、郵便物の輸送は定期的になった。

一八一二年から足かけ四年続いた対英戦争は、政治的独立を達成したアメリカにとって、イギリスからの経済的独立を勝ち得た、いわば第二の独立戦争であった。これを境に経済ナショナリズムが台頭し、民間が主体となる強い経済が標榜された。アメリカ資本主義《キャピタリズム》のはじまりである。このような経済環境の変化を踏まえて、政府は、駅馬車による郵便輸送をすべて民間会社に委ねることにした。もっとも民間会社との契約は、過去の苦《にが》い経験から、詳細なものとなった。輸送経路・輸送時間をはじめ、郵便物の交換場所、郵便物の搭載方法、そして経費支払など権利と義務が明確に規定された。契約不履行のときには、駅馬車会社に多額の違約金がかけられた。入札も競争方式で厳正に行われるようになる。

しかし駅馬車会社は契約をできるだけ有利に、しかも、できるだけ高額の金額で政府と契約を締結しようと、さまざまなことを考え出した。たとえば、契約更新を狙う駅馬車会社は身代わり業者《ストロー・ビッダー》をたて低価格で応札させて、落札すると、その業者は何もしなかった。業を煮やした政府は前契約者と言いなりの値で、しかたなく契約をすることになる。またサービス改善を理由に、契約額が値上げされたケースも多い。ペンシルヴァニアの騎馬輸送週一便の、ある郵便線路で、一八三二年、最大手の一つリーサイド社が四頭だての駅馬車を週二便走らせ、翌年には毎日駅馬車を走らせた。実需を無視したサービス改善であったが、経費の方は年二七五ドルから四五〇〇ドルに、そして七四一一ドルに跳ね上がった。

この裏には、地元住民の要求をはじめ、駅馬車会社の乗客獲得と路線拡大策があった。これらのことは、地元の発展を旗印にした国会議員にとっても、無視できないものとなる。他方、政府からの契約を得るために、有力な駅馬車会社はワシントン詣でを欠かさなかった。現代の良識からすれば必ずしも正常とは思えない契約もあったが、総じていえば、急成長する郵便物の輸送を政府単独で行うことは財政負担の面から不可能であったことを考えると、駅馬車による郵便輸送を民間の旺盛な企業活動に委ねたのは賢い選択だったといえよう。大きな契約金を政府が駅馬車会社に支払ったことによって、郵便線路のみならず、一般の貨客交通網が整備されていったことも見逃せない経済効果であった。

駅馬車網の形成過程を記す正確な史料はないが、一例を挙げれば、一八二〇年代に入ると、駅馬車がワシントンからテネシーのナッシュヴィルまで一一日で走っていた。一八〇〇年の郵便線路の総延長は二万マイル、三〇年後には一一万マイルに増加している。同じ時期、郵便取扱量も一九七万通から一三六六万通に増えている。一八三〇年代には、東西は大西洋からミシシッピ川まで、南北は五大湖からメキシコ湾までの面に、郵便線路のネットワークが整備された。その上を駅馬車が定期的に走り、東部からの手紙や新聞をヴァージニアやカロライナの町や村にはこび、あるいは、ジョージアやアラバマからの手紙を東部へはこんだ。駅馬車は重要な交通手段となり、郵便輸送にも欠かせないものとなった。

しかしながら、ミシシッピ川を越えて、西部の大地を走り太平洋側まで行く駅馬車のルートは一八五八年までなかった。この時期、カリフォルニアで金鉱が発見されると、西部開拓が加速し、安定した郵便線路の開拓も大きな課題となっていた。西部に移住した人たちはワシントンに請願し、議会もルート調査の予算をつけた。だが、カリフォルニアへの駅馬車便の敷設には何分にも莫大な投資が必要となるために、議会でも議論が紛糾した。結局、駅馬車路線の敷設は単に郵便輸送に止まらず、軍事的にも移動する入植者の保護にもつながり、国土拡張にもなる、という意見が支持されて、財政支援が法制化される。

政府は、一八五七年四月、ミシシッピからカリフォルニアまでの駅馬車運行の入札を告示する。九社が応札したが、週二便運行することを提案したバタフィールドの大陸横断郵便会社が落札する。契約は六年間、契約額は年六〇万ドルであった。駅馬車の運行路は南ルートで、ミズーリのセントルイスから、タイプトン—スミス砦—エルパソ—ユマ—ロサンゼルスを経由して、サンフランシスコに至る全長四四九七キロの大陸横断の陸路であった。駅馬車が通過しないことになったソルトレイクシティーやサクラメントなどの入植者たちが、ルートの設定には、疑惑があると政府に抗議した。これに対して、郵政長官は中央ルートは山があり冬場雪が多く、通年で駅馬車が運行できないなどと弁明した。

大陸横断駅馬車の一便は、一八五八年九月一五日、盛大な見送りを受け、両起点をそれぞれ出発、予定どおり目的地に着いた。ジョン・バタフィールドは合衆国大統領に宛てて

大陸横断郵便の駅馬車．敵に襲撃され，応戦する護衛と必死に馬を操る御者もみえる．西部劇映画を彷彿させるシーンである．背景には，バタフィールド大陸横断郵便会社のタイプトンからサンフランシスコまでの経路を刻す．

「本日、大陸横断の駅馬車がサンフランシスコから二三日と四時間でセントルイスに到着。乗客六人」と誇らしげに打電した。大統領からは「快挙を祝す。文明と統合《ユニオン》の勝利だ。すぐに入植者がこの道を進み、東と西が彼らによってむすばれるだろう」と返電してきた。

駅馬車の車体は、ニューハンプシャーのコンコードの街を本拠とするアボット社製で、コンコード型と呼ばれるものであった。優雅なスタイルと耐久性に優れ、傑作の誉れが高い。車輪の衝撃が乗客に直接伝わらないようにするため、車体は厚さ八センチもの革ベルトで支える構造となっていた。乗客は九人まで乗れる。傑作といわれる馬車とはいえ、マーク・トウェーンが『苦難を越えて』のなかで述べているように、狭い車内で二〇日を超す道中は難行苦行の連続であった。長い道中、御者も馬も交替し、乗客も休みながら乗り継いで旅をしたものだった。駅馬車の旅行《トラヴェル》はまさに苦難《トラブル》の連続であった。

しかし、サンフランシスコ行き第一便の全行程を通して乗り続けて、難行苦行の旅を記事にした人物がいた。名前はウォターマン・L・オムズバイ、『ニューヨーク・ヘラルド』紙の若い記者である。八本の長編の記事が一八五八年九月から一一月にかけて紙面を飾った。その内容は詳細を究め、道中の景色、運行状況、発着時間、提供される食事、そして町や村の生活などすべてを網羅している。記事によると、馬車がカリフォルニアに近づくと、どの村でも、村人から同じような質問を浴びせかけられた。たとえば、「この村宛の郵便はある？　何か東部からのニュースはあるのかね？　全コースを乗る客はいるのかな？　道中はどうですか？　上手《うま》く寝れるのかい？　昼も夜も馬車に乗るんですか？　たくさん食べてるかい？　豆や干し肉の味はどうだい？　何日目だって？　えっ、九月一五日にセントルイスを出発したんだって？　週二便も走る、そいつはすごいや。遅いかい、速いかい？」といった具合にである。オムズバイの記事は単なる報道記事ではない。立派な旅行記であり、西部開拓時代の旅行とその周辺を研究するのに欠かせないものとなっている。記事は本になり、版を重ね今でも読み継がれている。

西部開拓時代、さまざまな駅馬車業者が活躍したが、なかでもウェルズ・ファーゴ社が有名である。西部で活躍したウェルズ・ファーゴの駅馬車は採掘された金をはじめ開拓者の郵便などをはこんだが、西部に張り巡らされた周密な駅馬車ネットワーク、正確な運行、スピード、そして何より信頼性を勝ち得て、大きく発展させた。一八六六年には、バタフィールドの大陸横断郵便会社も支配下に収めている。フィリップ・L・フラッドキンが『駅馬車――ウェルズ・ファーゴとアメリカ西部』のなかで述べているが、サンフランシスコを拠点としたウェルズ・ファーゴの会社は、一九〇四年の記録では、太平洋から大西洋まで全米を網羅して、四一四三の事務所、七万五六〇〇キロの鉄道、馬車、船舶ラインを有していた。現在でも銀行などを経営し、アメリカ資本主義を支える一翼を担っている。

　ポニー・エクスプレス、イギリスの郵便馬車、アメリカの駅馬車についてふれてきたが、これらを紹介した日本語の文献として、篠原宏の『駅馬車時代』がある。同書には、明治初期、日本でも横浜―東京間に外国人が営業した馬車が走っていたこと、また、東京―高崎間に政府直営の郵便馬車が走ったことも紹介されている。最近の研究では、東海道にも郵便馬車が走っていたことが明らかになった。このように、一九世紀末まで各国において馬車が郵便をはこぶのに使われてきた。すなわち馬車は情報伝達と伝播に大きな役割を果たしてきた。それは、もちろん貨客を運送する重要な交通機関にもなっていた。否、むしろ馬車交通に情報伝達の任を負わせたという方が正確かもしれない。馬車は、情報通信史の観点からみれば、人間と馬とのコラボレーションによって達成された、当時としては最高のスピードの、そして大量の通信伝送を実現したコミュニケーション・システムとなったのである。

4　鉄道　機械時代の到来

ヴォルフガング・シベルブシュは『鉄道旅行の歴史』のなかで、「時間と空間の抹殺、これが鉄道の働きを言い表す一九世紀初期の共通表現《トポス》であった。この観念は、新しい交通手段が獲得した速度に由来している」と書いている。初期の鉄道の速度はせいぜい時速三、四〇キロメートルであったが、それでも郵便馬車のスピードとくらべれば、ほぼ三倍にもなった。すなわち、それまでの旅行時間が三分の一に短縮されたのである。どこの国でも、この鉄道の速度に着目して、列車に郵便物を積み込むようになる。鉄道は郵便物をはこぶだけではなく、車両自体が動く郵便局の役目を果たすようになった。鉄道郵便の誕生である。英語では「トラヴェリング・ポスト・オフィス」という。旅をする郵便局。何とわかりやすい名づけ方であろう。

　蒸気の力によって車輪を動かし、レールの上を走る蒸気機関車。初めてこれをみた人々は、疲れを知らない鉄の馬とか、機械のアンサンブルと評している。世界最初の鉄道は、一八二五年九月二七日、イングランド北部にあるストックトン―ダーリントン間の四〇キロに開通する。ロコモーション号が客車一両と石炭車二一両を牽引して走行した。五年後、本格

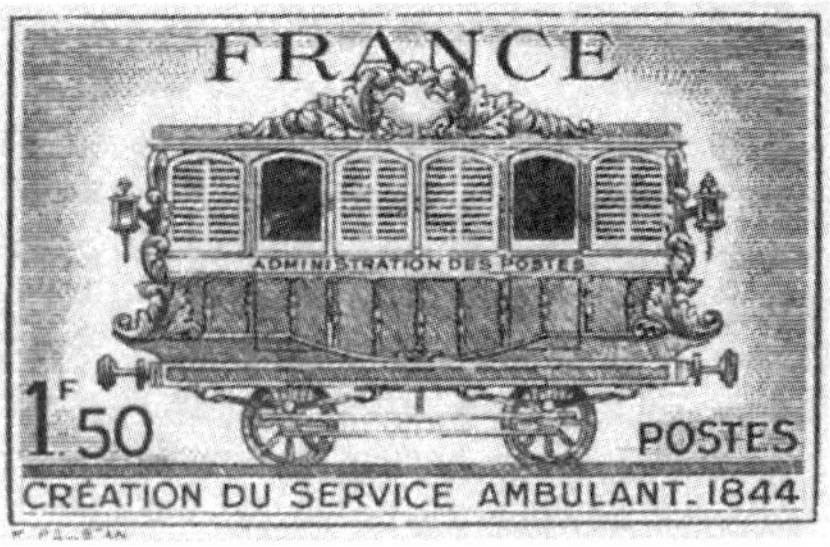

フランスの郵便車．馬車の構造から抜け出せない．1837年，パリ—サン・ジェルマン間に鉄道が開通，1844年から郵便車を走らす．サン・ジェルマンには，ルイ14世が幼少時代を過した宮殿がある．

的な都市間鉄道が誕生する。リヴァプール－マンチェスター間五〇キロをむすぶもので、貨客輸送が馬車から鉄道に移る先鞭《せんべん》をつけた。最初に郵便物をはこんだ鉄道は、このリヴァプール・マンチェスター鉄道である。一八三八年、鉄道会社の反対を押し切って、列車に郵便の専用車を連結することを義務づける法律が成立した。

　鉄道に郵便輸送を義務づけたことにより、鉄道路線の拡大がそのまま郵便路線の拡大につながった。イギリスの鉄道開通キロ数は一八二五年四〇キロであったものが、一〇年後には一四倍の五四五キロ、以下、二〇年後四〇六三キロ、三〇年後には一万三二七四キロに達し、主要な都市をむすぶまでに拡大する。自動車が普及する二〇世紀前半まで鉄道が郵便輸送の主役となった。しかし郵便事業の特殊性なのだが、動脈となる輸送手段を自らもっていないことが運営コストを膨らますことになった。すなわち輸送に支払う巨額の金額がいつも問題となった。たとえば、一八六〇年の郵便の鉄道輸送にかかった費用は四九万ポンド、総コストの一七パーセントを占めていた。

　このように鉄道郵便には経営上の問題があったが、鉄道技術の進歩には目覚ましいものがあり、一九世紀半ばになると、ロンドンとスコットランドとをむすぶ六両編成の郵便専用の急行列車が走るようになった。小池滋が『鉄道世界旅行』のなかで、イギリスの郵政省が一九三六年に公開した広報映画『夜行郵便列車《ナイトメイル》』について語っている。二四分の短編ながら、感動を呼び起こす素晴らしい作品と評している。同書の叙述を借りながら、夜行郵便列車の活動を紹介しよう。

　列車はたくさんの郵便物を積み込んで、ロンドンのユーストン駅を夜遅く出発、西海岸寄りの幹線をひた走り、早朝にスコットランドのグラスゴーに着く。映画は、この郵便車だけで編成された夜行定期列車が舞台である。郵便車には、大勢の職員が乗っている。スピードは特急並み、途中一駅しか停まらない。このため、線路際に郵袋の自動積み込み、積み卸しの装置が仕掛けてある。積み込みの仕組みは、線路の横に柱があり、そこに郵袋が吊り下げられている。高速で走りすぎる列車から突き出た鉄の腕が、それをさっと引ったくって、車内に取り込むのである。それから、文字どおり、旅行する郵便局のなかで、職員が徹夜で郵便物を仕分け、宛先の郵袋に手紙の束を詰め込んでいく。また、積み卸しの方法は、線路際に拡げてある網をめがけて、走り抜ける列車から郵袋を投げ込んでいく。車内で袋詰めされたものも途中でどんどん目的地が来れば投げ込んでいく。まさにサーカスそのもので、息を飲むような職員の芸当が鉄路の上で毎晩繰り返されていた。

イギリス中部のクルー駅は、郵便を交換する拠点駅となっていた。ロンドンから走ってきた列車もクルーに滑り込んできた。ここで乗務員や郵便局員も交代する。ウェールズ、マンチェスター、リヴァプール、ホーリーヘッドなどからも郵便列車が到着し、多くの郵袋が卸されて、それらがまた各方面別の列車に積み換えられる。ここだけは、深夜とはいえ、たいへんな活気を呈している。映画では、ホーリーヘッドからの列車が遅れたため、郵袋の積換作業は大忙し、それでグラスゴー行きの郵便列車の出発も遅れたが、朝一番の配達に間に合うように、いつも以上に馬力を上げて走り出す。このような緊迫した夜行郵便列車のドラマを、ドキュメンタリー映画の草分けといわれるジョン・グリアソンが見事な出来栄えに仕上げている。現在、この映画はイギリス郵便博物・公文書館がDVDにして頒布している。

わが国でも、一八七二（明治五）年一〇月、鉄道が新橋―横浜間に開通するが、それに先立つ品川―横浜間の仮営業時から郵便物を汽車に積み込み、鉄道郵便がスタートしている。新橋駅が起点となり鉄道が正式に開業すると、列車に郵便護

ロンドン・ユーストン駅．午後8時すぎ，ホームにはグラスゴー・アバディーン行の下り特急郵便列車（The Down Special）が入線し，手紙がいっぱい詰まった郵袋を列車に積み込むところ．局員の動きが丁寧に描かれている．1938年，郵便局員のグレース・ゴールデン画．

送人も乗務するようになった。陸蒸気《おかじょうき》と呼ばれた小さなＳＬによって、当初は一日五回、翌年には一日九回郵便物がはこばれた。その後の鉄道敷設はさまざまな問題を抱え遅々として進まなかったが、それでも鉄道の開通に伴って鉄道郵便の線路も延びていく。一八八八（明治二一）年には東京―直江津間に、一年後東京―神戸間に、さらに三年後には東京―青森間にも鉄道郵便の線路が拡大されていった。

一八九二（明治二五）年四月からは郵便車の車中で手紙の区分作業が行われるようになった。本格的な鉄道郵便の展開である。列車のスピード向上と相俟《ま》って、郵便輸送の速度も大いに上がる。近代日本の交通体系のなかで鉄道は重要な部分を占めていくことになり、郵便輸送の面でも鉄道は重要な役割を果たす。その役割は昭和の時代になっても変わらなかった。たとえば、一九七八（昭和五三）年の郵便輸送機関別の数字をみると、鉄道が七三パーセント、自動車が一五パーセント、航空機が九パーセントなどとなっていた。このように圧倒的に鉄道の比率が高い。車両の側面に「モハ」とか「クハ」とか車両の形式を示す記号が示されているが、郵便車には「オユ14」とか「スユ15」などと表示されて、郵便の「ユ」が入っていた。これらの車両は郵政省自らが所有していた。国鉄のレールを借りて走ったということである。

鉄道のスピードが一層重視されてくると、各列車の停車時間が短縮され、ホーム上での郵袋の積み卸しがますます困難になってきた。そのため、一九六〇年代になると、郵袋を一つひとつ受け渡すそれまでの方法を止めて、パレット輸送に切り替えるなどの効率化を図った。しかしながら道路網の整備によりトラック輸送の台頭や国鉄の民営化などの情勢を睨《にら》みながら、郵政省も郵便輸送の主役を「鉄道」から「自動車」にシフトさせていく。一九八六（昭和六一）年、一一四年の歴史を有するわが国の鉄道郵便は幕を閉じる。

逆にイギリスでは一九九〇年代に入ると、ピーター・ジョンソンの『鉄道による郵便』によれば、鉄道の再評価が行われ「レールネット構想」が打ち出された。最新式の直流でも交流でも使える四両編成の郵便専用の列車が数編成各地に導入された。各列車には四五トン一八〇のコンテナを積載することができる。一九九五年、この郵便専用列車は、ロンドンのユーストン―グラスゴー間、リヴァプール―マンチェスター間で運転を開始した。同時に、三七〇〇万ポンドが投じられ、七つのプラットフォームなどを備えた大型の郵便中継所《デポ》がウィルズデンに建設された。自動区分機や搬送装置なども導入し、鉄道郵便のハブ基地になる。レールネットがどの程度機能しているのか正確に把握していないが、環境問題を考えると、望ましい方向であろう。自動車一辺倒の輸送体制よりは、今後、わが国を含めて鉄道の基盤がある国では、鉄道輸送も組み入れたマルチ型の郵便輸送の体制づくりが一つの課題となろう。

イギリスと日本の鉄道郵便についてふれてきたが、自動車王国のアメリカでも、一九世紀までは鉄道が郵便輸送の主流を占めていた。たとえば輸送マイル数の数字でみると、一八六二年は鉄道輸送が四三パーセントであったが、一八七四年には五六パーセントとなり一三ポイントも上昇している。鉄道による郵便輸送のマイル数そのものも三倍になった。陸上における郵便輸送をみると、今でこそ自動車による輸送が主役になっているが、かつては鉄道が主役を務めていた。郵便輸送は交通機関の発達と並行して変化していく。

5　自動車　馬なし時代に移る

二〇世紀、自動車時代の幕開けである。ガソリン車が定着するまで、石炭を炊いて走る蒸気自動車が活躍した時期もあったが、流れ作業による大量生産が確立すると、自動車は馬車に替わる乗り物として、急速に普及する。とくにアメリカにおいて目を見張るものがあった。同国の郵政省は新しい乗り物や装置が登場すると、郵便輸送に積極的に採用した。ニューヨークやサンフランシスコやワシントンなどでは、街を走るチンチン電車《ストリートカー》に郵便物を搭載したし、圧搾空気を使った気送管も利用した。自動車も例外ではなかった。

一八九九年一二月、オハイオ州クリーヴランドに「合衆国郵便」の文字が鮮やかに記された自動車が登場した。郵便取集の実験のためである。往時の雑誌『馬なし時代《ホースレス・エージ》』の記事によれば、一〇一のポストと二五の小包集積所をまわり郵便物を集めてくるもので、距離は三五キロであった。天候がよければ、馬車は六時間でまわることができた。実験当日、天候はかなりの雪で、道はぬかるんでいるところさえもあった。小さな自動車は厳冬の街を走りながら手紙や小包を集め、二時間二七分で任務を終えた。従来の時間の半分以下である。馬なし車《ホースレス・ワゴン》の勝利である。

自動車の導入時には、ドライヴァーや整備士の確保、車庫や整備施設の建設などさまざまな問題が発生した。しかしエンジンの性能向上などと相俟って、郵政省の自動車保有台数は一九一四年四一台であったものが、一九二〇年二六〇六台、一九四〇年八六五〇台、一九六〇年には三万六八七一台に達した。大型トラックの開発により、現在、トラックは郵便の大量かつ長距離輸送に欠かせないものになっている。この傾向は、交通体系のなかで鉄道が劣後にあるアメリカにおいては、とくに顕著である。

イギリスでも、一九世紀末から二〇世紀初頭かけて自動車を郵便輸送に導入する実験が行われていた。たとえばロンド

イギリスの郵便バス．郵便の仕事をしながら，同時に乗客もはこぶ．過疎地では唯一の交通手段になり，車が運転できない老人からも感謝されている．スコットランドのアバディーン―バルモラル間にあるアボイン村の郵便局前で．

ン市内では電気自動車が郵便物をはこんだし、馬車で郵便物をはこんでいたロンドン―ブライトン間の一部に蒸気自動車が走った。その後、マンチェスター―リヴァプール間にも自動車が走るようになった。小包用の馬車はロンドンのバス用シャシーを使った特別仕様車に置き換えられた。一九一〇年には自動車の導入台数は七〇台になり、三年後にはその二倍になった。一九三二年になると、四〇〇〇台を有するまでになる。依然として馬車は遠隔地で使用されていたが、この時期までに馬車はほぼ姿を消して、自動車がそれに替わる。現在、大型の郵便トラックが主要都市をむすび、小型のバンが短距離の郵便輸送や取集にあたっている。

　今では、郵便自動車は単に手紙や小包をはこぶだけではなく、公共交通機関のサービスが届かない地域住民の足ともなっている。郵便バス《ポスト・バス》と呼ばれるもので、手紙の配達や取集と同時に、地域の人々を乗せている。一九六七年にウェールズのモンゴメリーシャーの小さな村に初めて郵便バスが走った。午前の便で町まで村人を送り、午後の便で村まで戻るといった具合に運行されている。その後、イングランドのデヴォンの村に、スコットランドの村々にも郵便バスが走るようになった。一九九〇年になると、郵便バス路線がスコットランドに一四五、イングランドに二六、ウェールズに一二計一八三にも増えた。現在、二三〇の路線があり、年間一二万人が利用している。

　増加の背景には、政府や地方自治体が郵便バスの運行に補助金などを出して積極的に支援している事情もある。かつて郵便馬車が旅人をはこんだことを考えれば、決して新しいアイディアではないが、郵便馬車が都市間輸送を念頭に置いていたのに対して、郵便バスは地域内の、それも交通が不便な地域の移動に便宜を図っている。郵便バスは遠隔地の村人にとって欠かせない乗り物であると同時に、近年、カントリーサイドの風光明媚《めいび》なところを走る郵便バスは観光客にも人気が出てきている。

日本でも、一九〇八（明治四一）年、郵便輸送にはじめて自動車が使われた。郵政省の『郵便創業120年の歴史』によれば、自動車輸送は東京中央郵便局―新橋駅間と東京中央郵便局―銭瓶《ぜにかめ》分室間の二コースで実施され、一・五トン積み程度の小型トラックが使われた。帝国運輸自動車株式会社が運行を請け負ったが、故障が多くてすぐに運行を中止した。この時期、まだまだ郵便馬車が幅を利かせていたのである。一九二六（大正一五）年、東京中央郵便局の厩舎課が廃止されて、東京市内の郵便輸送は自動車便にすべて切り替えられた。鉄道がない地方では、乗合自動車すなわちバスが運行されるようになったが、そのバスに郵便物を載せるようになった。自動車託送便のはじまりである。一九四二（昭和一七）年には日本郵便逓送株式会社が設立され、自動車による郵便輸送が本格的に開始される。

現在、わが国における郵便輸送の主流は、鉄道からトラック便に替わった。その背景には、鉄道が高速化し、郵便の積み卸しに時間を割けなくなった事情もあったが、もう一つ重要なことは、一九八〇年代以降、郵便小包を追い落とさんばかりの勢いで急増してきた民間業者の宅配便の存在があった。スピードと料金が勝負となり、当時の郵政省は、民間に対抗するために、輸送システムを根本的に改めて、鉄道主体から自主的にダイヤが組むことができる自動車主体に切り替えた。輸送容器にも注意を払い、郵袋に代わって、ロールパレットやロールパレットケースなども開発され、効率的な郵便ロジスティックスを追求するようになった。今では、高速道路の上を赤い郵便専用のトラックが民間宅配業者のトラックと肩を並べて走る光景がごく日常的なものになっている。

以上、陸路の情報伝送の発展過程をみてきた。使者や飛脚、ポニー・エクスプレス、郵便馬車、駅馬車、鉄道、そして自動車と順に述べてきたが、輸送形態が一瞬のうちに新しいものに切り替わったわけではない。相当期間、新旧の乗り物がオーバーラップして活用されてきた。馬車と鉄道、鉄道と自動車とそれぞれ補完しながら、輸送システムが組み立てられてきた。人が歩きながら手紙を集め、馬車ではこび、大きな町からは汽車で輸送し、都市に着いたら自動車で運搬し、ポストマンが自転車に乗って手紙を宛先に配達する。このような郵便の流れは、ほんの一世紀前まで、アメリカでも、イギリスでも、そして日本でもみられた。当時、それは情報伝達の基幹をなしていたのである。

第13章　海路の情報伝達

1　イギリス　郵便の船舶輸送に補助金を出す

　われわれの地球の表面積の七割は海である。太古の昔、その海は人間の前に立ちはだかる陸地と陸地を隔《へだ》てる大きな障害物であった。しかし、人間の英知と努力と、そして冒険心によって、人間は大海原に漕《こ》ぎ出し、ついに未知の島々を発見し、さらには陸路に勝る海の道をも創《つく》り出した。その海の道を通じて、未知の物資や情報がはこばれるようになった。その任を果たしたのが「舟」である。

　陸上輸送の乗り物に「郵便馬車」があったように、海上輸送でも「郵便船」がある。いずれも郵便を輸送することを前提としているが、本業は貨客をはこぶことである。しかし両者の運営形態に大きなちがいがあった。例外もあろうが、多くの国において、巨額の補助金なしで民間企業が郵便馬車を運営していた。しかし、郵便船には国が巨額の補助金を出していたケースが多い。その背景には、一八世紀から一九世紀にかけて、列強諸国が植民地支配を確たるものにするために、本国と植民地とをむすぶ海上ルートを構築しなければならない事情があった。それはまた郵便輸送ルートの確保にもつながった。

　この事例については、七つの海を支配した、かの大英帝国の話からはじめるのがよいのかもしれない。電信が敷設されるまで、本国と植民地、植民地と植民地などのあいだの通信は、郵便だけが頼りであった。海路、その郵便をはこんだのが、かつては帆船であり、一九世紀に入ると、蒸気船がはこぶようになった。イギリスでは、郵政省自らが郵便船として蒸気船を所有した時期もあったが、建造費の増加やずさんな船舶管理があったこともあり、一八三七年から海軍がすべての郵便船を管理するようになった。とくに外国航路では、海軍は、補助金を出して民間の蒸気船を活用することを基本方針とした。管理権の変更は、建造費削減や船舶管理の強化などが理由に挙げられたが、事情はもう少し複雑である。郵便の維持は植民地経営に欠かすことができないし、当時、それは国の責務でもあった。また、それ以上に重要なこと、そして真の狙いは海軍力の補完にあったのである。補助金を受けた民間船舶は、平時には郵便を輸送し、戦時には兵員や武器などを輸送する義務を負ったのである。このように補助金支出には、海軍力の補完そして郵便ルートの確保という、安全保障上の狙いが込められていた。

ジャマイカ航路のポートロイアル号に郵便物を搭載しているところ．20世紀初頭，ブリストルのエイヴォンマス埠頭で．中世以来，同地はアメリカ大陸やカリブ海の島々へ向かう船の港として栄えた．

大西洋航路をみると、海軍は一八三八年、イギリス本国とカナダ南部ノヴァスコティア州ハリファックスとニューヨークとのあいだの郵便輸送契約を入札にかけた。落札したのはキュナード汽船会社、月三便の航行で、年間契約金額は五万五〇〇〇ポンドとなった。同社は新たに七五〇万馬力一二〇〇トンの蒸気船四隻を建造して、大西洋航路に投入した。第一船ブリタニア号は、一八四〇年七月、六三人の乗客と北米向けの郵便を満載してリヴァプールを出航して、一四日と八時間でボストン港に着いた。契約金額、すなわち補助金額となるが、後年、その額が一九万ポンドまでになった。

巨額の補助金は内外から攻撃された。キュナード汽船会社がニューヨーク港に乗り入れしようとしたとき、ブリストル―ニューヨーク間の航路をもつグレートウェスタン汽船会社が自社の権益を守るために、キュナードの補助金独占を鋭く攻撃した。イギリスの汽船会社からの攻撃に加えて、キュナードは、一八四七年、アメリカ政府から三九万ドルの補助金を受けたコリンズ汽船会社からも挑戦を受ける。コリンズは二〇〇〇馬力二八五六トンのアトランティック号など最新鋭の蒸気船四隻を建造した。英米両国の国威をかけた大西洋横

表33　P&O社の航路開設

年	航　　　路
1837	イギリス―ジブラルタル
1840	イギリス―アレクサンドリア
1842	スエズ―カルカッタ
1845	セイロン―ペナン―シンガポール―香港
1848	香港―澳門―広東
1850	香港―上海
1853	シンガポール―オーストラリア
1854	スエズ―ボンベイ
1859	上海―長崎
1867	横浜―上海―香港

(出典)　横井勝彦『アジアの海の大英帝国』172-173頁.
(注)　P&O社は，Peninsular and Oriental Steam Navigation Companyの略称．Peninsularはイベリア半島の意味，すなわちイベリア半島と東洋をむすぶ汽船会社のこと．

断競争がはじまった。ブルーリボンの闘いと呼ばれる横断時間を争う競争である。最後にブルーリボンを獲得したのは合衆国《ユナイテッド・ステイツ》号で、三日と一〇時間四〇分で大西洋を横断した。しかし、この素晴らしいスピード記録も航空機の発達や無線通信の手段が確立すると、人々の記憶から消え去っていった。

　大西洋航路についてふれてきたが、横井勝彦が『アジアの海の大英帝国』のなかで、一九世紀イギリスの海洋支配の構図を明らかにする過程で、郵便船の補助金問題を取り上げている。同書によると、アジアにおいて海軍からの補助金により独占的な海運企業にまず成長したのがP&O社であった。同社は一八三七年、イギリス―ジブラルタル間に航路を開設、表33に示すように、以下順次定期航路を増強し、一九世紀後半までにイギリスから東アジアに至る一大汽船航路をつくり上げた。これらの航路開設により、それまで喜望峰経由で四、五ヵ月も要していたロンドン―ボンベイ間の郵便輸送が、紅海経由で四〇日弱に短縮された。イギリス―香港間の所要日数も八九日から五四日にと大幅に短縮された。

　P&O社のほかにも、英国インド汽船会社がインド財政から補助金を受け、カルカッタからボンベイまでのインド沿岸の港をくまなく寄港し、西はペルシア湾、東はラングーンからシンガポールまで航路を開いていた。当時、イギリス海運のアジアでの優位は崩れることがなかったが、フランス帝国郵船もP&O社が受けていた補助金額に匹敵する一〇〇〇万フラン余の補助金を支給されて、アジアに進出していた。また、オランダ・インド汽船会社も補助金を受けながらアジア航路に就航していた。このアジア航路においては、当時、採算面で国家の補助金なしに船舶を運行させることが事実上できなかった。

　補助金支給は戦時の海軍力を補完する狙いがあった、と前段で述べた。P&O社を例にとれば、海軍との契約に基づき、平時でも船舶に大砲などを艤装《ぎそう》し、小銃や短銃なども船に積み込んだ。クリミア戦争（一八五三―五六）が起きると、海軍はP&O社の一一隻の最新大型船を動員し、銃や弾薬など軍需物資をはじめ、二〇〇〇人の士官、六万人の兵隊、一万五〇〇〇頭の馬をクリミアに輸送した。動員された船はP&O社が所有する総トン数の三分の一に上った。もっとも、この動員によりP&O社は大きな報酬を海軍から得ている。余談になるが、帆船がまだまだ幅を利かせていた時代に、戦時にP&O社の蒸気船が果敢に活躍したのをみて、その後、海軍が蒸気船導入に積極的になったという。

イギリス政府とP&O社の関係は二〇世紀になっても続いた。そのことについて、後藤伸は『イギリス郵船企業P&Oの経営史』のなかで、エージェンシー理論という企業分析のツールを駆使しながら、郵便輸送契約を軸に精緻な議論を展開していく。すなわち、政府が契約のプリンシパルとなって、競争入札により、エージェントたる民間の郵船企業に海上の郵便輸送を委ねる。そのプリンシパル・エージェント関係を論じている。同書によれば、P&O社の場合でも、政府とのあいだで繰り返し契約が締結されて、両者のあいだに形成された信頼関係は後《のち》の時代になるほど強固なものとなった。その結果、競争入札の廃止であり、P&O社への契約の固定化につながっていった。

もっともP&O社の事業収入のなかに占める郵便輸送契約の契約金の比率は、年々低下していった。一八五〇年には三〇パーセント・約二一万ポンドを占めていたが、一九一〇年には一〇パーセント・約三〇万ポンドまでに低下している。

しかしながら、契約金以外にも郵船企業が享受したメリットは大きく、たとえば、スエズ運河の通航優先権、それに政府関係者の旅客輸送も多く、それは全旅客輸送の三分の二を占めていた。まさに政府が一丸となりイギリスの郵船企業を支援し育成し、植民地との輸送ルート、そして通信ルートを確保していたのである。

2　日本　官主導で日本郵船を創設

日本のケースをみてみよう。小林正義の『みんなの郵便文化史』によれば、一八七一（明治四）年、新式郵便がスタートすると、政府は日本政府郵便蒸気船会社を発足させた。しかし運行知識と経営手腕が不足していて、会社は期待どおりに成長しなかった。そこで、政府は一八七五（明治八）年二月、海運でも頭角を現してきた三菱商会に対して、政府所有の船舶の運行を委託し、横浜—上海間に定期航路を開設させる。同年九月には、政府所有の船舶一三隻を無償で三菱に譲渡し、郵便輸送などを条件に、年額二五万円の補助金を支給することも決めた。日本政府郵便蒸気船会社は解散する。後年、共同運輸会社や大阪商船などをはじめ、小さな内航船の会社にも補助金を出すようになる。明治時代後半、国内の郵便線路の一〇パーセント程度が船舶輸送に依存する水路であった。

共同運輸と三菱が運賃の過当競争を行うようになる。値引きは二社の経営の屋台骨を脅かすまでになり、政府は一八八五（明治一八）年、両者に合併を勧告し、日本郵船会社を設立させた。郵船の呼称からもわかるとおり、文字どおり、郵便をはこぶ船を前提に補助を受けた会社である。この事実は意外と知られていないが、一九世紀、前述のとおり、イギリスでも、アメリカでも、自国の海運会社に対して巨額の補助金を出して、自国の海運業の育成を図っていた。その大きな目的が郵便の海上輸送と戦時徴用の確保であった。日本政府も、このような外国の海運育成政策を素早く採用した。

さて、日本の造船技術は明治後半になると、一万トンを超える豪華客船を建造できるまでになった。日本郵船は二〇世紀前半、太平洋航路に浅間丸、龍田《たつた》丸、秩父《ちちぶ》丸の三姉妹の豪華客船を就航させ、また、欧州航路の三姉妹には新田丸、八《や》幡《わた》丸、春日丸を就航させ、海国日本の力を世界に示した。二〇世紀前半、外国郵便物のほとんどが海上輸送に委ねられていたが、その任を日本郵船の客船が果たした。

第14章　空路の情報伝達

1　伝書鳩　古代から情報を空輸する

今日、航空機で手紙をはこぶことはごく当たり前のことになっているけれども、ほんの半世紀前までは、航空郵便を利用することは特別なことであり、高額の料金を支払わなければならなかった。ここでは航空郵便の歴史を、その前史にもふれながら話をしよう。

伝書鳩は大空を飛び人間に情報を届けてくれた。さまざまな伝承があるが、ノアの方舟《はこぶね》から放された鳩がオリーブの若い枝をくわえて戻ってきて、洪水が終わったことを知らせる役割を果たしたことが聖書に記されている。この聖書の話は別としても、古代から、人間は鳩の帰巣本能を利用して通信に活用してきた。黒岩比佐子の『伝書鳩』に以下負うのだが、古代エジプトの神殿や記念碑には伝書鳩を放つ光景が描かれている。エジプトの船乗りは航行する舟と陸地との連絡に伝書鳩を使っていたし、このことは、フェニキアやキプロスの船乗りにもみられた。また、紀元前七七六年の第一回古代オリンピックで優勝した選手の一人が、持参してきた伝書鳩を飛ばして、優勝の喜びを故郷に知らせたという逸話《エピソード》も残っている。

一二世紀の中東イスラム世界では、鳩の訓練が非常に高い水準にあり、本格的な伝書鳩通信が行われていた。中世の伝書鳩による航空郵便サービスである。それはリレー伝達方式で、三〇ないし四〇マイルごとに高い塔が設けられていて、郵便箱が整然と次々に設置されている。そこに監視員がいて、鳩の到着を厳重に見張っていた。鳩が到着すると、伝達された情報を記録し、新しい鳩に情報をまた託して次の塔に向け

アラブの伝書鳩．鳩の首に手紙を下げて，空中に放つ．1480年に出版されたハンス・フォン・モンテヴィルの本の挿し絵から．アラブの伝書鳩は周辺国にも伝播していった．中国から伝わった日本の伝書鳩も，その源流はアラブかも知れない．

て放った。その方法は、情報を細長い紙に書き込み、紙のように薄い金の小箱に納めて、それを鳩の首に下げたのである。鳩の発着時刻はそれぞれの塔で記録され、さらに、安全のために第一便の鳩の出発二時間後に、写しを携えた第二便の鳩が放たれた。このように、きわめて組織的な運営がなされていた。

一七九三年、マリー＝アントワネットが断頭台《ギロチン》の露と消えた。そのマリー＝アントワネットがタンプルの塔に幽閉されていたときに、伝書鳩を使って顧問たちと連絡を取り合っていたという話がある。真贋《しんがん》のほどは定かではないのだが、愛鳩家のあいだでは、世界初の鳩による往復通信法として知られている。片道通信なら鳩の帰巣本能を利用した基本だからわかるが、往復通信となると、二つの帰る、否、帰りたい巣が必要となる。そう、鳩が家族と一緒に生活する居心地のよい鳩舎《きゅうしゃ》と、旨《うま》い餌がたっぷりもらえる鳩舎をつくり、そのあいだを往復するように訓練した。訓練された鳩がマリー＝アントワネットと顧問たちとのあいだを密《ひそ》かに飛び交い秘策が練られていた、のかもしれない。

伝書鳩は戦場で大きな働きをした。古今東西、戦場で伝令を勤めた鳩の武勇伝には尽きないものがあるが、次の話もその一例である。第一次世界大戦（一九一四―一八）では絶望的な塹壕《ざんごう》戦が各地で続いていた。そこでは司令部と前線をむすぶ通信線は寸断され、無線機があったとしてもすぐに使い物にならなくなった。そのため伝書鳩が唯一の通信手段となる。フランス軍は伝書鳩部隊を編成して、前線との連絡に伝書鳩を使っていた。一九一六年六月五日、ヴェルダンの戦闘において、レーナール少佐は、ドイツ軍から一日八〇〇〇発以上の砲弾を撃ち込まれながらも、不眠不休で孤立無援のヴォー堡塁《ほうるい》を死守していた。その堡塁から、悲痛な救援要請を託された、最後の一羽となった伝書鳩が放たれた。鳩は毒ガスや砲弾の雨のなかをくぐり抜け、瀕死《ひんし》の状態になりながらも、味方の鳩舎に奇跡的に辿《たど》り着いた。この功績により、国家から「勇士《ヴァイヤン》」として表彰された。

第一次大戦に遅れて参戦したアメリカ軍も、大量の伝書鳩を用いた。ヴェルダンの前線でロスト歩兵大隊が敵の戦線に深入りしすぎて完全に包囲されてしまった。伝令兵は一人も戦線を突破することができず、砲弾も底がつき、全滅か降伏かという状態に陥ったとき、数羽の伝書鳩が放たれた。しかし、一羽を除いて、すべての鳩が敵の上空で撃ち落とされてしまった。最後に生き残った鳩は、片足を失い胸を撃たれていたが、それでも四〇キロ後方の味方陣地にロスト大隊の窮状を伝えた。この勇敢な伝書鳩の働きにより、援軍が送られロスト大隊は窮地を脱することができた。鳩は間もなく死んだが、このベラミと名づけられていた鳩は、英雄として称《たた》えられ、剝製《はくせい》にされ、ベラミはワシントンのスミソニアン博物館に展示されている。

第一次大戦で用いられた伝書鳩の総数は一二万羽ともいわれ、多くの戦果を上げたが、フランス北部の戦闘だけでも二万羽近い鳩が命を落とし、多くの鳩が戦死した。このような伝書鳩の活躍に刺激されたのか、日本の陸軍は、一九一九（大正八）年、フランスから伝書鳩一〇〇〇羽、移動鳩舎四台などを輸入して、同国陸軍のクレルカン中尉ら三人の軍人を軍用鳩訓練の教官として招聘《しょうへい》した。東京中野の電信隊のなかに陸軍軍用鳩調査委員会を設けて、クレルカン中尉らが二年間にわたり伝書鳩の飼育と訓練方法について日本の軍人に伝授した。横須賀海軍航空隊員も参加している。

その成果が実り、日本軍がシベリア出兵（一九一八―二二）したときに鳩通信班がはじめて編制され、ハバロフスクやハルピンなどで伝書鳩が使われ、厳冬の地の唯一の通信手段となった。また捜査や諜報活動にも活用された。以後、第二次世界大戦（一九三九―四五）が終わるまで、伝書鳩は、近代的な通信機と並行して戦場で使われ、大きな犠牲を払いながらも、その任務を健気《けなげ》に勤めた。クレルカン中尉は「日本鳩界の恩人」と呼ばれている。

新聞の報道合戦でも伝書鳩が活躍した。日本初の鳩がはこんだスクープ記事は、一八九七（明治三〇）年に東京八王子で起きた全戸数の六割弱の三〇〇〇戸が消失した大火を報じたものであった。東京朝日新聞の記者が伝書鳩三羽を風呂敷に包み現地に行き、記事を鳩に託した。記事は「わが社に飼育する伝書鳩によってもたらされた」というクレジットつきで翌朝の紙面を飾った。その後、報道機関で伝書鳩はあまり使われなかったが、一九二三（大正一二）年に起きた関東大震災直後の壊滅状態の帝都で軍の伝書鳩通信が大いに威力を発揮したことが契機となり、報道各社は伝書鳩を本格的に導入した。
伝書鳩は、戦地や災害現場などあらゆるところから記事や写真フィルムをはこんだ。洋上を四〇〇キロも飛んで、エリザベス二世の戴冠式に参列するためイギリスに向かう船上の皇太子殿下（今上天皇）の写真フィルムをはこんだ伝書鳩もいた。精度がいい電送技術が開発されるまで、輸送手段のない地域からの写真フィルムの空輸は伝書鳩の独壇場であった。その黄金時代は一九五〇（昭和二五）年頃であろう。その後、伝書鳩は報道合戦からしだいに引退し、一九六〇年代後半には、新聞社や通信社の社屋の屋上から鳩舎が消えてなくなった。

このようにしてみてくると、古代から前世紀まで伝書鳩の活躍には素晴らしいものがある。古代には船乗りの使いになり、故郷の家族に無事を知らせ、近代になると、恐ろしく危険な戦場において伝令を勤め、第二次大戦後も新聞社で特ダネの写真フィルムや記事を空輸する役割を果たしてきた。情報通信史の一ページを飾るのに相応《ふさわ》しい事跡であろう。スイスの軍隊が一九九五年まで伝書鳩の通信隊を大切に維持してきた例もあるが、しかし、この伝書鳩による通信方法は、今や人々にほとんど忘れ去られていることは少し寂しい。

2　気球　普仏戦争で活躍

人間がつくったもので、最初に空中を飛びながら情報をはこんだものは気球《バルーン》である。フランスのモンゴルフィエ兄弟によってつくられた熱気球が、一七八三年、人を乗せて浮くことに成功した。その気球を組織的に通信に使う先鞭をつけたのは、普仏《ふふつ》戦争（一八七〇―七一）のときにプロイセン軍に包囲されたパリ市民であろう。包囲は四ヵ月余りに及んだが、その間、食料不足に苦しみ砲撃に脅えるパリ市民は、外界との通信も絶たれた。そこで考え出されたのが気球の利用であった。松本純一の『日仏航空郵便史』によれば、パリから外部への通信では、郵便を載せた気球をまず上昇させて、プロイセン軍の頭上を越え、敵のいない地帯に着陸させ、そこから通常の郵便ルートで手紙をはこぶ。反対に外部からパリへの通信では、気球に伝書鳩を同乗させて、その伝書鳩に手紙を託した。また、セーヌ河の上流の町ムーランからは亜鉛でできた丸い筒のなかに手紙を入れて流し、それをパリ市内ですくい上げる方法も編み出す。それはムーランの球《ブール・ドゥ・ムーラン》と呼ばれた。

包囲四日後、一八七〇年九月二三日の午前八時、パリはモンマルトルのサン・ピエール広場から、第一号の気球ネプチユーン号が一二五キロの郵便物を積んで静かに上昇していった。三時間後、気球はパリ北西一〇〇キロにあるエヴルー近郊のクラクーヴィル城の庭園に着陸した。これ以降、パリ包囲が解除されまでの四ヵ月のあいだに、六七個の気球がパリを離れ、そのうち五五個の気球に郵便物が搭載されて、外部との通信を確保した。気球は水素による浮力を利用するガス気球で、オルレアン駅には臨時の気球工場が造られた。操縦士が乗っていたが、動力がついていない気球のために飛行は風任せ。そのため気球の着陸地点は、ほぼフランスの全土に散らばり、一部は隣国ベルギーやオランダ、遠くはノルウェーまで飛んでいった気球もあった。もっとも不運にも敵陣に降りた気球が三個、海に落ちた気球も二個あった。それでも総じていえば、この気球郵便《バロン・モンテ》は成功したといえる。

プロイセン軍に包囲されたパリは，気球を上げ外部と連絡をとった．左の気球は準備中で，手前の人が伝書鳩の籠を気球にはこぼうとしている．後方にみえる丘はモンマルトルか．

　気球郵便でパリから差し出された手紙が日本にも届いている。三通ほど確認されているが、そのうちの一通の軌跡を追ってみよう。宛先は横浜居留地のシェヴリョン商会で働いていたエドゥアール・モースネー、差出人はパリの親族。一八七〇年一〇月一七日、手紙はサン・ラザール街郵便局で差し出され、翌日、市内チュイルリー公園からヴィクトル・ユーゴー号という気球に載せられ、六時間の飛行の後、パリ東北八〇キロのエーヌ県クーヴルの町の近郊に着陸した。そこからマルセイユに送られた。二三日にP&O社のサルセット号でマルセイユ発、二八日にアレクサンドリア着。三〇日にカンディア号でスエズ発、一一月一二日にガル着。一五日にオリッサ号で同地発、一二月三日に香港着。同日、アデン号で同地発、一〇日に横浜に到着した。気球、鉄道、船を乗り継いで五五日の旅である。しかし、受取人がすでにアメリカに渡っていたので、手紙は横浜からまた差出人に送り返されて、翌年二月半ばまでにパリに戻されている。

気球郵便に特別料金はかからなかったが、一通四グラムまでに厳しく制限された。そのためモースネー宛の手紙も一枚の用紙を折り畳む、航空書簡《エアログラム》形式のものであった。八〇サンチームの切手が一枚貼ってある。手紙は父親と母親と妹が寄せ書きしているが、その内容は、包囲下のパリでは肉類が不足して馬肉を食べたこと以外は生活物資に不自由はなく、一般にパリの生活は平穏で敵軍に包囲されている実感はないことなどが、細かい字でびっしりと認《したた》められている。この手紙から、パリ市民の強《したた》かさがうかがわれるし、気球郵便がはこんだ手紙が、フランスのみならず、極東の日本まで届いていたことに驚かされる。

気球郵便でパリから情報が発信され、伝書鳩やムーランの球でパリに情報を送り込む通信回路が機能していたことにより、包囲期間中、パリ一〇〇万の市民がどんなに勇気づけられていたことだろうか。また、パリの外に住む親族や友人らもどんなに安心したことであろうか。ある記録によれば、気球郵便は一六四人の人間と三八四羽の伝書鳩と六匹の犬そして数百万の手紙をはこんだ。圧倒的な兵力を有するプロイセン軍に包囲されているという、軍事的な緊張が続く極限状態のなかでも、否、極限状態のなかだったからこそ、パリ市民はこのような究極の通信手段を見いだすことができたのである。

3 飛行船 世界一周を敢行する

風任せの気ままな気球に替わって、次に飛行船《エアーシップ》が登場した。気球にエンジンを搭載しプロペラを回し飛行方向を制御できる飛行船の開発は、フランス人のアンリ・ジファールが第一歩を記した。彼はゴンドラに蒸気機関を積み、それを飛行船本体に吊し、一八五二年、高度一八〇〇メートルまで上昇させた。また、ブラジル出身のサントス・デュモンは小型の飛行船をつくり、一九〇一年にはエッフェル塔の周りを飛行してみせたり、飛行船のレースに参加したりした。デュモンの極めつきは「散歩する貴婦人号《パラドーズ》」と名づけた飛行船からシャンゼリゼのカフェに降り立ち、お茶を飲むパフォーマンスまで演じた。その伊達男ぶりでパリの有名人となった。長閑《のどか》な時代である。

わが国でも一九一〇（明治四三）年、山田猪三郎が二人乗りの日本初の飛行船を完成させた。長さ三〇メートル、一二馬力の自動車エンジンを搭載し、ゴンドラは総檜《ひのき》造りで、大崎—目黒間を、高度一〇〇メートル、時速一八キロで往復した。その後、日本陸軍がドイツから飛行船を購入し、所沢で組み立てて「雄飛号」と名づけた。所沢—大阪間の長距離飛行を成功させている。

しかし、本格的な飛行船の開発者といえば、ドイツ人のフェルナンド・フォン・ツェッペリンであろう。彼は、飛行船の大型化と輸送力増強を考えて、世界初の金属の枠組みをもつ飛行船を開発した。一九〇〇年、全長一二八メートルのLZ1号が南ドイツのボーデン湖上で初飛行に成功した。

　その後、ツェッペリン伯の後継者のフーゴ・エッケナーが旅客事業用に飛行船を改良し発展させた。その代表作は一九二八年に完成したツェッペリン伯号（LZ127）で、全長二三七メートル、直径三一メートル、時速一一七キロ、積載能力が三〇トンもあった。燃料に石油気化ガスを使用し、燃焼によって発生する水が重り《バラスト》として利用できた。図体は東京池袋のサンシャインビルが横倒しになっているほどの大きさなのだが、定員はわずか六〇名程度、乗員が四〇名、乗客は二〇名ほどであった。乗員の方が多いのは操船や機関要員のほかに、一流ホテル並みのサービスを提供するための料理人や客室乗務員などもいたからである。

ニューヨークの摩天楼の上を飛ぶツェッペリン伯号．レン・ハットン画．1929年，初の世界一周飛行に際し日本にも立ち寄った．霞ヶ浦に着陸する前に，東京上空を表敬飛行したが，市民は窓という窓に鈴なりになり空を見上げて，夕日に輝く大きな飛行船を歓呼の声で迎えた．

　一九二九年八月、このツェッペリン伯号を使って世界一周飛行が行われた。スポンサーにはアメリカの新聞王や日本の新聞社などがなり、ニュージャージー州レークハーストが出発起点となった。そこからドイツのフリードリヒスハーフェン、霞ヶ浦、サンフランシスコ、ロサンゼルスを経由して起点に戻った。文献により数字に微妙な差があるのだが、天沼春樹の『飛行船』に出ている数字では、所要日数は二一日と七時間三三分。実フライト時間は二八六時間二六分、飛行距離は三万一五〇〇キロに及んだ。飛行船にはたくさんの記念の郵便が積み込まれたが、その料金が非常に高いものとなった。

　たとえば、東京からの封書一通の郵便料金がロサンゼルス宛二円一〇銭、レークハースト宛三円一〇銭、フリードリヒスハーフェン宛五円一〇銭であった。当時の物価が国内封書三銭、コーヒー一〇銭、ビール三五銭などといった水準を考えると、飛行船郵便の高さが際だっている。それでも霞ヶ浦から葉書と封書五四五五通が積み込まれた。記念郵便を残すためである。

ツェッペリン伯号の飛行の成功を受けて、ヒンデンブルグ号（LZ129）が建造される。しかし、一九三七年五月、五七回目の大西洋横断飛行中、レークハースト着陸寸前に大火災を起こし炎上墜落した。この事故で乗員乗客九七人のうち三五人が死亡した。これを契機に、飛行船の運行は下火になる。情報通信史の観点からみると、たしかに郵便物もはこんだが、積載量の制約や高額の料金のため、本格的な郵便輸送手段にはなり得なかった。

速度が速い飛行機が登場すると、次に述べるように、航空郵便の主役は航空機になる。しかし、二〇世紀後半になると、むしろ飛行船のゆったりとした速度や静かさに着目して、空の広告メディアとして活用されるようになる。日本では、日立キドカラー号がその第一号となった。現在、飛行船はまさに空に浮かぶ情報発信基地として活躍している。

4　航空機　郵便輸送で民間航空がスタート

航空機の前史には面白い話がたくさんあるが、ここではアメリカのウイルバー、オーヴィルのライト兄弟がつくった飛行機の話からはじめよう。一九〇三年、ライト兄弟はノースカロライナ州キティホークの砂丘で人類最初の有人動力飛行に成功した。その名もフライヤー1号。先人の研究資料を読み、家業の自転車屋の技術を生かし、実験を重ねて生まれた努力の結晶であった。自作の四気筒一二馬力のエンジン一基にプロペラ二つを装着した複葉機、全幅一二・三メートル、全長六・四メートルである。実験当日ウイルバーが操縦する四回目の飛行で五九秒間、二六〇メートルを飛んだ。人類の長いあいだの夢が結実した記念すべき瞬間であったが、しかし、この瞬間をみたのは証人に呼んでいた村人ら五人だけである。一般の新聞にも記事が載ることはなかった。翌年、フライヤー3号機が三八分間四五キロの飛行に成功する。これを目撃したヘラルドトリビューン紙の記者がニューヨーク本社に打電し、ライト兄弟の飛行機が記事になった。

このニュースがフランスに伝わっても、ライト兄弟の飛行を実際にみたことがないこと、それに気球など飛行技術にかけては先進国と自認するフランス人はニュースに半信半疑だった。この時期に、フランス政府は、最初の有人動力飛行に成功した者には三〇〇〇フランの賞金を与えると発表した。先に出てきたサントス・デュモンをはじめ、ガブリエルとシャルルのボアザン兄弟らが飛行機開発に凌《しの》ぎを削った。一九〇八年にはアンリ・ファルマンが操縦する改良型ボアザン・

ファルマン複葉機が一キロの周回飛行に成功し、ライト兄弟の四五キロの飛行記録があるのに、これをパリの国際航空連盟が世界記録と認めた。信じてもらえないライト兄弟は求めに応じて、同年、フライヤー3号機を使いフランスのル・マンで公開の宣伝飛行を行い、一四〇分間一二五キロの周回飛行を披露した。この公開飛行により、フランス人もライト兄弟の飛行機が本物と認めざるを得なかった。

一九〇九年には、フランスのルイ・ブレリオが自作の単葉機でカレー―ドーヴァー間の海峡三八キロを三八分で飛んだ。

ライト兄弟とフライヤー1号機．プロペラは後ろ向き，腹這いになって操縦する．世界初の有人飛行に成功したのは，グライダーづくりからはじめ，綿密な風洞実験や操縦技術の研究などを重ねた結果であった．

ライト兄弟、ボアザン兄弟、ファルマン、ブレリオらの熾烈《しれつ》な航空機開発の競争が続き、一九一〇年代に入ると、安定した飛行ができ、自由に操縦できる飛行機の基本ができた。この頃、宙返りの飛行にも成功する。そして第一次世界大戦は、飛行機を武器として使うようになり、偵察機や爆撃機や戦闘機など当時の最新技術の粋を集めた軍用機が争って生産された。この大戦を契機に、頑丈で軽い機体と強力なエンジンなどが開発され、飛行機の性能は飛躍的に向上した。

第一次大戦が終わると、軍用機は民間機に改造され、定期旅客輸送が本格化する。同時に、速さに着目し、航空機が郵便輸送にも使われるようになった。意外にも、敗戦国ドイツがその先鞭《せんべん》つける。その理由は、戦争で鉄道の多くが破壊されたので、急な用務には航空機を使うしかなかったからである。一九一九年、時速一五〇キロ・航続距離五六五キロの対地襲撃機を改造した三人乗りの輸送機が、ベルリン―ワイマール間で乗客二人と郵便物をはこんだ。そのすぐ後を追う形になったが、フランスでも、時速一七七キロ・航続距離四六〇キロの軽爆兼偵察機を三人乗りの旅客機に改造し、トゥールーズ―バルセロナ間でやはり乗客二人と郵便物をはこんだ。ここに航空機による郵便輸送がはじまった。その速さは、今までの郵便輸送の速さの概念を大きく変えるもので、以後、特別な料金を払う、特別な郵便として利用を広げていく。民間航空産業は郵便輸送からはじまり、当初、その発展が促された、といっても強《あなが》ち間違いではない。

イギリス

そこで航空郵便の歩みについて、イギリスとアメリカと日本の例を引きながら紹介しよう。

まず、イギリスの事情から。ジーン・ファルージアとトニー・ギャモンズが『英国郵便をはこぶ』という本のなかで手際よくまとめている。それによると、一九一一年、ジョージ五世の戴冠を祝い、ロンドンの北にあるヘンドンとウィンザーとのあいだでブレリオ機やファルマン機が記念郵便をはこぶ。しかし、これは実験的な記念飛行の域を出るものではなかった。民間航空がいち早くはじまったドイツやフランスとはちがい、イギリスでは英国空軍《ロイヤル・エア・フォース》が最初に郵便輸送をはじめた。一九一八年の後半から約一年間、英国空軍第八六通信航空隊がビッカース・ビミー機などを使って、和平会議が開かれていたパリとロンドンとのあいだを飛び、代表団と郵便をはこんだ。七四四回の飛行で、九三四人の乗客と一〇二〇の郵袋を輸送した。

続いて、大戦後ドイツに駐留する英国軍のために、ロンドン近郊フォークストンとケルンとのあいだにハンドレページやデハビランドＤＨ９などの航空機を飛ばして郵便を空輸した。郵便を積みすぎた機が着陸時に土にのめり込むこともしばしば起きた。それを避けるために、パラシュートで郵袋を投下することもあった。草創期の郵便輸送は危険と裏腹であった。

航空運行法が成立すると、一九一九年八月、民間のエアクラフト・トランスポート・アンド・トラヴェル社（ＡＴＴ）が、軍用機から商用機に改造されたデハビランドＤＨ９Ｂを使い、ロンドン―パリ間に世界初の国際定期航空路を開設した。パイロットは一人、乗客二人の飛行機だった。一一月からは郵便物も搭載されて、航空郵便の追加料金も定められた。それはかなり割高で、当時、すでにあった緊急連絡用の電報に次ぐ、至急の通信手段として利用されるようになった。翌年には、ハンドレページ・トランスポート社（ＨＰＴ）がアムステルダムとブリュッセルとのあいだに航空路線を開設して、郵便輸送もはじめた。

しかし、政府の支援を受けた外国の航空会社との競争が激しくなり、ＡＴＴとＨＰＴは事業継続が困難となり、一九二〇年暮れから翌年初めにかけて運営を停止した。ヨーロッパへの航空郵便が止まることになり、パリ便はフランスとベルギーの航空会社が、ブリュッセル便はベルギーの会社が、アムステルダム便はオランダの会社が、それぞれロンドンから郵便を輸送することになった。もっとも、イギリスも面子《メンツ》があり、パリ便については急遽《きゅうきょ》暫定的に政府がＨＰＴを含む国内航空会社二社に補助金を出し、ただちに再開した。

航空機産業への補助金制度が恒久的なものになり、民間会社がヨーロッパの国々との航空郵便サービスを再開したのは、一九二二年四月になってからである。政府管轄下におかれた航空会社は路線がそれぞれ割り当てられ、ＨＰＴがパリ便を、インストーン航空がベルギー便を、ダイムラー・ハイヤー社がオランダ便を、ブリティッシュ・マリン・エア・ナヴィゲーション社がチャネル諸島などへの便を運行することになった。路線カルテルである。政府の肝煎《きもい》りで、一九二四年にはこれら四社が合併され、帝国航空《インペリアル・エアウエーズ》が誕生した。長年にわたり巧みに補助金政策を取り入れ、世界に冠たる海運帝国を築いたイギリスだが、この時期、各国で開発競争が展開され急速に進歩する航空業界において、イギリスが主導権を握ることはできなかった。

ヨーロッパに続いて、イギリスの航空路線は英連邦諸国《コモンウエルス》へ延びていった。一九二一年、英国空軍がカイロ－バグダード間に航空郵便サービスを開始した。郵便はカイロまでＰ＆Ｏ社の船便で、そこからバグダードへ空輸された。従来の陸路と海路で輸送する平面便《サーフェース・メイル》では二七日かかっていたが、一〇日に短縮された。六年後、帝国航空がこの空路を引き継ぎ、バスラまで路線を延ばした。一九二九年になると、上空通過を渋っていたイラク政府が上空通過をやっと認めて、ロンドンとカラチとのあいだがむすばれた。直行便ではなかったので、ロンドン－パリ－バーゼルは空路、バーゼル－ジェノヴァは鉄道、そこからアレキサンドリアまでは飛行艇ではこばれた。最後に乗員三人・乗客八人乗りのデハビランドＤＨ66ヘラクレス三発旅客機でカラチまで空輸された。この路線は一九三三年末までにカルカッタ、ラングーン、シンガポールまで延長され、一年後、オーストラリアのブリズベーンに到達した。ロンドン－ブリズベーン間約二万キロを、さまざまな飛行機に乗り継いで片道一二日の旅となった。

アフリカにも空路が開設され、一九三一年にタンガニーカ（現タンザニア）まで、翌年、アフリカの最南端ケープタウンとつながった。面白い記録がある。ショート・メイヨ親子飛行艇、すなわち全長二六メートルの親機マイア飛行艇の背中に、同一六メートルの小さな子機マーキュリー号を乗せた飛行艇である。一九三八年、この親子飛行艇が出発、イギリス上空で親機から子機が切り離され、南アフリカまで九六五二キロ、滞空時間約四二時間で飛行し、水上飛行艇の国際長距離記録を打ち立てた。

アメリカへの航空路開設は遅れていた。巨額の懸賞金がかけられ、大西洋無着陸横断飛行が競われていたが、一九一九年、イギリスの双発ビッカース・ビミー機がこの偉業をはじめて達成した。しかし、一九三九年まで帝国航空による旅客・郵便サービスが開始されなかった。長距離飛行ができて、ある程度の貨客が搭載できる航空機の開発を待たなければならなかったからである。同年八月、大型飛行艇のカボット号とトナカイ号二機が北大西洋に投入された。合計八往復したが、第二次世界大戦の勃発で飛行は停止された。

　第二次大戦後、民間航空は再開される。一九五二年、イギリスは大戦中に開発した技術により世界最初のジェット機コメット号を就航させたが、墜落事故が続き、製造が中止された。しかし、ジェット機はその後の航空機の標準になった。一九八〇年代後半の数字になるが、イギリスでは年間四億通の郵便物を航空機ではこんでいる。外国宛の航空郵便の八割がロンドンのヒースロー空港からで、週一四〇〇便、一五五の国に向けて発送されている。今日、その多くが、その日のうちに、遅くとも翌日には宛先の国に到着している。

アメリカ

　次に、アメリカの航空郵便の歴史についてふれる。最初の航空郵便サービスは、一九一八年五月一五日、ワシントン―フィラデルフィア―ニューヨークの三都市間で開設された。軍の練習機を改造した「ジェニー」の愛称で親しまれているカーティスＪＮ４Ｈが使用され、操縦は米国陸軍の操縦士《パイロット》が担った。フィラデルフィアで中継されたニューヨークからの便は予定どおりワシントンに着いた。一方、ワシントンの出発式には大統領も出席したが、こともあろうに給油を忘れていて離陸が遅れ、その上、操縦士が道（空？）に迷ってしまい反対方向に飛び、フィラデルフィアでの中継に失敗した。とまれ初日の郵便飛行は終わった。開業四ヵ月半で総量三万キロの郵便物をはこび、平均時速一一七キロを記録し、鉄道より三時間ほど速かった。同年八月には、陸軍から機体と要員が郵政省《ポスト・オフィス・デパートメント》に移管された。

　一年後、シカゴとクリーヴランドとのあいだにも航空郵便サービスが開始される。軽爆を改修したデハビランドＤＨ４が使われた。一九二〇年に入ると、ニューヨーク―サンフラ

ジェニー機が描かれたアメリカ初の航空切手．1918年５月，航空郵便開業に合わせて発売．写真は，誤って印刷され，飛行機が逆さまになっている珍しいエラー切手．拡大模刻から．

ンシスコ間の大陸横断サービスも実施された。しかしながら、当時の飛行は昼間に限られているし、天候に大きく左右された。もちろん悪天候にめげず飛行する操縦士もいたし、点々と燃える大きな篝火《かがりび》に導かれて夜間飛行を敢行した勇敢な操縦士もいたが、多くの犠牲を伴った。飛行機はまだまだ危険な実験的な乗り物であった。このため航空郵便サービスが危険でコストがかかりすぎると批判された。安全な飛行を確保するために、郵政省は五五万ドルの巨費を投じて、回転する強力な夜間照明標識を大陸を横断する空路に沿って設置した。一九二五年秋までに完成する。昼夜の別なく飛行が可能となり、大陸横断の飛行時間は九一時間から二九時間に短縮される。これで郵便輸送は鉄道よりも三日も速くなった。

郵政省の主導により大陸横断の昼夜郵便飛行が軌道に乗ってきたこの時期に、民間航空会社に郵便飛行を公開すべきであるという声が出てきた。同時に連邦政府内でも、航空産業の育成を真剣に考える者が出てくる。一九二五年に共和党員のM・クライド・ケリーが提出した航空郵便法《エアメイル・アクト》が成立する。ケリー法と呼ばれる、この航空郵便法の施行によって、航空郵便の基本料金が一〇セントに引き下げられて、民間航空会社に郵便輸送が認められた。

より重要なことは、ケリー法の狙いが、間接的ながら揺籃《ようらん》期の航空産業を政府が強力に支援し、国内の航空ネットワーク形成に大きくかかわることである。F・ロバート・ヴァン＝ダー＝リンデンが『航空会社と航空郵便』のなかで詳細に論じているが、間接的ながら、と書いたのは、アメリカが自由経済を標榜する資本主義国家であり、民間企業が政府の介入を嫌って補助金を受けない土壌があり、否、批判を恐れて受給を躊躇《ちゅうちょ》していたため、連邦政府が財政支援を直接与えることが困難であったからである。そこで連邦政府が実質的に補助金効果がある郵便輸送契約を民間航空会社と締結する。これで間接的に民間企業に補助金が流れることになる。

この結果、一九二六年にはデトロイト―クリーヴランド線とデトロイト―シカゴ線の郵便が民間機で輸送されるようになった。同年、さらに九つの空路で郵便輸送契約が締結され、翌年には大陸横断空路の郵便輸送も民間機によることになった。航空郵便に弾みをつけたのは、一九二七年に郵便飛行士であったチャールズ・リンドバーグが愛機スピリット・オブ・セントルイス号でニューヨーク―パリ間を無着陸単独飛行に成功したことである。総飛行距離五八〇九キロ、飛行時間は三三時間三〇分であった。この成功で飛行機がもやは曲芸飛行や賞金稼ぎのための危険な乗り物ではなくなり、実用性の高い乗り物であることをアメリカ国民に認識させた。いわばリンドバーグ効果もあり、この時期、航空郵便の利用が二〇パーセントほど上昇したといわれている。

一九二〇年代後半に入ると、郵便輸送を契約した民間航空会社の経営基盤は政府からの手数料によって潤い、また、機体の性能も向上し旅客輸送にも進出しはじめた。鈴木真二の『飛行機物語』によれば、この時期、フォッカー三発郵便機や乗客一〇人が乗れるフォードのトライモーター三発旅客機などが活躍していた。しかし当時の航空業界は大小の会社が乱立していた。これを体力のある航空会社数社に再編するのに辣腕《らつわん》を振るったのが、フーヴァー大統領の下で、郵政長官に就任したウォルター・F・ブラウンであった。

ブラウンの構想は、郵便事業の枠を越えて、政府の規制の下で、アメリカの航空業界を安全で統一されたシステムにより運営する旅客輸送を中心とした今日的な航空産業に育成することを狙いとしていた。ブラウンの論拠を要約すれば、これからの航空機は、駅馬車や鉄道と同じように、国民が利用できる交通機関として機能し、そのことは公共の利益になる。その上、戦時には兵員や兵器の輸送にも活用できる。この目標を達成するには、政府の支援なしに実現できるものではない、というものであった。

一九三〇年、航空郵便法の改正により航空会社への支払条件が変わった。それまで輸送する郵便の重量に比例して手数料が支払われていたが、改正後は、より大型かつ安全性の高い航空機を優遇する手数料体系に変更された。たとえば、郵便物の搭載可能重量が一〇〇ポンド（一ポンド＝四五四グラム）を超える航空機を使うときには飛行距離一マイル（約一・六キロ）ごとに上限の四〇セントを支払い、各種の変動加算金もあった。ボーナスである。ボーナスは、一マイルごとに、危険な地形でも飛行できる機には二セント、霧でも運行できる機には二セント半、片道の通信機を積んでいる機には三セント、受信と発信のできる通信機には六セント、夜間飛行が可能な機には一五セントを加算するといった具合である。また、より安全な双発機の導入を促すために、双発機にはマイル当たり一三セントのボーナスを出した。さらに、大型機の導入を刺激するために、乗客数に応じてボーナスも出した。その額は、五人乗りまでの旅客機には一セント半、以下、九人乗りまで三セント、一九人乗りまで四セント半、二九人乗りまで六セント、三〇人乗り以上は七セント半と逓増する仕組みをとった。

郵便輸送契約の形をとっているものの、もはや輸送代金ではなく、それはアメリカの航空産業育成のための連邦政府からの補助金にほかならなかった。大きな飛行機、性能の高い機種にはどんどん補助金を出したのである。この政策により、単発の小型機しか保有していなかった弱小の航空会社は、大型機を保有する大会社に吸収され、大手数社に集約されていった。

しかしながら、順調に踏み出したかにみえたアメリカの航空産業も、一九二九年一〇月の株式大暴落を契機にはじまった大恐慌によって、業績の後退と混乱に巻き込まれていった。この時期、経済不況の元凶は政府と癒着した巨大コングロマリットにあるという声が出てきて、郵便輸送契約は政府と航空会社との癒着を招いたと指摘された。ルーズヴェルト新政権は一九三四年一月、前政権の失政とばかりに、すべての郵便輸送契約を破棄した。郵便輸送は陸軍航空隊の仕事となった。しかし、陸軍の航空隊員は計器飛行による夜間輸送に慣れていなかったため、業務がはじまると、墜落死亡事故が相次いだ。最初の一週間で五名もの隊員が死亡した。すぐに昼間だけの飛行に変更されたが、五月には、民間の航空会社へふたたび郵便輸送が委託されるようになった。もっとも以前のような優遇条件ではなかったが。一連の改革で、肥大化したユナイテッド航空機・輸送会社は二分割されて、航空輸送はユナイテッド航空会社が、航空機製造はボーイング航空機製造会社がそれぞれに担うことになった。

一九三八年、フランクリン・ルーズヴェルトは民間航空法に署名する。法律は民間航空の規制を狙いとし、安全基準や技術基準、料金や競争禁止などが盛り込まれている。連邦航空局も設置された。当時の大手航空会社の寡占状態を容認するもので、航空産業の育成のために政府が強力に後押しするものであった。それはまたほんの数年前にフーヴァー大統領やブラウン郵政長官が推進してきた政策の焼き直しといってもよいものであった。この保護政策はカーター大統領が一九七八年に航空自由化政策を導入するまで続いた。自由化政策は新規航空会社の参入を推進するものではあったが、皮肉なことに、新規航空会社が生き残る確率は低い。むしろ、アメリカでは航空会社の淘汰が進み寡占が強化される方向に進んでいる。郵便物の航空輸送サービスの話からはじめたけれども、アメリカの航空政策まで話題は及んでしまった。一郵便輸送の契約といえども、大きな国策の道具に使われてきたことは興味深い。

前述のとおり、国土が広いアメリカでは、郵便輸送に航空機が大いに活用され、国内郵便であっても航空郵便の料金が別に定められ、急ぎの手紙には航空便がよく利用された。しかし航空機の発達により、貨客の搭載量が飛躍的に向上して、航空機が自動車や鉄道と同じように、誰にでも低廉な運賃で利用できる乗り物となると、他の交通機関と区別する意味が薄れてきたため、一九七六年、国内航空郵便の料金も廃止された。

日本

最後に日本の航空郵便サービスについて述べる。草創期の事情について、山口修が『郵政事業史論集』のなかで航空郵便沿革史として論じているし、園山精助は『日本航空郵便物語』のなかで紹介している。また、笹尾寛の『航空郵便のあゆみ』も好著である。これらの文献によると、初の公式の航空郵便サービスは一九一九（大正八）年に東京―大阪間で試行された。当時は「飛行郵便」と呼んだ。帝国飛行協会が懸賞金つきの飛行競技を計画し、逓信省が協力する形で企画されたが、天候不順のために飛行はたびたび延期される。一〇月二二日にやっと決行され、一五〇馬力と二〇〇馬力の単発機により、三人の民間飛行士が飛行時間を競い合った。

東京を離陸し、鉄道の線路をみながらの昼間飛行であった。一機が誤って和歌山に着陸したが、他の二機は無事に大阪に着陸した。時間は三時間四〇分と四時間四六分であった。翌日、二機は大阪を出発し東京に向けて飛行したが、時間は三時間一八分と三時間四七分であった。この飛行により空輸された郵便は、東京からが五八八七通、大阪からが三三〇六通であった。往復六時間五八分で一等になった飛行士には賞金総額九五〇〇円と年金六〇〇〇円、そのほか陸軍大臣から日本刀、海軍大臣からは銀杯が贈られた。

帝国飛行協会は、東京―大阪間の飛行郵便試行の実施を踏まえ、その翌年に大阪―善通寺―大分―久留米間で、翌々年には東京―盛岡間と金沢―広島間で、そのまた次の年にはふたたび東京―大阪間で飛行郵便の試行を行った。もっとも飛行は天候に大きく左右され、世間では「急がぬ郵便は飛行郵便で」と揶揄《やゆ》され、大正時代の国内航空はまだまだ試行の域を出なかったのである。

一九二八（昭和三）年、逓信省の指導の下に、日本航空輸送株式会社という国策会社が創設された。資本金は一〇〇〇万円、独立採算で事業を維持することができず、政府から補助金が出された。公共飛行場も東京と大阪と福岡に建設されることになった。一応の準備も整い、翌年四月から東京―大阪―福岡間に定期的な航空郵便の取扱いが開始された。東京―大阪間一日二往復、大阪―福岡間一日一往復で運行される。航空郵便料は封書一五銭、葉書七銭と決められ、それに封書三銭、葉書一銭五厘の基本料金が加算されたので、かなり割高となった。

同年六月になると、東京と大連とのあいだにも航空路がつながる。コースは東京―大阪―福岡―蔚山―京城―平壌―大連で、東京を早朝に離陸、蔚山で一泊して、翌日午後には大連に着いた。当時の規則によれば、内地から朝鮮と満州宛の航空郵便料は、書状が三〇銭、葉書が一五銭と決められ、前記の基本料金が加算された。一九三五（昭和一〇）年には、福岡―那覇―台北間にも定期航空郵便のサービスが開始された。もちろんローカル空路も開設される。たとえば東京―新潟、東京―富山―大阪、大阪―高知、大阪―鳥取―松江、大阪―高松―松山、松山―別府、大阪―白浜などである。

このようにさまざまな航空路が開設されていったが、郵便利用者のメリットを考えると、東京と大連とのあいだのように距離があり、全ルートを空輸されれば、航空郵便の速さを実感できたかも知れない。しかし、一区間を航空便ではこんでも、その他の区間は陸路で連絡しなければならないことなどを考えると、国内では普通便と航空便との時間差がそれほど大きく生じるわけではないので、わが国では、国内の航空郵便が一般化するまでには至らなかった。国内で航空郵便が広く利用された国は、国土が広大で、普通便にくらべて航空便のメリットがより大きく感じられるアメリカなど一部の国に限られていた。

また、日本からアメリカやヨーロッパへの外国航空郵便サービスも制度化された。たとえば、アメリカ西海岸までは船で郵便をはこび、そこからアメリカの国内航空便を使うルートが開かれた。また、ヨーロッパ宛は大連まで日本の航空機ではこび、そこからイルクーツクまで陸路で輸送し、イルクーツク―モスクワ―ベルリン間はソヴィエト連邦の定期航空で空輸した。シベリア経由であるが、ベルリン以遠のヨーロッパ諸都市へは各国の航空機ではこばれた。航空路線が開設されている部分は航空機を使い、未開設の部分は船や鉄道でつないで、少しでも速く郵便を届けようと努力した。料金もたいへん複雑で、路線ごとに細かく決められた。一例だが、一九三七（昭和一二）年のフランスまでの航空料が、チタ―モスクワ―ベルリン線九〇銭、ベルリン―パリ線一〇銭、国内諸線五銭で計一円五銭などと規定されていた。しかし、太平洋戦争の勃発と同時に、航空郵便のみならず、外国宛の郵便が大きく制限されて、戦局が悪化すると、事実上停止状態になった。外国郵便が再開されたのは、一九四六（昭和二一）年になってからのことである。

戦後、航空郵便が再開されたが、その料金は非常に高いものであった。しかし、航空機の大型化が進むにつれて貨客の航空運賃も低減し、そのことを反映し航空便の料金も低下していった。そのことについて、日米両国の例を引きながら検証しよう。航空郵便の料金は日米間のものを採用した。その方法は、書状の航空郵便料金が国内郵便料金の何倍になっているか五年ごとに算出し、その推移をみてみる。その結果を表34に整理した。日本のケースから説明する。一九五〇（昭和二五）年は、アメリカ宛の航空郵便の料金が八三円に対して国内料金は八円で、一〇倍を超えている。その倍率が毎回ほぼ低下し、五五年後の二〇〇五（平成一七）年には一・四倍までに圧縮された。比較した期間中、航空料金は八三円から一一〇円となったが、値下げもあり、一・三倍とほぼ横這《よこば》

表34　外国宛航空郵便と国内郵便の料金比較

年	日本の料金（円）			米国の料金（¢）		
	米国宛 (A)	国　内 (B)	A/B (倍)	日本宛 (C)	国　内 (D)	C/D (倍)
1950	83	8	10.4	25	3	8.3
1955	70	10	7.0	25	3	8.3
1960	75	10	7.5	25	4	6.3
1965	80	10	8.0	25	5	5.0
1970	90	15	6.0	25	6	4.2
1975	80	20	4.0	31	13	2.4
1980	120	50	2.4	31	15	2.1
1985	150	60	2.5	44	22	2.0
1990	100	62	1.6	45	25	1.8
1995	110	80	1.4	60	32	1.9
2000	110	80	1.4	60	33	1.8
2005	110	80	1.4	80	37	2.2
1950/2005	1.3	10.0		3.2	12.3	

（出典）　郵政省『郵便創業120年の歴史』223-224頁．JPS US Study Group の提供データなど．

（注）　日本の料金は米国宛の航空郵便料金(A)と国内郵便料金(B)を，米国の料金は日本宛の航空郵便料金(C)と国内普通郵便料金(D)をそれぞれ示す．いずれも書状基本料金．各年12月末現在の料金．

いの水準を維持している。むしろ物価の推移を考えれば、大幅に低下したといえよう。他方、国内料金は値上げされ続けて、八円から八〇円になった。一〇倍である。一・三倍と一〇倍。この差が航空郵便の料金に割安感が出てきた要因である。

アメリカの場合はどうであろうか。日本宛の航空郵便の料金が二五セントという時代が一九四六年からほぼ二五年間続く。国内料金三セントの時代も二六年間続いた。長期安定の期間があったが、日本のケースと同じような結果が出ている。すなわち、一九五〇年には航空料金が二五セントに対して国内料金は三セントで八・三倍であった。この倍率が二〇〇五年には二・二倍までに圧縮されている。その期間の値上げ幅をみると、航空料金では二五セントから八〇セントとなり三・二倍。国内料金は三セントから三七セントで一二・三倍となり、やはり航空料金の上げ幅がかなり低い。航空郵便料金の低下により、現在、外国郵便といえば航空便が通常の輸送手段となり、むしろ船便の方が珍しい存在になってきている。料金低下の要因は航空機の大型化ばかりではなく、郵便と競合する民間の国際宅配便の台頭も見逃せない。

一昔前まで、一刻でも早く目的地に届くように急ぎの手紙は航空郵便を利用したものであったが、インターネットなどの情報通信技術が進歩した現代においては、繰り返しになるが、もはや航空郵便はごく普通の郵便になってしまった。しかし、前段でかいまみてきたように、航空機の初期の主たる役割は手紙をはこぶことであった。それは航空郵便として特別な郵便であったのである。そして、飛行機で郵便をはこんだ草創期の飛行士《パイロット》たちは、それこそ命がけで使命を果たした。アントワーヌ・ド・サン＝テグジュペリもそのような一人であった。

サン＝テグジュペリは一九二六年二六歳のときにフランス南部のトゥールーズにあった郵便飛行会社《コンパニー・アエロポスタル》に入り、フランスと西アフリカとをむすび、そこから南米大陸に向かい、チリのサンチアゴとをむすぶ壮大な郵便飛行計画に参画している。サン＝テグジュペリの処女作『南方郵便機』は、彼がサハラ砂漠に近いジュビーの飛行場長をした時代が背景となっており、生還が難しい砂漠に不時着した飛行士の救出劇などを織り込みながら、草創期の困難な郵便飛行の様子を綴《つづ》っている。そのなかから、次の一節を紹介しよう。緊迫する無線通信の交信が、往時の困難な郵便飛行を甦《よみがえ》らせてくれる。

「フランス＝南米郵便機、五時四五分、トゥールーズ離陸。一一時一〇分、アリカンテ通過。」

トゥールーズが語ったのだ。路線の起点、トゥールーズ。はるかなる神。

一〇分のうちに、この報告は、バルセロナ、カサブランカ、アガディールを経由して私たちのところに達し、それからダカール方面に伝えられた。五〇〇〇キロの路線上に点在する各飛行場は警戒態勢に入った。夕方六時の連絡時間にも、ふたたび次の報告があった。

「郵便機、二一時アガディール着、二一時三〇分、キャップ・ジュビーは通常の信号燈を準備すべし。アガディールとの連絡を続行せよ。発信地、トゥールーズ。」

サハラ砂漠のただなかに孤立したキャップ・ジュビーの監視台から、私たちははるかなる流星を追い求めていた。

夕方の六時頃、南の方が騒がしくなってきた。

「ダカールからポール＝テチエンヌ、シズネロス、ジュビーへ。至急郵便機の情報を知らせよ。」

「ジュビーからシズネロス、ポール＝テチエンヌ、ダカールへ。一一時一〇分アリカンテ通過後、情報得られず。」

空路の情報伝達と題して、この章では伝書鳩、気球、飛行船、そして航空機による郵便輸送について述べてきたが、宇宙船が月に郵便をはこんだ話もしておこう。一九六九年にアメリカのアポロ一一号が月着陸に成功したが、当時のアメリカ郵政省の新聞発表によると、アームストロング船長とオルドリン月着陸船操縦士が月面に降りた後、月旅行にお供した手紙に月の郵便局のスタンプを押して、地球に持ち帰る。宇宙郵便の時代が到来した。

第15章　空間と時間を克服した通信技術

1　人間テレグラフ　眼と耳と口と

長い情報通信の歴史を俯瞰《ふかん》してみれば、古代から現代まで、手紙は情報を伝える手段として綿々と続いている。手紙は人の手を介して相手に届けられているが、前三章で述べたとおり、送達時間を短縮するために、いつの時代にももっとも速い乗り物に手紙を託して、目的地にはこぶ努力が積み重ねられてきた。しかし人間はできるだけ早く情報を伝えたい、できれば瞬時に伝えたいと考えてきたが、手紙には発信人から受取人までの空間（距離）とそこをはこぶ時間という、物理的な壁が立ちはだかっていた。この空間と時間を克服するために、人は知恵を絞り、さまざまなことを実践してきた。

テレグラフという言葉がある。今は「電信」などと訳される場合が多いが、意外にも、その語源は電信が登場するはるか昔の古代ギリシャまでさかのぼることができる。ギリシャ語のテレとグラフィの合成語で、テレは「遠くに」という意味、グラフィには「書く」とか「伝える」という意味がある。すなわちテレグラフは、遠くに情報を伝える手段、遠くに情報を伝える装置という意になる。電信が発明されるまで、テレグラフといえば、遠くの音を聞き分ける方法と、遠くのものを読み取る方法があった。耳をそばだてて、あるいは眼を大きく見開いて情報を受けたのである。人間の五官である聴覚と視覚を活用した人間テレグラフといえよう。次に、そのいくつかを紹介しよう。

大声、口笛、太鼓

大声を出して情報を伝えていく大声テレグラフは、人間のもっとも基本的かつ究極の通信方法である。不明な部分も多いのだが、ペルシアには、大声を発する人間が声が届く距離ごとに配置され、声のリレーネットワークを敷いていた。カエサルの『ガリア戦記』には、ケーナブムというところにいたローマ人がカルヌーテース族に殺され財産が掠奪《りゃくだつ》された事件が起きると、その噂《うわさ》が大声テレグラフによってガリアの部族全体にただちに伝えられたことが記されている。

口笛で情報を伝えた人たちもいた。ジョルジュ・ジャンの『記号の歴史』に述べられているが、それによると、フランス領ピレネーのアラス村、トルコの一部渓谷地帯、それに大西洋上のアフリカ北西岸寄りにあるカナリア諸島のゴメラ島の人々などが口笛で意思を伝え合っていた。ゴメラ島の例をみよう。島は車輪のような形をしていて、車軸に当たる中央部分が標高一四八七メートルのガラジョナイ山である。そこからちょうど車輪のスポークのように、無数の深い渓谷が島の周囲の切り立った海岸に向かって走っている。岩が多い深い渓谷では、島の羊飼いが長い杖《つえ》をもって岩から岩に羊を追っていた。口笛によるメッセージ伝達は、渓谷の急な斜面から斜面への骨の折れる移動を避けるために編《あ》み出されたものである。もちろん対面の会話も口笛で行われた。

口笛を吹くときは、音に抑揚をつけるために、一、二本の指あるいは折った指関節を口に入れる。ちょっと内緒話がしにくいけれども、それは音楽のような会話になったことであろう。想像するだけでも愉《たの》しい。遠くに情報を伝えるときは、口笛を大きく吹く。その音は一一〇デシベルから一二〇デシベルにもなり、耳をつんざくばかりのたいへん大きな音になった。ゴメラ島の人の口笛は七キロから八キロは届き、最高記録は一〇キロにも達した。とても信じられない数字だが、その秘密は、音が切り立った急な渓谷に谺《こだま》する、そもそも音が伝わりやすい地形だからである。口笛テレグラフである。今でもこの技術《わざ》をもつ人が島にいる。

太鼓は音を出す楽器であると同時に、それが通信にも使われた。大がかりな太鼓テレグラフがみられる地域は、アフリカ、ポリネシア、南北アメリカなど広い範囲に及んでいる。それは熱帯のジャングルに多くみられる。前人未踏のジャングルでは、人が走って情報を伝えることができないため、そこで太鼓を叩《たた》いて情報を伝えることが考え出された。さまざまな太鼓のリズムに意味をもたせて、たとえば、間隔が長いゆっくりとした太鼓の響きは何もないことを、激しく連打する太鼓の警報音は敵が来襲することを報《しら》せる合図といった具合に決められていた。この太鼓言葉の研究が日本でも進められていて、東京外国語大学アジア・アフリカ言語文化研究所から、アフリカ社会で通信システムのなかで使われている太鼓言葉にかんする研究報告書が出されている。

日没後の静寂のなかでは太鼓の響きが八キロは届き、音速毎秒約〇・三キロとすれば、その間を数十秒で情報を伝達でき、それを中継していけばジャングルに大きな太鼓テレグラフの通信ネットワークをつくることができる。もちろん、太鼓の代わりに、板木、角笛、ラッパ、法螺貝《ほらがい》、鐘、半鐘などもあり、それぞれの音が信号となり、それぞれが独特の通信機能をもっていた。

今井幸彦は『通信社』のなかで面白い経験談を紹介している。それは著者が第二次世界大戦中にインパール作戦に従軍記者として参加したときの話である。インドの奥地アッサム地方の山岳地帯には、さまざまな部族がいて、彼らは、それぞれの山頂に立て籠《こ》もっていた。完全に孤立化した各部族をむすぶ道は危険きわまりない獣の道しかなかった。そこで日英両軍が死闘を続けていたのである。

しかし、孤立化した部族間で日英両軍の動きを常時監視し、板木テレグラフによって連絡し合っていた。それは両軍が使っている近代的な無線通信よりも、はるかに正確かつ迅速であったことが次のことから証明できる。すなわち、たとえ英軍陣地への奇襲に成功したとしても、苦力や食糧を求めて集落を急襲すると、いつももぬけの殻であった。つまり日英両軍のすべての行動が監視され情報が的確に伝わっていたことを意味している。もし、日英両軍のいずれかが原始的な板木テレグラフを解読できていたら、敵の動きを正確にキャッチでき、戦況は大いに変わったことであろう。近代的な無線通信に劣らぬ、否、無線通信よりも優れた板木テレグラフの技術の高さがわかる。

狼煙、水、旗

眼で信号を確認しあいながら情報を送受する。その視覚テレグラフの代表例は狼煙《のろし》であろう。ピーター・ジャクソン監督の『ロード・オブ・ザ・リング／王の帰還』というファンタジー映画を観《み》たことがある。そのなかで援軍を求める狼煙が砦《とりで》で焚《た》かれ、炎は夜空を焦がし、その炎は山の頂の狼煙に引き継がれ、そのまた炎が次の山の頂に引き継がれて、次々と狼煙が点火されていく幻想的なシーンがあった。映画の話をするまでもなく、狼煙は古代から近世まで基本的な通信手段である。本書では、第1章でギリシャ、中国、朝鮮半島の狼煙をみてきたし、第6章では日本の狼煙についてすでに述べてきた。まさにこれら狼煙テレグラフは現代の光通信の元祖でもある。ここでは文字を送信できる狼煙の仕組みを紹介しよう。一条の煙を上げるだけの狼煙では、あらかじめ約束した簡単な情報しか送信できない。しかし、メガロポリス出身の歴史家ポリュビオスによれば、アレクサンドリアの技師クレオクセノスとデモクレイトスが開発し、ポリュビオス自身が改良した狼煙の仕組みは、文字が送信できる狼煙なのである。仕組みを井口大介が『人間とコミュニケーション』のなかで説明しているが、大略、次のとおりである。

まず、暗号書《コード・ブック》の作成である。古代ギリシャ文字はJとWがないから、二四文字のアルファベットである。横列五文字、縦列五文字の枠のなかにアルファベットを順番に並べ、それを暗号書とした。次に狼煙台をつくる。まず狼煙の中継ポイントを決めて、細長い五つの溝を刻んだ狼煙台を二つ建てる。溝は松明《たいまつ》をおくところになる。次のポイントからみて左側の狼煙台で横列座標を、右側の狼煙台で縦列座標を示す。たとえば、Kは二段目の五列目の文字であるから、内側からみて、松明を左に二本、右に五本おく。Zなら左に五本、右四本といった具合におくのである。実験によると、この方法で「クレタ人一〇〇人逃走せり」という情報を送ると三〇分ほどかかった。訓練すれば、もう少し送信時間は短縮できよう。文字を送信するアイディアとしては良かったのだが問題がある。望遠鏡もなかった時代だから、中継ポイントの間隔が開きすぎると、松明が何本上がっているかはっきりと確認できない。間隔を縮めれば中継ポイントが大幅に増えて維持が困難になる、などの問題があり、拡がりをもった通信ネットワークとはならなかった。

水を利用して遠くに情報を送る視覚テレグラフ。正確にい

A	B	C	D	E
F	G	H	I	K
L	M	N	O	P
Q	R	S	T	U
V	X	Y	Z	

古代ギリシャの狼煙信号．アレクサンドリアの技師たちが開発したものを，ポリュビオスが改良した．上図右側（次のポイントからみると左側）の城壁は横座標軸を，左側（次のポイントからみると右側）の城壁は縦座標軸を示し，文字を送信した．中図は，それを正面からみたもの．下は暗号書．

うと水と松明のテレグラフになるが、それについてやはりポリュビオスが述べている。アイディアに富む古代通信技術として、ここに取り上げておこう。戦術家アイネイアスの水通信であるが、紀元前三五〇年頃に用いられた。まず、直径二〇センチ・高さ一メートルほどの大きさの、上が開《あ》いた細長い木の筒をつくる。下の方に水が出る栓をつける。栓を抜くと水が流れ出る仕掛けである。筒のなかに二四の目盛りをつけた棒を入れる。目盛りと目盛りの区画ごとに送りたい情報を、たとえば騎兵来襲、歩兵来襲、騎兵と歩兵来襲などと簡単に書いておく。水がいっぱい入っているときは棒はかなり上に出ている。同じ装置を二つつくり、情報の送り手と受け手の双方におく。

水通信の合図は送り手がまず松明を上げ、それをみて受け手が松明を上げると準備完了である。続いて送り手は松明を下げ、同時に水の入った筒の栓を抜く。その通信開始の合図があったら、受け手も素早く栓を抜く。筒の水は徐々に流れ出し、棒は沈んでいく。筒の口の当たるところに、送信したい情報が書かれた区画がきたときに、送り手は高々と松明を上げ、同時に栓も閉める。この合図をみたら、受け手は間髪を容《い》れず栓を閉める。そして、筒の口にある区画に書かれた内容を読んで、送信してきた情報を理解するのである。水時計の原理を活用したものであるともいわれている。すなわち水時計は水の流れ出る量をごく微量に制御して時を刻むように仕組んだものであるが、水通信は水の流れ出る量を多くしてほぼ瞬時に結果が出るようにしたものである。

視覚テレグラフで次に挙げたいのは「旗」である。旗には、国旗、軍旗、校旗、オリンピック旗などさまざまなものがあるが、ここでは信号旗である。信号旗はもっぱら船舶で使われているが、その歴史は古い。紀元前九世紀、エジプトの船に旗が掲げられ、旗により僚船とのあいだで通信が交わされた。旗旒《きりゅう》信号である。一六世紀エリザベス朝にはイギリスの軍艦に赤・青・白の色でデザインされた信号旗が掲げられている。帆のあげ方やマストの張り綱などの見やすいところに、いろいろな信号旗を掲げて船舶間で通信した。海戦ともなれば、この信号旗による通信が迅速にそして正確に行えるか否かが勝敗を決する要因ともなったから、信号兵の役割は重かった。一九〇五（明治三八）年の日本海海戦では、戦艦三笠のマストにZ旗が高々と掲げられて、ロシアのバルチック艦隊との戦端が切られたことは有名な話である。また、満艦飾の船は、歓迎や祝福など慶事を表している。

手旗信号も編み出された。日本では一九世紀末に海軍がカタカナの裏文字を二本の旗で表す信号の方法を開発した。それが海軍手旗信号法となり、昭和の時代に入ると民間船舶も使いはじめた。まず、旗の位置を示す一四の原画《げんかく》が決められた。旗を降ろした姿が原姿、両手の旗を水平にした姿が第一原画、右手の赤い旗を垂直に揚げ左手の白い旗を下げた姿が第二原画という具合にである。送り手は決められた原画とそれらの組み合わせにより信号を送る。たとえば一つの原画で表すことができる「フ」という文字を送るときは第九原画で、右手の赤い旗を水平に、左手の白旗を右斜め下にする。送り手にとって裏文字になるが、受け手にとっては正しく「フ」にみえる。電子技術が発達した現代でも、非常時には手旗信号は欠かせない。手旗信号は、今もボーイスカウトの隊員や海洋少年団員の必修訓練科目になっている。

　海上のみならず、陸上でも旗は通信に使われた。日本でもみられ、大阪の米相場を速報するためにつくられた旗振り通信が有名である。旗テレグラフである。一七四五（延享二）年頃、大和国平群《へぐり》郡若井村の源助という人物が大阪に人を送り、堂島の米相場の情報を送らせたのがはじまりと伝えられている。最初は狼煙で、次いで大傘を使い、最後に旗による通信が行われた。約一二キロごとに旗をもった信号士を配置して、旗を振って合図しながら情報を送信した。旗は畳一枚ほどの大きな旗とそれより小振りの旗があった。晴天のときは小さい旗で、曇天のときは大きな旗が使われた。長さ一メートルにはなる伸び縮み方式の倍率二〇倍ほどの遠眼鏡《とおめがね》も用いられ、送られてくる信号の確認に活躍した。遠眼鏡を使う通信士は、相手が次の通信ポイントに正しく信号を送っているかどうか確認することも重要な役目であった。

　信号は、旗を右に振れば十の位、左に振れば一の位と決められていて、三四銭なら旗を右に三回振り、次に左に四回振った。最盛期には、複数の業者が旗振り通信を営み、その速さはもちろん、情報の質や正確さも競い合っていた。そのため、文字情報の追加、エラー訂正の信号なども考案し、正確な情報伝達を心がけていた。途中で盗み読みされることを防ぐために、通信文にはさまざまな符丁を加え暗号化した。旗テレグラフは意外と速い。堂島から和歌山まで三分、京都四分、神戸七分、桑名一〇分、岡山一五分、広島四〇分である。一中継地点のリレーが一分以下で行われたことになる。一時、幕府から使用を禁じられたこともあるが、二〇世紀はじめまで機能していた。

2　腕木通信　現代の通信ネットワークの起源に

視覚テレグラフの王者は腕木《うでぎ》通信である。フランスのクロード・シャップがさまざまな実験を繰り返して考案したものである。日本語で書かれた情報通信史の本にも腕木通信にかんする記述が断片的にみられるが、中野明の『腕木通信』はフィールドワークの成果も盛り込み腕木通信の全容を明らかにした初の日本語文献となろう。以下、もっぱら同書に負うが腕木通信の概要について述べる。

構造と通信方法

腕木通信の基本構造は、塔に支柱を建て、先端に腕木をつける。T字型のようになるが、その腕木の両端にさらに腕木をつけ、それらの腕木を階下から操作する。たとえば、両端の腕木の一方を上にもう一方を下げる、あるいは支柱につけた腕木を垂直にするなどして、さまざまな形を表現した。その、それぞれの形に意味をもたせて通信したのである。要するに、機械仕掛けの大掛かりな手旗信号機である。支柱につけた腕木は調節器《レギュレータ》の、両端の腕木が指示器《インジケータ》の役割をした。標準寸法は、支柱が床から先端まで六メートル、調節器が長さ四メートル・幅三〇センチ、指示器は長さ二メートル・幅三〇センチである。調節器は支柱に接続された中心部を軸に回転する。また、指示器は調節器の端に接続されているが、接合部分を軸にやはり回転する仕組みになっている。指示器の先には素早く回転するように鉄の錘《おもり》もつけられた。

調節器と指示器はいずれも木材であるが、工夫が少し凝らされている。単なる板ではなく、長い細い木枠のなかに仕切り板を斜めに幾重にも並べてある。形状は、半開きの窓のブラインドに似ている。これには、光の反射をできるだけ抑えて、風通しをよくして風圧による機器の破損を防ぐ狙いがある。また、青空のなかではっきりと識別できるように、調節器と指示器には黒い色が塗られた。

階下の部屋には支柱が床に固定されて、支柱には操作ハンドルがある。それはちょうど自転車のハンドルのようになっていて、支柱の接続部分を軸に回転する。ハンドルに滑車と真鍮《しんちゅう》製のロープを組み合わせて、その動きを先端に伝え、調節器を動かすようになっている。ハンドルを時計まわりに四五度まわすと、調節器も同様に時計まわりに四五度まわる。ハンドルの両端にはまた別のハンドルがつけられていて、それをまわすと上の指示器がそのようにまわる。これもハンドルの動きを滑車とロープに伝えて指示器を動かす仕組みになっている。腕木通信の信号手は、上をみることなく階下で思いどおりに、外の腕木を動かすことができる。

この腕木通信機を備えた塔が通信基地となったが、一つでは役に立たない。このような通信基地を視界のよくきく高台に八キロから一五キロの間隔で設置していく。視界を邪魔する木々は容赦なく伐採されていった。通信基地専用の塔をつくりそこに装置をつけたのだが、すでにある鐘楼や教会や大きな建物の上に通信装置をつけた場合も多かった。パリではルーブル宮の建物の上に腕木通信の装置をつけた。一九世紀はじめまで、ルーブルは腕木通信の中央情報センターとして機能する。

腕木通信は、腕木の形に意味をもたせ、相手に情報を伝える。そこで腕木の形を符号《コード》に置き換えなければならない。一七九九年以降に使われた改良型の符号では、九二種類の腕木の形が定められ、それらを一から九二までの符号にした。マッチの棒を二本用意して、一本を支柱につけられた腕木、もう一本を折って二本にし、この短い二本の棒を両端についている腕木と仮定する。長い棒は水平か垂直のいずれかにする。両端の短い棒は四五度ずつ変化をつけることができることにする。これを前提に、読者もいろいろな形をつくってみて欲しい。それが腕木通信の符号を示す形となる。

腕木通信機の塔．内部で通信手がハンドルを操作し，遠くにみえる次の塔に信号を送っている．原則，通信手は１人勤務で１日２交代制であった．

次に符号対応表をつくる。全九二ページ、各ページ九二行の対応表である。九二の二乗だから、八四六四種類の単語や文章や記号が識別できる。たとえば、一二と三四の符号を送信すれば、対応表の一二ページ目の三四行目にある言葉が送信したメッセージとなる。これだけでは円滑な通信はできないので、通信手順がこと細かく決められた。今様にいえば通信プロトコルである。九二種類以外の形で、緊急とか普通とかエラー訂正などという意味を示すコントロール信号も決められた。もちろん宛先も重要な部分になる。

腕木通信は単線運転である。パリからリールに向けて緊急通信が流されると同時に、リールからやはりパリに向けて通信が流されたら、途中の基地で通信が衝突することになる。その解決策がコントロール信号である。通信の優先度をみて、優先度の高い方を先に通すのである。しかしどちらも緊急通信であった場合には、パリ発を優先したらしい。複数の通信線が合流するハブとなる通信基地では、受信した通信の宛先が鍵となる。ハブ基地には、合流する通信の数だけ腕木通信機が設置されていて、そこで宛先方向用の通信機に切り替えて通信をリレーしていく。このように腕木通信の送信はかなり複雑な過程を経て行われていたので、通信手の訓練と習熟を要した。

腕木の形を遠方から確認するのに欠かせないのが望遠鏡である。フランスでも望遠鏡が製造されていたが、ドイツやイギリスのものとくらべると見劣りした。しかし、外国製は価格が非常に高いこともあり、フランス国内の工房に望遠鏡を発注した。後にそれらの工房の技術も向上し、精度の高い望遠鏡がつくられるようになった。腕木通信に使われた望遠鏡には、折り畳みがない寸胴《ずんどう》のものと三段折り畳み式のものがある。長さは九〇センチから一三五センチ、筒の直径は七センチから八センチで、木か真鍮でできている。接眼レンズ二枚と対物レンズ二枚を組み合わせる倍率四〇倍から六〇倍の望遠鏡である。基地の腕木を操作する部屋には、上流と下流の通信基地の腕木をみる二つの望遠鏡が備えられている。大きな望遠鏡なので、専用の台座があった。望遠鏡がなかったら、通信ルート上にもっとたくさんの中継基地をつくらなければならず、それは実行不可能なことであった。望遠鏡の存在は、腕木通信の実施に欠かすことのできない要素の一つであった。

導入経緯と発展過程

腕木通信の構造や通信方法などについて、これまで述べてきた。ここで腕木通信の開発者とその導入の経緯などについてふれたい。開発者はフランスのサルト県出身のクロード・シャップである。彼が腕木通信を完成させるまでには、シャツター式通信など、さまざまな方式の通信を実験している。また、実験と売り込みを兼ねて、パリのエトワール広場に通信施設を建設しようとし、現場に資材を集めておいたところ、それがそっくり盗まれてしまった。このような災難にも遭遇したが、強力な支持者も出てくる。一七九三年四月、実力者のシャルル・ジルベール・ロムという人物が議会においてシャップの腕木通信の技術力と実用性について熱弁し、即日、軍事予算から実験費用として六〇〇〇フランの支出が認められた。通信基地は、パリ近郊ベルヴィユ、そこから一五キロ先のエクアン、さらに一〇キロ先のサン・マルタン・ド・テルトルの三ヵ所に建設されることになった。全長二五キロである。しかし、前年には王政が廃止され、共和国宣言が出されるなど世の中は混沌としていた。このことを反映し、官憲に守られながら施設の建設が進められた。

同年七月、腕木通信の公開実験が行われた。各通信基地に二名ずつの通信手が配置され、一人が望遠鏡で信号を確認し、もう一人が腕木通信の装置を操作した。実験は、政府委員をはじめ多くの民衆が見守るなかで開始された。最初にベルヴィユからフランス語で二八語の通信文が腕木通信によりサン・マルタン・ド・テルトルに送られた。符号による通信文は普通の文章に変換されたが、間違いがなかった。その間一一分である。復路の通信実験も成功した。このような実験が繰り返され、シャップの腕木通信が短時間のうちに遠くに、かつ、メッセージが正確に相互に交換できることを証明した。実験の成功は議会に報告され、軍事的価値に着目した軍人のラザル・カルノの後押しもあり、パリ―リール間をむすぶ腕木通信のための一五の基地敷設が決定された。全長約二〇〇キロである。リールはフランス北部にあり、当時、戦略上きわめて重要な地点であった。

一七九四年七月、パリ―リール間の腕木通信の運用が開始された。腕木通信の真価が発揮されて、はじめてその効用が認識されたのは開通一ヵ月後のことであった。フランス共和国軍がオーストリアから北部の要衝コンデを奪還したという大ニュースをパリに伝えたのである。通信文はフランス語で一三語から成り「コンデが共和国により奪回された。敵の降伏は今朝六時」というものであった。ただちに議会に伝えられ、カルノが「ここにたった今届いた腕木通信による報告がある」と切り出して、内容を読み上げた。その直後、拍手喝《かっ》采《さい》が巻き起こり、拍手はしばらくのあいだ鳴りやまなかった。議会はコンデを「自由なる北方」と、北方の軍隊を「母国の恩人」と称することを決議する。この決議がまたただちにリールに伝えられた。しばらくすると、シャップから「決議がリールに届いた」という報告が議会に届く。ここに腕木通信が短時間で情報を相互に交換できることを議会において示すことができた。

腕木通信の実用性が証明されたことにより、政府は腕木通信のネットワーク整備に乗り出す。この時期に整備されたネットワークは、パリ―リール―ダンケルク間二七六キロ、パリ―ストラスブール―ユナング間五九九キロ、パリ―ブレスト間五五一キロである。わずか五年間に一四二六キロに及ぶ腕木通信のネットワークが完成した。運用開始以降約六〇年

地図19　整備された腕木通信網（19世紀）

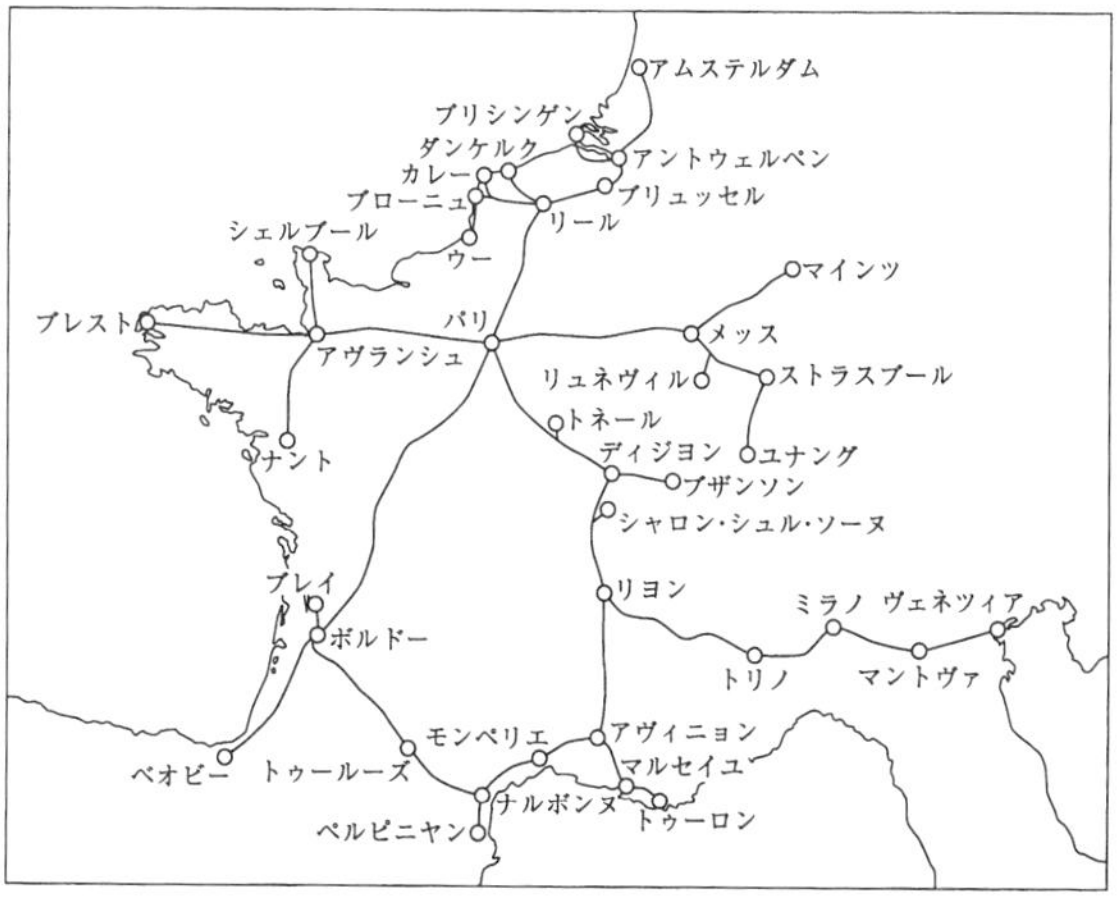

のあいだに建設された腕木通信の総延長は五七六九キロに達する。地図19がそれである。途中で廃線されたものもあったので、建設された腕木通信が一度に全部使われたことはなかったが、一八四六―四七年のピーク時には、四〇八一キロのネットワークを使い、腕木通信による情報交換がフランス全土で展開された。

中野明の研究によれば、腕木通信が急上昇する時期は四回ある。それによれば、第一期は運用開始直後の一七九八年と九九年の二年間。フランス革命の終盤の時期である。革命の波及を防ごうとするイギリスやオーストリアなどの諸国から軍事的干渉が続き、国境沿いはどこも緊張していた。そのことを反映して前段で述べたように、パリを中心として、イギリスと対峙《たいじ》する西のブレストや北部のダンケルク、オーストリアに睨《にら》みを利かすべく東のユナングまで腕木通信のネットワークが敷設されていく。

第二期はナポレオンが台頭した一八〇三年から一三年までである。表35に示すように、この時期に腕木通信は、北はブリュッセルを経てアントウェルペン、さらにはアムステルダムまで延長される。南では、リヨン、トリノ、ミラノ、ヴェネツィアまで通信線が延びている。腕木通信網は一八〇二年の一二四〇キロを底に、一八一三年には三〇三八キロに達している。この一〇年間に一八〇〇キロも延長された。この記録はどの時期のものよりも大きい数字である。ナポレオンがいかに通信ネットワークの構築に熱心であったかということを示すものである。延長されたところはナポレオンの軍事行動と深いかかわりがあり、パリと各要衝の地とをむすぶネットワークを形成した。

表35　ナポレオン時代の腕木通信ネットワークの拡大状況

開通年（廃止年）	区　　間	距離(km)	全長(km)
1799			1,426
1801	リュネヴィル―ヴィック	28	1,454
(1801)	ストラスブール―ユナング（廃止）	-114	1,340
(1801)	リュネヴィル―ヴィック（廃止）	-28	1,312
(1802)	リール―ダンケルク（廃止）	-72	1,240
1803	リール―ブリュッセル	94	1,334
1803	リール―ブーローニュ	104	1,438
1804	パリ―ディジョン―リヨン	521	1,959
1807	リヨン―トリノ	280	2,239
1809	トリノ―ミラノ	147	2,386
1809	ブリュッセル―アントウェルペン	37	2,423
1809	アントウェルペン―ブリシンゲン	79	2,502
1810	アントウェルペン―アムステルダム	150	2,652
1810	ミラノ―ヴェネツィア	279	2,931
(1812)	アントウェルペン―ブリシンゲン（廃止）	-79	2,852
1813	メッス―マインツ	186	3,038

（出典）　中野明『腕木通信』177頁.

第三期は一八二一年から二三年までの期間である。復古王朝ルイ一八世の後半の治世にあたり、隣国スペインで革命が起こり、それに乗じて、フランスはスペインに軍事介入する。これに呼応する形でパリ―ボルドー―バイヨンヌ間七五五キロにもなる腕木通信の長距離ネットワークが短期間に敷設された。これを文豪モンテ・クリスト伯は「スペイン線」と呼んだ。

第四期は一八三三年から三四年にかけてである。一つはイギリスを意識して、アヴランシュ―シェルブール間一二一キロが建設された。もう一つは、スペイン国内の混沌とした事態に対応したものであるが、ボルドー―トゥールーズ―ナルボンヌ―モンペリエ―アヴィニョン間五八四キロのネットワークを敷設した。いずれの時期も、軍事的な要求に基づいて腕木通信のネットワークが拡大していったことがわかる。

音速を超す通信スピード

腕木通信は多くの人間に支えられ、人海作戦によりリレー方式で遠方に情報を伝達する仕組みであった。その速度はどの程度のものであったろうか。表36に、パリから各都市への腕木通信のスピードを示す。数語の短い通信であろうが、一番距離の短いパリ―リール間二〇四キロ二二基地では一二〇秒（二分）、一番距離があるパリ―ブレスト間五五一キロ八〇基地では四八〇秒（八分）であった。中野明は『腕木通信』のなかで通信距離と通信スピードの関係を分析しているが、それによると、通信の距離が長くなると、そのスピードが総じて落ちる。前記の長短二つのケースを秒速に換算してみると、通信距離二〇四キロでは秒速一七〇〇メートル、同

表36　パリから各都市への腕木通信の速度（1819）

	リール	カレー	ストラスブール	リヨン	ブレスト
距　　離（km）	204	304	485	521	551
基 地 数（箇所）	22	34	45	50	80
時　　間（秒）	120	180	390	540	480
速　　度（m/秒）	1,700	1,689	1,244	965	1,148
平均速度（m/秒）	1,349				

（出典）　中野明，前掲書，135頁．

じく五五一キロでは秒速一一四八メートルとなる。後者は前者にくらべて、約三割もスピードが落ちている。それでも音速を超えるスピードである。カレー、ストラスブールなどのケースも考慮してみると、腕木通信では、通信距離と通信速度は反比例する関係にあることがわかる。

それに通信文の長さや内容によっても、通信の所要時間が当然変化する。フランス当局は、一〇〇の信号を送信する標準所要時間として、パリ—リール間五六分、パリ—ストラスブール間七六分などと定めていた。別のデータでは約三〇基地をリレーし一〇〇の信号を送信する所要時間が一八二九年に六〇分だったものが、三八年に四一分に、さらに四九年には三二分になり、当初の約半分に短縮されている。腕木通信の装置の改善もあろうが、通信手の熟練が大きく寄与したとみてよい。また、定型的な短い通信文であればスムーズに通信リレーが行われたが、非定型的なメッセージとなると、通信文も長くなり、エラーの率も多くなるので必然的に時間を要した。それでも腕木通信の速さは、当時の基準からいえば、驚異的な通信スピードであった。たとえば、パリ—リール間を郵便馬車で手紙をはこぶと六つの駅で馬を取り替え一日半はかかる。しかし腕木通信を使えば、わずか一時間前後で通信できる。そこには格段の差があった。

もっとも腕木通信は夜間に通信できないし、霧や雨などの天候によっては通信不能になる。それでも腕木通信はさまざまな重要なニュースを伝えた。一八一五年のナポレオンのエルバ島脱出の情報もその一つである。それに関連して、たとえばリヨンの知事は「陸軍大臣閣下。ヴァール県知事より奇妙な手紙を入手。ボナパルトが三月一日、一六〇〇人の手下を従えてジュアン湾に上陸したとのこと。一行は二日にグラッセを通過し、サン・ヴェリエ、ディーニュ、そしてグルノーブルと、リヨン方面に向かって移動中。知事シャブロ。リヨン、三月四日午後四時」と腕木通信でパリに緊急信を発している。ナポレオンがパリに入城すると、今度は「全腕木通信線へ伝達。昨晩八時、軍の統領として皇帝がパリに入城。今朝、大群衆が皇帝に喝采を送った。一八一五年三月二一日。バッサーノ公爵」とパリから全線に緊急信が流された。

情報通信史の上では、フランスの腕木通信は、電信発明以前の、人間テレグラフの頂点をきわめた最後の通信技術といえよう。実は、腕木通信ははじめ「テレグラフ」と名づけられ定着したが、電信ができると、それを「エレクトリック・テレグラフ」と呼ぶようになった。後に電信のことを単に「テレグラフ」と称するようになり、テレグラフといえば電信になってしまった。そこで、シャップの腕木通信は「セマフォア」（フランス語では「セマフォール」となる）と呼ぶようになった。

その腕木通信だが、中野明の解釈によれば、現代の社内LANのスター型ネットワークに似ているという。すなわちパリを中心にスター型というかヒトデ型にネットワークが形成されている。それに腕木通信のそもそもの敷設経緯が軍事的観点から進められたこと、また、通信プロトコルも詳細に決められていることなどを総合的に考えると、腕木通信には現代のインターネットの生い立ちに似ているところや技術の芽がみられるという。そういえば、トム・スタンデージが『ヴィクトリア朝のインターネット』と題する本の冒頭で「一九世紀、テレビも飛行機もクレジットカードもなかったけれども、インターネットがあった」と書き出し、腕木通信について説明している。意外にも、腕木通信には現代に通用するインターネット技術の芽が秘められていたのかもしれない。

3　有線電信　電気式テレグラフの誕生

時間《とき》と空間《ところ》を超えて、瞬時に情報を伝えることができる電信——。その力をはじめて体感した一九世紀の人々の驚きは、サッカーボールを上手に蹴り上げるロボットをみて感心する現代人の驚きとは、比較にならないほど大きなものがあったにちがいない。ある人は科学技術の大いなる勝利といい、ある人は神の成せる業《わざ》といった。また、まやかしや手品の類《たぐい》と思い込み、そもそも電信を信じようとしない人々も多かった。それだけに電信の発明は情報通信史の上で革命的な出来事であった。この一九世紀の通信革命は、単に通信方法の変化にとどまらず、経済活動をはじめ人間の社会や生活そのものに大きな変革をもたらすことになっていく。

サミュエル・モールスが政府から三万ドルの補助金を得て、ワシントン―ボルティモア間六〇キロに銅線の電信線を建設して、一八四四年五月、電信業務を開始する。最初に送られた電文は、聖書の言葉「神が造り給うたもの」という英文四語であった。アメリカにおける有線電信が実用化された記念すべき瞬間である。しかしながら、この実用化までには、幾多の先人たちがさまざまな研究を行ってきた。モールスの成功は、先人たちの発明や発見が基礎となっている。ここでは、その足跡を簡単に辿ってみよう。

電信の実用化

モールスの電信機は「電気」と「磁気」を利用したものである。電気学の祖はギリシャのタレスである。紀元前六〇〇年頃、タレスは琥珀《こはく》を擦《こす》ると小鳥の羽根のような軽い物体を引きつけることを発見した。摩擦による静電気である。紀元前五〇〇年頃、やはりギリシャで鉄を吸いつける磁鉄鉱が発見された。やがて方位を示す磁気コンパスに使われるようになる。一八世紀には、アメリカのベンジャミン・フランクリンらが、先駆者として、針金を通してはじめて電気を伝えた。イタリア人のアレサンドロ・ヴォルタは乾電池を発明し、持続的に電気を取り出すことに成功した。一九世紀に入ると、デンマークのハンス・エルステッドが電流による磁気作用を発見した。

発明や発見が続き、一八世紀半ばになると電気を用いた通信実験が競って行われた。ドイツのサミュエル・ゼンメリンクは電池と電気分解の原理を応用し、アルファベットと数字を表す三五本の線を使う電気化学式の電信機を考案した。それは、送信側で送ろうとするアルファベットか数字の線に電池をつなぐと、受信側の対応するガラス管のなかで電気分解が起きて泡が出る。そのガラス管に記された文字か数字を受信側が読むのである。実用的とはいえなかったが、その後の電信機の開発に大きな示唆を与えた。ゼンメリンクの電信機をみたロシア人のパヴェル・ロヴォヴィッチ・シリングは、電磁式の電信機を考案する。電流を流すと磁針が動くことを応用したもので、六つの磁針と八本の通信線を使った。六つの磁針の振れの組み合わせで文字を表した。

電磁式電信機は改良が重ねられていく。若井登・高橋雄造編著『てれこむノ夜明ケ』によれば、イギリスではウィリアム・クックとチャールズ・ウィートストーンが共同して、五針式の電信機を開発している。それは受信側の横一列に並んだ五つの針のうち常に二本が動き、その二本の針が示す延長線上の交差するところに記された文字を読み取るものであった。一八三七年には特許を取得し、同年、ロンドンのユーストン駅からカムデンタウンまでの一・五キロのあいだで試験通信が行われた。その後、文字を符号化すれば針は二本ですむことがわかり、二針式の電信機がつくられた。そのきっかけは、三本が断線する事故が起きて、通信手が何とか残りの二本で通信できないかと工夫したことにあった。

一八三九年、二針式電信機はロンドン・パディントン駅―ウェストドレイトン駅間二一キロで運用が開始され、五年後にはスラウまで延長される。さらに改良して、単針式の電信機を考案した。また、一八四〇年には円形の文字盤ダイヤル

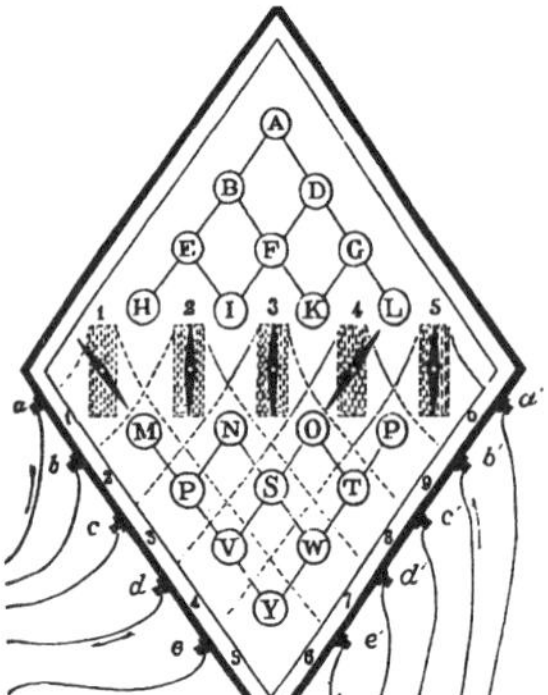

クックとウィートストーンの5針式電信機．電線に電流を流すと近くの磁針が振れる．図では，左の針と右から2番目の針が振れ，交点にある「V」が受信すべき文字．20文字しか識別できなかった．

の上を一本の針がまわり所定の文字のところで止まる、ＡＢＣ電信機と呼ばれる指字電信機もつくった。ＡＢＣ電信機は広く使われ、二〇世紀初頭まで活躍した。共同で電信機を開発してきたクックとウィートストーンだが、後年、電信発明の先取権を巡り仲違いをし、非難合戦を繰り広げた。

ここでモールスの話に移る。彼は電信の専門家ではなく、畑ちがいの絵画や彫刻を担当する大学教授であった。電信機を思いついたきっかけは、ヨーロッパから帰る船のなかで電磁石の実験をみたことであった。電気の知識のないモールスは、ハーヴァード大学の物理学教授ジョセフ・ヘンリーらの協力を求め、電信機を完成させた。原理は、時計仕掛けのモーターで紙テープをまわす。鉄の棒の先にペンをつけ、そのペン先が紙テープの上に少し浮く形で据え付ける。次に鉄棒の下にやはり少し離して電磁石をおく。電磁石に電流を流すと鉄棒が下に吸いつけられる。電流を切ると鉄棒が上に離れる。この動作によって、電流を流すとペン先が紙テープに接地する、すなわちテープに印《しるし》がつけられる。電流を瞬間的に流せば印は点になるし、長めに流せば線になる。

この印に意味をもたせたのである。誰でも知っているモールス信号《コード》と呼ばれるもので、短点《ドット》と長点《ダッシュ》を組み合わせたトンツー信号である。組み合わせにも工夫が凝らされている。モールスはアルファベットの使用頻度を調べ、頻度の高い文字には簡単な組み合わせを採用した。使用頻度のもっとも高いＥは「短点」一つ、次に高いＴは「長点」一つ、反対に、使用頻度の低いＸは「短点《トン》・長点《ツー》・短点《トン》・短点《トン》」などと定めた。電信機に使われた電磁石は、馬蹄《ばてい》形の軟鉄でつくった金属棒に銅線を巻いたコイル状のものであった。隣り合わせになった巻銅線どうしが、また、芯《しん》になった金属棒と銅線が接触しないように、銅線にはワニスを塗った。モールスの電信機の優れた点は、モールス信号を紙テープに印字できたことであり、それを可能にしたのが改良された電磁石であろう。その後、電信機のカチカチという音だけで電報の内容が十分に読みとれることがわかり、音響式受信機《サウンダー》が開発された。

アメリカにおける電信誕生

有線電信の実用化に目処《めど》がついたが、その後の発展については国によって異なる過程を辿っていく。まずアメリカからみていこう。同国では、モールスの成功をみて、郵政省が電信を管理する方針を打ち出した。国の論法は、ウェイン・フラーの『アメリカの郵便』によれば、電信の利益を公平に国民に提供する必要がある。すなわち郵政省の管理の下に電信を使って、すべての国民に同時にニュースを提供する。もし民間企業が運営すれば、大きな投機の対象となろう。それは国民に利益をもたらすものではなく、むしろ損害を与えるものとなろう、というものであった。この背景には、郵便が最速の通信手段と自負する郵政省にとって、民営のポニー・エクスプレスに出し抜かれた苦い経験があった、といわれている。モールスの方はここが潮時とばかりに、投資資金を回収するために電信機の特許などを一〇万ドルで政府に売却することを申し出る。

しかし新聞の論調は逆であった。一八四六年暮れの『ニューヨーク・ポスト』は「もし電信事業が政府所有になれば、料金は高く、業務は正確さを欠き、顧客への配慮はほとんど期待できず、すべての企業や個人に損害が及ぶ」という趣旨の記事を載せている。議会の大勢もほぼ同様で、電信の政府所有法案は議会で通らない情勢となった。郵政長官は前言を翻し、採算がとれないとして、電信の政府所有を取り下げた。これを境に、多くの電信会社が一夜にして誕生し、電信線敷設に乗り出す。同時に、電信機の特許を巡り、モールスとその提携者、それに新規参入者とのあいだで法律上の紛糾が生じた。それでも八年後にはニューヨーク—ボストン間など全米で三万七〇〇〇キロの電信線が張り巡らされた。大都市の中心街では、各社の電信線が錯綜《さくそう》して、昼なお暗い街になってしまった。ニューヨークからシカゴの開拓最前線宛の電報は、四つもの電信会社を経由して届けられた。

一八五六年、六五の電信会社が吸収合併され「ウェスタン・ユニオン電信会社」が設立され、乱立していた中小の電信会社が整理統合された。コングロマリット企業の誕生である。一八七〇年代になると、ウェスタン・ユニオンは全米の敷設電信線の九三パーセントを支配し、九〇パーセントの電信を取り扱っていた。電信（電報）は、当時、商品取引や株式売買などに盛んに使われた。議会に提出された報告書によれば、同時期、ウェスタン・ユニオンは、南部や西部から東部の料金にくらべて二倍から四倍の法外な料金を徴収して巨額の利益を上げ、株主に多額の配当を行っていた。モールスもその配当を受けた一人である。巨大電信会社の出現は、良くも悪くも、アメリカ資本主義の成果の一つであった。

電信の草創期、一般の人は電信をどのように受け止めていたのだろうか。デイヴィッド・クローリーとポール・ヘイヤーの『歴史のなかのコミュニケーション』からの引用になるが、一九〇二年にウィリアム・ベンダー・ウィルソンという作家が、ペンシルヴァニアに電信線が開通した一八四〇年代に、そこでメッセンジャーボーイをしていた頃を回想して、電信のことをほとんど知らない田舎《いなか》の人々について、次のように綴っている。

> 風を受けてゆれる電線は、冬の突風にあおられると、いくらか音楽めいたところがある。気味の悪い異様な音を発し、それは遠くまで響いて田舎の人たちの不安を募

らせるのだった。普通の人は心のどこかに迷信を秘めいているものだが、電信線の近くに住む人たちも、風が吹きつけると起こる電線の音に驚き、いつもの道をそれてずっと遠回りをした。それればかりではなく、とくに日が暮れてからは電線の下やその近くを通るのを避けようとするので、電信は彼らにとってまったく迷惑千万なことであった。

イギリスにおける電信誕生

イギリスの電信事業は民間人によってはじめられる。冒頭で述べたとおり、当初、鉄道の運行連絡用に電信線が線路に沿って敷設された。それは単線運転の事故防止などに欠かせないものになっていく。ラスロ・ソリマーの通信史によれば、一八四五年、クックがエレクトリック・テレグラフ会社（エレクトリック）を立ち上げると、相次いで競争相手が会社を設立する。それらが合併し、一八五七年には英国アイルランド磁気電信会社（マグネティック）が、二年後にロンドン地区電信会社（地区電信）が、そのまた翌年に連合王国電信会社（UKTC）が創設された。

　一八六八年の電信線敷設距離のシェアは、エレクトリックが六三パーセントで一位、以下、マグネティック二四パーセント、UKTC一三パーセントであった。また、電信扱数のシェアは、エレクトリック五六パーセント、マグネティック二七パーセント、UKTC一四パーセント、地区電信三パーセントであった。電信線敷設距離においても電信扱数においても、エレクトリックが圧倒的に強かった。前年の数字になるが、右肩上がりで成長するエレクトリックの売上高は約三五万ポンドで、うち四二パーセントが利益となった。電信線敷設距離は約八万キロ、電信扱数は三五〇万に達する勢いであった。成長する電信事業。しかし、投資家にとっては、膨大な電信線の資産はまた負債の固まりと映り、危険の伴う新しいビジネスであった。

　一八五四年、民間主導で歩みはじめたかにみえた電信事業に対して、国有化《ナショナライゼーション》の議論が出てきた。それは電信技術の有効性を認め、より広範に事業を展開することを提唱するものであった。換言すれば、現状では民間会社は利益の上がる都市部に力を入れ、料金もきわめて高いことを指摘し、それを解決するために、公益事業として低い料金で郵政省が運営すべきである、と提案した。価格を下げても需要は増加するので問題ないとした。経済学でいう需要の価格弾力性の理論である。一般的には受け入れやすい論法であり、利益を受ける商工業者、新聞社、その他多くの分野から支持された。国有化反対を叫ぶのは当事者である電信会社、鉄道関係者、株主らに限られた。議論はパンドラの箱をひっくり返したように延々と続いたが、結局、国有化が決まった。

この決定をみると、売却益を当て込んで、各電信会社の株価が上昇する。C・R・ペリーの『ヴィクトリア朝の郵政省』によれば、最終的な国有化のコストは六七二万ポンドになり、当初の見込みを四〇〇万ポンドも上回るものになった。一八七〇年一月、郵政省による電信事業がはじまった。一〇〇〇の郵便電信局と一八〇〇の駅電信局でスタートしたが、国有化初年度、九割の電信が郵便局で受け付けられた。料金は、宛先の文字は無料、距離にかかわりなく二〇字まで一シリングに抑えられた。四シリングとか五シリングも支払わなければならなかった民営時代にくらべれば、大幅な値下げである。一八七二年までに取扱局は五〇〇〇に増加、電信線敷設距離も一三万キロまでになった。このような電信基盤の改善は、利用者にとって大きな利益となった。

表37に国有化後の事業実績を示すが、電信取扱数は二〇世紀初頭まで年々増加していく様子がわかる。しかし、事業収支のバランスをみると、一八八〇年代前半までは、かろうじて利益を上げたものの、支払利息を控除すると実質赤字となった。その後は、例外はあるが、赤字の額が膨らむばかりである。その大きな要因は、コストを無視した低料金維持や新聞社などに対する、さらなる優遇料金適用を求める圧力に加えて、数次にわたる労働賃金の値上げにあった。民間企業であれば倒産は避けられない状況ではあったが、それでも国営企業であるが故に事業が継続された。今なら経営責任を問われるであろうが、議会が、料金設定や業務の端々にまで口をはさむ状況にあり、責任者が日々の議会対策に追われ、自主的に経営手腕を発揮する土壌ではなかった。このような環境では、民間経営の基準を求めること自体に無理がある。二〇世紀前半までのイギリスの電信事業は、議会・政府主導の公益性を前面に出した旧来型の公益事業であった。

ここで逸話《エピソード》を一つ紹介する。イギリスでも電信創業当初

表37　国有化後のイギリス電信収支と取扱数

年　度	収 入	支 出	利益	支払利息	取扱数
	(千ポンド)				(千通)
1871-72	755	601	154	233	10,000
1875-76	1,288	1,107	181	295	20,000
1880-81	1,634	1,309	325	326	29,412
1885-86	1,787	1,832	-45	326	39,146
1890-91	2,457	2,389	68	299	66,409
1895-96	2,880	2,920	-40	300	78,840
1900-01	3,459	3,824	-365	294	89,577
1905-06	4,151	4,892	-741	272	89,478
1910-11	3,169	4,081	-912	272	86,707

(出典)　C. R. Perry, *The Victorian Post Office*, pp.137-138. Lord Wolmer, *Post Office Reform*, pp.162-163.

(注)　1871-72および1875-76年度の取扱数は，推定値.

には、人々は電信について関心がなかったが、一八四五年一月に起きた、ある殺人事件が電信に対する理解を一気に高めた。それは一人の婦人が男に殺されて、男はスラウ駅から汽車に乗りロンドンに逃走した。大都会に紛れ込めば逃げ切れると思ったのであろう。しかし、登場したばかりの電信が活躍した。スラウ駅からパディントン駅に至急電信で「殺人事件発生。殺人犯はロンドン行き一等乗車券を購入、午後七時四二分発の列車に乗車。足下まで届くクエーカー風の茶長外套を着用。一等二号車最後の客室《コンパートメント》に着席」と通報された。程なくして、パディントン駅からスラウ駅に「上り列車到着。通報されし風情の男は最後の客室から下車。ニューロードの乗合馬車に乗車、ウィリアムス巡査部長が追跡す」と返電してきた。その直後、巡査部長が犯人を逮捕した。この殺人事件の顛末《てんまつ》が、電信の仕組みの紹介や電信全文を含め、詳細に報道された。この記事により、人々は、電信が汽車よりも速く情報を送ることができることと、その有効性をはじめて知った。これには犯人も臍《ほぞ》を噛《か》んだことであろう。

米英二ヵ国の事例をみてきた。アメリカでは、はじめ国費で電信線を敷設して、国が運営する案が検討された。しかし、世論や議会の反対により電信事業が民営で行われるようになり、巨大企業が誕生した。イギリスでは、民営でスタートしたものの、世論や議会が国営化を唱えて、電信会社を国有化した。その結果は、前者が巨大利潤を生む事業に、後者は赤字が累積する事業となった。強い資本主義国家と公益を優先する国家というべきか、あるいは小さな政府と大きな政府のちがいというべきであろうか。

電信線は国内にとどまらず、海をわたり大陸と大陸をむすぶようになる。その主導権を握ったのは、もっぱらイギリスであった。海底に電信線を這《は》わせるのだから、陸上のように裸線というわけにはいかない。ガタパーチャをケーブルの被覆にし、周囲にタールやピッチなどを塗って麻糸を螺旋《らせん》状に巻いて防水を施した。その上に、鉄のワイヤーを巻いて補強し、その周りをタールやピッチなどをさらに塗った。これが初期の海底ケーブルで、厳重な防護と引っ張り力に対する補強がなされた。電気を通す部分は中心のわずかな部分にすぎない。実は、ガタパーチャは旧英領植民地であったマレーやボルネオで産するゴムに似た樹脂で、加工しやすく優れた強度をもっていった。そのガタパーチャの生産販売をイギリスが独占していたので、海底ケーブルの生産はイギリスの独壇場になっていく。

多くの実験と失敗を繰り返した末、一八五一年、英仏間ドーヴァー海峡の海底ケーブル敷設に成功した。次に挑戦したのが大西洋横断ケーブルの敷設である。深海部分では海底に降ろすときにケーブルの自重で切れてしまうなどの失敗が続いたが、一八五八年に横断ケーブル敷設に成功する。しかし、七七日間で不通となった。挑戦は続き、技術的改良が加えられて、八年後、永続的な海底ケーブルが完成した。敷設工事はアメリカの富豪が設立したアングロ・アメリカン電信会社が行った。二〇世紀はじめまでに、イギリスは、極東の日本など一部を除いて、南北アメリカ、アフリカ、アジアをむすぶ海底ケーブル網《オール・レッド・ルート》を完成させた。海底ケーブルのシェアでいえば、イギリスが一位で約六割を占めた。ソリマーは著書のなかで、イギリス外務省が定期的に電信を傍受し、当事国よりも早く情報を得ていたことがしばしばあったことを、例を引きつつ解説している。そこには大英帝国の情報戦略の一端がかいまみえるが、それが同国の植民地経営をはじめ、外交や経済活動に大いに役立ったことはいうまでもない。

日本における電信の誕生

日本では、一八四九（嘉永二）年に松代《まつしろ》藩の佐久間象山がオランダの百科全書などを独学で勉強し、いわゆるABC電信機をつくり、六〇メールの距離の送受信実験に成功している。これがおそらく日本初の電信機となろう。一八五四（嘉永七）年にペリー艦隊が再来したときに、アメリカ側は、横浜で幕府に献上する電信機の実験を行った。これを契機に電信機に対する関心が急速に高まる。たとえば、薩摩藩では松《まつ》木《き》弘安《こうあん》（後の外務卿、寺島宗則）試作の電信機が六〇〇メートルの実験に成功した。また、薩摩藩に隣接する佐賀藩でも「からくり儀右衛門」こと田中久重《ひさしげ》が遺憾なく才能を発揮し電信機をつくっている。このように明治維新を迎える前に日本では、当時の外国のハイテク技術を貪欲《どんよく》に吸収し、手先の器用さも加わって、電信機の分野においても多くの試作品がつくられ、実験に成功している。こうしてみると、西洋に一目おかれる日本の技術の基礎がこの時代にすでに萌芽《ほうが》しはじめていた。

寺島宗則は一八六八（明治元）年九月、政府が東京―横浜間に電信線を敷設することを建議し、彼自身がその推進役に就く。寺島は電信機を試作し、渡欧二回の経験も積んでいたので、電信の技術や重要性を熟知していた。適材適所の配置である。電信の所管は、灯台建設を司《つかさど》る「外国官灯明台役所」となった。資材はイギリスやフランスに発注、イギリスからお雇い外国人として電信技師ジョージ・M・ギルバートを迎えた。建議の翌年八月には、横浜で試験的に官用電信の取扱いを開始した。それは鉄道や郵便の創業よりも早い。この成功を受け、横浜―東京間にも電信線が敷設され、一二月には二都市間で和文電報の取扱いをスタートさせる。建議から一年余りの短期間で実現させた。一一月に出された「傳信機の布告」の冒頭には「傳信機は幾百里相隔る場所にても人馬の労を省き線の連る場所迄は傳信を一瞬間に通達する至妙の機關なり」と電信（傳信）を紹介している。料金はカナ文字一字一厘六毛で、二〇字で三銭三厘、それに配達料もかかった。米一升が六銭前後であったから、安い料金とはいえなかった。

前節で外国の海底ケーブルの話をした。実は、この海底ケーブルが日本の電信発展に大きくかかわってくる。このことについて、石原藤夫は『国際通信の日本史』のなかで詳述している。同書に負うが、幕末から維新にかけて、列強各国は虎視《こし》眈々《たんたん》と日本の通信権益確保を狙っており、列強が鉄道や電信の敷設を直接行えば、国の中枢機能を握られたも同然で、この国が列強に事実上植民地化されることにもなりかねない。そのことは多くの植民地で立証ずみである。果たせるかな、一八七〇（明治三）年四月、函館駐在のロシア領事代理から一通の書簡が外務卿に届いた。書簡は海底ケーブル敷設の承認を求めるものであった。五月には、デンマーク特使と名乗るジュリアス・F・シックが外務卿に面会を求めてきた。シックは「シベリア―日本―清国間に電信建設のための会社が設立されたので、日本の港に海底ケーブルを陸揚げし、電信局を設置することなどを許可されたい」と迫った。設立された会社とは、実質的にはデンマークの大北電信会社《グレート・ノーザン・テレグラフ・カンパニー》であった。ロマノフ王朝と協定を交わしていた。ロシアとデンマークとは気脈を通じていたのである。

松の木が電柱の代わりに使われている．保土ヶ谷宿の西端にある権太坂付近．三代広重「東海名所改正道中記」から．

技術も交渉経験も未熟な日本にとって、大北電信会社との交渉は悲壮そのものであった。それでも寺島の奮闘により、一八七〇（明治三）年八月、交渉がまとまった。約定は一一ヵ条からなる。寺島の大きな功績は、①日本側が海底ケーブルの陸揚げを長崎と横浜だけにしか認めなかったこと、②両港をむすぶ海底ケーブル敷設を認めさせられたが、瀬戸内海通過を断固として拒否したこと、③将来、この海底ケーブルを買収できることを認めさせたことなどであろう。日本側が長崎―横浜間海底ケーブルの瀬戸内海通過を認めなかったことにより、大北電信会社は費用と時間がかかる太平洋を迂《う》回《かい》して、ケーブルを敷設しなければならなくなった。翌年締結された約定では、「国内の陸上電信線が速やかに完成した場合には敷設を見合わせる」と決められた。他方、大北電信会社は、イギリス系電信会社との競争があり、長崎―上海間の海底ケーブルを一八七一（明治四）年六月に、長崎―ウラジオストク間のケーブルを同年八月に開通させている。これで長崎経由で欧米に電信が打てることになった。

　次の課題は、横浜―長崎間に電信線を建設することである。大北電信会社の国内進出を牽制するためにも、政府は通信線の建設を急ぐ必要があった。ほかにも工事を急ぐ理由があった。すなわち迅速な公用通信や軍事通信の確保が求められていた。イギリスからの資材到着の遅れもあり、工事が本格化したのは一八七一（明治四）年八月であった。工事を指揮したのは設置まもない工部省の電信頭《でんしんのかみ》の石丸安世である。

　横浜―長崎間には無数の河川が直接交差するので、電信線の建設は大工事となった。なかでも関門海峡の電信線敷設は、当時としては前人未踏のわが国初の海底ケーブル敷設の工事となった。一八七三（明治六）年二月、東京―長崎に二回線の電信線が完成した。その後も電信線の建設は続く。一八七四（明治七）年には東京―青森間、その翌年には青森―函館間の電信線も開通した。わずか五、六年で北海道から九州をむすぶ列島縦断ルートが完成したことになる。当時の状況を考えると、この電信線建設のスピードは驚くべき速さであったといえよう。文明開化を推し進める維新政府の意気込みが感じられる。一八七七（明治一〇）年の西南の役の際、電信が九州の戦況を東京に刻々と打電してきて、当時の人々が電信の効果と威力に驚かされた話は有名である。

　藤井信幸は『テレコムの経済史』のなかで、地域への電信普及のプロセスを解き明かしながら、経済活動にむすびついていく過程を述べている。同書によると、電信の利便性が理解されて、民間の電信利用が増加する。とくに商品市況などの入手のために電信は欠かせないものになっていき、市況性の高い商品が生産される地域やそれらが集散する商業活動が活発な地域から、電信局開設の要望が出される。電信誘致運動である。たとえば、伊那飯田からの要望には「長野県下信濃国伊那及飯田地方ハ蚕糸製茶等ノ生産モ許多《あまた》ナルニ四面山ヲ帯ヒ不便ナルヨリ物価ノ変動ニ商機ヲ誤リ殖産進路ノ障碍不少《すくなからず》ニ付……」と記され、電信の必要性を訴えている。

　一八七五（明治八）年から八九（明治二二）年までのあいだに誘致運動により電信局が開設された都市は九六に達する。これは全体二四一の約四割にあたった。前半に開局した電信局には、秋田、長野、金沢、新潟、千葉、八王子、甲府、和歌山、松江、長岡などの局がある。これらの電信局建設は国費で賄われた。一八八一（明治一四）年には「受益者負担の原則」を適用する献納置局制度ができた。電信局の建設費の全部または一部を地元が負担する仕組みである。松方デフレで財政逼迫《ひっぱく》に悩む政府にとっては、民間活力を活用して電信ネットワークが構築できるのだから、この制度導入に異存はなかった。この制度により電信局が開局された地域には、七尾、小松、清水、厚岸、苫小牧、根室、銚子、一宮など多数ある。明治時代、地方の人がいかに電信を渇望していたがわかる。このように地方では積極的に電信局導入が行われていたが、東京など大都市では電信があまり利用されなかった。その理由は、郵便が発達し、一日一〇回も配達され、市内では数時間で届くサービスが実施されていたからである。

それでは実際に電信がどのくらい利用されていたのだろうか。表38に一八八〇（明治一三）年から一〇年間の記録がある。それをみると、私報すなわち民間企業などの利用が圧倒的に多く、各年度とも九〇パーセント前後を占めている。一〇年間で取扱数は一九一万通から一・六倍の三二七万通に増加しているが、精査すると、景気の変動を受けて前年度の実績を下回るときもあった。この間、郵便取扱数は各年度とも増加し続けていた。換言すれば、電信は料金が高いため大半が大企業や新聞社などの利用に限られ、景気に大きく左右された。これに対し、郵便は料金が低廉なため、景気に左右されず、その利用が広く国民一般に浸透していた。すなわち料金負担の軽重が、電信と郵便の利用者の範囲そして増加傾向のちがいになってあらわれている。

私報の用途別のデータがある。一八八七（明治二〇）年の数字であるが、合計二二五万通のうち、工商用四四パーセント九八万通、相場用八パーセント一九万通で、これだけで過半数を超える。このほかに暗号電報が九パーセント二〇万通、雑用が三九パーセント八八万通あった。料金を節約するために、企業や新聞社では暗号電報をひんぱんに使っていた。たとえば北海道炭礦鉄道株式会社が使っていた暗号略号の一例では、「ニキヒウ」は「暴風ノ虞《おそれ》アリ海陸ヲ警戒ス、低気圧

表38　わが国の電報取扱数（1880-89年度）

（千通）

年	度	官報	私報	局報	合計
1880	M13	101	1,797	93	1,991
1881	M14	110	2,311	103	2,524
1882	M15	131	2,665	116	2,912
1883	M16	168	2,356	84	2,608
1884	M17	193	2,383	80	2,656
1885	M18	195	2,313	79	2,587
1886	M19	277	2,107	68	2,452
1887	M20	240	2,217	72	2,529
1888	M21	208	2,440	81	2,729
1889	M22	213	2,956	96	3,265

（出典）　藤井信幸『テレコムの経済史』46頁.

ハ和歌山ニアリ、北東ニ進ム」という暴風警報の意味となった。

藤井信幸は、この時期の府県別の電信利用状況も調査している。それによると、一位東京府・二位大阪府で合わせて三〇パーセント、また、両府を含めて上位五位までで全体のほぼ五〇パーセントを占めていた。さらに一人当たりの電報発信数をみると、圧倒的に北海道が多い。その理由に、藤井は、広大な北海道で迅速な通信を行おうとすれば電信以外に方法がなかったことを挙げている。

日本における電信誕生と初期段階の発展をかいまみてきたが、それは緊急連絡用の通信手段として、永年にわたり、政府をはじめ企業や個人に使われてきた。余談になるが、カタカナと数字だけだった電文には面白いエピソードも多く、たとえば「カネオクレタノム」を「金送れ頼む」と解すべきところを、「金を呉れた飲む」と読んだという笑い話がまことしやかにつくられた。その電報も、現在では結婚式の祝電や葬式の際の弔電などに限られ、緊急用の通信手段というよりは、儀礼的なメッセージを伝えるものになってしまった。

4　無線電信　海の世界で不可欠に

一八九五年、イタリア人のグリエルモ・マルコーニが無線通信装置を組み立てて、二・五キロの通信実験に成功した。もっとも、それはドイツ人のハインリッヒ・D・ルームコルフの感応コイル、同じくドイツ人のハインリッヒ・R・ヘルツの花火式発信器やフランス人のエドアルド・ブランリーの電波検出器など先学者の技術を巧みにまとめたものであった。マルコーニの功績は、装置に白銅板のアンテナとアースを備えつけ、微弱な花火放電による電波を十分な電波にして空隙《くうげき》に送り出すことに成功したことであろう。また彼は企業家でもあった。実験成功の二年後、ロンドンに無線通信会社を設立、以後、国際海上通信会社を設立したり、アメリカをはじめ各国に会社を設立し、無線通信の世界制覇を目指した。実は、このマルコーニの強引な商売が、以下に述べるように、

グリエルモ・マルコーニと無線通信装置の一部．マルコーニはイタリアのボローニャ出身，21歳のときに無線による通信に成功する．最初は送受信の周波数が区別ができない非同調式であったが，後に特定の周波数で送受信できる同調式に改良し，感度を向上させ，混信を排除した．

日本を無線通信の独自開発に駆り立てた面がある。

日本海海戦で無線を利用

福島雄一の『にっぽん無線通信史』は、わが国の無線通信開発の過程を手際よく記録している。同書によれば、イギリスに発注していた軍艦「敷島」のために、日本側が電信機購入の交渉をはじめたところ、マルコーニ側は購入代金のほかに特許料として一〇〇万円を要求してきた。このため購入を断念した。このようなこともあって、無線電信機の独自開発を進めることになり、一九〇〇（明治三三）年二月、海軍に無線電信調査委員会が設置され、無線の研究開発がスタートした。当初の人員は五人であった。その年の春、三〇メートル超のアンテナを使い船舶間で実験し、五キロの通信に成功する。五月、浅間、明石、敷島の三艦に無線電信機を設置し、最大三四キロの通信に成功する。その後も通信距離を伸ばし、一九〇三（明治三六）年になると、三七〇キロまで届くようになった。三六式無線電信機の誕生である。

当時、ロシアとの戦争が不可避という情勢になり、一九〇三（明治三六）年末から無線電信機を旗艦「三笠」を含む軍艦一七隻に設置する工事がはじまった。その後、見張りの小型艦や陸地の見張所にも無線電信機が設置される。翌年一〇月、ロジェストウェンスキー率いるロシア・バルチック艦隊はバルト海に面したリバウ港を出航し、翌々年の五月にはヴエトナムのヴァン・フォン湾で補給しウラジオストクを目指す航海に出た。日本側はウラジオストクに入港する前にバルチック艦隊を捕捉して、一艦たりとも取り逃がさず、攻撃をかけなければならなかった。だが敵艦隊の進路がわからない。最短の対馬コースか、それとも津軽海峡や宗谷海峡コースかもしれない。そこで対馬から南西に拡がる海域を、北緯東経それぞれ一〇分ずつの碁盤目条に区切り番号をつけて、無線電信機を積んだ非戦闘用艦船七三隻を運動させ、哨戒《しょうかい》活動を開始させた。

一九〇五（明治三八）年五月二七日朝、信濃丸から敵艦発見の緊急無電が発せられた。無線は対馬にいた二等巡洋艦の厳島《いつくしま》が傍受して、鎮海湾にいる旗艦に対して転電された。電文は「三笠へ。敵ノ第二艦隊見ユ。二〇三地点。四時五〇分信濃丸ヨリ。敷島中継」と打電された。着電は五時五分だった。ただちに東郷平八郎は全艦に出動を命じた。五時一五分、三笠から東京の軍令部に「敵艦隊見ユトノ警報ニ接シ連合艦隊ハ直チニ出動之ヲ撃滅セントス本日天気晴朗ナレドモ波高シ」と打電した。

電文は先任参謀の秋山眞之《あきやまさねゆき》が起草したといわれているが、名文である。東京着電は六時四〇分。電文はいくつもの中継局を慎重に確認しあいながら送られたために時間がかかっている。その後も哨戒情報の無電が飛び交った。信濃丸は六時五分に「敵針路、不動。対馬東水道を指す」と貴重な進路情報を流す。信濃丸の近くにいた三等巡洋艦の和泉は、バルチック艦隊に近づいて、艦隊勢力、陣形、進路などを詳細に報告し続ける。

午後一時三九分、三笠がバルチック艦隊を発見、距離一万二〇〇〇メートル。さらに距離九〇〇〇に接近、そして距離八〇〇〇になったとき、東郷は敵前回頭を命令した。敵の頭を押さえる戦法である。午後二時一〇分、被弾しながらも方向転換した三笠は右舷から敵艦隊に射撃を開始した。戦闘は二日間続いたが、大勢は最初の三〇分で決した。戦果は、バルチック艦隊三八隻中、一九隻(うち戦艦六隻)撃沈、七隻(同二隻)捕獲抑留、六隻武装解除、ウラジオストクに逃げ延びたのは小巡洋艦など三隻のみであった。これに対し、日本側の損害はわずかに水雷艇三隻沈没だけであった。

日本の大勝利である。これらの戦果も日本海で闘う連合艦隊から電信により東京に刻々と連絡されて、五月二九日、大本営はガリ版刷りで戦況速報を流した。それが三〇日の新聞に報道された。勝因は、秋山眞之の卓越した作戦能力、直前の実弾射撃の猛訓練、下瀬《しもせ》火薬の威力などが挙げられているが、無線電信の活用も勝利に大きく貢献した。日本海海戦での無線の使用は、わが国の情報通信史の上で特筆すべき事跡となろう。

タイタニック号の教訓

無線電信の歴史には、タイタニック号の悲劇が必ず出てくる。一九一二年四月一四日午後一一時四〇分、濃霧のなかを航行するタイタニック号が巨大な氷山に接触し、喫水線下に長さ九〇メートルにわたり裂け目ができた。翌午前零時一五分、遭難信号(CQD = Come Quick Danger, SOS = Save Our Souls)が無線で発せられた。電波は波紋を描くように拡がり、タイタニック号の周辺にいた十数隻の船が緊急遭難信号を受信した。しかし、そのうち一〇隻の船は一六〇キロ以上も離れた位置におり、救援に向かうには遠すぎた。

真っ先に遭難海域に到着したのは一〇〇キロ先にいたカルパチア号であったが、タイタニック号が一五〇〇名余の乗客とともに沈んで数時間近くたってからのことであった。午前一時二〇分、タイタニック号からの「沈みかけており女性客を救命ボートに移しつつあり」という無線電信をニューファウンドランドの無線局が傍受して、ニューヨークに転電され、さらに、海底ケーブルでヨーロッパに流された。短時間のうちにタイタニック号沈没のニュースが世界中に伝わり、翌日の新聞で報道された。四月二一日の『ニューヨーク・タイムズ』には、次のような無線電信の解説記事が掲載された。

一年を通じ夜も昼も休むことなく、今や地上に据えられた数百万個、海上に浮かぶ数千個の無線機が電波を発して希薄な大気をとらえ、この大気を、これまでに張り巡らされたいかなるワイアあるいはケーブルよりも有力な人命救助の道具として使った。先週、無線電信によって七四五人（記録では六九五人）の生命があえなく消えるところを救われた。ほとんど魔法のような大気の利用がなかったならば、タイタニック号の悲劇は、つい先頃まで海の魔力に帰せられていたような秘密に覆い隠されていたことであろう。

タイタニック号の悲劇を契機に、無線通信のあり方が国際的に議論される。悲劇の裏には、タイタニック号のわずか三〇キロほどのところを航行していた小型客船カリフォルニア号が大きな氷山を見つけ、タイタニック号に無線で連絡しようとしたが、同船がマサチューセッツ州のマルコーニ社が建設したコッド無線局との交信に忙しく、反対に、カリフォルニア号に対して妨害しないように命じた。その後、小型客船の無線士は一六時間の勤務を終えて寝込んでしまった。事故はその直ぐ後に起きる。その背景には、マルコーニ社の独占政策の影響があり、マルコーニ社製の無線電信機を扱う者は、それ以外の無線機を使う者を見下して交信しない風潮があった。もし小さな客船の無線の情報をよく聞いていたなら、あの海難事故は回避できたにちがいない。

タイタニック号遭難から三ヵ月後、無線電信会議（ITU、国際電気通信連合の前身）がロンドンで開催された。この国際会議で、マルコーニ社は「同社の全無線通信士に対して、いかなる方式の電信機であっても、他の船舶と交信するように指示した」と発表した。一九一四年には、船舶の安全確保や人命救助の諸原則を決めた、いわゆるタイタニック号条約が成立する。条約には、船体の構造基準、救命ボートや消防設備の具備、無線通信士の勤務時間、遭難信号の聴取義務などの規定が盛り込まれた。

有線電信と無線電信の話をしてきた。それぞれ特徴があるが、海に囲まれた日本では、今でも国際通信は海底ケーブルに多くを負っている。石原藤夫の『国際通信の日本史』によれば、明治期には国際無線そのものがなかったし、大正から昭和にかけて国際無線が本格化した時代でも、不安定で周波数が制限される無線は、移動中の船舶との連絡を除いて国際通信の主役にはなれなかった。平成の時代になると、海底ケーブルは光海底ケーブルになり、無線も衛星通信に発展していったが、通信量においても通信品質においても、やはり光海底ケーブルが衛星通信を圧倒している。

その海底ケーブルを日本に最初に陸揚げしたのはデンマー

クの大北電信会社であった。この会社がわが国の国際通信を仕切り、長い間、わが国は不平等な国際通信の協定に甘んじてきた。大北電信会社との関係が切れ、各国との平等な協定に基づくわが国の国際通信が実現したのは、なんと一九六九（昭和四四）年になってからのことである。この年、直江津―ナホトカ間に一二〇回線の中継器付き同軸ケーブル一条の海底ケーブルが敷設された。同時に、因縁の長崎―ウラジオストク間の旧式の海底ケーブルが完全に廃線になり、また、長崎国際電報局も廃局となった。明治維新のわが国の技術水準と国力を考えれば、大北電信会社の理不尽な要求を飲まざるを得なかったことは致し方ないことではあったが、それを解消するために、巨額の代償を支払い、そして一世紀もの時間を費やした。石原藤夫は著書のなかで「長崎の軛《くびき》を完全に断ち切ることができた。海底ケーブルの陸揚権を大北電信会社に与えて以来、実に九九年の末に、ついに国際通信の完全平等が実現したのである」と述べている。

5　電話　人々の生活に浸透する

遠くにいる人と話すことができる電話《テレフォン》は、時間と空間を克服した究極の通信方法であろう。それはただ単に用件を伝えるだけではなく、顔がみえないけれども、電話の向こうで話す人の息づかいや感情の抑揚までも感じ取ることができる。それも双方向で、同時進行していくのである。電話が会社や家庭に浸透していくと、経済活動や社会生活が大きく変化していく。その電話を発明したのは、アレクサンダー・グラハム・ベルである。スコットランド出身で二三歳のときにカナダに移住し、二年後、アメリカのボストンに定住する。ベルが考案した電話の原理は、音声を振動板で受け、その震えを電磁石で電気信号に変えて遠くに送る。電気信号を受けた方は再び振動板により音に変換するというものであった。一八七六年三月、「ワトソン君、こっちに来てくれ。君が必要なんだ」というベルの言葉が電線を通して伝わった。変哲のない言葉ではあるが、これが電話のはじまりである。ワトソン君とはベルの助手のことで、トマス・A・ワトソンである。ベルの着想を具体化したのがワトソンで、彼の創意工夫がなければ成功していなかった、といわれている。

誕生したばかりの電話は、電信を補完する通信手段として考えられ、記録が残らないなど電信にくらべて技術的には劣る通信手段とみなされていた。また、活用方法も現在の一対一の会話を想定したものではなく、むしろ有線ラジオ的な娯楽メディアとして使われた。たとえばパリではホテルのロビーにテアトロフォンと呼ばれる受話器がおかれ、人々は、受話器から流れてくる劇場の音楽やオペラの歌に耳を傾けている。ライブ演奏の実況放送という趣《おもむき》があった。しかし電話網が一定の水準に達すると、企業と企業とをむすぶメディアとなり、また企業と家庭と、さらには家庭と家庭とをむすぶメディアに変わっていく。もちろん、警察や消防や病院などにも電話が敷かれる。電信と電話の大きなちがいは、電信機は企業や家庭にまで入り込んでこなかったが、電話機はすぐに企業に、そして家庭に入り込んでいったことである。

アメリカの電話事情

一八七八年、ボストン近郊のニューヘヴンで二一名の加入者を得て電話サービスがはじまり、東部ニューイングランドの諸都市を経て全米に普及していく。クロード・S・フィッシャーは『電話するアメリカ――テレフォンネットワークの社会史』のなかで、電話がいかにアメリカ社会に受け入れられていったかについて、詳細な研究を発表している。それによると、電話が最初に普及した地域は、都市部ではなく、豊かな農村地帯である中西部の諸州とカリフォルニア州であった。家々が遠く離れて点在する農村では電話は欠くことのできない生活必需品になり、それは農村の女性の孤独を打ち破り、地域活動を活発にし、子供たちの友達づくりにも使われた。

電話も電信と同様に緊急連絡に使われることを念頭においていたので、電話事業者は当初勧めなかったが、実際にはお喋りにも使われるようになった。一九〇九年にシアトルで電話を盗聴し、電話の会話を調査したことがある。結果は、三〇パーセントが無駄な噂話、二〇パーセントが事業所への注文、同じく二〇パーセントが家庭から企業への電話、そして一五パーセントが招待の会話であった。企業へのいくつかの電話は妻から夫への電話であった。

もちろん、電話は消防署や警察署への緊急連絡に使われたし、企業にも入り込み、経済社会活動に欠かせないものになっていた。しかし、電話は当初の緊急通信用という目的から外れて、別の使われ方をするようになった。前段の調査データが示すとおり、それは人々がたわいない会話を電話で愉《たの》しむようになったことである。狼煙通信、腕木通信、無線通信など、これまでみてきた通信手段のなかで、一般の人々が自由に使えるものがあっただろうか。たしかに郵便による手紙の交換があるが、電話の双方向即時性の機能にはかなわない。電話は経済力のある人から普及していったけれども、それは人々の生活を豊かにする画期的な発明となった。

日本の電話事情

日本の電話事情についてみよう。ベルが電話を発明した翌年、一八七七（明治一〇）年にはベルの電話機二台が早くも日本に輸入されて、工部省と宮内省との二キロのあいだで公開実験が行われている。実験は成功した。無線電信機をつくった「からくり儀右衛門」こと田中久重は、外国の技術を習得し改良を加えて、公開実験の翌年には伝話機の製造に成功している。模造電話といってもよいかもしれない。この明治一〇年代、優秀な民間技術者が輩出し、沖牙太《おききばた》郎《ろう》が明工舎（後の沖電気）を、また、二代目久重が田中製造所（後の芝浦製作所）を設立している。

しかし、逓信省による本格的な電話業務がはじまるのは、一八九〇（明治二三）年になってからである。普及のテンポは遅く、石井寛治の『情報・通信の社会史』によれば、一九三七（昭和一二）年の日本における電話加入数は九八万・電話機一一九万台で、人口一〇〇〇人当たり一七台にすぎない。これはアメリカの一四四台、イギリスの五九台、ドイツの五一台などとくらべると、きわめて低い。回線設備が限られていたため、電話の架設は官公庁や事業所が優先されて、一般家庭への電話の架設は後回しにされた。一九四九（昭和二四）年の調査では、加入総数は九七万で、うち事業用が八八万、家庭用は九万であった。この時期、電話がある家庭は一部の上流階級に限られていたといってもよい。

今や電話は家庭に一台どころか、携帯電話の普及により一人に一台という時代になっている。しかし、戦後の電話事情は、電話を引きたくても設備が追いつかず、架設までに長い時間待たされた。その積滞の解消と全国ダイヤル即時通話の実現が戦後の電話事業の大きな課題であった。それらが実現したのは、一九七〇年代に入ってからで、全国即時通話が実現したのは一九七九（昭和五四）年のことであった。電話の事業形態も、官営から公社運営に変わり、一九八五（昭和六〇）年には、その公社も民営化されて、ＮＴＴ（日本電信電話株式会社）が発足した。同年、一般加入総数が四四八六万に達し、うち家庭用が三一一五万を占めるまでになった。

会話の織り姫、女性交換手

電話の歴史を読むと、交換手《オペレーター》として多くの女性が電話局で働き、彼女たちが電話の市場を切り拓《ひら》いてきた面がある。松田裕之は『電話時代を拓いた女たち』のなかで、アメリカの事例を紹介している。同書によると、電話創業当初には、電信の仕事に携わっていた少年たちが交換業務に就いていたケースが多い。電信技術を身につけた少年たちは、創業当初のトラブルの多い電話業務の現場で、故障を直しながら電話を接続する特技をもっていた。しかし顧客への対応は芳《かんば》しくなかった。少年たちは、受話器に向かって「何だ」とか「おおい」と怒鳴るのだから、客が怒るのも無理がない。交換室では、遊び盛りの、少年たちが取っ組み合いの喧嘩をすることもしばしばであった。これでは客離れは必定であり、それを憂慮した経営者は女性を交換手に採るようになる。

　女性が登場した背景を説明するには、以上のほかに、いくつかの要素を説明しなければならない。まず、電話を利用する顧客が上流階級の人たちであったこと。彼らは礼儀作法に厳しく、接する人間にもそれを要求した。この要求をこなせる者として、当時の電話経営者が目をつけたのが中産階級の未婚の白人女性であった。二つの理由があったが、一つは賃金が安くてすむこと。もう一つは社会・文化的なものであった。すなわち、上流階級に憧《あこが》れ上昇志向の強い中産階級の子女であれば、言葉使いにも自ずと品があり、上流階級の顧客に礼儀正しく接することができると考えられた。

パリの電話交換局．1900年頃．高いところのジャックにつなぐときは，立たなければならなかった．電話交換手は，多くの国で女性の仕事となっていく．

　当の女性たちにとっても、電話交換手は、いわゆるヴィクトリア風の優雅な作法を身につけた良家の子女がオフィス労働に近い環境で上流階級の男性のお手伝いをする仕事というイメージが醸成され、憧れの仕事になっていく。職場には、豪華な調度品もおかれた休憩室、レストランやカフェテリアも整えられた。交換手は憧れの職場であると同時に、尊敬される職場として地位を固めていった。職場環境の整備はその一環である。良家の子女が外で働くことは論外であった時代に、良家にとっても、子女を働かせてもよい、否、働かせたいという職場となる。

　草創期には、交換手は担当する顧客の名前を覚えていて、いわば顧客の通信秘書というべき役割を演じていた。たとえば「やあ、アニーかい？　ビル・スミスを頼むよ。たぶん製材所にいると思うんだが……。ひょっとすると、家で食事をしているかもしれん……」と呼び出しが入る。交換手は、まず、製材所に電話をする。いないので、スミス氏の自宅に電話する。奥さんが「主人はジョージのドラッグストアにいるはずよ」と答える。そこでドラッグストアに電話をし、やっとスミス氏と話ができる。「お待たせしました」と顧客につなぐのである。それから「局《セントラル》ですか、一五分後に呼び出してちょうだい。パイをオーブンから取り出したいの」とか、「局かい？　深夜二時一七分の汽車に乗りたいんだ。三〇分前に呼び出してくれ」というような注文もあった。

　顧客の数も少ないので、交換手たちはできる限りのサービスを提供した。それは人の温《ぬく》もりや愛情すら感じられるものであった。顧客も馴染《なじ》みの交換手を大切にし、ヴァージニアの交換局には、季節になると選《え》りすぐりのリンゴが届けられ、市《いち》の日には手づくりのアップルパイが差し入れられた。一種のギブ・アンド・テイクであったのかもしれない。松田裕之は、交換手にとって顧客は「裕福な親戚の叔父や叔母」であり、顧客にとって交換手は「親戚の娘」のような関係であった、と述べている。しかし、このような長閑《のどか》な時代は長くは続かなかった。顧客数の増加は本来の交換業務だけに専念せざるを得なくなり、さらに自動交換機の導入で、彼女たちの職場は消えていった。

　アメリカをはじめ世界各国で、電話交換手は女性の仕事として定着し、一定の評価を受ける。女性の職場進出の先駆けとなった。日本でも、アメリカと同じ過程を歩みながら、交換業務に女性が進出していった。交換の仕事を勤めた女性たちは、まさに人と人とをむすぶ絆《きずな》となり、企業と消費者、医師と家族、夫と妻、親と子、姉と妹、友達と友達など、さまざまな人たちの会話を紡ぎ出してきた。同時に、彼女たちは、会話の織り姫として、電話の発展に大きな足跡を残した。

第Ⅴ部　マスメディアの台頭——近代

第16章　新聞の創業

1　新聞前史　口承伝達から手書きメディアへ

これまで一対一のコミュニケーションのさまざまな側面をみてきたが、第V部では、一対多数のコミュニケーションをみていこう。すなわち、新聞やラジオやテレビなどマスメディアがどのように台頭して、そして発展してきたかについて、その過程を概観していく。この章では、まず新聞の歴史を取り上げよう。

新聞はどのようにして誕生したのであろうか——。多様な情報提供手段がある現代においても、新聞は、さまざまな情報を人々に提供する、影響力の大きいマスメディアの地位を依然維持している。歴史的にみれば、新聞は、見知らぬ外国のニュースを民衆に届け、市場の動きを商人に報《しら》せ、さらには政治や宗教を批判し、民衆を啓蒙《けいもう》し、彼らを煽動《せんどう》することすら辞さなかった。もちろん、そのような理想の高い新聞ばかりではなく、同時に、大衆受けする興味本位のセンセーショナルな事件モノを満載した庶民の新聞も登場する。このように、新聞は時代《とき》の権力者によって独占されてきた情報を広く国民に開放して、社会を改革しようとする役割と、民衆に愉《たの》しみを与える役割などを果たしてきた。だが、どこの国の為政者にとっても、反権力をかざす新聞は、まことに始末の悪い厄介なものとなったため、新聞発刊に対する弾圧がはじまった。近代ジャーナリズムの樹立は、まさにこの為政者からの弾圧との闘いであったといっても過言ではない。

吟遊詩人の世界

新聞は文字による情報メディアである。しかし多くの民衆が読み書きの能力《リテラシー》をまだもっていなかった中世ヨーロッパでは、民衆は遍歴商人や吟遊詩人《ミンストレル》たちがもたらす情報によって遠くの地で起きた出来事を知った。吟遊詩人たちは出来事をまず物語にし、詩歌《うた》にしていった。そのため演技は芝居がかり、観衆にも演者にも覚えやすいように、反復的なリズムに乗って演じられた。だから出来事の顚末《てんまつ》は単純化されて、誇張され、事実とほど遠い内容となったものが少なくなかった。クローリーとヘイヤーが編纂した『歴史のなかのコミュニケーション』によれば、吟遊詩人が伝えたもののなかには、彼らの保護者《パトロン》の意を受けて、表面上はロマンチックな物語にみせかけながら、民衆への特別な宣伝メッセージが秘められたものもあった。

吟遊詩人が伝える物語は、一刻を争うニュースというよりは、かの地の、それも民衆が興味をもちそうな出来事について、叙情的に語り伝えるものであった。中世のニュース伝達者となった吟遊詩人たちの記憶力は、驚くほど高かった。数百行もの詩歌を三回耳にしただけで、そっくり覚えてしまう詩人もいたという。読み書きが一般化していなかった時代には、社会の記録はこのような記憶力のよい人たちによってなされてきたのである。古代日本においても、語り部という記憶伝承の専門家がいたが、西欧の吟遊詩人たちとも一脈通じるところがある。たとえば、有名な『古事記』は稗田阿礼《ひえだのあれ》が記憶していた伝承を太安万侶《おおのやすまろ》が筆録し、編んだものといわれている。

手書きメディアの誕生

文字によって情報を伝達するという観点から新聞の歩みをみれば、活版印刷が発明される前から、手書きの手紙などにより情報が提供されてきた。古代ローマのアクタ・ディウルナの類が新聞の祖の一つかもしれない。それは稲葉三千男の『コミュニケーション発達史』によれば、カエサルが元老院《セナートウス》の決定事項や平民会《コンキリウム・プレビス》の決議などをローマ市民に毎日知らせるために設けたもので、白板に通知内容を記したものであった。一種の高札のようなものであったと推定されているが、実体は不明である。

次に、中国の「邸報」が今日の新聞に近い役割を果たしていた。唐（六一八—九〇七）の時代から刊行された手書きの公式刊行物である。邸は地方政府が首都においた駐在員の弁事処のこと、その駐在員が首都で集めた情報を記したものが邸報と呼ばれ、定期的に地方政府に送られた。邸報は総称で、首都からの報告は、朝報や雑報あるいは進奏院状《しんそういん》などと呼ばれていた。進奏院は皇帝の許《もと》におかれた三省の一つ門下省《もんかしょう》に属した役所の名前である。官報発行や地方の情報を皇帝に報告することが任務であったが、そこに給事中《きゅうじちゅう》という検閲官がいて、駐在員が地方政府へ送る情報を検閲していた。進奏院状は検閲にパスした情報という意味がある。時代が経《た》つと、邸報は宮廷内や知識階級の人々のあいだにも出回るようになり、宋（九六〇—一一二七）の時代には木版で印刷されるようになった。皇帝や宮廷内の動向をはじめ、政治・経済・文化などさまざまな情報を載せた邸報は、唐の都だった長安から、整備された唐の駅制によって地方に送り続けられた。邸報は唐の都と地方とをむすぶ大きな文字情報メディアとなった。

古代ローマのアクタ・ディウルナも中国の邸報も権力者側の情報伝達メディアであったが、一般の人たちも手書き新聞の発刊に挑戦している。一五三六年、地中海貿易で栄えた水の都ヴェネツィアで発刊された『ガゼッタ』もその一つである。ヴェネツィアの言葉では、ガゼッタには倉庫とか小額硬貨という意味が含まれている。ガゼッタは予約した人だけに配布され、発行部数は少なかった。記事の内容がどんなものだったかわからないが、一五七二年にローマ教皇ピウス五世が発禁措置をとっている。その後もグレゴリウス一三世やシクストゥス五世らの教皇が発行を禁じたが、メナンティと呼ばれる、この手書き新聞の発行者たちは教皇の発禁措置に抵抗して、秘密裡に発行し続け、読者にヴェネツィア内外の情報を提供してきた。

神聖ローマ帝国でも中世末期以来、手書きの情報紙片が飛び交っていた。すなわち、商品の交易や金銀為替《かわせ》の両替を独占していた都市に情報交換センターが発達し、ウィーンやハンブルクなどがセンターとなり、情報伝達の担い手となった通信員や情報仲介者のネットワークがヨーロッパ中に拡がった。そして通信員たちの情報文書は飛脚などによりセンターへ集められた。また、アウクスブルクに本店をおいた豪商フッガー家は独自の仕組みを築いた。それは支店をはじめ各地のメナンティとも連係し、詳しい政治や経済情報を手紙で入るようにした仕組みであった。

イギリスでは、情報伝達業者《インテリジェンサー》が特定の顧客のために特定の情報を集め、それを手紙に仕立てて提供する商売が出てくる。磯部佑一郎の『イギリス新聞史』などによれば、彼らが書いた手紙はニュースレターと呼ばれた。大都市で社交季節《ザ・シーズン》が根づきはじめた一七世紀頃から、この商売がはじまった。社交季節は農閑期の一二月から五月までのほぼ半年間をいう。この季節に、地方の貴族や大地主のジェントルマンたちがロンドンに集まり、膨大な土地資産から上がる金を湯水のように使い、華麗な社交を展開した。また、社交季節は国王陛下に謁見したり、議会に出席したり、投資や商品取引などの商売をまとめる機会になったし、有力なむすびつきを求めて結婚適齢期の娘を社交界にデビューさせるチャンスにもなった。

そのため富豪のジェントルマンは都市にタウンハウスを構え、所領のカントリーハウスとのあいだを往復する二重生活をしていた。

　ロンドン滞在中のジェントルマンたちにとって、セントポール寺院に隣接するポールズウォークと呼ばれた小綺麗な小《こ》路《みち》は、情報収集の恰好《かっこう》の場所となっていた。そこには農作物の作柄や相場、王室や議会の動きをはじめ、ときには怪しげな商売の話や、はたまた侯爵夫人の艶聞《ゴシップ》など、さまざまな情報が集まってきた。しかし、社交季節が終わり、ジェントルマンたちが田舎の生活へ戻ると、彼らはこれらの情報から遠ざかったため、次にロンドンへ来るときまでのあいだ、情報伝達業者が彼らに代わって情報を集め、それらをニュースレターにして顧客へ送った。ニュースレターは、都市からの一方的な情報の流れではあったが、個人の情報メディアとして重宝がられた。

2　ヨーロッパ　印刷メディアの誕生

　印刷の発明は、コミュニケーションのあり方に大きな変化をもたらした。ヨーロッパにおける新聞の歴史を概観する前に、そのことについて少しふれておこう。火薬、羅針盤、印刷術は世界三大発明である。その一つ印刷術は、文字が発明されて以来の、大きなコミュニケーション革命を引き起こす。その内容について、エリザベス・アイゼンステインが『印刷革命』のなかで周到に分析している。詳細はそちらに譲るが、印刷によって、人類は、手書きよりも早く、そして美しい同一の書物を大量につくることができるようになった。活字文化の誕生である。手書きのニュースレターがすぐに印刷されるようになり、大量に印刷された新聞は人々のあいだに配布され、世論を動かし政治をも動かす大きな力をもつようになる。新たな権力をもつ言論界の台頭である。

　ところで、世界でもっとも古い印刷物は、日本の法隆寺に伝わる梵語《ぼんご》の経文を木版で刷った百万塔陀羅尼《だらに》という説があ

17世紀後半の印刷機．右側に圧力をかけるハンドル，中央にインキを版面につける職人，その隣に刷り上がったものを検査する職人がみえる．

る。それは八世紀後半に称徳女帝が勅願で、一〇〇万枚印刷させて三重の塔を象《かたど》った木塔の基部に収め、東大寺など一〇の寺に一〇万個ずつ寄進させたものである。最近の調査で、陀羅尼の木版は幾度も幾度も補刻されて使われたことがわかってきた。木版印刷は洋の東西を問わず古くからみられ、近世まで複製技術の主流だった。

しかし、木版は摩滅が激しく、大量印刷には不向きであった。それを解決したのが、ヨハンネス・グーテンベルクである。グーテンベルクの発明の優れたところは、印刷に何度も使える鉛の活字を使ったことであろう。彼が鉛の秘術師といわれる由縁である。印刷機《プレス》は木製で手押しで一枚一枚刷り出すものであった。その構造は葡萄《ぶどう》酒づくりに欠かせない汁を絞る農器具の構造を転用している。すなわち圧盤の下に、発酵した葡萄の入った皮袋の代わりに、紙と活字の版をおいたのである。それは宋の木版印刷や李氏朝鮮の銅活字印刷の技術を乗り越えたもので、製紙法の伝播とむすびつき、ヨーロッパに印刷文化をもたらした。最初のニュース出版物は、グーテンベルクの印刷機を少し改良したもので印刷された。

印刷メディアと飛脚

次の文章は、一七世紀ヨーロッパの新聞記事である。通信員が飛脚を使って書き送ってきた情報を記事に仕立てたものである。

ニュルンベルク発の書状は、ボヘミア境界からの報告によると、プラハの近くで国王とバイエルン侯とのあいだで大きな戦闘があり、双方合わせて一〇〇〇人もの死者が出た、と伝えている。侯の一族がプラハにいたかどうかは、まだ確認されていない。

ヨーロッパでは一七世紀に入ると、新聞の発行に欠かせない飛脚のネットワークが整ってくる。それは冒頭の記事のような各地のニュースを集め、刷り上がった新聞を読者に届ける役目を果たしてきた。すでにみてきたように、ハプスブルク家に庇護《ひご》されたトゥルン・ウント・タクシス家の飛脚がヨーロッパ各地をむすび、一般の書簡もはこんでいたし、フランスでは絶対王政の基礎が固まる宰相リシュリューの時代（一七世紀前半）に、駅逓の料金がそれまでの相対《あいたい》料金から公定料金となり、飛脚の輸送時間も短縮された。至急便《レ・グラン・クーリュ》の路線は主要都市をカバーし、パリ―ボルドー間が二日とかからなかった。イギリスでも一六三五年、一般書簡局が設けられ、王室の駅逓が一般に公開された。パリ大学の飛脚も多くの人たちが利用していた。もっぱら為政者や特権階級のためのものだった駅逓制度が一般にも公開され、新聞普及の一翼を担ったのである。

この飛脚ネットワークを通じて、ヨーロッパ各地に展開している特派員や通信員から、軍事、外交、宗教、経済などのさまざまな情報がニュースの出版人に入ってきた。アンソニー・スミスの『ザ・ニュースペーパー』は、新聞の歴史をコンパクトにまとめている。以下、もっぱら同書に負うが、ウィーンではバルカン諸国の情報が、アウクスブルクではイタリアやスイスの情報が、ケルンではフランスやオランダやイギリスの情報が、また、ハンブルクではスカンディナビアや北ヨーロッパの情報がそれぞれ集まってきた。情報の集積地は、いずれもヒトとモノが集まる交易市であったり、政治や宗教の都市であった。今なら大問題になるのだろうが、当時は、治安維持の目的のために、他人の手紙を開いて情報を入手するのは飛脚取扱人（郵便局長）の仕事になっていたから、飛脚取扱人みずからが通信員になっていたケースも多い。それは実入りのよい副業でもあった。

　このようにヨーロッパでは、飛脚や通信員のネットワークが整備され、加えて、グーテンベルクの印刷術が新聞の印刷にも使用できるようになると、新聞発行を取り巻くインフラストラクチャーが整った。時あたかも各国が介入した宗教戦争がはじまり、ニュースの需要がいやが上にも高まってきた。本格的な印刷新聞の歴史のはじまりである。

ドイツとオランダ

新聞発行の環境が整ってくると、散発的なニュース出版物が定期的に発行されるようになった。印刷された新聞の最初のものを特定することは難しいが、ごく初期のものを挙げれば、たとえばアントウェルペンの印刷業者アブラハム・フェルホーフェンが一六〇五年に創刊した『ニューヴェ・タイディンゲ』や、ストラスブールの書籍商ヨハン・カルロスが一六〇九年に発行した『レラツィオン』などであろう。フェルホーフェンはスペイン王室の大公から特権を得て、戦争情報などを印刷して、大公の領内で新聞を販売した。視覚に訴える編集技術も取り入れて、銅版の図版や地図も載せた。それは当時としては斬新で凝《こ》ったものであった。発行回数も、不定期から、週刊そして最後には週三回にまでなった。

ライプツィヒ戦でグスタフ・アドルフ王の勝利を伝える『レラツィオン』を売る少年．1631年．

週刊新聞などの新しいメディアがはじめに根づいたところは、ドイツとオランダであった。週刊新聞は同業他紙の記事を借用したり、模倣したりして、いわば相互波及効果によって普及していった。一七世紀前半、ドイツではケルン、フランクフルト・アム・マイン、ベルリン、ハンブルクなどの大きな通商路上の都市において、新聞が発行されていく。情報通信史の観点からみれば、いわばニュースの伝達路に沿った町で新聞がつくられたのである。一六五〇年には、ライプツィヒの書籍商ティモテウス・リッチが世界最古の日刊紙といわれている『アイン・コメンデ・ツァイトゥンク（到来ニュース）』を創刊した。その一〇年後、リッチは、情報源を拡大し多方面のニュースを集め、それを載せた『ノイ・アインラウフェンデ・ナッハリヒト・フォン・クリース・ウント・ヴェルト・ハンデル（戦争と世界情勢にかんする最新情報）』という新聞を発行した。戦争の情報はいつの時代でも求められ、新聞発行人にとっては、金《かね》を生むニュースであることの証左であろう。

オランダでは、「コラント」と呼ばれる新聞が数多く発行された。一六二六年までに一四〇ものコラントの発行が確認されている。オランダ語版の『クーランテ・ウィット・イタリエン・ドイッツュラント（イタリアとドイツにかんする通信）』などが先駆けとなるものであろう。この新聞は、フランス語版『クーラン・ディタリ・エ・ダルマーニュ』をはじめ、英語訳などの他国語版もつくられて、多くの外国に送られた。当時、オランダを領有していたスペインでも、オランダの新聞を手本にして、一六二一年に『コレオス・デ・フランシア・フランドレス・イ・アレマニア（フランス・フランドル・ドイツ通信）』という新聞が発行されている。このように、オランダがヨーロッパの国々の情報をとりまとめて新聞を発行し、さらには外国版までつくっていた背景には、アムステルダムなどネーデルランド地方の諸都市が海運力をもち海外貿易に携わっていたため、海外情報の必要性が高かったという事情があった。加えて、オランダ人の情報収集能力の高さも見逃せない。

フランスとイギリス

フランスにおける本格的な新聞のはじまりは、テオフラスト・ルノドーが一六三一年に創刊した『ガゼット・ドゥ・フランス』からであろう。ルノドーは新聞発行人になる前には、医者で国王の典医も務めたことがある。宰相リシュリューの説得により、ルノドーは医者の仕事を断念し、貧困問題の最高責任者として活躍する。その一つの成果が商業情報などを交換する機関をパリ市内に創設したことである。それは「ビューロー・ダドレス・エ・ドゥ・ランコントル」と呼ばれた。

その目的は、失業者には職を、親方には弟子を、借金をしたい人には貸手を、家のない人には住宅を探す手助けをすることであった。

ビューローは、職業案内などの情報提供という本来の事業で繁盛したばかりではなく、そこにはニュースという全く新しい商品が集まるようになった。そこでルノドーは新聞の発行を決め、その独占権を手に入れる。彼は、ジャーナリズムの目的について私見をまとめ、国王に提出している。それによれば、フランスの近隣諸国では、コラントなどの新聞が普及し、それは国内の騒動や煽動に火をつける誤った噂《うわさ》が弘《ひろ》まるのを防ぐ役割を果たしている、と述べている。また、読者にも利益をもたらすと説明した。たとえば、新聞から情報を得れば、商人は包囲され廃墟《はいきょ》になった町に商品を送るような無駄をしなくてすむし、また、志願兵は戦争のないところに職を探しに行かなくてすむ、と説いている。

ルノドーの『ガゼット』は、御用新聞の性格を有している。すなわち、ルノドー自身が国王やリシュリューらとむすびつき、政治的分裂の時代にあっても、王党派とは離れなかったことからでも、そのことがわかる。だから紙面には編集者の言葉で語られているが、政府が弘めたいと考えていた情報が掲載されていた。もっとも、ルノドーは最先端の科学にも目を向け、物理学・倫理・数学などの各分野の当時最高の知識人に議論を闘わせて、その内容を幅広く記事にした。そのため臨時増刊号《エクストラ・オルディネール》や付録《サプレマン》もしばしば発行された。官報の役割を担った御用新聞との評価が定着しているが、それでも『ガゼット』は、フランスのジャーナリズム形成に大きな役割を果たしたといえる。もちろん競合紙もあり、パリっ児の書籍商たちが発行していた『ヌーヴェル・オルディネール・ドゥ・ディヴェール・ザンドロワ（各地からのニュース）』にはルノドーも苦戦していたし、またルイ一三世が亡くなると、ルノドーを論《あげつら》った新聞『アンティガゼット』などというものも登場し、ルノドーを巡り、中傷合戦が続いた。

イギリスでも、オランダのコラントの影響を受けて、一六二二年に『ウィークリー・ニュース・フローム・イタリー……』と題された海外情報新聞などが発行された。それは日

イギリスの『マーキュリアス・シヴィカス』紙．公民の使者という意．ロンドンで1643年発刊，絵入りであった．

本の新聞の草創期と同じく外国（オランダ）の新聞の翻訳モノであった。これらの新聞は、あの悪名高い国王の刑事裁判所であった星法院《スター・チェンバー》の監督の下に発行を余儀なくされていた。ピューリタン革命が起こると、国内は動乱の渦に巻き込まれ国内情勢への関心が高まり、コラントのほかに、『ダイアーナル・オカレンシズ（日々の出来事）』なる週刊新聞も発行されるようになった。革命により星法院が廃止されると、新聞出版がさらに勢いづく。

ピューリタン革命が近代的ジャーナリズム形成に強い影響を与えたことは、香内三郎の『活字文化の誕生』などに詳しい。この革命が、議会、軍隊、宗派セクトなどの各レベルで変革をめぐる激烈な論争が展開され、それは新聞とパンフレットの戦いでもあったのである。国王派はオックスフォードで『マーキュリアス・オーリカス（内緒の使者）』という新聞を発行し、議会派はロンドンで絵が入った『マーキュリアス・シヴィカス（公民の使者）』という新聞を発行した。まさに紙の爆弾となったのである。

以上、一七世紀ヨーロッパの新聞の歴史を駆け足でみてきたが、そこには大量の情報を多くの人たちに伝える近代的なコミュニケーション・メディアに成長する新聞のプロトタイプをみることができる。また、飛脚が、特派員と新聞発行人と、そして新聞と読者との仲立ちをしていたことも忘れてはならないであろう。

3　アメリカ　独立運動を鼓舞する

一七七六年七月四日、トマス・ジェファソンら一三の植民地の代表がフィラデルフィアに集まり、彼らは、イギリスの圧政からの解放と人間の自由平等を高らかに謳《うた》い上げて、あの歴史的なアメリカ独立宣言を行った。新聞と郵便は、アメリカ独立の達成と、その後のアメリカの民主主義《デモクラシー》の発展と文化の向上に寄与してきたものの一つに挙げられよう。ここでは建国時代の新聞の発達と、それをバックアップした郵便についてふれる。

アメリカ植民地の最初の新聞は、イギリスから逃れてきたベンジャミン・ハリスが、一六九〇年、ボストンにおいて発刊した『パブリック・オカーランス』であろう。磯部佑一郎の『アメリカ新聞史』によれば、同紙が創刊号において事実を報道することを強調するあまり、それを恐れたイギリスの植民地総督らから睨《にら》まれ、敢《あ》えなく創刊号だけで廃刊になってしまった。しかし、ハリスは、言論の自由のために戦ったアメリカ最初の勇者であり、ホイッグ党の自由精神を植民地に伝え、独立気運をもたらした人物と評されている。ハリスの新聞は一号で終わったが、その後も当時のロンドンの新聞を模倣しながら、植民地では新聞の発刊が試みられた。ボストンの郵便局長《ポストマスター》をしていたジョン・キャンベルが一七〇四年に創刊した『ボストン・ニューズ・レター』や、フィラデルフィアの郵便局長に任命されたブラッドフォード一族が発刊した『アメリカン・ウィークリー・マーキュリー』などが代表的なものである。

植民地の印刷郵便局長

郵便局長が新聞を発行した背景には、母国イギリスや各植民地の情報を伝える新聞や手紙がまず郵便局に集まったことに加え、彼らの多くが印刷業を営んでいたという事情があった。もう一つの理由は、当時、郵便は新聞を取り扱っていなかったが、郵便局長は職権、否、役得といってもよいが、その役得で自分の新聞を郵便の流れのなかに入れることができた。こうしてみると、一八世紀アメリカの郵便局長は、情報のインプットとアウトプット、それに配達機能という情報産業に必要なすべての手段を独占していたことになる。だから彼らは植民地の印刷郵便局長《コロニアル・プリンター・ポストマスター》と呼ばれていた。言い換えれば、郵便局長でない者が新聞を発刊することはたいへん難しかった。あの有名なベンジャミン・フランクリンが廃刊に追い込まれた新聞を買い取り、それを『ペンシルヴァニア・ガゼット』と改称し軌道に乗せる。しかし、郵便局長でなかったフランクリンは地元の郵便局長に意地悪をされ、最後には、その局長を追い出して自らが郵便局長になる。そのことが、次のようにフランクリンの自叙伝に記されている。

これでフィラデルフィアには、競争相手は老ブラッドフォードだけになった。彼は金持ちで安楽に暮らしていたので、仕事は渡り職人を使って時々少しするだけで、商売のことは大して気にかけていなかった。しかし、郵便局をやっていたから、彼のほうがニュースを得る機会が多く、広告も彼の新聞のほうが行き渡る範囲が広いと思われ、私の新聞よりずっと多かった。これは彼に有利で、私には不利なことであった。というのは、私も実際には新聞を受け取り、これを送り出すのに郵便を使っていたのだが、そのやり方は郵便運搬の騎手に賄賂《わいろ》を使って内密にもって行かせたのだから、世間では私も郵便を使っているとは思ってくれなかったのである。ブラッドフォードは意地悪くそれさえ禁じたので、私はいささか癪《しゃく》にさわった。そこでじつに卑劣な所業だと考え、後に私が彼に代わって郵便局をやるようになってからは、そんな真似《まね》はしないように気をつけたものだ。

現代の新聞とくらべれば、植民地時代の新聞の紙面は決して大きなものではなかった。しかしながら、ビーアド夫妻が『アメリカ合衆国史』のなかで述べているように、そこには、イギリスをはじめヨーロッパで起きたさまざまな事件の記事や、周辺地域と他の植民地での出来事、商店で売られている目まぐるしいばかりの商品の広告、公的利害関係で喜んだ読者と反対に腹を立てた読者からの投書、その他、風俗、習慣そして政治にかんする論説など、雑多な記事が盛り込まれていた。

しかし、新聞は国王から任命された総督らに監視されていたので、植民地時代の初期の新聞には、イギリス官憲の顔色をみながら書いた記事が多かった。植民地に自治意識が芽生えてくると、専制的な総督支配を攻撃し、民権の伸長や政治の自由などを論じる記事もみられるようになってきた。植民地の新聞は、読者に無報酬の寄稿を求め、新聞を社会の知的な広場《フォーラム》に変えることも試みた。また、新聞は異なった基盤をもつ各植民地の文化をむすびつける役割を果たし、さらには共通の利益という概念を生み出して、植民地の統合、そして独立への気運を醸成していった。

フランクリンは、自分の新聞に「結合か死か」とタイトルをつけて、九つに寸断された植民地に見立てた蛇がイギリス官憲に見立てた怪獣に立ち向かうイラスト（カット）を載せて、植民地の統合を訴えた。後に、このイラストは植民地の各紙に繰り返し転載される。このように植民地の統合独立を目指す新聞人は、イギリス官憲と戦い、親英派の新聞とも論戦しながら、植民地の統合と独立運動を鼓舞《こぶ》していった。アメリカ建国の大原則の一つに、言論出版《プレス》の自由があるのは、以上のような植民地における新聞創刊に挑戦した、自由を求める先人たちの戦いと勝利があったからである。

郵便の新聞優遇

ウェイン・E・フラーは『アメリカの郵便』のなかで一章を割いて、知識の普及という観点から、新聞と郵便の関係についてふれている。同書によれば、アメリカが独立すると、新聞に対する政府の対応も変わる。すなわち真の民主主義を育てていくためには、政治的な知識や国政の情況を人民《ピープル》にすみやかに普及していくことが不可欠である、という認識が拡《ひろ》がっていった。また、初代大統領ワシントンは、郵便組織が、議会の討議や制定された法律の内容を普及する媒体として機能すべきであると提唱した。これを受けて、議会は、国会議員と郵便局長に対して無料で郵便を差し出すことができる権利を与えた。

同時に、議会は、新聞にも低料金で郵便を公開することを認めた。一七九二年には新聞郵便の料金が制定され、一〇〇マイルまで一セント、一〇〇マイル以上一セント半となった。それは六〇マイルまで六セント、四五〇マイル以上二五セントという一般の書状料金よりも、格段に優遇されたものであった。加えて、編集者同士の新聞交換が無料となった。通信社やラジオやテレビもなかった時代だったから、この新聞交換は貴重なニュース情報源となった。それにニュースは万人のものという考え方があったから、無断転載禁止などという著作権《コピーライト》の問題もなく、自由に、他紙の記事を自分の新聞の記事にできたのである。

この優遇措置の結果、住民三〇〇人に週刊新聞が一紙という町も珍しくなくなり、一八〇一年に二〇〇紙ほどだった新聞は三〇年後には一二〇〇紙にまで増加した。ある町では印刷業者に来てもらうために、町の公文書印刷の発注と臨時郵便局長のポストを約束する形で勧誘した例さえあった。この頃になると、アメリカ全土の郵便局数は八四〇一局となり、郵便路線は延べ一二万マイルに達した。この郵便ネットワークを通じて、新聞が各地の読者に届けられた。しかし郵便輸送は天候に左右される面があり、ポストライダーたちの苦労も多かった。新聞には「郵便がニューロンドンで渡し舟に乗り遅れたので、西からの便はまだ来ていない」とか、あるいは「東からの便は道中の大半を雪靴を履いて旅をしなければならなかったので、土曜夜遅く到着した。雪は道中驚くほど吹き積もり、馬も通れず難渋した」などという社告もしばしば載せられた。

国政文書と新聞の郵便が優遇されたため、郵便が急増した。当時の史料によれば、全体の七割が新聞郵便だったとか、ワシントンの郵便局から発送される南部行きの郵袋《ゆうたい》二一のうち

アメリカ人民，独立に立ち上がる．独立を鼓舞する新聞やパンフレットが印刷され，町や村に掲示され，また，それらは騎馬郵便で各地にはこばれて，独立の気運が植民地全体に拡がっていった．

二〇は印刷物がいっぱいで、残り一つの郵袋にわずかな手紙が入っていた。印刷物の重さは手紙の一五倍になったなどという記録がみられる。選挙ともなれば、地元の新聞社の役割を担った町や村の郵便局には、無料郵便で送られてくるワシントンからの国政文書や地元選出議員の議会報告などが大量に到着して、身動きがとれなくなるほどになった。

一八五一年には、同一の郡内《カウンティ》あての新聞郵便が無料となった。地方紙の優遇である。その背景には、大資本により効率的に運営する都市の新聞が地方紙を追い出す、北部の都市の解放的な思想が南部に流れ込んでくる、などという警戒感が南部の議員にあった。優遇措置は、地方紙の保護育成の観点からものであった。これに対して、都市の議員も全国紙の州をまたがる郵送も無料にすべきであると訴えた。彼らは、地方紙優遇は特定の勢力を育てる、各州の事情を理解しない人間をつくる、などと南部を攻撃した。保守的な南部の農村と革新的な北部の工業都市との、当時のアメリカの南北問題が底流にあった。都市議員の努力にもかかわらず、地方紙の優遇は覆《くつがえ》されなかった。

二、三の巨大新聞により読者が支配されることは民主主義の崩壊につながりかねない、多様な新聞の存在こそがアメリカの自由を守るという信念がそこにうかがえる。時の郵政長官は、国政文書や新聞の郵送コストが膨らんだため財政上の理由から、無料郵便などの優遇廃止を何度も議会に提案したがそのたびに拒否された。郵便の優遇措置には、新聞社の既得権意識や国会議員のお手盛りという面も後年出てきたことは否定できない。しかし措置が存続した背景には、建国直後のアメリカにおいて、優遇措置の維持のためのコストは、いわば民主主義を育て、そして守るためのものという考え方が根強くあったのである。

4　日本　瓦版からはじまる

瓦版《かわらばん》は、わが国の新聞前史を飾るものである。豊臣家の存亡をかけて戦われた一六一五（元和《げんな》元）年の、大坂夏の陣を報じた木版一枚刷りの『大坂安部之合戦之図』が瓦版の元祖とされている。大坂安部の合戦の勝利により、徳川家康が完全に天下をとり、幕藩体制の基礎を固めた。江戸時代のはじまりである。一枚刷りの風説書であった瓦版は、江戸時代の庶民にとって、欠かせない情報メディアとなっていく。

一八世紀の江戸時代中期に入ると、樺山紘一の『情報の文化史』によれば、瓦版が江戸や大坂でひんぱんにあらわれるようになる。その題材は多様で、なかでも世間物《せわもの》、好色物語、心中話などの人情事件にまつわる実話が大当たりをする。いわば現代の週刊誌の役割を果たしていた。このような市中を騒がせたスキャンダラスな瓦版のニュースは、井原西鶴《いはらさいかく》や近松門左衛門らによって脚色され、あの八百屋お七の一件が採録されている『好色五人女』や、徳兵衛と遊女お初の心中が語られている『曾根崎心中』などの作品に転じていくのである。また、大地震や火事や風水害などの災害報道は瓦版のトップニュースになったし、人気役者の死は葬儀までに追悼瓦版が急いで刷られた。瓦版の作者は現代の編集者顔負けの、旺盛な大衆ジャーナリズム精神をもっていた。

瓦版の威力が如何《いかん》なく発揮されたのは、天下の一大事にかかわるニュースの速報である。一八三七（天保八）年に起きた大塩平八郎の乱を伝える瓦版は、その代表例である。天保の飢饉《ききん》により窮民化した農民らの救済に尽力する大塩が、幕府の無策を批判して、大坂の豪商を襲い、奪った米や金を貧民に与えたという騒動である。この乱によって、大坂の天満《てんま》一帯が火の海となり、三井や鴻池《こうのいけ》一族の屋敷も焼き払われた。当時の瓦版は、焼け落ちた大坂の町の地図を載せて乱を報じた。乱起きる、の情報は瞬く間に諸国に広がり、これに誘発された一揆がまた各地で発生した。幕府の屋台骨をゆるがす事件となったのである。情報伝播の威力と、その影響の大きさがわかる。

浦賀に黒船来る《きた》――。この一八五三（嘉永六）年のニュースも瓦版で速報され、江戸の町中がもう上へ下への大騒ぎとなった。大パニック発生の一端は、瓦版の情報伝達によって引き起こされたといっても過言ではない。まさに江戸の情報化社会を演出していたのである。大都市ばかりではない。幕末の木曾山中の宿場にも、島崎藤村が『夜明け前』のなかで描写しているように、日本の進路を左右する情報が刻々と伝えられ、村民たちは固唾《かたず》を飲んで推移を見守っていた。このように鎖国時代でありながら、江戸時代の情報空間とその空間を飛び交う情報のスピードは、飛脚制度などに支えられ、意外と高密度で高速度であった。その江戸の情報メディアの役割を担った瓦版は、安価で速報性、それに庶民性という今日的な新聞の条件を備えていたけれども、しかし開国とともに、その任を西洋的な新聞へ譲っていく。瓦版から新聞への移行は、当時の情報メディアの近代化とみることができる。ここにも江戸から明治への大きな時代の変化が認められる。売り手の読み声とともにまかれたために、瓦版は「読み売り」とも呼ばれた。

わが国初の新聞は英字紙だった。一八六一（文久元）年に創刊された『ナガサキ・シッピング・リスト・アンド・アドヴァタイザー』がそれである。その後、邦字紙も続々と発刊され、たとえば、幕府の洋書調所が一八六二（文久二）年に刊行した『官板バタビヤ新聞』や、数奇な運命を辿ったジョセフ・ヒコが一八六四（元治元）年から手がけた『海外新聞』などがある。前者はバタビヤ（ジャカルタ）のオランダ総督府が発行した新聞を、後者も外国の新聞を翻訳したものであった。戊辰《ぼしん》戦争がはじまると、官軍は京都において、官報の先がけとなる『太政官日誌《だじょうかんにっし》』を発刊した。一方、佐幕派は江戸で『中外新聞』などを出して、官軍や薩長の政策を痛烈に風刺したのである。武力による戦いのほかに、両派はまさに国家の体制論について、熱い論戦をこれらの新聞、否、新聞らしきものを通じて展開したのである。だが勝てば官軍である。官許の上、新聞を刊行すべしとし、政権を握った官軍は、江戸の佐幕派の新聞を一掃してしまう。

日刊紙の刊行

一八六八年、明治に改元される。文明開化の流れはさまざまな分野に拡《ひろ》がっていくが、民間ジャーナリズムの台頭も促した。わが国最初の日刊紙は、一八七〇（明治三）年に創刊された『横浜毎日新聞』である。神奈川県令が音頭をとって、横浜の商人に出資させた横浜活版社が発行元であった。編集は横浜運上所で輸入図書の検閲を担当していた子安峻《こやすたかし》である。職業柄、子安は外国の新聞をよく知っていたから、それを手本にしながら、独自取材によるニュースで紙面を飾る。当時としては、垢抜けした新聞となった。文明開化と自由民権を提唱し、北海道開拓使の官有物払下げの不正を暴露して、自由民権運動を盛り上げた。実は、この新聞は、本木昌造が発明した鉛活字によって、舶来紙に印刷された、わが国初のものでもあった。本木については、大輪盛登の『グーテンベルクの鬚』に紹介されているが、それによれば、本木は幕末にオランダ通詞を勤める傍ら、オランダの印刷術を研究し、後に築地活版製造所となる印刷会社を創設した人物である。新聞は本木の弟子の陽其二《ようそのじ》が担当した。このように『横浜毎日新聞』は、いろいろな面で、日本初の近代新聞として特筆される。

明治維新に創刊された代表的な新聞を紹介する。一八七二（明治五）年に刊行された『東京日日新聞』は、福地源一郎が主筆となり、はじめて社説を掲載した。終始、政府の政策を支持して、御用的立場をとった。一八七四（明治七）年には『朝野新聞《ちょうや》』が発刊された。編集長は末広鉄腸で、民権派の立場をとり、藩閥政治を攻撃した。明治前期の代表的な新聞となる。同年、東京で『読売新聞』が発刊される。総ルビ・口語体を採用し、庶民派の新聞として出発し、今日の総合紙に発展する。一八七九（明治一二）年には大阪で、もう一つの総合紙となる『朝日新聞』が発行された。不偏不党を標榜して、進歩的近代新聞として地歩を固め、米騒動の報道で活躍する。朝日発刊の翌年、やはり大阪で総合紙になる『毎日新聞』が創刊され、後に東京に進出し、『東京日日新

東京名所両国報知社図．三枚続．三代広重画．モダンな社屋と，木版に代わって，導入された最新鋭の活版印刷機に人々の関心が集まり，見物人が引きも切らなかった．文明開化の象徴の一つ．

聞』を合併して、今日に至る。一八九二（明治二五）年に黒岩涙香《るいこう》が発刊した『万朝報《よろずちょうほう》』も忘れてはならない新聞である。はじめは自由主義的立場をとり、日露戦争のときには、内村鑑三や幸徳秋水らが記者となり、非戦論を唱えたが、黒岩が開戦論に転じたため、内村らは退社した。政府支持にまわってからは部数が伸び悩んだといわれている。

　このように保守的新聞から進歩的新聞まで、さまざまな新聞が明治維新で誕生した。板垣退助らによる民撰議院設立の建白書提出をきっかけに高まった自由民権運動を盛り上げたのも新聞であった。そして多くの新聞や雑誌が政府を攻撃しはじめたので、政府は、一八七五（明治八）年に讒謗律《ざんぼうりつ》・新聞紙条例を制定して、民権を主張する出版物を厳しく取り締まった。政府の弾圧に抗して、政論新聞が相次いで発刊され、次いで政党機関紙も出てくる。新聞はいわば政治的立場を明らかにした言論機関の色彩を強めていく。イギリスでも、アメリカ植民地でも、すでにみてきたように、民主主義とそれに裏打ちされた自由な報道の権利を勝ち取るために、新聞は時代の権力者と闘ってきた。そして日本でも同様の闘いがあったのである。この時期、また将来の情報産業の一翼を担うこととなる商業新聞も発展し、読者をしだいに増やしていく。新聞が日本の近代化に果たした役割も大きい。

『郵便報知新聞』

一八七一（明治四）年三月に郵便が開業し、その年の一二月には日誌（官報）と新聞の取扱いを開始した。重さにかかわらず、手紙の料金よりも大幅に低いレートが定められた。前島密は『帝国郵便創業事務余談』のなかで、「凡《およ》そ法律規則は、其《その》必要ありて而《しか》して後に設けらるべき筈《はず》なるに、未《いま》だ其必要を生ずべき新聞紙其ものすら興《おこ》らざるに先《さきだ》ちて其送達に関する規則を設定するは大早計たるものの如し是《こ》れ所謂《いわゆる》欧米に模倣する反訳法律の病《やまい》なり」と記している。新聞といえば『横浜日日新聞』しかなかった時期だから、この記述は当を得ている。しかし、前島自身も新聞の重要性は十分に認識しており、郵便創業の翌年、自ら新聞創刊の企画に乗り出す。前島の誘いに、日本橋横山町で書籍業泉屋を営み、郵便取扱人にもなっていた太田金右衛門が応じた。『郵便報知新聞』の誕生である。第一号はまだ木版刷りで、半紙二つ折りの九枚綴りであった。毎月五回発行、定価は三銭であった。前島の秘書役を務めていた小西義敬が経営に参画した。事業の目安がつくと、前島は小西らに経営を任せるようになった。

この新聞の特徴は、何といっても郵便の特典をフルに生かしたことであろう。前島は、記事になる情報を全国各地から集めるために、四匁（一五グラム）までの新聞原稿の郵便料金を免除することにした。同時に、各地の地方官にもニュースを送るように督促する。そして刷り上がった新聞は、郵便によって、読者に届けられることになった。まさに郵便の機能を駆使した新聞となった。しかし、新聞郵便を優遇することについては、その費用がかかりすぎるために、駅逓寮のなかからも批判の声が出てきた。前島は、新聞の普及が文化の向上と社会の発展に寄与するものであり、郵便はその普及に欠かせないものと考えていたから、この批判には耳を貸さなかった。

文化の向上は国の責務でもあり、郵便が低料金で新聞や雑誌を読者に送り届ける意義は、今日においても、一定の理解が得られるのではないだろうか。二〇〇七（平成一九）年一〇月から郵便が民営化されるが、新聞雑誌のための、いわゆる第三種郵便のあり方については、コストの議論よりも、国の文化政策として考えるべきであろう。高橋康雄は『メディアの曙』のなかで「郵便は本木昌造らの活字開発によってもたらされた種々のメディアを全国に普及する、もう一つのメディアとなった」と述べている。

第17章　通信社の誕生

1　ヨーロッパ　英仏独の三強が誕生

前章では新聞の創業について、その前史を含めヨーロッパ、アメリカ、日本の例を引きつつ述べてきた。この章では、通信社の話をしよう。通信社の主要業務は、さまざまな情報を集めて、それを新聞社に提供する組織である。ニュースの問屋といってもよい。日本では、かつては同盟通信、現在では共同通信と時事通信がその代表格となっている。しかし、通信社の発祥の地はヨーロッパである。情報がどんなに大きな価値があり、それを販売するビジネスが成立した背景を説明するには、まず、イギリスの大金融王になった、あのネイサン・ロスチャイルドの逸話《エピソード》を紹介するのが一番である。

一八一五年六月、ロンドン証券取引所は、ワーテルローで戦っていた英仏両軍の勝敗の帰趨《きすう》にすべての神経が注がれていた。フランスのナポレオンが勝てばイギリスの代表的な国債であるコンソル公債が暴落し、逆に、イギリスのウェリントン将軍が勝てば公債が暴騰するからである。売りか、買いか、取引所の立会人たちは勝敗の結果の到着を今かいまかと待っていた。この緊迫した場面を、少しばかり尾鰭《おひれ》がついているかも知れないが、フレデリック・モートンの『ロスチャイルド王国』と中木康夫の『ロスチャイルド家』の叙述を参考にして再現すれば、おおよそ次のようになろう。

そのときネイサンは取引所ではなく、ドーヴァー海峡に臨むフォークストーンの波止場に立っていた。六月二〇日未明、ロスチャイルド家の代理人がナポレオン敗北の大ニュースを伝えるオランダの新聞をネイサンに手渡した。それは代理人が前夜、嵐のなかをオランダのオーステンデ港から借上船に飛び乗ってはこんできたものであった。新聞を受け取ったネイサンは大急ぎでロンドンに立ち戻り、立会人注視のなか、何食わぬ顔をして、取引所のいつものロスチャイルドの柱の前に立ったのである。

しかしネイサンはコンソル債を買いには出ず、敢然と売りに出た。取引所のなかは騒然となり、彼はイギリスがワーテルローで負けたことを知っている、という噂《うわさ》が瞬く間のうちに取引所のなかに弘《ひろ》まった。公債は大暴落した。そのとき間髪を容《い》れず、ネイサンは公債を二束三文の値で大量に買いに出た。その、ほんのちょっと後に、イギリス勝利の大ニュースが取引所に漏れた。こんどは公債が大暴騰に転じた。人よりも早く情報を得て、それを上手に使うことによって富を生み出す。この言葉どおり、事前に情報を入手、大芝居を打ったネイサンは一瞬のうちに一〇〇万ポンドもの巨万の富を手に入れたのである。

情報の入手には、あらかじめ手だてが必要である。ロスチャイルドの一族は要所要所に通信員をおいて、自分たちのネットワークをつくり、情報の収集と交換に万全の体制を敷いていた。富豪ロスチャイルド家だからこそ、できる芸当であった。ワーテルローのニュースも、この優れた専用通信網により届けられた。この通信（輸送）コストは一般の一私人が負担できるような小さな金額ではなかったが、それはニュースがもたらした巨万の富とくらべれば、わずかな投資にすぎなかった。しかし資金力のない銀行や投資家たちは自ら通信網をもつわけにはいかなかった。そこで相場に敏感な取引所の会員や銀行それに商社などに外国の新聞雑誌の翻訳ニュースなどを売り込む商売があらわれてきた。これが通信社のはじまりである。

アヴァスとヴォルフ

通信社の歴史を繙《ひもと》いてみると、まず「ヨーロッパ三強」という言葉が出てくる。フランスのアヴァス、ドイツのヴォルフ、イギリスのロイターのことである。一九世紀半ばに相次いで設立された通信社である。この時代の通信方法は、古代から脈々と続いてきた早馬や馬車や、あるいは飛脚便を利用した書簡などの運搬が主流であった。また、腕木通信や伝書鳩もヨーロッパ各地で使われていた。これら人と動物の力をもっぱら活用した通信方法のほかに、時代を経ると、モールス信号による電信が加わった。しばらくのあいだ、通信は、これら馬・鳩・電信という奇妙な組み合わせで運営されてきた。そして速報を旨とする通信社の社運は、この組み合わせをいかに巧みにしていくかにかかっていた。

三強のなかで一番の草分けは、今井幸彦の『通信社』によれば、一八三五年、パリで開業したシャルル・アヴァスであ

伝書鳩を刻した版画．尾羽に手紙を入れる小さな筒がみえる．アヴァスやロイターなども伝書鳩を使い，通信時間の短縮に凌ぎを削った．

る。創設当時、アヴァスは近代的な通信社とはほど遠い存在だった。顧客も銀行や商社あるいは仲介業者や相場師といった、いわば金融や金儲《もう》けに関心がある個人や会社などであった。普段の仕事は、郵便馬車や飛脚便で定期的に送られて来る各国の新聞や雑誌を翻訳し、顧客に配ることである。アヴァスが伝書鳩を使うと、それが成功の糸口となった。ブリュッセルからパリへ、あるいはロンドンからパリへ、伝書鳩にニュースを空輸させたのである。二都市のニュースは半日でパリに届き、飛脚によるニュースに大きな差をつけた。このサービスは大成功を収め、間もなく、パリっ児たちは伝書鳩がはこんできた外国の最新ニュースを新聞で読むことができるようになった。

もちろん、アヴァスは当時のハイテク通信である電信にも関心を示し、一八四五年に開通したばかりのヨーロッパ初のパリ―ルーアン間や、続いて敷設されたパリ―ブリュッセル間の電信線を積極的に利用している。この頃になると、アヴァスは本格的に新聞社に対してニュース提供を開始して、広告代理業にも進出する。シャルルの死後、息子オーギュストが社業を相続し、大福帳的な商売から株式会社組織にして、経営を近代化した。相場情報を組織的に収集整理し、いわば経済データにまとめて、特約者に配信するという着想が当たって、アヴァスは着実に業績を伸ばしていった。

三強の二番手はベルンハルト・ヴォルフである。一八四九年、ベルリン市の一角に「ヴォルフ電信事務所」という看板を掲げた。ヴォルフはアヴァス商店で新聞の翻訳係をし、社業を見習いながら独立するのを狙っていた。彼は普及しはじめたばかりの電信の将来性に着目し、ベルリン―アーヘン間の電信開通に合わせて事務所を開いている。ヴォルフが予見したとおり、短期間のうちに通信社の通信手段は、馬や伝書鳩による古来の方法に代わって、電気を使った電信が主役となっていく。協力者に、あのジーメンス商会当主の従兄弟の弁護士が後ろ盾となり、一八七五年には大陸電報株式会社に改組して、守備範囲を拡げていった。一般にはヴォルフ通信社で通っている。

ロイター

三強の最後はパウル・ユリウス・フォン・ロイターである。現在も昔ながらの名前で暖簾《のれん》を維持しているのはロイター通信社だけである。アヴァスは一九四〇年のフランス降伏で消滅し、後にAFP通信社に引き継がれる。ヴォルフも一九三三年のナチ政権下にドイツの国営通信社に吸収合併されてしまった。

その大ロイターも、夫妻がアーヘンのパン屋の一室を借りて、四四羽の伝書鳩を買い、ハト通信事務所を開いたのが本格的な商売のはじまりであった。一八五〇年のことである。ロイターもアヴァスで働いていたが、先輩たちの間隙《かんげき》をぬって、電信線が敷かれていなかったアーヘン―ブリュッセル間一六〇キロに伝書鳩を飛ばして、パリ―ベルリン間をつないだのである。アーヘン―ブリュッセル間は、それまで汽車で連絡していたが九時間かかった。伝書鳩はそこを二時間で飛び、通信時間は七時間も短縮できた。ロイター夫妻の仕事は厳しく、交替で鳩舎を見張り、鳩が戻ってくると通信文をはずして、それを片手に電信局の窓口に走る毎日が続いた。だが、この電信空白区間も日に日に狭まっていた。開業数ヵ月後、五キロまでになったので、伝書鳩を馬に替えて、そこを若い乗り手に猛スピードで走ってもらった。八ヵ月後、その区間も電信線がつながり、ロイターは事務所を閉鎖した。この仕事でロイターはかなりの利益を上げることができたし、何よりも、ヨーロッパ各地に名前が売れて、腕利きの通信員たちとつながりができたことが、将来の、かけがえのない財産となった。

一八五一年、ロイターは故郷のドイツを離れロンドンに進出し、金融街のシティーにロイター電信事務所を開設した。進出の動機は、産業革命の進行によりイギリスが盛時をきわめ、なかでもロンドンは世界の貿易・金融のセンターとして機能していたからである。大英帝国の植民地からはさまざまな原料がイギリスの港に陸揚げされ、それらは商品に加工され、国内で消費されたり、ふたたび世界各地に送り出されていった。人々は有利な投資先を探し情報を求めていた。ヨーロッパの商品相場や金融相場、インドの黄麻《ジュート》の作柄、アメリカの綿花作付け状況、さらにはイギリス人が働く植民地での大小さまざまなニュースなど、イギリス人が知りたがっている情報は無限にあった。進出の動機はもう一つあった。それは、後にジーメンス王国を築くヴェルナー・ジーメンスが、ドーヴァー―カレー間に世界初の海底ケーブルが近々敷設される話をロイターにし、ロンドン進出を勧めたからである。進出の年、海底ケーブルが開通しパリとロンドンとのあいだは一条の電信線でむすばれた。

倉田保雄の『ニュースの商人ロイター』はロイター一代記となっているが、同書によると、ロイターの夢は、世界のニュースを組織的に取材して配信する国際通信社の実現であった。ロンドン進出は夢の実現への第一歩である。最初の仕事は、この国際電信回線を通じて、ヨーロッパ各地から金融市場などの経済情報を集め、これをロイター速報として流すことであった。顧客はロンドンの証券取引所の会員や銀行家たちであったが、ネイサンの息子だったライオネル・ロスチャイルドもその一人であった。アヴァスやアーヘン時代の仲間たちが通信員となり、ロイターを助けてくれた。この経済情報の提供サービスはロンドンの顧客に評価されて、ヨーロッパの顧客も増えていく。

このように、ロイターは、ヨーロッパ金融経済の情報をロンドンの証券取引所の会員らに提供するサービスをはじめた。しかし、ロイターの狙いは新聞社へニュースを提供することである。経済情報ばかりではなく、激動するヨーロッパの政治ニュースの取材体制もかつてのアヴァスの仲間たちの協力を得て整え、本格的なニュースの売り込みを開始した。一八五八年、ロイターは新聞界の大御所『タイムズ』に話を持ち込んだ。主筆からは自社ですべて間に合っているからとすげなく断られたが、それにもめげず、ロイターはその足で、タイムズの競争紙『モーニング・アドヴァタイザー』の編集長を訪ねた。編集長はロイターの謙虚な飾り気のない人柄に好感をもったのか、彼の話す「新聞社が負担する月四〇ポンドの電信料よりも安い、月三〇ポンドで、外国のニュースを配信する」という提案に熱心に耳を傾けた。

けれども編集長の表情から一抹の不安を読み取ったロイターは、二週間は見本《サンプル》として無料サービスとすること、その結果に満足したら本契約をむすんでくれればよいと提案したところ、相手は即座にそれを受け入れた。その上、アドヴァタイザーの編集長は、この提案を同紙が受け入れたことを他の新聞社に話すことを許した。アドヴァタイザーが受け入れたこともあり、またたく間に、タイムズを除くロンドンの主要な朝刊紙がロイターの提案を呑んだ。ロイターは幸運だった。試用期間中、インドで起きた反乱とプロイセン皇太子が摂《せっ》政《しょう》になる重大ニュースを流すことができた。各紙はこれに飛びつき報道する。これでロイターは試用配信中の新聞社とニュース配信の正式契約をむすぶことに成功した。その直後、いわば特落ちとなったタイムズは、渋々ながらロイターと契約をすることになった。ロイターのタイムズ攻略はここに成功する。

翌年にはナポレオン三世の重要演説をスクープした。フランスとオーストリアとの外交関係についてふれたものであったが、演説正文をロイターのパリ通信員が事前に入手し、演説がはじまると同時にロンドンに打電してきた。アドヴァンス・コピーの先駆けである。このパリ特電をロンドンの各新聞が号外を出すなどして大きく報じた。このスクープにより、タイムズをはじめロンドンの各新聞社にロイターの実力を認めさせた。

　さらにロイターの名声を不動にしたものは、一八六五年に起きたアメリカ大統領リンカーン暗殺事件の詳細を誰よりも早くヨーロッパに伝えたことである。そこには一つのドラマがあった。アメリカとヨーロッパとをむすぶ海底ケーブルは一八五五年に開通していたが、絶縁体の不備でダウンしていた。そこでロイターの記者は、イギリス向けの商船にニュースを託そうとして、ニューヨーク港に駆けつけたが、船はすでに出航した後だった。記者はあきらめなかった。ただちにランチを出し定期船を追いかけて、通信文を詰めた木製容器《キャニスター》を船に託すことに成功した。この大ニュースはアイルランド沖まで船で、そこから陸上の電信と海底ケーブルを使いながら、ロンドンに届けられた。四月二六日の各紙はロイター電を使い次のように伝えた。

　ニューヨーク、四月一五日、午前一〇時。今朝午前一時三〇分、スタントン陸軍長官は次のように暗殺事件の模様を報告した。昨夜九時三〇分、フォード劇場のプライベート・ボックス内で、リンカーン夫人、ハリス夫人およびレイバーン少佐とともに観劇中のリンカーン大統領は、突如ボックス内に侵入した凶漢に背後から狙撃された。暗殺者はピストルを発射すると、大型ナイフをかざしながら、ボックスから舞台に飛び降り、劇場裏手に姿を消した。大統領は後頭部にピストル弾を撃ち込まれ、銃弾はほぼ貫通状態で、瀕死の重傷を負った。

　このような世紀の大ニュースも伝えられてこそ、スクープであって、ニュースを送る手段がなければ宝のもち腐れとなる。未見なのだが、ロイターの生涯を描いたワーナー映画がある。波止場からランチを出して大西洋の荒波に揉《も》まれながらも、船にニュースを託した場面は、映画のクライマックスとなっている、という。

　ロイターは、新聞社ばかりではなく、読者にも知られるようになる。読者がその存在を知るきっかけとなったのは記事の末尾に記された「ロイター」という一つの文字であった。記事の提供者を明らかにするクレジットである。往時の新聞にはクレジットを入れる習慣がなかったけれども、ロイターは同社の配信するニュースの取捨選択は新聞社に委《ゆだ》ねたが、紙面に採用したときはクレジットをつけることを要求した。この署名とも商標ともとれる奇妙な文字に読者は頭をひねった。それにドイツ名はイギリス人には読みづらいのか、ルーター、リューター、ロイテルなどと読まれ、それがまた評判になり、それをもじった一篇の詩が新聞の紙面を飾ったこともあった。ロイターが狙いとした宣伝の効果はまずまずのものとなったが、この一字が、しだいに宣伝以上の重要な役割を果たすようになる。すなわちクレジットは記事の責任を最終的には誰が負うのかを明記したものになっていくからである。クレジットをつけるというロイター個人の一アイディアが期せずして、ニュースの、広義には言論全般の責任と同時に権威と品位を確立することになった。

市場分割

ロイターと同様に、パリのアヴァスもドイツのヴォルフも着実に業績を伸ばしていった。今井幸彦の『通信社』に負うのだが、三社は無駄な競争を避けるために、それぞれ肩代わりできるものは肩代わりした。三社は、一八五六年、手始めに相場情報の交換協定を締結した。ロイターの例を取り説明すれば、ロイターは他の二社に対してロンドン市場の相場情報を無償で提供する代わりに、二社からパリの市場とベルリンの市場の相場情報が無償で受けられるようになった。

この結果、それぞれが駐在員を相手の都市におくための多額の経費が節約できることになった。二年後の一八五八年には、一般のニュースの交換も追加された。協定の狙いは無駄な競争の排除と経費の節減に止まらず、三社以外の他の通信社の進出を抑えることにも役立った。三社は国際ニュース市場の寡占を意図して、この協定によって、三社の均衡が保たれていたのである。

しかし、一八六〇年に入ると、ロイターが独自に通信線を敷設してドイツに進出したことから、三社の均衡が崩れる。ロイターはベルリンやフランクフルトに支局を開設して、そこからロンドンに相場情報などの記事を送信するようになった。これをヴォルフが縄張り荒らしと捉え、ドイツ政府に働きかけて電信法を改正させ、ヴォルフ電最優先の鉄則をつくらせた。ヴォルフ電を通した後でなければいかなる至急報も送れないという規定は、ロイターの相場速報にとって大打撃となった。

これに対して、ロイターはアヴァスやドイツ周辺の小さな通信社をも巻き込んで、ヴォルフ包囲網を形成して迎え撃った。この争いは金に糸目をつけない熾烈《しれつ》なものになり、それぞれが大きな損害を被ることになった。過当競争に気がついたのか、ヴォルフの休戦提案に他の二社がただちに応じて、さらには、後段で述べる、あの有名な世界を分割して支配する協定を締結する。

ロイターがヴォルフの営業地域であるドイツまで切り込んでいった真の狙いは、ドイツ市場もさることながら、むしろイギリス―ドイツ―東欧―中近東―インド―中国―日本という東方経路の開拓にあったといわれている。このルートの電信線は一八六九年にはインドのデリーまで延びており、その三年前には、ロイターが延長を見越してボンベイに支局を開設して、敏腕記者を配置している。一八七〇年にはシンガポールまで電信線が延び、この線はさらに翌年には上海に到達している。デンマークの大北電信会社は一八七一年、上海―長崎間に海底ケーブルを敷いた。ここにロンドン―長崎間が一本のケーブルでむすばれる。明治四年のことである。また、シンガポールからはジャカルタ、シドニーへも線が延びていった。ロイターは、これらの都市で大英帝国の目となり耳となり、ロンドンにニュースを送り続けた。

　さて、世界分割協定は一八七〇年に調印されたが、それは三社がそれぞれの地域において独占的かつ排他的な取材権と配信権を有するというものであった。ロイターは大英帝国とその植民地、トルコそして日本・中国を含む極東など、アヴァス通信がフランスとその海外領土、スイス、イタリア、スペインと中南米諸国など、ヴォルフ通信がドイツ、オーストリア、オランダ、北欧諸国、バルカン諸国とロシアなど、と分割した。相手国に協議など一切しないで、まさに三強がかってに決めってしまったのである。分割された領域《テリトリー》をみると、それぞれの国の植民地とその政策が色濃く滲《にじ》み出ている。

　この分割協定は、その後、半世紀以上にわたって、国際通信事業分野で大きな影響力を発揮する。分割された国々の通信社は、これら三強の許可なしでは、他の通信社や新聞社と取引ができなかったのである。今でこそ、アメリカは報道大国となり、世界中に毎日ニュースを送り出しているが、一〇〇年前は三強の傘下にあった。具体的にみていこう。アメリカでは、ＡＰ通信社がヨーロッパのニュースを必要としていたため、一八九三年、ロイターと記事の配信提供の独占契約を締結した。この契約によって、ＡＰはロイターのニュースが直接入ってきた。同時に、アヴァスとヴォルフのニュースがロイター経由で入ってきた。アメリカのニュースは、これとは逆の経路により、ロンドンから世界中に流された。ニュースの流れは増大したが、アメリカ人にとっては、ロイターのクレジットとその息のかかったニュースしか知らされず、逆に、アメリカのニュースもすべてまずロイターのフィルターを通して妥当なものだけが配信された。そして各国が三社に対抗して、報道配信の主権を確立するまでには大きな労力と時間がかかったのである。

　また、三社は、それぞれの国の政府の影響を受けていたといっても過言ではないであろう。ときには国庫の財政支援さえも得て、イギリスの声として、あるいはドイツやフランス

普仏戦争時，伝書鳩がはこんできたフィルムを映写機で拡大投影し，内容を書記が書き留めているところ．何枚もの手紙を１枚の特殊なフィルムに納めることを考案したのはフランスの写真家ダグロンであった．不着を見込み，数羽の鳩に同じフィルムを託し，通信を確保した．

の声として、ニュースが世界中に流されたのである。戦時のニュース報道は一層その傾向が強まり、自国に都合がよいニュースだけしか流さなかったので、相手国の通信社もそれに対抗するニュースを組んで流した。その初期のパターンを一八七〇年の普仏《ふふつ》戦争の報道のなかにみることができる。

すなわち同年九月、プロイセン軍によってパリが包囲され、ヴォルフ通信はパリの危機を説くプロパガンダ情報をしきりに流した。これに抗して、アヴァスは孤立したパリの街から気球《バルーン》を飛ばしてニュースを乗せた。気球はパリから一〇〇キロほど離れたエヴルーの町などに到着したが、そこからパリの情報はただちにアヴァスの顧客に流されたし、ロンドンにも転送され、ロイターの顧客にもニュースが伝えられた。気球がはこんだニュースは「パリが生きている」ことを強く印象づけて、ヴォルフのプロパガンダ情報を打ち消すのに役立った。

ロイター通信について、ドイツの首脳が「イギリス海軍よりも、イギリス陸軍よりも、強大でかつ危険である」といってかつて嘆いた話が残っている。一面の真理を言い当てている。しかし、ドイツにいたロイターにイギリス行きを勧めたのは、ほかならぬドイツ人のジーメンスであったことは歴史の皮肉であろうか。

2　アメリカ　共同取材から出発

ヨーロッパの通信社は、前段で述べたとおり、新聞社と別の組織が株式や商品相場などの情報を取引所に配信するサービスからスタートした。一方、アメリカでは新聞社自らが無駄な競争排除を目的として、通信社を創設した。そのことについて、磯田佑一郎が『アメリカ新聞史』のなかで述べているが、それによれば、『クーリエ・アンド・エンクァイラー』

や『ヘラルド』など六紙が共同出資し、一八四八年にニューヨークにおいて創設されたハーバー・ニュース・アソシエーションがその第一号となる。

　通信社ができる前までは、ニューヨークの港に船が入ってくると、各社が借り上げたカッターを沖に漕《こ》ぎ出し、記者が船に駆け上がり、ヨーロッパからのニュースを乗船客らから争って取材し、港に戻り、それを急いで記事にした。大西洋航路に蒸気船《スティームシップ》が就航しはじめたこともあり、玄関ダネの争奪戦は熾烈をきわめた。しかし、新聞経営者は金と手間をかけても他社とあまり記事に差が出ないので、取材合戦に意味のないことに気づく。このことが共同取材すなわち通信社の誕生につながっていった。アメリカでも通信社の誕生の背景には、共同取材のメリット、言い換えれば、経費《コスト》の節減の要求が強くあった。ロイターの売り込みでも新聞各社が負担する電信料よりも安くニュースを提供する、という経費節減にセールス・ポイントがおかれていたことは、すでに述べたとおりである。

　同アソシエーションはニューヨークAP通信に発展していくが、シカゴを核に西部AP通信ができる。やがてAP通信に加盟できない新聞各社が一八八二年にシカゴでUP通信を設立した。これら通信社が三つ巴《どもえ》となって、ニュース取材合戦を展開する。このようにアメリカではヨーロッパ三強の例とは異なり、新聞社自身が通信社を創《つく》り上げてきた。ときあたかも大陸横断鉄道《トランスコンティネンタル・レイルロード》が完成し、東部と西部は一条の鉄路でむすばれ、アメリカが大きく発展していく時代を迎える。ニュースはどこにでもあり、どこでも必要とされ、通信社の活躍の舞台が拡がる。

　苛烈《かれつ》な競争のなかで、一八九三年、西部AP通信が新たな組織をつくり、それがイリノイ州の法人として認められた。現在のAP通信の基礎ができあがった。他方、UP通信とニ

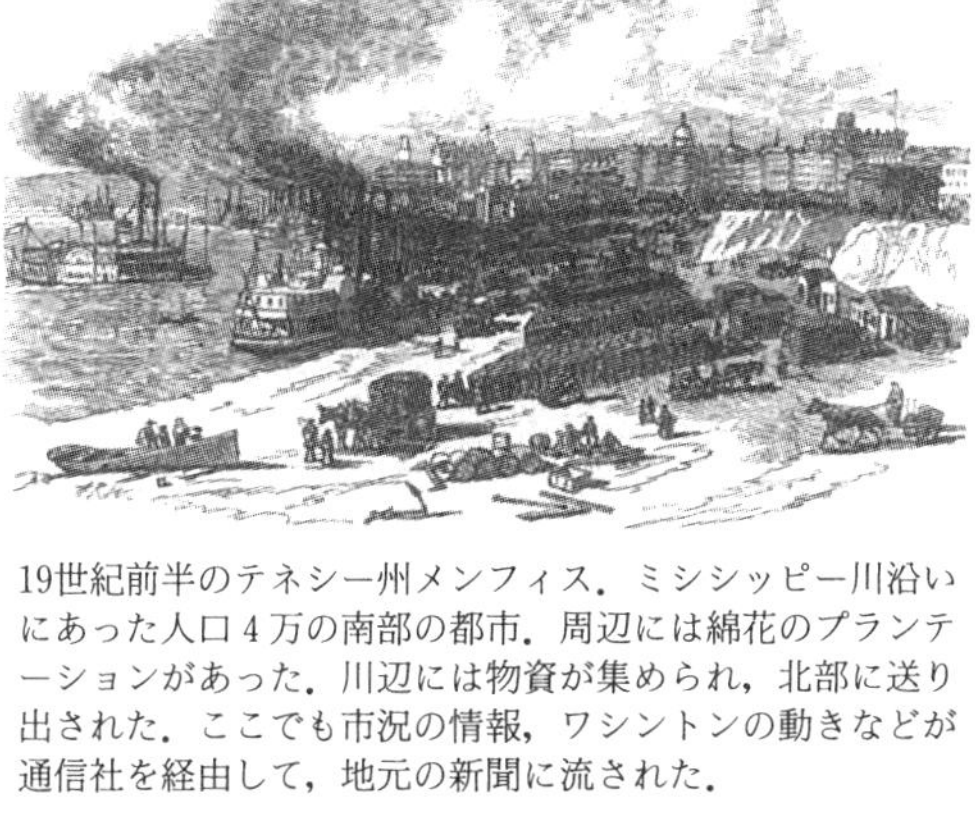

19世紀前半のテネシー州メンフィス．ミシシッピー川沿いにあった人口４万の南部の都市．周辺には綿花のプランテーションがあった．川辺には物資が集められ，北部に送り出された．ここでも市況の情報，ワシントンの動きなどが通信社を経由して，地元の新聞に流された．

ューヨークAP通信は合併し、ニューヨークに新たなUP通信が誕生、後にUPI通信になる。そして両者はアメリカの二大通信社に発展していく。創設当時は、AP通信がシカゴを中心にアメリカ中西部諸州の新聞社にニュースを配信し、UP通信がニューヨークや東部の新聞社にニュースを配信した。両者の勢力はほぼ相半ばして、合衆国を二分する形となった。

　だがAP通信が一八九三年にロイター通信と独占契約をむすび、ヨーロッパのニュースを流し出すと、アメリカの二大通信社の力関係は大きく変わる。それまでUP通信の顧客だった『ニューヨーク・ワールド』や『イヴニング・ポスト』などがAP通信に加盟するようになり、一九一四年には全米の八九四の新聞社がAP通信からニュースの配信を受けるまでになった。このような大通信社に発展させる素地をつくったのは、初代総支配人メルヴィル・ストーンといわれている。その後、AP通信は、ニュース配信への並々ならぬ首脳陣らの努力と加盟各社の積極的な協力によって、大きく発展していく。現在では、アメリカ国内はもちろんのこと、全世界に張り巡らされたAP通信の取材ネットワークが地球上の大小さまざまなニュースを取材し、世界各地に情報を送り出している。

　UP通信も連鎖新聞《チェーン・ニュースペーパー》にニュースを提供する通信社など三社を統合し、新たな通信社として事業を展開し業績を伸ばしていった。ヨーロッパ三強の傘下に入らなかったことは、さまざまな不利益を被ったが、その代わりに、何事にも拘束されない自由を得た。そのことはUP通信のその後の発展にとって大きな力となった。一九〇七年にはロイターのお膝元のイギリスの新聞にニュースを配信している。一九五八年には、UP通信とINS通信が合併し、UPI通信となった。以後、UPI通信はAP通信と並んでアメリカの代表的な通信社に発展していく。

3　日本　政治宣伝機関から出発

今井幸彦の『通信社』は日本の通信社についても多くのページを割いている。その説明によれば、日本で通信社といえるものが誕生したのは一八八七（明治二〇）年になってからである。すでにみてきた新聞誕生に遅れること四半世紀である。草創期には通信社が乱立して泡沫的なものが数多くあったが、明治時代の通信社の特色は、何といっても政党や政府が後ろ盾になっていたことである。顧客となるべき新聞そのものもそうであったので、記事も政治偏重となっていった。現在でも、政治記事が一面を飾るケースが多いのは、かつての政党新聞の伝統が影響しているのかもしれない。

二、三例を紹介しておこう。立憲自由党の領袖・星亨が一八九九（明治三二）年に創設した自由通信社は政党機関通信社の代表的なものであろう。星が駐米公使時代にAP通信などをつぶさに視察して、党勢拡大には党の主張を伝える機関が必要であると痛感したことが、通信社創設のきっかけとなっている。そのため通信社の盛衰は、自由党・政友会の、それと軌を一にし、原敬内閣時代が最盛期であった。竹村良貞が代表となった帝国通信社は改進党の機関となる。これら明治の政党通信社はいわば自由民権運動の尖兵《せんぺい》となっていった。政府も通信社設立に力を入れた。内閣警保局の肝煎《きもい》りでできたのが時事通信社（現在の時事通信とは関係ない）である。社主に三井物産の役員、主幹に新聞界の出身者が就いた。配信された記事は体制側の論説や発表モノが主であったが、送信に当時開通したばかりの電話を使ったことは注目される。東京通信社もやはり内閣警保局の機密費により運営された。その幹部に官僚出身者が就き、当時「探訪」と呼ばれた記者には巡査出身者がなった。警視庁分室とでもいえる通信社であった。

そのようななかで、一八八七（明治二〇）年に創業した東京急報社は純粋の民間通信社で、米相場を専門とし、一九三七（昭和一二）年まで続いた。大阪堂島の米相場が東京江戸橋電信局に送られてくると、局で待機していた社員が約束された手順により、川向こうの本社へ向かって大きな白旗を振る。これを本社の社員が望遠鏡で読み取り、通信文にして速報したと伝えられている。わが国商業通信の祖ともいえる、この通信社は、旗振り通信社の名前で親しまれていた。また、当時の時代を反映し、日本通信社が皇室関係のニュースを流したところ、これが大いに歓迎された。各紙は、配信された記事を「雲上録」とか「宮廷だより」というコラムを設けて掲載した。後に宮廷通信専門の千代田通信社が誕生する。日本独特の通信社であろう。

このように、わが国の通信社の幕開けは、政府とそれに対《たい》峙《じ》する政党の言論機関化した性格をもつ独特な形から出発した。しかし、日本も日清・日露の戦争を経て否応なく国際社会に組み込まれていき、国内のみならず、外国のニュースにも関心がもたれるようになっていった。乱立ぎみだった草創期のわが国の通信社も、新しい時代の要請に応えられるものだけが生き残り、二大通信社の時代を迎える。次に述べるように、まず「帝通」と「電通」が、次に「電通」と「聯合」が競い合い、後に「同盟」に結集されていく。

まず帝通である。帝国通信社は改進党系の通信社であったが、配信ニュースは中央の政治はもちろんのこと、経済や社会面もカバーし、政府の御用記事に飽き足らない地方の新聞社の要望を巧みに取り入れ、経営基盤を確立していった。関東大震災で社屋が全焼したが、写真・外電・広告の各分野で業績を伸ばしていき、黄金時代を築く。

この帝通に肉薄してきたのが電通である。すなわち一九〇一（明治三四）年に創設された日本電報通信社で、日本広告株式会社の子会社であった。電通は帝通とはちがい、政党に無関係なところが新鮮で魅力があった。しかし、政財界のバックなしで通信社を経営するのは至難の業《わざ》で、最初は京橋にあった崩れかかった土蔵を借りて、親会社と子会社のスタッフが一緒になって入り、仕事をしたと伝えられている。六年後、子会社が親会社を吸収合併して、今日の電通の基礎ができた。広告代理店の収入が通信社の運営を助けることになる。電通は広告主と新聞社とのあいだに入り広告を仲介して、文案の作成まで行い、広告仲介料をもらう。その仕組みは新聞社にとって、広告料を引き当てに、電通からニュースの配信を受けることができるので、新聞社にとっては都合がよかった。

電通の創業者は、ある新聞社との配信契約のときに、月五円以上の広告を必ず入れるという一札をとられた、と回顧している。だから社長自らが広告主に足を運び、断られること一一三回、ついに一一四回目に煙草会社の広告を取ったという逸話《エピソード》も残されている本業の通信社の業務は、創業当時、帝通の牙城《がじょう》を切り崩すには力不足であったが、政治記事のほかに社会ダネの記事も豊富に配信し、顧客を増やしていった。日露戦争の前線からの報道では、安い暗号電報を使わず、金に糸目をつけず平文電報で記事を打電させ、帝通を圧倒する離れ業をやってのけた。創業一〇年後には全国主要都市に常駐通信員をおくまでになり、帝通と肩を並べるまでに成長した。

聯合。すなわち日本新聞聯合社が一九二六（大正一五）年に創設された。外信そしてわが国のニュースを外国に送り出すために設立された国際通信社と東方通信社を合体した通信社である。この聯合と電通が一〇年余にわたり熾烈な競争を展開していく。しかし戦局が悪化すると、国策遂行の名の下に、両社は統合され、一九三六（昭和一一）年に社団法人同盟通信社となる。聯合がニュース部門を、電通が広告部門を担当することになった。悲願の国家通信社《ナショナル・エージェンシー》が誕生した。それは時局を反映して、国家の言論指導機関の役割も担わされた。通信社は、ロイターの歴史に書かれているように、空気のような存在であるが、重要なジャーナリズム機関なのである。

欧米、そして日本の通信社の草創期の歴史を概観してきたが、ここで一つ気がかりなことがある。それは、ニュースにかんしていえば、現在も日本が大幅な輸入超過であることである。通算三年ほどの私の外国暮らしの経験によれば、イギリスの『タイムズ』も、アメリカの『ニューヨーク・タイムズ』も、日本の新聞が英米関係の記事を毎日のように載せているほど、日本関係の記事を載せていない。たとえ日本関係の記事が載っていたとしても、それは欧米人の興味を満たすような内容のものであり、われわれ日本人からすると、どうも日本を正確に伝えていないものが多いと思う。

倉田保雄が著書のなかで述べているように、やはりロイターではないが、世界に通用する国際的な通信社を日本でも創設して、日本のニュースを世界に発信し、わが国の国益を反映した意見《オピニオン》を大いに外国のメディアに提供する必要があろう。日本と日本人をより深く理解してもらうために、二四時間常時、日本から情報発信をすべきである。その一つの解として、インターネット時代に相応《ふさわ》しい日本の国際通信社の創設が急務である。自動車やハイテク製品など日本のモノが世界を席巻《せっけん》できたのだから、その知恵と努力を少し通信社創設にも投入できないものであろうか。

第18章　ラジオからテレビの時代へ

1　ラジオ　無線電話の技術を使う

不特定多数の聞き手《リスナー》にニュースや音楽などの番組を流す今日のラジオの形になるまでには、さまざまな試みが行われてきた。たとえば無線電信を使い、スポーツの実況中継が試みられ、マルコーニ社が新聞社と組んで一八九九年にアメリカズ・カップのヨットレースを洋上から無線電信で中継した話は有名である。イギリスでも、オックスフォード対ケンブリッジのボートレースの日には、勝敗を一刻も早く知ろうと、電信局の前には大きな人垣ができた。電信局はミニ放送局の役目も果たしたのである。電話が発明されると、前章で述べたとおり、受話器から流れる劇場の音楽に耳を傾けるテアトロフォンなどが登場したが、長続きはしなかった。しかしブダペストのテレフォン・ヒルモンド社が一八九三年から開始した電話によるニュースや音楽などの番組提供は、第一次世界大戦（一九一四―一八）で施設が破壊されるまで続いた。そこには現代のラジオのアイディアが含まれていた。

アマチュア無線家が先鞭をつけたアメリカ

音声を無線に乗せることに最初に成功したのは、カナダ人のレジナルド・A・フェッセンデンであった。無線電信から無線電話に進化したが、フェッセンデンは一九〇六年のクリスマスイヴに「無線電話の公開実験」を行った。世界初のラジオ放送の実験といってもよいが、イヴの晩、マサチューセッツ州のブラント・ロックの無線通信局から大西洋に向けて、出力一キロワットの高周波発電機により周波数四二キロヘルツで蓄音機の音楽やスピーチなどを流した。いつもはモールス信号しか聞こえてこない無線室から、突然、音楽や人の声が流れてきたのだから、それを聞いた洋上の船舶にいた通信士たちはどんなに驚いたことであろうか。技術的には、微かに聞き取れる程度のものではあったが、記念すべき初の放送となった。

電話やラジオの歴史を扱った吉見《よしみ》俊哉《しゅんや》の『「声」の資本主義』によると、二〇世紀に入ると、多くのアマチュア無線家が誕生してくる。彼らは電波を発信し、また、はるか遠くの、そしていかに多くの無線を受信できたかを競い合って、まさに天空を駆け巡るチャットを愉《たの》しんだ。電波を飛ばすために、電波少年たちは、チューニングのための調整装置に野球のバットを使い、コンデンサーには使用ずみの写真乾板に金属片を巻きつけたものを使った。放電装置には寝台から取り外した真鍮《しんちゅう》の球が利用され、古い空き缶や傘の柄に至るまで、あらゆる廃品が無線機の部品に化けていった。さらには公衆電話の受話器をちゃっかり拝借したり、はたまた高圧電流を電線から盗電する強者《つわもの》まで出てきた。

第一次世界大戦中、無線電信は軍で大いに活用され進歩した。戦争が終わると、仲間同士のチャットだけでは飽きたらないアマチュア無線家が、蓄音機や生演奏の音楽を流しはじめた。なかでもフランク・コンラッドの8XK局が活躍した。戦時中、彼はウェスティングハウス社で軍が使う携帯無線機製造の監督をしていたので、技術には長《た》けていた。これを後押ししたのが、無線の技術を知らなくても手軽に受信できる鉱石ラジオの発売であった。価格が一〇ドルであったこともあり、飛ぶように売れ、製造が追いつかないほどであった。もはや無線家同士の電波のやりとりではなく、無線に関心のない、ただ一方的に流される電波を聞くことを愉しむ人々が出てきたのである。

一九二〇年一一月二日、KDKA局と名づけられた無線放送局がピッツバーク市に誕生した。広範囲に届く電波を使った本格的な商業放送のはじまりである。ウェスティングハウス社がコンラッドに命じてつくらせたものであった。放送の開始日は大統領選挙の開票日に当たり、KDKA局は最新の開票速報を伝えた。新聞はこのラジオ局を無視したが、アマチュア無線家やその家族や友人たちのあいだで大きな反響を呼び、やがて全米に空前のラジオブームを巻き起こしていく。翌年になると、KDKA局は、音楽ばかりではなく、ニュースをはじめ、教会のミサ、大統領の談話、野球やテニスやボクシングの試合中継などを番組に取り入れていった。

この成功をみて、電気機器メーカーや百貨店や新聞社などがラジオ放送に進出し、表39に示すとおり、その数は一年余りで三〇局となった。一九二四年末には全米で五三〇局に達した。ラジオの生産台数をみると、一九二二年が一〇万台、

表39　アメリカのラジオ局数・ラジオ生産推移

年	AM ラジオ局数	生産台数（千台）	工場生産額（千ドル）		
			家庭用	カー・ラジオ	合計
1920	1	-	-	-	-
1922	30	100	5,000	-	5,000
1924	530	1,500	100,000	-	100,000
1926	528	1,750	200,000	-	200,000
1928	677	3,281	400,000	-	400,000
1930	618	3,793	297,000	3,000	300,000
1932	604	2,857	132,850	7,150	140,000
1934	583	3,304	186,500	28,000	214,500
1936	616	6,836	380,812	69,188	450,000
1938	689	5,200	178,000	32,000	210,000
1940	754	10,100	390,000	60,000	450,000
1942	887	4,050	141,750	12,250	154,000

（出典）　水越伸『メディアの生成』72-73頁.

二年後には一五〇万台に急増する。同時期、生産金額では五〇〇万ドルから一億ドルにやはり急増している。爆発的なラジオブームといってもよい。技術的にも、レシーバーを耳にあてて一人で聞く鉱石ラジオに代わって、真空管を使い家族全員で聞くことができるスピーカーつきのラジオが開発され、音質も向上する。一九二九年にはカーラジオも登場する。ラジオは娯楽メディアとして確たる地位を確保し、アメリカ人の生活や文化に大きな影響を与えていく。

ここで、ラジオの影響について詳しく述べることは不可能だけれども、スーザン・J・ダグラスが『歴史のなかのコミュニケーション』のなかで紹介している話は、草創期のラジオが人々に与えた影響について考える上で、たいへん興味深い。それは、ふとした幸運でラジオを手に入れた貧しい家族の母親が放送局に送った感謝の手紙の引用からはじまる。手紙には「ていしゅとわたすは、毎日毎ばんWJZの局からただでおくられてくるプログラムのことであんたがたにお礼を言います……。ブロッコリンのどえらい先生のお話は面白かったです……。アノウンサーという人もえらいですね、子供たちにしてくれたお話がすっごくよかったです」と書かれていた。このようなたどたどしい文章しか綴れない無学で貧乏な人たちから、一日に何百通も手紙が放送局に寄せられた。ラジオは遍《あまね》く人々に文化の恩恵を届けたのである。

また、人々が宗教にも関心をもつようになった。礼拝が放送された牧師の許《もと》には、感謝を述べる、あるいは説教の原稿を求める手紙や電話が、それこそ何千と寄せられて来るようになった。教会と無縁であった人や、教会に行けなかった病弱な人、家に閉じこもりがちな人に対し、ラジオの礼拝放送は、彼らに心のよりどころを与えることになった。最新の技術が古くからあるキリスト教という価値観を主張するのに役立った。

さらに事件も起きた。オーソン・ウェールズが一九三七年にラジオドラマ化した「宇宙戦争」という番組のなかに、宇宙人来襲のニュースが出てくるところがある。このドラマのニュースを聞いた視聴者が、それを現実のニュースと誤解して、放送があったニュージャージー州では人々が戸外に飛び出して逃げまどうパニックが起きた。放送は迫真の演技であったのであろう。一九三〇年代から四〇年代にかけてのラジオの黄金時代に起きた、この事件は、ラジオが民衆のなかにしっかり根づき、大きな力をもっていたことを示す話として語り継がれている。

政府主導でスタートした日本のラジオ

ＮＨＫ放送文化研究所監修『放送の20世紀』という本がある。以下、もっぱら同書に負うのだが、一九二二（大正一一）年、電話事業の所管官庁であった逓信省が、わが国の放送制度の基本方針を固めた。その骨子は、放送事業は民営とし、既存の無線電信法の枠内で処理することにした。翌年九月に関東大震災があり、民間のラジオ熱は消えかけたかにみえたが、一二月に「放送用私設無線電話規則」が施行されると、一〇〇件を超す放送事業の許可願いが提出された。なかでも新聞社が放送局開局に熱心であった。逓信省は東京・大阪・名古屋の三大都市に放送局設置を認める方向で、民間出願者に対して、各都市一局に統合するように指導した。東京と名古屋は統合が順調に進んだが、大阪では二派にわかれて対立し統合は難航した。この状況をみて、当時の犬養毅逓信大臣は、放送事業の主体を民間企業から公益法人に変更し、一九二四（大正一三）年、社団法人東京放送局を発足させた。翌年早々には、名古屋放送局と大阪放送局も相次いで誕生した。

一九二五（大正一四）年三月二二日午前九時三〇分、東京芝浦の仮放送所から「ＪＯＡＫ、ＪＯＡＫ。こちらは東京放送局であります」という仮放送の第一声が電波に乗って流された。続いて、総裁の後藤新平は「現代の科学文明の成果である無線電話《ラジオ》なしに将来の文化生活を想像することはできない」と前置きして、その効用を、あらゆる階層に電波の恩恵が均等に提供できる、ラジオを囲んで一家団欒《だんらん》を楽しむことができる、多数の民衆に耳から学術知識を注入することができる、商品市況が速報され経済取引が活発になる、などと述べた。この時期、鉱石ラジオが主流で価格は三〇円、真空管を使ったラジオは一〇〇円から二〇〇円であった。男子小学校教員の初任給が二五円程度であったから、決して安いものではなかった。高級外国製ラジオは一五〇〇円もしたので、庶民には高嶺《たかね》の花であった。放送開始当時、ラジオをもっていた人は八〇〇〇人と推定されている。東京放送局は、同年七月、二三坪の演奏室《スタジオ》もある愛宕《あたご》山《やま》の新局舎に移り本放送を開始した。なお、大阪放送局は六月に、名古屋放送局は七月に開局した。

その後、二つの大きな動きがあった。一つは政府が放送事業に強権的に介入するようになったことである。背景には、放送開始の年に公布された治安維持法に基づき、国民の思想・言論・政治活動に対する取締りが強化されたことがあった。放送局の役員人事や事業計画をはじめ、予算決算なども逓信大臣の承認・許認可が必要となった。放送内容についても厳しい監督と規制が敷かれ、放送原稿の事前検閲なども行われた。たとえば、米の予想収穫高のニュースは農林省発表以外の予想は放送できなかった。また、ラジオドラマは良俗を乱し風教上にも悪影響を及ぼしてはならないとされた。前者は明確な基準ではあったが、後者のドラマの基準は主観的なものにならざるを得ず、逓信省の放送監督官の裁量に委ねられた。

もう一つは全国放送網建設に向けての動きである。計画を実現するために、逓信省は一九二六（大正一五）年、三放送局を解散させ、新たに全国をカバーする社団法人日本放送協会をつくることにした。協会の枢要なポストに逓信省出身者が送り込まれたため、それに反対する東京放送局の解散総会は大荒れになった、と伝えられている。他方、翌年には金融恐慌が勃発する最悪の経済状況にあったが、放送局開設は地域の近代化を意味したため、各地方では市長や地元会議所会頭などが先頭に立って放送局の誘致に務めた。また、一九二八（昭和三）年の昭和天皇即位大礼がラジオの全国ネットワーク構築を強力に後押しした格好となり、昼夜兼行の工事の末、大礼前日に全国中継網が完成した。当日朝から、全国に向けて、即位大礼の奉祝特別放送が全国に中継された。大礼は国民的なメディア・イベントともなった。

ラジオ放送がはじまった時代は、経済がきわめて厳しい状況にあり、加えて、時代は中国との戦争、そして太平洋戦争（一九四一―四五）に突入していく。このような時代のなかで、日本においても、ラジオ放送は、その速報性を活かして新しいメディアとしてスタートを切った。当初の報道番組をみると、経済市況が三分の二を占め、いわゆるニュースは四分の一、残りが天気予報などであった。ニュースは新聞社から提供を受けていたが、後に独自取材になっていく。一九四一（昭和一六）年一二月八日午前七時、ラジオから突然臨時ニュースのチャイムが鳴って、次のように開戦を伝えるニュースが流された。

臨時ニュースを申し上げます。臨時ニュースを申し上げます。大本営陸海軍部発表、一二月八日午前六時。帝国陸海軍は本八日未明、西太平洋においてアメリカ、イギリス両軍と戦闘状態に入れり。

この日、ラジオは大本営から次々と発表される戦果を放送し続けた。定時ニュースに加え、臨時ニュースは一一回に及び、放送時間は四時間四〇分に達した。しかし、戦局が悪化しても、大本営は戦況を繕《つくろ》って発表し続け、ラジオもそれを報道した。そして一九四五（昭和二〇）年八月一五日、「朕《ちん》深く世界の大勢と帝国の現状に鑑《かんが》み」ではじまる昭和天皇の玉《ぎょく》音《おん》放送により、日本の敗戦が国民に知らされた。

暗いニュースばかりではなかった。草創期のラジオはスポーツ番組にも力を入れ、一九二七（昭和二）年からは甲子園球場から全国中等学校優勝野球大会のラジオ中継がはじまった。翌年には相撲中継も開始される。いずれも主催者側はラジオで試合や取り組みが中継されれば、入場料を払ってまで来る人がいなくなることを危惧《きぐ》して、中継に反対した。しかし、結果は逆で、ラジオ中継により、むしろ野球や相撲の人気が全国的に高まり、実際に野球場や国技館に足をはこぶ人が増えた。一九三六（昭和一一）年、ベルリンオリンピック女子二〇〇メートル平泳ぎ決勝を伝えたラジオ中継は、戦前のスポーツ中継のハイライトであろう。担当した河西三省アナウンサーは「前畑ガンバレ、前畑ガンバレ、ガンバレ、あと二五、ガンバレ、ガンバレ、前畑リード、前畑リード、勝った、勝った、前畑勝った」と熱の入った実況放送を行い、深夜にもかかわらず、日本中を沸かせた。この実況で河西は「ガンバレ」を二三回、「勝った」を一二回連呼した。

戦争が終わると、放送内容が大きく変わる。ラジオからは、戦意高揚を目的とした軍国的な番組に代わって、開放的な番組が流れはじめた。そう、敗戦直後、軍歌に代わって、ラジオから流れてきた、あの明るい新鮮な「リンゴの唄」は、国民の空腹を満たすことはできなかったけれども、人々に元気と明日への希望を取り戻すのに大いに役立った。しかし、戦後の放送は、占領軍主導による民主主義育成を主眼とする番組編成が求められ、その結果、市井《しせい》の人たちの声をそのまま放送する「ラジオ投書欄」や「街頭録音」などの番組が登場する。はじめは街頭録音でマイクの前で自分の意見をいう人がいなかったので、放送局員は苦労した。銀座の街角で百貨店に勤める女性店員に「あなたは今度の戦争をどう思いますか」と尋ねたら、「主任さんに聞いてからご返事します」と逃げられた話も残っている。当時、これらの番組で放送された内容は、深刻な食糧難を反映し、食糧の遅配欠配などの食べ物にかんする話が多かった。

民間放送局が誕生したことも、戦後の大きな変化であろう。一九五一（昭和二六）年、一四地区の一六局に放送の予備免許が出された。東京のラジオ東京や日本文化放送、名古屋の中部日本放送、大阪の新日本放送などである。国民が複数のダイアルから好きな番組を選ぶことができる時代が到来した。

NHKと民放、民放と民放の熾烈な競争がはじまった。とくに報道番組での競争は苛烈をきわめ、ときに勇み足で誤報も出た。

娯楽番組でも、NHKと民放、それぞれから人気番組がたくさんつくられた。NHKのラジオドラマ「君の名は」は、放送がはじまると銭湯《せんとう》の女風呂が空になるといわれほどの人気番組となった。大阪・朝日放送のミヤコ蝶々と南都雄二が軽妙な司会で新婚さんから話を引き出す「蝶々・雄二の夫婦善哉」はトーク番組の元祖となり、テレビにも引き継がれていく。子供向け番組では、NHKからは「鐘の鳴る丘」や「やん坊にん坊とん坊」など、民放からは「少年探偵団」や「赤銅鈴之助」などが放送された。年配の人であれば、名前を聞いただけでそれらの主題歌を思い出すのではないだろうか。主題歌がラジオから流れてくると、娯楽が少なかった時代だけに、子供たちはラジオの前に釘づけとなった。

テレビ放送が登場するまで、換言すれば、戦後の混乱期を乗り越え、進駐軍の軛《くびき》から解き放されて、朝鮮特需で経済が安定し、日本経済が発展の時代に入るまで、まさに戦後一〇年間はラジオの黄金時代であった。テレビの出現でラジオの役目は変わったが、今でも、ラジオとテレビは併存している。交通情報や生活密着型の情報、それに若者に人気があるディスクジョッキーなどを放送し、ラジオは固有の確たるメディア・ジャンルを形成している。われわれにとっては、現在、ラジオ放送は空気や水のような存在なのかもしれないが、インターネットをはじめ氾濫するさまざまな玉石混淆《こんこう》の情報のなかで、ラジオの情報は信頼できるものとして受け取られている。これからも信頼できる情報を放送していくことがラジオの生命線となろう。

2 テレビ 新聞と並ぶマスメディアに

写真と電信の技術を組み合わせた写真電送《ファクシミリ》に成功すると、次の研究は、動画を電気的に送信する技術の開発に向かっていった。一八八四年、ドイツのパウル・G・ニポーが螺旋《らせん》状に小穴をあけた回転円盤を使って、画像を何本かに分けて、一本ずつ分解しながら、すなわち走査しながら読み取り、それを電気信号に変換して送信する方法を考え出した。ニポーの円板である。その円板を改良して、一九二五年、イギリスのジョン・L・ベアードが走査線八本の装置を完成させた。その後、二四〇本まで高めることに成功する。しかし鮮明な画像を得るには最低三〇〇本の走査線が必要とされ、機械方式には限界があった。それを解決したのがブラウン管であり、電子的に画像を走査できるアイコノスコープと呼ばれる撮像管の発明であった。

実験放送の域を出るものではなかったが、ドイツは一九三五年、イギリスは一九三六年、ソ連は一九三九年からそれぞれテレビ放送をはじめている。アメリカでは、一九三六年にニューヨークでテレビの実験放送がはじまった。走査線三四三本、毎秒三〇枚の画像がエンパイアステートビルから流された。それを受けるテレビ受像機は、市内や近郊に一〇〇台ほど試験的に設置された。一九三九年に定期放送を開始している。同年、アイコノスコープよりも一〇倍も感度がよい蓄積型撮像管オルシコンが開発される。

この時期、日本でもテレビの研究が進められていた。その功労者は浜松高等工業学校で教鞭を執っていた高柳健次郎であった。一九二七（昭和二）年、受像機のブラウン管にカタカナの「イ」という文字を再生することに成功する。撮像にはニポーの円板方式を使う機械式走査法が採用された。走査線は四〇本であった。四年後には、走査線一〇〇本、画素数一万まで向上させる。当時、それは世界最高レベルの解像度となった。高柳はＮＨＫに移り、研究の輪は大学や企業などにも拡がり、一九四〇（昭和一五）年の東京オリンピックでテレビ放送を行う計画も浮上、その前年にテレビの実験放送もはじまった。しかし太平洋戦争がはじまり、テレビの研究は中止に追い込まれてしまう。

戦争が終わると、テレビの時代が本格的にはじまる。日本でも、一九五三（昭和二八）年二月にＮＨＫ東京テレビ局が、八月には日本テレビが開局する。これら二つのテレビ局開局の裏には、ＮＨＫの計画と読売新聞の正力松太郎が推す構想との対立があった。それは、ＮＨＫの国産技術をベースにした方式と、アメリカの技術に依拠する方式との衝突でもあった。とまれわが国のテレビ放送はスタートした。テレビ放送の初日、ＮＨＫは尾上松緑らの「道行初音旅」と歌番組「今週の明星」を、日本テレビは東芝提供の祝賀番組「寿式三番叟」を放送した。しかし、テレビの台数は伸び悩んだ。ＮＨＫ開局当時、東京都内のテレビはわずか一五〇〇台であった。価格はアメリカ製が三〇万円前後、国産が一八万円ほどした。それは平均的なサラリーマンの月収の一〇倍から二〇倍もの額となったから、とても庶民には手が届かなかった。そこで正力松太郎が推進役となり、人の集まる新橋の駅前など都内五三ヵ所に街頭テレビを設置した。プロレスリングなど人気番組が放送される日には、大勢の人が街頭テレビの前に集まった。

日本でテレビの本放送がはじまる二年前、松下幸之助はアメリカを視察した。片山一弘編著『手紙の力』からの引用になるが、幸之助はロサンゼルスからの手紙に「一般の商店はいずれも充実していて、店も立派で美しく、商品も豊富です。テレビジョン・セットを見ました。多数の電気店、ラジオ店に二百ドルから三百五十ドル位で、色々あります。製作会社も沢山あるようで、全くテレビ全盛の様子です」と記している。ニューヨークからの手紙には「テレビジョンの普及には全く驚くほかはありません。アメリカは今、テレビに明け、テレビにくれる都市となりました。それは結局テレビそのもの丶価値にあるのです。実際テレビは便利なもので、日本もやがて必ずテレビジョンの世の中になります。その時こそ、松下電器の実力を現わす時です」と書いている。

松下幸之助の予言は的中し、帰国後数年を経ずして、日本もテレビ時代を迎えた。一九五九（昭和三四）年、皇太子殿下御成婚のパレード中継で白黒テレビが家庭に大きく普及し、五年後の東京オリンピック放送がカラーテレビ普及の口火を切った。この年、NHKの白黒テレビの受信契約数が一七一三万件となる。テレビ広告費の総額が一〇八一億円となり、新聞広告費一二九七億円に迫る水準までに到達した。早くもテレビは新聞と並ぶ大きなマスメディアに成長し、良くも悪くも、社会に大きな影響を与えるようになった。

時代を映すテレビ番組

日本でテレビ放送がはじまって半世紀を越えた。ここにその足跡を詳しく記すことは不可能だが、テレビ番組をみていくと、それぞれの時代に傾向があり、それはまたその時代を映し出す鏡ともなっている。その五〇年のテレビ文化そして生活意識の変化の詳細については田中義久・小川文弥編『テレビと日本人』に譲るが、伊豫田康弘ら六人の大学教授が共同執筆した『テレビ史ハンドブック』には、わが国のテレビにかんする、さまざまなデータが年別に記録されている。それを参考にしながら、半世紀のテレビの歩みを簡単にまとめてみよう。

一九五〇年代前半、テレビ放送がはじまった頃は番組制作予算も限られ、NHKではラジオとの共同番組が多かった。たとえば「今週の明星」や「のど自慢素人演芸会」などがそれに当たる。ニュースも映像は映画ニュースが素材に使われるなど、古いメディアに依存してのスタートであった。そのようななかで、NTVのプロレス中継はテレビ時代到来を告げるものとなり、シャープ兄弟と力道山・木村政彦の試合中継ともなれば、多くの人が街頭テレビや飲食店のテレビに釘づけとなった。また、大相撲や野球の実況中継もテレビではじまり、スポーツ放送はいつの時代も人気がある。五〇年代後半、日本経済は神武景気や岩戸景気に沸《わ》き、電化ブームが起こり、皇太子御成婚を契機にテレビも着実にお茶の間に進出しはじめる。この時期、「名犬ラッシー」、「ハイウェイパトロール」、「パパは何でも知っている」などのアメリカのテレビ映画が放映された。豊かなアメリカの生活がブラウン管を通して日本に入ってきた。

一九六〇年代前半も右肩上がりの経済成長を維持し、東京オリンピックも開催された。この時期、テレビは午前七時頃から夜一二時まで一日中切れ目なく放送されるようになった。NHKの「夢で逢いましょう」やNTVの「シャボン玉ホリデー」などの本格的な娯楽バラエティー番組が登場してくる。ドラマもTBSの「七人の刑事」や、映画スターが出演するNHKの大河ドラマ「花の生涯」が話題をさらった。ニュース番組もNETの「木島則夫モーニングショー」でワイドショー化していく。初の国際衛星生中継がケネディ大統領暗殺のニュースであったことは忘れられない。東京五輪は一部カラー放送となり、国際衛星中継もされた。六〇年代後半、いざなぎ景気があった。家庭のテレビは二〇〇〇万台・普及率九〇パーセントを突破する。大量消費時代が現実のものとなり、それを演出するのにテレビCMが活躍する。レナウンの「イエイエ」や「大きいことはいいことだ・森永エール」などのCMがお茶の間に流れる。番組本体では、主婦向けワイドショーが全盛を迎える。東大安田講堂事件も中継された。NHKの連続テレビ小説「おはなはん」はこの時期の番組である。

一九七〇年代前半、高度成長の歪《ゆが》みが出てきた。東海テレビの「あやまち・四日市」など公害問題を扱う番組が目立つようになった。四国放送の「おはようとくしま」など地方局が地域のニュースに力を入れはじめる。また、タレントスカウト番組が流行し、NTVの「スター誕生」などが人気を博す。子供たちに変身ブームを巻き起こしたNETの「仮面ライダー」などのアニメも話題になる。この時期、大半の番組がカラーとなった。七〇年代後半、テレビの技術革新がはじまる。テレビカメラが小型化され、どこでも取材できるようになった。音声多重放送も開始している。CX（フジテレビ系）の「欽ちゃんのドンとやってみよう！」などのお笑い番組がお茶の間を沸かす。NHK特派員報告では「サイゴン陥落の記録」が放映される。ロッキード事件国会証人喚問は各社が放送した。

一九八〇年代前半、石油危機を契機に国民の中流意識に翳《かげ》りもみえてきた。テレビ界ではケーブルテレビが開局しニューメディア時代の幕を開く。この時期、ゴールデン帯に大型報道番組が登場する。NHKの「シルクロード」は知的エンターテインメント番組となる。ドラマではCX「北の国から」、NHK「夢千代日記」、TBS「積木くずし」などが話題をさらう。NHK連続テレビ小説「おしん」は八三年の放送。八〇年代後半、バブル経済に踊らされる。各局は大型ニュースショーの番組を編成し、報道により力を入れるようになる。天安門事件、ベルリンの壁崩壊、東欧政変、そして昭和天皇崩御などの重大ニュースが続いた。多メディア・多チャンネル時代がはじまる。

一九九〇年代前半、バブルが崩壊し、深刻な不況が日本経済を襲う。阪神・淡路大震災や湾岸戦争があった。各局が日米間に二四時間のテレビ専用回線を開設し、国際報道を拡充する。政治家がニュースショーなどに出演し、政見を述べるようになる。ドラマではTBSの「渡る世間は鬼ばかり」が、アニメではCXの「ちびまる子ちゃん」などの番組が評判となる。九〇年代後半、いわば戦後の体制が崩壊し、企業や銀行の合従連衡《がっしょうれんこう》が続く。放送と通信の複合や融合が進み、さまざまなニューメディアを生み出す。衛星放送が本格化、WOWOWなどの有料放送も大きく伸びる。野茂の活躍で大リーグの野球中継がはじまった。

二〇〇〇年代前半、デフレ経済が収束しない。一方、情報通信技術（IT）が急速に進み、テレビもアナログ方式からデジタル方式の時代に入り、BSデジタル放送が二〇〇〇年暮れから、地上デジタル放送が二〇〇三年暮れからはじまった。世界の潮流を踏まえ、わが国においても現在のアナログ放送を二〇一一年に終了させる方向で、地上波テレビのデジタル化が進行している。デジタル化は、多チャンネル、高画質、高機能、他の情報メディアとの連携などさまざまな可能性が秘められている。しかし、その実現のためには、巨額の投資が必要であり、また魅力あるコンテンツを大量に供給できるかなど、解決すべき課題は尽きない。

現代のテレビ放送の特徴を一つだけ挙げれば、丹《に》羽《わ》美之《よしゆき》が『メディア・コミュニケーション』のなかで論じているように、テレビがイベント・メディア化したことである。代表例は、男子シンクロ公演を成功させるまでの、あの涙と感動のドラマを描いたCXの「ウォーターボーイズ」であろう。男子シンクロは埼玉県立川越高等学校の水泳部が文化祭の演目としてはじまったのだが、今や、全国高校ウォーターボーイズ選手権の大会まで開かれる。人気の秘密は、実際に厳しい練習に耐えて、シンクロの課題に挑戦する若人の姿をドキュメンタリーで撮ったところにあるのかもしれない。

半世紀のテレビ放送の歩みを概観してきたが、問題も出てきている。テレビの低俗番組に対する批判は常に出ているし、また、視聴率を絶対視するあまり、過剰演出をするいわゆる「やらせ」番組も出てくる。NHKと民放連は番組倫理委員会を設け対策に乗り出し、倫理水準の向上を各局に求めている。さらにニュース番組などが人権やプライバシーを侵害し深刻な被害をもたらしたケースがある。この問題解決のために、放送事業者自らが委員会機構をつくったが、機構が被害者そして視聴者を納得させられる結果を出せるか否かが注目されている。

第Ⅵ部　エピローグ

第19章　情報通信の隠された世界

1　暗号　古代から活用される

これまでもっぱら情報伝達方法の歩み、すなわち飛脚や狼煙などの旧式な方法から説き起こし、無線電信や電話などの近代的な情報伝達手段に至るまでの発達過程をみてきた。しかし、そのような外からみえるいわば技術的な発達過程のほかに、情報を密かに伝達する方法や、敵に悟られない暗号の開発、そしてその暗号の解読の話は、情報通信史に隠された、もう一つの世界なのである。暗号を巡る攻防の話には、たいへん興味深いものが多く、それらを紹介した専門書や入門書も少なからず出版されている。手許に、サイモン・シンの『暗号解読』とルドルフ・キッペンハーンの『暗号攻防史』の翻訳本や、中見利男の『暗号解読を楽しむ』という本などがある。とくにシンの本は多くの人に読まれ、翻訳本も二年余りのあいだに十数版も版を重ねている。暗号には人を魅了する、何か知的な刺激が秘められているのかも知れない。これらの文献を参考にしながら、ここでは暗号史に残るエピソードなどについて少し述べてみたい。

情報を隠してはこぶ

古来、為政者は迅速に情報が伝達できるシステムの構築に精力を注いできたが、加えて、情報が正しい受取人に密かにそして確実に届くことにも心を砕いてきた。さまざまな方法が編み出されたが、もっとも簡単な方法はメッセージを隠してはこぶことである。ペルシアのスウサに囚《とら》われの身となっていたミレトスの僭主《タイラント》ヒスティアイオスが考え出した通信方法は、その代表例となろう。ヒスティアイオスは祖国ミレトスで僭主代行をしていた従弟《いとこ》のアリスタゴラスに指示して、ペルシアに対して反乱を起こすことを企てた。だがミレトスまでの街道筋は警戒が厳しかったので、もっとも信頼できる奴隷が一人選ばれ、頭の毛が剃《そ》られ、そこにメッセージが入れ墨された。

このことについて、ヘロドトスが『歴史』巻五・三五に記しているのだが、奴隷の髪が伸びると、僭主は、奴隷にミレトスに着いたらアリスタゴラスに髪を剃って頭をみるように頼めとだけ命じて、旅立たせた。怪しまれることなくミレトスに着いたが、髪が剃られた頭には「離反」という文字が出てきた。ペルシアからの離反を意味し、このメッセージがイオニアの反乱を起こすことになり、さらにはペルシア戦争(前五〇〇—前四四九)へと発展していった。それにしても剃った髪が伸びるまで待っているなど、悠長な秘密通信の方法であった。もし隠匿方法が漏れて、途中で頭を剃られて入れ墨をみられてしまったら、謀反の計画がその場でばれてしまうのに。

文字のスクランブル

そこで考え出されたのが暗号である。みられても意味がわからないように、文字を並べ替えてしまうとか、別の文字に置き換えてしまうことを試みた。前者を転置式暗号と、後者を換字式暗号といい、これらを総称してサイファー暗号という。転置式暗号のごく簡単な例を次に示そう。一行目が暗号化する前の文章で「平文《へいぶん》」という。これを暗号文に組み立てるのだが、まず、一字ごとに字を抜き出して並べる。それが二行目に示されている。三行目には、残った文字を並べた。そして、四行目に示すように、この二つの文字列をつないだものが暗号文となる。

一行目　ATTACK THIS NIGHT
二行目　A T C T I N G T
三行目　T A K H S I H
四行目　ATCTINGTTAKHSIH

この暗号組み立てのプロセスを送信者と受信者のあいだで事前に取り決めておく。受信した者は、前述のプロセスを逆に作業すれば平文に直せる。平文に戻すことを「翻訳」とか「復元」という。もしも心配なら、二列ではなく、三列にし、二文字を一組にして書き分けるなど、より複雑な組み立てプロセスにして採用すればよい。

文字の転置を「スキュタレー」と呼ばれる木の巻き軸を使って行うことが考え出された。スキュタレーの暗号は、紀元前五世紀、スパルタで使われたが、軍事用の暗号装置(?)としてはもっとも古いものとされている。まず、スキュタレーに革紐《ひも》を巻きつけて、次に、長い棒の端からもう一方の端に向けてメッセージを書いていく。革紐に代えて、羊皮紙も使われたことがある。書き終えて、巻きつけた革紐をほどくと、そこには無意味な文字が並んでいるようにみえる。文字の転置ができた。換言すれば、メッセージがスクランブルされたのである。腰紐《ベルト》にみせかけるために、伝令は文字の書かれた革紐の面を内側にして、腰に巻きつけて、情報を隠して目的地に出発した。この革紐を受け取った受信人は、それを発信人と同じ直径のスキュタレーに巻きつけて、平文に復元した。

スキュタレー（上）とその模式図．古代ギリシャの都市国家スパルタで使われた．模式図に示すように，革紐かパピルスを巻きつけて，そこに文字を記す．それをほどくと，「ＫＴＭ……」などと意味をなさい文字列となる．受信者が復元するときには，送信者と同じ長さ，同じ太さのスキュタレーに巻けば平文が出てくる．

伝えられるところによれば、紀元前四〇四年、スパルタの将軍リュサンドロスの前に血みどろの伝令があらわれた。その伝令は、ペルシアから生還した五人のうちの一人であった。伝令は腰に巻いていた革紐をリュサンドロスに手渡した。それを将軍が発信人と同じ直径のスキュタレーに巻きつけると、するとそこに、ペルシアのプリュギア総督パルナバゾスがリュサンドロスを攻撃しようとしているというメッセージがあらわれたのである。このスキュタレーの暗号解読により、リュサンドロスは攻撃にあらかじめ備えることができ、首尾よく敵を撃退することができた、という。

しかし、文字を並べ換えるだけでは解読されやすい。そこでもうひとひねりして、そもそも文字をちがう文字に換えてしまう換字式暗号が考案された。ここでは、平文で使う文字を「平アルファベット」と、暗号で使う文字を「暗号アルファベット」ということにしよう。カエサルはしばしば換字式暗号で文書をつくったが、その換字方式がスエトニウスの『ローマ皇帝伝』のなかで明らかにされている。それによると、カエサルはアルファベットの各文字を、それよりも三つ後のアルファベット、すなわちＡはＤに、ＢはＥに置き換えたのである。置き換えの関係を次に示すが、最初の列が平アルファベット、それに対応させる形で並べた隣の列が暗号アルファベットである。

ABCDEFGHIJKLMNOPQRSTUVWXYZ
DEFGHIJKLMNOPQRSTUVWXYZABC

この二つの列を対比してみると、「ROME」は「URPH」となる。このような文字をずらす換字方法の暗号をカエサル暗号と呼び、また、その方法をカエサル・シフトという。このカエサル暗号では、ずらす数を変えることにより、二五種類の暗号ができる。もっとも、暗号アルファベットは必ずしも順番に並べる必要がないので、いくらでも並び替えができる。そのため、組み合わせはたいへん多くなる。この方式は簡便であったため、カエサルの時代から一〇〇〇年以上にわたって使われてきた。

暗号のアルゴリズムと鍵《キー》。カエサル暗号の例では、アルゴリズムとは、平アルファベットを何文字ずつかずらして暗号アルファベットをつくり実際の暗号文をつくる、その方法のことをいう。また、鍵とは四字ずつずらす、という暗号アルファベットの鍵となる情報をいう。送信者と受信者はあらかじめアルゴリズムと鍵を知っているから、暗号文で情報をスムーズにやりとりできる。

しかし、暗号作成技術の進歩と同時に、暗号解読技術も進んできた。カエサル暗号によるメッセージも、もし暗号解読者にアルゴリズムがカエサル・シフトと感づかれたら、鍵は二五しかないから容易に解読されてしまう。それでは、暗号アルファベットにスクランブルをかけて暗号文をつくれば、組み合わせはきわめて多くなる。その鍵を総当たり式にチェックしていくには、これまた多大な労力と途方もない時間が必要となる。まして高速コンピュータなどという文明の利器がなかった時代だから、事実上、解読不可能となった。

だが鍵を総当たり式にチェックすることなく、暗号を解読する方法が見つかった。九世紀のアラブの哲学者が本に書いているのだが、文字の出てくる頻度を調べる方法である。英語アルファベットの例になるが、『ニューヨーク・タイムズ』の一〇万語を調べた結果がある。それによると、一番使用頻度の高い文字はEで一二パーセント、以下、Tが九パーセント、Aが八パーセントなどと続き、頻度が一番低い文字はZで〇・〇八パーセントであった。この頻度を暗号文の解読に応用するのである。つまり暗号文のなかで一番使われている文字はE、二番目に使われている文字はTなどと当たりをつけて平文に復元していく。頻度は文章の内容によって異なるので、一番がTやAになるときもあるので、復元作業では試行錯誤を続けて行くことになった。根気のいる仕事である。

数字のスクランブル

それでは文字を使わずに、暗号文を数字だけにしたらどうだろうか。いわゆるコード暗号である。話は、二〇世紀の時代にまでいっぺんに飛ぶが、一九四一（昭和一六）年、リヒャルト・ゾルゲが日本からモスクワの赤軍参謀本部第四部に送った極秘情報は、コード暗号によって発信された。その内容は、日本は中国との戦争で手一杯であり、日本が東方からソ連に攻撃をしかけることは皆無であることを伝えるものであった。この情報により、ソ連がシベリアから兵員や兵器を引き上げて、ナチス・ドイツ軍が迫るモスクワの防衛に投入できたからこそ、赤軍がドイツ軍に勝利することができたのである。このように、ゾルゲの一通の情報が大きく戦況を変化させた。

ゾルゲの片腕であった電信係のマックス・クラウゼンが使ったコード暗号の仕組みについて、キッペンハーンが著書のなかで詳しく述べている。それによると、表40①に示すように、まず、鍵語をSUBWAYとし、アルファベットを並べる。スラッシュは語間の意味に使う。次に、同②に示すように、使用頻度の高いAEINORSTの八文字を一桁の数値でコード化する。残る文字は、同③に示すように、80から99までの数値を使い、左から順番にコード化していく。これですべてのアルファベットに数値が与えられたことになる。平文は「NO ATTACK」（攻撃はない）としよう。

表40③の暗号コード表を使って、平文を数値に置き換えると「7294565658088」となる。読者も確認して欲しい。しかし、これだけなら前段で説明した文字の使用頻度によるチェックによって解読される可能性がある。Aの4が二つあるし、Tの6も二つある。機密情報の暗号としては心許《こころもと》ない。そこで、思いもつかない方法により、もう一回フィルターをかけて安全性を高める。

クラウゼンは本棚から一九三五年版ドイツ帝国統計年鑑を取り出し、ある数列に狙いを定めると、それが何ページの何行目何列目にあったかをメモする。数字は各国のタバコ生産量が載っている表で「4230 5166 7821 9421」という数字が並んでいた。モスクワとのあいだで左から二つの数字は使わず、三つ目の数字から並べることが取り決められていた。表40④の上段の算式をみて欲しい。アの列が仮暗号の数列である。イの列は統計年鑑の数字を取り決めに従い並べたものである。この上下の数字を足した数字が最終的な暗号になるのだが、合計が10以上になるときは、十の位の数字を省略する。8＋4＝12ではなく8＋4＝2とするのである。その結果がウの列に出ている。この数列が最終暗号となる。

最後に、鍵となる統計年鑑のページと行と列の情報を最終暗号の先頭につける。ページ数は二桁で表示した。たとえば「34」とすれば、三四ページか一三四ページ、あるいは二三四ページかも知れないが、それは受信者側で容易に判断できるので、二桁で十分である。次に、ページの二三行目の六列

表40　ゾルゲの暗号

① 鍵語の設定

S	U	B	W	A	Y
C	D	E	F	G	H
I	J	K	L	M	N
O	P	Q	R	T	V
X	Z	.	／		

② 高頻度8語の数値化

S	U	B	W	A	Y
0				5	
C	D	E	F	G	H
		3			
I	J	K	L	M	N
1					7
O	P	Q	R	T	V
2			4	6	
X	Z	.	／		

③ 数値化の完了

S	U	B	W	A	Y
0	82	87	91	5	97
C	D	E	F	G	H
80	83	3	92	95	98
I	J	K	L	M	N
1	84	88	93	96	7
O	P	Q	R	T	V
2	85	89	4	6	99
X	Z	.	／		
81	86	90	94		

④ 暗号化と平文化

	7 2 9 4 5 6 6 5 8 0 8 8	ア
＋	*3 0 5 1 6 6 7 8 2 1 9 4*	イ
	0 2 4 5 1 2 3 3 0 1 7 2	ウ
	0 2 4 5 1 2 3 3 0 1 7 2	ウ
－	*3 0 5 1 6 6 7 8 2 1 9 4*	イ
	7 2 9 4 5 6 6 5 8 0 8 8	ア

（注）　ア＝数値化された平文（仮暗号）
イ＝統計年鑑の数字を使った鍵
ウ＝最終的な暗号メッセージ

（出典）　ルドルフ・キッペンハーン（赤根洋子訳）『暗号攻防史』13，16頁．

目にある数値を使ったなら「236」とする。これら二つの数字をつないだ「34236」の数値を鍵とした。これも、そのまま使わずに、もう一回フィルターを通す。鍵の五桁と最終暗号の冒頭五桁を例によって足したものが実際の通信に使われた。すなわち、34236＋02451＝36687となる。実際に発信するメッセージは最終暗号と鍵をつなげて五桁ずつに分けて、「36687 02451 23301 72」とモールス信号で打電された。暗号のアルゴリズムと鍵が取り決められていたから、モスクワでは、表40④の下段に示すように、前述の作業の逆の作業を行って、東京からの暗号文を平文に復元した。

当初、ゾルゲ情報はスターリンにほとんど評価されなかったが、一九六四年になって、ゾルゲはソビエト連邦英雄の称号が贈られた。日本の特別高等警察にスパイ容疑で逮捕され処刑されてから二〇年後のことである。クラウゼンは戦後連合軍によって解放され、一時隠遁《いんとん》生活を送っていたが、一九七九年に八一歳で亡くなった。ゾルゲと同様に、後に多くの勲章をもらっている。特高はクラウゼンの暗号を最後まで解けなかった。統計年鑑というありふれた本の数字を鍵にしていたところがミソであった。

暗号を巡る攻防

暗号の攻防を巡る話には尽きないものがある。古くは一六世紀イギリス、スタッフォードシャーの館《やかた》に幽閉されていたスコットランド女王のメアリー・ステュアートを支持するアンソニー・バビントンらが、イングランド女王のエリザベス一世を亡き者にする陰謀を企てた。陰謀計画を実施すべく、バビントンはメアリーに手紙を出したが、その手紙は暗号で書かれていた。囚《とら》われの身であるメアリーには手紙のやりとりなどの自由はなく、手紙は仲介者となったギルバート・ギフォードの手を介して、メアリーの許に届けられた。その方法は、支持者と館のある村とのあいだはギフォードが手紙をはこび、館への持ち込みは地元の醸造業者を手なずけ、手紙を濡れないようにしてコルク栓のなかに隠し、ビール樽に入れ、館にはこび込ませた。手紙が行き来し、メアリーが計画を承認する手紙を書き、計画が成就するかにみえた。

だがあろうことか、仲介者のギフォードが二重スパイであった。メアリーたちの手紙は、なんとエリザベス側のスパイ組織の長であったフランシス・ウォルシンガムに密かにわたされていた。計画の序盤から、ウォルシンガムが雇った優秀な暗号解読者《コードブレーカー》によって、手紙の内容は読み解かれていたのである。解読作業が終わると、用心深くきれいに封印し直しをされ、手紙は何事もなかったように受取人に届けられた。ときには文末に捏造《ねつぞう》された暗号文がつけ加えられたことさえあった。暗号解読の手がかりになったものは、ここでも暗号に使われた文字や記号の使用頻度であった。ウォルシンガムの手許には、計画の詳細やメアリーがエリザベス暗殺を承認したことなどの証拠がすべてそろった。バビントンは逮捕されて、内臓をえぐり出されるなど残忍きわまる方法で刑に処せられた。一五八七年二月、メアリーも斬首される。バビントンの陰謀事件と呼ばれるが、そこには暗号や仲介者を過信してはいけない、という教訓が秘められていた。

二〇世紀になっても、暗号の攻防が続く。戦時には暗号の重要性が一層高まった。暗号の組み立ては、もはや手作業ではなく、特別の暗号機械が開発された。とくにドイツがつくったエニグマ暗号機は有名である。電動式タイプライターに似ているが、平文を打ち込むと自動的に暗号文ができる。逆に、暗号文を打ち込むと自動的に平文が復元されて出てくるのである。これだけのものなら、手作業が少し速くなっただけであまり変わりがないのだが、たとえば、最初にAを暗号に置き換えるとXに、次に出てくるAはXではなくBに、次の次のAはUになどと、次々にちがう文字に置き換えていくのである。

この作業を歯車仕掛けの文字円盤で行うのだが、その装置をスクランブラーとかローターという。一つの暗号機に三つのスクランブラーがつけられて、それぞれ歯車の回転がちがう。いわば三回フィルターをかけて最終暗号文をつくるわけである。加えて、文字キーボードとスクランブラーのあいだには六本の配線を変えるプラグボードがあった。歯車の初期設定を変えるため、毎日、コードをこのプラグボードを使って差し替えていた。そのためエニグマの鍵は実に一京《けい》にもなり、最強の暗号機となった。

しかしながら、絶対に解読できないと思われていたエニグマの暗号も、多くの人によって裸にされていく。その発端は、ナチス・ドイツの侵攻に神経を磨り減らすポーランドがエニグマ解明に心血を注いでいたことである。漏洩されたエニグマの機密資料がフランスを通じて手に入り、一九三〇年代にはポーランドはエニグマの仕組みをほぼ解明できた。第二次世界大戦がはじまる直前、ドイツはスクランブラーを五つ(海軍は八つ)に増やしエニグマの機能を強化すると、さすがのポーランドもお手上げになった。一九三九年、ヒトラーがポーランドとの不可侵条約を破棄すると、ポーランドはそれまで秘密にしてきた解読成果をイギリスとフランスに公開し、二台のエニグマのレプリカとともに引き渡した。

イギリスは、バッキンガムシャーのブレッチレー・パークに暗号解読班の本部を設け、エニグマの解読に取りかかった。オックスフォード大学やケンブリッジ大学の優秀な数学者、科学者、言語学者などが集められ、なかには焼き物の名人とか、チェスやブリッジの名人、クロスワードパズルの達人なども入っていた。最盛期には総勢七〇〇〇人にも達する態勢でエニグマを攻略していた。一通の情報解読によって、先手を打って作戦を成功に導き、戦場で戦う兵士や銃後の市民の生命も救った。戦後長く封印されてきたブレッチレー・パークの活動も、一九七四年に出版された一冊の本によって世の中に明らかにされた。同時に「前線に出なかったお前は母校の恥さらしだ」などと批判されていた、身分を明かせなかった暗号解読者たちの名誉も回復される。

これまで暗号は外交や軍事の通信にしか関係ないと考えられてきたが、今日、われわれ一人ひとりの生活に深く暗号がかかわっている。一例を挙げれば、インターネットでやりとりされている膨大な電子メールは高度に電子化された暗号により送受信されている。携帯電話も暗号化されたデジタル信号でやりとりされている。経済活動の場でも暗号は不可欠の存在になっている。顧客のデータが入力されている膨大なデータを送信するには、一にも二にも高度な暗号で保護して送らなければならない。もし、それが外に流失したならば、企業の存亡にかかわることになるからである。そして、われわれのクレジットカードや銀行口座などの暗証番号も、暗号に守られているとはいえ、巨大な通信ネットワークのなかを行き来していることを十分に認識しておく必要がある。前述のとおり、いつの時代でも絶対に解読できないといわれてきた暗号が見破られてきた事例があることを考えると、油断は禁物である。

2　情報活動　検閲と密使の話

前節では、暗号作成と解読を中心にして情報の話をしてきたが、ここではもう少し拡げて情報活動を行う組織とその仕事ぶりについて、一七世紀と二〇世紀の事例を紹介しよう。そこには、国家の統治や戦争の遂行には情報の掌握が欠かせないし、その取扱い如何《いかん》によって国運が大きく変わることとさえあった。

闇の官房

第5章において、フランスの駅逓の発展課程について述べてきた。しかし、駅逓の定期運行や駅路のネットワーク形成については、駅逓発展の表の顔の部分にしかすぎない。物事には表と裏がよくあるように、駅逓にも権力者の諜報機関という裏の顔の部分が潜んでいた。時代《とき》の権力者にとって、駅逓運営の真の狙いは、書簡の送達サービスを国民に提供するよりも、むしろ集められた書簡を検閲し政敵の情報などを把握することにあった。

強力な中央集権国家を樹立したフランスは、西欧社会のなかで、いち早く駅逓システムに諜報機能を組み込んだ国の一つである。ルイ一一世は旅行者を拘束して調べさせたし、私信も開封させた。その後の国王も諜報組織の確立に務めてきたが、ジリアクスは著作のなかで「一七世紀はじめルイ一三世の治世には、書簡検閲が駅逓組織の中心的な機能になっていった」と述べている。宰相リシュリューと駅逓総監ピエール・ダルメラは、書簡検閲のために、王室御用便の組織（駅逓組織）のなかに特別な部署を密かに設けた。また、リシュリューの腹心の部下三人が駅逓監察官に任命されて、特別部署を仕切っていた。特別部署の設置は、ルイ一三世の王母マリ＝ド＝メディシスにすら知らされなかった。

特別部署が設置された背景には、若年の王に代わって摂政となった王母マリと国王との対決、そして、大貴族や裕福な市民層が核となったユグノーの二大勢力が反王権を掲げていた、という厳しい政治社会情勢があった。内外に反乱と陰謀が渦巻く、一七世紀のフランス王国は混乱していた。このような王国を治めるには、正確な情勢分析がなにより重要なことであり、そのために国王と宰相を務めるリシュリューにとって、情報収集は欠かせなかった。それがどんな手段であっても。

間もなく特別部署が機能しはじめた。危険な情報が書かれた手紙が発見されると、まず治安当局に届けられる。そして差出人や受取人あるいは手紙に出てくる人物が闇夜《やみよ》に紛れて逮捕され、裁判なしで投獄される。ある者は秘密の小屋で処刑された。また、あるときは、逮捕の手間を省いて、人通りのない寂しい街道で政敵が暗殺された。このような投獄や暗殺が日常茶飯事となっていった。特別部署の存在が漏れてくると、人々は恐怖に駆《か》られ、警戒するようになった。たとえ親しい友人が消えたとしても、後難を恐れて、人々は目立った行動をとろうとしなかった。手紙を書くにも、人は非常に用心深くなる。何時《いつ》とはなく、王室御用便の特別部署を「闇の官房《キャビネ・ノワール》」と人々は呼ぶようになった。まさに闇の官房こそが国王やリシュリューら政権を強力に支える諜報機関となっていった。王母マリの腹心コンチーニが暗殺されたのは闇の官房の情報戦の戦果であったろうし、また、王弟ガストン＝ドルレアンが不平分子を糾合し企てた陰謀を察知するのも、闇の官房の大仕事であったにちがいない。

　当時、宿敵ハプスブルク家と緊張関係にあったフランスでは、外国からの外交書簡も開封されていた。パリの外交団のなかには暗号を使う者も出てくる。しかし、暗号文でもすぐに解読されてしまうので、ひんぱんに暗号表を変える必要があった。暗号作成者と暗号解読者の戦いがはじまった。そして、暗号解読作業は闇の官房の重要な仕事となっていく。諜報活動は拡大し、闇の官房の活動がもっとも盛んになった時期は、太陽王《ル・ロワ・ソレイユ》、ルイ一四世の治世であろう。絶対王政の絶頂期である。闇の官房では、さまざまな書簡が開封され、内容が解読された。開封の技術もさることながら、このころになると、偽の封印などをつくるなど、封をし直す技術も進歩してきた。受取人に手紙が検閲されていることを悟られないための技術《わざ》である。

　闇の官房は、毎日集めた情報をまとめて、報告書を三通作成した。それらは国王と主席国務卿と警視総監に届けられた。国王への報告書のなかには、国王の親戚と廷臣や女官たちの

18世紀フランスの郵便局．責任者が手紙を記録し，地区ごとの箱に仕分けをする．配達人は手紙を区分台から取り出したり，責任者の記帳がすむのを待っている．ここにある手紙は恐れられていた闇の官房の検閲が終わったものであろう．

人間関係、とりわけ恋の鞘《さや》当てやその縺《もつ》れなどの宮廷スキャンダルの情報も含まれていた。国王はこれら人間模様を読むのが何より愉《たの》しみだった。人心掌握には、あらゆる情報が必要なのである。

そのような情報のなかにも、国王にとって面白くない内容のものがあった。国王の義姉にあたるブルボン公爵夫人が書いた手紙は、その一例である。ルイ一四世は次々と寵愛の相手を変えたが、よりによって公爵夫人は、その一人であったマントノン侯夫人について、淫《みだ》らな表現で罵《ば》詈《り》雑《ぞう》言《ごん》を浴びせかけるかのように、侯夫人を中傷する手紙を書いたのである。義姉とはいえ、これには国王も怒り心頭に達し、公爵夫人は詫《わ》びを入れる羽目になってしまった。高位にあったから詫びだけですんだが、普通の人なら即刻死刑である。

もちろん、マントノンの手紙の噂は、ゴシップ好きの宮廷人のなかを瞬時に駆け巡ったことはいうまでもない。貞淑だった王妃マリア゠テレサが亡くなると、ルイは密かにマントノンと結婚する。今様にいえば、週刊誌種にも似た情報ではあるが、そこには単に恋愛相関図に止まらず、宮廷の勢力関係にも大きな影響が出てくるのである。政敵の動き、外国政府の動向、民衆の不満、宮廷内の情事まで情報を収集し、分析する闇の官房の力は計り知れないものがあった。

この恐るべき闇の官房の力を逆手にとった人たちがいた。たとえば、国王が知りたがっている情報だけれども、直接伝えることを憚《はばか》る臣下が、その情報を手紙にして誰かに差し出す。そうすれば間違いなく、情報は国王のところに届いた。政敵も利用した。それも殺人のためである。人民の命は闇の官房に握られている、といってもよかった。だから殺《け》したい人物に、あたかも陰謀にかかわっているかのごとく、連絡の手紙を出す。手紙を検閲した闇の官房は、その手紙がホンモノか否かを確認することもなく、手紙の受取人を逮捕して投獄し、ときには刺《し》客《かく》を放って暗殺することさえも辞さなかった。

近世フランスにおいて、このような悲運に遭《あ》った人たちがどれだけいたことであろうか、それを物語る史料はない。憲法で信書の秘密が護られている現代のわれわれには、想像もできない事態であった。フランス人民は、このような恐ろしい検閲制度と闘い、不当逮捕・拘禁・処刑に立ち向かい、多くの犠牲を払いながら、今日の、検閲のない通信の自由を勝ち得たのである。あの壮絶なフランス革命を経て、一七八九年に採択された人権宣言の第一一条には「思想および意見の自由な伝達は、人間のもっとも貴重な諸権利の一つである」と高らかに謳《うた》われている。フランス人にとって、通信の自由は与えられたものではなく、まさに権力を倒して勝ち取ったものなのである。

武官の密使

佐々木譲《ささきじょう》の『ストックホルムの密使』という本を読んだことがある。小説として仕上げられているが、調査の行き届いた内容であり、太平洋戦争の末期、日本海軍のスウェーデン駐在武官であった大和田市郎が入手した極秘情報を密使に託して、スイスのベルンそして東京に届ける話が軸になっている。大和田武官の卓越した情報収集能力、冷徹な分析、使命感、そして何よりも彼の人柄がそうさせたのであろうが、彼のところには第一級の情報が集まった。

小説によれば、一九四四（昭和一九）年八月、スウェーデン国王のグスタフ五世は、大和田武官に対して、中立国として、和平の仲介の労をとることを伝えている。国王の妃はイギリス王室から嫁ぎ、また、皇太子妃もイギリス出身であった。連合国側のイギリスとスウェーデン王室は浅からぬ縁《えん》があり、仲介者としては適任であったといえよう。一九四五（昭和二〇）年二月には、ヤルタ会談でソ連がドイツ降伏から三ヵ月後に対日参戦する密約が交わされたという情報を入手した。ソ連参戦のおよそ六ヵ月前である。それは協力関係にあったポーランド軍情報将校のヤン・コワルスキがロンドンで入手し、大和田に密かに伝えてきたものである。いずれの情報も暗号化され東京に送られたが、上層部に読まれた形跡がない。

ポツダム宣言が出る二日前の七月二四日午後、大和田はスウェーデンの科学者からアメリカが原爆実験に成功したことを聞かされた。武官事務所も自宅も英米側に監視されている気配があったので、カール王子のヨットのなかで王子、科学者、武官の三人が会った。自宅に戻ると、大和田は「ソ連参戦は目前、ソ連による和平仲介など絶対に不可能。米国は原爆実験に成功、対ソ外交上の優位性を確保するため同国は原子爆弾の早期投下を躊躇《いと》わないと判断。ソ連との交渉をただちに打ち切り、中立国を通じ英米との終戦交渉に入るべし」との趣旨の電報を東京に打電することにした。案文を武官が作成し、夫人の静子が暗号文に置き換えていった。徹夜の作業である。

電報はスウェーデンの電報局を経由して送らなければならないため、同時に、この情報をスイス・ベルンの海軍武官に密使を立て届けることにした。そこには日本公使館専用の無線電信設備があったからである。万が一のことを考え、複数のルートから情報を送ることにした。保険をかけたのである。密使には、二四日夕刻、大和田宅を訪れていた森四郎が請われて引き受けた。森は民間人でちょうどパリに戻るところであった。日本の旅券は失効になり、トルコ旅券をパリで取得している変わり種の日本人である。同日、やはり大和田を尋ねてきたコワルスキが同行することになった。二五日早朝六時半、彼らはストックホルム中央駅から列車に乗った。ベルンへの旅がはじまった。

同日八時、大和田は暗号電報の用紙をもって、日本人のドライバーが運転する車で電報局に向かった。だが、大型トラックと衝突、車は大破した。ドライバーは死亡し、大和田も大きな怪我を負った。ストックホルムの警察は夫人の静子に計画的な事故の可能性があることを伝える。現場からは暗号電報の用紙が消えていた。和平を促す極秘電報の内容は、連合国側とくにアメリカにとっては、その時点で東京に伝わってはならないものであった。背景には、ソ連の参戦の前に、米国が原爆を投下し、優位を確保しておく戦略があったからであろう。

森とコワルスキは連合軍が占領するドイツを旅行していたが、鉄路は寸断されて、難行苦行の旅となった。イギリス情報部員の追跡にも遭い、スパイ映画さながらの突破行となったが、二八日、ベルンに入ることができた。同地の公使館で海軍武官には会わせてもらえず、出てきた書記官に概略を伝えたが信用してもらえなかった。二九日、森は海軍武官と電話で話すことができ、公使館の外で話を聞いてもらえることになった。だが電話が盗聴されていたのか、会見場所で森が米国情報部員と思われる者にあわや殺《や》られるところをコワルスキに助けられた。もはやベルンに留まることは適《かな》わなかった。

二人はベルンのソ連大使館に駆け込んだ。コワルスキは連邦国家保安人民委員部のために働くコードネーム「ペトルーシカ」に、森は中国共産党員になりすまして、トラブルに巻き込まれたので、モスクワに脱出させて欲しいと強引に頼み込んだ。コワルスキはソ連とも取り引きしていた二重スパイであったのである。もっぱらドイツの情報をソ連に流していた。特使が乗った飛行機に便乗する。モスクワ市内には三〇日に入った。日本大使館に行くが、ソ連側の警備が厳しく、入ることはできても出てきたら拘束されると判断し、接触を断念する。

コワルスキはソ満国境行きを決断し、森を説得する。このソ満国境行きを実現させたのは、モスクワにいたオペラ歌手の小川芳子であった。森はパリで小川に面識があった。その小川の極東慰問団に潜り込んだのだ。今度は森が小川の恋人に、コワルスキが歌唱指導を行う教授になった。出発は八月一日、シベリアに入り、軍慰問団は基地の格納庫などで公演した。三日、三人は車を奪取し、ソ満国境に到着した。その先は満州国である。コワルスキは将軍の軍服を、森は中尉の軍服を着ていた。森がドライバー、小川は前線の国境警備隊を慰問する役柄になっている。国境を強行突破することになったが、銃撃戦でコワルスキは殺《や》られる。森も撃たれた。

コワルスキが命まで落として、森四郎、否、日本を助けようとしたのは何故だろうか。大和田がコワルスキをドイツ諜報部の追尾から逃がしたことや、コワルスキの妹家族を米国に逃がすためにリトアニアの杉原千畝領事代理を頼ることを教えたことなどが考えられるが、日本を、ドイツやソ連に蹂躙された祖国ポーランドのようにさせたくないという信念が、ソ満国境まで森を連れて行ったのであろう。大和田情報を日本まで絶対に届けるために。

四日、森はハイラルの日本陸軍の病院にいた。脇腹を撃たれている。憲兵隊の調べがはじまったが、なかなか信用してもらえない。それでも話を東京の憲兵司令部には連絡する、と憲兵はいった。供述書の形で東京に報告され、その要点は「大和田武官は七月二四日ストックホルムの武官室で次の情報を託す。一つ。ソ連はヤルタでドイツ降伏後三ヵ月を目途に対日参戦を約束。一つ。米国は七月一六日ニューメキシコ州で原爆実験に成功。一つ。スウェーデン王室は和平仲介の用意がある」という情報に、武官の分析が「一つ。米ソは緊張関係の兆しがあり、ソ連参戦前に日本を降伏に追い込むため、トルーマンは原爆攻撃を躊躇《ためら》わない。一つ。米国が原爆攻撃を行った場合には、ソ連は即時対日参戦に踏み切る。一つ。ソ連参戦後は、米国はただちに第二次、第三次の原爆攻撃を引き起こす。一つ。ソ連による仲介は不可能。中立国を経由し英米と直接和平交渉に入らなければ、終戦の機会を失い、徹底的な本土破壊に見舞われる」とつけ加えられた。

五日、憲兵司令部の判断で、森と小川が東京に移送されることが決まった。少なくとも武官情報が東京に届いたことになる。ハイラルから新京までは列車で護送される。そこから飛行機でまた護送され、六日午前八時広島上空に到達、原爆のキノコ雲を上空から見ることになる。東京への飛行は翌日になり、七日、森は東京の陸軍第一病院に収容された。小川は憲兵隊に連れて行かれる。

八日、憲兵司令部からの連絡で、和平に向けてさまざまな研究を行っていた海軍省書記官の山脇順三がハイラルからの報告を知るが、もはや情報を直接生かせる段階はすでにすぎていた。大和田の第一の分析は、もう現実のものとなってしまった。広島市内に原爆が投下されている。第二の分析はソ連参戦。これも数時間後に現実のものになる。第三の分析の、さらなる原爆も長崎投下で的中した。

歴史に「もしも」はないが、しかし、もしも大和田情報にあったスウェーデン国王の和平仲介の申し出を真摯に検討していたならば、また、ヤルタの密約情報を上層部に報告されていたならば、さらに、七月二五日の電報が妨害されずに打電できていたならば、せめて、ハイラルからの森の情報の供述が上層部に迅速に伝わっていたならば、原爆投下を受けず、ソ連の参戦もなく、戦争を終結できた可能性が高い。もしも、だけれども。

佐々木譲は、その後の消息を最後に書いている。海軍武官の大和田市郎は、一九四六（昭和二一）年三月、夫人の静子とともに引揚船で帰国し、数年間農業に従事した後、東京の民間会社に勤務、一九七六（昭和五一）年に亡くなる。武官活動については沈黙を守り、晩年、放送局の長時間インタビューに答えているのが唯一の証言となっている。

夫人の静子は、一九七九（昭和五四）年、回想録を出版したが、そのなかに、武官活動の協力者として、森四郎とヤン・コワルスキの名前が何度か出てくる。

山脇順三は、戦艦ミズーリ号上の降伏調印式で日本代表団の随員を務める。東北大学などで国際法を講じたが、一九七二（昭和四七）年に死去した。手記や回想に大和田情報についての言及がある。また、遺稿集のなかで、「終戦直前、ストックホルムからクーリエが到着していた」と記して、森四郎の旅行などについて、数ページを費やし記述している。

森四郎と小川芳子の消息は不明である。

本書の初校が出る寸前に、半藤一利《はんどうかずとし》の『昭和史』を読んでいたら、小野寺百合子の『バルト海のほとりにて』という本のことが脚注に記されていた。その本には、夫、スウェーデン公使館付陸軍武官の小野寺信《まこと》とともに暮らした外国の華やかな外交団生活が綴られている一方で、武官の夫の片腕として、公電の暗号組立解読の作業を担っていたことが語られている。副題に「武官の妻の大東亜戦争」とあるが、この本の性格をよくいいあらわしている。タイプ印刷の私家版回想録であったが、後に共同通信社から出版された。

実は佐々木譲の小説は小野寺百合子の本が土台となっている。陸軍武官の小野寺信は海軍武官の大和田市郎として、妻の百合子は静子として小説に登場する。冒頭に私家版回想録からの引用として、「この重大な情報を確実に日本へ届けようと、夫は二人の人物をストックホルムから送り出した。その後、消息は一切聞かず、戦後になってからも、情報が届いていたという話は聞いたことがなかった。戦後二〇年以上も経ってから、真相を知ることになった。夫が送り出した密使は、終戦間際のあの悲惨を救うことができた情報を、間違いなく、たしかに東京まで届けていたのだ。適切な対応が、まだ可能であったタイミングで……」（抜粋）という言葉が紹介されている。小説はフィクションを交えたものだから、そのまますべてを史実として受け止めることはできない。だが、一武官が国を憂《うれ》い任務に励み、それに応えて、命をかけて情報をはこんだ人たちがいた。そのことは事実であり、彼らの行動に心が揺《ゆ》さぶられる。

　前出の『昭和史』によれば、小野寺武官はソ連をまず叩けと主張する小畑敏四郎《おばたとししろう》が率いる皇道派であった。だが、陸軍中枢部で力をもっていた派閥は、中国一撃論を展開する永田《ながた》鉄山《てつざん》が率いる統制派であった。そのため皇道派は中央から外された。小野寺は早期和平を唱えてストックホルムから情報を送り続けて意見具申するなど働きかけたが、東条内閣を中心とする陸軍中央部はことごとく無視した。派閥次元でみれば、皇道派は亜流であり、傍系であり、小野寺は飛ばされたままで取り合ってもらえなかった、のである。

　小野寺百合子は「……本書は一木片（小野寺信の意）の必死の行動を無視し流し去ってしまった時の流れに対するささやかな抗議でもあるのだ」と述べて著書をむすんでいる。夫を敬愛し、信頼して、ともに情報戦の前線で闘ってきた妻の言葉である。そこには、あまりにも大きな意味が含まれている。そして無念さと。

第20章　昭和の想い出と平成の変貌

1　昭和の時代　人の温もりを残すコミュニケーション

これまで古代からの情報通信史を綴ってきたが、現代の情報通信の事情についてほとんど言及してこなかった。そこで私自身の半生を振り返りながら、私自身の情報通信とのかかわりと、その周辺の事情について述べて、この本のむすびとしたい。一九四五（昭和二〇）年生まれだから、戦後六〇年の私が経験した情報通信の歩みである。

郵　便

かつて手紙をよく書いた。切手を集めていたので、外国のコレクターと文通して切手を交換していたのである。中学生時代、外国に自由に旅行できない時代であり、外国に無性に憧《あこが》れ、せめて外国と手紙をやりとりしたいと考えていた。私にとって、はじめての外国郵便は、インドからの航空郵便《エアメイル》であった。中学生のときである。J・B・ハリスの文通ガイドブックなどをみて、丸写しだったけれども、英語の手紙を書いた。台湾、アメリカ、カナダ、西ドイツなどの国の人と文通をしたが、中学生の小遣いでは航空郵便の料金は非常に高いものに感じた。毎日、郵便の配達が待ち遠しかった。昭和三〇年代は、郵便の配達回数は一日午前と午後との二回であったが、いつの頃からか覚えていないが、回数が一日一回に減っている。自転車が使われていたが、それもバイクに代わっている。合理化と自動化ということになろうか。就職すると、忙しくなって文通も終わる。

郵便は労働集約的な事業の典型であるが、郵便番号制度がスタートした一九六八（昭和四三）年、郵便局に本格的な機械が入ってきた。ポストから集めてきた手紙や葉書を自動的に取りそろえて、切手を消印し、郵便番号を光学的に読み取って自動的に区分する機械である。当時、東京中央郵便局に導入された機械は、一時間に二万三〇〇〇通の郵便を区分処理した。切手の刷色でその位置を検知する技術と、手書きの郵便番号を光学的に読み取るいわゆるOCRの技術の組み合わせであった。世界的にみると、珍しい方式である。機械化は作業の集中化を促し、もっぱら郵便区分を専門に行う集中局が誕生してくる。郵便の工場化といってもよい。

一九七二（昭和四七）年六月から一年間、イギリスに留学したことがある。そのとき日本との連絡は郵便だけに頼っていた。学生の身分では国際電話を使うことなどは考えられなかったからである。幸い日英間の郵便事情はよく航空郵便であれば、地方都市にいた私のところでも数日で手紙が届いた。料金を節約するため、重さがある『文藝春秋』と『新聞ダイジェスト』は船便で送ってもらっていたが、それでも一ヵ月少々で届いた。田舎暮らしの私には、月にいっぺん届くこれらの雑誌が日本の最新ニュースを知る重要な情報源となっていた。イギリスからも本など印刷物をたくさん留守宅に送ったが一通も不着がなく、日英間の郵便は信頼できた。

一九七八（昭和五三）年五月から二年間、ニューヨークで勤務した。家族と一緒にマンハッタンに隣接するロングアイランドの高層アパートで生活する。イギリスから戻って六年目であったが、日本との通信は郵便に国際電話が加わる。電話については後述するが、料金が高かったので特別なときにしか電話を利用しなかった。外国暮らしをするわれわれ家族と日本とをむすぶ通信手段は、もっぱら航空郵便による手紙のやりとりであった。郵便料金は安いのでほとんど気にはならなかった。手紙を書く仕事は妻に任せたが、日本に送った手紙を読み返してみると、保育園《ナースリー》に通っている娘や滞在中に生まれた息子の成長を伝えるもの、あちこちに行ったときの話などが綴られ、写真も同封されていた。今となっては懐かしいニューヨーク生活を甦らせてくれる。手紙の優れているところは、このように記録として残しておくことができることである。電子メールのやりとりでは味気ないし、やはり手書きの手紙は素晴らしい。クリスマスが近くなると、年一回感謝を込めて少しばかりの現金を郵便受け《メイルボックス》に入れておく習慣があるので、時期になると、手紙を配るポストマンの愛想が心なしかよくなった。

横道にそれるが、当時、ニューヨークで日本の情報を得るには、読売新聞の現地刷りがあり、現地の英字紙よりかなり割高ではあったが駐在員の家族はほとんど購読していたのではないだろうか。日本語のテレビ番組は日曜日の夕刻数時間だけUHF帯を使い放送されていた。電波はエンパイアステートビルディングの上から出ていた。最初は子供向けに「一休さん」のマンガなどが、その後にＮＨＫの大河ドラマが数ヵ月遅れで流されていた。たしか「黄金の日々」を放送していた。もちろん日本語のニュースもある。日曜日の夜は日本のテレビ番組を観賞するのが何よりの楽しみであった。

手紙は記録として残る、と書いた。その最たるものは書簡集として出版されたものであろう。かつて文人のなかには、手紙が盗み読みされ公開されることを前提に、手紙を認《したた》めている者もいた。そして写しだけが残り、それが貴重な史料となっているものも少なくない。歴史上の事件の当事者の手紙のなかには、公式資料にみられない事実を見いだすことができることもある。手紙は歴史の第一級の史料となり得るのである。時代を語るものがあれば、それがたとえ市井《しせい》の人の手紙であっても、である。このように手紙には文化的な側面があるのに、人々の生活から遠ざかり、ケイタイ文化（？）が花盛りなのは悲しい。

わが国では二〇〇五（平成一七）年九月、郵便を含む郵政三事業の民営化の是非を問う衆議院議員選挙が行われた。与党自由民主党から大量の造反者が出たために、衆議院では郵政民営化法案が五票差で辛うじて可決されたものの、参議院では一七票差の大差で法案は葬られた。これを小泉純一郎首相が内閣不信任とみなし、解散に打って出た。法案を通過させた衆議院を、参議院が法案を否決したからといって、解散させる手法に異論が続出した。しかし、民営化に政治生命を賭けてきた首相は、躊躇《ちゅうちょ》せずに解散を断行した。さらに自民党の法案反対者には公認を出さず、マスコミの言葉を借りれば、刺客《しかく》を送り込むかのように、反対派の選挙区に党公認の対抗馬を擁立する。そのため壮絶な選挙となった。

選挙の結果は、四八〇議席のうち自民党は二九六議席を獲得し圧勝した。与党公明党の議席を加えると三二七議席で三分の二を超える。政権交代を訴えてきた民主党は大幅に議席を減らし惨敗した。

選挙後召集された特別国会に民主党も郵政民営化法案を提出したが、政府提出の法案が可決され、二〇〇七（平成一九）年一〇月から郵政三事業が民営化されることになった。現在の日本郵政公社に代わって、日本郵政株式会社が設立される。三事業は分割されて、日本郵政会社の全額出資の子会社として、郵便を運営する郵便事業株式会社、貯金を取り扱う郵便貯金銀行、保険を引き受ける郵便保険会社、そして窓口ネットワーク会社となる郵便局株式会社が設立される。また、既契約のいわば政府保証つきの郵便貯金と簡易保険の管理と履行を行う、独立行政法人郵便貯金・簡易生命保険管理機構も別途創設される。さらに、遅くとも二〇一七（平成二九）年一〇月までに、持ち株会社は貯金銀行と保険会社の全株式を処分する義務を負っている。以上が郵政民営化のポイントである。民営化の成否は一《いっ》に政府と関係者の今後の努力にかかっているが、いずれ歴史が証明することとなろう。

一郵便利用者の立場から意見を述べれば、第三種郵便物や学術刊行物扱いで配達される雑誌類がわが家にも届く。妻が音訳ボランティアをしている関係で、郵便で音訳テープが届いたり、発送することもある。これらの郵便は割引料金や無料になっている。災害時の無料取扱いもある。郵便を民営化すれば、利益を上げなければならないのだから、これらの措置が廃止や値上げされるのではないかと危惧している。また、文化遺産を守る逓信博物館などに十分な予算がつくのだろうか、その点も心配である。郵便には、市場原理だけでは測れない公的な側面、すなわち文化振興、福祉増進、災害救援などの役割があることを忘れないで欲しい。

市場経済主義を標榜する、あのアメリカですら、郵便は国家機関（ＵＳＰＳ）が運営している。同国では、郵便は国民の財産とみなし、誰でも利用できることが前提となり、非営利法人（ＮＰＯ）などが差し出す郵便物を優遇している。効率的な運営が求められていることは当然だが、その根底にあるものは経済合理性だけではなく、郵便は国民への公的サービス提供という性格が強いのである。

電　話

一九五七（昭和三二）年三月の東京都港区立麻布小学校の卒業アルバムが手《て》許《もと》にある。最後に児童の名簿があり住所と電話番号が印刷されている。しかし、電話番号は空欄のままが多く、数えてみると一六六人中八七人の児童のところにしか番号が入っていない。五二パーセントである。他人の電話に呼び出してもらう「呼」という文字もかなりついているから、実質の電話保有率は五〇パーセントを切っていたにちがいない。この数字は四組あった二組から四組までの数字で、実は、一組の児童のページには一つも電話番号が記されていない。電話のない家庭の児童に配慮し、担任が番号を全部載せなかったのであろう。

当時の日本の電話加入者数は二〇〇万強で、積滞数（電話待ち）は三〇万強であった。電話設置を申し込んでもなかなか引けなかった時代である。日本電信電話公社の設備投資は、大都市に、そして事業者向けの電話設備に集中されたため、一般家庭への電話架設は後回しにされた。前段の数字はそのことよくを示している。加入者には、高額の施設設置負担金（電話加入権）が求められた。一九七〇年代以降になって、公社の設備投資は、シヴィル・ミニマムの観点に立って、地方や一般家庭への電話普及に重点をおくことができるようになった。
私の家に電話がついたのは一九六〇（昭和三五）年前後と思う。それまで呼び出しをしてくれた家に気兼ねをしなくてよくなったのだが、逆に、電話を借りに近所の若い女の人が家に来て、長電話をされたのには閉口した。都内は何分かけても料金は一回一〇円であったからでもあろう。後に三分一〇円に改正される。電話がついた頃、親が急用で地方都市に電話することがあったが、ダイヤル直通ではなく、至急報で申し込んでも、電話がつながるまでに何時間もかかった。当時の日本では、電話の積滞解消と即時通話が悲願であったのである。

一九六七（昭和四二）年四月に社会人になったが、初任者研修で電話応対の講義があった。話は手短に要領よく、といわれたような気がする。執務室の電話は内線と都内だけにかけられるダイヤル式の黒電話で、一台の電話を三、四人で使う。四、五〇人の部署であったが、全国どこにでもかけられる直通電話と呼ばれた電話機は一台しかなく、通話記録を書く帳簿とともに管理班長という人の側《そば》にあった。長距離電話の料金が高く、自由に使える雰囲気ではなかった。その後、保留機能つきの事務所用の電話機が入り、電話も便利になった、と思った。

国際電話にも思い出がある。私はイギリス留学中に一回も日本に電話をしたことがなかった。そこに日本から来ていた大学教授が東京にいる夫人に国際電話をしたら、よく聞こえたのだろうかとか、いくらかかったのだろうかなどと、仲間内で話題になったことを覚えている。一九七〇年代はじめの話である。

ニューヨークではアパートに電話を引いた。電話会社に申し込みの電話をしたら、何色の電話がよいのかなどと希望を聞かれ、サービスが日本とはだいぶちがうなと思った。市内電話は家内が日本人駐在員の仲間との連絡でよく使っていたが、料金はさほど負担にはならなかった。幸運にも一ヵ月分を除き、一九七八（昭和五三）年五月から二年間の電話の請求書が残っていたので、日本への国際電話のデータを整理してみた。請求書には長距離電話について、通話日、時刻、分数、料金が個々に記録されていた。当時の日本では、このような明細つきの請求はもらえなかったので驚かされた。それによれば、二三ヵ月で日本との通話は四五回、平均月二回となるが、義母の病気と家内の一時帰国のときは一日三回、その月は九回もかけている。長男誕生の月には五回などとなっている。一回も電話をしない月が六回ある。通話時間は最高九分・最低二分で、平均約五分であった。

次に日米間の国際電話料金である。私のデータでは、一分間平均二ドル一三セント。利用時間帯で格差があり、一ドル一一セントから四ドル五〇セントまでの開きがあった。日本からのコレクトコールは一分間三ドルである。当時の為替レートが一ドル二五〇円前後であったから、一分間七五〇円ほど、三分間二二五〇円ほどとなるが、それでも日本の料金よりも割安となった。内外価格差といわれた現象である。一ヵ月の電話代は平均四五ドル、最高は九回日本に電話をかけたときの一一九ドル、最低は一五ドルであった。現在、東京―ニューヨーク間の電話料金はかなり引き下げられている。総務省の調べでは、通常料金で三分間一六〇円、割引料金では八〇円である。ここ数年で国際電話のコストが劇的に下がったといえよう。

電話で日本とむすばれていて、何時《いつ》でも話ができる。そのことがニューヨークで暮らす私ども家族にとって、そして日本にいる肉親にとって、どんなに心強いことであったことであろうか。義母の死という報《しら》せを電話で受けたこともあったし、また、長男誕生を電話で伝えたこともあった。このような悲しいニュース、嬉しいニュースが太平洋をまたいで国際電話でやりとりされたこともあったが、多くの電話はとりとめのないことを話していた。セントラルパークに遊びに行ってきたことや、ワシントンで桜が咲いたことなどの話題が電話の会話になった。大晦日一二時を回ると新年の電話コールをしたが、このときばかりは日本になかなか電話がつながらなかったことを覚えている。

さて、いつの頃からか、カラフルなプッシュフォンが東京のわが家にもつくようになった。一回線だが、二階にも電話機がつけられ、二台になった。娘が大学に入ると、部活動の連絡のために、ファックスつきの電話機を家電量販店で買ってきて自分でつけた。ファックスが入ったお陰で情報が格段に正確になり量も増加する。たしか一九九〇年代前半の時期である。電話機の販売が自由化された結果であるが、機能もいろいろ考え出され、機種を選択するのに迷うほどになった。局番も架設以来、二桁、三桁、四桁と増加していった。そのように便利になった、わが家に設置された固定電話も今や祖母専用になりつつある。

携帯電話の登場で、電話は一家族に一台という時代が終わり、一人に一台という時代になった。それもどこにでも持ち歩くことができる携帯電話である。ケイタイという言葉も完全に認知された。そのケイタイをわが家で最初に使いはじめたのは流行に敏感な娘で、それまでもっていたポケットベルを止めて、一九九〇年後半、一定地域だけで使えるPHS、そしてケイタイに乗り換えたのである。次に息子や妻で、私が最後になった。それも、二〇〇〇（平成一二）年、筑波に単身赴任になったので固定電話を宿舎に設置する代わりに、ケイタイを買ったのである。その四年前に札幌に単身赴任したときは、まだ固定電話を宿舎で使用していた。しかしケイタイをいったんもつと、それが離せなくなるのが不思議である。もっているだけで、家族といつもつながっているという安心感がある。

契約の数字をみると、この傾向がさらにはっきりする。二〇〇五年三月の数字だが、固定電話などの固定通信は年々少しずつ減少し五一六三万台。これに対し、ケイタイなどの移動通信は年々大きく伸びて九一四七万台である。二〇〇〇年を境にケイタイが固定電話を抜いた。

電　報

かつて電報は緊急通信として重要な役割を果たしてきたが、今や電報は慶弔などに限られて、通信手段としては過去のものとなってしまった。しかし、片山一弘編著『手紙の力』のなかに、二〇世紀後半、電報のカタカナ数文字に思いの丈《たけ》を織り込んで、消息を伝えた人たちがいた話が載っていた。

「アナタ」

一九五七（昭和三二）年、第一次南極観測隊に参加した大塚正美隊員に届いた妻からの電報である。たった三文字であった。しかし、そこに込められた気持ちはどんなに大きく深いものであったろうか。当時、電報だけが昭和基地で越冬する隊員と日本の家族とをむすぶ唯一の絆《きずな》であった。業務連絡もあり、隊員一人に許された文字数は月に二〇〇字だけと制限されていた。それも短波無線によるモールス信号で、オーロラが発生し電離層に乱れが生じると交信不能となる。一週間ほど不通になることも珍しくなかった。不自由な通信環境であったからこそ、短い通信文に想いが凝縮され、想像がそれを補った。

昭和基地では、隊員への電報は夕食前に配られ、それを話題にしながら、夕飯を食べるのが隊員の何よりの楽しみであったらしい。この三文字電文に感銘を受けてか、ある隊員が「オマエ」と電報を日本に打ったら、その奥さんから「バカ」と返事が帰ってきた。大笑いである。それも一九八〇（昭和五五）年の第二一次越冬隊で終わった。第二二次隊からは電話やファックスが使えるようになり、今では電子メールのやりとりも可能になった。便利になったけれども、隊員一同が一通の電報を酒の肴《さかな》に南極の夜を過ごす日々が消えていった、という。

そういえば、大晦日の「紅白歌合戦」には、かつて南極からの応援電報がいつも披露され、司会者が「赤勝て、白勝て。昭和基地隊員一同」などとメッセージを紹介するのが恒例となっていた。今では南極からのテレビの宇宙中継もできるのだから、通信技術の進歩は目を見張るばかりである。

私と電報とのかかわりはあまりない。もう四〇年以上も前になるが、大学受験をしたとき、大学の門前に受験の合否を電報で連絡することを請け負う人がいた。地方から受験している人にはニーズがあったのかもしれないが、大学当局から公認されているサービスではなかった。金だけをもらってしまう不心得な者もいたためであろうか、それとも番号の取りちがえなども考えられ、門前には、大学は責任をもたないと警告の立て看板が出されていた。合格すると「サクラサク」と、不合格だと「サクラチル」などという電文であったらしい。子供が三人受験したが、今ではレタクッスという速達よりも早い郵便で、大学から、発表日の朝に合格番号だけが書かれたものが届く。掲示板を見に行くスリルがなくなってしまったが、大学もサービスが良くなったものである。

弔電を仕事の関係で打つことはあるけれども、個人的には電報にほとんど無縁である。しかし、一回だけ私的に電報を打ったことがあった。それは、留学したとき、ロンドン到着をトラファルガー広場の郵便局から国際電報を打って東京の両親に報せたのである。今なら、ホテルから電話をかけるところであろうが、三〇年前は電報であった。電報を受け取ったことは、結婚式に祝電を数通もらった覚えがあるが、仕事の連絡でもらったことはない。数年前になるが、あるポストに就いたとき、祝電をいただいたが、押し花の台紙にきれいなフォントで漢字を使いメッセージが書かれていた。もはや電報は儀礼的なものになり、付加価値をつけるために押し花の台紙を使っている。この押し花の台紙は主婦のアイディアで、これをつくる仕事が意外と大きなビジネスになっているとも聞いたことがある。

郵便、電話、電報について、私自身とのかかわりでとりとめもないことを綴ってきた。ケイタイを除けば、それは昭和の時代に人々が使ってきた代表的な通信手段であった。そこには人間臭さがあり、温《ぬく》もりがあり、人それぞれに使い分けてきたであろうし、想い出もあるのではないだろうか。手紙を書く習慣もかなり薄れてきたが、人と人とのコミュニケーションの方法のなかで、ケイタイよりも、電子メールよりも、やはり手紙をもらうのが一番嬉しい。手書きの便りなら尚更である。いくら高速の通信手段があっても、手紙をはこぶ郵便システムを通信の基礎的なインフラストラクチャーとして維持して、手紙文化をこれからも残しておきたいものである。間の美学というものがあるらしいが、手紙のやりとりにはそれがある。スロー・コミュニケーションの薦めである。

2　平成の時代　高度情報化社会の到来

二〇〇五年版の『情報通信白書』は「当初、出遅れが心配されたブロードバンド化は、インフラの整備が予想を上回る早さで進展し、現状では、世界でもっとも低廉かつ高速なブロードバンド環境を実現している。……『いつでも、どこでも、何でも、誰でも』ネットワークにつながり、情報の自在なやりとりを行うことができるユビキタスネットワーク社会を二〇一〇年を目途として実現する」と述べ、世界に拡がるユビキタスネットワーク社会の構築を高らかに謳《うた》い上げている。二一世紀に入り、高度情報通信時代の幕開けにより、われわれの生活にも変化がでてきている。そのことについて私のケースをまず述べてみたい。

ワープロからパソコンへ

文章作成作業、今様にいえば情報発信の準備作業ということになろうが、その観点からみると、作業は大きく様変わりした。手書きがいわば電子化されたことであろう。もちろん、それによって質の高い素晴らしい文章ができるわけではない。その点は人の資質に負うのだが、文書を書くスタイルが、鉛筆をもって原稿用紙に向かう姿から、キーボードに向かう姿に変わったのである。学生時代に英文タイプライターを買い長いあいだ使ったが、情報機器とはいえないまでも、文書作成の機械である。訂正すると汚くなるので、一字たりとも誤りのないように慎重にタイプしたものであった。

一九八五（昭和六〇）年前後と思うが、ワープロを購入した。シャープの「書院」という機種で、フォントが自然で美しく、一二ポイントで大きかったのが購入の決め手となった。一〇年ほど使ったが、使い勝手がよかった。フォントは一種類、第二水準の難しい漢字は別ファイル、印刷は感熱紙で一枚一枚手差しであったけれども、当時としては、画期的な文書作成機、今様にいえば情報機器であった。何しろタイプライターとはちがって、入力ミスを恐れる必要がなくなった。思いつくままに入力し、後から推敲し、最終的な文書に仕上げればよくなった。どの段階の文書でも保存ができるから、訂正作業が容易になった。加えて、漢字が苦手な私には、ワープロが漢字を教えてくれるのでたいへん助かった。

一九九五（平成七）年、鳴り物入りでウィンドウズ95が発売された。私もこのＯＳが搭載されたデスクトップを購入した。数年前から勤務先ではノートパソコンが一人一台ずつ支給され業務で使用していたから、パソコンにはアレルギーはなかった。もっともインターネットの接続は一日がかりの仕事になってしまった。ワープロは「一太郎」をインストールし、書院でつくった文書は変換ソフトで一太郎にしてデスクトップにまとめた。フロッピーディスクが2ＤＤから2ＨＤに代わり、保存容量が倍増した。その後、ＭＯやＣＤなどが出回り、保存容量は飛躍的に増え、作成した文書だけを保存するのには、それらが一つあれば十分である。何万ページもの文字原稿も、小さなメディア一つに収まる時代になってしまったことを思うと、技術音痴の私には、ただただ驚くばかりである。二〇〇二（平成一四）年に、デスクトップをノートパソコンに買い換えたので、机のスペースがだいぶできた。パソコンの導入で、さまざまなソフトが使えるようになったが、一太郎のほかに、エクセル表計算ソフト、年賀状名簿管理ソフトなどを使っている。なかでも画像を管理できるソフトがありがたい。

インターネットは積極的に使用していないが、本書を執筆しているとき、いくつかの項目をインターネットで調べたが、立派なホームページがあることがあり、意外なことを学ぶことがあった。問題なのは、インターネット上に公開されているデータが果たして正確なものであるのかどうか、判断に迷うことが多いことである。やはり文献で確認できると安心できる。しかし、どの分野の研究でも、これからはインターネット上の情報にも目配りしていくことが必要であろう。

インターネット時代の到来

前出の白書によれば、インターネットの利用人口は一九九七（平成九）年末に一一五五万人であったものが、二〇〇四（平成一六）年末には七倍の七九四八万人に達している。人口普及率では六割を超えている。これを利用する端末でみると、パソコンからが八一パーセント、ケイタイなどからは七三パーセント、パソコンとケイタイ両方を使う人も三七パーセントいる。そのほかゲーム機やテレビなどからインターネットを利用する人も二パーセントいる。このことは、一人の人がインターネットを複数の端末で利用していることを示している。

われわれの個人の生活のなかで、高度情報化という言葉が実感できるものは、進化するケイタイではないだろうか。最新のケイタイは第三世代のものだそうだが、電話機能はいうに及ばず、インターネット、電子メール、ニュースや娯楽情報の配信、チケット購入、銀行取引、ゲーム、着メロ、着受画面などのサービスも一台のケイタイから受けられる。さらにカメラつきケイタイも登場し、写真と動画も撮れる。液晶画面も高品質化され映像もきわめて鮮明に再現でき、映像もメールで送信できる。ケイタイはもはや単なる電話ではなく、さまざまな情報を送受することができる多機能情報端末というべきものであろう。

わが国では、今や携帯電話の八割強がインターネット機能つき、六割強がカメラつきである。意外にもアメリカではインターネットつきの割合が一割少々である。背景には、キーボードに慣れているアメリカ人には、日本人の親指タッチで素早く入力する技《わざ》を習得することが難しいという事情があるのかもしれない。そのようなことを考えると、日本のように多機能のケイタイを多くの国民が使っている国は少ないのではないだろうか。ケイタイ高度情報化社会ともいうべき現象で、ケイタイ文化が花盛りというところである。

しかし本格的な高度情報化社会を構築するためには、高速大容量のブロードバンドの整備が欠かせない。そのブロードバンドの契約数は、二〇〇〇（平成一二）年三月に二二万件であったものが、二〇〇四（平成一六）年一二月には一八六六万件になり、わずか四年九ヵ月で八五倍になった。その多くが非対称デジタル加入者回線（ＡＤＳＬ）である。世界的にみると、この件数はアメリカに次いで二番目である。人口普及率でみると、韓国の二三パーセントが突出し、日本は一二パーセントで七番目となる。ブロードバンドの整備は、急速に進展しているものの、今後は、より高速大容量の光ファイバーなどの普及が課題となろう。

白書の数字を挙げて説明したが、わが国が高度情報化社会を目指して大きく変貌しつつあることがわかる。どの数字もここ数年で大きく伸びている。この動きは、逆回転することはあり得ないし、また止まることもなく、前へ進んでいくことであろう。そして情報化社会の姿がさまざまな形で描かれ、テレビが双方向性をもち、行政サービスも身近になり、生活が便利になり、経済が活性化され、世界が瞬時にむすばれ、大きな利益が国民に還元されることが示されている。その多くは実現することであろう。

たしかに多様なサービスを、ブロードバンドのネットワークを通じて、われわれは享受できることになる。しかし、われわれの時間は誰でも一日二四時間しかない。膨大な情報がさまよう海のなかで、必要な情報だけを見出す能力をもたないと、情報に振り回されるだけの生活になる。その上、情報に対する支出ばかりが増える結果にもなりかねないのである。また、情報化社会はメリットばかりではなく、すでに顕在化しているが、デメリットも多く、その内容も深刻になってきている。そう考えてみると、一見便利になった情報化社会ではあるが、それによって、われわれの生活が本当に豊かになったのだろうか、そして幸福になったのであろうか。いささか疑問が残る。

いつでも、どこでも、何でも、誰でもがネットワークに接続できるユビキタスネットワーク社会がもうそこまで来ている。しかし、ネットワーク社会のなかで、いつでも、どこでも、何でも、誰でもが狙われていることも忘れてはならない。情報化社会のなかでは、防御こそ、自分を守るすべてなのである。

索　引

1. 人名と出版物名のページは，それらが出てきたページを「124,126」（例）のように示す．
2. 事項名のページは，それを説明しているページの範囲を「124-126」（例）のように示す．
3. (c) は地図，(h) は表，(z) は図版の略で，例えば「124z」は124ページに掲載されている図版の意味である．

参考文献

執筆にあたって，参考にさせていただいた文献および一部引用させていただいた文献を整理した．記して謝意を表したい．訳文などの引用にあたって，本文との表記を整えるため，漢字を仮名書きにするなどの最小限の編集上の変更を加えた場合がある．

【日本語文献】
青江秀『大日本交通史』朝陽会，1928.（原著は『大日本帝国駅逓志稿』といい，1882年に出版されている.）
青山吉信・今井宏編『概説イギリス史――伝統的理解をこえて』有斐閣，1982.
アチーブメント出版「便生録」編集部『便生録――『前島密郵便創業談』に見る郵便事業の発祥の物語』アチーブメント出版，2003.
阿部昭夫『記番印の研究――近代郵便の形成過程』名著出版，1994.
阿部謹也『中世の窓から』朝日新聞社，1981.
――『中世の星の下で』筑摩書房，1986.
――『甦える中世ヨーロッパ』日本エディタースクール出版部，1987.
――『物語ドイツの歴史――ドイツ的とは何か』中央公論社，1998.
天沼春樹『飛行船――空飛ぶ夢のカタチ』KTC 中央出版，2002.
安室芳樹『スコットランド郵便史 1662-1840』私家版，1994.
荒井秀規・櫻井邦夫・佐々木虔一・佐藤美知男共編『交通』（日本史小百科）東京堂出版，2001.
有賀貞・大木尚一編『新版・概説アメリカ史』有斐閣，1979.
井口大介『コミュニケーション発達史研究』慶應通信，1968.
――『人間とコミュニケーション』一粒社，1982.
井口保夫『イギリス文芸出版史』研究社出版，1986.
池内紀『恋文物語』筑摩書房，1994.
池田徳眞『プロパガンダ戦史』中央公論社，1981.
池田裕『古代オリエントからの手紙――わが名はベン・オニ』リトン，1996.
井沢実『大航海時代夜話』岩波書店，1977.
石井寛治『近代日本とイギリス資本――ジャーディン＝マセソン商会を中心に』東京大学出版会，1984.
――『情報・通信の社会史』有斐閣，1994.
石井彰次郎『アメリカ鉄道論』中央経済社，1969.
石坂悦男・田中優子編『メディア・コミュニケーション――その構造と機能』法政大学出版局，2005.
石田英一郎『マヤ文明――世界史に残る謎』中央公論社，1967.
石原藤夫『国際通信の日本史――植民地化解消へ苦闘の九十九年』東海大学出版会，1999.
磯部佑一郎『アメリカ新聞史』ジャパンタイムス，1984.
――『イギリス新聞史』ジャパンタイムス，1984.
板倉勝正・三浦一郎・吉村忠典『世界史』（上）社会思想社，1964.
板倉聖宣・松野修『社会の発明発見物語』（新総合読本 3 ）仮説社，1998.
市村佑一『江戸の情報力――ウェブ化と知の流通』講談社，2004.
市村佑一・大石慎三郎『鎖国＝ゆるやかな情報革命』講談社，1995.

稲葉三千男『コミュニケーション発達史』創風社，1989.
井上幸治編『フランス史（新版）』山川出版社，1968.
今井賢一『情報ネットワーク社会』岩波書店，1984.
今井幸彦『通信社——情報化社会の神経』中央公論社，1973.
今井登志喜『都市の発達史——近世における繁栄中心の移動』誠文堂新光社，1980.
今井宏『イギリス』山川出版社，1993.
伊豫田康弘・上滝徹也・田村穣生・野田慶人・八木信忠・煤孫勇夫『テレビ史ハンドブック——読むテレビあるいはデータで読むテレビの歴史』（改訂増補版）自由国民社，1998.
岩田みゆき『黒船がやってきた——幕末の情報ネットワーク』吉川弘文館，2005.
宇川隆雄『北海道郵便創業史話——全道一周通信網完成まで』札幌高速出版，1998.
臼田昭『イン——イギリスの宿屋のはなし』駸々堂，1986.
海野弘『都市とスペクタクル』中央公論社，1982.
江上波夫・三浦一郎・山口修『文明のあけぼの』（世界の歴史 1）社会思想社，1974.
NHK 放送文化研究所監修『放送の20世紀——ラジオからテレビ、そして多メディアへ』NHK 出版，2002.
江村洋『ハプスブルク家』講談社，1990.
——『ハプスブルク家の女たち』講談社，1993.
遠藤周作『王妃マリー・アントワネット』朝日新聞社，1982.
大石学『首都江戸の誕生——大江戸はいかにして造られたのか』角川書店，2002.
大岡信編『窪田空穂随筆集』岩波書店，1998.
大沢忍『パピルスの秘密』みすず書房，1978.
大野真弓編『イギリス史』山川出版社，1965.
大輪盛登『グーテンベルクの髭——活字とユートピア』筑摩書房，1988.
尾形勇『東アジアの世界帝国』（世界の歴史 8）講談社，1985.
岡田直昭・谷雅夫『新版国鉄客車・貨車ガイドブック』誠文堂新光社，1979.
岡村健次・鈴木利章・川北稔編『ジェントルマン・その周辺とイギリス近代』ミネルヴァ書房，1987.
億岐豊伸『隠岐国駅鈴・倉印の由来』1969.
奥武則『スキャンダルの明治——国民を創るためのレッスン』筑摩書房，1997.
尾崎左永子『源氏の恋文』求龍堂，1984.
小嶋潤『西洋教会史』刀水書房，1986.
小野寺百合子『バルト海のほとりにて——武官の妻の大東亜戦争』共同通信社，1985.
加来耕三『〈郵政の父〉前島密と坂本龍馬』二見書房，2004.
鹿島茂『新聞王伝説——パリと世界を征服した男ジラルダン』筑摩書房，1991.
片山一弘編著『手紙の力——あの日のあの時の日本人』新潮社，2004.
片山虎之助『共存共栄の思想——日本の未来の描き方』朝日新聞社，2005.
加藤一朗『象形文字入門』中央公論社，1962.
樺山紘一『ヨーロッパの出現』（世界の歴史 7）講談社，1985.
——『情報の文化史』朝日新聞社，1988.
——『パリとアヴィニョン——西洋中世の知と政治』人文書院，1990.
川上和久『メディアの進化と権力』NTT 出版，1997.
川上幸一『人類史からのロングコール——叫び，言語，そして岩壁画へ』白桃書房，1995.
河越龍方・河越圭子『はがき攷雑俎』私家版，1991.
川田順造『無文字社会の歴史——西アフリカ・モシ族の事例を中心に』岩波書店，2001.
北広島市教育委員会『旧松島駅逓所はやわかりハンドブック』北広島市教育委員会，1998.

北村孝一編『銅版画による19世紀末世界への旅』東京堂出版，1989.
木下良『駅と道』大巧社，1998.
木村尚三郎・志垣嘉夫編『概説フランス史——社会と文化の理解のために』有斐閣，1982.
木本雅康『古代の道路事情』（歴史文化ライブラリー108）吉川弘文館，2000.
金城康全『琉球の郵便物語』ボーダーインク，1998.
草柳大蔵監修・鹿子木紹介『20世紀フォットドキュメント⑧——通信』ぎょうせい，1992.
久米邦武編・田中彰校注『特命全権大使　欧米回覧実記』（一・二）岩波書店，1977-78.
倉田保雄『ニュースの商人ロイター』朝日新聞社，1996.
黒岩比佐子『伝書鳩——もうひとつのIT』文藝春秋，2000.
小池滋『英国鉄道物語』晶文社，1979.
——『絵入り鉄道世界旅行』晶文社，1990.
香内三郎『活字文化の誕生』晶文社，1982.
——『「読者」の誕生——活字文化はどのようにして定着したか』晶文社，2004.
国史大辞典編集委員会『国史大辞典』（第2巻，第12巻）吉川弘文館，1980，1991.
児玉幸多校訂『近世交通史料集⑦ 飛脚関係史料』吉川弘文館，1974.
——『宿場と街道』東京美術，1986.
——編『宿場』（日本史小百科）東京堂出版，1999.
後藤伸『イギリス郵船企業P&Oの経営史　1840-1914』勁草書房，2001.
小林章夫『地上楽園バース——リゾート都市の誕生』岩波書店，1989.
小林正義『郵便史話』ぎょうせい，1981.
——『制服の文化史——郵便とファッションと』ぎょうせい，1982.
——『みんなの郵便文化史——近代日本を育てた情報伝達システム』にじゅに，2002.
——『近代の英傑　前島密——その生涯と足跡』社団法人逓信研究所，2005.
小松茂美『手紙の歴史』岩波書店，1976.
小松芳喬『英国産業革命史』一條書店，1952（再訂新版＝1973）.
今野源八郎編『四訂・交通経済学』青林書院新社，1973.
齋藤嘉博『メディアの技術史——洞窟画からインターネットへ』東京電機大学出版局，1999.
酒井重喜『近代イギリス財政史研究』ミネルヴァ書房，1989.
坂本太郎『上代駅制の研究』至文堂，1928.
笹尾寛『航空郵便のあゆみ』郵研社，1998.
佐々木譲『ストックホルムの密使』新潮社，1994.
佐々木弘『イギリス公企業論の系譜』千倉書房，1973.
佐藤拓己『言論統制——情報官・鈴木倉三と教育の国防国家』中央公論新社，2004.
佐藤亮『郵便・今日から明日へ——機械化・ソフト化』郵研社，1989.
佐中忠司『英国電気通信事業成立論』大月書店，1999.
塩野七生『海の都の物語——ヴェネツィア共和国の一千年』中央公論社，1989.
——『ユリウス・カエサル——ルビコン以前』（ローマ人の物語IV）新潮社，1995.
——『ユリウス・カエサル——ルビコン以後』（ローマ人の物語V）新潮社，1996.
——『パクス・ロマーナ』（ローマ人の物語VI）新潮社，1997.
篠原宏『駅馬車時代』朝日ソノラマ，1975.
——『明治の郵便・鉄道馬車』雄松堂出版，1987.
島崎藤村『夜明け前』（ちくま日本文学全集）筑摩書房，1993.
嶋田幸一・設楽光弘・原田雅純『群馬の郵便』みやま文庫，2000.
清水廣一郎『中世イタリアの都市と商人』洋泉社，1989.
清水廣一郎・北原敦『概説イタリア史』有斐閣，1988.

清水知久『近代のアメリカ大陸』(世界の歴史15) 講談社, 1984.
社本時子『インの文化史――英文学に見る』創元社, 1992.
庄司淺水『本の五千年史――人間とのかかわりの中で』東京書籍, 1989.
白川静『文字逍遥』平凡社, 1987.
新城常三『鎌倉時代の交通』(日本歴史叢書) 吉川弘文館, 1967.
菅建彦『英雄時代の鉄道技師たち――技術の源流をイギリスにたどる』山海堂, 1987.
杉山正明『モンゴル帝国の興亡』(上・下) 講談社, 1996.
――『モンゴル帝国と大元ウルス』京都大学学術出版会, 2004.
鈴木勇『イギリス重商主義と経済学説』学文社, 1986.
鈴木五郎『飛行機の100年史――ライト兄弟から最新鋭機まで, 発展の軌跡のすべて』PHP 研究所, 2003.
鈴木真二『飛行機物語――羽ばたき機からジェット旅客機まで』中央公論新社, 2003.
隅田哲司『イギリス財政史研究――近代租税制度の生成』ミネルヴァ書房, 1971.
関根伸一郎『飛行船の時代――ツェッペリンのドイツ』丸善, 1993.
仙田左千夫『イギリス公債制度発達史論』法律文化社, 1976.
総務省編『情報通信白書』(平成17年版) ぎょうせい, 2005.
園山精助『日本航空郵便物語』日本郵趣出版, 1986.
髙島博『郵政事業の政治経済学――明治郵政確立史, 日英経営比較と地域貢献』晃洋書房, 2005.
高橋理『ハンザ同盟――中世の都市と商人たち』教育社, 1980.
高橋善七『お雇い外国人――通信』鹿島出版会, 1969.
――『初代駅逓正　杉浦譲――ある幕臣からみた明治維新』日本放送出版協会, 1977.
――『通信』(日本史小百科23) 近藤出版社, 1986.
高橋康雄『メディアの曙』日本経済新聞社, 1994.
高橋安光『手紙の時代』法政大学出版局, 1995.
高橋美久二『古代交通と考古地理』大明堂, 1995.
竹内成明『コミュニケーション物語』人文書院, 1986.
竹内敬人編『言語とコミュニケーション』東京大学出版会, 1988.
竹中平蔵『郵政民営化――「小さな政府」への試金石』PHP 研究所, 2005.
竹野忠生『日本の文明史から見た郵便――長崎郵便事業の足跡から』みんなの郵便局を育てる長崎県民会議, 1995.
武部健一『道』I・II (ものと人間の文化史116-I・II) 法政大学出版局, 2003.
竹山恭二『報道電報検閲秘史　丸亀郵便局の日露戦争』朝日新聞社, 2004.
田島義博『歴史に学ぶ流通の進化』日経事業出版センター, 2004.
田名網宏『古代の交通』吉川弘文館, 1969.
田中彰『岩倉使節団『欧米回覧実記』』岩波書店, 2002.
田中謙二・一海知義『史記』(新訂中国古典選10) 朝日新聞社, 1966.
田中弘邦『国営ではなぜいけないのですか――公共サービスのあり方を問う』マネジメント社, 2004.
田中義久・小川文弥編『テレビと日本人――「テレビ50年」と生活・文化・意識』法政大学出版局, 2005.
丹治健蔵『近世交通運輸史の研究』吉川弘文館, 1996.
檀上文雄『文学からみたフランス鉄道物語』駿河台出版社, 1985.
竺沙雅章『征服王朝の時代』(中国の歴史 3) 講談社, 1977.
陳舜臣『紙の道 (ペーパーロード)』読売新聞社, 1994.
津神久三『フロンティアの英雄たち』角川書店, 1982.

遅塚忠躬『ヨーロッパの革命』(世界の歴史14) 講談社, 1985.
角山榮『産業革命と民衆』河出書房新社, 1975.
逓信総合博物館編著『近代郵便のあけぼの』第一法規, 1990.
出口保夫『イギリス文芸出版史』研究社出版, 1986.
手嶋康・淺見啓明『19世紀の郵便――東京の消印を中心として』(3部作) 東京消印の会 (タカハシ・スタンプ商会, 鳴美, ジャパン・スタンプ商会発売), 2003.
藤堂明保監修『漢字なりたち辞典』教育社, 1982.
東野治之『木簡が語る日本の古代』岩波書店, 1983.
童門冬二『小説前島密――天馬　陸・海・空を行く』郵研社, 2004.
遠山嘉博『イギリス産業国有化論』ミネルヴァ書房, 1973.
――『現代公企業総論』東洋経済新報社, 1987.
礪波護『中国』(地域からの世界史2) 朝日新聞社, 1992.
豊田武・児玉幸多『交通史』(体系日本史叢書24) 山川出版社, 1970.
中木康夫『ロスチャイルド家――世界を動かした金融王国』誠文堂新光社, 1980.
長島伸一『世紀末までの大英帝国――近代イギリス社会生活史素描』法政大学出版局, 1987.
永田英明『古代駅伝馬制度の研究』吉川弘文館, 2004.
中野明『腕木通信――ナポレオンが見たインターネットの夜明け』朝日新聞社, 2003.
――『サムライ, IT に逢う　幕末通信事始』NTT 出版, 2004.
中見利男『暗号解読を楽しむ――戦時の暗号から, 平時の暗号まで』PHP 研究所, 2004.
中村賢二郎『都市の社会史』ミネルヴァ書房, 1983年.
――『歴史のなかの都市――続　都市の社会史』ミネルヴァ書房, 1986.
中村太一『日本の古代道路を探す――律令国家のアウトバーン』平凡社, 2000.
名取洋之助『写真の読みかた』岩波書店, 1963.
成瀬治・黒川康・伊東孝之『現代ドイツ史』(世界現代史20) 山川出版社, 1987.
新関欽哉『ハンコの文化史――古代ギリシャから現代日本まで, ハンコと人間の五千年』PHP 研究所, 1987.
――『ハンコロジー事始め――印章が語る世界史』日本放送出版協会, 1991.
二宮久『日本の飛脚便』日本フィラテリックセンター, 1987.
日本歴史大辞典編集委員会『日本歴史大辞典』(第7巻) 河出書房新社, 1979.
橋本輝夫監修『行き路のしるし――前島密生誕150年記念出版』日本郵趣出版, 1986.
――編著『日本郵便の歴史』北都発行・青冬社発売, 1986.
――『時代の先駆者　前島密――没後80年に当たって』ていしん PR センター, 1999.
馬場恵二『ギリシャ・ローマの栄光』(世界の歴史3) 講談社, 1984.
浜野保樹『極端に短いインターネットの歴史』晶文社, 1997.
浜林正夫『イギリス名誉革命史』(上・下) 未来社, 1981, 1983.
原寿雄『ジャーナリズムの思想』岩波書店, 1997.
樋畑雪湖『日本駅鈴論』国際交通文化協会, 1939.
平川南編『〈歴博フォーラム〉古代日本　文字の来た道――古代中国・朝鮮から列島へ』大修館書店, 2005.
蛭川久康『バースの肖像――イギリス一八世紀社交風景事情』研究社出版, 1990.
深井甚三『幕藩制下陸上交通の研究』吉川弘文館, 1994.
福井卓治『郵便札幌縣治類典　明治十五年～十九年』(全5巻) 北海プリント社, 1983-1990.
福島雄一『にっぽん無線通信史』朱鳥社／星雲社, 2002.
藤井耕一郎『通信崩壊―― IT 革命と規制緩和の結末』草思社, 2002.
藤井信幸『テレコムの経済史――近代日本の電信・電話』勁草書房, 1998.

――『通信と地域社会』(近代日本の社会と交通⑤) 日本経済評論社，2005.
藤枝晃『文字の文化史』岩波書店，1971.
藤縄賢三『歴史の父ヘロドトス』新潮社，1989.
藤原武『ローマの道の物語』原書房，1985.
別海町教育委員会『奥行臼駅逓所資料目録』別海町教育委員会，1994.
別枝達夫『海事史の舞台』みすず書房，1979.
星名定雄『郵便の文化史――イギリスを中心として』みすず書房，1982.
――『郵便と切手の社会史〈ペニー・ブラック物語〉』法政大学出版局，1990.
星野興爾『世界の郵便改革』郵研社，2004.
堀淳一『一本道とネットワーク――地図の文化史・方法叙説』作品社，1997.
本城靖久『十八世紀パリの明暗』新潮社，1985.
――『馬車の文化史』講談社，1993.
前島密談『郵便の父前島密遺稿集　郵便創業談』(復刻版) 日本郵趣出版，1979 (初版，逓信協会，1936)
正高信男『ケイタイを持ったサル――「人間らしさ」の崩壊』岩波書店，2003.
増田義郎『大航海時代』(世界の歴史13) 講談社，1984.
町田誠之『紙と日本文化』日本放送出版協会，1989.
松田裕之『電話時代を拓いた女たち――交換手 (オペレータ) のアメリカ史』日本経済評論社，1998.
――『明治電信電話ものがたり――情報通信社会の〈原風景〉』日本経済評論社，2001.
松丸道雄・永田英正『中国文明の成立』(世界の歴史５) 講談社，1985.
松本純一『フランス横浜郵便局とその時代』日本郵趣出版，1984.
――『横浜にあったフランスの郵便局――幕末・明治の知られざる一断面』原書房，1994.
――『日仏航空郵便史』日本郵趣出版，2000.
丸山雍成『日本近世交通史の研究』吉川弘文館，1989.
――『日本の近世――⑥情報と交通』中央公論社，1992.
三浦正悦『おもしろ電気通信史』総合電子出版社，2003.
水越伸『メディアの生成――アメリカ・ラジオの動態史』同文館，1993.
水澤純一『コミュニケーション・ネットワーク――技術開発の現場から』岩波書店，1998.
三井高陽『ドイツ郵便専掌史』(私家版)
箕輪成男『紙と羊皮紙・写本の社会史』出版ニュース社，2004.
宮下志朗『本の都市リヨン』晶文社，1989.
村尾清一『日本人の手紙』岩波書店，2004.
籾山明『漢帝国と辺境社会――長城の風景』中央公論新社，1999.
森田義乃『メディチ家』講談社，1999.
森護『英国王室史話』大修館書店，1986.
森谷宜暉『情報化社会と社会生活』高文堂出版社，1986.
矢島文夫編『古代エジプトの物語』社会思想社，1974.
藪内吉彦『日本郵便創業史』雄山閣，1975.
――『日本郵便史発達史』明石書店，2000.
山口修『前島密』(人物叢書199) 吉川弘文館，1990.
――『情報の東西交渉史』新潮社，1993.
山崎善啓『明治の郵便・電信・電話創業物語　愛媛版――郵便・為替・貯金・電信・電話創業史話』郵政弘済会四国地方本部，1998.
山田邦明『戦国のコミュニケーション』吉川弘文館，2002.

山田信夫『草原とオアシス』（世界の歴史10）講談社，1985.
山田康二『切手で見るテレコミュニケーション史』コロナ社，1991.
山本忠敬『飛行機の歴史』福音館書店，1999.
山本弘文『維新期の街道と輸送（増補版）』法政大学出版局，1983（1972）.
――編『近代交通成立史の研究』法政大学出版局，1994.
山本與吉・井出賁夫『世界通信発達史概観』（上・中）逓信省逓信博物館，1938.
郵政省郵政研究所附属資料館『郵便創業時の記録　赤坂郵便御用取扱所史料』（研究報告書１）1989.
――『郵便創業時の記録　全国実施時の郵便御用取扱所』（研究報告書６）1994.
――『郵便創業期の記録　郵便切手類の沿革志』（研究報告書７）1996.
――『郵便創業時の記録　袋井郵便御用取扱所史料（その２）』（研究報告書５）1997.
湯沢威『イギリス鉄道経営史』日本経済評論社，1988.
横井勝彦『アジアの海の大英帝国――19世紀海洋支配の構図』同文館出版，1988.
横地勲『古代の光通信』図書出版のぶ工房，2004.
吉田貞夫・宮川清彦『情報文化論』法律文化社，1985.
吉田豊『江戸のマスコミ「かわら版」――「寺子屋式」で原文から読んでみる』光文社，2003.
吉成薫『ヒエログリフ入門――古代エジプト文字への招待』弥呂久，1988.
吉見俊哉『「声」の資本主義――電話・ラジオ・蓄音機の社会史』講談社，1995.
若井登・高橋雄造編著『てれこむノ夜明ケ――黎明期の本邦電気通信史』電気通信振興会，1994.
渡辺信一郎『江戸の生業事典』東京堂出版，1997.

【論文等】

青木和夫「古代の交通」『交通史』（体系日本史叢書24）山川出版社，1980.
淺見啓明「19世紀の東京府内郵便」『フィラテリスト』（1-5回）1985，『日本フィラテリー』（6-19回）1986-87.
――「明治期の局種と取扱変遷について」『郵便史研究』（3）1997.
阿南透「情報・メディアの民族学的研究へ向けて――郵便・電報・電話の場合」『國學院雜誌』（99-11）1998.
阿部昭夫「近世郵便形成過程の編成原理――「運輸と通信の分離」」『郵便史研究』（1）1995.
天野安治「郵便事業の新と旧」『西欧文明の衝撃　江戸―明治』（日本生活文化史⑦）河出書房新社，1986.
淡野史良「便り屋」『江戸おもしろ商売事情』1995.
生嶋功「郵便創業期の切手を製造した玄々堂緑山」『切手研究』（４回連載）2001-2003.
生田典久「英・米の郵便物制度とわが国の制度との比較――第三種郵便物制度・信書と印刷書状の差異を中心として」『ジュリスト』（271）1963.
井口大介「虎符の変遷と唐代の符節制度について」（城西大学開学10周年記念論文集）1975.
――「中国牌符考」『興文』（川村短期大学紀要第５輯）
――「「紙」以前の書写の用材について」
――「十四世紀末の一商業書簡について」
――「ヨーロッパ中世の通信制度について」『興文』（川村短期大学紀要第４輯）
石井寛治「近代郵便史研究の課題」『郵便史研究』（9）2000.
磯部孝明「五等郵便局の運営実態――埼玉県下，下奈良郵便局の事例」『郵便史研究』（21）2006.
板橋源「岩手県江釣子村新平遺跡発掘概報――古代駅家擬定地」『岩手大学学芸部研究年報』（15-1）1959.
市大樹「律令交通体系における駅路と伝路」『史學雜誌』（105-3）1996.

井筒郁夫「信書独占下の効率的な郵便料金」『郵政研究所月報』(113) 1998.
井上卓朗「江戸時代の東海道における通信と交通について」『郵政研究所10周年記念論文集』1998.
印牧信昭「近世の舟」『交通』(日本史小百科) 東京堂出版, 2001.
宇野脩平「三度飛脚の誕生」『史論』東京女子大学史学研究室 (9) 1961.
——「十八世紀なかごろの飛脚業」『比較文化』東京女子大学附属比較文化研究所 (8) 1962.
——「三度飛脚の発展」『論集』東京女子大学学会 (12-2) 1962.
裏田稔「信州における中牛馬会社及び陸運会社と郵便との関連性」『信濃』(13-7) 1961.
大黒俊二「為替手形の「発達」——為替のなかの「時間」をめぐって」『移動と交流』(シリーズ世界史への問い 3) 岩波書店, 1990.
大日方克己「律令国家の交通制度の構造」『日本史研究』(269) 1985.
小口聖夫「「飛脚差立記」からみた富山藩の飛脚利用について」『郵便史研究』(7) 1999.
梶本元信「国内交通の発展」『イギリス近代史研究の諸問題——重商主義時代から産業革命へ』丸善, 1985.
片山七三雄「逓信省の交通通信行政——「鉄道」をどのように「郵便」に利用したか」『交通史研究』(45) 2000.
上遠野義久「埼玉県の初期郵便事情——地方史料からの調査」『郵便史研究』(12) 2001.
神山貞弘・戸苅章博・三浦正也「大型郵便物の局内処理の機械化に関する研究」『郵政研究所月報』(125) 1999.
亀谷弘明「「烽」関係史料集成」『烽の道——古代国家の通史システム』(シンポジウム「古代国家とのろし」宇都宮市実行委員会／平川南／鈴木靖民編) 青木書店, 1997.
菊池紳一「鎌倉幕府の交通政策 (陸上交通)」『日本交通史』吉川弘文館, 1992.
木下良「古代の交通体系」『日本通史』(5) 岩波書店, 1995.
——「古代道と烽」『烽の道』青木書店, 1997.
——「古代道路研究における近年の成果」『交通史研究』(第41号) 1998.
——「日本古代駅路とローマ道との比較研究——序説」『歴史地理学』(124) 1984.
清野侃「小包と信書」『ジュリスト』(271) 1963.
熊井保「江戸三伝馬町」『宿場』東京堂出版, 1999.
栗原薫「魏志倭人伝の交通路 (二)」『交通史研究』(39) 1997.
小風秀雅「豪華客船と軍艦」『日本歴史館』小学館, 1993.
小島昌太郎・近藤文二「大阪の旗振り通信」『明治大正大阪市史』(第5巻論文編) 清文堂出版, 1933 (1966年に復刻).
小林彰「開港当時の在日欧州系商館発着書簡」『郵便史研究』(2回連載) 2002-2003.
小林正義「〈郵便の文化史〉日本の近代化と鉄道・郵便」『郵政研究』(9回連載) 1987-1988.
今野源八郎「イギリス初期資本主義時代に於ける道路交通の発達——マーカンテリズムの道路政策と道路交通の発達を中心として」『国際経済の諸問題』(東京大学経済学部創立30周年記念論文集第3部) 有斐閣.
今平利幸「飛山城跡発掘調査概要——古代烽跡を中心として」『烽の道』青木書店, 1997.
——「「烽家」墨書土器について」『烽の道』青木書店, 1997.
斉藤寛美「地中海商業——通信の問題を中心に」『概説イタリア史』有斐閣, 1988.
酒寄雅志「朝鮮半島の烽燧」『烽の道』青木書店, 1997.
桜井邦夫「郵便制度の前身——全国を結ぶ飛脚」『大江戸万華鏡——全国の伝承江戸時代、人づくり風土記、聞き書きによる知恵シリーズ (13) (48)』社団法人農山漁村文化協会, 1991.
佐藤信「古代国家と烽制」『烽の道』青木書店, 1997.
佐原真「戦争のはじまり」『日本歴史館』小学館, 1993.

――「最古の「のろし」，最後の「のろし」」『烽の道』青木書店，1997.
澤田濱司「公用飛脚と町飛脚商との交渉に於いて」『國學院雜誌』(47-6) 1972.
澤まもる「横浜にあった英・仏・米郵便局――欧字紙にみる新聞広告を中心に」『郵便史研究』（5回連載）1997-1999.
澤護・近辻喜一・谷喬「お雇い外国人の郵便」『全日本郵趣』(18回連載) 1985-1986.
敷田禮二「郵便事業の原価計算」『立教経済学研究』（2回連載）1989.
茂在寅男監修・野上隼夫画「遣唐使船」『日本歴史館』小学館，1993.
設楽博己「弥生時代の交易・交通」『考古学による日本歴史』(9) 雄山閣出版，1997.
設楽光弘「群馬県に残る初期郵便史料について」『郵便史研究』(14) 2002.
柴田昭彦「文献紹介と京都・大津ルート」(連載・旗振り通信の研究①)『新ハイキング』(関西版57) 2001.
――「京都府南部・和歌山・江戸ルート」(連載・旗振り通信の研究⑥)『新ハイキング』(関西版62) 2002.
――「米相場を伝えた旗振り山の解明――姫路以西のルートを中心に」『歴史と神戸』(41-5) 2002.
――「兵庫県内の旗振り山について」『歴史と神戸』(42-5) 2003.
――「研究の経緯と文献」(連載・旗振り通信の研究⑱)『新ハイキング』(関西版74) 2004.
――「大阪の米相場旗振り速報」(文化欄)『日本経済新聞』2004.2.17.
――「旗振り通信の基礎知識Ⅰ」(連載・旗振り通信の研究⑲)『新ハイキング』(関西版75) 2004.
渋谷聡「広域情報伝達システムの展開とトゥルン・ウント・タクシス家」『コミュニケーションの社会史』ミネルヴァ書房，2001.
白木雅文「駅逓に関するテュルゴーの政策」『史學研究』1992.
菅野泰次「岩代国小浜の郵便史」『郵便史研究』（4回連載）1999-2001.
杉山伸也「明治前期における郵便ネットワーク：〈情報〉の経済史Ⅰ」『三田學會雜誌』(79-3) 1986.
――「通信ネットワークと地方経済――明治期長野県の郵便と電信を中心に」『郵便史研究』(12) 2001.
鈴木応男「継飛脚と大名飛脚」『交通』(日本史小百科) 東京堂出版，2001.
鈴木孝雄「東京市内局の起考」『郵便史学』(11・12) 1978.
関和彦「古代出雲国の烽」『烽の道』青木書店，1997.
関川尚功「玉づくりの工房」『日本歴史館』小学館，1993.
関口文雄「郵便受取所について」『郵便史研究』(5) 1998.
高木恭二「古墳時代の交易と交通」『考古学による日本歴史』(9) 雄山閣出版，1997.
高瀬保監修・石井謙治画「近世の舟」『日本歴史館』小学館，1993.
高橋誠一「白村江の戦い」『日本歴史館』小学館，1993.
高橋敏「黒船・狼烟・狼糞」『烽の道』青木書店，1997.
高橋美久二「山崎駅と駅家の構造」『長岡京古文化論叢』同朋舎，1986.
――「情報を制するものは――市と交易の発展」『古代の都と村』(古代史復元9) 講談社，1989.
――「律令制支配と交通体系の整備」『考古学による日本歴史』(9) 雄山閣出版，1997.
――「むかしの駅と道」『近江中山道』サンライズ出版，1998.
瀧川政次郎「上代烽燧考」『史學雜誌』(61-10) 1952.
――「唐兵部式と日本軍防令」『法制史研究』(2) 1952.
田熊清彦「烽家の文字と墨書土器」『烽の道』青木書店，1997.
武部健一「高速道路から見る古代駅路の路線位置の検討」『古代交通史』(11) 2001.

田名網宏「古代の交通」『日本交通史』吉川弘文館，1992.
田中寛「明治18年の郵便局改廃」『郵便史学』（2回連載）1977.
田中峰雄「中世後期のパリ左岸地区」『歴史のなかの都市——続　都市の社会史』ミネルヴァ書房，1986.
田辺卓躬「東京市内局と府下郵便連合」『郵便史学』（11・12）1978.
谷口栄「舟のはじまり」『交通』（日本史小百科）東京堂出版，2001.
田原啓祐「明治前期における郵便事業の展開と公用郵便——滋賀県の事例を中心に」『経済学雑誌』（100-2）1999.
——「明治前期における地方郵便ネットワークおよび集配サービスの拡大」『交通史研究』（45）2000.
——「明治後期における郵便事業の成長と鉄道逓送」『日本史研究』（490）2003.
——「日本における鉄道郵便の創始と発達」『郵便史研究』（21）2006.
玉木国夫「明治六年の改正郵便仮役所表」『郵便史研究』（6）1998.
近辻喜一「明治期の田無郵便局」『郵便史研究』（2回連載）1997-1998.
——「明治期の小川郵便局」『郵便史研究』（11）2001.
——「手彫時代の郵便史」『郵趣研究』（6回連載）2001-2002.
陳舜臣「栄光のはじまりと継承——ギリシャ・ローマからイスラムへ」（講談社版『世界の歴史3』付録）1984.
鶴木亮一「継飛脚の継立方法とその問題について」『法政史学』（23）1971.
豊田武「水陸交通」『交通史』山川出版社，1970.
長井純市「太平洋戦争下の郵便検閲制度について」『史學雑誌』（95-12）1986.
中沢宏「東京市内特設箱場と市内局への発展」『郵便史学』（11・12）1978.
中島伸男「滋賀県内の旗振り通信ルート」『蒲生野20』1985.
——「三重県向けの旗振り通信ルートについて」『蒲生野22』1987.
中大輔「日本古代の駅家と地域社会——越後国三嶋駅の事例を中心に」『古代交通史』（13）2004.
永田英明「律令国家の駅制運用」『史學雑誌』（105-3）1996.
中村太一「地理資料にあらわれた古代駅路」『古代交通研究』（10）2000.
中村嘉明「郵便100有余年の歩み——飛脚・馬車から自動車・飛行機へ，手作業から機械化・情報化へ」『日本機械学会誌』（939）1997.
西川武臣「宿場と街道」『日本歴史館』小学館，1993.
橋本澄朗「九世紀前後の下野社会」『烽の道』青木書店，1997.
橋本輝夫「駅鈴考」『郵政考古』（8）1981.
——「古代官民の通信手段」『郵便史学』（V-2）1988.
服部英雄「中世・近世に使われた「のろし」」『烽の道』青木書店，1997.
林玲子「中央市場のメカニズム」『日本の近世』（5）中央公論社，1992.
原口邦紘「史料紹介　琉球藩郵便設立一件書類」『南島史学』（41）1993.
半田実「尾張國下小田井郵便局小考」『郵便史研究』（15）2003
福島正義「武士の旅と庶民の旅」『日本交通史』吉川弘文館，1992.
——「戦国大名の伝馬制度」『日本交通史』吉川弘文館，1992.
藤井信幸「郵便汽船三菱会社における電信利用——明治前期海運業の情報システム」『経営史学』（25）1990.
——「近代日本の郵便と経済」『郵便史研究』（13）2002.
藤澤利治「ドイツにおける郵政改革—— EU 統合とドイツ統一への対応の中で」『新潟大学経済論集』（67），1999.
藤村潤一郎「研究余録町飛脚・文使・伝便」『日本歴史』（335）1976.

——「横浜における飛脚屋と郵便役所」『創価大学人文論集』(創刊号) 1989.
——「通信と飛脚」『日本交通史』吉川弘文館, 1992.
——「情報伝達者・飛脚の活動」『日本の近世』(6) 中央公論社, 1992.
星名定雄「イギリス郵便史」『郵政研究』(14回連載) 1976-1977.
——「ロンドンのペニー郵便」『郵便史学』1977.
——「郵便切手の歴史——ペニー・ブラック物語」『切手』(16回連載) 1979.
——「英国郵便史——原書百選」『郵政研究』(40回連載) 1983-1989.
——「(イギリスの) 黎明期の外国郵便制度」『切手研究』(2回連載) 1984.
——「郵便の社会史——ロンドンのペニー郵便」『通信世界』(10回連載) 1984-1985.
——「郵便と切手の歴史——ペニー・ブラック物語」『全日本郵趣』(19回連載) 1985-1987.
——「郵便史余話」『切手研究』(5回連載) 1988-1993.
——「イギリス郵便小史」『郵趣』(12回連載) 1990.
——「近代郵便のあけぼの」『週刊朝日百科・世界の歴史』(85) 1990.
——「通信社の誕生」『週刊朝日百科・世界の歴史』(115) 1991.
——「通信の世界」『通信世界』1993-1997. 中世から近世までの歩みを語る (1-15回) 近世から近代までの発展を辿る (16-24回) 情報の文化史あらかると (25-35回)
——「イギリスにおける近代郵便の創設とその評価——産業革命期に行われた内政改革の一環として」『郵便史研究』(1) 1995.
——「アメリカ建国と郵便組織の発展について——「植民地郵便」から「合衆国郵便」への変遷を辿る」『郵便史研究』(2) 1996.
——「通信の世界」『通信世界』1997-1998. コミュニケーションの源流を辿る (8回連載) 古代駅制ものがたり (8回連載)
——「イギリス駅逓略史——中世から近世までの発展を概観する」『交通史研究』(42) 1999.
——「駅逓文化財を訪ねて——北海道・島松駅逓所と奥行臼駅逓所」『切手研究』(400) 1999.
——「フランス駅逓略史——古代から近世までの発展を辿る」『郵便史研究』(8) 1999.
——「イギリスの郵便馬車について——その誕生から終焉までを概観する」『交通史研究』(46) 2000.
——「郵便前史のはなし」『全日本郵趣』(9回連載) 2000-2001.
——「日本通信略史——古代から近世までの発展を概観する」『郵便史研究』(4回連載) 2000-2003.
——「タクシス郵便 (駅逓) の歴史——ハプスブルク家と歩んだ400年の軌跡を辿る」『郵便史研究』(17) 2004.
——「ポニー・エクスプレスと駅馬車」『切手研究』(424) 2004.
細田修「電気通信のルーツを求めて」『通信電子』(17回連載) 1995-1997.
前川和也「初期メソポタミアの手紙と行政命令文」『コミュニケーションの社会史』ミネルヴァ書房, 2001.
牧野正久「郵便法は誰が創ったのか——逓信事業の充実・発展と共に」『郵便史研究』(11) 2001.
増田廣實「陸運元会社による全国運輸機構の確立と郵便関係事業」『郵便研究史』(16) 2003.
松井吉昭「中世の情報伝達」『交通』(日本史小百科) 東京堂出版, 2001.
松原弘宣「令制駅家の成立過程について」『古代史論集』(上) 塙書房, 1988.
——「瀬戸内海の交通路と「のろし」」『烽の道』青木書店, 1997.
松本純一「サミュエル・M・ブライアン——その経歴と真相」『切手研究』(393) 1998.
——「福沢諭吉　滞欧中の郵便」『切手研究』(425) 2004.
丸山雍成「近世の陸上交通」『交通史』山川出版社, 1970.
——「江戸幕府の交通政策——その前史、豊臣政権期の交通政策」『日本交通史』吉川弘文館,

1992.
――「近世東海道の旅と飛脚の速度」『郵便史研究』(20) 2005.
峰岸純夫「中世の飛山城跡」『烽の道』青木書店，1997.
籾山明「中国の烽燧施設とその生活」『烽の道』青木書店，1997.
森田明「清代の奏摺政治と駅逓制――福建の「千里馬」を中心として」『人文研究』大阪市立大学文学部，1984.
森本行人「アメリカ植民地時代における郵便制度の発展」『郵便史研究』(19) 2005.
――「アメリカ合衆国における気送管郵便」『郵便史研究』(20) 2005.
梁木誠「シンポジウムに至るまでの経緯」『烽の道』青木書店，1997.
藪内吉彦「東海道・守口駅の郵便創業――近世宿駅制度崩壊と関連して」『郵便史研究』(1) 1995.
――「問屋場から郵便局へ――宿駅問屋役から郵便取扱人へ」『郵便史研究』(3) 1997.
――「明治3年秋の大津・西京郵便創業会議」『郵便史研究』(7) 1999.
――「東海道守口駅の御用状継立の変遷過程――継飛脚より郵便へ」『交通史研究』(45) 2000.
――「宿駅制度の解体と運輸網の整備，郵便の創業と発展」『守口市史』(本文編第4巻) 2000.
――「『鴻爪痕』と『行き路のしるし』の再検討」『郵便史研究』(11) 2001.
――「継飛脚から郵便へ――明治初年の公文書継立」『郵便史研究』(20) 2005.
――「近世飛脚――郵便の前史としての視点より」『郵便史研究』(21) 2006.
八巻與志夫「甲斐武田の「のろし」」『烽の道』青木書店，1997.
山口修「航空郵便沿革史」『郵政事業史論集』(1) 1985.
――「帝国の駅と道――飛脚・駅伝・郵便」『世界の歴史』(週刊朝日百科35) 1989.
山口乾「郵便事業――近代郵便制度を確立した前島密」『日本の創造力――近代・現代を開花させた四七〇人』(第3巻) 日本放送出版協会，1993.
山崎善啓「四国地方における郵便創業」『郵便史研究』(2) 1996.
山田廸生指導・野上隼夫画「豪華客船　浅間丸」『日本歴史館』小学館，1993.
山根拓「広島県における郵便局の立地展開」『人文地理』(39-1) 1987.
山根伸洋「工部省の廃省と逓信省の設立――明治前期通信事業の近代化をめぐって」『工部省とその時代』山川出版社，2002.
山本弘文「明治前期の馬車輸送」『地方史研究』(13-2・3) 1963.
――「明治初年における宿駅制度の改廃（三）」『経済志林』(38-1) 1970.
――「創業期の郵便逓送について」『郵便史研究』(6) 1998.
山本文彦「近世ドイツにおける帝国郵便」『歴史の誕生とアイデンティティ』日本経済評論社，2005.
山本光正「継飛脚の財源ついて――東海道を中心として」『法政史学』(23) 1971.
横井勝彦「アジア・アフリカ航路におけるBI社の郵便輸送契約，1856-93年」『明治大学社会科学研究所紀要』(36-2) 1998.

【翻訳文献】
アイゼンステイン，エリザベス・L（別宮貞徳監訳）『印刷革命』みすず書房，1987.
アウル，ジーン（中村妙子訳）『大地の子エイラ』(上・中・下) 評論社，1983.
ウーリー，レナード、モーレー，P・R・S（森岡妙子訳）『カルデア人のウル』みすず書房，1986.
ヴェルクテール，ジャン（大島清次訳）『古代エジプト』白水社，1990.
ヴェルジェ，ジャック（大高順雄訳）『中世の大学』みすず書房，1979.
ウォルフォード，コルネリゥス（中村勝訳）『市の社会史――ヨーロッパ商業史の一断章』そし

えて，1984.
ウルマー，クリスチャン『折れたレール――イギリス国鉄民営化の失敗』ウェッジ，2002.
エリス，P・ベアレスフォード（堀越智・岩見寿子訳）『アイルランド史（上）民族と階級』輪創社，1991.
オーラー，ノルベルト（藤代幸一訳）『中世の旅』法政大学出版局，1989.
オルドリッチ，リチャード（会田弘継訳）『日・米・英「諜報機関」の太平洋戦争――初めて明らかになった極東支配をめぐる「秘密工作活動」』光文社，2003.
ガウアー，アルベルティーン（矢島文夫・大城光正訳）『文字の歴史――起源から現代まで』原書房，1987.
カエサル（近山金次訳）『ガリア戦記』岩波書店，1964.
カザミヤン，ルイ（手塚リリ子・石川京子訳）『大英帝国――歴史と風景』白水社，1985.
ギース，フランシス、ギース，ジョゼフ（三川基好訳）『中世の家族――パストン家書簡で読む乱世イギリスの暮らし』朝日新聞社，2001.
キッペンハーン，ルドルフ（赤根洋子訳）『暗号攻防史』文藝春秋，2001.
ギボン，エドワード（中野好夫訳）『ローマ帝国衰亡史』（全10冊）筑摩書房，1995-
――（中倉玄喜編訳）『新訳ローマ帝国衰亡史』PHP研究所，2000.
クセノポン（松平千秋訳）『アナバシス――敵中横断6000キロ』岩波書店，1993.
クラーク，ロナルド・W（新庄哲夫）『暗号の天才』新潮社，1981.
クレンゲル，ホルスト（江上波夫・五味亨訳）『古代オリエント商人の世界』山川出版社，1983.
クローリー，デイヴィド、ヘイヤー，ポール編（林進・大久保公雄訳）『歴史のなかのコミュニケーション――メディア革命と社会文化史』新曜社，1995.
ケンペル，エンゲルベルト（斎藤信訳）『江戸参府旅行日記』平凡社，1977.
サン＝テグジュペリ，アントワーヌ・ド・（山崎庸一郎訳）『南方郵便機』みすず書房，2000.
シベルブシュ，ヴォルフガング（加藤二郎訳）『鉄道旅行の歴史――十九世紀における空間と時間の工業化』法政大学出版局，1982.
ジャン，ジョルジュ（矢島文夫監修・高橋啓訳）『文字の歴史』創元社，1990.
――（矢島文夫監修・田辺希久子訳）『記号の歴史』創元社，1994.
シュタットミュラー，ゲオルク（矢田俊隆解題・丹後杏一訳）『ハプスブルク帝国史――中世から1918年まで』刀水書房，1989.
シュライバー，ヘルマン（関楠生訳）『道の文化史――一つの交響曲』岩波書店，1962.
――（杉浦健之訳）『航海の世界史』白水社，1977.
シュリーマン，ハインリヒ（村田数之亮訳）『古代への情熱――シュリーマン自伝』岩波書店，1954.
シン，サイモン（青木薫訳）『暗号解読――ロゼッタストーンから量子暗号まで』新潮社，2001.
スエトニウス（国原吉之助訳）『ローマ皇帝伝』（上）岩波書店，1986.
スティングル，ミロスラフ（坂本明美訳）『大帝国インカ』佑学社，1986.
ストレイチー，リットン（福田逸訳）『エリザベスとエセックス』中央公論社，1983.
スミス，アンソニー（仙名紀訳）『ザ・ニュースペーパー』新潮社，1988.
タール，ラスロー（野中邦子訳）『馬車の歴史』平凡社，1991.
ダウニー，G（小川英雄訳）『地中海都市の興亡――アンティオキア千年の歴史』新潮社，1986.
ダンセル，ミシェル（蔵持不三也編訳）『パリ歴史物語』原書房，1991.
チャイルド，ゴードン（今来陸郎・武藤潔訳）『歴史のあけぼの』岩波書店，1958.
ツヴァイク，ステファン（古見日嘉訳）『メリー・スチュアート』みすず書房，1973.
ド・クインシー，トマス（高松雄一・高松禎子訳）『イギリスの郵便馬車』（トマス・ド・クインシー著作集II）国書刊行会，1998.

ド・クランシャン、フィリップ・デュ・ピュイ（川村克己・新倉俊一訳）『騎士道』白水社，1963.
ビーアド，チャールズ、ビーアド，メアリ、ビーアド，ウィリアム（松本重治・岸村金次郎・本間長世訳）『新版・アメリカ合衆国史』岩波書店，1964.
ピース，フランクリン、増田義郎『図説インカ帝国』小学館，1988.
ヒバート，クリストファー（横山徳爾訳）『ローマ――ある都市の伝記』朝日新聞社，1991.
ファーバー，モーリス（根本順吉訳）『通信の歴史』（図説＝科学の歴史⑩）恒文社，1966.
フィッシャー，クロード・S（吉見俊哉・松田美佐・片岡みい子訳）『電話するアメリカ――テレフォンネットワークの社会史』NTT 出版，2000.
フォルツ，ロベール（大島誠訳）『シャルルマーニュの戴冠』法政大学出版局，1986.
フランクリン，ベンジャミン（松本慎一・西川正身訳）『フランクリン自伝』岩波書店，1957.
プルタルコス（河野与一訳）『プルターク伝』岩波書店（全12冊）2004.
プレティヒャ，ハインリヒ（関楠生訳）『中世への旅　都市と庶民』白水社，1982.
ブローデル，フェルナン（山本淳一訳）『交換のはたらき 1 ――物質文明・経済・資本主義　15-18世紀II-1）みすず書房，1986.
――（浜名優美訳）『地中海II――集団の運命と全体の動き 1 』藤原書店，1992.
ヘッセ，ヘルマン（岡田朝雄訳）『人は成熟するにつれて若くなる』草風社，1995.
ヘロドトス（松平千秋訳）『歴史』（上・中・下）岩波書店，1971-72.
ポーロ，マルコ（愛宕松男訳）『東方見聞録』（1・2 巻）平凡社，1970-71.
マルクス，ゲオルク（江村洋訳）『ハプスブルク夜話』河出書房新社，1992.
マルレ，ジャン＝アンリ（鹿島茂訳）『タブロー・ド・パリ』藤原書店，1993.
マルレ，ベルティエ・ド・ソヴィニー（鹿島茂訳）『タブロー・ド・パリ――バルザックの時代の日常生活』新評社，1984.
ミットガング，ハーバート（岸本完司訳）『FBI の危険なファイル――狙われた文学者たち』中央公論社，1994.
ミルワード，ピーター（松本たま訳）『ザビエルの見た日本』講談社，1998.
メルシエ，ルイ＝セバスチャン（原宏編訳）『十八世紀パリ生活誌――タブロー・ド・パリ』（上）岩波書店，1989.
モートン，フレデリック（高原富保訳）『ロスチャイルド王国』新潮社，1975.
モリソン，サムエル（西川正身翻訳監修）『アメリカの歴史』（1）集英社，1970.
モンタネッリ，インドロ（藤沢道郎訳）『ローマの歴史』中央公論社，1976.
ヤーニン，ヴァレンチン・ラヴレンチエヴィチ（松木栄三・三浦清美）『白樺の手紙を送りました――ロシア中世都市の歴史と日常生活』山川出版社，2001.
ラングトン，J・、モリス，R・J・（米川伸一・原剛訳）『イギリス産業革命地図――近代化と工業化の変遷　1780-1914』原書房，1989.
リーダー，ウィリアム・ジョゼフ（小林司・山田博久訳）『英国生活物語』晶文社，1983.
リュシェール，アシル（木村尚三郎監訳・福本直之訳）『フランス中世の社会――フィリップ＝オーギュストの時代』東京書籍，1990.
ルージェ，ジャン（酒井傳六訳）『古代の船と航海』法政大学出版局，1982.
ルゲ，ジャン・ピエール（井上泰男訳）『中世の道』白水社，1991.
ロッシーニ，ステファヌ（矢島文夫訳）『ヒエログリフ――古代エジプト文字入門』河出書房新社，1988.
ロベール，ジャン＝ノエル（伊藤晃・森永公子訳）『ローマ皇帝の使者中国に至る』大修館書店，1996.
（共同訳聖書実行委員会）『旧約聖書』日本聖書協会，1995.

(豊島与志雄・渡辺一夫・佐藤正彰・岡部正考訳)『千一夜物語 3』岩波書店，1988.

【外国語文献】

Adie, Douglas K., *Monopoly Mail, Privatizing The U. S. Postal Service*, New Brunswick, New Jersey : Transaction Publishers, 1989.
Antrobus, George P., *King's Messenger 1918-1940, Memoirs of a Silver Greyhound*, London : Herbert Jenkins, 1941.
Archer, Michael Scott, *The Welsh Post Towns before 1840*, London : Phillimore, 1970.
Behringer, Wolfgang, "Die Post der Thurn und Taxis, So wichting wie die Entdeckung Amerikas," *DAMALS*, May 1997.
Boyce, Benjamin, *The Benevolent Man. A Life of Ralph Allen of Bath*, Cambridge, Massachusetts : Harvard University Press, 1967.
Briggs, Asa, *The Age of Improvement 1783-1867*, London : Longmans, 1967.
British Parliamentary Paper, Calender of State Papers (Domestic), 1654-1655.
——, Reports from the Select Committee on Postage, 1838.
Brown, Roland, *Queen Victoria, The Plating of the Penny, 1840-1864*, 2 vols., London : Great Brtitish Philatelic Society, 1972.
Brumell, George, *The Local Posts of London 1680-1840*, Cheltenham Glos. : R. C. Alcock, 1938 (2nd ed. n.d.)
Burns, Russell, W., *Communications : An International History of the Formative Years*, IEE History of Technology Series 32, London : The Institution of Electrical Engineers, 2004.
Clear, Charles R., *John Palmer of Bath, Mail Coach Pioneer*, London : Blandford Press, 1955.
Coase, R. H., "The Postal Monopoly in Great Britain. An Historical Survey," *Economic Essays in Commemoration of the Dundee School of Economics 1931-1955*, pp. 25-37 (1955).
——, "The British Post Office and the Messenger Companies," *The Journal of Law & Economics*, vol. iv, pp. 12-65 (1961).
Crofts, J., *Packhorse, Waggon and Post, Land Carriage and Communications under the Tudors and Stuarts*, Toronto : University of Toronto Press, 1967.
Cunningham, William & McArthur, Ellen A., *Outline of English Industrial History*, New York : Macmillan, 1895.
Daunton, M. J., *Royal Mail, The Post Office since 1840*, London : Athlone Press, 1985.
Davies, Peter & Maile, Ben, *First Post from Penny Black to the Present Day*, London : Quiller Press, 1990.
Davis, Sally, *John Palmer and the Mailcoach Era*, Bath : The Postal Museum, 1984.
De Righi, A. G. Rigo, *350 Years of Anglo-American postal links*, London : National Postal Museum, n.d.
De Worms, Percy, By Extracted, with a Commentary, *Perkins Bacon Records*, (2 vols), London : Royal Philatelic Society London, 1953.
Di Certo, Joseph J., *The Saga of the Pony Express*, Missoula Montana : Mountain Press Publishing Company, 2002.
Dickens, Charles, conducted by, "Valentine's Day at the Post Office," *Household Words*, vol. i, 1850.
Ellis, Kenneth, *The Post Office in the Eighteenth Century, A Study in Administrative History*, London : Oxford University Press, 1958.

Encyclopaedia Britannica ; or, A Dictionary of Arts, Sciences, and Miscellaneous Literature, 4th revised ed., vol. xvii, Edinburgh : Archibald Constable &c., 1810.
Fowler, Dorothy G., *The Cabinet Politician, The Postmasters-General 1829-1909*, New York : Columbia University Press, 1943 (Reprinted by AMS Press, 1967).
Fradkin, Philip L., *Stagecoach, Wells Fargo and the American West*, New York & c. : Free Press, 2003.
Fuller, Wayne E., *The American Mail, Enlarger of the Common Life*, Chicago : University of Chicago Press, 1972.
——, *Morality and the Mail in Nineteenth-Century America*, Urbana and Chicago : University of Illinois Press, 2003.
Hafen, Le Roy R., *The Overland Mail 1849-1869*, New York : AMS Press, 1969.
Haldane, A. R. B., *Three Centuries of Scottish Posts, An Historical Survey to 1836*, Edinburgh : Edinburgh University Press, 1971.
Haslam, D. G. & Moreton, C., *Post Office Notices extracted from the London Gazette 1666-1888*, Oldham : The Postal History Society of Lancashire and Cheshire, 1989.
Hemmeon, J. C., *The History of the British Post Office*, Harvard Economic Studies (vol. vii), Cambridge Mass. : Harvard University Press, 1912.
Hill, H. W., *Rowland Hill and the Fight for Penny Post*, London & New York : Frederick Warne, 1940.
Hill, Mary C., "Jack Faukes, King's Messengers, and His Journey to Avignon in 1343," *English Historical Review*, vol. lvii, pp. 19-30 (1942).
——, "King's Messengers and Administrative Developments in the Thirteenth and Fourteenth Centuries," *English Historical Review*, vol. lxi, pp. 315-328 (1946).
——, *The King's Messengers 1199-1377, A Contribution to the History of the Royal Household*, London : Edward Arnold, 1961.
Hill, Rowland, *Post Office Reform ; Its Importance and Practicability*, 3rd ed., London : Charles Knight, 1837. 松野修訳『郵便制度の改革——その重要性と実行可能性』名古屋仮説会館，1987.
—— & Hill, George Birkbeck, *The Life of Sir Rowland Hill and the History of Penny Postage*, 2 vols., London : De La Rue, 1880. 本多静雄訳『サー・ローランド・ヒルの生涯とペニー郵便の歴史』財団法人逓信協会，1988.
Hobsbawm, E. J., *Industry and Empire*, Middlesex : Penguin Books, 1969. 浜林正夫・神武庸四郎・和田一夫訳『産業と帝国』未来社，1984.
Hornung, Otto, *The Illustrated Encyclopedia of Stamp Collecting*, Middx. : Hamlyan, 1970. 魚木五夫訳『図解切手収集百科事典』日本郵趣出版（郵趣サービス社）1973.
Horowicz, Kay & Lowe, Robson, *The Colonial Posts in the United States of America 1606-1783*, London : Robson Lowe, 1967.
Housden, J. A. J., "Early Posts in England," *English Historical Review*, vol. xviii, pp. 713-718 (1903).
——, "The Merchant Strangers' Post in the Sixteenth Century," *English Historical Review*, vol. xxi, pp. 739-742 (1906).
Hudgins, Edward L., *Mail @ the Millennium, Will the Postal Service Go Private ?* Washington DC : Cato Institute, 2000.
Hyde, J. Wilson, *The Early History of the Post in Grant and Farm*, London : Adam & Charles Black, 1894.

Jackman, W. T., *The Development of the Transportation in Modern England*, revised ed., London (?) : Frank Cass, 1962.
John, Richard R., *Spreading the News, The American Postal System from Franklin to Morse*, Cambridge Massachusetts : Harvard University Press, 1998.
Johnson, Peter, *Mail by Rail, The History of the TPO & Post Office Railway*, West Sussex : Ian Allan Publishing, 1995.
Jones, G. P. & Pool, A. G., *A Hundred Years of Economic Development in Great Britain (1840-1940)*, London : Gerald Duckworth, 1940.
Joyce, Herbert, *The History of the Post Office from its Establishment down to 1836*, London : Richard Bentley, 1893.
Kay, F. George, *Royal Mail, The Story of the Posts in England from the Time of Edward IVth to the Present Day*, London : Rockliff, 1951.
Lewins, William, *Her Majesty's Mails : A History of the Post-Office, and An Industrial Account of Its Present Condition*, 2nd ed., London : Sampson Low, 1865 (1st ed. 1864).
Mackay, James, *The Guinness Book of Stamps, Facts & Feats*, Middlesex : Guinness Superlatives, 1982.
——, *Sounds Out of Silence, A Life of Alexander Graham Bell*, Edinburgh : Mainstream Publishing, 1997.
Marchand, Patrick, *Guide du Musée de la Poste*, Paris : Musée de la Poste, 1992.
Mattingley, Neil, *The Royal Mail*, The Post Office, 1984.
McArthur, John, *Financial and Political Facts of the Eighteenth Century*, 3rd ed., London : Wright, 1801.
McCormick, Michael, *Origins of the European Economy, Communications and Commerce, A. D. 300-900*, Cambridge: Cambridge University Press, 2001.
Morgan, Glenn H., *Royal Household Mail*, London : British Philatelic Trust, 1992.
Ormsby, Waterman L., edited by Lyle H. Wright and Josephine M. Bynum, *The Butterfield Overland Mail*, California : The Huntington Library, 1998 (First published 1942).
Patton, Donald S., *Boyd's Local Posts in New York City 1844-1882*, London : Regent Stamp, n.d.
——, *The Local Posts in Brooklyn, N. Y. 1844-1882*, London : Regent Stamp, n.d.
Perry, C. R., *The Victorian Post Office*, New York : Boydell Press, 1992.
Post Office Archives, *The Mail Coach Service 1784-1846*, Information Sheet No. 8, London : Post Office Archives, n.d.
Probst, Erwin, "Thurn und Taxis, Das Zeitalter der Lehenposten im 19. Jahrhundert, Rheinbund-Deutscher Bund-Preusische Administration," *Deutsche Postgeschichte : Essays und Bilder*, edited by Wolfgang Lotz, Berlin : Nicolai, 1989.
Progetto editoriale dell'Accademia Tassiana, *I Tasso e le Comunicazioni Postali Da Cornello All'Europa*, 1993.
Reebel, Patrick A., *United States Post Office : Current Issues and Historical Background*, New York : Nova Science Publishers, Inc., 2003.
Rich, Wesley Everett, *The History of the United States Post Office to the Year 1829*, Cambridge : Harvard University Press, 1924.
Richmond, I. A., *Roman Britain*, Middx. : Penguin Books, 1955.
Robinson, Howard, *The British Post Office, A History*, New Jersey : Princeton University Press, 1948 (Reprinted by Greenwood Press, 1970) [*BPO (1948)*].

——, *Britain's Post Office. A History of Development from the Beginnings to the Present Day*, London : Oxford University Press, 1953.
——, *Carrying British Mails Overseas*, London : George Allen & Unwin, 1964.
Salt, Denis, *The Domestic Packets between Great Britain and Ireland, 1635 to 1840*, The Postal History Society, 1991.
Sanford, O. R. & Salt, Denis, *British Postal Rates 1635 to 1839*, Kent : Postal History Society, 1990.
Scheele, Carl H., *A Short History of the Mail Service*, Washington DC : Smithsonian Institution Press, 1970.
Scott, A. F., *Every One A Witness : The Stuart Age*, New York : Thomas Y Crowell Co., 1975.
Scott, William Robert, *The Constitution and Finance of English, Scottish and Irish Joint-Stock Companies to 1720*, vol. iii, New York : Peter Smith, 1951.
Settle, Raymond W. & Mary Lund Settle, *Saddles & Spurs, The Pony Express Saga*, Lincoln : University of Nebraska Press, 1972 (First ed. 1955).
Siegert, Bernhard, translated by Kevin Repp, *Relays, Literature as Epoch of the Postal System*, California : Stanford University Press, 1999.
Smith, A. D., *The Development of Rates of Postage. An Historical and Analytical Study*, No. 50 in the Series of Monographs by writers connected with the London School of Economics and Political Science, London : George Allen & Unwin, 1917.
Smith, Adam, *An Inquiry into the Nature and Causes of the Wealth of Nations*, vol. iii, 5th ed., London, 1789. 大内兵衛・松川七郎共訳『諸国民の富』岩波書店，1969.
Smith, William, "The Colonial Post Office," *American Historical Review*, vol. xxi, 1916.
——, *The History of the Post Office in the British North America 1639-1870*, London : Cambridge University Press, 1921 (Reprinted by Octagon, 1973).
Smyth, Eleanor C., *Sir Rowland Hill*, London : Fisher Unwin, 1907.
Solymar, Laszlo, *Getting the Message, A History of communications*, London : Oxford University Press, 1999.
Staff, Frank, *The Transatlantic Mail*, London &c., Adlard Coles, 1956.
——, *The Penny Post 1680-1918*, London : Lutterworth Press, 1964.
Standage, Tom, *The Victorian Internet, The Remarkable Story of the Telegraph and the Nineteenth Century's Online Pioneers*, London : Phoenix, 1999 (Originally published 1998).
Taylor, Morris F., *First Mail West, stagecoach lines on the Santa Fe trail*, Albuquerque : University of New Mexico Press, 2000 (Originally published 1971).
Thirsk, Joan & Cooper, J. P., edited by, *Seventeenth-Century Economic Documents*, London : Oxford University Press, 1972.
Todd, T., *A History of British Postage Stamps 1660-1940*, London : Duckworth, 1941.
Tombs, R. C., The *King's Post, Being a volume of historical facts relating to the Posts, Mail Coaches, Coach Roads, and Railway Mail Services of and connected with the Ancient City of Bristol from 1580 to the present time*, Bristol : W. C. Hemmons, 1905.
Trevelyan, George Macaulay, *British History in the Nineteenth Century*, London : Longmans, 1928.
——, *History of England*, 3rd ed., London &c. : Longmans, 1958. 大野真弓監訳『イギリス史』（3巻）みすず書房，1973-1975.

Van der Linden, F. Robert, *Airlines and Air Mail, The Post Office and the Birth of the Commercial Aviation Industry*, Kentucky : The University Press of Kentucky, 2002.
Walker, George, *Haste, Post, Haste ! Postmen and Post-roads through the Ages*, London : George G. Harrap, 1938.
Ward, A.W., Prothero, G. W. & Leathes, S., edited by, *The Restoration*, London : Cambridge University Press, 1907.
Wheeler-Holohan, V., *The History of The King's Messengers*, London : Grayson & Grayson, 1935.
Wolmer, Viscount, *Post Office Reform, Its Importance and Practicability*, London : Ivor Nicholson & Watson, 1932.
Woodward, Llewellyn, *The Age of Reform 1815-1870*, 2nd ed., London : Oxford University Press, 1962.
Wright, Geofferey N., *Turnpike Roads*, Buckinghamshire : Shire Publications, 1992.
Zilliacus, Laurin, *From Pillar to Post : The Troubled History of the Mail*, London &c. : Heinemann, 1956.

図版・地図・表リスト

GPO＝General Post Office, London
POA＝Post Office Archives, London
POA & RC＝Post Office Archives and Records Centre, London
MPK, FM＝Museum für Post und Kommunikation, Frankfurt am Main
NPM＝National Postal Museum, London
PEAT＝Progetto editoriale dell'Accademia Tassiana
BPO＝British Post Office

【図版】（末尾のページは掲載ページを示す。）

焚き火の周りでくつろぐ原人（竹内成明，前掲書所収図版を参考に見一眞理子が作画） p. 4
インディアンの絵手紙（加藤一朗，前掲書，p. 8） p. 9
魚の図像（藤枝晃，前掲書，p. 7） p. 10
ヒエログリフ（加藤一朗，前掲書，p. 39） p. 10
楔形文字の手紙（A・ガウアー，前掲書，p. 81） p. 11
初期アルファベット（加藤一朗，前掲書，p. 146） p. 12
カルナック神殿（G・ジャン『文字の歴史』所収写真を参考に見一眞理子が作画） p. 14
椰子の葉の手紙（O. Hornung, *op. cit*., p. 14） p. 16
木簡（藤枝晃，前掲書，p. 73） p. 18
パピルス草（江上波夫・三浦一郎・山口修，前掲書，p. 155） p. 20
蔡倫（1962年発行中国切手，著者所蔵） p. 23
紙漉（東京北区・紙の博物館） p. 25
外敵の侵入を報せる狼煙（L. Zilliacus, *op. cit*., p. 11） p. 33
古代エジプトの使者（L. Zilliacus, *op. cit*., p. 14） p. 36
古代エジプトの使者（東京大手町・逓信総合博物館） p. 37
古代カナンの使者（池田裕，前掲書，p. 24） p. 40
ダリウス１世と王子クセルクセス（見一眞理子が作画） p. 45
印章（池田裕，前掲書，p. 97） p. 47
古代ギリシャの使者（G. Walker, *op. cit*., p. 20） p. 51
隊商を組み砂漠を行くラクダ（見一眞理子が作画） p. 57
古代ローマの伝令官（東京大手町・逓信総合博物館） p. 67
古代ローマの馬車（L・タール，前掲書所収図版などを参考に見一眞理子が作画） p. 70
古代ローマの宿駅（東京大手町・逓信総合博物館） p. 72
マイルストーン（G. Walker, *op. cit*.） p. 75
ネルヴァ帝記念セステリウス青銅貨（東京大手町・逓信総合博物館） p. 77
魔法の鏡（見一眞理子が作画） p. 85
海青牌（竺沙雅章，前掲書，p. 215） p. 93
カンチの湖水を走るカーンの犬橇（見一眞理子が作画） p. 97
インカの飛脚（M・スティングル，前掲書，p. 216） p. 102
結縄を読む書記官（M・スティングル，前掲書，p. 242） p. 104
中世の使者（1962年発行フランス「切手の日」切手，著者所蔵） p. 107

至急の騎馬飛脚（Musée de la Poste, Paris） p. 111
サンソンとタヴェニールの駅逓地図（Musée de la Poste, Paris） p. 114
18世紀フランスの地方道路（Musée de la Poste, Paris） p. 119
竹馬で手紙を配達する局員（L. Zilliacus, *op. cit.*, p. 100） p. 120
王の使者（POA & RC 絵はがき（POST 109/172）著者所蔵） p. 122
ブライアン・テューク（NPM 絵はがき（PPM/SWL 90/1）著者所蔵） p. 124
1657年の駅逓法（O. R. Sanford & D. Salt, *op. cit.*, p. xvi） p. 129
ビショップ日付印（H. Robinson, *BPO*（*1948*), p. 58） p. 131
オーグルビーの地図（H. Robinson, *BPO*（*1948*), facing p.62） p. 132
駅逓地図（GPO Photo P5931） p. 132
大宰府に賜る飛駅函（東京大手町・逓信総合博物館） p. 144
隠岐国造家伝来の八角形の駅鈴（億岐正彦） p. 155
大宰府の六角形の駅鈴（高橋善七『通信』p. 13） p. 155
狼煙（見一眞理子が作画） p. 161
飛山城跡から出土した烽家墨書土器（宇都宮市教育委員会） p. 164
同上実測縮尺図（今平利幸「飛山城跡発掘調査概要」『烽の道』p. 36） p. 164
桜の折り枝（『薄様色目』所収図版を見一眞理子が模写） p. 172
六波羅飛脚（東京大手町・逓信総合博物館） p. 175
室町時代の早馬（東京大手町・逓信総合博物館） p. 179
継飛脚（東京大手町・逓信総合博物館） p. 189
紀州七里飛脚（東京大手町・逓信総合博物館） p. 193
馬子に引かれる宰領（東京大手町・逓信総合博物館） p. 195
町飛脚（東京大手町・逓信総合博物館） p. 199
僧院飛脚（L. Zilliacus, *op. cit.*, p.31） p. 202
僧院飛脚（三井高陽，前掲書，facing p.10） p. 203
大学飛脚（L. Zilliacus, *op. cit.*, p.36） p. 207
商都ヴェネツィア（E. L. アイゼンスティン，前掲書，facing p. 68） p. 210
騎士飛脚（L. Zilliacus, *op. cit.*, p. 102） p. 216
フランクフルト市の飛脚（L. Zilliacus, *op. cit.*, facing p. 23） p. 219
パリの小飛脚（1961年発行フランス「切手の日」切手部分図，著者所蔵） p. 221
17世紀のロンドン（An engraving by Claes Visscher） p. 223
ペニー飛脚のブロードサイド（Todd, *op. cit.*, Plate 4） p. 225
賃料収納印（G. Brumell, *op. cit.*, pp. 38, 41） p. 225
コルネッロ・デイ・タッソ村（PEAT, *op. cit.*, p. 4） p. 228
皇帝マクシミリアン１世とタクシスの飛脚（MPK, FM） p. 230
フランツ・フォン・タクシス（MPK, FM） p. 232
タクシス家の家紋（三井高陽，前掲書，facing p. 17） p. 237
駅逓総長官（Musée de la Poste, Bruxelles） p. 239
アウクスブルクの駅舎（MPK, FM） p. 241
ニュルンベルクの飛脚（MPK, FM） p. 244
フランクフルト中央駅（MPK, FM） p. 250
タクシスの御者（MPK, FM） p. 251
ヴュルテンブルク郵便と帝国郵便の職員（Musée de la Poste, Bruxelles） p. 252
マクシミリアン・カール（MPK, FM） p. 257
レーゲンスブルクのタクシス城（三井高陽，前掲書，facing p. 179） p. 258

メイフラワー号（1920年米国巡礼始祖300年記念切手模刻，著者所蔵） p. 264
フェアバンクス書簡取扱所（『切手研究』300号所収図版を参考に見一眞理子が作画） p. 265
フィラデルフィアのコーヒーハウス（K. Horowicz & R. Lowe, *op. cit.*, p. 227） p. 271
ニューイングランド諸都市（1987-90年発行米国憲法200年切手部分図，著者所蔵） p. 274
ニューヨーク（1987-90年発行米国憲法200年切手部分図，著者所蔵） p. 278
市内郵便配達人（1963年発行米国市内郵便配達100年記念切手部分図，著者所蔵） p. 280
コールの風刺マンガ（H. W. Hill, *op. cit.*, p. 18） p. 284
家人を待つ郵便配達人（POA 絵はがき（1989年発売）著者所蔵） p. 285
ロンドン中央郵便局（An engraving print of 1844，著者所蔵） p. 288
ローランド・ヒル（著者撮影） p. 292
世界初の切手（R. Brown, *op. cit.*, front cover） p. 293
村の郵便配達人（NPM 絵はがき（NPM93/6）著者所蔵） p. 295
前島密（東京大手町・逓信総合博物館） p. 305
杉浦譲（東京大手町・逓信総合博物館） p. 305
日本初の切手（東京大手町・逓信総合博物館） p. 306
駅逓寮（東京大手町・逓信総合博物館） p. 308
琉球の駅郵使者（金城康全，前掲書の表紙図版を参考に見一眞理子が作画） p. 321
横浜郵便局開業之図（東京大手町・逓信総合博物館） p. 324
郵便フラホ（東京大手町・逓信総合博物館） p. 326
書状箱の雛形（東京大手町・逓信総合博物館） p. 328
夕暮れ時の郵便配達（東京大手町・逓信総合博物館） p. 329
フェイディッピデス（POA & RC 絵はがき（POST 109/171）著者所蔵） p. 336
中世スイスの州の使者（PTT-Museum, Bern） p. 337
ポニー・エクスプレス100年記念切手（1960年米国発行，著者所蔵） p. 343
牡牛と馬の口亭（GPO Photo P5273） p. 346
大陸横断郵便100年記念切手（1958年米国発行，著者所蔵） p. 351
フランス鉄道100年記念切手（1944年フランス発行，著者所蔵） p. 354
ユーストン駅（POA & RC 絵はがき（POST 109/171），著者所蔵） p. 355
イギリスの郵便バス（BPO Photo） p. 358
ポートロイアル号への郵便積込み（R. C. Tombs, *op. cit.*, facing p. 162） p. 361
アラブの伝書鳩（L. Zilliacus, *op. cit.*, facing p. 22） p. 366
気球郵便（L. Zilliacus, *op. cit.*, facing p. 22） p. 369
飛行船（Bath Postal Museum 絵はがき（No. 27）著者所蔵） p. 371
ライト兄弟記念切手（1949年米国発行，著者所蔵） p. 373
米国初の航空切手模刻（実際の切手は1918年米国発行，著者所蔵） p. 376
古代ギリシャの狼煙（上）（ジャン『記号の歴史』所収図版を参考に見一眞理子が作画） p. 387
古代ギリシャの狼煙（中）（井口大介『コミュニケーション発達史研究』p. 99） p. 387
腕木通信機の塔（ジャン『記号の歴史』所収図版を参考に見一眞理子が作画） p. 391
5 針式電信機（T. Standage, *op. cit.*, facing p. 36） p. 398
松の木の電柱（東京大手町・逓信総合博物館） p. 405
マルコーニ（1995年発行英国「通信」をテーマとする切手部分図，著者所蔵） p. 408
パリの電話交換局（Musée de la Poste, Paris） p. 415
17世紀後半の印刷機（稲葉三千男，前掲書，p. 166） p. 422
新聞を売る少年（稲葉三千男，前掲書，p. 187） p. 424
『マーキュリアス・シヴィカス』（稲葉三千男，前掲書，p. 189） p. 426

独立運動（1973年発行米国200年記念切手部分図，著者所蔵） p. 430
東京名所両国報知社図（東京大手町・逓信総合博物館） p. 434
伝書鳩（L. Zilliacus, *op. cit.*, p. 17） p. 438
普仏戦争時のフィルム解読装置（GPO Photo P2931） p. 444
テネシー州メンフィス（北村孝一編，前掲書，p. 143） p. 445
スキュタレー（O. Hornung, *op. cit.*, p. 13） p. 465
スキュタレー模式図（www.mitsubishielectric.co.jp/science/misty/tour/stage1/） p. 465
18世紀フランスの郵便局（東京大手町・逓信総合博物館）p. 472

【地図】（各地図は出典の地図に基づいて作図した.）

地図 1　トロイの勝利を伝えた狼煙ルート（前13世紀）（井口大介『コミュニケーション発達史研究』p. 86 ; Solymar, *op. cit.*, p.12）
地図 2　エル・アマルナ時代の中近東世界（前14世紀）（池田裕，前掲書，p. 22）
地図 3　ペルシアの王の道（前 6 世紀）（H・シュライバー，前掲書，p. 18）
地図 4　中国の馳道（前 3 世紀）（松丸道雄・永田英正，前掲書，p. 158）
地図 5　初期ローマ帝国（前 1 世紀）（H・シュライバー，前掲書，p. 170）
地図 6　最盛期のローマ帝国（ 2 世紀）（藤原武，前掲書，見返し）
地図 7　ブリタニア（ 2 世紀）（I. A. Richmond, *op. cit.*, p. 19）
地図 8　モンゴルの駅路（13世紀）（杉山正明，前掲書下巻，p. 38）
地図 9　インカ帝国の道（15世紀）（フランクリン・ピース，増田義郎，前掲書，p. 154）
地図10　イギリスの駅路（16-18世紀）（H. Robinson, *BPO*（*1948*）, facing p. 16, F. George Kay, *op. cit.*, p. 23, 40）
地図11　律令時代の駅路（10世紀）（豊田武・児玉幸多編，前掲書，p. 12）
地図12　中世東海道（豊田武・児玉幸多編，前掲書，p. 62-63）
地図13　鎌倉街道（13世紀）（木下良『道と駅』p. 76）
地図14　江戸時代の主要街道（西川武臣，前掲書，p. 788）
地図15　タクシス駅逓路線図（1490-1520）（渋谷聡，前掲書，p. 53）
地図16　帝国駅逓主要路線図（17世紀）（渋谷聡，前掲書，p. 63）
地図17　初期植民地時代のアメリカ（17世紀）（著者作成）
地図18　郵便線路図（1883）（杉山伸也，前掲論文，p. 50）
地図19　整備された腕木通信網（19世紀）（中野明，前掲書，p. 21）

【表】（出典はそれぞれの表に示す.）

表 1　馬車の積載限度重量
表 2　クルスス・プブリクスの推定速度
表 3　唐代の陸駅・水駅
表 4　元代の陸站・水站
表 5　フランスの飛脚賃料・飛脚日当（15世紀）
表 6　フランスの主要街道（18世紀）
表 7　フランスの飛脚賃料（1676）
表 8　パリ発の外国駅逓（1679）
表 9　ハーグ―パリ間の飛脚
表10　パリ―ローマ間の飛脚
表11　パリ―ナポリ間の飛脚
表12　山陽道の瓦葺駅家一覧

執筆の期間中に、質問に答えて下さった方、資料や論文の抜き刷りなどを送って下さった方、外国語の人名などの読み方を教えて下さった方、ドイツ語やイタリア語を翻訳して下さった方、間違いを丁寧に教えて下さった方、また、初出の雑誌・研究誌の編集の方など、本当に各方面の方々に一方ならぬお世話になった。各位のお名前を記すべきところではあるが、それについて強くご遠慮される方がおられたので、敢えてお名前を記さなかったが、お世話になった方々に心から御礼を申し上げる。ありがとうございました。

この本には、たくさんの図版を入れていただいた。百聞は一見に如《し》かず。図版は私の説明よりもはるかに説得力があるし、珍しいものも多いと思うので、読者にも興味をもってご覧になっていただけたのではないだろうか。日本の逓信総合博物館をはじめ、ドイツ、フランス、イタリア、イギリス、ベルギーの博物館などから図版を提供していただいた。図版の提供者と出所は、巻末のリストに挙げさせていただいた。関係者の方々に感謝する。十数葉の図版を本書のために描いてくれた見一眞理子《みいちまりこ》氏にも、お礼をいわなければならない。

三〇年以上もの前になるが、本を書く愉しみ、否、苦しみについて私に熱心に語ってくれた仙田左千夫先生に対して、感謝したいと思う。イギリスで先生との出会いがなかったら、本を書くこともなかったのだから。

二〇〇六年二月

星　名　定　雄

あとがき

これまでにイギリスの郵便史と世界最初の切手「ペニーブラック」について本にまとめたことがある。その後、範囲を広げて情報通信全体の歴史をまとめてみたいと思い、原始時代から現代までの歴史を書き出した。書き終えるまでに一八年が経《た》ってしまったが、そのことは、すべて私の怠慢と遅筆のせいである。とまれ、このような形で本を上梓できたことは、たいへん嬉しい。

さて、本書は、結果として、古代から近世までの、前半にウェートがかかり、目まぐるしく進化する現代の情報通信の話にあまりページが割けなかった。それでも、情報通信の通史として、狼煙からインターネットまでの情報通信の変遷をかいまみることができる本となった、と考えている。読者の批判を仰ぎたい。

執筆にあたっては、巻末にリストアップした文献や論文などを参考にし、一部は引用させていただいた。記して謝意を表したい。特に本文のなかで記した文献や論文は、記したところの章や節を執筆するのに、たいへんお世話になった。読者の皆さんも、詳しくお知りになりたい箇所があったら、そこに言及した文献を是非読んで欲しい。より深く興味をもってもらえると思う。

本書の土台となったものは、書き下ろした部分もあるが、いろいろな雑誌や研究誌に寄稿した私の論文などである。それらも巻末の参考文献のページに整理した。本書は厳密な学術論文ではないので脚注を省いたが、『交通史研究』と『郵便史研究』の論文には、詳細な脚注を付けてあるので参考にして欲しい。

著　者

星名 定雄（ほしな さだお）

1945年東京に生まれる．法政大学経営学部卒業．通商産業省（現経済産業省）に35年間勤務．情報通信史・イギリス郵便史を長年研究．著書『郵便の文化史――イギリスを中心として』（みすず書房，1982），『郵便と切手の社会史〈ペニー・ブラック物語〉』（法政大学出版局，1990），『情報と通信の文化史』（法政大学出版局，2006），『イギリス郵便史文献散策』（郵研社，2012），『陸・海・空，手紙をはこぶ――イギリス郵便の歴史』（法政大学出版局，2024）など．交通史学会会員，郵便史研究会会員．

情報と通信の文化史

2006年10月25日　初版第1刷発行
2024年11月20日　新装版第1刷発行

著　者　星名 定雄

発行所　一般財団法人　法政大学出版局
〒102-0071 東京都千代田区富士見2-17-1
電話 03(5214)5540／振替 00160-6-95814

製版・印刷：平文社，製本：誠製本

Printed in Japan
ISBN978-4-588-37129-5